当代充填采矿技术及应用

李　帅　王新民　胡博怡　编著

中南大学出版社
www.csupress.com.cn
·长沙·

图书在版编目(CIP)数据

当代充填采矿技术及应用 / 李帅, 王新民, 胡博怡
编著. —长沙: 中南大学出版社, 2024.5
ISBN 978-7-5487-5845-7

Ⅰ. ①当… Ⅱ. ①李… ②王… ③胡… Ⅲ. ①充填
法—矿山开采 Ⅳ. ①TD853.34

中国国家版本馆 CIP 数据核字(2024)第 100786 号

当代充填采矿技术及应用
DANGDAI CHONGTIAN CAIKUANG JISHU JI YINGYONG

李　帅　王新民　胡博怡　编著

□出 版 人	林绵优
□责任编辑	伍华进
□责任印制	李月腾
□出版发行	中南大学出版社
	社址：长沙市麓山南路　　邮编：410083
	发行科电话：0731-88876770　　传真：0731-88710482
□印　　装	湖南省汇昌印务有限公司

□开　　本　787 mm×1092 mm　1/16　□印张 29　□字数 775 千字
□互联网+图书　二维码内容　图片 19 张
□版　　次　2024 年 5 月第 1 版　　□印次 2024 年 5 月第 1 次印刷
□书　　号　ISBN 978-7-5487-5845-7
□定　　价　78.00 元

本书编委会

◎ **主　编**

李　帅　　王新民　　胡博怡

◎ **副主编**

李夕兵　　杨　建　　李振龙

◎ **编　委**

张钦礼　　张德明　　赵建文　　康　虔　　薛希龙

李地元　　尹土兵　　柯愈贤　　王　石　　贺　严

王洪涛　　陈俊宇　　李红鹏　　郭勤强　　王　浩

李拥军　　王建兵　　聂文革　　曾循安　　汪令松

内容简介

本书系统介绍了充填采矿法的典型方案、实用技术及应用范例，包括概述、空场法转型充填法、崩落法转型充填法、露天转地下充填法、深井开采充填法、复杂难采矿体充填法、残矿资源安全高效回收、现代化绿色矿山建设共计8章。此外，本书还介绍了28个国内、11个国外实用的现代化充填采矿法矿山实例，以及2个资源枯竭城市转型发展典型实例。

本书涵盖了大量的最新科研进展和工程经验，内容丰富、叙述简明，可供从事矿山采矿工程的研究与设计的技术人员参考，也可作为有关专业本科生及研究生教材或参考书。

作者简介

王新民，男，1957 年 4 月生，安徽省安庆市人，汉族，工学博士，中南大学教授，博士生导师，湖南省第三届安全生产专家、国家安全监管总局第五届安全生产专家，曾任湖南中大设计院有限公司董事长兼总经理。

王新民教授长期从事采矿工程与安全技术领域教学科研设计工作，主持和完成科研与设计项目 100 余项，包括国家"七五"到"十二五"的历届和充填理论与技术相关的国家科技支撑计划项目，获国家科技进步二等奖 2 项、省部级科技进步奖 10 余项，出版著作 10 部，发表论文 200 余篇，在复杂难采矿体开采、矿山充填理论与技术方面颇有建树。

李帅，男，1989 年 8 月生，河南省南阳市邓州人，汉族，工学博士，中南大学副教授，硕士生导师，2012 年入选"芙蓉学子"优秀大学生，2023 年入选芙蓉计划湖湘青年英才。

李帅副教授多年来一直从事采矿工程与安全技术领域教学科研设计工作，主持和完成包括国家自然科学基金等科研与设计项目 30 余项，获省部级奖励 6 项，出版著作 4 部，发表论文 50 余篇，专利授权 10 余项，在复杂难采矿体开采、矿山充填理论与技术方面研究成果丰硕。

前　言

作为世界上最大的资源生产和消费大国，我国虽然矿产资源总量丰富，但人均占有量少、超大型矿床少、低品位贫矿多，开采技术条件复杂、开采难度大，超过 2/3 的战略性矿产资源面临严重的短缺。充填采矿法是有色金属和贵金属矿山最早采用的一类方法，因其能够最大限度地回收地下矿产资源、保护地表环境和建构筑物，近年来随着国家对安全及环境保护的高度重视，迅速在国内矿山得到广泛应用。采用安全环保、绿色高效的充填采矿法实现地下矿产资源的合理开发与高效利用，已成为现代采矿技术发展的必然要求和绿色矿山建设的核心内容。

长期以来，国内外的地下矿山普遍采用粗放的空场法和崩落法进行开采，不仅产生了规模庞大的采空区群，成为诱导大规模地压灾害和地表沉降塌陷发生的主因，还遗留了大量的优质矿柱资源无法回收，造成了严重的资源损失。2012 年，国家安全生产监督管理总局明确提出"新建地下矿山必须论证并优先推行充填采矿法"，国内矿山开始掀起采矿方法转型热潮，例如，柿树底金矿、新干萤石矿由空场法成功转型充填法；罗河铁矿、七宝山铜锌矿由崩落法成功转型充填法。同时，随着露天开采不断延伸、剥采比急剧增大、固废对地表生态环境的破坏难以修复，露天开采转地下开采不可避免。2006 年，我国启动露天转地下"十一五"科技攻关，其后新桥硫铁矿、黄麦岭磷矿均由露天开采成功过渡到地下充填法开采。此外，随着浅部优质资源开采的逐渐消耗殆尽，我国也开始迈入深井开采阶段，金川镍矿、冬瓜山铜矿、凡口铅锌矿等矿山均采用"强采、强出、强充"的充填法实现了深井"高地应力、高地温、高渗透压和强烈开采扰动"的特殊环境下的安全高效开采。

与国外矿业发达国家相比，虽然我国矿业现代化起步较晚、矿山装备水平不高，但是矿山数量多、从业人员规模大、科研实力强，我国的矿山开采技术水平，尤其是复杂难采矿体的开采水平，在世界上居于领先地位。譬如，我国在软弱破碎矿体、低品位矿体、复杂多变矿体、夹层矿体、三下矿体、滨海开采、高寒高海拔开采、干旱沙漠气候条件下，均有成功的矿山开采范例。近年来，越来越多的矿山开始关注老旧采空区的充填治理及高品位残留矿柱的回收，中南大学王新民教授团队先后在锡矿山、洛坝铅锌矿和七宝山硫铁矿成功开展了复杂隐蔽采空区群条件下残矿资源的安全高效回收工作，创造了显著的经济效益、环境效益和社会效益。

2018 年，自然资源部发布《非金属矿行业绿色矿山建设规范》等 9 项行业标准，要求矿山在矿产资源开发全过程中，实施科学有序开采，对矿区及周边生态环境的扰动控制在可控制范围内。编著者通过列举金川二矿区、司家营铁矿、中煤平朔集团、柿树底金矿、宝山矿业、遂昌金矿等国内典型绿色矿山，以及铜陵市和徐州市两个资源枯竭城市转型发展实例，认为在当今开采技术和装备条件下，绿色矿山建设关键技术可进一步细化为：采用先进的采矿工艺及机械化的采掘装备，实现矿产资源的安全高效回收，防止采空区和地表的沉降及塌陷；对矿山产生的固体废弃物进行资源化利用和无害化排放，保护地表生态环境；实现选矿尾水的循环利用或达标排放。

《当代充填采矿技术及应用》一书共分 8 章，系统地介绍了充填采矿法的典型方案、实用技术及成功范例，并结合 41 个国内外成功范例，深入解析了空场法转型充填法、崩落法转型充填法、露天转地下充填法、深井开采充填法、复杂难采矿体充填法及残矿资源安全高效回收、现代化绿色矿山建设过程中存在的关键问题和实用技术，为国内外粗放型开采模式矿山的转型升级提供了成套解决方案和优质成功案例。

本书编著过程中参阅了大量近年来发表的相关科技文献，也融入了编著者大量的研究成果。本书尤其注重工程应用性，试图成为矿山采矿方法设计、施工与管理的有价值的参考书，既可供采矿与安全工程专业的本科生和研究生作为教材使用，也可供相关领域设计、研究和生产技术人员参考。本书在撰写过程中，参阅了大量国内外有关书籍、论文和研究报告，虽然在参考文献中已经列出，但仍可能有遗漏，在此谨向这些文献资料的作者及相关机构表示衷心的感谢！同时，感谢湖南省科技创新计划（编号 2023RC3035）、湖南省普通高等学校教学改革研究项目（编号 HNJG－2022－0031）、湖南省自然科学基金项目（编号 2021JJ40745）、国家自然科学基金项目（编号 51804337）、国家重点研发计划（编号 2017YFC0804600）、中南大学教育教学改革研究项目（编号 2024CG023 和 2022jy006－3）、中南大学本科教材建设项目（编号 2020-84），以及中南大学与本书示例矿山合作的项目对本书的资助。

因编者学识与水平所限，不足之处在所难免，衷心期盼同行专家、读者批评指正。

王新民　李　帅

2024 年 3 月

目 录

第1章 概 述

　　矿产资源是不可再生资源，是现代文明和社会发展的重要物质基础。目前，世界已知的矿产有160多种，超过80多种被人类广泛应用，石油、天然气、煤炭、铁矿、铜矿等大宗矿产资源已成为现代工业化的物质基础，深刻影响着当今社会的发展进程。作为世界上最大的资源生产和消费大国，我国虽然矿产资源总量丰富，但人均占有率低，超大型矿床少、低品位贫矿多，开采技术条件复杂、开采难度大，超过2/3的战略性矿产资源面临着严重的短缺。因此，矿产资源是发展之基、生产之要，矿产资源保护与合理开发利用事关国家现代化建设全局。

1.1 矿产资源分类及工业应用

1.1.1 矿产资源分类

　　矿产资源是指经过地质成矿作用形成的，天然赋存于地下或出露地表，呈固态、液态或气态，在现有技术经济条件下具有开发利用价值的矿物或有用元素的集合体。矿产资源分类是制定地质勘探标准、探索矿业开发方向、衡量国家发展水平的重要依据。随着科学技术和世界经济的快速发展，矿产资源的供需矛盾日益突出、地位日益增长，国际上拥有重要矿产资源的国家都制定了明确的矿产资源分类标准和管理机制。

1. 按矿产资源的特点和用途分类

　　根据最新修订的《中华人民共和国矿产资源法》，我国已知的矿产有173种，按其特点和用途，可分为能源矿产、金属矿产、非金属矿产和水气矿产四大类。

　　1）能源矿产资源

　　能源矿产资源共有13种，细分如下：

　　固态矿产8种：煤、石煤、油页岩、铀、钍、油砂、天然沥青、天然气水合物（可燃冰）；

　　液态矿产2种：石油、地热（地热水）；

　　气态矿产3种：天然气、煤层气、页岩气。

　　2）金属矿产资源

　　金属矿产资源共有59种，细分如下：

黑色金属5种：铁、锰、铬、钒、钛；

有色金属13种：铜、铅、锌、铝土矿、镍、钴、钨、锡、铋、钼、汞、锑、镁；

贵重金属8种：金、银、铂、钯、钌、锇、铱、铑；

稀有金属8种：铌、钽、铍、锂、锆、锶、铷、铯；

稀散金属10种：钪、锗、镓、铟、铊、铪、铼、镉、硒、碲；

稀土金属15种：镧、铈、镨、钕、钐、铕、钇、钆、铽、镝、钬、铒、铥、镱、镥。

3）非金属矿产资源

非金属矿产共95种：金刚石、石墨、磷、自然硫、硫铁矿、钾盐、硼、水晶（压电水晶、熔炼水晶、光学水晶、工艺水晶）、刚玉、蓝晶石、硅线石、红柱石、硅灰石、钠硝石、滑石、石棉、蓝石棉、云母、长石、石榴子石、叶蜡石、透辉石、透闪石、蛭石、沸石、明矾石、芒硝（含钙芒硝）、石膏（含硬石膏）、重晶石、毒重石、天然碱、方解石、冰洲石、菱镁矿、萤石（普通萤石、光学萤石）、宝石、黄玉、玉石、电气石、玛瑙、颜料矿物（赭石、颜料黄土）、石灰岩（电石用灰岩、制碱用灰岩、化肥用灰岩、熔剂用灰岩、玻璃用灰岩、水泥用灰岩、建筑石料用灰岩、制灰用灰岩、饰面用灰岩）、泥灰岩、白垩、含钾岩石、白云岩（冶金用白云岩、化肥用白云岩、玻璃用白云岩、建筑用白云岩）、石英岩（冶金用石英岩、玻璃用石英岩、化肥用石英岩）、砂岩（冶金用砂岩、玻璃用砂岩、水泥配料用砂岩、砖瓦用砂岩、化肥用砂岩、铸型用砂岩、陶瓷用砂岩）、天然石英砂（玻璃用砂、铸型用砂、建筑用砂、水泥配料用砂、水泥标准砂、砖瓦用砂）、脉石英（冶金用脉石英、玻璃用脉石英）、粉石英、天然油石、含钾砂页岩、硅藻土、页岩（陶粒页岩、砖瓦用页岩、水泥配料用页岩）、高岭土、陶瓷土、耐火黏土、凹凸棒石黏土、海泡石黏土、伊利石黏土、累托石黏土、膨润土、铁矾土、其他黏土（铸型用黏土、砖瓦用黏土、陶粒用黏土、水泥配料用黏土、水泥配料用红土、水泥配料用黄土、水泥配料用泥岩、保温材料用黏土）、橄榄岩（化肥用橄榄岩、建筑用橄榄岩）、蛇纹岩（化肥用蛇纹岩、熔剂用蛇纹岩、饰面用蛇纹岩）、玄武岩（铸石用玄武岩、岩棉用玄武岩）、辉绿岩（水泥用辉绿岩、铸石用辉绿岩、饰面用辉绿岩、建筑用辉绿岩）、安山岩（饰面用安山岩、建筑用安山岩、水泥混合材用安山玢岩）、闪长岩（水泥混合材用闪长玢岩、建筑用闪长岩）、花岗岩（建筑用花岗岩、饰面用花岗岩）、麦饭石、珍珠岩、黑曜岩、松脂岩、浮石、粗面岩（水泥用粗面岩、铸石用粗面岩）、霞石正长岩、凝灰岩（玻璃用凝灰岩、水泥用凝灰岩、建筑用凝灰岩）、火山灰、火山渣、大理岩（饰面用大理岩、建筑用大理岩、水泥用大理岩、玻璃用大理岩）、板岩（饰面用板岩、水泥配料用板岩）、片麻岩、角闪岩、泥炭、矿盐（湖盐、岩盐、天然卤水）、镁盐、碘、溴、砷、辉长岩、辉石岩、正长岩。

按其用途可细分为：

冶金辅助原料类：如萤石、菱镁矿和耐火黏土等；

化工原料及化肥原料类：如磷矿、硫铁矿、钾盐等；

工业制造业用矿物原料类：如石墨、金刚石、云母、石棉等；

压电及光学矿物原料类：如压电水晶、光学石英、冰洲石等；

陶瓷及玻璃原料类：如长石、石英砂、高岭土等；

建筑材料及水泥原料类：如砂石、珍珠岩、花岗岩、石墨、石灰岩、石膏等；

宝石及工艺美术类：如宝石级金刚石、红宝石、蓝宝石、翡翠、玛瑙、绿松石、叶蜡石、硬玉等。

4)水气矿产资源

水气矿产资源共6种：地下水、矿泉水、二氧化碳气、硫化氢气、氦气、氡气。

2. 大宗矿产资源

大宗矿产资源是指在社会经济建设中有举足轻重地位的主体型矿产，具有储量大、采出量大、消耗量大等特点，主要包括能源矿产煤、石油、天然气；黑色金属铁、锰；大宗有色金属铜、铅、锌、铝及主要化工非金属矿产磷、钾、硫、钠、天然碱等。《全国矿产资源规划（2016—2020年）》明确提出：多数大宗矿产储采比较低，石油、天然气、铁、铜、铝等矿产人均可采资源储量远低于世界平均水平，资源基础相对薄弱。

3. 战略性矿产资源

2016年11月，国务院批复的《全国矿产资源规划（2016—2020年）》首次将6种能源矿产（石油、天然气、页岩气、煤炭、煤层气、铀），14种金属矿产（铁、铬、铜、铝、金、镍、钨、锡、钼、锑、钴、锂、稀土、锆），4种非金属矿产（磷、钾盐、晶质石墨、萤石）列入战略性矿产目录。根据《中国矿产资源学科发展战略研究（2021—2035）》报告，我国2/3以上的战略性矿产资源储量在全球均处于劣势，将长期处于严峻的供需失衡状态。2021年3月，《中华人民共和国国民经济和社会发展第十四个五年规划和2035年远景目标纲要》明确提出：要保障能源和战略性矿产资源安全，全面提高资源利用效率和开发保护水平，发展绿色矿业、建设绿色矿山。2021年12月，工业和信息化部、科技部、自然资源部等三部门联合发布《"十四五"原材料工业发展规划》，明确提出"攻克复杂矿床及超深井矿山安全高效开采等矿山工艺技术""固废（危废）协同处置及资源化利用等污染物防治和资源综合利用技术""高效集约利用低品位矿""提高资源保障能力"。

4. 十种常用有色金属

十种常用有色金属是指有色金属中生产量大、应用较广的十种金属，在世界各国一般指铝、镁、铜、铅、锌、镍、钴、锡、锑、汞等十种金属；在我国则常指铜、铝、镍、铅、锌、钨、钼、锡、锑、汞等十种金属。

5. 保护性开采特定矿种

根据《国务院关于对黄金矿产实行保护性开采的通知》（国发〔1988〕75号），以及《国务院关于将钨、锡、锑、离子型稀土矿产列为国家实行保护性开采特定矿种的通知》（国发〔1991〕5号），我国对5个特定矿种（黄金、钨、锡、锑、稀土）开采实行总量控制。自然资源部负责全国保护性开采的特定矿种勘查、开采登记、审批管理；县级以上人民政府负责本辖区特定矿种勘查、开采登记、审批管理。保护性开采的特定矿种的勘查，实行统一规划、总量控制、合理开发、综合利用的原则。

（1）开采总量控制管理。自然资源部按照矿产资源规划，按年度分矿种下达控制指标；并根据实际情况调整分配，适当向国家确定的贫困地区倾斜；有关指标会分解落实到矿山企业。

（2）指标执行统计制度。实行月报和季报统计制度：矿山企业每月按照规定向当地自然资源主管部门上报执行情况；省级自然资源主管部门每季度向自然资源部上报执行情况。保护性开采的特定矿种开采总量控制指标不得买卖和转让。

（3）综合开采利用。凡是保护性开采的特定矿种与其他矿种共伴生的，只要保护性开采的特定矿种资源储量为中型以上，占矿山全部资源储量的20%的，按照主采保护性开采的特定矿种设立采矿权，并执行保护性开采的特定矿种各项管理规定，这是为了避免以其他矿种名义逃避保护性开采的特定矿种管理。

1.1.2 矿产资源工业应用

自古以来，矿产资源的工业应用程度反映了社会文明的发展进程。从石器时代开始，人类所历经的红铜时代、青铜时代、铁器时代到后来的蒸汽时代、电气时代和信息时代都彰显出矿产资源的工业应用对人类社会文明发展的巨大贡献。随着科技的高速发展，矿产资源已经被广泛应用在农业和工业生产的各个领域，对社会发展产生了显著的推动作用。本节以经济发展所需的大宗矿产资源为例，简述矿产资源的工业应用。

1. 大宗能源矿产的工业应用

中国能源矿产的产业链结构如图1-1所示。我国的能源资源禀赋条件为"富煤缺油少气"，2020年煤炭消费量占能源消费总量的56.8%，天然气、水电、核电、风电等清洁能源消费量仅占24.3%。以被称作工业粮食的煤炭为例，除被用作燃料外，还可用来制造焦炭、煤气、煤焦油、氨水、苯、甲苯等化学工业原料，进而被广泛应用于冶金、化工、动力、炼油、医药、精密铸造和航空航天等工业领域。煤炭作为基础能源和重要工业原料，中华人民共和国自成立以来累计生产原煤1000亿t以上，为社会经济和社会发展提供了可靠的能源保障。2021年12月召开的中央经济工作会议明确指出：要立足以煤为主的基本国情，抓好煤炭清

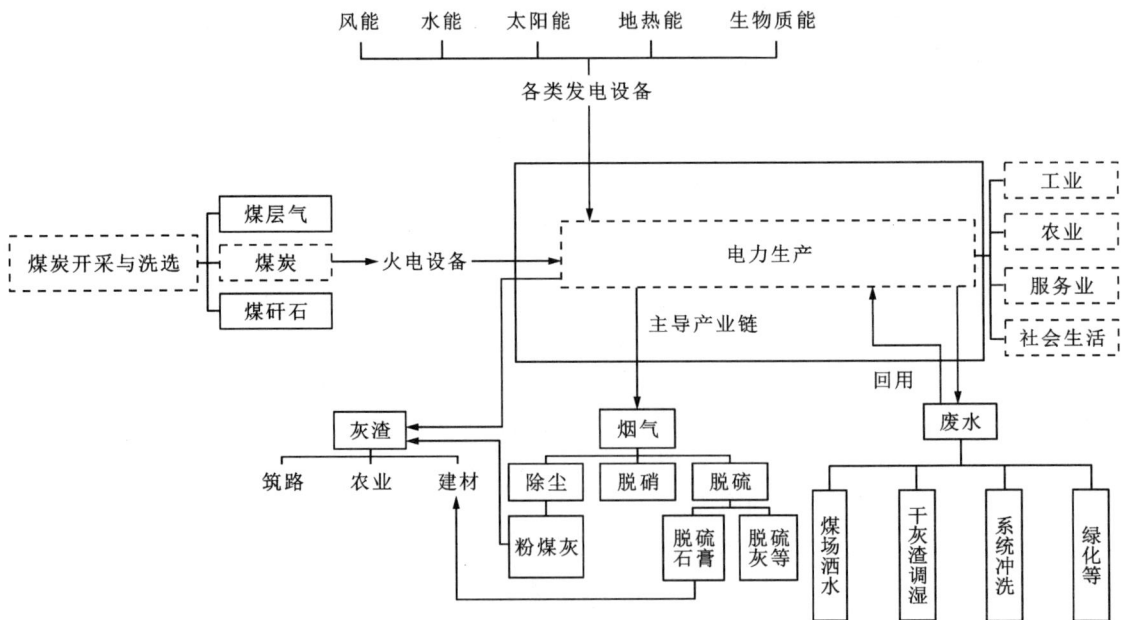

图1-1 中国能源矿产的产业链结构

洁高效利用，增加新能源消纳能力，推动煤炭和新能源优化组合。面对现代化强国目标和落实碳达峰碳中和要求，非常有必要科学认识煤炭在新时期的作用和地位，持续推进煤炭消费转型升级，实现煤炭工业的绿色低碳转型，推动能源安全新战略向纵深发展。

2. 大宗黑色金属的工业应用

作为钢铁工业的最主要生产原料和基础环节，大宗黑色金属铁矿石的产量约占世界金属总产量的90%，是支撑经济发展、衡量国力的重要标志。如图1-2所示，铁矿石主要用于钢铁工业，冶炼含碳量不同的生铁和钢铁制品，进而广泛用于社会经济和人民生活的各个方面。作为世界上最大的钢材生产国和消费国，2021年，我国粗钢产量为10.3亿t，占全球比重的52.9%；铁矿石表观消费量为14.2亿t，占全球比重的51.9%，连续26年稳居世界第一，支撑了建筑行业、机械行业、汽车行业、船舶行业、家电行业、能源行业等国家支柱产业的高速发展。

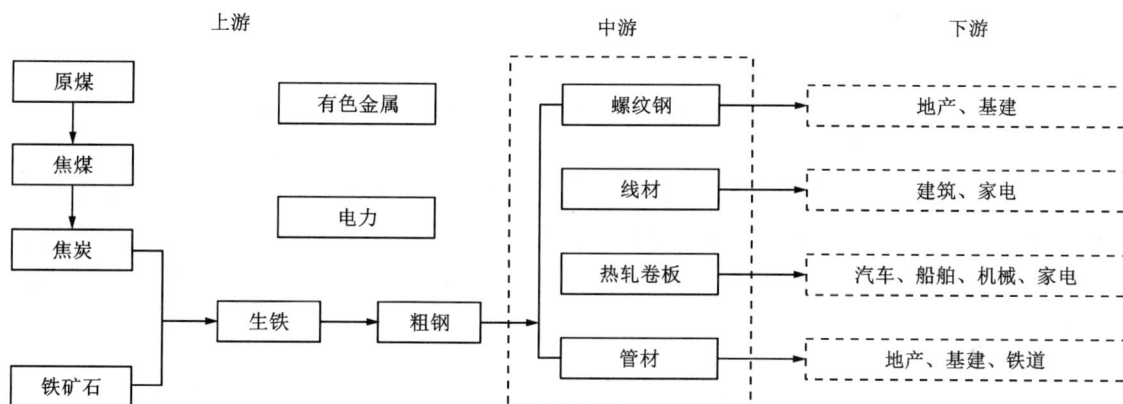

图1-2 钢铁行业的产业链结构

3. 大宗有色金属的工业应用

在铜、铝、镍、铅、锌、钨、钼、锡、锑、汞等十种常用有色金属中，铜、铅、锌、铝的产量和消费量最大，属大宗有色金属。如图1-3所示，铜可锻、耐蚀、有韧性，是电和热的优良导体，铜及其合金被广泛地应用于电子电气、轻工、机械制造、建筑工业、国防工业等诸多领域，在我国有色金属材料的消费中仅次于铝。作为全球第一大铜生产国和消费国，2021年我国精炼铜产量1049万t、消费量1387万t，其中超过50%用于电子电气工业中。

4. 大宗化工非金属矿产的工业应用

非金属矿产是人类最早利用的一种矿产，例如石器时代的石刀、石斧，举世闻名的中国瓷器、火药技术等，极大地促进了人类社会的进步，改善了人类的生活条件。非金属矿床往往种类繁多、埋藏较浅、储量较大且大多可直接利用，目前人类所利用的主要非金属矿产有90余种，在农业、陶瓷、建材、玻璃、化工、造纸、橡胶、食品、医药、电子电气、机械、飞机、雷达、导弹、核能、尖端技术工业等诸多方面应用十分广泛。随着现代化城市建筑向高层发展，人们已注意研究和寻找具有轻质、高强、隔热、隔音和防震等性质的非金属原料，仅

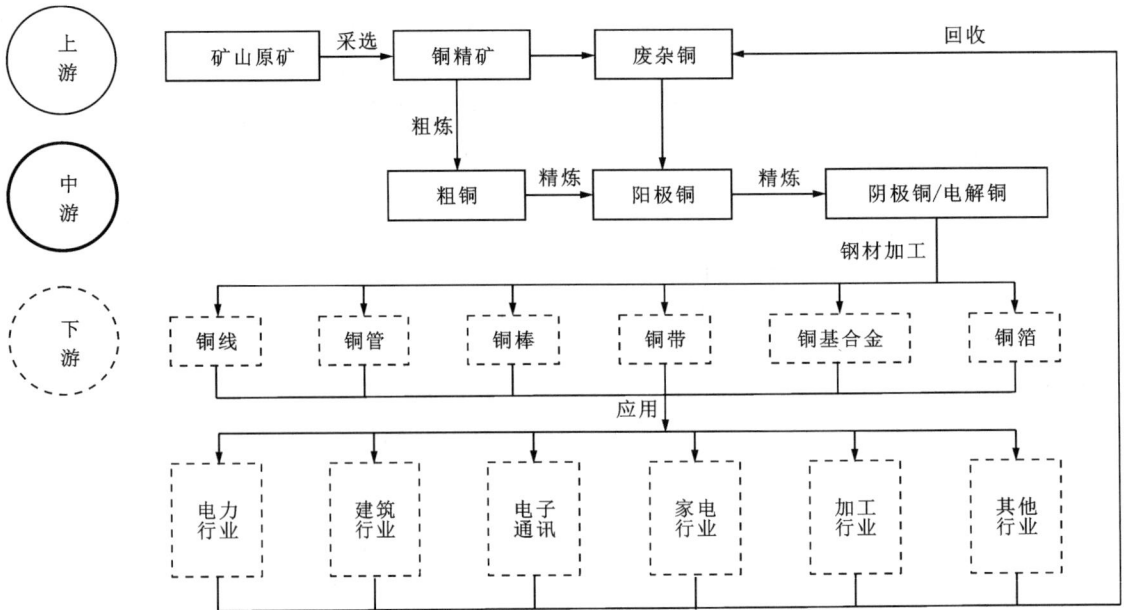

图1-3 铜行业的产业链结构

石灰岩每年的消耗量就有数十亿吨。碳酸钙产业链如图1-4所示。未来，中国的非金属矿物材料将在节能、电子工程、环境保护、密封、耐火保温、生物工程及填料、涂料等方面得到进一步的发展，也将从低廉的矿物原料开发，向高附加值的深加工非金属矿物材料及高精尖技术功能材料发展。

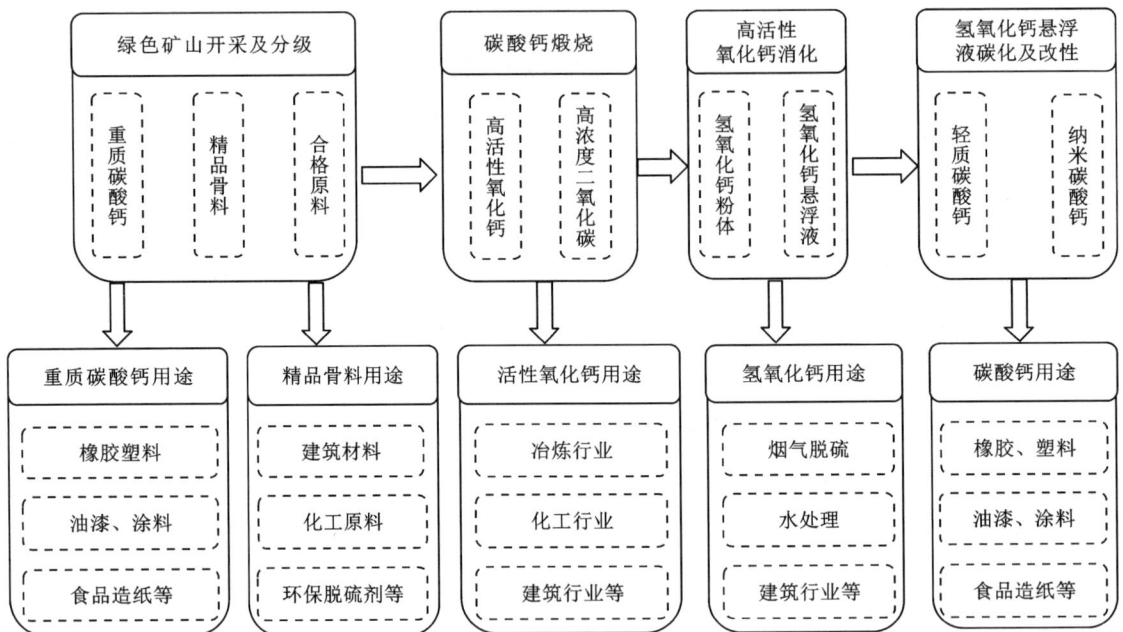

图1-4 碳酸钙产业链

1.1.3 矿业在经济发展中的地位

2019 年 10 月，自然资源部中国地质调查局发布了我国首个《全球矿业发展报告 2019》，数据显示：2018 年全球矿业为人类提供了 227 亿 t 矿产资源，其中能源、金属和非金属的产量分别占 68%、7% 和 25%；创造产值高达 5.9 万亿美元，相当于全球 GDP 的 6.9%，其中能源矿业产值 4.5 万亿美元，占世界矿业总产值的 76%，矿业在全球经济社会发展中的地位愈发凸显。澳大利亚是一个资源丰富的国家，矿业是澳大利亚的主要产业，2019 年矿业产值约占其 GDP 的 8.7%。据统计，截至 2018 年 12 月，澳大利亚产出了全球 36% 的铁矿石、63% 的锂、30% 的铝土矿和 10% 的金，2019—2020 年，矿业行业出口额达 3000 亿澳元，超过了其他行业同期出口额的总和。智利是拉美地区重要的矿业大国，矿业产值约占其 GDP 的 10%，矿业带动的相关产业对 GDP 的贡献甚至超过 30%。同时，智利还是世界上铜储量最多的国家，已探明铜储量为 2 亿 t 以上，约占世界铜储藏量的 1/3，2020 年智利铜产量超过 580 万 t。中国矿业产值与 GDP 之比达到 7%，在一些发展中国家，矿业产值与 GDP 之比超过了 50%，有 30 多个国家超过了 20%，以中国、印度、东盟为代表的新兴经济体正在加快重塑全球能源矿产资源供需格局。

2020 年 2 月，国家统计局发布《中华人民共和国 2019 年国民经济和社会发展统计公报》，数据显示：2019 年全年国内生产总值 990865 亿元，比上年增长 6.1%；黑色金属冶炼和压延加工业产能利用率为 80.0%，煤炭开采和洗选业产能利用率为 70.6%；非金属矿物制品业增长 8.9%，黑色金属冶炼和压延加工业增长 9.9%，采矿业利润达 5275 亿元，比上年增长 1.7%。全年能源消费总量 48.6 亿 t 标准煤，比上年增长 3.3%。煤炭消费量增长 1.0%，原油消费量增长 6.8%，天然气消费量增长 8.6%，电力消费量增长 4.5%。

此外，矿产资源的开发系劳动密集型产业，能吸纳安置大量剩余劳动力，增加社会有效需求和当地财政收入，提高人民生活水平，是促进社会稳定的有效途径。2013 年，我国非油气矿产资源开发利用矿山企业 9.95 万个，直接吸纳就业人员 634.46 万人，再考虑矿产资源开发所影响和辐射的相关上、下游产业及服务行业，矿业直接带动 1500 余万人就业。

1.2 矿产资源供需及全球化战略

随着经济全球化进程的加快，矿产资源供需及市场变化与世界经济和政治环境密切相关。

1.2.1 世界矿产资源分布

1. 世界能源矿产资源分布

1）石油、天然气资源

自 20 世纪初以来，随着世界油气勘探开发技术的不断进步，油气勘探领域不断拓宽，全球油气资源量持续增长。预计到 2050 年，世界常规石油最终可采资源量将增加到 6000 亿 t，常规天然气可采资源量将超过 610 万亿 m^3。从地区分布来看（表 1-1），中东地区是全球石油资源最丰富的地区，石油最终可采资源量达到 1840 亿 t，约占全球总量的 36.4%；俄罗斯、中亚和中东地区是全球天然气资源最丰富的地区，天然气最终可采资源量约 267 万亿 m³，超过全球总量的 50%。从国家分布来看，常规石油资源量超过 100 亿 t 的国家有 13 个，例如沙特阿拉伯、俄罗斯和美国等，其资源总量约占全球的 75%；常规天然气资源量超过 5 万亿 m³ 的国家共有 21 个，例如俄罗斯、美国、伊朗、沙特阿拉伯和卡塔尔等，其资源总量约占全球的 85%。

表 1-1 世界常规油气资源地区分布

地区	石油		天然气	
	资源储量/亿 t	全球占比/%	资源储量/万亿 m³	全球占比/%
北非	195	3.9	17	3.5
北美	859	17.0	66	13.5
俄罗斯、中亚	826	16.3	139	28.5
南美	519	10.3	30	6.1
欧洲	183	3.6	31	6.4
亚太	395	7.8	64	13.1
中东	1840	36.4	128	26.2
中南非	241	4.8	13	2.7
全球合计	5058	100.0	488	100.0

此外，全球的非常规油气资源也十分丰富，储量相当于常规石油资源的 1.2 倍，是重要的后备资源。据世界油气投资环境数据库统计，全球非常规石油资源量可达 5984 亿 t，主要分布在北美、南美、俄罗斯及中亚等地区。其中重油可采资源量约 790 亿 t，主要来自南美（49.3%）和俄罗斯及中亚地区（20.9%）；油砂资源 891 亿 t，主要来自北美地区（81.6%）；页岩油资源 4303 亿 t，主要来自北美地区（70.1%）。全球非常规天然气资源数量巨大，是世界油气工业发展的重要后备资源，仅致密砂岩气、煤层气和页岩气等三大非常规天然气资源就是常规资源的近 1.8 倍。其中，煤层气地质资源量约 225 万亿 m³，主要分布在俄罗斯、中国、美国和加拿大等国家；致密砂岩气估计为 198 万亿 m³，页岩气 453 万亿 m³。

2）煤炭资源

煤炭是目前全球储量较为丰富、分布较为广泛且使用较为经济的能源资源之一。截至 2020 年底，全球已探明的煤炭储量为 1.07 万亿 t，分地区来看，亚太地区储量占比 42.8%，北美地区占比 23.9%，独联体国家占比 17.8%，欧盟地区占比 7.3%，以上 4 个地区储备合计占比超过 90%。从国家来看，美国是全球煤炭储量最丰富的国家，约占全球资源的 23.2%，俄罗斯占比 15.1%，澳大利亚占比 14%，中国占比 13.3%，印度占比 10.3%，以上 5 个国家储量之和约占全球总储量的 76%。从产量来看，2020 年全球煤炭产量 77.42 亿 t，其中，中国产量占比达到 51%，美国占比 6.3%、澳大利亚占比 6.2%、俄罗斯占比 5.2%、印度占比 7.3%、印度尼西亚占比 7.3%、蒙古占比 0.6%。从供需角度来看，中国、日本、印度和韩国是主要的煤炭进口国家，而印度尼西亚、澳大利亚、蒙古、俄罗斯是主要的煤炭出口国。如图 1-5 所示，中国的煤炭消费量自 2006 年 25 亿 t 一直持续增长至 2020 年 40 亿 t，增幅超过 60%。

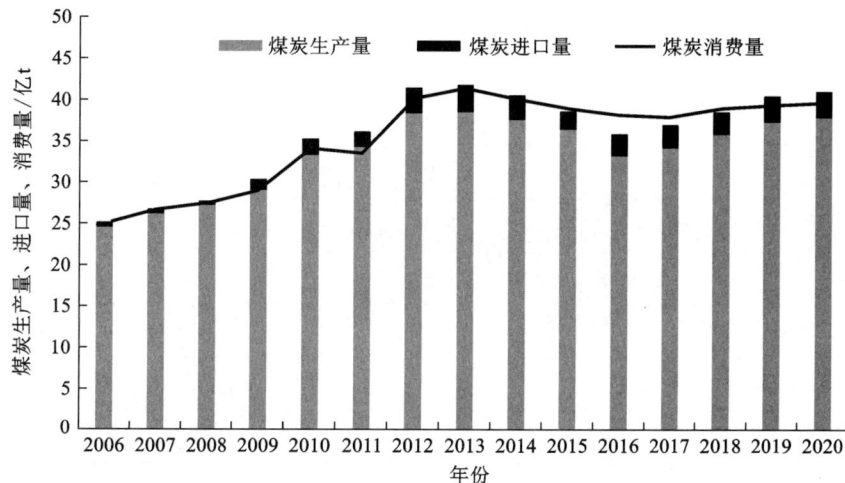

图 1-5　我国煤炭生产量、进口量及消费量统计

2. 世界金属矿产资源分布

1）铁矿资源

美国地质调查局（USGS）发布的《Mineral Commodity Summaries 2016》显示（表 1-2），全球范围内的铁矿石资源量约为 1900 亿 t，含铁量达到 850 亿 t，目前可利用的铁矿石储量约 800 亿 t，含铁量达到 230 亿 t，主要分布在澳大利亚、巴西、俄罗斯、中国和印度等国家。根据铁矿石物理化学性质的不同，目前可供工业利用的主要有赤铁矿、磁铁矿、菱铁矿、褐铁矿等，具体特征见表 1-3。根据铁矿石的品位，可分为富矿（含铁量 50% 以上的铁矿石）、低品位矿（含铁量 35%～50% 的铁矿石）、贫矿（含铁量 25%～35% 的铁矿石）和超贫矿（含铁量 25% 以下的铁矿石）。虽然中国铁矿石资源总量丰富，但约有 97% 铁矿储量为品位低于 35% 的贫矿，据统计，截至 2010 年底，全国共有铁矿区 3846 个，查明铁矿石保有资源储量 726.99 亿 t，主要集中在辽宁、河北、四川、安徽和山东等省份。

表 1-2　世界主要国家铁矿石储量

国家/地区	资源储量/亿 t	资源储量全球占比/%	含铁量/亿 t	含铁量全球占比/%
澳大利亚	530	28.3	230	26.5
巴西	310	16.6	160	18.4
俄罗斯	250	13.3	140	16.1
中国	230	12.3	72	8.3

续表 1-2

国家/地区	资源储量/亿 t	资源储量全球占比/%	含铁量/亿 t	含铁量全球占比/%
印度	81	4.3	52	6.0
美国	69	3.7	21	2.4
乌克兰	65	3.5	23	2.7
加拿大	63	3.4	23	2.7
瑞典	35	1.9	22	2.5
哈萨克斯坦	25	1.3	9	1.0
伊朗	25	1.3	14	1.6
南非	10	0.5	6.5	0.7
其他	180	9.6	95	11.0
全球合计	1873	100.0	867.5	100.0

表 1-3　主要铁矿石特征表

种类	化学式	含铁量/%	颜色	分布	其他
赤铁矿	Fe_2O_3	69.94	赤褐色、黑色	俄罗斯、美国、法国、加拿大、中国	硬度 5~6 相对密度 5~5.3
磁铁矿	Fe_3O_4	72.4	铁黑色	俄罗斯、北美、巴西、澳大利亚、南极	硬度 5.5~6.5 相对密度 4.9~5.2
褐铁矿	$\alpha\text{-}FeO(OH)$ $\gamma\text{-}FeO(OH)$	62.9	黄褐色 暗红至黑红色	法国、德国、瑞典	化学成分变化大 含水量变化大
菱铁矿	$FeCO_3$	62.01	黄色、浅褐黄	波兰、捷克、德国、法国、英国	常含 Mg 和 Mn

2) 铜矿资源

如图 1-6 所示，全球铜矿资源主要集中在环太平洋中新生代铜金带，阿尔卑斯—喜马拉雅中生代斑岩铜矿带，中亚—蒙古古生代斑岩铜矿带，中非砂页岩型铜钴矿带，北美铜镍硫化物集中区，北美黄铁矿型铜矿集中区等区域。美国资源调查局 2015 年的数据显示，全球铜储量（金属量）共计约 7 亿 t，其中，约 29.73% 分布在智利（2.09 亿 t），13.23% 分布在澳大利亚（0.93 亿 t），9.6% 分布在秘鲁（0.68 亿 t）。智利是全球最大的铜资源国，铜矿类型主要为斑岩铜矿，拥有丘基卡马塔（Chuquicamata）铜矿、埃斯康迪达铜矿（Escondida）等世界级铜矿床，规模排名世界第一至第四的超级铜矿均位于智利。中国铜资源主要分布在江西、云南、湖北、西藏、甘肃、安徽、山西、黑龙江等省份，与海外矿山相比，我国铜矿山单体储量较小、品位较低，多以共伴生矿为主、开采成本较高。

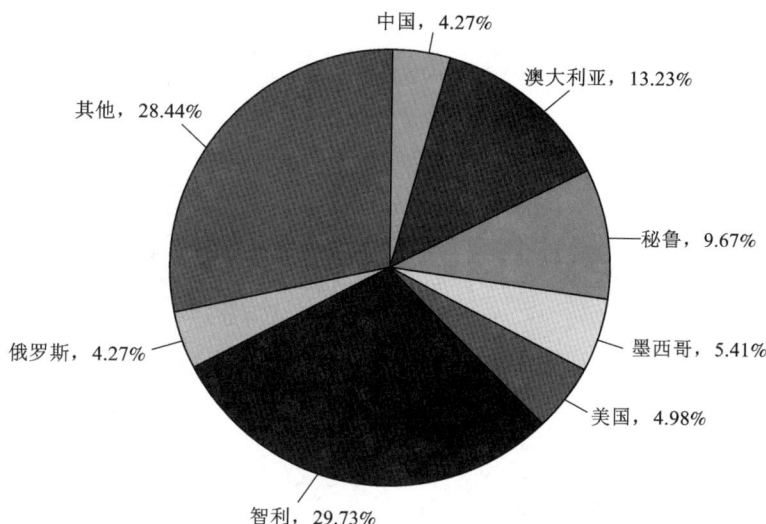

图 1-6 世界铜矿资源分布图

3. 世界非金属矿产资源分布

1）磷矿资源

磷是重要的化工原料，也是农作物生长的必要元素，工业用磷必须大量从磷矿中提取，用于制造黄磷、赤磷、磷酸、磷肥、磷酸盐。美国 USGS 数据显示，当前全球磷矿石储量共计约 710 亿 t，基础储量保持在较稳定的状态，其中摩洛哥磷矿石储量最大，达到 500 亿 t，占比超过 70%，为全球第一。2021 年全球每年开采磷矿约 2.2 亿 t，其中中国国内磷矿产量占全球总产量的 38.6%，位列全球第一，摩洛哥产量占比为 17.3%，位居其后。中国磷矿资源比较丰富，已探明磷矿石储量为 32 亿 t、全球占比为 4.51%，仅次于摩洛哥，位居世界第二位，但磷矿石产量却占全球的 38.6%，磷矿石储采比低、过度开采问题突出。据统计，我国共有磷矿产地 447 处，其中大型 72 处，中型 137 处，分布在 27 个省、自治区、直辖市，主要分布在云南滨池，贵州开阳、瓮福，四川金河、清平、马边，湖北宜昌、胡集、保康等地区。中国磷矿资源虽然较多，但可利用的基础储量仅占 24%，而且中低品位多、富矿少。2017—2021 年全球磷矿石产量情况如图 1-7 所示。

2）金刚石资源

据统计，截至 2019 年 5 月底，世界金刚石资源储量约为 38.7 亿克拉，主要分布在俄罗斯、博茨瓦纳、加拿大、南非、安哥拉、纳米比亚、莱索托、坦桑尼亚、印度、澳大利亚等国，其中俄罗斯和博茨瓦纳的金刚石资源储量约占世界总金刚石资源储量的 57%。2018 年，世界天然金刚石产量约 15000 万克拉，其中，宝石级金刚石产量为 8700 万克拉，工业级金刚石产量为 6300 万克拉。世界 3 家最大的金刚石采矿公司分别是德比尔斯、阿尔罗萨和力拓，其天然金刚石产量约占世界天然金刚石总产量的 65%。据统计，2018 年美国以 48% 的市场占有率成为全球第一大钻石消费国，中国钻石消费占全球 14%。如图 1-8 所示，2019 年中国金刚石市场销售额 1289 亿元，同比增长 5.26%，而同期全球金刚石市场增速为 3.95%。

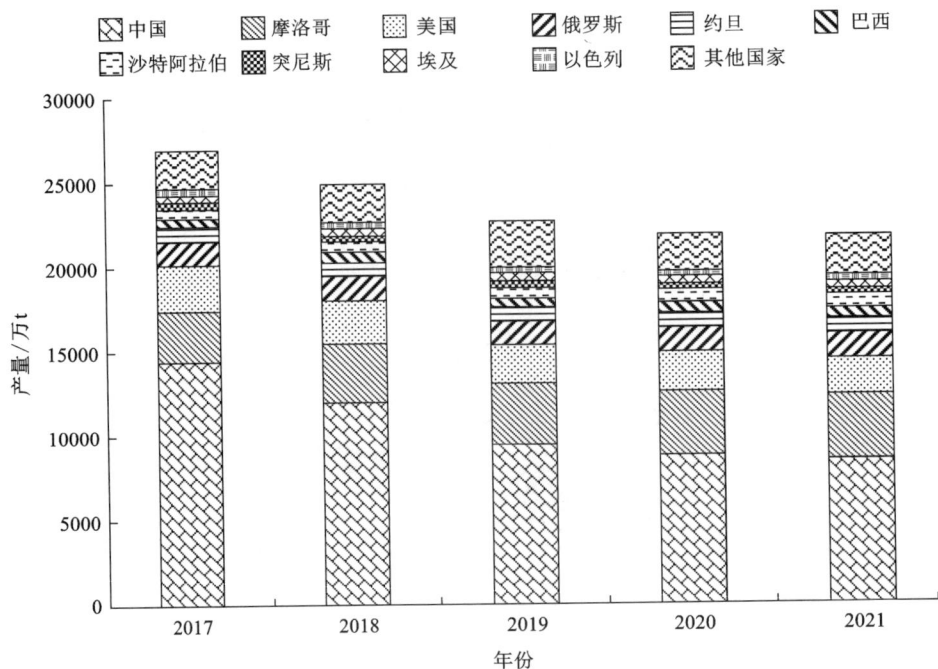

图 1-7　2017—2021 年全球磷矿石产量情况

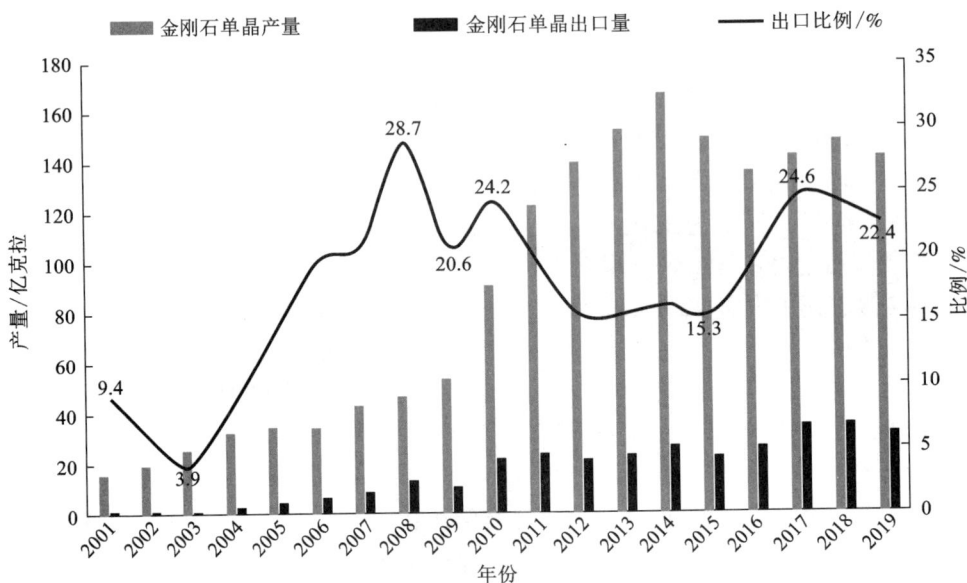

图 1-8　中国金刚石单晶产量及出口情况

1.2.2　世界矿产资源供需格局

从 20 世纪开始，世界重要矿产产量总体呈螺旋式上升。20 世纪 50—70 年代，随着世界经济的恢复、重建和高速发展，全球矿产资源勘查开发快速发展，主要矿产及相关能源原材料产量逐年攀升。纵观全局，世界矿产资源供需格局受矿产资源自然禀赋特征、地质工作深入程度及矿业开发利用技术水平等因素的影响，主要表现出如下变化趋势。

1）世界矿产品供应已由主要发达国家独重逐步转向发展中国家与发达国家并重

20世纪50—60年代，经济快速恢复和生活水平显著提高，西方发达国家将能源原材料工业及矿业的发展摆在极其重要的位置，矿产供应成为其经济恢复的重要支柱。主要发达国家几乎垄断了除苏联以外的世界上矿产品及相关能源与原材料的供应。如1950年，世界主要钢铁大国，几乎全为西方发达国家（除苏联以外）。20世纪七八十年代，由于经济结构的转型，一些西方发达国家在世界矿产品及能源原材料供应中的地位开始滑坡，无论是相对比重还是绝对产量都在下降，特别是英、法、德、日四国，这种情况更为严峻。在铁矿石供应中，1960年上述四国铁矿石产量占全球的1/5以上，到1970年下降为1/10，1980年则降至4%以下。而资源丰富的美国、澳大利亚、加拿大等国家铁矿石供应有增无减。发展中国家如中国、巴西、印度三国的铁矿石产量占世界比重则由1960年的7.5%上升到1980年的30%。这也说明，20世纪80年代以来，亚洲、拉丁美洲、非洲等地区的发展中国家矿业发展迅速，在世界矿产品供应中的作用愈来愈重要。

2）二次资源在世界矿产供应中的比例逐步加大

20世纪80年代初以来，二次资源一直受到世界各国特别是西方发达国家的重视，世界再回收利用的废旧金属数量不断增多，在世界精炼金属生产量中所占比例不断提高。特别是美国、日本及欧盟等发达国家及地区，废旧金属再回收利用的比例远超世界平均水平，某些二次金属产量已接近或超过本国矿山产量。

3）技术进步使以低品位为主的非传统矿产的供应发挥重要作用

特别是近20多年来，不少重大新技术的出现，为更大规模地开发利用低品位贫矿资源提供了技术保障。在20世纪50年代以前，世界各国基本上只利用富铁矿石。据统计，1951年前后，世界一些主要产钢国家自产铁矿石的平均品位为：美国49.5%，苏联52%，加拿大54.5%，瑞典60%。随着富铁矿资源的枯竭，各国铁矿石开采品位迅速降低：苏联在1960年为44.5%，1970年为37.3%，1988年只有33.4%；美国铁矿石开采品位下降更快，1965年降至27.8%，1970年为24.9%，1980年为20.7%，1990年为19.7%。

1.2.3 矿业市场的全球化

矿业为人类提供基本物质与能源保障，支撑世界经济社会繁荣发展。当今世界，全球经济、政治、科技、产业格局处于百年未有之大变局，全球矿产资源生产消费格局加快重塑。2018年以来，主要经济体贸易摩擦升级，世界经济复苏乏力，全球矿业持续分化调整，呈现新的发展趋势。

1）矿业已成为支撑发展中国家和发达国家经济发展的基石

亚非拉等发展中国家强化矿业支撑工业化进程，美欧发达国家加强矿业对高端制造业的支撑。矿业是亚非拉等发展中国家的支柱性产业，刚果（金）、赤道几内亚、安哥拉、阿塞拜疆、哈萨克斯坦、秘鲁等20多个国家矿业产值与GDP之比超过了20%，这些国家大力发展矿业推动下游冶炼产业发展，加速工业化进程，大力发展经济。美欧发达国家重新振兴制造业，尤其是加强高端制造业，提出重新重视矿业，特别是大力加强稀土、锂、钴、镍、萤石等关键矿产的勘查开发。矿业在全球经济社会发展中的地位愈发凸显，2018年矿业为人类提供了227亿t的能源、金属和重要非金属矿产，总产值高达5.9万亿美元，相当于全球GDP的

6.9%。其中，能源矿业产值 4.5 万亿美元，占世界矿业总产值的 76%。

2）经济格局重塑、美国能源独立、应对全球气候变化，加快重塑全球能源格局

2018 年，中国、印度、东盟等亚洲新兴经济体，美欧日韩等发达经济体和其他国家分别消费了全球 35%、36% 和 29% 的能源，全球能源消费总体呈现"三分天下"格局。2017 年美国成为天然气净出口国，2020 年后有望成为石油净出口国，基本实现能源独立，对全球能源格局产生深远影响。气候变化促使全球能源消费结构加速调整。煤炭占比将持续下降，清洁能源占比将持续增加，未来煤炭、石油、天然气及非化石能源消费占比将呈"四分天下"格局。

3）亚洲新兴经济体已成为全球金属矿产消费中心，重塑全球矿产资源供需格局

2018 年，中国、印度、东盟等亚洲新兴经济体铁、铜、铝消费全球占比分别为 59%、59% 和 61%，美欧日韩等发达经济体铁、铜、铝消费全球占比分别为 28%、35% 和 29%。未来一定时期内，亚洲新兴经济体金属矿产需求仍将持续增长，美欧日韩等发达经济体金属矿产需求总量呈持续下降态势。澳大利亚、南美洲地区是全球最重要的矿产资源供应地。澳大利亚和巴西是主要铁矿出口国，2018 年占全球铁矿出口总量的 80%。智利、秘鲁是主要铜矿出口国，占全球铜矿出口总量的 40%。随着亚洲矿产资源需求的不断增加，非洲、东南亚等国家和地区逐步成为重要矿产资源供应地区，几内亚已成为全球第一大铝土矿出口国，刚果（金）成为全球第一大钴矿和第四大铜矿出口国，菲律宾、印度尼西亚的镍矿出口占全球 84%。

4）全球矿产品市场震荡调整，矿业市场结构出现分异

2019 年，受供需基本面及突发事件影响，石油、铜、锂等价格整体呈下降态势，铁矿石、镍价格短期出现暴涨。受全球贸易摩擦、地缘政治冲突加剧影响，黄金价格大幅上涨。主要矿业公司股价整体随矿产品价格震荡变化。全球固体矿产勘查投入缓慢回升，但中国固体矿产勘查投入持续下降。大型矿业公司逐步聚焦南北美、澳大利亚等地区，大幅降低非洲、东南亚等地区勘查投入。

5）国际大型矿业公司高度金融化，拥有全球优质资源

美国、澳大利亚、加拿大、日本、巴西、英国等国矿业公司金融机构持股比例一般在 50%以上。2018 年进入全球福布斯榜单的 80 家油气公司中，美国公司 24 家，美国金融机构持股 44 家。美国金融机构在必和必拓、力拓、淡水河谷等矿业公司中持股比例也比较高。全球 2395 家上市矿业公司中，大型矿业公司数量占比不足 4%，但其市值占比近 80%。国际大型矿业公司占有全球优质资源，各矿种前十大公司生产了全球 82% 的铁矿、60% 的铝土矿、46% 的铜矿、42% 的镍矿、96% 的铂矿、94% 的钯矿和 85% 的铀矿。

6）全球经济增速放缓促使国际大型矿业公司加强风险管控，推进战略调整和转型发展

国际大型矿业公司不断剥离处于开发前期、高成本、高风险的非核心项目，聚焦禀赋好、成本低、现金流充裕的项目，加快业务结构调整，布局金、铜等抗周期、抗风险矿种，以及铂、锂等清洁能源矿产，剥离煤炭等传统矿产。部分国际大型矿业公司逐步减少在非洲、东南亚等地区勘查开发投入，回归澳大利亚、美洲等地区。

7）主要国家和地区加快矿业政策调整，推进全球资源治理

美国已基本实现能源独立，正加快推进关键矿产资源安全供应保障，推进全球资源治理。欧洲加强区内矿产资源开发，强化关键原材料安全供应与全球资源治理。加拿大和澳大利亚推进绿色矿业，提高矿业发展质量与效益。印度尼西亚、菲律宾、老挝、刚果（金）、坦

桑尼亚、赞比亚等亚洲、非洲国家通过调整税费等政策，延伸矿业产业链，强化本土矿业权益。智利、秘鲁等拉美国家改善矿业投资环境，愈发重视矿业发展。

8）科技创新正在引领传统矿业转型升级，加速向绿色、安全、智能、高效方向发展

大数据、人工智能、云计算、移动互联等现代信息技术与矿业发展开始融合，智能勘探、智能矿山、矿业物联网等快速兴起。精细化采矿技术有望实现矿业生产"零排放"，选冶新技术突破大幅提高资源利用效率，生态修复技术加快发展，深部探测技术发展推动地球深部资源开发利用。

综上所述，从短期看，全球经济增长放缓、中美贸易摩擦、地缘政治冲突等因素将增加全球矿业发展的不确定性，矿业市场将持续震荡调整。从中长期看，中国矿产资源需求仍将处于较高水平，印度、东盟等国家和地区矿产资源需求将持续增长，其他发展中国家的矿产资源消费也将不断增长，有望带动全球矿业的持续发展。

1.3　我国矿产资源开发利用现状

矿产资源在社会经济发展中起到了基础性的作用，矿产资源的不可再生的特性及其可耗竭性决定了在矿产资源开发利用过程中必须坚持合理开发、高效利用的原则。我国是世界上最大的矿产资源生产国和消费国，矿产资源的合理开发利用对保障社会经济可持续发展意义重大。

1.3.1　我国矿产资源的特点

1）矿产资源总量丰富、但人均占有量严重不足

中国是世界上少有的几个资源总量大、配套程度高的资源大国之一，矿产资源潜在总值居世界第三位。截至 2021 年底，世界上已知的 173 种主要矿产在我国均有发现，其中，居世界第一位的就有钨、锡、铋、钒、钛等 10 余种，居世界前五位的有煤、铅、锌、汞等 20 余种。但是，由于我国人口众多，人均占有资源量仅为世界人均占有量的 50% ~ 60%，部分经济需求量大的铜、铝、铅、锌、镍等大宗矿产资源储量占世界矿产资源储量比例很低，对外依存度极高。

2）矿产资源消费量全球第一、大宗矿产资源对外依存度高

中国是全球最大的矿产资源的生产大国和消费大国，对世界矿业市场具有重要的影响。据统计，2018 年中国能源总产量占全球 19%、铁矿占 11%、铜矿占 7%、铝土矿占 21%，能源总消费量占全球 24%、钢铁占 49%、铜占 53%、铝占 56%，石油进口量占全球 16%、天然气占 13%、铁矿占 64%、铜矿占 56%、铝土矿占 76%。其中，中国铝土矿的储量仅占世界 2.8%、每年的进口量为 6000 万 ~ 8000 万 t、对外依存度超过 60%；铜消费占世界的 50% ~ 60%，对外依存度超过 70%。

3）贫矿多富矿少，开发利用难度较大

中国矿产种类多、矿产资源产地分布广，但总体上贫矿多、富矿少。例如，我国铁矿的基础储量高达 220 亿 t，但 95% 以上是难以直接利用的贫矿，含铁平均品位仅为 33%。铜矿的平均地质品位仅 0.87%，远低于智利、赞比亚等世界主要产铜国家，其中品位大于 2% 的铜

矿仅占总资源储量的6.4%，而且资源储量大于200万t的大型铜矿床品位基本上都低于1%，高于1%品位的大型铜矿中的资源储量仅占总资源储量的13.2%。铝土矿虽有高铝、高硅、低铁的特点，但几乎全部属于难选冶的一水硬铝土矿，目前可经济开采的铝硅比大于7%的矿石仅占总量的1/3。

4）中小型矿床多，超大型矿床少，矿床规模偏小

作为世界最大的黄金生产和消费大国，我国的大型金矿床仅占9.58%、中型矿床数量约占24.55%、小型矿床数量则高达65.87%。我国迄今发现的铜矿产地900个，其中大型矿床仅占2.7%，中型矿床占8.9%，小型矿床达88.4%。我国储量大于10亿t的特大型铁矿床仅有9处，小于1亿t的铁矿体有500多处。同时，我国矿床中共生伴生矿多，单矿种矿床少，由于矿石组分复杂，必然加大选矿难度，也加大了矿山的建设投资和生产成本。

1.3.2 我国矿产资源开发利用现状

根据开采矿种的不同，我国的非煤地下矿山可分为：黄金矿山、有色金属矿山、黑色金属矿山、非金属矿山和化工矿山。

1）黄金矿山概况

黄金因其特有的天然属性，既可以作为储备和投资的特殊物品，也是制作贵重首饰的重要材料，还广泛应用于航空航天、医学、电子学、现代通信等领域。中国金矿资源比较丰富，保有黄金储量超过4000t，居世界第七位。其中，山东的独立金矿床最多，金矿储量占总储量的14.37%；江西伴生金矿最多，占总储量的12.6%；黑龙江、河南、湖北、陕西、四川等省金矿资源也较丰富。我国金矿资源虽然储量丰富、分布广泛，但是大型矿床少、中等品位矿床多、贫富变化大，金矿已被列入国家保护性开采矿种。目前，我国已探明储量的金矿区有1265处，其中大型矿床仅占9.58%、中型矿床数量约占24.55%、小型矿床数量高达65.87%。

2）有色金属矿山概况

除铁、铬、锰三种黑色金属外，其余共计64种金属统称为有色金属。有色金属是社会经济发展的基础材料，航空、航天、汽车、机械制造、电力、通信、建筑、家电等绝大部分行业都以有色金属材料为生产基础。随着现代化工、农业和科学技术的突飞猛进，有色金属不仅是世界上重要的战略物资和重要的生产资料，也是人类生活中不可缺少的消费材料。

据2019年国家发展改革委颁布的《产业结构调整指导目录（2019年本，征求意见稿）》，我国有色金属矿山的数量约为3400家，其中入选国家级绿色矿山试点单位的有119家，仅占有色金属矿山数量的3.5%。受资源禀赋的限制，我国铜矿具有分布较为分散、品位低、采选难度大等特点，且小型矿山居多，中大型矿山较少。全国共有铜矿区2159处（2014年自然资源部统计数据），规模在万吨以上的铜矿仅有18处。

3）黑色金属矿山概况

黑色金属矿产是指能供工业上提取的铁、铬、锰等黑色金属元素的矿物资源。其中，铁是世界上发现最早、利用最广和用量最多的黑色金属，主要用于钢铁工业，其消耗量约占金属总消耗量的95%。全国铁矿区数量为4669处（2015年数据），主要分布在辽宁、四川、河北、山东、内蒙古、安徽等省、自治区。但是我国铁矿资源储量中80%以上为贫矿，且储量大于10亿t的特大型铁矿床仅有9处。截至2017年底，全国铁矿采矿权数量为3736个，原矿产量为5.67亿t，平均单个矿山的原矿产量不足20万t。其中，大型矿山数量仅有180个，

占比不足 5%，95.2% 为规模不足 100 万 t/a 的中小型矿山。

4）非金属矿山概况

《非金属矿行业绿色矿山建设规范》（DZ/T 0312—2018）规定非金属矿包括：石墨、萤石、滑石、高岭土、膨润土、硅藻土、海泡石、凹凸棒石、伊利石、蛭石、耐火黏土、石膏、石棉、硅灰石、重晶石、长石、叶蜡石、珍珠岩、云母、沸石、硅质原料、红柱石等。萤石作为其中重要的不可再生的资源，已经成为中国重要的战略性资源。

萤石又称氟石，是氟元素的主要来源，工业上常用浓硫酸与酸级萤石精粉来提取氟元素。萤石是稀缺性战略资源，被称为"第二稀土"，广泛应用于冶金、化工、建材、轻工、光学、雕刻和国防工业。目前，中国萤石矿山分布广、小矿多，行业发展速度快但质量不高的特征明显。据统计，国内单一型萤石矿山约 750 个，大型萤石矿山企业仅 23 家，中型矿山企业 49 家，小型矿山占比超 90%。

5）化工矿山概况

《化工行业绿色矿山建设规范》（DZ/T 0313—2018）规定化工行业矿山包括硫铁矿、磷矿、蛇纹石、硼矿、岩盐、井盐、湖盐、芒硝、钾盐、雄黄、毒砂、重晶石、白云岩和萤石等矿山。磷矿作为其中重要的不可再生的资源，可以制取磷肥、黄磷、磷酸、磷化物及其他磷酸盐类，被广泛用于医药、食品、火柴、染料、制糖、陶瓷、国防等工业部门，已经成为中国重要的战略性资源。

截至 2018 年底，全国共有 302 家磷矿山，形成了湖北荆襄、保康、宜昌，贵州瓮福、开阳，云南滇中，四川马边-雷波、德阳八大磷矿生产基地，但是我国磷矿平均品位只有16.85%，远低于摩洛哥（33%）和美国（30%）。总体上看，我国磷矿中小型居多，大型矿山40 余座、中型矿山 90 余座、小型矿山 160 余座。

1.3.3 我国矿产资源开发利用存在的突出问题

1. 空场法和崩落法等传统粗放型开采工艺落后、亟须转型升级

1）空场法存在的突出问题

空场法的实质是在矿体回采过程中在采矿房留设矿柱，主要依靠围岩自身的稳固性和留设矿柱来支撑顶板岩石、管理地压，采空区不做特别处理。该类方法虽然工艺简单、成本低，但是随开采规模的扩大，采空区数量日益增多、安全隐患日益突出，且矿柱回采条件恶化、回采率低，会产生严重的资源损失与浪费，导致该类采矿方法应用比重逐渐降低。

2）崩落法存在的突出问题

与空场法和充填法被动管理地压理念不同，崩落法是随着矿石被采出，有计划地崩落矿体的覆盖岩石和上下盘围岩来充填空区，主动管理地压，由于覆盖岩石和上下盘围岩的崩落会引起地表沉陷，所以只有地表允许陷落的地方才可考虑采用这种采矿方法，而且该方法出矿工作是在覆盖岩石下进行的，矿石损失率和贫化率较高，会产生严重的资源损失与浪费，导致该类采矿方法应用也越来越少。

总之，随着全社会对环境保护问题的日益重视，应用空场法和崩落法等传统粗放型开采工艺的矿山将越来越少，国家也已出台相关文件规定新建矿山必须优先采用充填法，并严格限制崩落法矿山审批。

2. 采空区安全隐患突出、地表沉降塌陷严重

作为矿产资源开采大国，我国每年都要通过开挖数万千米的井巷工程和剥离数亿吨的地表山体，并从地下开采 20 亿 t 以上的矿产资源。落后的采矿技术和机械装备化水平及大量推广使用的空场法，导致大范围、大面积的采空区不断累积。保守估算，因采矿作业产生的采空区的累计体积已超过 350 亿 m^3，超过 1.5 倍三峡水库的容量，可以使整个上海市区塌陷 50 m。

目前，采空区塌陷灾害困扰着我国超过 80% 的中小型地下矿山。作为常见的采空区灾害表现形式，我国因采矿导致地表塌陷的面积就高达 1150 km^2，超过 30 个矿业城市正在面临着严峻的采矿塌陷灾害形势，每年因地面沉降和塌陷造成的直接经济损失就超过 4 亿元。2013 年 6 月 23 日，随州市金泰矿业有限公司发生采空区塌陷，地表塌陷面积约为 100 m^2，塌陷深度约为 60 m，6 名矿工被掩埋；2014 年 10 月 24 日，乌鲁木齐市米东区铁厂沟镇一煤矿发生采空区冒落事故，致 16 人遇难、11 人受伤。湖南郴州、河北武安、河南平顶山、安徽铜陵等矿业城市在"塌陷—搬迁—再塌陷—再搬迁"的恶性循环中不断丧失机遇，严重阻碍城市可持续发展。

2006 年，国家安全生产监督管理总局颁布了《关于开展金属非金属矿山大型采空区调查工作的函》对全国 25 个省、自治区，包括对有色、黑色、黄金、化工和建材五个行业，457 家金属非金属大、中型矿山的采空区分布、危害、安全状况和技术保障情况进行调研，掌握了我国截至 2009 年 4.32 亿 m^3 的采空区分布基本情况。其中独立采空区分布情况见表 1-4。

表 1-4　独立采空区分布情况

独立采空区规模/万 m^3	数量/个	比例/%
0.5~1.0	7166	80.59
1.0~3.0	1218	13.7
3.0~10.1	508	5.71
合计	8892	100

我国矿山采空区规模分布情况见表 1-5。

表 1-5　矿山采空区规模分布情况

采空区规模区间 /万 m^3	矿山数量		采空区体积	
	数量/个	比例/%	采空区体积/万 m^3	比例/%
<50	303	66.3	3710.72	8.59
50~100	54	11.82	3866.72	8.95
100~500	79	17.29	17957.98	41.55
500~1000	14	3.06	8871.04	20.53
>1000	7	1.53	8810.8	20.38
合计	457	100	43217.26	100

按行业分布的采空区规模的数量、体积分布情况如图 1-9、图 1-10 所示。空区体积超过 100 万 m³ 的矿山超过 100 家，累计采空区体积高达 3.56 亿 m³，占此次调查矿山总空区体积的 82.4%。例如：安徽铜陵冬瓜山铜矿（452.2 万 m³）、狮子山铜矿（250 万 m³），湖南郴州柿竹园铅锌矿（260 万 m³），河北承德寿王坟铜矿南 6 号（140 万 m³），广西大厂矿区（450 万 m³），江西香炉山钨矿（320 万 m³），河南栾川钼矿（1017.2 万 m³）等。

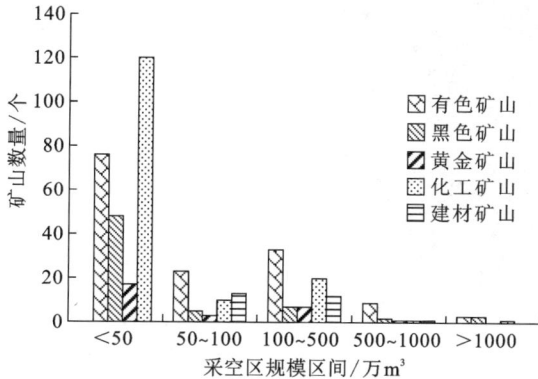

图 1-9 各行业矿山不同采空区规模的数量分布情况

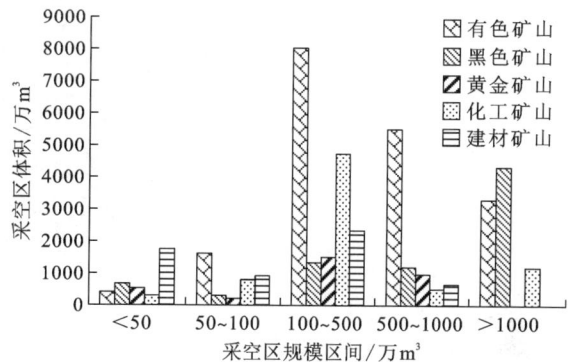

图 1-10 各行业矿山不同采空区规模的体积分布情况

3. 尾矿地表排放环境污染严重、尾矿库风险高

据统计，到 2016 年我国尾矿废石堆存占地面积将超过 3×10^4 km²，其中包括大量的农用、林用土地，给社会造成巨大的压力和严重的负担。经过浮选后的尾矿往往含有大量的有毒有害药剂、重金属离子、氰化物等。由于具有强酸性，尾矿泄滤水会对占用土地、农作物、地面水体、地下水源及水生生物造成不可估量的损失。同时，由于酸性尾矿中硫化物等有害成分的长期暴露，会产生大量有害气体，在大风天气更易诱发扬尘污染。

尾矿库系统除需要占用大量的土地外，基建投资及运行费用更是居高不下。我国冶金矿山每吨尾砂需尾矿库基建投资 1~3 元，生产运营管理费用 3~5 元。尾矿库不仅是巨大的污染源，更是潜伏的危险源。2005—2011 年，全国尾矿库共发生事故 70 起，死亡和失踪 353 人。尾矿库事故按发生形式可分为五类：溃坝事故、排洪系统破损事故、渗漏或管涌事故、洪水漫顶事故及其他事故。各类事故所占尾矿库事故比例如图 1-11 所示。

世界矿业巨头巴西淡水河谷公司旗下两座铁矿山就相继在 2015 年和 2019 年发生了严重的尾矿库溃坝事故（图 1-12）。2015 年 11 月，位于巴西东南部米纳斯吉拉斯州马里亚纳市附近的一座尾矿库发生溃坝事故，造成约 6000 万 m³ 尾矿和废水泄漏、19 人死亡，含有大量污染物成分和重金属离子的泄漏砂浆以溃坝处为起点，往帕劳佩巴河沿岸下游方向绵延 18 km，对沿线的河流和土壤产生了严重的污染，造成大量的动植物、微生物和鱼类死亡，导致 25 万人饮水困难。2019 年 1 月，同样位于巴西米纳斯吉拉斯州的另一座尾矿库发生溃坝事故，造成 273 人遇难，此次尾砂泄漏总量高达 1200 万 m³，直接席卷下游的办公区和村镇，冲毁区域宽约 150 m、绵延数公里，含有大量污染物成分和重金属离子的泄漏砂浆最终流入大西洋。

2020 年 2 月，中华人民共和国应急管理部、国家发展改革委、工业和信息化部、财政部、自然资源部、生态环境部、水利部、中国气象局等有关部门印发《防范化解尾矿库安全风险工

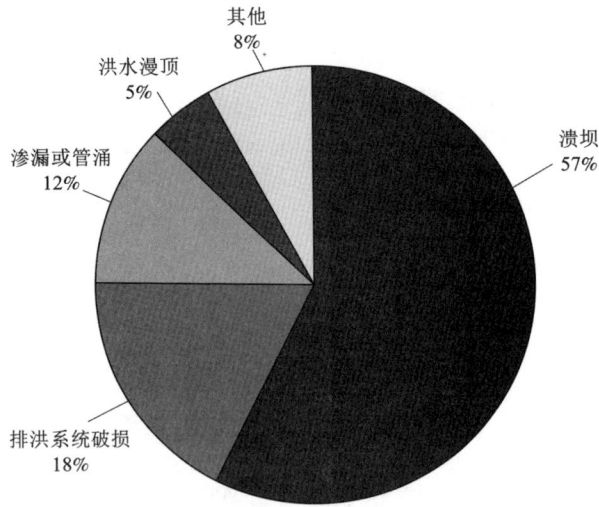

图 1-11　我国尾矿库事故分类及比例示意图

图 1-12　2019 年巴西 Córrego do Feijão 铁矿尾矿库溃坝事故

作方案》：自 2020 年起，在保证紧缺和战略性矿产矿山正常建设开发的前提下，全国尾矿库数量原则上只减不增，不再产生新的"头顶库"；强化源头准入，严格控制尾矿库数量；对不符合产业总体布局、国土空间规划、河道保护、安全生产、水土保持、生态环境保护等国家有关法律法规、标准和政策要求的，一律不予批准。严格控制新建独立选矿厂尾矿库，严禁新建"头顶库"、总坝高超过 200 m 的尾矿库，严禁在距离长江和黄河干流岸线 3 km、重要支流岸线 1 km 范围内新（改、扩）建尾矿库。因此，在未来一段时间内，中小型矿山在现有尾矿库逐渐达到服务年限、库容逐渐告罄的情况下，如何综合利用和无害化处置尾矿将直接影响矿山的正常生产和可持续发展。

4.机械装备落后、生产效率低

广大中小型地下矿山大量使用的气腿式凿岩机凿岩，不仅需要在地面建设空压机站、井下铺设高压风管作为动力，工作时还需连接高压水管进行工作面的除尘，并由工人手持推进钻机。其准备工作复杂、工作面噪声大、粉尘多，导致气腿式凿岩机凿岩作业工人的劳动强度极大、工作环境极其恶劣、工作效率极低，凿岩过程中也极易发生冒顶、片帮事故，导致工人伤亡事故。

此类地下矿山仍大量使用电耙平场或出矿，不仅需要频繁地在采场内打锚杆、挂葫芦才能耙运矿石，而且电耙仅能耙运一条线上的矿石，导致工人劳动强度大且矿石二次损失严重。同时，在工人频繁地打锚杆、挂葫芦的过程中，也极易发生冒顶、片帮事故。

5.优质矿柱资源损失严重、残矿回收难度大

广大中小型地下矿山仍大多沿用20世纪的空场采矿工艺，导致采场内遗留了大量的优质矿柱资源，包括顶柱、底柱、间柱、点柱和保安矿柱等。据统计，我国广大中小型矿山的资源综合回收率普遍不足60%，每年的采损矿量高达20亿t，保有的残矿资源可供100个大型矿山开采300余年。残矿资源的安全高效回收一直是当今采矿技术的一大难题，国内外尚无成功的、便于大范围推广的典型案例，究其原因，残矿回收中存在如下难题。

1)采空区群形态复杂、安全隐患突出

采空区内部往往纵横交错、上下贯通，如此大体积的复杂采空区群极易发生空区冒顶、坍塌等现象，进而诱导产生大规模地压活动。

2)采空区充填技术要求高、治理难度大

高效合理地充填采空区以消除采空区安全隐患、防止上部岩体出现移动和沉降，是残矿安全高效回收的前置条件。例如，在上下皆存在采空区的残留顶底柱回收过程中，顶底柱下部采空区可采用非胶结充填以降低充填成本，并需预留3~4 m的上采作业空间，顶底柱上部采空区则需采用高强度胶结充填工艺，构筑顶底柱回收时的人工顶板，以确保顶底柱回采安全。因此，采空区的充填工艺技术要与残矿回采方案相结合，以获得技术可行、经济合理的充填工艺技术方案。

3)残矿资源禀赋条件复杂、空间形态变化大

由于残矿的产状变化从薄到厚、倾角从水平至急倾斜，且上盘大多赋存有不稳固的岩体，开采技术条件极其复杂；再加上多年的无序开采，产生了数量庞大的采空区群，遗留大量的高品位残矿资源于采空区群内及边部，其形态各异、厚度不均、安全回收技术难度极大。

4)不同类型的残矿资源回采工艺各不相同

多数采空区群条件的盘区残矿资源类型主要包括：顶底柱、间柱和边角矿。由于各盘区残矿资源禀赋特征和采空区分布状况的不同，相应的残矿回采工艺也各不相同，再加上部分采空区的稳定性会随着时间的推移而不断恶化，因此所选用的技术方案必须具有针对性，且应安全可靠、技术可行、经济合理。

1.3.4 我国矿产资源开发利用发展方向

百度百科将"绿色开采"定义为：一种综合考虑资源效率与环境影响的现代开采模式，其目标是使矿山开采过程中资源开发效率最高，对生态环境影响最小，并使企业经济效益与社会效益协调优化。编者基于数十年的采矿工程专业教学和现场工程实践积累，认为在当代的开采技术和装备条件下，"绿色开采"的内涵可进一步细化为：

（1）采用先进的采矿工艺及机械化的采掘装备，实现矿产资源的安全高效回收，及时处置采空区、有效保护地表地形与生态。

（2）矿山开采所产生的固体废弃物能够得到资源化使用和无害化处置。

（3）矿山废水能够得到循环利用或达标排放。

2009 年 1 月 7 日，国家发展和改革委员会、国土资源部联合发布了《全国矿产资源规划（2008—2015 年）》，明确提出了发展"绿色矿业"的要求，并确定了"2020 年基本建立绿色矿山格局"的战略目标。

2010 年 8 月 13 日，国土资源部发布了《国土资源部关于贯彻落实全国矿产资源规划发展绿色矿业建设绿色矿山工作的指导意见》，随文附带了《国家级绿色矿山基本条件》，主要包括依法办矿、规范管理、资源综合利用、技术创新、节能减排、环境保护、土地复垦、社区和谐、企业文化等九大方面。

2011 年 3 月 19 日，国土资源部公布了首批"绿色矿山"试点单位名单，国内新汶矿业集团、金川集团、德兴铜矿、开阳磷矿等 37 家单位上榜。

2012 年 6 月 14 日，国土资源部发出通知：到 2015 年，建设 600 个以上试点绿色矿山，形成标准体系及配套支持政策措施；2015—2020 年，全面推广试点经验，实现大中型矿山基本达到绿色矿山标准、小型矿山企业按照绿色矿山条件规范管理、基本形成全国绿色矿山格局的总体目标；新办矿山达不到绿色标准将不能获批。

2016 年 12 月 7 日，由国土资源部、国家发展改革委、工业和信息化部、财政部、环境保护部、商务部共同组织编制的《全国矿产资源规划（2016—2020 年）》正式发布实施，明确要求到 2020 年基本形成节约高效、环境友好、矿地和谐的绿色矿业发展模式，在规划期末全国拟建设绿色矿山的数量约 1.3 万个。

2017 年 5 月 12 日，国土资源部、财政部、环境保护部、国家质检总局、银监会、证监会联合印发《关于加快建设绿色矿山的实施意见》要求，加大政策支持力度，加快绿色矿山建设进程，力争到 2020 年，形成符合生态文明建设要求的矿业发展新模式。

2018 年 3 月 11 日，第十三届全国人民代表大会第一次会议通过的《中华人民共和国宪法修正案》中，首次将生态文明写入宪法，绿色矿山建设已经上升为国家战略。

2018 年 6 月 22 日，自然资源部发布已通过全国国土资源标准化技术委员会审查的《非金属矿行业绿色矿山建设规范》等 9 项行业标准进行公告，于 2018 年 10 月 1 日起实施。

因此，践行绿色开采理念、建设绿色矿山已成为我国矿山发展的必由之路。

思考题

1. 大宗矿产资源、战略性矿产资源、十种常用有色金属分别包括哪些矿种？
2. 为什么矿产资源的全球化不可避免？
3. 我国的矿产资源有哪些特点？
4. 试分析我国矿产资源开发利用过程中存在的问题及原因。
5. 为什么践行绿色开采理念、建设绿色矿山已成为我国矿山发展的必由之路？

第2章　空场法转型充填法

我国矿产资源总量虽然丰富,但是超大型矿床少、中小型矿床多,导致矿山的规模普遍偏小。同时,我国矿业的现代化起步较晚,整体开采技术和装备水平基础相对薄弱,在矿产资源开采利用的过程中大量使用空场法等落后工艺技术,产生了一系列的安全事故、资源浪费和环境污染等问题,有悖于国家"绿水青山就是金山银山"的发展理念,亟须转型升级。

2.1　中小型地下矿山传统开采模式概况

据统计,我国目前共有非油气矿产采矿权近5万个,其中大型矿山数量不足15%,通过验收的绿色矿山仅有1100余座。广大中小型地下矿山仍然沿用留矿法、房柱法、崩落法等传统的采矿工艺,使用风动凿岩机、电耙和装岩机等落后的采掘装备,不仅采矿工艺与装备水平落后、生产效率低下、损失贫化严重,而且普遍存在采空区安全隐患突出、尾矿地表排放环境污染严重、尾矿库库容将罄等问题,严重影响矿山的经济效益、服务年限和可持续发展,有悖于国家"绿水青山就是金山银山"的发展理念。

2.1.1　中小型地下矿山传统采矿方法

我国矿业的历史悠久,早在新旧石器时代即开始了石料、黏土、陶土、玉石、铜矿和煤矿的开采。但是,我国矿业的现代化起步较晚,整体开采技术和装备水平基础相对薄弱,广大中小型地下矿山仍沿用20世纪的采矿工艺,例如:房柱法、留矿法、崩落法、干式充填法等。

1) 房柱法

房柱法是将回采单元划分矿房、矿柱并相互交替排列,回采矿房时留下矿柱维护采空区顶板,所留矿柱可以是连续的或间断的,间断矿柱一般不进行回采(图2-1)。由于房柱法工艺简单、对近似水平或缓倾斜矿体的层状矿体具有较好的适用性,因此,在中小型的金属、

图 2-1　房柱法示意图

非金属及化工矿山应用非常普遍。

河南省金矿资源较丰富,已探明储量约占全国总储量 7%,主要分布于小秦岭、桐柏山、熊耳山、伏牛山等区域,其中,大型矿区仅 11 个,占核查矿区总数的 6.6%;中小型矿区 156 个,占核查矿区总数的 93.4%。河南省内部分中小型地下矿山至今沿用传统的房柱采矿法,例如:庙岭金矿、柿树底金矿、秦岭金矿、灵湖金矿、老鸦岔金矿、潭头金矿、上宫金矿等。

湖北省磷矿资源丰富,累计探明储量达 60.24 亿 t,占全国总储量 25.11%,有荆襄、保康、宜昌三大磷矿生产基地。其中,宜昌地区更是位列全国八大磷矿区第一位。宜昌地区磷矿山数量超过 50 座,其中大部分为中小型矿山,且大多采用房柱采矿法,例如:丁西磷矿、明珠磷矿、宝石山磷矿、孙家墩磷矿、杉树垭磷矿、灰石垭磷矿等。

国内其他采用房柱采矿法的矿山有:綦江铁矿、七里江铁矿、锡矿山锑矿、大方硫黄矿、新晃汞矿、麻阳铜矿、巴厘锡矿、车江铜矿、田湖铁矿、福山铜矿、屿耳崖金矿、浒坑钨矿、新冶铜矿、彭县铜矿、文峪金矿、湘东铁矿等。

我国采用房柱法的矿山,多半采用风动凿岩机凿岩、电耙两次耙运矿石、漏斗放矿和电机车运输的方式,不仅机械化装备水平低、生产能力小,还会预留大量的矿柱资源无法回收,而且随着采空区的不断累积,矿柱应力集中现象越来越明显,是大规模的矿柱失稳、顶板冒落和采场坍塌等地压灾害事故的主要诱因。

2)留矿法

留矿法是将矿块分成矿房和矿柱,矿房回采自下而上分层进行,用浅眼崩矿,每次崩下矿石放出三分之一,其余暂存矿房中作为继续上采工作平台,待矿房采完后进行最终放矿的开采方法,如图 2-2 所示。由于留矿法工艺简单,对矿岩稳固的急倾斜薄矿脉具有较好的适用性,在广大中小型矿山的应用比例为 40% 以上,占据各类采矿方法的首位。

图 2-2 留矿法示意图

河南省大部分小型金矿、江西省的大部分钨矿及福建省的大部分萤石矿均采用留矿法开采。例如:河南省的文峪金矿、吉家洼金矿、二道沟金矿、安底金矿,江西省的大吉山钨矿、西华山钨矿、盘古山钨矿、画眉坳钨矿、铁山垅钨矿、下垅钨矿、漂塘钨矿等,福建省的邵武萤石矿、正诚萤石矿、长兴萤石矿、回潭萤石矿等。此外国内中小型地下矿山如刘冲磷矿、桓仁铅锌矿、乔口铅锌矿、川口钨矿、瑶岗仙钨矿、商南铬矿、东风萤石矿、红透山铜矿、遂昌金矿、新冶铜矿、潘家冲铅锌矿、皮夹沟金矿、盘龙岗硫铁矿等也采用留矿法。

在实际应用过程中,留矿法也存在诸多的安全、经济和技术问题:

(1)留矿法对矿体变化的适用性差。留矿法通常对矿岩中等稳固及以上、急倾斜、厚度较薄且边界规整的矿体开采具有较好的适用性。当矿体倾角、厚度变化大,矿岩边界不规整、上下盘围岩稳定性差时，留矿法无法适用这种复杂的资源禀赋和开采技术条件。

（2）矿石损失率高、资源浪费严重。留矿法采场需留设顶柱、底柱和盘区间柱，再加上底部出矿结构内的存窿矿石损失，导致矿石的损失率高，进而大大缩短矿山的服务年限。

（3）矿石贫化率高，制约矿山的正常生产并严重压缩企业的利润空间。受矿体倾角和厚度不均且边界变化的影响，留矿法无法实现矿废、高低品位矿石的分采，进而会产生一定的设计贫化。同时，频繁的爆破振动和放矿加载卸荷作用会进一步加剧矿石二次贫化，导致采出矿石的贫化率高。大量混入矿石中的废石也需要消耗大量的凿岩、爆破、出矿、运输、提升和选矿成本，严重压缩企业的利润空间，还增加了尾矿产出总量和处置难度。

3）崩落法

崩落法是一种在回采过程中不分矿房矿柱，以强制或自然崩落的围岩形成覆盖层，矿石在覆盖层下放出，随回采工作面推进覆盖层废石随即充填采空区，实现采场地压管理的采矿方法，如图2-3所示。崩落法是在铁矿中应用最广泛的一类采矿方法，例如：鲁中张家洼铁矿、程潮铁矿、杏山铁矿、敦德铁矿、西石门铁矿等矿山均采用无底柱分段崩落法，赵普白钨矿段、龙首矿西二采区、金平长安金矿、太白黄金矿业、

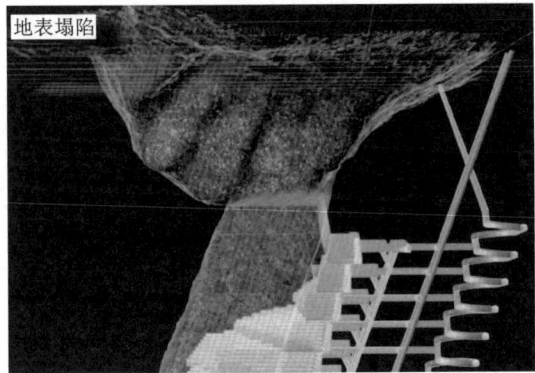

图2-3　无底柱分段崩落法示意图

长安金矿、新沟白钨矿、黄山南铜镍矿也采用了无底柱分段崩落法。太平矿业、眼前山铁矿、罗卜岭铜钼矿、长山壕金矿、普朗铜矿、鑫达矿业公司M739铁矿、七宝山硫铁矿老虎口矿段、七宝山铜锌矿则采用自然崩落法。

然而，崩落法不仅会引起严重的地表沉降和塌陷、破坏周边生态环境、危及井下安全，还会在放矿过程中不可避免地混入大量的废石，导致矿石产生严重的损失和贫化，造成严重的资源损失浪费。

4）干式充填法

干式充填法是指用矿车或其他机械输送废石、砂石充填采空区，也是充填采矿技术最早采用的方法。苏联及日本、澳大利亚曾广泛采用，至20世纪50年代，我国超过50%的有色金属矿山使用干式充填法采矿。例如：湖南省的黄金洞金矿、江东金矿、大万金矿、大南金矿、黄沙坪铅锌矿、宝山铅锌矿、辰州矿业鱼儿山坑口等；其他省份的黄兔林铅锌矿、泗人沟铅锌矿、五龙沟金矿、三道桥铅锌矿、黑岚沟金矿、青龙沟金矿、大西沟金矿、大柳行金矿、凌源日兴矿业等。

受制于矿山掘进废石点多量少的局限，干式充填法存在废石总量不足、转运困难、成本高，充填能力小、效率低、效果差等诸多问题。

2.1.2　中小型地下矿山常用采掘装备

1）风动凿岩机

风动凿岩机（图2-4）简称风钻，是一种以压缩空气为动力的冲击式钻眼机械，常见类型

包括：手持式凿岩机、气腿式凿岩机、伸缩上向式凿岩机等。由于造价低、设备投资小，7655、YT-28、YSP-45 等风动凿岩机自 20 世纪在矿山普及以来，一直是中小型矿山最主要的采掘设备。目前，大部分的中小型矿山仍在使用此类凿岩设备。

图 2-4　风动凿岩机作业图

2）电耙

电耙（图 2-5）一般由减速装置、主卷筒、副卷筒、操纵装置、钢绳导向装置和电动机组成，主要用于中小型矿山的采场平场、矿石搬运及废石充填作业。

3）装岩机

装岩机（图 2-5）是一种在水平或缓倾斜坑道中装载矿石或岩石的机械。按其工作机构的形式来分，有耙斗式、铲斗式、蟹爪式、立爪式和抓斗式等，常用于煤矿、冶金矿山、隧道等工程的巷道掘进中。其中，国内中小型矿山应用最普遍的为铲斗装载机，它由行走机构、铲斗、斗柄、回转机构、提升机构和操纵箱组成。铲斗装载机工作时，操纵行走机构前进，利用机器前进的冲力，将铲斗插入岩石堆中，然后开动提升电动机，使铲斗一边插入岩石堆一边提升，直到装满铲斗。

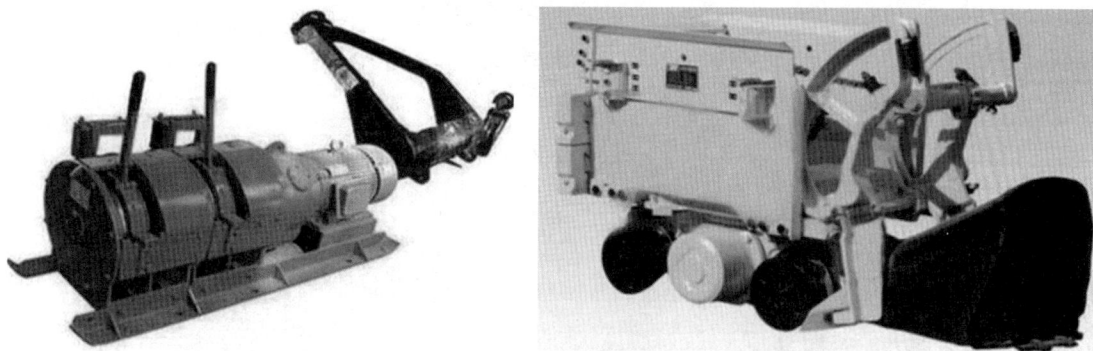

图 2-5　电耙和装岩机设备图

2.1.3 中小型地下矿山尾矿排放方式

2005—2015 年我国大宗工业固体废弃物排放及综合利用情况见表2-1。2005 年,我国尾矿产生量为 7.1 亿 t,其综合利用率仅有 7% 左右。2015 年,我国产生尾矿、煤矸石、粉煤灰等工业固体废弃物总量已超过 32 亿 t,其综合利用率约为 50%;相比之下,产生量占大宗工业固体废弃物近一半的尾矿的综合利用率更是仅有 20%。国内广大中小型矿山通常将选厂所产生的低浓度尾矿浆体直排尾矿库,如图 2-6 所示,这也是我国最主要的尾矿排放方式。根据国家安全生产监督管理总局数据,截至 2012 年底,我国共有尾矿库 12273 座,约占世界总数的 50%。其中,有危库 54 座,险库 100 座,病库 1069 座;尤其是有近 9100 座五等库遍地开花,且大多工艺落后、管理松懈、安全隐患突出。

表 2-1 2005—2015 年我国大宗工业固体废弃物排放及综合利用情况

种类	产生量/万 t			综合利用量/万 t			综合利用率/%		
	2005 年	2010 年	2015 年	2005 年	2010 年	2015 年	2005 年	2010 年	2015 年
尾矿	71400	121400	130000	5000	17000	26000	7	14	20
煤矸石	37000	59800	73000	19600	36500	51100	53	61	70
粉煤灰	30100	48000	56600	19900	32600	39600	66	68	70
冶炼渣	18000	31700	44000	9000	19000	33000	50	60	75
石膏	5000	12500	15000	500	5000	9750	10	40	65
赤泥	1000	3000	3500	20	120	700	2	4	20
合计	162500	276400	322100	54020	110220	160150	33	40	50

图 2-6 尾矿浆体直排尾矿库

2.2　中小型地下矿山传统开采模式转型方法

鉴于中小型地下矿山在使用传统采矿方法和采掘装备中存在的诸多安全、技术和经济问题，应积极影响国家绿色矿山建设的号召，进行传统粗放型开采模式的转型升级。

2.2.1　中小型地下矿山传统开采模式转型途径

1）将空场法变更为更加安全、高效且能实现绿色开采的充填法

空场法对产状从薄到厚、品位从低到高、倾角从倾斜至急倾斜变化的矿体适用性差，也不适用于矿岩稳固性差、"三下开采"等复杂的开采技术条件，在实际使用过程中存在诸多的安全、经济和技术问题。因此，广大中小型地下矿山应进行采矿方法变更，寻求回采率高、安全性好、环境友好的充填采矿法。大量应用实践证明，将空场法变更为充填法，不仅可将矿石回收率提高 20%以上，还可以从根本上消除采空区安全隐患、有效减少尾砂地面排放量、大幅提高矿山的安全生产水平，综合效益极为显著。

2）建设尾砂充填系统、为空场法转充填法创造必备条件

充填法的关键在于充填工艺与充填系统。所建设的充填系统不仅需要同时满足充填采矿、采空区治理和尾矿处置方面的需要，而且还要符合"运行可靠，能力匹配，运营成本低，投资可控"的高标准要求。因此，应通过大量的试验研究、理论分析、方案比较，获取尾砂管道输送、充填配比等关键技术参数，确定适宜的低成本充填工艺流程方案，优选合适的充填制备站址方案，保障充填系统的可靠性并控制充填成本，以减少投资与运营成本。

3）进行采空区充填治理、消除采空区安全隐患

利用新建成的充填系统，对采空区进行充填治理，可以从根本上消除采空区安全隐患、保护地表环境，确保矿山后续的生产安全并取得良好的经济效益，具有重大的现实意义。

4）加强尾矿和废石的综合利用、实现固体废弃物的地表零排放

在充填采矿、充填治理采空区消纳大量尾矿的基础上，进一步加强剩余尾矿和废石的综合利用技术研究，实现矿山固废的减排及资源化利用，以解决尾矿库库容将罄、新建尾矿库投资巨大的难题。

5）引进机械化的采掘装备、实现推进机械化集约化开采

基于各矿山的资源禀赋条件，开发符合现有开采技术条件的高效率、低成本充填采矿新技术，引进机械化的采掘装备，最大程度地提高资源的回收效率和回采强度；实现采矿、掘进、装载、运输、提升、选矿的全流程机械化作业，减少用工成本和安全风险；推进机械化、集约化整装开发，将资源优势转化为经济优势。

6）进行科学合理的资源开采整体规划、实现持续均衡的发展

在详实的可采储量统计与分析基础上，应进行科学合理的资源整装开发近期、中期和长期规划，并根据采矿工艺和生产能力编制未来 3 年的采掘计划，使矿山形成合理的三级矿量，使矿山能够实现持续均衡发展，并发挥应有的技术经济效益。

2.2.2 空场法转型充填法具体实施内容

针对矿山的具体开采技术条件，要想成功实现空场法转型充填法，必须围绕其应用过程中的采场结构参数优化、机械化采掘运装备配套，开拓采准切割工程布置、盘区采区产能分配、采场充填成本控制等关键问题，开展一系列应用研究与工程实践，具体包括八个方面。

1. 资源的禀赋特征与工程岩石力学调查

资源的禀赋特征是指矿体的空间形态、产状(延伸长度、走向长度、倾角、厚度)、沿走向和倾向的连续性、断层位置及影响等。在资源禀赋特征的系统调查分析的基础上，对矿体按倾角、厚度等参数进行分类，结合工程岩石力学调查，即矿岩的节理裂隙、抗压、抗拉强度，上下盘围岩的稳固性等，为采矿方法的优化选择和工艺参数的确定提供重要的依据，主要包括以下内容。

(1)资源的禀赋特征调查。

①矿床工程地质条件调查及分析；

②矿体空间形态、产状、连续性及断层调查分析；

③可采储量。

(2)工程岩石力学调查。

①顶底板及矿体的岩石力学参数测试；

②矿岩整体性(RQD 指标)和稳定性评价。

2. 充填采矿法选型及工艺方案研究

本研究的目的是在掌握资源的禀赋特征与工程岩石力学调查的基础上，通过矿体分类，对主矿体进行采矿方法优化，优选先进的充填采矿工艺，辅以高效的采矿设备，以提高开采效率，降低损失；对与主矿体产状差别较大的矿体，提出辅助采矿方法；划分各中段可布矿块，制订合理的回采顺序，确定各中段最大生产能力，主要包括以下内容。

(1)充填采矿方法选择。

①矿体分类(依据倾角、厚度、稳定性等)；

②针对主矿体资源，选择 2~3 种安全、高效、经济的开采方案并进行经济技术比较，推荐最优的充填采矿方案作为矿山的主体采矿方案；

③针对其他矿体资源，选择 2~3 种安全、高效、经济的开采方案并进行经济技术比较，选择具有针对性的技术可行、经济合理的采矿方法作为矿山的辅助采矿方案。

(2)开采工艺技术研究。

①采场划分、采场结构参数优化；

②盘区间及采场间回采顺序优化；

③采准、切割及回采工艺优化；

④爆破参数优化；

⑤高效配套采矿设备选型。

(3)采场充填技术方案。

①井下充填管道布设方案；

②采场脱水工艺；

③采场封堵工艺。

（4）采矿方法技术经济分析。

3. 充填材料试验与系统方案研究

本研究的目的是通过室内试验、理论分析和方案比较，研究充填所涉及的关键技术与参数，确定充填工艺流程方案，优选合适的充填制备站址方案，保障充填系统的可靠性并控制充填成本，为充填系统设计提供依据，主要包括以下内容。

（1）充填室内试验。

①充填骨料的物理力学性质（粒级组成、渗透系数、压缩系数）测试分析；

②用配比试验确定不同充填目的、不同组合料构成的充填质量指标，并进行相应充填配比参数试验；

③推荐配比充填料浆的坍落度、稠度等管道输送参数测定；

④推荐配比充填料浆体重、泌水率等充填体性能参数测定；

⑤推荐配比充填料浆管道输送性能评价。

（2）充填系统能力优化。

①根据未来采矿生产能力要求，计算年充填量；

②根据年充填量计算充填系统年充填能力；

③估算已有采空区充填体积。

（3）充填工艺方案研究。

①尾砂或组合料储存及输送工艺；

②胶凝材料储存与输送工艺；

③胶结料浆搅拌工艺。

（4）充填系统方案研究。

①地表可选充填制备站址调查；

②可选充填制备站址经济技术对比分析；

③充填制备站址优选；

④管道输送工艺；

⑤控制系统工艺；

⑥系统投资与运行成本估算。

（5）充填系统可靠性分析。

①管道输送水力坡度计算；

②最大允许充填倍线计算；

③临界流速和工作流速估算；

④系统可靠性综合分析评价。

4. 采空区充填工艺技术研究

本研究的主要目的是在现场取样测定主要矿岩物理力学参数、查明采空区分布状况基础上，制订采空区充填处理技术方案，主要包括以下内容。

(1)采空区分布情况调查分析。

(2)待充填采空区与充填制备站相互关系调查、分析。

(3)计算充填倍线,确定采空区充填方式及参数。

(4)充填挡墙构筑方式及构筑方案。

(5)采空区充填接顶率估算及采空区充填效果评价。

(6)采空区处理经济效益分析。

5. 充填系统工程设计(初步设计、施工图设计)

设计建设的充填系统,应兼顾充填采矿、采空区治理和尾砂处理三个方面的需求,满足"运行可靠、能力匹配、运营成本低、投资可控"的高标准要求,具体包括以下内容。

(1)充填骨料输送、储存与放砂工艺设计。

(2)胶凝材料输送、储存与放料工艺设计。

(3)充填地面制备系统设计。

(4)计量工艺设计。

(5)自动控制系统设计。

(6)充填管路安装设计。

(7)土建、给排水、电力等辅助工程设计。

(8)环保工程设计。

(9)系统技术经济分析。

6. 充填采矿工程设计(初步设计、施工图设计)

地下充填采矿工程设计要充分利用矿山现有设施、井下已有井巷工程,尽量减少新增工程量,节约基建投资,具体包括以下内容。

(1)采准工程设计。

(2)切割工程设计。

(3)回采工艺设计。

(4)爆破工程设计。

(5)采场充填工程设计。

(6)采掘、出矿设备选型及配套。

(7)生产能力校核。

7. 采空区充填治理工程设计(初步设计、施工图设计)

本设计的主要目的是在查明采空区分布状况基础上,充分利用矿山已有井巷工程,实现采空区安全高效、低成本充填治理,具体包括以下内容。

(1)采空区充填治理工程总体方案规划。

(2)充填管路系统工程设计。

(3)充填挡墙布置工程设计。

(4)充填脱滤水工程设计。

8. 现场工业试验

本试验的目的是选择代表性地段与矿块,进行现场工业试验,以验证上述研究与设计成果的适用性,并确定相关技术参数和工艺流程,具体包括以下内容。

(1)充填采矿法现场工业试验。

(2)采空区充填治理现场工业试验。

(3)现场工业试验技术经济分析。

2.3　柿树底金矿房柱法转充填法

作为矿产资源大省,河南省是全国重要的能源、原材料工业基地,矿业对全省经济社会发展起到了重要支撑作用。但是河南省矿产资源人均占有量低、对外依存度高,大中型矿山比例不足 16%,被纳入全国绿色矿山名录的矿山仅有 100 余座。

2.3.1　房柱法转充填法的背景与意义

1. 房柱法转充填法的背景

柿树底金矿位于河南省洛阳市嵩县大章镇牛头沟西北部,东起柿树底,西到范家坪,南自棋盘沟,北至龙潭沟,矿区面积 19.8830 km²。金矿矿体赋存于含金构造蚀变带中,水文地质条件简单,顶底板围岩稳固性较好,但局部地段矿岩破碎、稳固性较差。主矿体呈似层状、板状,走向长 400 m、倾向延伸 300~400 m、平均倾角 30°、平均厚度 3.39 m、平均品位 1.5 g/t。矿山目前采用平硐–盲竖井联合开拓,使用的采矿方法为房柱法,存在如下技术、经济、环保和安全难题,严重影响矿山的经济效益、服务年限和可持续发展。

1)资源统计分析工作欠缺、矿体禀赋情况不明

矿山生产勘探投入不足,且对资源的统计分析工作欠缺,导致大量矿体的分布和禀赋情况不明,保有矿石储量中 122b 部分仅 18.4 万 t,计入贫化后的可采储量仅 76.2 万 t,采区产能分配、采矿工艺选择等工作均无据可依,严重影响了矿山的生产能力和服务年限。

2)采矿工艺对矿体适应性差、生产效率低

柿树底金矿矿体厚度大,除局部地段矿岩破碎外,上下盘围岩稳定性较好,应优选先进的采矿工艺和高效的采矿装备,以提高资源的开采效率,减少损失与贫化。矿山实际开采中使用的房柱法,存在诸多的安全、经济和技术问题:

(1)采场结构参数设置不合理,留设了大量的点柱和顶底柱,导致回采率低、资源损失大。

(2)单矿块生产效率低,生产能力仅 30~50 t/d,采矿工艺及装备落后,为满足产能要求需多中段同时生产,进而导致生产作业点多、安全风险高、管理难度大。

(3)采场内崩落矿石采用电耙接力耙运入漏斗后放矿,电耙的有效运距为 40~50 m,在斜长为 60 m、倾角为 30° 的采场内作业需两次接力耙运,不仅效率低下,而且易引发大块滚落。

（4）在倾角为30°的采场内，凿岩机作业困难、效率低、安全性差，而且由于没有进行专业的爆破工艺参数设计与优化，炸药单耗高、矿石大块多、贫化大。

（5）随着开采深度的不断增大，地压显现越来越明显，局部构造蚀变带矿体围岩破碎，房柱法开采安全隐患突出。

3）运输成本高、提升能力受限、通风条件差

矿区共有16个生产中段，各中段均布置有轨运输巷道，与盲竖井连通。矿块生产能力过小且缺乏合理的采掘计划，同时生产的中段多、作业点分散，导致出矿线路复杂、运输提升成本高、管理难度大、盲竖井提升能力受限。矿山整体的通风系统虽已形成，但因同时生产的中段多，通风线路较为复杂，再加上历史遗留大量的废弃巷道和未处理空区，井下漏风串风严重，风量无法满足生产要求，井下通风条件一般。

4）现有尾矿库容将罄、新建尾矿库投资运营成本高

矿山现用小南沟尾矿库为五等库，经多年运行即将闭库，急需新建尾矿库进行尾矿排放。由于国家对安全和环保的重视，尾矿库的审批难度越来越大；而且新建尾矿库征地、建设、运行、维护和闭库的费用极高。

5）采空区安全隐患不容忽视、残矿资源永久损失严重

经过多年的空场法开采，已采出矿石量超过250万t，采空区体积为80万~90万 m^3。如此大规模的采空区群，极易发生冒顶、坍塌等灾害（如+835 m以上的老采空区部分已坍塌），引起地表错动。而且上部中段采场内留设了大量的矿柱矿壁，随着时间的推移，矿柱稳定性将不断恶化，若不尽快采取新的工艺与技术，该部分矿量将会难以回收，造成永久损失。

2. 空场法转充填法的意义

目前柿树底金矿所面临的问题是在国内大量的中小型矿山中普遍存在的，这类矿山普遍技术力量薄弱，对资源未做科学合理的整体规划，普遍采用落后的采矿工艺和技术装备。因此，柿树底金矿要实现高效可持续发展的目标，必须秉持高标准、高起点的要求，围绕新型充填采矿工艺、采矿机械化装备配套、低成本充填技术等一系列重大难题进行技术攻关，研究关键参数、关键技术、关键工艺，并通过周密的工程设计和现场工业试验加以实施、定型。研究与设计的成果不仅对早日实现安全高效开采及创造经济效益具有重大的现实意义，而且有助于柿树底金矿建成技术先进、资源高效利用的绿色示范矿山，促进河南省黄金矿山整体开采技术水平的进步。因此，本项目的实施对保障矿山持续安全高效开采并取得良好的经济效益具有重大的现实意义。

3. 具体实施步骤

1）关键技术研究

这是充填法实施的第一阶段，本阶段的主要目的是通过现场资源禀赋特征与工程岩石力学调查、矿山开采技术条件分析、充填室内试验、方案优化等研究手段，优化选择适合柿树底金矿现有条件的技术先进、经济高效的充填法方案，并确定基本采场结构参数、回采工艺、设备选型及技术经济分析等内容；根据充填采矿、空区治理、尾砂处理的要求进行充填材料实验和充填系统方案研究，保障充填系统稳定可靠；制订使用充填法实现采空区治理的可行性方案，确保矿山安全、持续、均衡、稳定发展，包含以下4个专题：

专题 1：资源的禀赋特征与工程岩石力学调查；

专题 2：充填采矿法选型及工艺方案研究；

专题 3：充填材料试验与系统方案研究；

专题 4：采空区充填工艺研究。

2）设计与实施

在完成第一阶段工作，并获得可行性的研究成果的基础上，即进行第二阶段充填系统工程、充填采矿工程、采空区充填治理工程的初步设计与施工图设计；进行现场工业试验，获得必要的技术参数及工艺，以便推广应用，包含以下 4 个专题：

专题 5：充填系统工程设计（初步设计、施工图设计）；

专题 6：充填采矿工程设计（初步设计、施工图设计）；

专题 7：采空区充填治理工程设计（初步设计、施工图设计）；

专题 8：现场工业试验。

4. 项目实施进展情况

本项目研究分为空场法转充填法关键技术研究、充填采矿系统工程设计、充填系统建设、现场工业试验和研究成果推广应用 5 个阶段进行。

1）空场法转充填法关键技术研究

2018 年 7 月，针对柿树底金矿空场法开采过程中所面临的采矿工艺装备落后、生产效率低下、损失贫化严重、采空区安全隐患突出、尾矿地表排放环境污染严重、尾矿库库容将罄等一系列重大技术难题进行研究，力求通过技术攻关加以解决。

2018 年 8 月—2018 年 12 月，通过现场资源禀赋特征与工程岩石力学调查、矿山开采技术条件分析、充填室内试验、方案优化等研究手段，优化选择适合柿树底金矿现有条件的技术先进、经济高效的充填法采矿方案，并确定基本采场结构参数、回采工艺、设备选型及技术经济分析等内容；根据充填采矿、空区治理、尾砂处理的要求进行充填材料实验和充填系统方案研究，保障充填系统稳定可靠；制订使用充填法治理采空区的可行性方案。

2）充填采矿系统工程设计

2019 年 1 月—2019 年 10 月，先后完成了充填系统方案研究、充填系统初步设计和充填系统工程施工图设计。

2019 年 10 月—2020 年 4 月，选择典型盘区，进行典型盘区的充填采矿工程设计，包括采准工程、切割工程、回采设计、爆破工程、采场充填工程设计，采掘、出矿设备选型及配套等工作。

2020 年 4 月—2020 年 8 月，选择首充采空区，进行采空区充填治理工程设计，包括采空区充填治理工程总体方案规划、充填管路系统工程、充填挡墙布置工程、充填脱滤水工程设计。

3）充填系统建设

2019 年 10 月—2020 年 12 月，矿山对充填系统进行了施工总承包的招标、土建施工、设备采购与安装工作。

2021 年 1 月—2021 年 2 月，全尾砂充填系统建成并调试成功。

4）现场工业试验

2020 年 8 月—2021 年 2 月，完成了机械化采掘装备——凿岩台车和铲运机的购置，进行了典型盘区实验采场的采准、切割工程施工。

2021 年 3 月—2021 年 5 月，利用购置的凿岩台车和铲运机，完成了典型盘区实验采场第一分层的回采，充填管路的铺设和充填挡墙的架设。

2021 年 6 月—2021 年 8 月，完成了首充采空区的管路架设、采空区封堵工作，启动充填系统，充填采空区总量 2000 m³。

2021 年 9 月，完成了实验采场第一分层的充填和养护，完成了第二分层的回采和充填。

5）研究成果推广应用

（1）2021 年 6 月开始，陆续进行+835～+890 m 中段的 KK2、KK4、KK6 特大遗留采空区群的充填治理工作（充填采空区总体积 6 万 m³），并逐渐向其他老旧隐蔽采空区推进。

（2）2021 年 9 月开始，在+594 m 中段未动矿体的开采中全面推广应用机械化上向水平分层充填采矿法。

（3）2021 年 9 月开始，实现了尾矿的全部综合利用和地表的零排放，不再向尾矿库内排放尾矿浆体。

（4）2021 年 9 月开始，上述技术成果相继在嵩县庙岭金矿有限公司、湖南黄金洞矿业有限责任公司、浙江省遂昌金矿有限公司得到推广应用。

2.3.2 资源禀赋特征与采空区现状调查

1. 矿区概况

柿树底金矿矿区位于花山岩体外接触带与焦园断裂北东端交会部位，出露地层为中元古界熊耳群许山组、鸡蛋坪组及新生界第四系，岩浆活动频繁，断裂构造发育，形成了以金为主的多金属矿产。柿树底金矿矿床所有矿体严格受含金构造蚀变带控制，矿体赋存于含金构造蚀变带 F985 内，矿体严格受 F985 含金构造蚀变带控制，形态简单，地表呈长条状、透镜状，从剖面图上看呈似层状、板状，矿体具有膨大狭缩特征。矿体总体倾向 10°～50°，一般为 25°左右，倾角一般 23°～35°，平均 30°；矿体走向长度 400 m，倾向最大延伸达 1500 m。矿体上部单工程最大厚度达 16.04 m，最小厚度 1.04 m，平均厚度 4.49 m，矿体厚度变化系数为 73.1%，属厚度稳定型；矿体上部单工程最高品位 8.65 g/t，最低品位 1.01 g/t，平均品位 2.66 g/t，但深部矿体品位变低趋势明显。矿床充水因素主要是构造蚀变岩带及其旁侧影响围岩中引张裂隙所赋存的地下水，水文地质条件简单，环境地质条件中等。

2. 工程岩石力学调查

1）岩石力学参数测试

岩石取样分析是获取精确的岩石力学参数的必要条件，柿树底金矿矿体顶底板围岩的物理力学参数测定结果汇总于表 2-2、表 2-3。

由表 2-2 和表 2-3 可知：柿树底金矿矿岩顶板平均抗拉强度 4.57 MPa，平均抗压强度 42.48 MPa，普式系数 f 值 4.25，属较坚硬岩，稳固性中等～较好，局部破碎地段施工需进行支护；底板平均抗拉强度 4.49 MPa，平均抗压强度 76.00 MPa，普式系数 f 值 7.6，属坚硬岩，稳固性较好；矿体平均抗拉强度 7.72 MPa，普式系数 f 值 12.03，属极坚硬岩，稳固性。

表 2-2　巴西劈裂拉伸试验结果表

编号	直径/mm	高度/mm	峰值载荷/kN	抗拉强度/MPa	平均值/MPa
D1	48.54	50.57	17.3	4.49	4.49
K1	48.78	50.62	25.83	6.66	7.72
K2	48.62	48.73	32.67	8.78	
T1	48.74	50.81	16.16	4.15	4.57
T2	48.79	50.59	19.29	4.98	

表 2-3　单轴抗压强度及弹性参数测试结果表

编号	直径/mm	高度/mm	峰值载荷/kN	抗压强度/MPa	弹性模量/GPa	泊松比	普式系数 f
D2	48.54	100.32	134.9	72.90	26.74	0.24	7.29
D3	48.67	100.80	136.79	73.53	24.82	0.23	7.35
D4	48.7	100.30	151.96	81.58	35.94	0.21	8.16
平均值				76.00	29.17	0.227	7.60
K3	48.56	101.27	217.79	117.69	27.41	0.25	11.77
K4	48.77	100.69	237.33	127.04	37.87	0.26	12.70
K5	48.72	100.48	226.93	121.73	28.26	0.25	12.17
K6	48.74	100.6	214.39	114.91	22.46	0.29	11.49
平均值				120.34	29.00	0.263	12.03
T3	48.61	100.62	64.07	34.52	24.65	0.23	3.45
T4	48.55	100.90	61.94	33.46	22.17	0.25	3.35
T5	48.56	100.92	110.15	59.47	23.16	0.21	5.95
平均值				42.48	23.33	0.23	4.25

2)矿岩整体性(RQD 指标)分析

柿树底金矿矿床主要赋存在坚硬~较坚硬的安山岩、杏仁状安山岩及蚀变安山岩中,矿区内褶皱构造不发育,但断裂构造发育,形成了复杂的构造形迹。各类岩石坚硬程度、岩体完整程度(完整系数用 RQD 值代替)的划分结果如下:顶板平均抗压强度为 42.48 MPa,岩石坚硬程度为较坚硬岩,岩体完整性系数 RQD 值 65%,岩体完整程度为较完整~完整;底板平均抗压强度为 76.00 MPa,岩石坚硬程度为坚硬岩,岩体完整性系数 RQD 值 80%,岩体完整程度为完整;矿体平均抗压强度为 120.34 MPa,岩石坚硬程度为坚硬岩,岩体完整性系数 RQD 值大于 90%,岩体完整程度为完整。

按照中国科学院地质研究分类方法,柿树底顶板岩体基本质量等级为 Ⅱ~Ⅲ 级,岩体稳定性评价为较稳定;底板岩体基本质量等级为 Ⅰ~Ⅱ 级,岩体稳定性评价为稳定;矿体岩体基本质量等级为Ⅰ级，岩体稳定性评价为稳定。

3. 地质储量调查分析

通过建立矿体三维模型计算可得，截至 2018 年 8 月，本次柿树底金矿 8~17 号勘探线，标高+193 m 以上范围内，累计获得金矿石地质储量 692.39 万 t。其中 111b+122b 资源类型储量共计 589.02 万 t，主要分布于+493 m 以上停产或生产中段；333 资源类型储量 31.70 万 t，334 资源类型储量 71.67 万 t，333+334 资源类型储量共计 103.37 万 t，主要分布于+493 m 以下。累计获得金金属量 11.22 t，平均地质品位 1.62 g/t。其中，标高+808 m 以上矿体平均品位为 1.58 g/t~2.30 g/t；标高+193~+808 m 范围内矿体平均品位较低，仅 1.20~1.50 g/t。

柿树底金矿矿体倾角为 5°~30°及 30°~45°，以缓倾斜薄~中厚矿体为主。其中，倾角为 5°~30°、厚度小于 5 m 的缓倾斜薄矿体占总矿量的 35.99%；倾角为 5°~30°、厚度在 5~15 m 的缓倾斜中厚体占总矿量的 15.78%；倾角为 5°~30°、厚度大于 15 m 的缓倾斜厚体占总矿量的 8.68%；倾角为 30°~45°、厚度小于 5 m 的倾斜薄矿体占总矿量的 24.43%；倾角为 30°~45°、厚度为 5~15 m 的倾斜中厚矿体占总矿量的 12.36%；倾角为 30°~45°、厚度大于 15 m 的倾斜厚矿体占总矿量的 2.76%。

4. 可采矿量调查分析

在上述地质储量及空区采损矿量调查与分析的基础上，对柿树底金矿资源可采矿量进行统计分析，结果汇总于表 2-4。本次柿树底金矿 8~17 号勘探线，标高+193~+703 m 资源储量调查分析范围内，累计获得可采矿量共计 241.11 万 t。其中 122b 资源类型可采矿量共计 137.74 万 t，主要分布于+493~+703 m 生产中段；333 类 31.70 万 t，334 类 71.67 万 t，333+334 类型可采矿量共计 103.37 万 t，主要分布+193~+493 m 待生产中段。122b 资源类型可采矿量已被各中段 50 m 间距的穿脉控制，可信度系数取 1.0，因矿体形态复杂，333 类矿量可信度系数取 0.7，则设计利用矿量可达 159.94 万 t。

表 2-4　柿树底金矿+193~+703 m 可采矿量统计结果汇总表

中段/m	地质储量/万 t	空区数量/个	空区体积/m³	采损矿量/万 t	可采矿量/万 t
+668~+703	33.61	6	37800	10.21	23.40
+633~+668	31.08	18	55879	15.09	15.99
+598~+633	33.88	15	11717	3.16	30.72
+563~+598	32.17	11	13730	3.71	28.46
+528~+563	26.95	8	7194	1.94	25.01
+493~+528	14.16	0	0	0.00	14.16
+193~+493	103.37	0	0	0.00	103.37
合计	275.22	58	126320	34.11	241.11

5. 老旧复杂采空区现状调查与分类

由于柿树底金矿多年来一直采用房柱法进行开采，形成了近 116.5 万 m³ 采空区群并遗留了大量点柱和间柱。充填制备站位置选定在 946 平硐口附近后，进行采空区与充填制备站相互关系调查分析和采空区类型划分，结果汇总见表 2-5。

表 2-5　柿树底金矿采空区与充填制备站相互关系调查分析和采空区类型划分

采空区分类	采空区位置/m	采空区体积/m³	小计/m³
高压泵送区	+1113 中段采空区	11000	426611
	+1083 中段采空区	9000	
	+997 中段以上塌陷区	406611	
低压泵送区	+918~+976 塌陷区	135000	434605
	+860~+918 塌陷区	90000	
	浅部特大空区（+890~+976 段）	165425	
	+835 中段采空区	11130	
	+808 中段采空区	33050	
自流输送区（首充区域）	浅部特大空区（+835~+890 段）	75225	177475
	+773 中段采空区	40950	
	+738 中段采空区	36550	
	+703 中段采空区	24750	
自流输送区（嗣后充填区）	+668 中段采空区	37800	126322
	+633 中段采空区	55880	
	+598 中段采空区	11718	
	+563 中段采空区	13730	
	+528 中段采空区	7194	
合计		1165013	1165013

1）高压泵送区

根据充填动力方式的不同，将 +997 m 中段以上采空区划为高压泵送区；根据采空区类型的不同，又将高压泵送区细分为：+1080~+1113 m 中段近地表采空区（总体积 2.0 万 m³）和 +997~+1053 m 中段塌陷采空区（总体积 40.7 万 m³）。如图 2-7 所示，近地表采空区充填管道沿路铺设的距离接近 1400~1500 m、管道垂直距离最大为 167 m，属于较难输送的高压泵送充填区域。

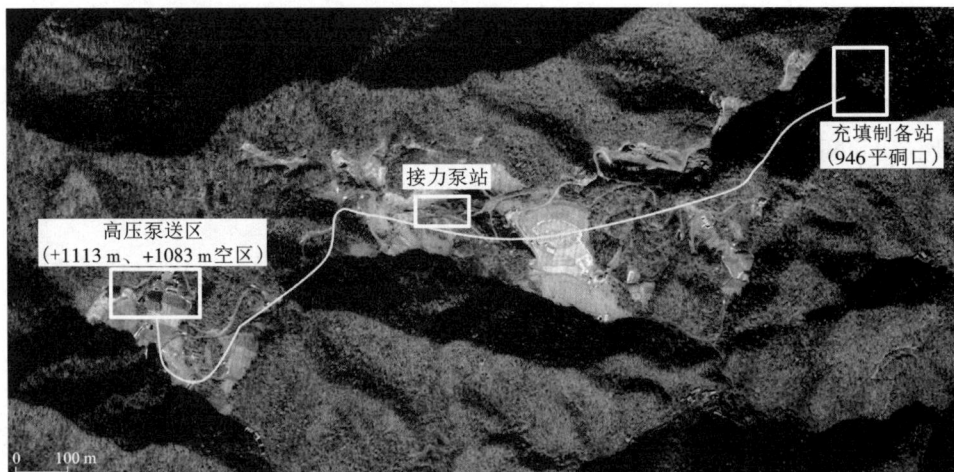

图 2-7   +1080~+1113 m 中段近地表采空区充填线路图

2) 低压泵送区

在充填制备站位置选定在 946 平硐口附近后，根据充填动力方式的不同，+808~+976 m 中段采空区属低压泵送区，总体积约 43.4 万 m³，占空区总体积的 37.31%。+808 m、+835 m 中段远距离采空区主要是由开采 I、II 号矿体形成的数量较多、规模小、分布散的采空区，总体积约 4.4 万 m³，占空区总体积的 3.79%，分布如图 2-8 所示。考虑到上述采空区群距离充填制备站的水平距离为 800~1000 m，充填倍线为 8~10，属于易输送的低压泵送区。

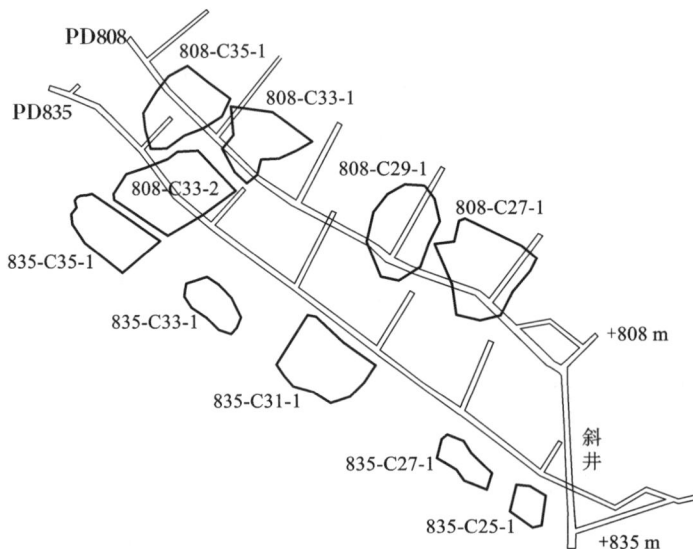

图 2-8   柿树底金矿+808 m、+835 m 中段远距离采空区分布图

3) 关键层首充区域

如表 2-6 所示，在总体积约为 30.4 万 m³ 的自流输送区域内选择了浅部特大空区（+835~+890 m 段）、+773 m、+738 m、+703 m 中段共计 17.7 万 m³ 采空区为关键层首充区

域,率先充填形成总高度达 100 m 的隔离层,对控制上部塌陷区向下蔓延,保障深部回采作业安全,降低充填系统的初期投资和运营成本均是有利的。考虑到上述采空区群距离充填制备站(+960 m 高程)的水平距离最远达到 800~1000 m、垂直高程达到 187~257 m,最大充填倍线基本控制在 7 以内,可以实现自流输送。

(4)嗣后充填区域

+703 m 中段以下深部正采的中段包括+668 m、+633 m、+598 m、+563 m、+528 m、+493 m 六个中段,其中+493 m 中段正在开拓。此部分正在生产的中段所形成的空区规模较小、数量较多、范围广,总体积约 12.6 万 m³,占空区总体积的 10.84%。考虑到上述采空区群距离充填制备站(+960 m 高程)的水平距离为 800~1000 m,+528~+668 m 中段采空区充填的垂直高程为 257~397 m,充填倍线为 3~5,可以实现自流输送。

表 2-6 +773 m、+738 m、+703 m 三个中段首充区域充填动力方式

中段	采空区编号	开采矿体	宽度/m	斜长/m	厚度/m	空区体积/m³	充填动力方式选择
+773 m 中段	773-C35-1	II	25	30	3	2150	充填倍线为 6~7,基本可实现自流输送
	773-C33-1	I	30	70	5	9500	
	773-C31-1	II	40	50	4	7400	
	773-C29-1	II	25	40	4	3800	
	773-C15-1	K2	70	50	5	16000	
	773-C11-1	K4	30	30	3	2100	
+738 m 中段	738-C33-1	I-7	30	50	8	11000	充填倍线为 5~6,可实现自流输送
	738-C31-1	I-7	20	35	5	3200	
	738-C29-1	I-7	10	30	3	800	
	738-C29-2	I-7	15	30	4	1600	
	738-C25-1	I-6	45	70	4	11600	
	738-C23-1	I-6	45	50	3	5950	
	738-C21-1	I-6	30	30	3	2400	
+703 m 中段	703-C27-1	I-8	15	30	3	1150	充填倍线为 4~5,可实现自流输送
	703-C25-1	I-7	35	60	4	7700	
	703-C21-1	I-6	60	50	5	14000	
	703-C13-1	K2	15	20	4	1100	
	703-C11-1	K4	15	20	3	800	
小计						102250	

2.3.3 低成本全尾砂全脱水似膏体充填系统建设

柿树底金矿全尾砂颗粒级配严重不均，主要表现在粒径 250 μm 以上粗颗粒（占比 25%）和粒径 10 μm 以下超细颗粒（占比 36%）较多，中间粒径 10~250 μm 颗粒缺失严重，尾砂粗细粒径差异大、分层离析严重，为实际浓缩脱水工艺选择和充填体质量效果带来诸多的技术难题。

1. 全尾砂基本特性

全尾砂粒级组成是影响尾砂浓缩沉降速度及充填体强度的最主要指标，本次所用全尾砂物料试样粒径分布见表 2-7，矿物成分测定结果见表 2-8。

全尾砂基本特性测定结果表明：

（1）柿树底金矿全尾砂颗粒级配严重不均，中间粒径 10~250 μm 颗粒缺失严重，不均匀系数高达 43.10，导致尾砂粗细粒径差异大。

（2）100~200 kPa 区间，全尾砂压缩系数为 0.32<0.5，压缩模量为 6.32 MPa>4 MPa，说明该充填骨料压缩性较低，充填体沉降量小。

（3）充填骨料中 10 μm 以下超细颗粒泥质高岭土成分含量较多，絮凝沉降速度慢、浓缩脱水效率低，充填到井下后固结速度慢、充填泌水量大。

（4）高岭石含量 37.26%、石英 30.04%、长石 12.63%，不含有毒有害物质。

（5）选矿尾水 7<pH<8，不含有毒有害药剂和其他重金属离子，有利于尾水的循环利用和达标排放。

表 2-7 柿树底金矿全尾砂试样粒径分布组成测定结果

粒径/μm	250	150~250	75~150	45~75	37~45	10~37	10
分段含量/%	24.72	12.37	12.04	7.92	3.19	4.19	35.57
粒径/μm	250	150	74	45	37	10~37	10
累积含量/%	24.72	37.09	49.13	57.05	60.24	64.43	100

表 2-8 全尾砂矿物成分测定结果

成分	石英	黄铁矿	云母	高岭石	叶蜡石	石膏	长石
含量/%	30.04	7.41	8.35	37.26	3.44	0.87	12.63

2. 尾砂静态浓密沉降试验

尾砂静态浓密沉降试验是在静止容器内通过添加不同絮凝剂测定尾砂沉降速度，物理模拟全尾砂沉降过程进而确定絮凝剂种类和添加制度。

1）全尾砂自然沉降试验

全尾砂自然沉降试验结果见表 2-9，全尾砂自然沉降速度比较慢，与添加絮凝剂沉降对比，全尾砂自然沉降需要 20 min 左右才能达到絮凝沉降 30 s 的效果。

表 2-9　全尾砂自然沉降试验结果

时间/s	5	10	20	30	40	50	60	120	180
体积/mL	930	930	928	925	921	916	910	850	800
沉降高度/cm	0	0	0.06	0.14	0.25	0.39	0.56	2.22	3.61
时间/min	4	5	6	7	8	9	10	12	13
体积/mL	760	730	710	680	640	600	570	490	460
沉降高度/cm	4.72	5.56	6.11	6.94	8.06	9.17	10.00	11.67	12.22
时间/min	14	15	16	17	18	19	20	21	22
体积/mL	440	390	350	310	270	250	210	170	130
沉降高度/cm	13.06	13.61	15.00	17.22	18.33	18.89	20.00	21.11	22.22

2）絮凝剂选型试验

控制尾砂矿浆浓度为 8%、10%、12%，全尾砂按 0 g/t、5 g/t、10 g/t、15 g/t 的絮凝剂用量添加 AN-910-SH（絮凝剂 1）、AN-914-SH（絮凝剂 2）、AN-926-SHV（絮凝剂 3）三种絮凝剂。试验结果表明：

（1）由于全尾砂颗粒级配严重不均，250 μm 以上粗颗粒在颗粒自重的作用下快速沉降，表现出非常明显的"秒沉"（即分层离析）现象，如图 2-9 所示。

（2）全尾砂中含有大量的高岭土成分，经选矿球磨后转化为 10 μm 以下的泥质颗粒，表现为絮凝沉降速度慢。

图 2-9　絮凝剂选型试验效果图

（3）相对而言，AH-910-SH（絮凝剂 1）沉降速度快、澄清度高、效果最优。

3）絮凝剂最佳用量

试验采用质量浓度为 8%、10%、12% 的全尾砂矿浆，按 12.5 g/t、17.5 g/t、20 g/t 的比例加入 AN-910-SH（絮凝剂 1），观察其沉降速度、清液澄清度、底流浓度，找出 AN-910-SH（絮凝剂 1）最佳稀释浓度为 8%、添加量为 15 g/t。

3.尾砂动态浓密沉降试验

絮凝剂采用 AN-910-SH 型阴离子絮凝剂，在室温下配成 0.1% 浓度，动态试验稀释成 0.05 g/L 的浓度待用，通过两个不同的给药点添加。配成质量浓度为 10%（全尾砂）的矿浆，然后置入 30 L 的桶内用电动搅拌机充分搅拌均匀，最后泵入管道。通过计算调整蠕动泵转速，使絮凝剂、尾矿矿样达到静态试验的最佳添加比并模拟不同情况下的浓密试验结果。当泥层高度为 120 mm 时开始取样测溢流水，当泥层高度为 240 mm 时开始取样测底流浓度。动态浓密沉降试验主要研究全尾砂在 10% 左右的给料浓度下，不同给料速度对溢流水澄清度及底流浓度的影响，动态试验结果见表 2-10。

分析深锥浓密机动态试验结果可以看出：

（1）由于全尾砂颗粒级配严重不均，250 μm 以上粗颗粒在动态试验过程中，也表现出非常明显的分层离析现象，而 10 μm 以下的泥质颗粒，则表现为絮凝沉降速度较慢。

（2）给料速度为 0.3~0.8 t/m²·h 时，底流浓度为 61.52%~69.36%，不仅达不到膏体的状态，而且由于全尾砂级配不均，初始放出的砂浆颗粒相对较粗且浓度较高，后续放出砂浆颗粒较细、浓度下降。

（3）随着给料速度的加快，尾砂颗粒发生絮凝反应的时间缩短，絮凝反应不彻底，导致溢流水固含量从 102 mg/L 增加到 396 mg/L。

（4）给料速度由 0.3 t/m²·h 增加到 0.8 t/m²·h，溢流水上升速度由 3.89 m/h 增大至 9.15 m/h，泥层上升速度由 0.45 m/h 增大至 2.11 m/h，溢流水和泥层上升速度随给料速度的加快而增大。

（5）为获得较好的沉降效果，给料速度控制在 0.6 t/m²·h 为宜。

表 2-10　全尾砂动态浓密试验结果

给料速度 /(t·m⁻²·h⁻¹)	给料浓度 /%	絮凝剂浓度 /(g·L⁻¹)	絮凝剂 /(g·t⁻¹)	底流浓度 /%	泥层上升速度 /(m·h⁻¹)	溢流水上升速度 /(m·h⁻¹)	溢流水固含量 /(mg·L⁻¹)
0.3	8.00	0.05	15	69.36	0.45	3.89	102
0.4	8.00	0.05	15	69.12	0.69	5.12	145
0.5	8.00	0.05	15	68.64	0.77	5.92	194
0.6	8.00	0.05	15	66.39	1.07	7.05	241
0.7	8.00	0.05	15	64.17	1.88	8.10	287
0.8	8.00	0.05	15	61.52	2.11	9.15	396

4. 级配差异巨大全尾砂全脱水工艺流程

如图 2-10 所示，选厂产出的质量浓度为 30% 左右的全尾砂浆，经振动脱水筛（筛板孔径 ≤0.3 mm）筛分后，筛上粗料（占比约 30%、含水率 ≤18%）经溜槽和皮带进入堆场；筛下料浆经浓密机浓密后进入陶瓷过滤机进行二次脱水，陶瓷过滤机脱水后的干尾砂（占比约 70%、含水率 ≤15%），进入尾砂堆场堆存。

5. 充填系统方案设计

1）充填平衡计算

考虑到柿树底金矿尾矿库库容将罄，在尾矿优先处置充填法开采产生的采空区后，剩余的尾矿应用于采空区充填治理，以实现尾矿零外排的目标。柿树底金矿采用充填法开采的尾矿利用率达到 56.7%，剩余尾矿 10.29 万 t/a 进行采空区充填治理。采空区充填治理采用全尾砂非胶结充填，充填浆体质量浓度为 65%~75%（根据不同采空区类型灵活调整）。按浆体平均质量浓度 70%、体重 1.75 t/m³ 计算，则剩余尾矿 10.29 万 t/a 可充填治理采空区体积

8.40 万 m³/a，在考虑充填浆体压缩沉降系数 1.05、流失系数 1.03 的情况下，可充填采空区体积为 7.77 万 m³/a。上述采充平衡参数计算结果汇总见表 2-11。

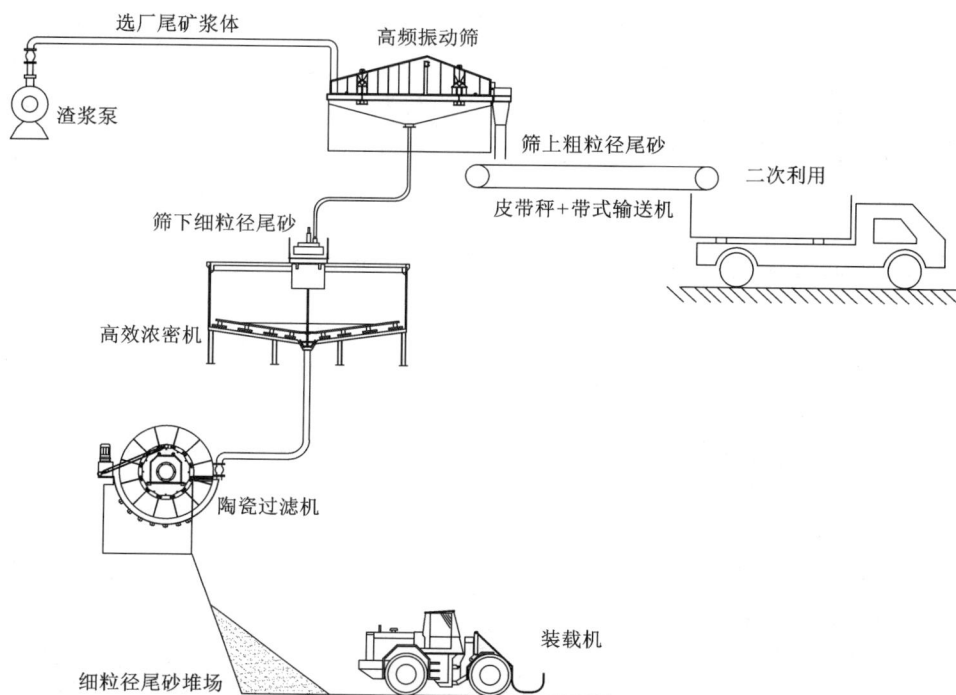

图 2-10　柿树底金矿级配差异巨大全尾砂全脱水工艺流程

表 2-11　柿树底金矿充填采矿法尾砂利用率计算表

项目	数值	项目	数值
生产规模	24 万 t/a	年尾砂充填体积 V_m	9.52 万 m³/a
矿石体重	2.70 t/m³	年充填尾砂总耗量	13.47 万 t/a
尾矿产出率	99%	年胶结充填尾砂耗量	0.77 万 t/a
尾矿产量	23.76 万 t/a	年非胶结充填尾砂耗量	12.69 万 t/a
采空区体积	8.89 万 m³/a	年剩余尾矿量	10.29 万 t/a
年需充填体积 V	8.80 万 m³/a	年剩余尾矿可治理采空区体积	8.40 万 m³/a
尾矿充填利用率	56.7%	年剩余尾矿可充填体积	7.77 万 m³/a

2）充填系统能力确定

根据矿山生产能力和现行工作制度，确定充填作业采取 $T_d = 300$ d、2 台班/d、6 h/台班的间断工作制度。柿树底金矿充填系统能力按满足 24 万 t/a 采矿能力设计，全尾砂充填能力理论值为 47.83 m³/h，设计系统能力为 60 m³/h。

3）充填站址选择

作为矿山永久设施，充填站址确定是影响充填系统投资、运行成本和运行可靠性的关键因素之一。考虑矿体赋存条件、充填倍线及地表构筑物情况，在对柿树底矿区充填系统服务范围及地表地形现场踏勘基础上，初步拟定3个站址方案。方案Ⅰ：850平硐口附近，标高约+850 m；方案Ⅱ：860平硐口附近，标高约+860 m；方案Ⅲ：946平硐口附近，标高约+960 m。

上述3个方案中，方案Ⅰ和方案Ⅱ充填制备站与充填区域需要经过约800 m长平硐，必须采用高压泵送充填的方式进行充填。方案Ⅲ地表标高+960 m，地势较高，在降低浓度的情况下，可以实现大部分采空区自流输送，且此场地相对平整，建构筑物少，场地处理费用低。

6. 国内首套低成本全尾砂分级连续全脱水似膏体充填系统

1）充填料浆制备工艺流程

充填时，筛下细粒径尾矿经铲车上料，经仓底部的板式给料机和皮带秤的计量后由皮带运输机输送至搅拌桶。散装水泥罐车，通过压气将水泥卸入立式水泥仓，经螺旋给料机、转子称计量后通过螺旋输送机输送至搅拌桶。充填用水采用浓密机溢流澄清水，由水泵泵送至搅拌桶，与尾砂和水泥均匀拌和，制备成合格料浆输送至待充点。

2）高频振动筛

由于柿树底金矿粗颗粒成分主要为250 μm以上粒径，采用湖北鑫鹰环保科技股份有限公司生产的HFLS-11-2160A系列直线高频振动筛进行级配不均的全尾矿粗细分级。该新型高效振动筛机以MV电振动器代替传统块偏心激振器，采用防堵耐磨高开孔率筛网或筛板，电机功率20 kW、振动频率1500 r/min、振幅7~9 mm、筛板孔径0.1~0.3 mm、筛分面积14.4 m²、干料处理能力可达50 t/h、筛上干料含水率可控制在18%以内，设备运行情况如图2-11所示。

图2-11　HFLS-11-2160A系列直线高频振动筛运行效果图

3）高效浓密机

高频振动筛筛下的料浆经浓密机浓密后进入陶瓷过滤机进行二次脱水。浓密机的作用是将高频振动筛筛下的料浆浓缩至45%~50%，并且起到缓冲和均匀稳定供浆的作用。浓密机单位面积处理量为0.4 t/m²·h左右，需要处理的全尾砂最大量为39 t/h，计算得浓密机面积不小于97.5 m²，即浓密机直径不小于11.1 m。如图2-12所示，柿树底金

图2-12　NXZ-12J高效密缩机

矿选用淮北市中芬矿山机器有限责任公司生产的 NXZ-12J 高效浓密机进行细颗粒浓缩。浓密机直径 12000 mm、深度 5109 mm、池底斜度 8°，采用中心传动方式，驱动装置液压泵电机功率 4 kW、耙架转速 0.2～0.3 r/min、提耙行程 450 mm、液压马达减速器传动比 63、额定工作扭矩 48 kN·m，液压系统工作压力 6.3 MPa、总传动比 552.9，提耙机构液压缸型号 HSGL-110/50-450、行程 450 mm。

4）絮凝剂制备系统

在浓密机旁布置絮凝剂制备车间，负责药剂的调制、储存和输送投放。絮凝剂自动加药设备是一套集溶液自动配制、熟化及投加的完整系统。系统工作时，干粉通过螺杆进料器将粉剂定量、均匀地投入到湿润喷射器内，迅速被水充分湿润后进入溶解箱，再分别经搅拌溶解、熟化等工序，配制成需要的溶液浓度，絮凝机制备系统如图 2-13 所示。

5）陶瓷过滤机

陶瓷过滤机尾砂处理能力为 400～600 kg/m²·h，柿树底金矿全尾砂干料产出量为 760 t/d，选厂 24 h 连续不间断作业，则陶瓷过滤机需处理全尾砂干料量约为 32 t/h，设计选取 2 台陶瓷过滤机过滤面积为 80 m²，每工作 7 h 后就进行

图 2-13 絮凝剂制备系统

1 h 的清洗作业、交替使用，脱水后的干尾砂占比约 70%、含水率≤15%，如图 2-14 所示。

图 2-14 陶瓷过滤机运行情况

6）尾矿堆场

为了保证供料稳定，在陶瓷过滤机下方设置尾砂堆场，占地约 450 m²，堆高 3 m，总容积约为 1350 m³，可满足 2 d 的尾砂用量，如图 2-15 所示。

7) 供砂系统

如图 2-16 所示，筛下的细粒径尾矿经铲车上料，稳料仓放出、板式给料机转运，皮带输送机转运至皮带机头部漏斗，再通过转载漏斗输送至搅拌桶。稳料仓采用钢板卷制，为四棱台形状，上口 4 m×4 m，下口 2.7 m×0.6 m，锥角 75°。板式给料机是运输机械的辅助设备，可用于短距离输送粒度与比重较大、温度较高或黏性较大的物料，抗拉强度高、不打滑，具有更大的承载能力，选用 BD1245 型号的中型板式给料机，配套电机功率 7.5 kW。因输送距离较短，设计选用带宽 650 mm，水平长度 11.4 m、带速 1.6 m/s 的胶带输送机，$N=9$ kW；胶带尾部位于稳料仓和板式给料机底部，头部位于搅拌厂房内；中间室外段长 5 m，设置钢结构胶带廊；胶带廊宽 2.4 m，高 2.8 m。

图 2-15　尾矿堆场

图 2-16　尾矿供应与计量系统

8) 胶凝材料储存与输送系统

按水泥用量最大的灰砂比 1∶8，质量浓度 75% 的配比参数（水泥耗量 0.1583 t/m³）计算，高配比充填约占日充填比例的 10%，按水泥最大日消耗量 11.4 t/d 计算，采用一个圆柱-圆锥立式密闭水泥仓，有效容积 30 t（料仓装满系数 0.85），满足系统 2.5 d 胶结充填水泥用量最大要求。

9) 搅拌系统

如图 2-17 所示，采用结构简单、搅拌充分的立式搅拌桶进行全尾砂充填料浆的搅拌制备。搅拌桶规格为 $\phi 2000$ mm×$h 2100$ mm，电机功率 45 kW。有效容积 5.3 m³（有效系数 0.8），根据充填能力（60 m³/h）要求，料浆在搅拌桶内最大停留时间为 5.3 min，满足搅拌质量要求。

10) 充填管道与充填钻孔

如图 2-18 所示，钻孔直径 $\phi 180$ mm，充填套管选用 $\phi 148$ mm×9 mm 无缝钢管，钻孔内

图 2-17　柿树底金矿搅拌系统

垂直管道选用 ϕ108 mm×10 mm 钢衬聚氨酯耐磨管，垂直管之间用管箍联结，并加全焊。垂直管道与井下 ϕ108 mm×10 mm 水平管道通过变径接头连接。主充填管道内径 88 mm，工作流速为 2.74 m/s，符合经济流速要求。

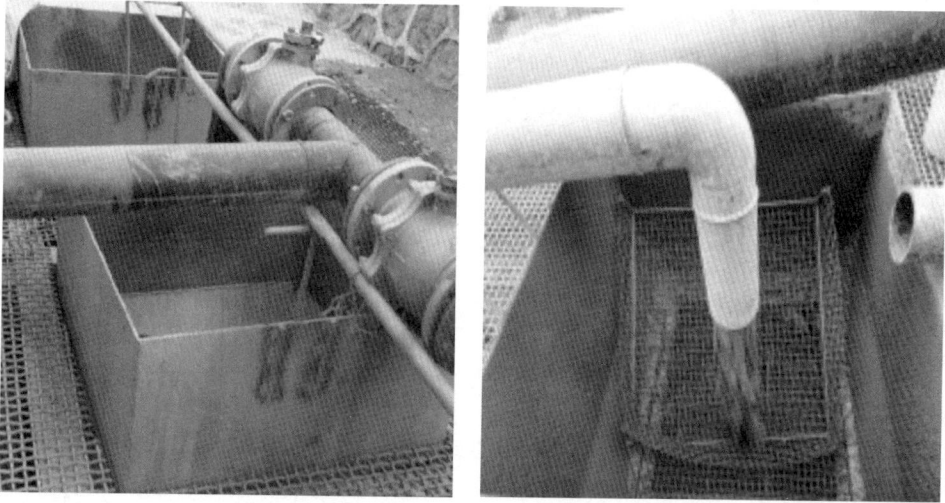

图 2-18　柿树底金矿充填管道与充填钻孔

11）充填系统自动化控制系统

如图 2-19 所示，整个自动化控制系统分计算机自动控制系统（集控控制）和视频监控系统（就地控制）两部分。计算机自动控制系统通过 PLC 实现，包括操作与设备的电气自动控制、仪表控制、监视、生产过程信息检测、记录，数据的初步处理等。视频监控系统由 10 路网络摄像机、视频存储管理一体化服务器（6-12T）、数字视频解码矩阵及液晶电视组成，通过遍布于充填站各关键区域的网络摄像机实现对重要工作场地进行实时视频监视。

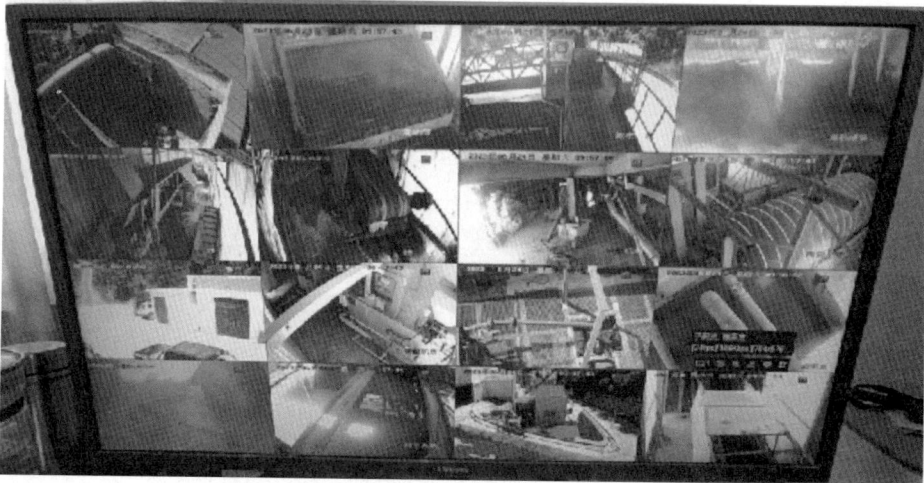

图 2-19　柿树底金矿充填系统自动化控制系统

12) 系统投资

柿树底矿充填系统投资见表 2-12，系统建设总投资 1249.05 万元，其中直接工程费用 1024.56 万元，占总投资 82%；工程建设其他费用 137.19 万元，占总投资 11%；工程建设预备费用 87.30 万元，占总投资 7%。

表 2-12 柿树底矿充填系统投资

序号	项目名称	规格型号	单位	数量	单价/万元	总价/万元
一	尾砂输送系统					440
1.1	隔膜泵		台	2	100	200
1.2	尾砂输送管道	钢衬聚氨酯管	m	2000	0.08	160
1.3	回水管道	高分子聚乙烯管	m	2000	0.04	80
二	尾砂浓密系统					210
2.1	浓密池	$\phi 10$ m	座	1	50	50
2.2	陶瓷过滤机	过滤面积 120 m^2	台	2	65	130
2.3	振动给料机		台	3	4	12
2.4	皮带输送系统		套	1	18	18
三	水泥储存与输送系统					41.5
3.1	水泥仓		座	1	20	20
3.2	雷达料位计	US514	台	2	1.5	3
3.3	螺旋给料机	JMWL325	台	1	10	10
3.4	螺旋电子秤	JMJL375	台	1	2	2
3.5	空压机	W-1.0/8	台	1	3	3
3.6	储气罐	1 m^3	台	1	1.5	1.5
3.7	仓顶布袋除尘器	DMC-24B	台	1	2	2
四	水储存与输送系统					17.6
4.1	清水泵		台	2	0.8	1.6
4.2	闸阀		台	4	2	8
4.3	电磁流量计		台	2	2	4
4.4	充填站内部管网		m	100	0.04	4
五	搅拌系统					38.66
5.1	搅拌桶	$\phi 2000$ mm×h2100 mm	台	1	22	22
5.2	袋式除尘器	过滤面积 24 m^2	台	1	3.5	3.5
5.3	电磁流量计		台	2	3	6
5.4	浆液密度分析仪		台	1	5	5

续表 2-12

序号	项目名称	规格型号	单位	数量	单价/万元	总价/万元
5.5	电动葫芦	CD15-9D	台	1	2.16	2.16
六	泵送及井下管道输送系统					167.6
6.1	水平管道	钢衬聚氨酯管	m	1300	0.08	104
6.2	充填钻孔		个	2	12	24
6.3	垂直套管		m	60	0.05	3
6.4	充填套管		m	60	0.06	3.6
6.5	压力变送器		台	2	1.5	3
6.6	拖式混凝土泵		台	1	30	30
七	电气自动控制系统					50
八	地面其他配套工程					59.2
8.1	主厂房	9 m×15 m	m²	135	0.12	16.2
8.2	料仓			1	18	18
8.3	溢流水池			1	10	10
8.4	场地平整					15
九	直接工程费用(一至八)	占总投资82%				1024.56
十	工程建设其他费用	按总投资11%计算				137.19
十一	工程建设预备费用	按总投资7%计算				87.30
十二	总投资					1247.15

运营成本主要包括充填材料、动力(电费)、人工、设备折旧成本,计算1∶8灰砂比充填成本为67.83元/m³;非胶结充填成本为4.51元/m³。

2.3.4 复杂采空区群低成本充填治理

1. 复杂采空区群封堵

与水平分层充填相比,采空区充填治理由于一次充填体积大、高度大,且人工无法进入空区进行充填作业,因此对充填封堵提出了更高的要求。

1) 左右连通采空区封堵关键点

柿树底金矿上部开采中使用的房柱法,矿房走向长度50~100 m,阶段高度30~35 m,采场内留设点柱(点柱直径5~7 m)。由于部分矿体品位较高且左右连续性好,矿山在开采过程中会将两个相邻采场内预留的连续矿壁采透,最终形成左右连通的采空区。与单一采空区充填管道布设工艺类似:在其上一个中段布设充填管路,由于两个矿房左右连通,需设4~5个下料口,保障充填料浆在采空区内均匀展开。左右连通采空区的封堵关键点仍集中在采空区的底部的漏斗或人行天井,可将单一采空区的封堵关键点外移至采区穿脉,以降低封堵难度、节约封堵成本。

2）上下贯通采空区封堵关键点

由于部分矿体品位较高且在上下中段连续性好，矿山在开采过程中会在下部采场上采结束后，将预留的连续顶柱采透，最终形成上下贯通的采空区。考虑到上下贯通的采空区的垂高为 60~70 m，采空区斜长为 120~140 m，如果仅在最上部中段布设充填管道安置下料口，难以保障高浓度充填料浆在采场内顺利展开，因此，可采用分次充填的方法，即首先充填下部采空区，充满后再充填上部采空区，以保障充填效果，提高采场充满率。分次充填与单一采空区充填管道布设工艺一致：在其上一个中段布设充填管路，设 2~3 个下料口，保障充填料浆在采空区内均匀展开。上下贯通的采空区的封堵关键点仍为将单一采空区的封堵关键点外移至采区穿脉，以降低封堵难度、节约封堵成本。

2. 采空区低成本充填治理方案

1）充填料浆配比及强度指标

由于采空区塌陷严重，剩余残柱回收困难且经济效益较差，为进一步降低成本，选择全尾砂非胶结充填工艺进行采空区充填治理，充填料浆治理浓度为 65%~70%，可根据不同采空区类型灵活调整。

2）采空区充填方式

合理的料浆输送方式对采充衔接、充填质量、充填体泄水、系统投资、运行成本具有重大影响。浆体输送方式根据是否需要外力的作用可以分为自流输送和加压泵送两种工艺。柿树底金矿采空区总体积为 116.5 万 m³，充填方式如下：

（1）根据充填动力方式不同，将采空区划分为泵送和自流输送区。+808 m 中段为分界线：+808 m 以上中段大部分需泵送，以下中段大部分可自流输送。

（2）根据充填泵送压力的大小，将泵送区又细分为：高压和低压泵送区。其中，以 +997 m 中段为分界线：+997 m 以上部中段向上输送高程均超过 60 m，需高压泵送充填；+808~+976 m 中段可采用低压输送的方式。

3）采空区充填脱滤水方案

为避免滤水渗透泄漏污染井下环境，可尽量提高充填料浆浓度，减少充填料浆脱滤水量；进入采空区前，设置三通装置，将充填前后的洗管水排入巷道，避免洗管水进入采空区；在条件允许的情况下，在采空区内悬挂滤水管。滤水管可采用 250 mm 左右的 PVC 软管，在管壁上钻凿排水孔，周围用纱布或土工布包裹，滤水管通过充填挡墙引至采空区外；如无法布置滤水管，则应施工导水钻孔或采用潜水泵将采空区充填后上部溢流出的水及时排出采空区。

4）采空区接顶充填方案

充填料浆自下料口进入采场后，会以下料口为中心向四周流动扩展。受采空区形态及工艺限制，采空区充填不可能达到 100% 接顶充填，但应采取综合技术措施，尽可能提高充填接顶程度，并尽可能提高充填料浆浓度，减少充填体沉缩；采取适当的工程措施，尽可能使充填下料点位于采空区最高点；在条件允许的情况下，尽可能多点下料；条件允许情况下，在充填完成、充填体沉降结束后，可进行二次补充充填。

3. 采空区充满率估算

一般来说，采空区充满率越高，采场的稳定性越好、采空区安全隐患越小，对减少地表塌陷和沉降、延长尾矿库的服务年限越有利。但是，采空区充满率越高对充填技术的要求越高，而且充填能耗和充填治理成本也会大大增加。

1) 高压泵送区充满率估算

高压泵送区为 +1080 ~ +1113 m 中段近地表采空区 (体积 2.0 万 m^3) 和 +997 ~ +1053 m 中段塌陷采空区 (体积 40.7 万 m^3)，占空区总体积的 36.62%。由于高压泵送区规模大、数量多，充填管道沿路铺设的距离长、向上输送高程大、部分地区需二级接力泵送，而且 +997 m 以上中段采空区及硐口坍塌严重、人员设备无法进入，因此，此部分采空区充填治理难度大、周期长、成本高，采空区充满率达到 50% 即可，以降低充填成本、节约设备能耗。

2) 低压泵送区充满率估算

根据充填动力方式的不同，+808 ~ +976 m 中段采空区属低压泵送区，总体积约 43.4 万 m^3，占空区总体积的 37.31%。其中：+860 ~ +976 m 中段塌陷采空区 22.5 万 m^3，浅部特大型空区 (+890 ~ +976 m 段) 16.5 万 m^3 和 +808 m、+835 m 中段远距离采空区 4.4 万 m^3。由于低压泵送区规模较大，尤其是在 KK2、KK4、KK6 与 KK8 号矿体形成的由 +976 m 中段贯通至 +835 m 中段的浅部特大型空区，距离充填站距离仅 300 ~ 500 m，充填管道布设的距离短、成本低，充填料浆泵送压力小、能耗低，采空区充满率大于 80%，以保障采场安全性、消除采空区安全隐患。

3) 自流输送区充满率估算

自流输送区是指 +808 m 中段以下，充填倍线在 6 以下的区域，此部分采空区的总体积约 30.4 万 m^3，占采空区总体积的 26.08%。首先，自流输送区的关键层首充区域对控制上部塌陷区向下蔓延，保障深部回采作业安全意义重大；其次，自流输送区充填治理不需要提供额外动力，设备运行能耗极低。因此，此部分采空区治理的充满率应大于 90%，在最大程度地保障采场安全性、消除采空区安全隐患的同时，实现尾矿的无害化处置，延长尾矿库的服务年限。

4) 采空区充填效果评价

柿树底金矿各类采空区充满率估算汇总见表 2-13。由表可知，按照上述采空区充满率估算率，柿树底金矿共计 116.5 万 m^3 采空区，计划充填治理 83.4 万 m^3 采空区，采空区充满率达到 72%。根据国内外中大型矿山采空区治理经验，采空区的充满率 60% ~ 80% 即可有效控制地压灾害、保护地表环境。

柿树底金矿各类采空区充填治理所需时间汇总见表 2-14。按照上述采空区充满率估算，柿树底金矿计划充填治理采空区 83.4 万 m^3，采空区充填治理总周期可达到 10.8 a。再加上由空场法改为充填法后，原有还剩 2 a 的尾矿库服务年限可以延长至 4 a (充填法尾矿利用率 50.4%)。因此，柿树底金矿通过新建充填系统，10 ~ 11 a 尾矿可实现零外排，14 ~ 15 a 不需新建尾矿库。

表 2-13　柿树底金矿各类采空区充满率估算表

采空区分类	采空区位置/m	采空区体积/m³	充满率/%	充填体积/m³	充填体积小计/m³
高压泵送区	+1113 中段采空区	11000	50	5500	213306
	+1083 中段采空区	9000	50	4500	
	+997 以上塌陷区	406611	50	203306	
低压泵送区	+860~+918 塌陷区	90000	80	72000	347684
	+918~+976 塌陷区	135000	80	108000	
	特大空区(+890~+976 段)	165425	80	132340	
	+835 中段采空区	11130	80	8904	
	+808 中段采空区	33050	80	26440	
自流输送区（首充区域）	特大空区(+835~+890 段)	75225	90	67703	159728
	+773 中段采空区	40950	90	36855	
	+738 中段采空区	36550	90	32895	
	+703 中段采空区	24750	90	22275	
自流输送区（嗣后充填区）	+668 中段采空区	37800	90	34020	113690
	+633 中段采空区	55880	90	50292	
	+598 中段采空区	11718	90	10546	
	+563 中段采空区	13730	90	12357	
	+528 中段采空区	7194	90	6475	
合计		1165013	72	834407	834407

表 2-14　柿树底金矿各类采空区充填治理所需时间计算表

采空区分类	采空区位置/m	充满率/%	充填体积/m³	可充填时间/a	建议充填顺序
高压泵送区	+997 中段以上	50	213306	2.8	4
低压泵送区	+808~+976 中段	80	347684	4.5	3
自流输送区	关键层首充区域	90	159728	2.1	1
	嗣后充填区	90	113690	1.5	2
合计			834407	10.8	

4. 采空区处理效益分析

1）采空区充填成本

充填系统工作制度为：年运行 300 d，每天连续充填 12 h。为实现尾矿零外排，柿树底金矿充填系统既要考虑充填采矿的需求，又要兼顾采空区充填治理的要求。充填采矿年需尾砂充填体积 9.52 万 m^3，采空区充填治理年需尾砂充填体积 8.40 万 m^3，共计 17.92 万 m^3/a 的充填量。充填系统项目运营成本主要包括充填材料、动力（电费）、人工、设备折旧成本。

2）采空区处理经济效益分析

柿树底金矿采空区充填治理全部采用全尾砂非胶结充填，非胶结充填的成本为 4.51 元/m^3（合吨矿成本 1.67 元/t），按照全年 8.4 万 m^3 的采空区治理充填总量进行计算，柿树底金矿充填治理采空区的总费用为：8.4×4.51＝37.9 万元/a。

如不进行充填治理采空区，除了充填采矿消耗约一半尾矿外，柿树底金矿每年仍有近 10.3 万 t 尾矿需要排往尾矿库，仅考虑 15 元/t 的环保税（折算为原矿成本），排尾征税就高达 154.5 万元/a。同时，由于柿树底金矿尾矿库库容将罄，亟须新建尾矿进行尾矿排放，但新建尾矿库不仅审批难度大、周期长，而且各项费用更是居高不下。按照国内同类矿山情况估算，尾矿库征地费用按 5 元/t 计，尾矿管道输送费用按 1 元/t 计，尾矿库的管理、运营及维护成本按 3 元/t 计，柿树底金矿的排尾成本合计达 92.7 万元/a。因此，柿树底金矿采用全尾砂非胶结充填进行采空区充填治理，可以实现尾矿的零外排，节约尾矿环境排放征税、尾矿库建设及运营等成本共计 247.2 万元/a，经济效益显著。

3）采空区处理综合效益分析

柿树底金矿由空场法转为充填法，同时采用全尾砂非胶结充填进行采空区充填治理，不仅具有明显的经济效益，还有显著的环境效益和社会效益。

（1）可以及时充填采空区、有效控制地压活动、保障回采作业安全，避免地压灾害造成的人员伤亡事故。

（2）可以最大限度地回收地下矿产资源。充填法由于采用人工矿柱，实现两步骤安全回采，不留矿柱或使矿柱量大大减少，与空场法相比，其矿石回收率一般要提高 10%。

（3）通过新建充填系统，在综合考虑充填采矿和充填治理采空区的情况下，10~11 a 尾矿可实现零外排，14~15 a 不需新建尾矿库；再考虑到开发了废石与尾矿改性作建筑材料、铺路、制砖等综合利用途径，实现了矿山固废 100% 综合利用，彻底消除了尾矿库。

（4）根据最新的《中华人民共和国环境保护税法》，柿树底金矿采用充填采矿和充填治理采空区，实现尾矿零外排，可节约尾矿排放税收 356 万元/a。

（5）可以大大减轻尾矿排放对地表环境造成的危害，改善当地生态环境，有助于建成技术先进、资源高效利用的绿色示范矿山，促进河南省黄金矿山整体开采技术水平的进步。

5. 高阶段大跨度老旧隐蔽采空区充填治理实践

由于柿树底金矿上部存在未塌陷采空区总体积超过 30 万 m^3，对深部开采作业的安全性影响尤为突出，而且上述采空区大多是由两层矿体开采产生的，采空区上下贯通、左右连通情况较为普遍，安全隐患更加突出，亟须充填处置，形成隔离层。因此，选择浅部特大空区（+835~+890 m 中段）作为首充区域，率先充填形成总高度达 55 m 的隔离层，对控制上部塌陷区向下蔓延，保障深部回采作业安全，降低充填系统的初期投资和运营成本均是有利的。

如图 2-20 所示，浅部特大型空区主要是由开采 KK2、KK4、KK6 与 KK8 号矿体形成的上下中段贯通的特大型采空区群。空区普遍由 +976 m 中段贯通至 +835 m 中段，相比其他空区，该部分空区规模大，总体积达 24.1 万 m^3，占空区总体积的 20.69%。其中，+890~+976 m 中段的采空区由于充填倍线较大，大部分不能实现自流输送，因此将其划分为低压泵送区，其总体积约为 16.5 万 m^3。2021 年 6 月开始，柿树底金矿开始 +835~+890 m 中段的KK2、KK4、KK6 特大遗留采空区群的治理工作（充填总体积 6 万 m^3），并逐渐向其他老旧采空区推进。

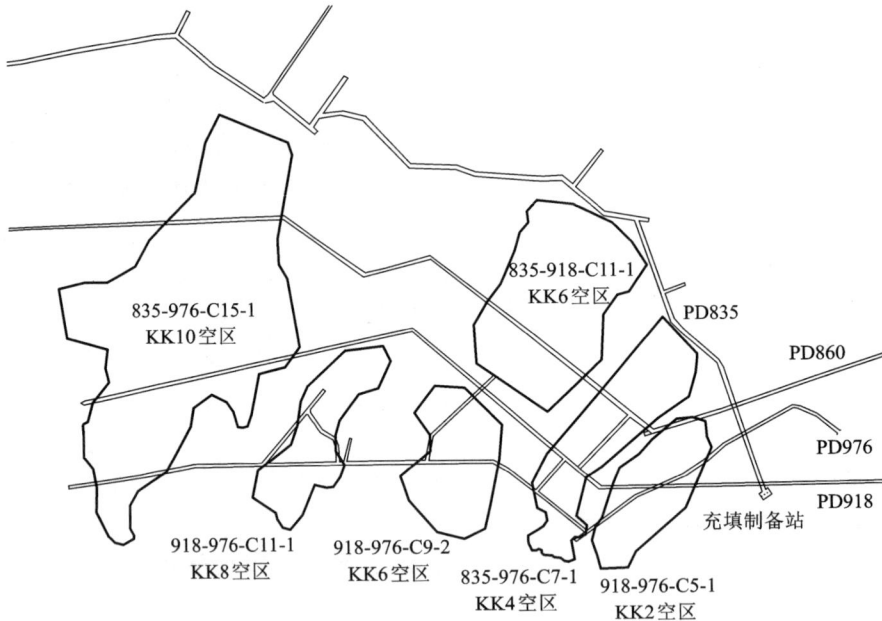

图 2-20　浅部特大型空区（+890~+976 m 段）分布示意图

2.3.5　复杂难采矿体空场法转充填法现场工业试验

2021 年 2 月，柿树底金矿建成了国内首套低成本全尾砂全脱水似膏体充填系统，开展了复杂难采矿体空场法转充填法现场工业试验，从传统开采模式成功转型升级为真正意义上的绿色开采，不仅为国内广大中小型地下矿山转型升级提供了成功范例，所开发的成套技术还具有巨大的推广应用前景。

1. 采场布置及结构参数

为使所开发的新型充填采矿法成功应用于柿树底金矿，选择 506~528 m 中段 5~9 号勘探线作为试验矿段，采矿方法为两步骤盘区机械化上向水平分层充填法。

如图 2-21 所示，将 5~7 号勘探线矿段划分为 5~7-1 至 5~7-7 采场，将 7~9 号勘探线矿段划分为 7~9-1 至 7~9-5 采场，共计 12 个采场；垂直走向布置采场的跨度为 10~12 m。

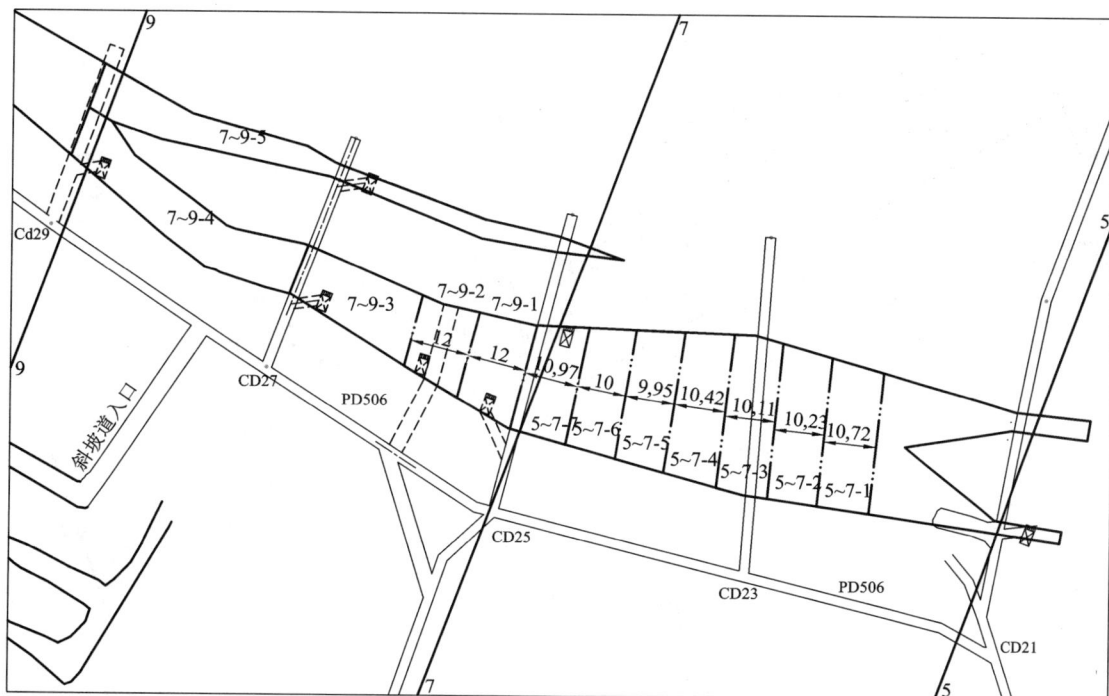

图 2-21 试验矿块采场划分示意图

2. 采准切割

两步骤回采的盘区机械化上向水平分层充填法试验盘区，其主要的采准工程采用下盘脉外布置，主要采切工程包括：采准斜坡道、分段联络平巷、分层联络道、卸矿横巷、溜井、充填回风上山、中段运输巷道、采场联络道、采场出矿巷道、拉底巷道等。7 号勘探线剖面如图 2-22 所示，508 m 分段、511 m 分段采切工程平面布置图如图 2-23、图 2-24 所示。

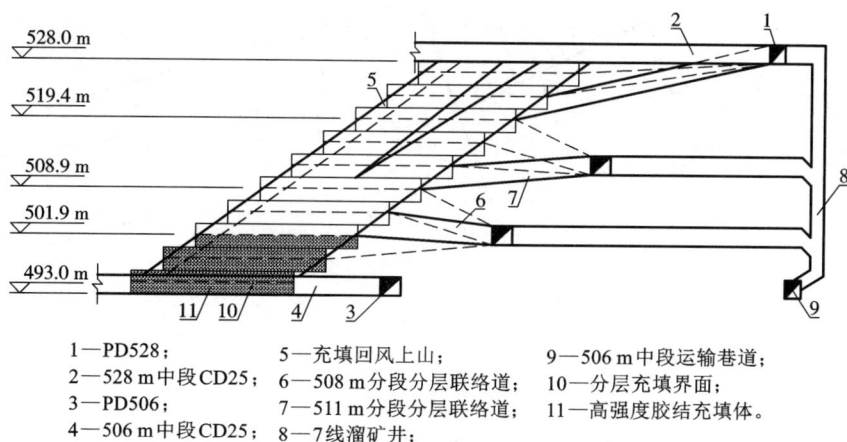

1—PD528；	5—充填回风上山；	9—506 m 中段运输巷道；
2—528 m 中段 CD25；	6—508 m 分段分层联络道；	10—分层充填界面；
3—PD506；	7—511 m 分段分层联络道；	11—高强度胶结充填体。
4—506 m 中段 CD25；	8—7 线溜矿井；	

图 2-22 试验采场剖面图

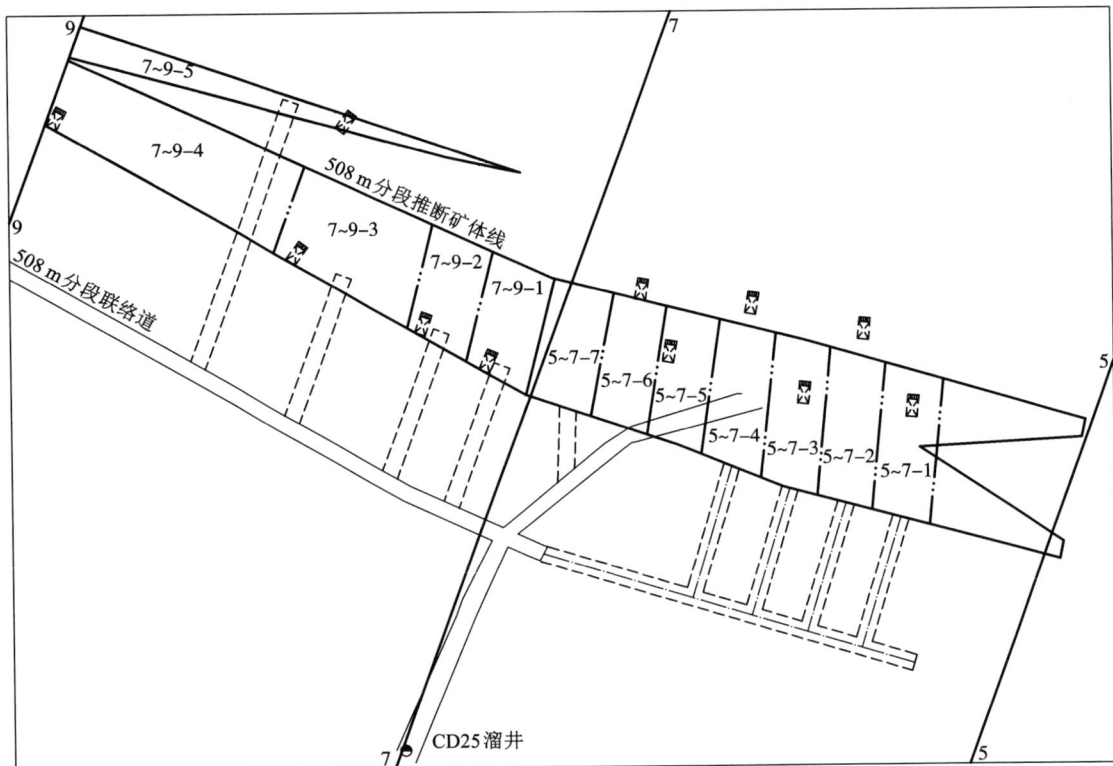

图 2-23　508 m 分段采切工程平面布置图

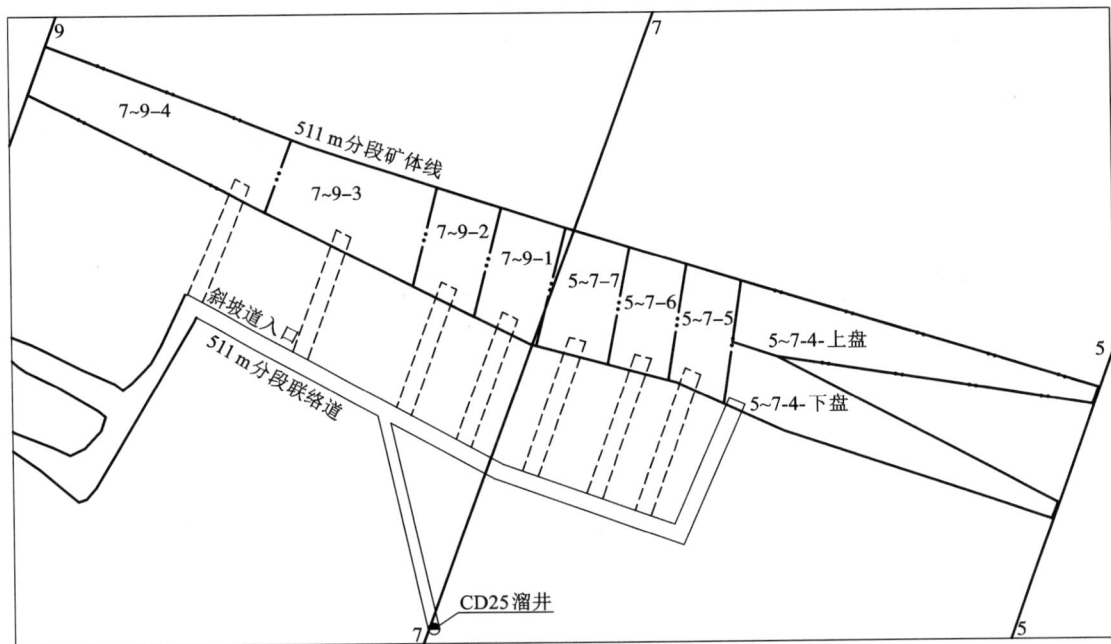

图 2-24　511 m 分段采切工程平面布置图

3.回采工艺

1)回采顺序

设计采用两步骤回采方式,一步骤先采5~7-1、3、5、7和7~9-2、4与5采场,向上采至矿体变薄且可合并为沿走向采场时接顶充填后停止,二步骤再采5~7-2、4、6和7~9-1、3采场。7~9-5与4采场分别位于并行的上下盘,同时回采但亦有先后:每层先采上盘的7~9-5采场并充填,再采下盘的7~9-4采场并充填,随后整体升层;当回采至上部矿体变薄,转为回采沿走向的上下盘两个采场时,其回采顺序与之相同。

2)回采工艺

由于阶段高度为35 m,故分为10层开采,每层高度为3.5 m;按上述设计的回采顺序,分两步骤进行采场回采,一步骤采场均采用高强度胶结充填以形成人工矿柱,所有一步骤采场均采至既定水平并接顶充填后再采二步骤采场;开始回采时,以最下一分层的拉底巷道为自由面,将整个采场拉开形成拉底空间,然后向上挑顶以回采第二层,采完后充填至预留1.6 m左右高度空间,以作为向上一层回采的爆破自由面,之后采一层,充一层。

3)凿岩爆破

如图2-25所示,为落实"强采强出强充"的开采要求,同时有效控制爆后顶板的完整性,以便安全管理分层采场顶板,必须按要求采用Boomer K41液压凿岩台车钻凿水平孔向下压采落矿,边眼眼距适当减小,孔径45 mm,孔深3.5 m。装药采用硝铵炸药,起爆方式为数码电子雷管起爆,各排炮孔间微差起爆,一次起爆延续时间控制在200 ms内。

图2-25 柿树底金矿Boomer K41液压凿岩台车

4)通风与顶板安全管理

每个采场必须按设计施工充填回风上山,形成2个独立的安全出口及贯穿风流通风条件后,才能开始回采。

新鲜风流由分层联络道进入采场,贯穿采场冲洗工作面后,污风经充填回风上山回至上阶段回风巷道。每次爆破后,必须经充分通风(通风时间不少于40 min)并清理顶帮松石后,人员才能进入采场。

5)出矿

经通风排出炮烟、顶板安全检查后,采用WJD-2.0柴油铲运机铲装矿石,经分层联络道、分段联络平巷、卸矿横巷运至溜井卸至下部主运输水平。出矿能力可达181 t/台班。

4. 充填工艺及充填管道布置

单分层高度为 3.5 m，仅在最上部 0.3 m 进行胶结充填，其余 3.2 m 采用非胶结充填；胶结充填推荐的充填配比参数：灰砂比为 1∶8，充填料浆质量浓度为 75%，体重 1.9 t/m³，28 d 强度为 1.87 MPa。最下一分层采用胶结充填形成人工底柱，为下中段顶柱回收做铺垫，推荐配比参数：灰砂比为 1∶8，充填料浆质量浓度为 75%，体重 1.9 t/m³，28 d 强度为 1.87 MPa。

井下充填管道布置方案为：充填制备站→835 m 中段平硐（通过 2#、3# 充填钻孔）→835 m 中段 7 号勘探线附近（沿 835 m 平硐铺设）→506 m 中段采场（沿 835 m 以下各中段上山铺设）。

5. 劳动组织与作业循环

台班定员 6 人，其中凿岩爆破 3 人，撬毛、平场 1 人，出矿 2 人。每天 3 台班，每台班 8 h。每分层回采循环时间预计为 96 台班，其中凿岩 13 台班，爆破通风 17 台班，出矿 43 台班，充填作业 23 台班：充填 9 台班、充填准备与养护 14 台班。每分层采出矿量为 6.51 kt（计入损失贫化），经计算，试验采场平均生产能力约为 203 t/d。试验采场作业循环表见表 2-15。

表 2-15 柿树底金矿试验采场作业循环表

序号	作业名称	时间/台班	进度/台班				
			20	40	60	80	100
1	凿岩（多次）	13					
2	爆破通风（多次）	17					
3	出矿	43					
5	充填作业	23					
6	合计	96					

6. 主要技术经济指标

试验采场主要经济技术指标见表 2-16。

表 2-16 柿树底金矿试验采场主要技术经济指标

序号	指标名称	单位	数值	备注
1	地质指标			
1.1	矿石平均体重	t/m³	2.70	
1.2	矿体平均倾角	(°)	37	
2	矿块构成要素			
2.1	采场宽度	m	10~12	
2.2	阶段高度	m	35	
2.3	分层高度	m	3.5	

续表 2-16

序号	指标名称	单位	数值	备注
3	爆破参数			
3.1	每米炮孔崩矿量	t/m	1.9286	
3.2	炸药单耗	kg/m³	0.6643	
4	设计回采率	%	92	
5	设计贫化率	%	8	
6	铲运机生产能力	t/台班	181	WJ-2.0 柴油铲运机
7	充填能力	m³/h	60	设计值
8	采场生产能力	t/d	203	
9	采矿成本	元/t	57.94	含充填成本

2.4　新干萤石矿留矿法转充填法

2.4.1　留矿法转充填法的背景与意义

1. 矿山概况

萤石是氟化工的基本原料,广泛用于化工、建材、军工、航空航天等领域,为现代工业的重要矿物原料,与战略性新兴产业密切相关,已被列入国家限制性开采矿种。因此,萤石资源的合理开发和高效利用对保障国民经济的持续发展具有重要的战略意义。随着可供开采资源量的不断锐减和国家环保力度的不断加大,萤石价格持续高位运行,2023 年 5 月国内萤石粉价格达到 3000 元/t。江西省萤石资源丰富、矿床分布密集,主要分布在新干、兴国、瑞金、会昌、宁都一带,保有储量约 2000 万 t。

江西新干新衡萤石矿矿区位于新干县县城 115°方位直距约 29 km 的大坑村,由原新衡萤石矿和原大坑萤石矿整合而来,矿区面积 0.6384 km²,地下开采生产规模 20 万 t/a,开采深度-206.00～+260.00 m。新衡萤石矿开采始于 2000 年,到目前已开采 20 余年,地表及浅部矿体基本采掘完毕;现采用斜坡道开拓、无轨运输,中段高度 45～50 m,已形成+65 m、+15 m、-30 m、-80 m、-130 m 共 5 个中段。

目前,全矿保有的资源储量约为 529 万 t(以 CaF₂ 边界品位 20%计),CaF₂ 平均含量为 31.55%～58.30%,属资源储量大、服务年限长、品位中上、开采价值高的中大型萤石矿山。矿体严格受 F1 断裂构造控制,其形态随构造带的变化而变化,与断裂构造的破碎强度、破碎宽度关系密切。矿化带总体呈一长透镜状产出,并向两端逐渐变薄至尖灭,总体走向 20°～48°,倾向北西,倾角 64°～85°,平均倾角 78°。矿体在倾向上为上下薄、中间厚的"纺锤体",沿走向体现分支复合、膨大变窄、尖灭再现的特点。目前,矿山采用沿走向布置采场、两步骤开采的工艺,采矿方法为浅孔留矿法,采用风动凿岩机凿岩、2 m³ 铲运机出矿。-30 m(三中段)和-80 m(四中段)矿体厚大且相对集中,是目前的主要生产中段。

2.矿山面临的主要技术难题

矿山面临如下重大技术瓶颈问题,严重影响矿山的经济效益、服务年限和可持续发展。

1)矿区环境地质条件复杂、"三下"开采环保压力极大

新衡萤石矿矿区地表河网和水田密布、沟渠纵横,属于典型"三下"开采,江西省对矿山的安全和环保要求极高,一旦出现安全和环保事故,将严重危及企业生存。

2)资源禀赋特征复杂、矿岩稳固性差、开采技术难度大

新衡萤石矿矿床受F1断层和构造带的控制,矿体禀赋特征复杂,产状从薄到厚、品位从低到高变化较大,矿体呈卷曲透镜状、似层状并行展布,沿走向、垂直走向相互交叉、分支复合严重。此外,矿体受断层和构造带的控制,矿体大部分为软弱破碎岩体、质地松软、稳固性差,导致矿山的工程地质条件复杂、矿体的开采技术难度较大。此外,矿体顶板为含水层,矿体开采过程中极易揭露顶板并导通含水层引发透水事故。

3)留矿法工艺适用性差、损失贫化大

新衡萤石矿资源品质好、价值高,应优选先进的采矿工艺和高效的采矿装备,以提高资源的开采效率,并控制矿石的损失贫化。矿山实际开采中使用的留矿法,存在诸多的安全、经济和技术问题:

(1)留矿法对矿体的适用性差、采场安全风险高。留矿法通常对矿岩中等稳固及以上、急倾斜、厚度较薄且边界规整的矿体开采具有较好的适用性。然而,新衡萤石矿矿体倾角、厚度变化大,矿岩边界不规整,上下盘围岩稳定性差,留矿法显然无法适用上述复杂的资源禀赋和开采技术条件,高阶段大跨度采场极易发生冒顶片帮及失稳垮塌灾害。

(2)矿石损失率高、优质资源浪费严重。虽然新衡萤石矿保有资源量丰富,但是大部分属水文地质条件复杂、矿岩软弱破碎的复杂难采矿体,因此,提高矿石回收率对保障矿山产能和服务年限意义重大。矿山现用的留矿法仍需留设顶柱、底柱和盘区间柱,再加上底部出矿结构内的存窿矿石损失,导致矿石的损失率大于40%。过高的矿石损失率将会导致大量保有优质资源的快速消耗,进而大大缩短矿山的服务年限。

(3)矿石贫化率高,制约矿山的正常生产并严重压缩企业的利润空间。由于矿体倾角和厚度不均且边界变化较大,分支复合情况普遍,留矿法无法实现矿废、高低品位矿石的分采,进而会产生10%~15%的设计贫化率。同时,由于矿岩稳固性较差,在频繁的爆破振动和放矿加载卸荷作用下会进一步加剧矿石二次贫化,导致采出矿石的贫化率大于20%,萤石矿的出窿品位低于25%。大量混入矿石中的废石也需要消耗大量的凿岩、爆破、出矿、运输、提升和选矿成本,却无法给矿山带来直接效益。因此,过高的贫化率会严重压缩企业的利润空间。此外,由于矿山尾矿库已经闭库,过高的矿石贫化率会导致尾矿的产出率增加20%以上,大大增加了尾矿产出总量和处置难度。

(4)采掘装备效率低下、矿石大块率高。受采矿工艺限制,留矿法采场只能采用风动凿岩机凿岩、电耙平场,不仅生产效率低下、工人劳动强度大,而且在软弱破碎岩体和狭小作业空间内凿岩难度较高,炮孔偏斜率、孔底距难以控制,导致矿石大块率高等诸多问题。

4)尾矿库已闭库、采充不平衡制约矿山的正常生产和稳产

萤石矿的尾砂产率为60%~70%,但是20%以上的矿石贫化率导致尾矿的产出率增加

20%以上,使得尾矿产出总量和处置难度大大增加。由于矿山未建设尾矿库,选矿厂产生的尾砂必须全部进行综合利用。将尾砂制作成免烧砖或作为建筑用砂是可行的方案,但是由于尾矿中含有约20%的泥质成分,导致尾矿的综合利用技术要求高,产品制造成本与市场竞争力受到较大的影响。

5)机械化充填开采技术转型需开展工艺技术研究和设计

2023年3月,井下作业人员在四中段进行一步骤采场充填挡墙施工过程中,发生大面积冒顶片帮事故。根据采矿设计原则及国家监管部门要求,新衡矿业应将浅孔留矿法变更为更加安全高效的两步骤机械化上向水平分层充填采矿法,并采用垂直走向布置,使用凿岩台车凿岩、铲运机出矿,实现强采、强出、强充,严格控制采场暴露面积及时间,确保生产安全。矿体的禀赋特征复杂,产状从薄到厚、品位从低到高变化较大,矿脉沿走向、垂直走向相互交叉、分支复合现象明显,断裂构造带内裂隙发育、矿岩破碎、结构松散、稳固性差,导致机械化充填开采技术转型难度较大。因此,必须通过选择典型开采区域开展充填法工艺技术研究,并通过典型试验矿块的采准工程设计、回采设计和充填工程设计,经现场工业试验,获得高品位萤石资源安全高效、低成本开采的实用成套技术,并定型相关技术参数和工艺流程,以求全面推广应用。

3. 研究目的与意义

鉴于井下复杂的开采技术条件和潜在的安全生产风险,新衡萤石矿要实现机械化充填采矿法的顺利转型升级,必须研究解决复杂开采技术条件下技术可行的技术参数和技术方案。研究与设计成果,不仅对新衡萤石矿实现安全高效开采、延长矿山服务年限并取得更好的经济效益具有重大的现实意义,还可以使新衡萤石矿成为技术先进、资源充分回收利用、安全高效的绿色示范矿山,更可为国内地下萤石矿开采技术的转型升级提供成功范例,促进行业整体开采技术水平的进步。

2.4.2 矿山开采技术条件分析

1. 矿区地质

1)地层与构造

新衡萤石矿矿区大地构造位置位于华夏板块、华南造山系东南造山带、武功山—会稽山前缘褶冲带、武功山逆冲隆起的北东段。矿区内出露的地层简单,主要有南华世中上统下坊组、白垩系下统周家源组和第四系。

矿区内褶皱不明显、断裂构造发育,褶皱构造形变以南华世地层组成的基底复式褶皱及侏罗系、白垩系地层组成的盖层褶皱为主,褶皱轴部延展方向呈北北东20°~55°,断裂构造以北东向断裂为主,次为近东西向断裂构造。

2)矿体赋存特征

23个工业矿体均产于南华世下坊组变质岩与玉华山火山岩接触带部位,受北东向F1断裂控制并充填在其破碎带中,在北东—南西长约1300 m、北西—南东宽50~130 m呈平行排列或平行侧列产出,矿体产状与F1断裂带基本一致,总体走向20°~48°,倾向北西,倾角64°~85°,平均倾角78°。矿体平均厚度为1.16~10.0 m,CaF_2平均含量为31.55%~58.30%。

矿体形态以透镜状为主，次为脉状、藕节状，地表仅零星见有萤石矿化，浅部矿体以分支脉状为主，次为网脉状，厚度小，与围岩呈渐变过渡关系，含夹石较多，矿石类型多为萤石-石英型；中部矿体厚大稳定，局部形成大矿包，与围岩界线清楚，矿石类型多为石英-萤石型、少量为萤石型；深部则呈脉状迅速尖灭，厚度变化大，与围岩界线清楚，矿石类型多为萤石-石英型，少量为石英-萤石型。

3) 矿体产状特征

新衡萤石矿区共圈定 23 个工业矿体，其中 12 个工业矿体属 I 号萤石矿化带。I 号萤石矿化带单工程揭露矿体最小真厚度为 1.0 m（V1-2 矿体），最大真厚度为 39.25 m（ZK0-4 孔、V1-5 矿体），大部分真厚度为 3.0~10.0 m，各矿体平均真厚度为 1.18~10.00 m，各矿体厚度变化系数为 8.39%~147.15%，I 号萤石矿化带矿体厚度变化系数为 93.60%，厚度变化大，属厚度变化不稳定型。Ⅱ号萤石矿化带单工程揭露矿体最小真厚度为 1.0 m（ZK12-2 孔、V2-4 矿体），最大真厚度为 14.01 m（ZK14-2 孔、V2-1 矿体），一般真厚度为 1.0~2.8 m，各矿体平均真厚度为 1.16~6.18 m，各矿体厚度变化系数为 32.43%~74.11%，Ⅱ号萤石矿化带矿体厚度变化系数为 109.23%，厚度变化大，属厚度变化不稳定型。矿区在走向、倾向上反映矿体形态不一，I 号萤石矿化带和Ⅱ号萤石矿化带总体呈一长透镜状，矿体形态沿走向总体呈分支复合、膨大变窄，尖灭再现特点，分支矿体厚度变窄。

2. 开采技术条件

1) 矿体和围岩特征

区内矿体均产于 F1 断裂带内，其矿体和围岩为一套典型的动力变质岩，矿体与围岩接触界线清楚，但不平整，F1 构造为区域性断裂，并具明显多期次活动特点，导致矿体的围岩较复杂，多数直接围岩为含萤石硅化岩、强硅化角砾岩及含泥质硅化角砾岩。由于 F1 断裂产物具明显的分带性，呈现构造顶板至底板产物为：断层泥→强硅化角砾岩→碎裂岩→断层泥及糜棱岩（构造中心带）→碎裂岩→强硅化角砾岩→石英岩（硅化带）。而矿体则主要分布于构造中心带上盘强硅化角砾岩带内、次为碎裂岩带内，近断裂带上盘 V1-1、V1-2、V2-1、V2-2 矿体顶板围岩多为浅灰色断层泥，底板围岩则为含萤石硅化岩、强硅化角砾岩，其他矿体均赋存在 F1 断裂硅化破碎带内，其直接围岩为强硅化角砾岩、硅化碎裂岩，近矿体边缘多为含萤石硅化岩、含萤石硅化角砾岩。工程地质调查汇总详见表 2-17。

表 2-17　工程地质调查汇总表

中段	工程地质特征	软弱结构面	支护情况
三中段 （-30 m）	巷道稳固性较好，只在北部采空区附近见少量支护。萤石矿一般呈脉状或细脉状，硅质（石英和玉髓）含量较高，品位较低，稳固性好。北部采空区为不规则椭圆形，顶底板岩石浅灰色，为混合片麻岩，弱高岭土化，坚硬~半坚硬，稳固性尚好	局部见少量断层，两盘岩石高岭土化较松碎。中部穿脉见构造破碎带，产状 147°∠78°，宽 10 m，为构造角砾岩，棱角状，块体直径 1~20 cm，硅质弱胶结，灰色水铁矿发育；岩石裂隙及空洞较发育，局部呈蜂窝状，褐铁矿染较强烈。裂隙局部见渗水，未见滴水现象	局部见支护长 5 m

续表2-17

中段	工程地质特征	软弱结构面	支护情况
四中段 (−80 m)	整体巷道岩石较坚硬，裂隙闭合性较好，稳固性较好，局部岩石因构造破碎及高岭土化有冒顶现象。一般呈块状，稳固性较好	南部穿脉东段见断层破碎带，产状140°∠80°，断层面见软塑构造泥。上盘为灰白色碎裂伴高岭土化，下盘岩石碎裂块状，少量渗水	局部见支护长5.5 m

2）水文地质条件

矿区位于河流冲积小平原向低山—丘陵区过渡地段，地势东高西低，地形中深切割。东部为丘陵区，地形坡度10°~30°，最高点位于矿区北东部的龙珠山，海拔+264.3 m；西部为河谷平原区，最低点位于大坑小溪和大桥小溪河床，海拔+87 m，为矿区最低侵蚀基准面标高。大坑萤石矿矿体分布标高为−331~+74 m，全部位于当地侵蚀基准面以下。

根据矿区水文地质条件，萤石矿脉主要赋存于F1构造破碎带中，矿化部位硅化较强，性脆易碎，裂隙张开性较好，富水性中等，含矿带既是含水带，而矿体两侧围岩富水性弱~极弱，因此本矿构造破碎含水带在平面上可概化为狭长集水廊道系统。以窑里水库水渠作为矿床充水的主要因素，大气降水和基岩裂隙水作为次要因素，属于以裂隙含水层充水为主的矿床，水文地质勘查类型为第二类，水文地质条件类型为中等。

3）环境地质条件

矿区位于山前河谷平原向丘陵低山地貌过渡地段，西部为沂江河谷冲积平原区，地势平缓，矿区抗震设防烈度为Ⅵ度，区域地壳稳定性较好；矿区附近有人口较稠密的村庄，环境敏感度中等；矿区未发现大型滑坡、崩塌等不良地质现象，沟谷属泥石流低易发区，地质环境良好；矿区地表、地下水现状水质良好，矿石和废石不易分解出有毒有害组分，但矿坑水属于高氟水质，排水对环境水质有一定污染；采矿活动易引发局部地表塌陷变形，矿区环境地质质量属中等类型。

综上，新衡萤石矿床开采技术条件属以工程地质问题为主的开采技术条件复杂的矿床（Ⅲ-2）类型。

3. 矿山生产现状

1）开拓系统现状

新干新衡萤石矿自2000年开采以来，地表及浅部矿体基本回采结束。现有+65 m、+15 m、−30 m、−80 m、−130 m五个中段，其中−80 m中段以上的4号勘探线至8号勘探线的V1-1、V1-2矿体经回采已形成采空区。矿山现采用斜坡道开拓，斜坡道硐口位于12号勘探线附近，矿石与废石的运输采用UQ-12矿用自卸式汽车经斜坡道直接运输。

2）通风系统

矿山采用对角抽出式通风，斜坡道作为主要进风井，管道井兼作进风井，南部采用南回风井回风、北部采用北回风井回风。矿井总需风量为72.15 m³/s，其中南部需风量为37.7 m³/s，北部需风量34.45 m³/s。南区、北区各选用DK45-6型17号风机1台。掘进工作面、采场出矿工作面均采用5.5 kW节能型局扇（辅扇）通风。

3)排水系统

矿山为地下开采，采用斜坡道开拓，井下排水采用机械排水。分别在-80 m和-206 m中段设置水泵房水仓。开采-80 m标高以上时，使用-80 m中段水仓水泵房，布置在斜坡道落平处附近，通过管道井铺设排水管路至+15 m中段，沿+15 m中段巷道铺设到通至地表的管道井直接排水至地面高位水池(+132 m标高处)。开采-80 m标高以下时，启用-206 m中段水泵房水仓，布置在斜坡道落平处附近，通过管道井铺设排水管路至-80 m中段水仓，接力排水至地面高位水池。

4)采矿方法

浅孔留矿法矿块沿走向布置，一般长为50 m，高为中段高度38~50 m，采幅不大于5 m，设顶柱、间柱。顶柱高3.5~5 m，间柱宽6 m；无底柱；装矿横穿间距6~8 m。采准工作主要是在矿体下盘围岩中掘进装矿横穿，在间柱中掘进人行通风天井和联络道等；切割工作比较简单，主要包括矿块采准天井、联络道、拉底巷道、装矿巷道。回采工作包括：凿岩、爆破、通风、局部出矿、撬顶及平场、大量出矿等。回采工作自下而上分层进行，分层高度一般为2~2.5 m，采用上向炮孔。出矿采用1.5 m³电动铲运机装矿，局部出矿时，每次装出崩落矿量的1/3。矿房采完后，进行大量出矿。装药采用不耦合连续装药，爆破采用数码电子雷管逐段起爆。回采过程中采用贯穿风流通风，即新鲜风流由阶段运输平巷经先行天井进入采场作业工作面，清洗工作面后的污风由采场另一侧的先行天井回到上中段回风巷。对于通风条件较困难的采场辅以局扇通风。

2.4.3 可采储量计算与矿岩稳定性评价

新衡萤石矿历史上进行了大量的地质勘查及资源储量核实工作，提交的多个地质详查报告及地质储量核实报告也基本达到地质报告规范要求，但是其统计采用的矿石边界品位指标过高[$w(CaF_2) \geq 20\%$]，部分尚具有开采价值的矿石没有统计在内，同时初步设计未根据采矿工艺的需要，对各矿段、各生产中段矿体的产状、储量及品位进行充分的统计和分析，也未对该复杂采矿技术条件下的采矿方法进行多方案的选型和优化。本次保有资源储量统计分析工作主要针对新衡萤石矿三中段(0~7号勘探线、12~18号勘探线)和四中段(0~7号勘探线)，如图2-26所示。

1. 中(分)段平面图

1)二中段(+15 m)

该中段为新衡萤石矿北部，矿体较薄，整体矿量较少，16C~18号勘探线未探测到矿体，矿石品位以中低品位为主。

2)三中段(-30 m)

该中段矿体范围较广，将其划分南北两个部分。

(1)北部矿体位于12~18号勘探线，该段矿体较薄，整体矿量较少，18号勘探线未探测到矿体，矿石品位以中高品位为主。

(2)南部矿体位于0~7号勘探线，该段矿体较厚，矿石品位以中低品位为主，靠近上盘围岩矿体品位较高，靠近下盘品位较低。

3)-40 m分段

该分段为新衡萤石矿南部，该段矿体位于0~7号勘探线，矿体厚大，矿量较多，矿石品

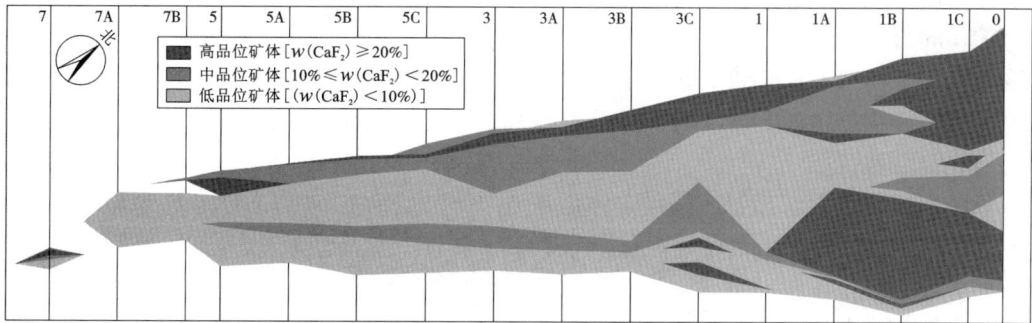

(a) -50 m 分段平面图 (0~7 号勘探线)

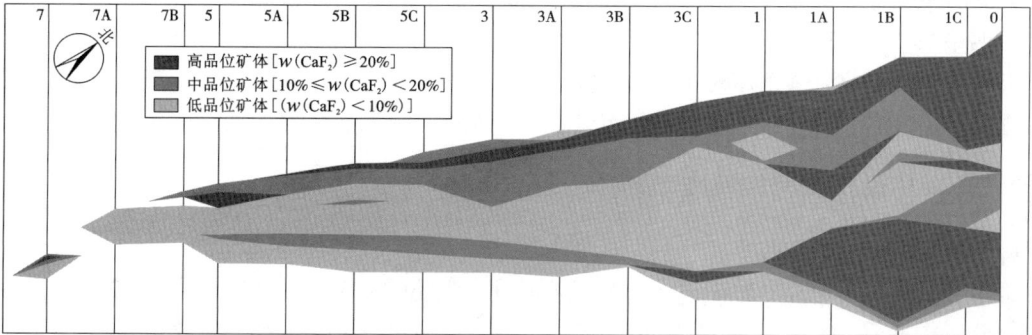

(b) -60 m 分段平面图 (0~7 号勘探线)

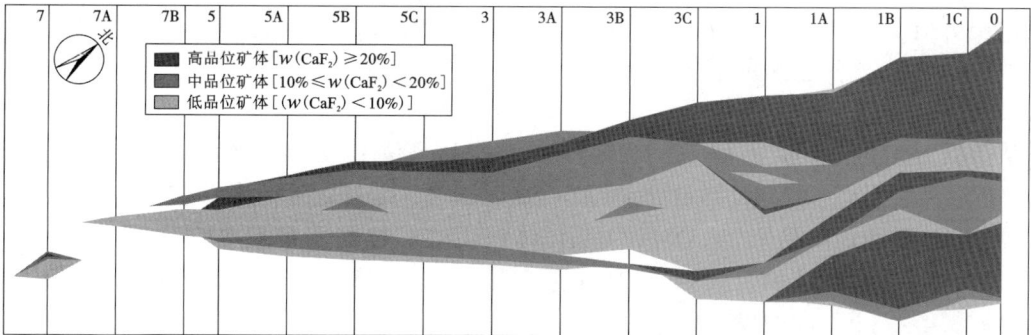

(c) -70 m 分段平面图 (0~7 号勘探线)

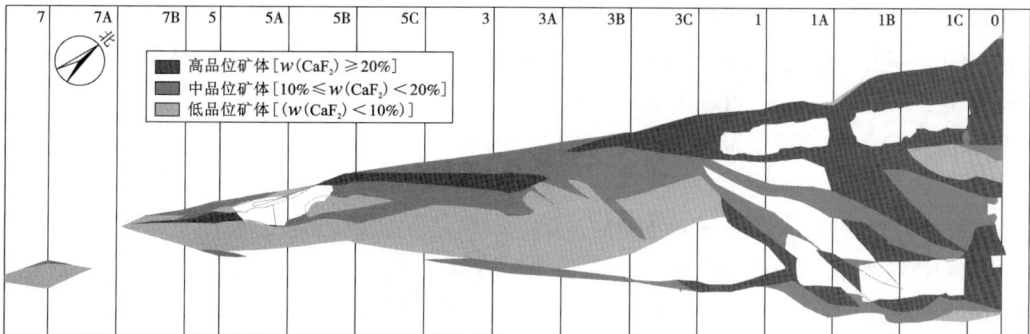

(d) 四中段 (-80 m) 平面图 (0~7 号勘探线)

图 2-26　0~7 号勘探线矿体平面图

位以中低品位为主，靠近上盘围岩矿体品位较高，靠近下盘品位较低。

4) -50 m分段

该分段为新衡萤石矿南部，该段矿体位于0~7号勘探线，矿体厚大，矿量较多，矿石品位以中低品位为主，靠近上盘围岩矿体品位较高，靠近下盘品位较低。

5) -60 m分段

该分段为新衡萤石矿南部，该段矿体位于0~7号勘探线，矿体厚大，矿量较多，矿石品位以中低品位为主，靠近上盘围岩矿体品位较高，靠近下盘品位较低。

6) -70 m分段

该分段为新衡萤石矿南部，该段矿体位于0~7号勘探线，矿体厚大，矿量较多，矿石品位以中低品位为主，靠近上盘围岩矿体品位较高，靠近下盘品位较低。

7) 四中段(-80 m)

该中段为新衡萤石矿南部，该段矿体位于0~7号勘探线，矿体厚大，矿量较多，矿石赋存品位以中高品位为主，尤其是靠近上盘围岩矿体品位较高，部分矿块回采完毕。

2.三、四中段0~7号勘探线资源统计结果

1) 0~+12 m中段

总体积209173.16 m^3，总矿量585684.84 t，平均品位17.93%，平均厚度54.24 m，剔除低品位部分所得矿量305040.31 t(平均品位23.73%)，品位≥30%的矿量43286.54 t(平均品位34.11%)。其中高品位体积46283.35 m^3，矿量129593.39 t，平均地质品位29.58%；中品位体积62659.61 m^3，矿量175446.92 t，平均地质品位19.41%；低品位体积为100230.19 m^3，矿量280644.53 t，平均地质品位11.62%。

2) -13.4~0 m中段

总体积250712.74 m^3，总矿量701995.66 t，平均品位13.82%，平均厚度58.67 m，剔除低品位部分所得矿量367475.98 t(平均品位19.53%)。其中高品位体积57827.70 m^3，矿量161917.56 t，平均地质品位24.32%；中品位体积73413.72 m^3，矿量205558.42 t，平均地质品位15.75%；低品位体积为119471.31 m^3，矿量334519.68 t，平均地质品位7.55%。

3) -23.4~-13.4 m中段

总体积197206.88 m^3，总矿量552179.26 t，平均品位14.74%，平均厚度63.23 m，剔除低品位部分所得矿量278019.79 t(平均品位20.23%)，品位≥30%的矿量5179.55 t(平均品位33.44%)。其中高品位体积49270.69 m^3，矿量137957.93 t，平均地质品位23.47%；中品位体积50022.09 m^3，矿量140061.86 t，平均地质品位17.04%；低品位体积为97914.10 m^3，矿量274159.47 t，平均地质品位9.18%。

4) -33.4~-23.4 m中段

总体积202326.40 m^3，总矿量566513.93 t，平均品位15.56%，平均厚度66.83 m，剔除低品位部分所得矿量291192.43 t(平均品位22.51%)，品位≥30%的矿量4557.64 t(平均品位35.26%)。其中高品位体积57305.48 m^3，矿量160455.35 t，平均地质品位24.69%；中品位体积46691.82 m^3，矿量130737.09 t，平均地质品位19.84%；低品位体积为98329.11 m^3，矿量275321.50 t，平均地质品位8.21%。

5) -43.4~-33.4 m 中段

总体积 201677.01 m³，总矿量 564695.62 t，平均品位 15.96%，平均厚度 66.87 m，剔除低品位部分所得矿量 295417.86 t（平均品位 24.07%），品位≥30% 的矿量 67152.03361 t（平均品位 32.59%）。其中高品位体积 61269.10 m³，矿量 171553.47 t，平均地质品位 28.73%；中品位体积 44237.28 m³，矿量 123864.40 t，平均地质品位 17.62%；低品位体积为 96170.63 m³，矿量 269277.76 t，品位 7.06%。

6) -53.4~-43.4 m 中段

总体积 192070.22 m³，总矿量 537796.63 t，平均品位 14.82%，平均厚度 67.11 m，剔除低品位部分所得矿量 278460.46 t（平均品位 22.53%），品位≥30% 的矿量 5507.86 t（平均品位 43.79%）。其中高品位体积 53763.88 m³，矿量 150538.86 t，平均地质品位 28.37%；中品位体积 45686.29 m³，矿量 127921.60 t，平均地质品位 15.67%；低品位体积为 92620.06 m³，矿量 259336.17 t，平均地质品位 6.54%。

7) -63.4~-53.4 m 中段

总体积 197108.42 m³，总矿量 551903.58 t，平均品位 15.21%，平均厚度 67.01 m，剔除低品位部分所得矿量 301917.76 t（平均品位 21.85%），品位≥30% 的矿量 69660.86 t（平均品位 32.74%）。其中高品位体积 50813.61 m³，矿量 142278.10 t，平均地质品位 29.03%；中品位体积 57014.16 m³，矿量 159639.66 t，平均地质品位 15.45%；低品位体积为 89280.65 m³，矿量 249985.82 t，平均地质品位 7.20%。

8) -73.4~-63.4 m 中段

总体积 172508.32 m³，总矿量 483023.30 t，平均品位 17.01%，平均厚度 65.81 m，剔除低品位部分所得矿量 283795.40 t（平均品位 23.42%），品位≥30% 的矿量 102324.53 t（平均品位 33.98%）。其中高品位体积 48823.90 m³，矿量 136706.92 t，平均地质品位 31.76%；中品位体积 52531.60 m³，矿量 147088.47 t，平均地质品位 15.67%；低品位体积为 71152.82 m³，矿量 199227.90 t，平均地质品位 7.88%。

9) -80~-73.4 m 中段

总体积 102349.49 m³，总矿量 286578.58 t，平均品位 17.58%，平均厚度 63.98 m，剔除低品位部分所得矿量 173401.29 t（平均品位 25.46%），品位≥30% 的矿量 73505.40 t（平均品位 36.48%）。其中高品位体积 32518.68 m³，矿量 91052.30 t，平均地质品位 34.35%；中品位体积 29410.35 m³，矿量 82348.99 t，平均地质品位 15.63%；低品位体积为 40420.46 m³，矿量 113177.28 t，平均地质品位 5.50%。

10) 合计

总体积 1725132.64 m³，总矿量 4830371.41 t，平均品位 15.69%，平均厚度 63.49 m，剔除低品位部分所得矿量 2574721.29 t（平均品位 22.39%），品位≥30% 的矿量 371174.42 t（平均品位 34.16%）。其中高品位体积 457876.39 m³，矿量 1282053.89 t，平均地质品位 27.90%；中品位体积 461666.93 m³，矿量 1292667.41 t，平均地质品位 16.92%；低品位体积为 805589.33 m³，矿量 2255650.11 t，平均地质品位 8.05%。

3. 三中段 12~18 号勘探线资源统计结果

三中段的标高范围为 -30~+15 m：总体积 357264.67 m³，总矿量 1000341.08 t，平均品

位 22.84%，剔除低品位部分所得矿量 704178.99 t（平均品位 25.89%），品位≥30%的矿量 70321.30 t（平均品位 37.83%）。其中高品位体积 132678.14 m³，矿量 371498.80 t，平均地质品位 29.07%；中品位体积 118814.35 m³，矿量 332680.19 t，平均地质品位 22.35%；低品位体积为 105772.17 m³，矿量 296162.08 t，平均地质品位 15.58%。

4.岩体质量分级和稳定性评价

矿岩稳定性是采矿方法选择的主要依据之一，采取合理的方法对矿岩体稳定性重新进行科学评价和分级，以便有针对性地选择采矿方法和工艺参数，保证作业安全。

1）岩石质量指标 RQD 法

RQD 反映了岩体被各种结构面切割的程度，是一个衡量岩石质量的定量指标，也是由岩石的质量来反应岩体完整程度的一个具体参数，新衡萤石矿岩体质量指标见表 2-18。

表 2-18 岩体质量等级评价表

主要岩性	间接顶板	直接顶板	矿体	底板
	混合片麻岩	泥化带构造泥硅化破碎带	硅化岩、硅化破碎带	泥化带、构造泥熔结凝灰岩、硅化岩
钻孔中视厚度	43～223.1	5～81.7	20.3～153.5	10.2～148
RQD 范围值	39.5～83.1	8.1～73.4	5～75.1	1.2～61.7
RQD 平均值	57.3	32.0	35.7	18.3
岩体完整性	中等完整	破碎	完整性差	破碎
岩石质量	中等	极劣	劣	极劣
岩石质量等级	Ⅱ～Ⅲ	Ⅳ～Ⅴ	Ⅲ～Ⅳ	Ⅳ～Ⅴ
饱和单轴抗压强度	21.4～25.5	0.1～11.5	19.7～33.3	2.9～45.7
主要结构类型	裂隙块状	碎裂、散体	裂隙块状、碎裂	碎裂、散体
完整性系数（经验值）	0.65	0.3	0.5	0.3
结构面综合摩擦系数 f	0.6	0.2	0.5	0.3
岩体质量系数（Z）值	0.08～0.1	0.00～0.007	0.05～0.08	0.003～0.04
岩体质量等级	坏～极坏	极坏	极坏	极坏
岩体质量指标（M）	0.04～0.05	0.00～0.01	0.02～0.04	0.002～0.03
岩体质量	差	坏	差	差
稳固性综合评价	中等	极差	中等～差	差

2)矿体及围岩顶底板稳定性评价

萤石矿体赋存于构造破碎带中的硅化岩、硅化破碎带和部分碎裂熔结凝灰岩中，主要呈富矿脉状、细脉或网脉状，RQD 平均值为 35.7%，饱和抗压强度 19.7~33.3 MPa，软化系数 0.59~0.69，属软弱~半坚硬岩石，吸水易软化。岩体结构主要以裂隙块状为主，部分呈块状结构或镶嵌结构，稳固性中等；局部萤石赋存于构造角砾岩中，泥质弱胶结，碎裂结构，稳固性差，易坍塌。矿体完整性差，岩石质量等级Ⅲ~Ⅳ级，岩体质量极坏~差，综合评价矿体稳固性中等~差。

(1)间接顶板：主要为混合片麻岩，剧—强风化带深度为 7.0~57.6 m，其中强风化带厚度为 0~45.6 m，弱风化岩厚度为 43~223.1 m，层间破碎带较发育，RQD 平均值 57.3%，饱和抗压强度 21.4~25.5 MPa，软化系数 0.54~0.60，属软弱~半坚硬岩石，吸水易软化。顶板弱风化岩体完整性中等，岩石质量等级Ⅱ~Ⅲ级，岩体质量坏~差，属裂隙块状构造，局部镶嵌碎裂(或层状碎裂)结构，综合评价间接顶板稳固性中等。

(2)直接顶板：直接顶板岩石主要为构造破碎带(泥化带、构造泥、硅化破碎带)。RQD 平均值 32%，饱和抗压强度 0.1~11.5 MPa，软化系数 0.11~0.33，属软~极软弱岩石，吸水易软化、膨胀甚至崩解。完整性为破碎，岩石质量等级Ⅳ~Ⅴ级，主要呈散体结构，局部碎裂结构，岩体质量坏~极坏，综合评价其稳固性极差。有 10 个钻孔的矿体直接顶板见构造泥化带，视厚度 2.2~126.5 m，平均 27.1 m。

(3)底板围岩：矿体底板岩石主要为构造破碎带(泥化带、构造泥、熔结凝灰岩、硅化岩)，整体岩石破碎及蚀变较强，RQD 平均值 18.3%，饱和抗压强度 2.9~45.7 MPa，软化系数 0.11~0.89，以软弱岩石为主，局部为较坚硬的硅化岩。完整性为破碎，岩石质量等级Ⅳ~Ⅴ级，主要呈碎裂结构，局部呈散体结构，岩体质量坏~极坏，综合评价其稳固性差。根据 19 个钻孔工程地质编录，有 7 个钻孔的矿体底板见构造泥化带，有的与硅化破碎带互层出现；构造泥化带在 7 个钻孔中揭露的视厚度 8.9~82.9 m，平均 34.7 m。

3)采场最大允许暴露面积和极限跨度分析

根据矿岩稳固性不同，开采工程设计过程中所允许的暴露面积见表 2-19。由于三中段和四中段 0~7 号勘探线属于中等稳固矿体，所允许的采场最大暴露面积应控制在 200 m²，局部矿岩较稳固地段所允许的采场最大暴露面积可扩大至 500 m² 以内。同时，三中段和四中段 12~18 号勘探线属于不稳固岩体，所允许的采场最大暴露面积应控制在 50 m² 以内，局部矿岩中等稳固地段所允许的采场最大暴露面积可扩大至 200 m²。

表 2-19　矿岩的稳固性与允许暴露面积

类别	岩体描述	允许的暴露面积/m²
Ⅰ	极不稳固	不允许暴露
Ⅱ	不稳固	≤50
Ⅲ	中等稳固	50~200
Ⅳ	较稳固	200~500
Ⅴ	极不稳固	≥800

根据《工程岩体分级标准》(GB/T 50218—2014),地下工程岩体自稳能力与岩体的质量级别的关系见表2-20。由于三中段和四中段0~7号勘探线属于中等稳固岩体,建议采场所允许的最大跨度控制在10 m以内,局部矿岩稳固地段所允许的最大跨度可扩大至15~20 m。同时,三中段和四中段12~18号勘探线属于不稳固岩体,应严格控制采场跨度及边帮高度,建议采场所允许的最大跨度控制在5 m以内,局部矿岩中等稳固地段所允许的最大跨度可扩大至10 m。

表2-20 岩体自稳能力与岩体的质量级别

岩体类别	岩体描述	自稳能力	允许跨度/m
I	稳固	可长期稳定,偶有掉块,无塌方	≤20
II	中等稳固	可长期稳定,偶有掉块	<10
		可基本稳定,局部可发生掉块或小塌方	10~20
III	不够稳固	可基本稳定	<5
		可稳定数月,可发生局部块体位移及小、中塌方	5~10
		可稳定数日至1月,可发生小、中塌方	10~20
IV	不稳固	可稳定数日至1月	≤5
		无自稳能力,数日至数月内可发生松动变形、小塌方,发展为中至大塌方。埋深小时,以拱部松动破坏为主,埋深大时,有明显塑性流动变形和挤压破坏	>5
V	极不稳固	无自稳能力	—

2.4.4 留矿法转充填法方案设计

1.采矿方法选择

采矿方法优化选择主要针对新衡萤石矿三中段(0~7号勘探线、12~18号勘探线),四中段(0~7号勘探线)矿体,根据矿体的分布位置,将其分为北部(12~18号勘探线)和南部(0~7号勘探线)分别进行选择。

1)北部(12~18号勘探线)薄~中厚~厚矿体、矿岩稳固性差

此部分矿体厚度以薄~中厚为主,仅在14B线附近矿体厚度变大;矿岩稳固性差,不允许有较大的暴露面积和采场跨度。因此,适合的充填采矿方法有:机械化上向水平进路充填法和机械化上向水平分层充填法。其中,当矿岩稳固性差时采用机械化上向水平进路充填法,局部矿岩稳固性中等时采用机械化上向水平分层充填法。

2)南部中厚~厚矿体、矿岩稳固性中等

此部分矿体厚度以中厚~厚为主,但在3号勘探线以南矿体厚度变小;矿岩稳固性中等,

但采场暴露面积和采场跨度应严格控制。因此，适合的充填采矿方法有：分段空场嗣后充填法、机械化上向水平分层充填法、留矿嗣后充填法。

以矿量占比超过 70% 的南部中厚～厚矿体为例，进行采矿方法经济技术对比见表 2-21。对比结果表明，机械化上向水平分层充填法的适用性最好，因此优选机械化上向水平分层充填法作为南部 0~7 号勘探线矿体开采方案。针对北部 12~18 号勘探线薄矿脉、矿岩不稳固的地质条件，为保证回采的安全性，需要严格控制采场跨度和顶板的暴露面积，可选择机械化上向水平进路充填法作为辅助方案。

表 2-21　采矿方法主要技术经济对比表

项目名称	机械化上向水平分层充填法	分段空场嗣后充填法	浅孔留矿嗣后充填法	上向水平进路充填法
生产能力 /(t·d⁻¹)	200~300	500~600	100~150	100~150
回采率/%	88~92	80~85	85~90	90~95
贫化率/%	5~8	15~20	10~15	3~5
采切比 /(m·kt⁻¹)	8~15	5~7	4~7	7~12
方案灵活性	好	差	较好	好
地压控制效果	好	较差	较好	好
实施难易程度	容易	较难	容易	容易
通风条件	好	较好	较好	较好

2. 机械化上向水平分层充填法方案设计

1）采场布置与结构参数

资源禀赋特征调查分析结果表明：三、四中段南部 0~7 号勘探线矿体的平均厚度为 60 m（含低品位矿石和夹石），由于矿岩中等稳固，采场跨度应控制 10 m 以内。矿体在 0~3 号勘探线部位厚度较大，初期为保险起见，垂直走向布置采场，划分一步矿柱、二步矿房交替布置，一步采场宽度 8 m，二步采场宽度 10 m；矿体在 5~7 号勘探线部位厚度变薄，可考虑沿走向布置采场。

根据现阶段三、四中段设置情况，阶段高度设置为 50 m，阶段内每隔 10 m 划分一个分段，每个分段再细分为三个分层，分层高度 3.3~3.4 m，每隔阶段设置顶柱 3.4 m，底柱 3.3 m，如图 2-27 所示。

2）采切工程

采准工程主要包括中段运输巷道、分段联络巷道、分层联络道、卸矿横巷、溜井、装矿巷道、充填回风井、采场联络道、穿脉、采区斜坡道等，采准切割工程量见表 2-22，矿量分配见表 2-23。

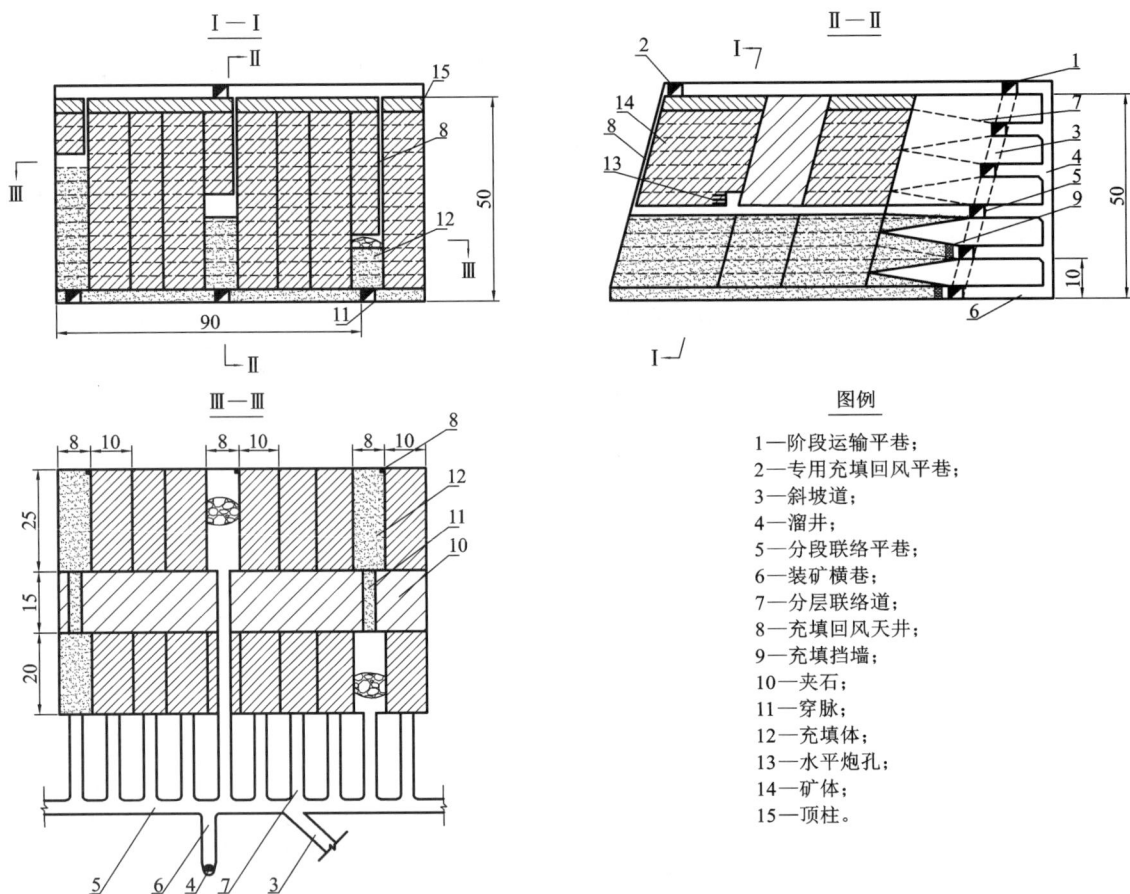

图 2-27 机械化上向水平分层充填法采矿方法图(单位:m)

表 2-22 机械化上向水平分层充填法标准矿块采准切割工程量表

工程名称	条数/条	断面规格/(m×m)或 m	断面面积/m²	单长/m 脉内	单长/m 脉外	单长/m 小计	总长/m 脉内	总长/m 脉外	总长/m 小计	工程量/m³ 脉内	工程量/m³ 脉外	工程量/m³ 小计	工业矿量/t
中段运输巷道	1	3.4×3.2	10.88		60	60		60	60		606	606	
分段联络巷道	4	3.4×3.2	10.88		60	60		240	240		2424	2424	
分层联络道	12	3.1×2.8	8.68		20	20		240	240		1929.6	1929.6	
专用充填回风平巷	1	3.4×3.2	10.88		60	60		60	60		606	606	
溜井	1/2	φ2.5	4.9		50	50		25	25		122.5	122.5	
装矿巷道	4	3.4×3.2	10.88		15	15		60	60		606	606	
充填回风井	1	φ2.0	0.79	50		50	50		50	39.5		39.5	110.6
穿脉	2	3.1×2.8	8.68		15	15		30	30		241.2	241.2	

图例
1—阶段运输平巷;
2—专用充填回风平巷;
3—斜坡道;
4—溜井;
5—分段联络平巷;
6—装矿横巷;
7—分层联络道;
8—充填回风天井;
9—充填挡墙;
10—夹石;
11—穿脉;
12—充填体;
13—水平炮孔;
14—矿体;
15—顶柱。

续表 2-22

工程名称	条数/条	断面规格/(m×m)或 m	断面面积/m²	单长/m			总长/m			工程量/m³			工业矿量/t
				脉内	脉外	小计	脉内	脉外	小计	脉内	脉外	小计	
采区斜坡道	1/10	3.4×3.2	10.88		52	52		5.2	5.2		52.52	52.52	
拉底巷道	1	3.4×3.2	10.88	18		18	18		18	181.8		181.8	509.04
合计					68	720.2	788.2	221.3	6587.82	6809.12			619.64
千吨采切比				6.95 m/kt									

表 2-23 机械化上向水平分层充填法标准矿块矿量分配表

项目名称		体积/m³	工业矿量/t	回采率/%	贫化率/%	采出矿量/t			占采出矿量比重%
						矿石	岩石	小计	
回采	盘区矿柱	2835	7938	85	10	6747.30	753.30	7500.60	6.98
	矿房回采	37045.36	103727.01	90	6	93354.31	5958.79	99313.10	92.46
	副产	619.64	1734.99	90	6	557.68	35.60	593.28	0.56
	矿块	40500	113400	88.76	6.28	100659.29	6747.69	107406.98	100

切割工作主要为拉底，在采场最下一分层自分层联络道垂直矿体布置一条拉底巷道，断面尺寸 3.4 m×3.2 m。以拉底巷道为自由面向两边扩帮，直至采场两边边界，为回采创造自由面，形成拉底空间。

3）凿岩爆破

采用液压凿岩台车凿岩，为了便于分层采场顶板的安全管理，采用水平炮孔的布孔方式。设计孔距 1.0 m 左右、排距 0.8 m，边孔与采场轮廓线间距 0.3 m，炮孔直径 45 mm，孔深 4 m（图 2-28 和图 2-29）。采用人工装填 32 mm 柱状药卷（采购装药台车后可改用装药台车装填粉状药），数码电子雷管起爆。为减小爆破震动，采用排间微差起爆方式。

在一个分层内，凿岩高度是 3.3 m，其中一步回采宽度为 8 m，共需布置炮孔 37 个，孔深共 37×4＝148 m，二步回采宽度为 10 m，共需布置炮孔 47 个炮孔，孔深 47×4＝188 m，每个炮孔装药长度 3.2 m，堵塞长度 0.8 m。两步回采都需要 11 个循环，一步回采炮孔 407 个，孔深 1628 m，二步回采炮孔 517 个，孔深 2068 m，累计炮孔 924 个，累计孔深 3696 m。

循环崩矿量：

$$Q = \alpha H L l \qquad (2-1)$$

式中：α 为矿石的容重，2.8 t/m³；H 为采幅高度，3.3 m；L 为回采宽度，一步回采 8 m，二步回采 10 m；l 为平均炮孔深度，4 m。

代入数据可得：一步回采一次崩矿量 $Q = 2.8 \times 3.3 \times 8 \times 4 = 295.7$ t；二步回采一次崩矿量 $Q = 2.8 \times 3.3 \times 10 \times 4 = 369.6$ t。

一步回采宽度 8 m，采用 2 号岩石乳化炸药，装药长度 3.20 m，炮泥堵塞长度 0.8 m；主爆孔 20 个，采用连续装药，药卷 φ32 mm、长 200 mm、150 g/节，单孔装药量为 2.4 kg，总装

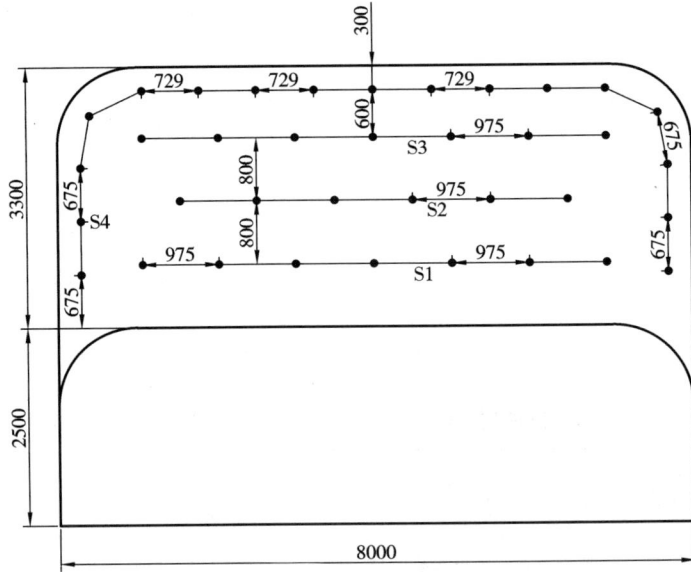

图 2-28 水平炮孔布置图(8 m 跨度采场)(单位: mm)

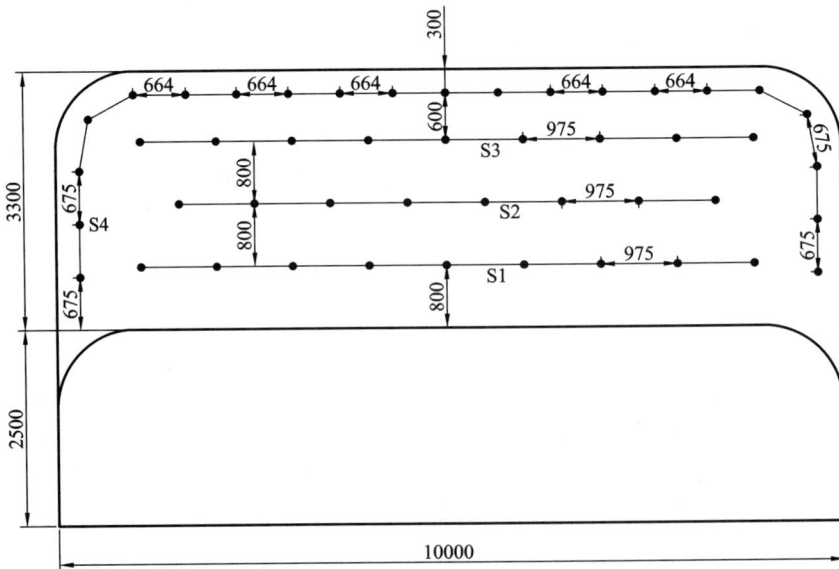

图 2-29 水平炮孔布置图(10 m 跨度采场)(单位: mm)

药量为 48 kg；光爆孔 17 个，减少装药量，药卷 φ27 mm、长 200 mm、100 g/节，单孔装药量 1.6 kg，总装药量为 27.2 kg。经计算，炸药单耗为(48+27.2)/295.7 = 0.254 kg/t，每米炮孔崩矿量为 295.7/148 = 2.00 t/m。

二步回采宽度 10 m，采用 2 号岩石乳化炸药，装药长度 3.20 m，炮泥堵塞长度 0.8 m；主爆孔 26 个，采用连续装药，药卷 φ32 mm、长 200 mm、150 g/节，单孔装药量为 2.4 kg，总装药量为 62.4 kg；光爆孔 21 个，减少装药量，药卷 φ27 mm、长 200 mm、100 g/节，单孔装药量 1.6 kg，总装药量为 33.6 kg。经计算，炸药单耗为(62.4+33.6)/369.6 = 0.26 kg/t，每米炮孔崩矿量为 369.6/188 = 1.97 t/m。

单个分层凿岩所用时间：

$$T_{凿岩} = \frac{L}{np} \qquad (2-2)$$

式中：L 为单个分层凿岩炮孔长度，一步回采 1628 m，二步回采 2068 m；n 为矿房内需要的凿岩台车数目，1 台；p 为凿岩效率，取 400 m/台班。

带入数据可得，一步回采为 1628/400≈4 台班；二步回采为 2068/400≈5 台班。

4）通风

每次爆破后，必须经充分通风，通风时间不少于 40 min，人员才能进入采场。新鲜风流由分段联络巷道经分层联络道进入采场，冲洗工作面后，污风经充填回风天井，排入上中段回风巷道。为了改善通风效果，可以在充填井顶部设置辅扇加强通风。

5）采场顶板安全管理

采场爆破并经过有效通风排除炮烟后，安全人员进入采场清理顶板和边帮松石。如果顶板矿岩异常破碎，可考虑悬挂金属网及布置锚杆等支护方式。二步矿房由于受相邻充填采场充填质量难以保证、充填渗水等影响，矿岩稳固性比一步矿房差，需加强顶板安全管理。此外，在生产过程中，要加强实时安全监督，保证每个工作班组都有专职安全人员，在各生产工作面进行不间断安全检查，发现问题，及时处理。

6）出矿

经通风排出炮烟、顶板安全检查后，采用 2.0 m³ 铲运机铲装矿石，经分层联络道、分段联络巷道、卸矿巷道运至溜井卸至下部主运输水平，铲运机台班生产能力 Q 为 250 t/台班。

7）最上部分层（即顶柱）回采

为确保最上部分层（即顶柱）回采的安全，需缩小采场跨度，将该分层改为进路式回采，进路宽度控制在 4 m 以内，当矿脉宽度大于 4 m 时，划分一步、二步进路，一步进路采用胶结充填，二步进路采用非胶结充填。充填时需多次进行，尽可能保证充填接顶质量。

8）支护方案

主要的支护对象为脉外运输巷道、采准斜坡道、分段平巷、分层联络道、装矿横巷、穿脉等工程，目的在于使巷道在服务期间保持稳定。结合新衡矿业矿岩稳固性中等~差的实际情况，锚杆直径选择 20 mm，长度选择 2.4 m，支护密度设计为：间距 0.5~0.9 m，排距 0.8~1.0 m（图 2-30），以喷浆+锚杆+金属网联合支护措施。

9）充填工艺

一步矿房采用较高配比胶结充填，二步矿房充填采用低配比或非胶结充填。矿房第一分层和每分层胶面采用高标号胶结充填，3 d 龄期抗压强度不低于 1.0 MPa，以提高下阶段矿石回采率防止铲运机破坏充填体底板造成贫化，推荐充填配比参数见表 2-24。

表 2-24　推荐充填配比参数

充填用途	3 d 强度/MPa	泌水率/%
胶面	1.0	<5
一步采打底充填	0.5	<5
二步采打底充填	0.2	<5

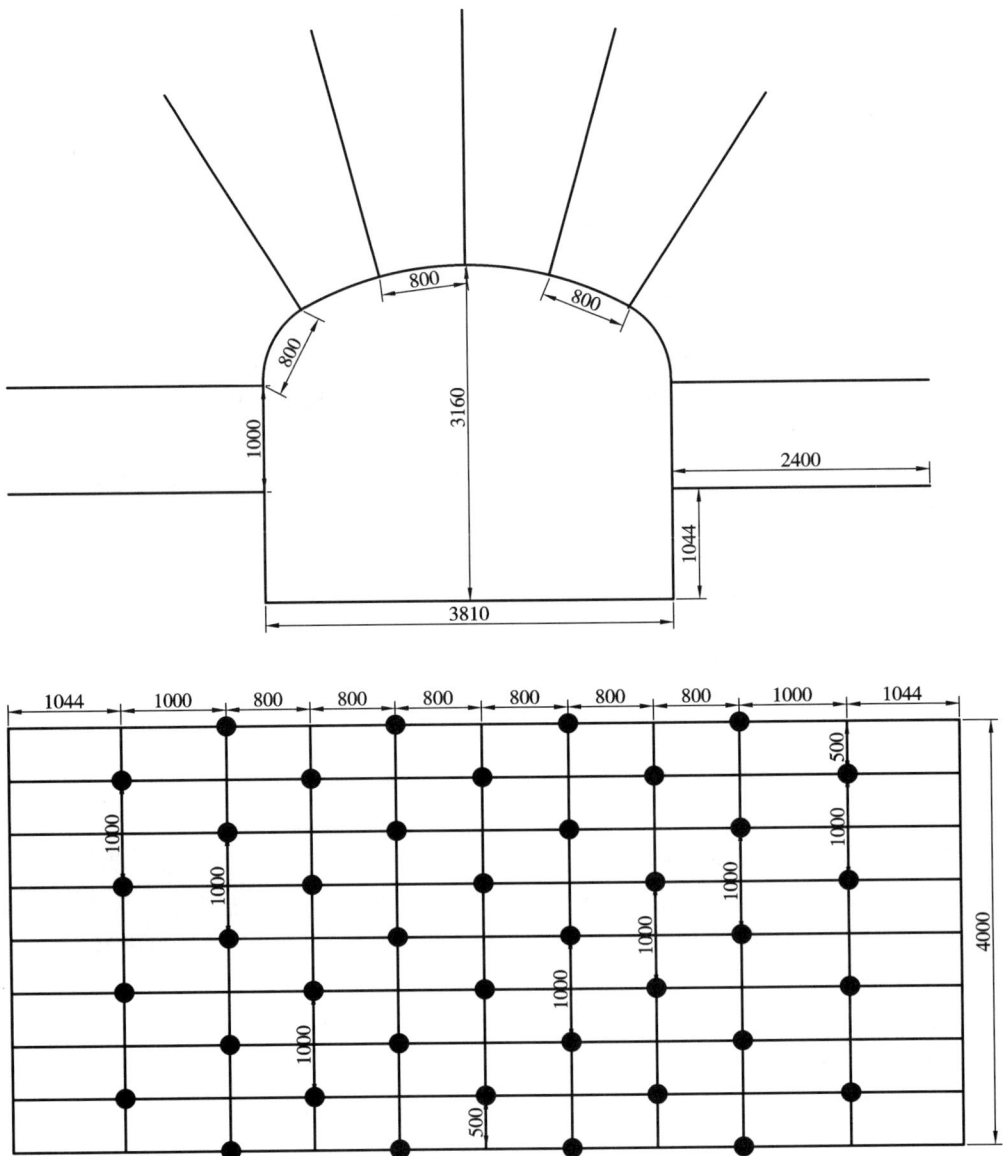

图 2-30 新衡矿业穿脉巷道锚杆支护方案示意图(单位: mm)

3. 采场充填挡墙构筑工艺

采空区充填的关键工序之一是构筑封闭待充采空区与外界联系的通道,充填挡墙不仅要求承受采空区内充填浆体压力,还要具有良好的脱滤水性能。

1) 钢筋网柔性充填挡墙构筑工艺

如图 2-31 所示,钢筋网柔性充填挡墙采用圆钢+工字钢(或废旧钢轨)、钢丝网、双层土工布和钢丝网 4 层结构,其构筑工艺如下:

(1) 第 1 层框架横向采用 I12a 工字钢(或废旧钢轨),纵向采用 $\phi50$ mm 圆钢,互为"井"

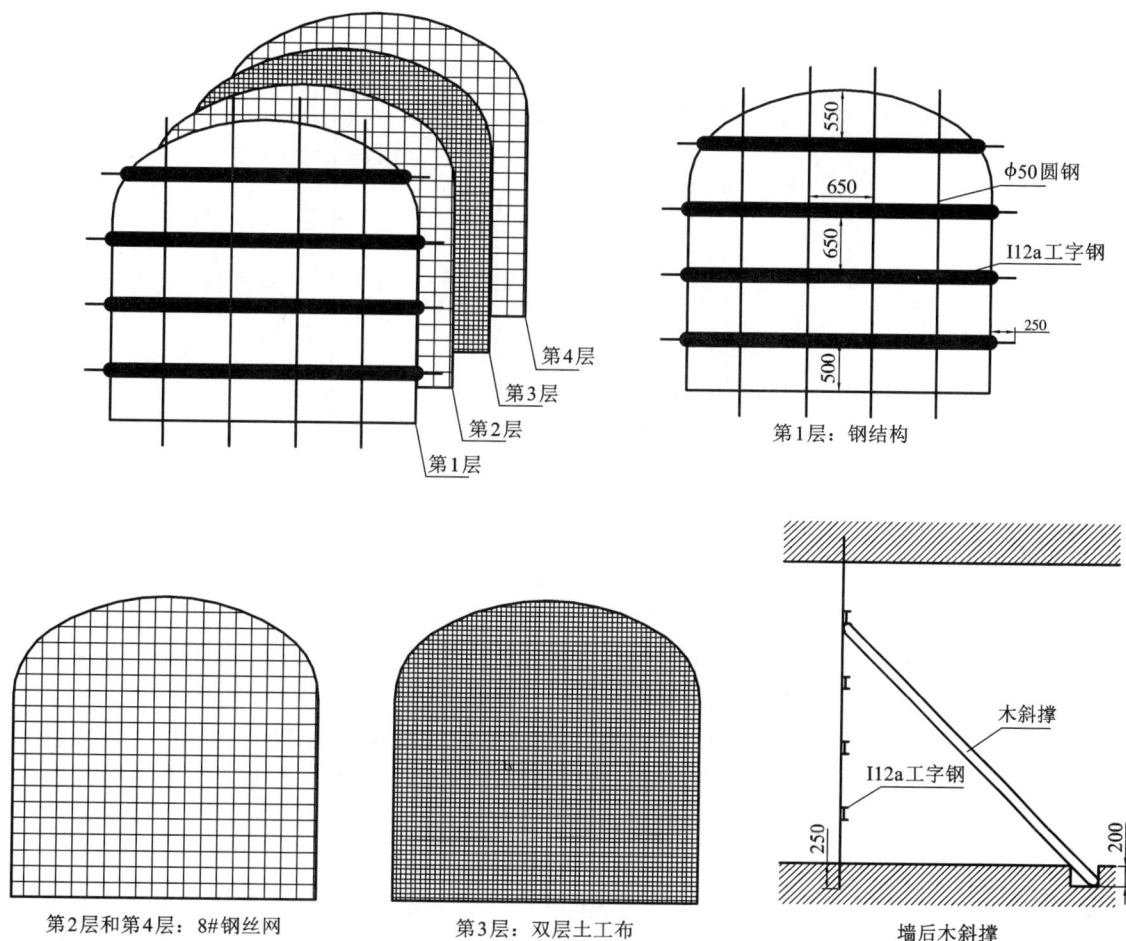

图 2-31　钢筋网柔性充填挡墙构筑工艺示意图(单位：mm)

字形结构，相互间距为 650 mm，工字钢横纵均与圆钢焊接，圆钢穿过翻边的土工布埋入周边岩体事先打好的孔内并用水泥砂浆封填，埋深不应小于 250 mm。

(2)钢丝网采用 8#钢丝网，第 2 层钢丝网夹在土工布和钢结构之间，第 4 层钢丝网在最内侧，绑扎在工字钢上。

(3)第 3 层土工布采用双层布置，夹在两层铁丝网中间，将土工布翻边后，经圆钢穿过锚固后，采用喷浆机喷浆固定在巷道上，土工布层应拉紧铺平，使其能够承受一定压力，但要避免拉拽过紧，防止大面积脱落和撕裂。

(4)充填挡墙外侧采用木斜撑支撑，上端按示意图捆绑牢固，下端置于梁窝内，梁窝深度不应小于 200 mm。

2)混凝土充填挡墙构筑工艺

混凝土充填挡墙采用混凝土结构，如图 2-32 所示，其构筑工艺如下：

(1)清理周边浮石，基础挖掘至基岩，深度不小于 200 mm；周边打眼并锚固，锚眼深度、间距、数量、锚固质量应符合以下要求：锚杆直径为 $\phi32$ mm，孔深度 $\geqslant700$ mm，锚杆间距 $\leqslant1000$ mm，锚杆深度 $\geqslant600$ mm，墙体周边岩体必须清洗干净砂尘，有光滑的岩壁须敲花以便

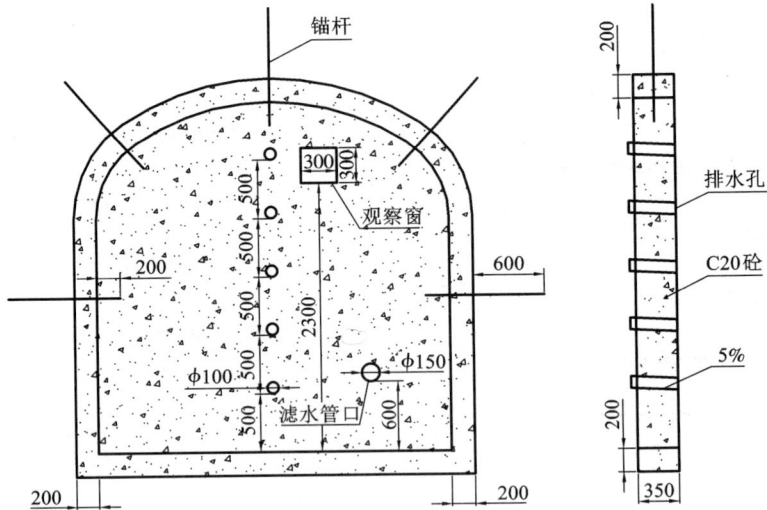

图 2-32　混凝土充填挡墙构筑工艺示意图(单位：mm)

更好地与混凝土相咬合。充填挡墙内部(近空区一侧)应布设一层土工布，翻边后，采用喷浆机(或抹灰)固定在巷道上，待验收达标后方可浇筑混凝土。

(2)混凝土配合比按 C20 强度(水泥：水：砂：石=1∶0.47∶1.32∶3.129)等级进行配制，粗骨现场选择但必须是坚硬岩石，严禁使用泥岩、风化砂岩等松散石料，使用前必须冲洗，含泥量按重量计不得大于 2%，浇灌时不得将大于 8 cm 的大块填入，并用机械振捣器捣固密实，分层浇灌，每层浇灌混凝土高不得超过 900 m，并充分接顶。

(3)混凝土挡墙设 1 竖排排水孔，从地表向上每 500 mm 设置 1 个，共计 5 个。当充填挡墙前有水时，最低一排排水孔应高于挡墙前水位。排水孔采用 φ100 mm 的 PVC 管，墙内进水口一侧采用钢丝网加土工布封口，并用钢丝绑扎牢固。排水孔应向外做 5% 的坡度，以利于水的迅速下泄。此外，充填挡墙应该留出滤水管口，用于布置自采空区中接出的滤水管，滤水管的布设应根据充填采空区体积和实际情况确定。

(4)每个采空区可于不同位置的两堵挡墙上预留观察窗(尺寸为 300 mm×300 mm)，便于观察掌握充填的状况及效果。第一次充填作业不应超过观察窗下沿高度，然后采用砖砼结构对观察窗进行封堵，待养护结束后即可进行后续的充填工作。

3)砖砌筑充填挡墙构筑工艺

砖砌筑充填挡墙与混凝土挡墙结构相同，仅需将浇筑混凝土替换为砖+水泥砂浆砌筑，并将墙体加厚至 500 mm 即可，如图 2-33 所示。

4.采场作业循环及生产能力计算

采场作业循环时间主要包括凿岩、装药爆破、通风、大量出矿、充填与养护。

1)一步回采生产能力

单分层凿岩时间：按照一次循环 1 台班，则单分层共需要 11 台班，按 12 层计算共需 132 台班；

单分层装药爆破时间：按照一次循环 1 台班，则共需要 11 台班，按 12 层计算共需要

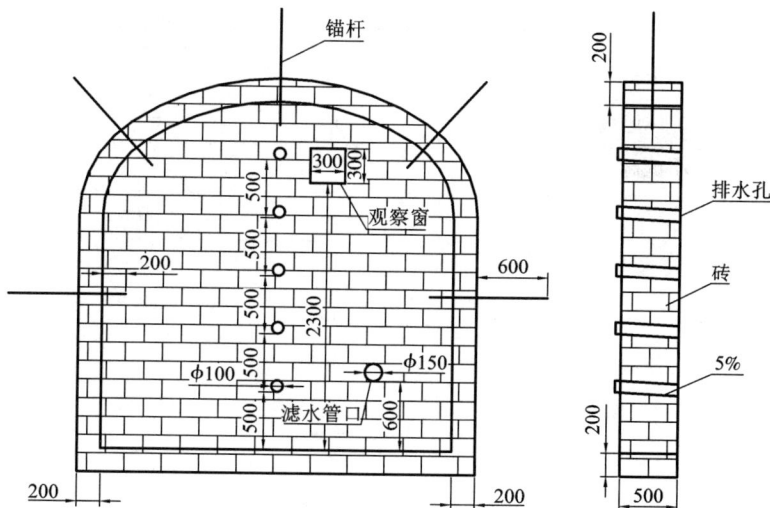

图2-33 砖砌筑充填挡墙构筑工艺示意图(单位:mm)

132台班;

单分层通风时间:按照一次循环1台班,则共需要11台班,按12层计算共需要132台班;

单分层出矿时间:295.7×11/250＝13台班,按12层计算共需要156台班;

充填与养护时间:单个分层充填准备时间2 d,即6台班;纯充填时间需要2台班;充填结束后养护时间不得低于72 h,按照9台班计算;故单层充填与养护时间合计17台班,按12层计算共需要204台班;

合计756台班,生产能力:45×50×8×2.8×3/756＝200 t/d。

2)二步回采生产能力

单分层凿岩时间:按照一次循环1台班,则单分层凿岩需11台班,按12层计算共需132台班;

单分层装药爆破时间:按照一次循环1台班,则共需要11台班,按12层计算共需要132台班;

单分层通风时间:按照一次循环1台班,则共需要11台班,按12层计算共需要132台班;

单分层出矿时间:369.6×11/250＝16台班,按12层计算共需要192台班;

充填与养护时间:单个分层充填准备时间2 d,即6台班;纯充填时间需要2台班;充填结束后养护时间不得低于72 h,因此按照9台班计算;故单层充填与养护时间合计17台班,按12层计算共需要204台班;

合计792台班,生产能力:45×50×10×2.8×3/792＝239 t/d。

3)矿块生产能力

生产能力:45×50×18×2.8×3/1548＝220 t/d。

同时生产矿块数量:按照每年工作330 d计,要达到40万t/a或50万t/a,分别需要同时生产6个或7个矿块。

4)主要技术经济指标

机械化上向水平分层充填法主要技术经济指标汇总于表2-25。

表 2-25　机械化上向水平分层充填法主要技术经济指标

序号	指标		单位	数值	备注
1	矿体厚度		m	60	平均厚度
2	矿体倾角		(°)	75	平均倾角
3	矿块构成要素	长	m	60	夹石 15 m
		宽	m	90	
		高	m	50	
4	分层高度		m	3.3	
5	回采率		%	88.76	
6	贫化率		%	6.28	
7	千吨采切比		m/kt	6.95	
8	铲运机出矿能力		t/台班	250	WJ-2.0柴油铲运机
9	单位炸药消耗量	一步回采	kg/t	0.254	
		二步回采		0.260	
10	每米炮孔崩矿量	一步回采	t/m	2.00	
		二步回采		1.97	
11	生产能力	一步回采	t/d	200	
		二步回采		239	
		矿块		220	

2.4.5　机械化采掘装备配套

新衡萤石矿资源品质好、价值高，先进的采矿工艺和高效的采矿装备是提高资源的开采效率、控制矿石的损失贫化、最大限度地安全回收资源的关键。

1. CYTJ45(A)开山牌全液压掘进钻车

如图 2-34 所示，设备长 11150 mm，宽 1750 mm，最小高度 2000 mm，最大高度为 3000 mm。

2. WJ-2 地下内燃铲运机

如图 2-35 所示，山东德瑞机械有限公司生产的 WJ-2 地下内燃铲运机外形尺寸为 7309 mm×1810 mm×2038 mm(长×宽×高)，铲斗容积为 2 m³，可以调节 4 挡运行速度以满足不同的生产要求。

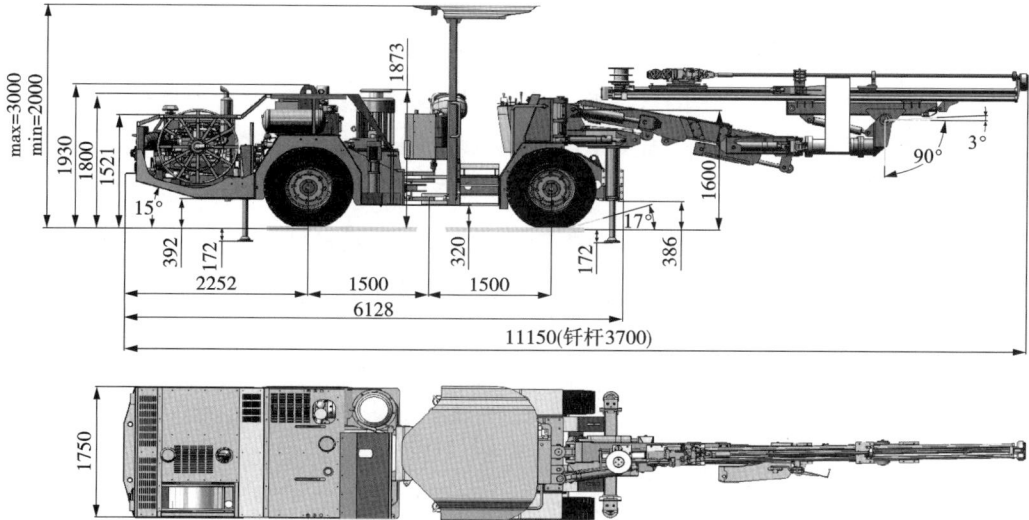

图 2-34 全液压掘进钻车外形尺寸(单位:mm)

图 2-35 WJ-2 地下内燃铲运机示意图

3. 装药台车

如图 2-36 所示,湖北天腾重型机械股份有限公司的装药台车外形尺寸为 7550 mm× 1850 mm×2400 mm(长×宽×高),主要包括整机、胶底轮盘、柴油机等。

图 2-36 装药台车示意图

4. AL-T 自行式天井钻机

采用一二机械有限公司生产的 AL-T 自行式天井钻机, 该机型进行了低矮化设计, 行走部分采用履带拖挂行走, 把较长的固态车体转化为中心铰接式转向, 结合远程遥控操作, 具有转弯半径小, 行走灵活, 安全性高的优点, 主要技术参数见表2-26。

表 2-26　AL-T 自行式天井钻机参数

	名称	AT-1500L	AT-2000L	AT-3000L	AT-4000L
主机	额定转速/(r·min⁻¹)	0~40	0~28	0~26	0~24
	额定扭矩/(kN·m⁻¹)	57	95	208	320
	钻孔推力/kN	0~450	0~880	0~1750	0~3200
	扩孔拉力/kN	≥1000	≥1760	≥3130	≥4780
	扩孔直径/mm	1200~1800	1200~2400	1200~3500	1800~4000
	标准井径作业钻井深度/m	≤220	≤300	≤400	≤500
	钻井角度/(°)	60~90			
	行走尺寸/(mm×mm×mm)	6911×1600×2076/6700×1600×1670	6911×1600×2076/6700×1600×1670	6910×1750×2020/6810×1750×1900	7300×1800×2200/7050×1800×1950
	工作尺寸/(mm×mm×mm)	7425×2580×3320	7425×2580×3750	7500×2800×3820	7750×2850×3820
	质量/t	13.5	14.5	17	21
液压电气	额定压力/MPa	副泵28、主泵28		副泵35、主泵40	
	电动功率/kW	101	121	165	207
	额定电压/V	380/660			
行走	遥控操作器/(mm×mm×mm)	240×200×150			
	井径参数赋挡/m	无挡位选择		3.0(3.0~3.5)2.0(1.8~2.5)1.5(1.2~1.6)	4.0(4.0)3.0(3.0~3.5)2.0(1.8~2.5)
	质量/kg	2.5	2.5	2.5	2.5
	行走方式	履带+无线遥控			
	行走速度Ⅰ挡/(km·h⁻¹)	1.9±0.14			1.7±0.14
	行走速度Ⅱ挡/(km·h⁻¹)	3±0.3			2.8±0.3
	爬坡能力/(°)	≥14			
	外侧转弯半径/mm	≤4400	≤4500	≤4600	≤5000

续表 2-26

名称		AT-1500L	AT-2000L	AT-3000L	AT-4000L
行走	离地间隙/mm	≥200		≥250	
	柴油机额定功率/kW	58		73.5	
	柴油机额定转速 /(r·min⁻¹)	2200			

5. 地下升降平台车

如图 2-37 所示，山东德瑞矿山机械有限公司生产的地下升降平台车外形尺寸为 6850 mm×1800 mm×2050 mm(长×宽×高)，发动机型号 YC4DK100，工作功率 73.5 kW，最大举升高度 4750 mm。

图 2-37 地下升降平台车

6. 撬毛台车

如图 2-38 所示，山东德瑞 XMPYT-96/700 撬毛台车适用于各类金属矿山的排险工作，设备尺寸紧凑、转弯半径小，适合在狭窄的巷道内运行，常用于掘进面、采矿房等工作场景，具有移动转场灵活、安全系数高、操作维护简单等特点。

图 2-38 XMPYT-96/700 撬毛台车

思考题

1. 中小型地下矿山传统采矿方法、常用采掘装备分别有哪些?

2. 中小型地下矿山如何实现开采模式转型升级?

3. 空场法转型充填法的关键技术有哪些?

4. 柿树底金矿建设全尾砂全脱水似膏体充填系统的目的和意义有哪些?

5. 结合新干萤石矿开采技术条件,论述配套机械化采掘装备的作用和效果。

第 3 章 崩落法转型充填法

在回采过程中，以崩落围岩处理空区的采矿方法，称为崩落采矿法。作为一种低成本高效率的采矿方法，崩落法曾经在我国地下矿山中应用十分广泛。据 1985 年统计资料，我国 94.1% 重点地下铁矿山、44.1% 重点地下有色矿山采用崩落采矿法，但是随着浅部优质资源的开采殆尽和国家对安全环保的高度重视，崩落法在国内应用越来越少，逐渐被充填采矿法所取代。

3.1 崩落法开采现状

3.1.1 崩落法典型方案

1. 崩落法概况

与空场法和充填法不同，崩落法属于单步骤回采，在出矿过程中或出矿结束后，采场顶部自然或强制崩落的岩石逐渐下降，以达到充填空区和控制的地压的目的。因此，围岩允许崩落是使用崩落法的基本条件。崩落法根据矿石是否在上部崩落废石覆盖下放出分为围岩崩落法与矿石围岩崩落法。前者矿石在空场情况下运搬出采场；后者矿石在上部崩落松散废石覆盖下放出。因此，后者矿石损失与贫化是预测和控制放矿的重要问题。对于空场法、留矿法和充填法，围岩不稳固会给开采造成困难，而对于崩落采矿法则相反，围岩易崩落反而利于开采。

根据采场回采时的特点和采场结构布置的不同，崩落法分为以下五种，但目前常用的仅为无底柱分段崩落法和阶段自然崩落法两种。

(1) 单层崩落法。

(2) 分层崩落法。

(3) 有底柱分段崩落法。

(4) 阶段自然崩落法。

(5) 无底柱分段崩落法。

崩落法适用条件为：

(1) 地表允许崩落，矿体上部无流砂和较大水体。

（2）一般用于开采中等以下价值矿石矿体，品位不高，并允许一定的损失和贫化。

（3）矿石不会结块自燃的中厚和厚矿体。

（4）对矿体赋存条件、矿岩物理力学性质具有广泛的适用范围，尤其对上盘围岩能成大块自燃冒落和矿体中等稳固的矿床最为理想。

2. 无底柱分段崩落法

无底柱分段崩落法发源于瑞典，世界上最大的地下铁矿——基律纳铁矿每年用这种方法采出的矿石约 2000 万 t。20 世纪 60 年代，无底柱分段崩落法相继在一些国外地下矿山推广应用，应用条件逐渐扩大，见表 3-1 和表 3-2。无底柱分段崩落法是将矿块划分为分段，在分段回采进路中进行落矿、出矿等回采作业；随后崩落围岩填充采空区，分段下部不设专门出矿的底部结构，凿岩出矿共用一条巷道。这种采矿方法简单，为大型机械化采矿创造了条件。如图 3-1 所示，其适用条件为：

（1）较规则的急倾斜厚矿体。

（2）矿石稳固性程度在中等以上，进路中一般不需要大量支护，爆破后眉线不易冒落，炮孔不易变形，顶板能自行冒落，且块度较大。

（3）地表允许陷落，表土层不厚，没有导致井下被淹的地面水和地下水。

（4）矿石不太贵重，允许贫化，矿岩容易分离，矿石可选性好，围岩含有用成分。

表 3-1　国内应用无底柱分段崩落法部分矿山的结构参数

矿山名称	阶段高度/m	溜井间距/m	废石溜井间距/m	分段高度/m	进路间距/m	进路规格（宽×高）/(m×m)
大庙铁矿	61~70	50	—	10	10	4.0×3.0
程潮铁矿	70	40~60	50	10	10	3.2×3.2
大厂锡矿	90	60	80~120	12~13.5	10	4.0×3.0
梅山铁矿	60	60		10~13	10	4.0×3.0
符山铁矿	50	50	—	10	8	3.0×3.0
桦树沟铁矿	60	40	—	10, 12	10	3.5×3.5
丰山铜矿	50	50	100	10	10	3.0×2.8

表 3-2　国外应用无底柱分段崩落法部分矿山的结构参数

国别	矿山名称	阶段高度/m	溜井间距/m	分段高度/m	进路间距/m	进路规格（宽×高）/(m×m)
瑞典	基律纳铁矿	10	—	9, 11, 12	10, 11, 16.5	5.0×4.0
瑞典	马尔姆贝格铁矿	20	125~250	15, 20	15, 22.5	6.0×4.6
加拿大	克雷蒙特铜矿	—		9.5	9~11.2	4×3.2
赞比亚	穆富利拉铜矿	65	61	15	10	4.3×4.3

续表 3-2

国别	矿山名称	阶段高度/m	溜井间距/m	分段高度/m	进路间距/m	进路规格（宽×高）/(m×m)
澳大利亚	芒特艾萨铜矿	—	—	10.6~14.6	10.6	3.6×3.3
扎伊尔	卡莫托铜矿	—	—	10	9.5	5.5×3.6

图 3-1　无底柱分段崩落法示意图

3. 阶段自然崩落法

阶段自然崩落法是在易于自然崩落的矿体中，利用矿体本身所固有的节理裂隙分布特征和低强度特性，在矿块底部进行一定面积的拉底，形成矿石冒落的自由面，必要条件下辅以巷道、深孔割帮，削弱矿块与周围矿石及围岩的联系等诱导工程，改变矿体内应力的分布状态，促使矿石按要求逐渐产生破坏、失稳并借助矿体重力场的作用，自然崩落成适宜的矿石块度，最终达到落矿的目的。除了拉底和形成底部结构需要凿岩爆破外，其余的矿岩均不需要凿岩爆破，极大节省了炸药消耗量和采切工程量，可以较低成本对符合条件的低品位矿体进行开采，成本优势显著。阶段自然崩落法的典型结构如图 3-2 所示。

图 3-2　阶段自然崩落法示意图

阶段自然崩落法适用条件为：

(1)急倾斜厚大矿体。矿体应有足够的水平面积，以满足矿体自然崩落所需的拉底面积，矿体应有足够的高度，以便采用高阶段，使阶段中每吨矿石分摊的底部巷道的掘进和支护费用降低。

(2)矿体形状规则，夹石、矿石品位均匀、价值不高。

(3)矿岩可崩性好且崩落岩石的块度比矿石大，崩落矿岩无结块性、自燃性和氧化性。

(4)地表允许崩落。

(5)矿山的管理体制健全，对局部放矿能做到令行禁止。

3.1.2 崩落法应用现状

目前，国内外金属矿山常用的崩落法主要为无底柱分段崩落法和阶段自然崩落法 2 种。

1. 无底柱分段崩落法

1) 应用现状

无底柱分段崩落法是利用平面展开分层，进路切割矿体，中深孔凿岩，在进路内出矿的一种机械化程度比较高、作业相对安全、开采成本较低的采矿方法。该方法是 20 世纪 60 年代从瑞典引进至我国，曾经是我国铁矿采用最多的一种高效的采矿方法，同时在化工和有色行业应用也比较多。国内最早应用此方法的矿山是向山硫铁矿，采用低分段，其高度仅为 4.5 m，生产效率较低。20 世纪 90 年代以后，国内几大矿山引进了较大型的凿岩设备，进而进行了较大参数的试验，如桦树沟铁矿将分段高度和进路间距均提高至 20 m，梅山铁矿开展了 15 m×15 m 和 20 m×20 m 间距的试验，不同程度地提高了开采效率，降低了采切比和开采成本。

2) 存在的问题

尽管无底柱分段崩落法得到了较大的发展，但在应用中仍存在着很多的问题：

(1)国内一般采用中小型的凿岩设备和出矿设备，限制了采场结构参数的加大。

(2)结构参数偏小导致采矿作业地点分散、采矿效率较低、采切比较高等，制约着无底柱分段崩落法生产能力的发挥。

(3)尽管采用低贫化放矿，但矿石损失和贫化依然较大。与空场法和充填法相比，其废石混入面广，难以管理，导致矿石贫化居高，这也是最突出的问题。

3) 发展趋势

(1)随着无底柱分段崩落法的发展，工程实践逐渐证明高分段、大间距是其发展的趋势，并且在国外已试验成功，能够降低矿石损失和贫化，充分发挥大型采矿设备的优势，减小采切比，降低采矿成本。

(2)采用大型无轨采矿设备是增大采场结构参数的重要保障，是提高无底柱分段崩落法生产能力和经济效益的重要途径。

(3)现有放矿理论研究多基于相似材料进行模拟，其几何相似较易实现，但在散体动力学上的相似很难模拟，模拟试验数据有一定局限性。因此，基于设备探测系统的现场原位放矿研究是重要的发展方向。

2. 阶段自然崩落法

1）应用现状

阶段自然崩落法是在矿块下部形成拉底空间后，矿石失去下部支撑，在重力和地压综合作用下，首先在矿块中间出现裂隙而产生破坏，然后逐渐自然崩落下来。阶段自然崩落法以其大生产能力、高劳动生产率、低开采成本及高安全性的特点在适宜条件矿山受到青睐，目前在美国、加拿大、智利、印尼、南非、菲律宾等20多个国家的50多座矿山中得到应用。我国采矿技术发展起步较晚，20世纪从国外引进了该种采矿方法，最初在易门铜矿狮子山坑和莱芜马庄铁矿进行了采矿方法试验，之后在金山店铁矿、金川镍矿、程潮铁矿、镜铁山铁矿、铜矿峪铜矿、丰山铜矿、四川石棉矿和漓渚铁矿等矿山进行了试验研究，其中铜矿峪铜矿的生产能力为400万 t/a。阶段自然崩落法在国外应用较广，我国金属矿山仅铜矿峪铜矿、普朗铜矿等少数矿山试验成功，其他矿山因结构参数、采场控制、放矿管理各种原因导致试验失败。国内应用无底柱分段崩落法部分矿山的结构参数见表 3-3。

表 3-3　国内应用无底柱分段崩落法部分矿山的结构参数

矿山名称	矿体条件			矿块尺寸	回采率 /%	贫化率 /%
	倾角/(°)	厚度/m	RQD/%	（长×宽×高）/（m×m×m）		
金山店铁矿	66~80	45	18.9	50×45×50	85.86	30.66
铜矿峪铜矿	40~50	116	70	600×116×120		
镜铁山铁矿	70~90	40	10~20	50×35×48	88.84	11.15
丰山铜矿	50~60	29	4.22	50×29×50	80.63	25.43
漓渚铁矿	50~70	25	4.22	55×20×52	80	20
四川石棉矿	75~85	15~60	4.22	50×18×50	78	20

如图 3-3 所示，普朗铜矿位于云南省西北部迪庆藏族自治州香格里拉市东北部，海拔3600~4200 m，属于高海拔矿山。普朗铜矿采用现代阶段自然崩落法开采技术，配备先进的中深孔凿岩台车进行凿岩拉底、14 t 电动铲运机出矿、无人驾驶电机车进行中段运输、大型旋回破碎机碎岩、长距离胶带输送机运矿，于 2017 年 3 月投产。2020 年，矿山生产能力已突破 1000 万 t，已成为目前国内生产工艺先进、装备水平高、生产能力最大的地下非煤矿山，也标志着我国阶段自然崩落法开采技术水平进入了国际先进前列。

2）存在的问题

采用阶段自然崩落法时，尽管采矿工艺大大简化，管理方便，效率高，无须爆破落矿，成本低，但工程实践表明，阶段自然崩落法风险较高，其工业化应用尚存在很多技术问题，主要表现在以下 5 个方面：

（1）地质资料缺乏准确性。阶段自然崩落法的可崩性评价和采矿设计需建立在准确的地质资料基础上，地质数据的准确与否对方法的实施起着至关重要的作用。

（2）矿体连续崩落问题。尽管其应用前提是矿体破碎、节理裂隙发育，但工程实践证明，

图 3-3　普朗铜矿现代自然崩落法开采技术

若诱导崩矿工作质量差，会导致矿体不能连续崩落，影响矿山生产。

(3)矿体块度难以控制。由于大部分矿体是利用自重崩落，局部人工诱导，所以矿体崩落块度难以控制，大块处理难度大且安全性差，直接影响出矿效率。

(4)放矿管理复杂。放矿截止时间大多依靠现场人员的经验判断，无系统理论指导，截止品位管理难度大，矿石损失和贫化控制较难。

(5)底部结构维护困难。由于矿体崩落规模较大，平衡拱破坏瞬时地压显现明显，影响底部结构稳定性，后期维护难度较大。

3)发展趋势

(1)基于地质资料输入的矿体可崩性定量化研究。建立基于地质资料输入的矿体可崩性研究模型，通过量化数据控制，进行矿体可崩性评价，为采矿设计提供准确的基础资料。

(2)阶段高度的提升。由于阶段自然崩落法的矿块准备工作量大、时间长，为充分利用采准工程，提高生产效率，需进一步增大阶段高度，由目前的 100 m 增大至 300~400 m。

(3)无轨大型设备的应用。简化底部结构，利用无轨大型设备，充分发挥该采矿方法的产能优势。

(4)崩落矿石块度预测。根据矿体节理裂隙发育情况，进行模型化矿石崩落块度预测。

(5)全域化定量放矿管理。放矿管理是崩落法中至关重要的步骤，开展放矿相似模拟和放矿技术研究，根据矿岩移动规律提出崩落法全域化定量放矿管理方式。

3. 崩落法发展方向

1)现有崩落法存在的问题

崩落法虽然具有结构简单、生产能力大、作业安全等优点,但是也存在如下突出问题:

(1)环境破坏严重,地表塌陷范围大。为了形成覆盖岩层下的放矿条件,必须崩落矿体上覆岩层,从而导致地表塌陷、环境破坏。

(2)尾砂大量堆存,尾矿库压力大。崩落法采矿的矿石贫化率高、尾矿产出率也高,导致尾矿大量在地表堆存占用大量尾矿库库容。

(3)矿石损失贫化大,资源浪费严重。崩落法开采矿石损失率及贫化率均大于30%,不仅造成了严重的资源浪费,过高的矿石贫化率也会导致提升、运输、选矿的成本增加,进而严重影响矿山的经济效益和可持续发展。

(4)地压显现严重。随着开采深度的增加,采场和巷道地压日益加大,在矿体赋存条件及矿岩稳固性较差时,采矿作业的安全性难以保障。

2)崩落法转充填法的背景

进入21世纪,由于政府对生态和环境的保护提出了更加严格的要求,尾矿库征地也越来越困难,一批原采用崩落法开采的铁矿山不得不研究采用充填法开采的可行性。已经投入生产的用充填法开采的铁矿山有李楼铁矿、草楼铁矿、会宝岭铁矿、罗河铁矿和谷家台铁矿、马坑铁矿等。大量的应用实践证明,铁矿采用充填法开采资源回采率高、环境友好,且技术上和经济上是可行的,崩落法转充填法也已经势在必行。

3.2 罗河铁矿无底柱分段崩落法转充填法

3.2.1 采矿方法变更背景

铁矿是社会经济最重要的基础资源之一,几十年来,我国钢铁工业取得了举世瞩目的进步和发展,年产量连续多年居世界第一位,对经济建设和社会发展具有举足轻重的影响。中国铁矿石储量丰富,但中国铁矿石资源条件较差,多为贫矿和伴生矿,且地域分布不平衡,采选技术条件复杂,致使铁矿石的供应远远满足不了钢铁工业发展的需要,我国钢铁行业的矿石自给率仅为30%左右,大量的铁矿石资源依靠进口,严重制约我国社会经济的快速发展。为保证我国钢铁工业健康、稳定发展,必须在加大自有资源勘探力度、增加保有储量的同时,更加注重科技投入,提高资源综合回收率。

1. 罗河铁矿概况

罗河铁矿床发现于19世纪60年代,于1980年由安徽省地质局提交了《安徽省庐江罗河铁矿详细地质勘探报告》,探明铁矿石表内矿B+C级3.4亿t,B+C+D级4.76亿t;黄铁矿表内矿C+D级3034万t,另有硬石膏矿D级4119万t,经国家批准的铁矿石,铁、硫混合矿,硫铁矿储量合计34158.47万t。罗河铁矿床是由大型高磷、高硫、含钒磁铁矿及大型硬石膏矿组成的多矿种隐伏矿床,走向长约2 km,矿体宽约1 km,埋深425 m,赋存

标高 -846~-382 m,东浅西深,总趋势为纵向上向南西倾状,倾伏角 3°~12°。探明铁矿体 8 个,其中Ⅰ、Ⅱ号为主矿体;硫铁矿体 13 个,大部分与铁矿体共生,与小矿体构成铁硫混合带,硫铁矿体呈透镜状及似层状产出,倾角 0°~23°,厚度 1.5~60.41 m。

罗河铁矿初步设计由中冶北方工程技术有限公司和马钢集团设计研究院有限公司在 2006 年完成,总体分二期建设,一期开采东区,二期开采西区。一期设计开采规模为 300 万 t/a,开采范围为 -620 m 水平以上;采用竖井开拓方案,共布置 6 条竖井和 1 条措施井;采矿方法为无底柱分段崩落法。一期工程划分为 -560 m 和 -620 m 两个阶段水平,-560 m 阶段高度 120 m,-620 m 阶段高度 60 m,首先开采 -560 m 阶段;于 2007 年 9 月 6 日正式全面开工建设,按照崩落法开采方案(原一期工程初步设计)进行施工,一直未能投产。

2. 采矿方法变更背景

罗河铁矿建设 4 年后,征地动迁工作较原初步设计时发生重大变化,一是征地动迁费用大幅度上涨;二是征地动迁的外部环境复杂导致工作难度极大,进度缓慢,直接影响工程进度;三是矿区附近几个新建大型矿山项目的建设导致土地资源紧张,征地动迁工作可操作性越来越差。罗河铁矿采用崩落法开采方案,塌陷区需征地 2940 亩(1 亩≈666.67 m²),动迁 3~4 个村庄,废石场需征地 870 亩。同时付冲沟尾矿库只能服务 15 a 左右,需建设虎岭尾矿库才能满足一期工程尾矿堆存需求,虎岭尾矿库需征地 2350 亩,动迁 7~8 个村庄。为解决这一巨大难题,罗河铁矿根据国家地下矿山采矿政策导向及绿色矿山建设的要求,适时提出变更采矿方法,由原初步设计推荐主要采用无底柱分段崩落法变更为充填法。

3. 采矿方法变更存在的主要技术难题

由于矿山已按崩落法要求完成了大部分开拓工程和部分采准工程,要将采矿方法变更为充填法,并实现尽快达产稳产的目标,存在以下需要解决的技术难题:

(1)由于矿山主要开拓工程已按照无底柱分段崩落法的要求进行了施工,变更为充填法时,如何实现已完成开拓工程的最大程度应用,采准切割工程如何布置,采用何种充填法方案,以及具体采场结构参数、回采工艺、凿岩、出矿设备如何配套,是实现采矿方法平稳转换的关键因素,必须进行深入研究与设计,并进行现场工业试验加以验证。

(2)影响充填采矿方法效率和产能的关键因素是充填能力,如果采矿形成的空区不能及时充填,不仅会严重影响周围矿块的回采作业,而且高大空区长时间存在,会引起周围矿块和顶板坍塌,造成资源浪费和安全问题。但矿山当前充填材料配比试验和充填系统设计尚未开始,考虑到充填试验、设计与建设周期,充填系统已成为制约矿山采矿能力的瓶颈问题,必须立即着手进行充填试验和相关系统设计与建设工作。

(3)罗河铁矿矿床赋存条件及水文地质复杂,矿体分支复合、尖灭再现现象严重,夹石较多,空场嗣后充填法是否适合全矿床的开采技术条件尚难以确定,必须通过现场工业试验加以论证,并根据对矿体赋存条件的分析与分类结果,提出适合不同矿体赋存条件的组合采矿方法方案。

(4)鉴于罗河铁矿复杂的开采技术条件,要实现 300 万 t/a 的生产能力,必须通过科学研究,制订合理的短期和中期开采规划,以实现矿山可持续稳定发展。

3.2.2　矿山开采技术条件

1. 矿区地质条件

罗河铁矿位于安徽省合肥市庐江县罗河镇,地处江淮丘陵南部,为低山丘陵地形,出露的地层以中生界火山岩岩系为主,另有少量全新统松散堆积层。矿床位于淮阳"山"字形构造前弧东翼、新华夏构造体系第二隆起带西缘、秦岭纬向构造带南支东延部分的复合部位,庐江—枞阳中生代火山岩盆地的西北边缘。本矿床是由大型高磷高硫含钒钛磁铁矿及大型硫铁矿(部分矿体伴生铜)、大型硬石膏矿组成的多矿种隐伏矿床,成因类型为与火山—侵入活动有关铁矿床。铁矿体呈似层状、平缓透镜状,在平面投影呈椭圆形轮廓,空间上表现为穹隆状,中间以浸染状贫铁矿为主,富、厚矿多环于四周;硬石膏呈覆盖状位于穹隆顶部,黄铁矿则分布在主矿体平面投影范围内,以铁矿体上部为主。

2. 矿体特征

1) 铁矿体

铁矿体共有 8 个,其中Ⅰ、Ⅱ号矿体为主矿体,占总储量的 94.29%。Ⅰ号铁矿体规模最大,赋存标高 -780~-402 m,埋深东浅西深;水平投影呈近似椭圆形,长轴平均长 1911 m,短轴平均宽 1099 m。矿体空间形态为似层状~透镜状,分支复合现象频繁;总体上向南西西倾伏,倾伏角 10°;厚度一般为 21.04~78.89 m,平均厚度 59.66 m。Ⅱ号矿体位于矿床最下部,赋存标高 -847~-533 m,埋深东浅西深;平面投影呈半环状,开口于南东部,中部为无矿带,环边长度北部 1163 m,南部 636 m,西部 938 m。矿体形态为透镜状、似层状,空间分布连续性差;总体上向南西西倾伏,倾伏角 10°;厚度一般为 2.16~19.76 m,平均厚度 21.61 m。

资源储量计算结果见表 3-4。

表 3-4　罗河铁矿矿石资源储量总表

矿量矿石品级			级别		
			B+C	D	B+C+D
磁铁矿	表内矿	富矿/万 t	8129.91	1262.45	9392.36
		贫矿/万 t	26457.75	11717.74	38175.49
		合计/万 t	34587.66	12980.19	47567.85
	表外矿/万 t		1642.97	1391.03	3034.00
	总计/万 t		36230.63	14371.22	50601.85
硫铁矿	表内矿	富矿/万 t	51.32	904.98	956.30
		贫矿/万 t	167.07	1452.95	1620.02
		硫铜矿/万 t	12.86	431.89	444.75
		合计/万 t	231.25	2789.82	3021.07
	表外矿/万 t		125.43	936.99	1062.42
	总计/万 t		356.68	3726.81	4083.49

2) 硫铁矿体

本矿床共有 13 个硫铁矿体（Ⅰs~ⅩⅢs），其中 5 个矿体伴生铜（Ⅰs、Ⅱs、Ⅳs、Ⅷs、Ⅸs），赋存标高 −738~−289 m。规模最大为Ⅱs，其次为Ⅴs、Ⅷs，最小为Ⅵs。矿体分布在主矿体投影范围内的 2~15 号勘探线、Ⅳ纵以南~Ⅲ纵以北，在垂向上除ⅩⅡs、Ⅶs 紧贴在硬石膏底部外，其余都与铁矿体共生，大部分位于Ⅰ号铁矿体之上，与小铁矿体构成铁硫混合带。硫铁矿体呈透镜状及似层状产出，大多数倾向北西西~南西西，倾角平缓 0°~23°；厚度一般为 1.50~60.41 m。

3) 硬石膏矿

硬石膏矿赋存标高 −453~−250 m，是最浅部的一个矿体，平面投影位于主矿体的中部 2~16 号勘探线，矿体长 625 m，宽 387 m。矿体呈似层状透镜体产出，倾向西~北西西，倾伏角 5°左右，一般厚度为 2.60~29.78 m，平均厚度 26.76 m。

3. 水文地质条件

矿区内地表水体以水塘为主，矿区内有 3 条小溪流，流量极小。矿区地下水主要为裂隙含水，从上至下共有扬湾组裂隙孔隙含水层、双庙组裂隙含水层、砖桥组裂隙含水层、砖桥组隔水层、砖桥组次生石英岩类孔洞裂隙水含水层、矿体及顶板不含水层，共计 4 个含水层，1 个隔水层，1 个不含水层。矿体间接顶板次生石英岩的孔洞裂隙承压水是矿坑充水的主要来源，但动储量补给不足，静储量较大；上覆岩层风化带的裂隙潜水和侧向的粗安岩类裂隙潜水则是矿坑充水的次要来源。矿体及顶板岩石不含水，矿体与次生石英岩含水层之间大部分被高岭土化、泥化所隔；地表水体对矿坑充水影响不大，水文地质条件属中等类型。

4. 工程地质条件

矿区发育的岩体主要为凝灰质粉砂岩、粗安岩、凝灰岩、膏辉岩、次生石英岩等。矿体上部岩体性质变化较大，裂隙发育，整体岩石中等稳定，局部地段受岩石蚀变影响，岩石松软破碎，岩体稳定性较差。铁矿体主要赋存在硬石膏灰岩，次为辉石碱性长石岩内；矿体顶底板岩石主要为膏辉岩，其次为辉石碱性长石岩；夹石岩性为膏辉岩、辉石碱性长石岩，夹石一般长 30~740 m，宽 30~325 m，厚 3.03~39.27 m。

3.2.3　充填采矿法方案选择

采矿法方案选择受多种因素影响，除交通条件、矿体赋存状况、储量、矿石品质、矿床工程地质条件、水文地质条件等开采技术条件外，含水层的影响、矿体产状、矿石品位分布状况等对采矿法方案选择也具有不可忽视的作用。

1. 矿体产状及分类

1) 含水层底板高度

罗河铁矿水文地质中等，但矿区西北角 30 联巷与 40 联巷、5 穿脉（穿）至 2 穿之间，含水层底板标高在 −420 m 以下；30 联巷与 50 联巷、7 穿至 2 穿之间，含水层底板标高在 −400 m 以下，属水文地质相对复杂区。

2)矿体产状分类

罗河铁矿矿体大部分属于倾斜厚大矿体,根据各类矿体的赋存状况,将具有工业价值的矿体按厚度和倾角的分类情况见表3-5。

表3-5 罗河铁矿矿体产状分类统计表

单位:%

倾角	厚度			
	<5 m	5~15 m	15~30 m	>30 m
<25°	0.4	0.4	0.8	1.2
25°~35°	0.4	6.5	12.2	27
>35°	0.3	2.8	9.7	38.3

3)矿体品位分布规律

根据罗河铁矿相关地质资料,编制了矿石品位部分盘区统计表(表3-6),可以看出罗河铁矿矿石品位分布并不均匀,具体规律为:从平面分布区域看,3穿至5穿间品位较高,其他区间相对较低;从垂直(深度)方向看,-540~-510 m间品位相对较高,上部较低;矿体夹石较多,采矿如果不能有效剔除夹石,综合品位将大大降低。

表3-6 罗河铁矿矿石品位部分盘区统计表

盘区	102 盘区	202 盘区	302 盘区	402 盘区	502 盘区	602 盘区	702 盘区
品位/%	24	25	28	29	31	27	27
盘区	103 盘区	203 盘区	303 盘区	403 盘区	503 盘区	603 盘区	703 盘区
品位/%	33	33	31	33	34	30	29
备注	盘区品位是利用盘区钻孔加权品位修正而来,生产中以实际生产品位为准						

考虑到罗河铁矿矿体平均倾角为3°~12°,平均厚度76.87 m,适宜的大能力采矿方法有:分段空场嗣后充填法、VCR嗣后充填法和侧向崩矿阶段空场嗣后充填法。

2.分段空场嗣后充填法(方案Ⅰ)

1)方案特征

矿房、矿柱垂直矿体走向布置,一步回采矿柱,胶结充填,形成人工充填体矿柱;二步回采矿房,进行非胶结充填。

将阶段划分为若干分段,在分段凿岩巷道内钻凿扇形中深孔,向切割槽侧向崩矿,崩落矿石落入采场底部的"V"形堑沟,由铲运机自出矿进路内铲出。出矿底部结构采用堑沟式,每两个采场共用一条出矿巷道。

2)采切工程

如图3-4所示,采准工程包括出矿进路、出矿巷道、分段凿岩巷道、放矿溜井等。

切割工作主要是切割天井、切割横巷和切割槽的形成。在切割横巷内钻凿上向平行中深孔，以切割天井为自由面爆破形成切割槽。在堑沟拉底巷道钻凿上向扇形中深孔，爆破形成"V"形堑沟。

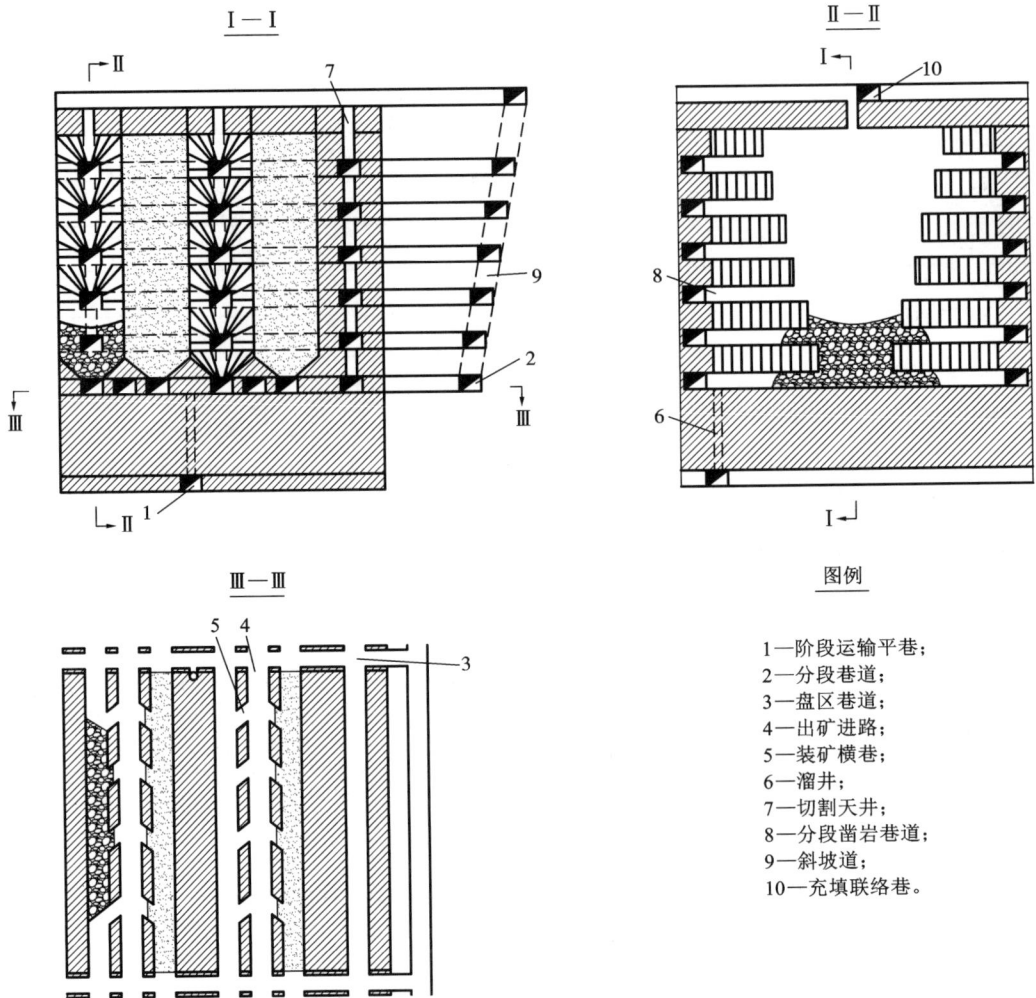

图 3-4　分段空场嗣后充填法

1—阶段运输平巷；
2—分段巷道；
3—盘区巷道；
4—出矿进路；
5—装矿横巷；
6—溜井；
7—切割天井；
8—分段凿岩巷道；
9—斜坡道；
10—充填联络巷。

3）回采工艺

切槽工作完成后，在分段凿岩巷道中打上向扇形中深孔，每次爆破 1~2 排炮孔，分段微差爆破，上下相邻分段之间一般保持上分段超前 1~2 排炮孔，以保证上分段爆破作业的安全。落入采场底部"V"形堑沟的崩落矿石采用铲运机装运卸入溜井。

采场大量出矿完毕后，按要求进行充填。

4）方案评价

该方案适用于矿石和围岩中等稳固以上的倾斜和急斜倾厚矿体；可以多分段同时回采，作业集中，回采强度高，生产能力大；可使用无轨设备，机械化程度高；灵活性大，有利于地压控制和顶板管理；缺点是采切工程较多，采切比较大。

标准矿块的经济指标：千吨采切比 2.18 m/kt；综合回采率 76%；贫化率 7.34%；生产能力 575 t/d；大块率 8%；采矿成本(不含充填)65.27 元/t。

3. VCR 嗣后充填法(方案Ⅱ)

1)方案特征

矿房矿柱垂直矿体走向交替布置，一步回采矿柱，胶结充填，形成人工充填体矿柱；二步回采矿房，进行非胶结充填。在矿块上部水平布置凿岩硐室，利用凿岩台车钻凿下向垂直深孔至矿体下部的拉底水平，采用球状药包(装药长度与炮孔直径之比小于 6)漏斗爆破，自下而上分层落矿，铲运机出矿。出矿底部结构采用堑沟式，每两个采场共用一条出矿巷道。

2)采切工程

如图 3-5 所示，采准工程包括出矿巷道、出矿进路、凿岩硐室、放矿溜井等。切割工程主要是堑沟巷道和"V"形堑沟的形成。首先自堑沟巷道于采场端部施工一条高度为设计堑沟高度的短天井，以短天井为自由面，在堑沟巷道内钻凿 1~2 排扇形炮孔，爆破形成宽 2~2.5 m 的上向扇形切割槽，然后从堑沟巷道向上施工扇形中深孔，向切割槽逐排爆破，矿石运出后形成"V"形堑沟拉底空间。

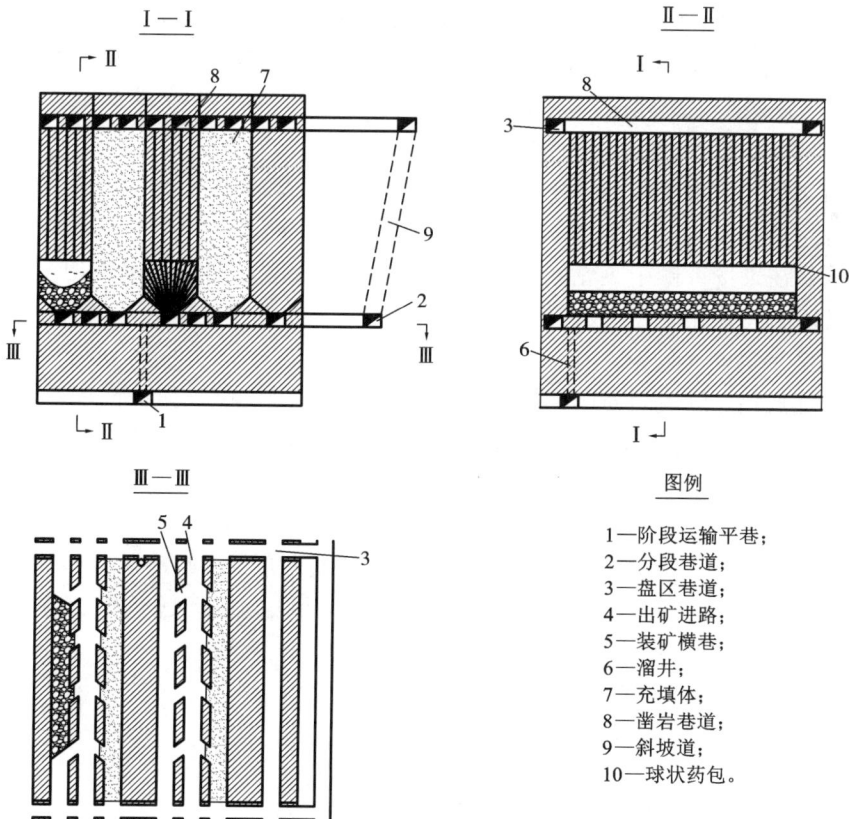

图例

1—阶段运输平巷；
2—分段巷道；
3—盘区巷道；
4—出矿进路；
5—装矿横巷；
6—溜井；
7—充填体；
8—凿岩巷道；
9—斜坡道；
10—球状药包。

图 3-5　VCR 嗣后充填法

3) 回采工艺

采切工作完成后，以"V"形堑沟为爆破补偿空间，自下而上分层崩矿。每次爆破后，出崩下矿石量的1/3，剩余矿石留在采场支持围岩，采场矿石全部爆破后，大量出矿。采场大量出矿完毕后，按要求进行充填。由于深孔直径较大(120~130 mm)，可以利用炮孔作为采场回风通路，顶柱范围内的炮孔可作为嗣后充填通路和排气孔。

4) 方案评价

该方案优点是采场生产能力大，劳动生产率高；不需要掘进全段高的切割天井和分段凿岩巷道，采切工程量小；崩矿质量好，大块率低；采矿成本低；缺点是凿岩技术要求高；使用高密度、高爆速的炸药，爆破成本高，装药、爆破施工复杂；深孔施工技术存在一定的难度。

标准矿块的经济指标：千吨采切比1.13 m/kt；回采率72%；贫化率8%；生产能力870 t/d；大块率6%；采矿成本(不含充填)65.8元/t。

4.侧向崩矿阶段空场嗣后充填法(方案Ⅲ)

1) 方案特征

该方案基本特征是沿矿体走向交替布置矿房矿柱，一步回采矿柱，胶结充填，形成人工充填体矿柱；二步回采矿房，进行非胶结充填。采场底部开凿拉底堑沟巷道，采场顶部布置凿岩硐室，钻凿下向垂直炮孔，以切割立槽为自由面，侧向崩矿，铲运机出矿。出矿底部结构采用堑沟式，每两个采场共用一条出矿巷道。

2) 采切工程

如图3-6所示，采准工程包括出矿进路、出矿巷道、凿岩硐室、放矿溜井等。

切割工程主要是堑沟巷道、"V"形堑沟及切割立槽的形成。"V"形堑沟拉底空间的形成与方案Ⅱ相同；在采场一侧中央钻凿全段高切割天井，在凿岩硐室内垂直切割天井方向钻凿垂直深孔，以切割天井和拉底层为自由面，采用VCR法逐排爆破形成切割立槽。

3) 回采工艺

采切工作完成后，以切割立槽和拉底空间为自由面，分层倒梯段侧向崩矿，每次爆破后，出崩下矿石量的1/3，剩余矿石留在采场支持围岩，采场矿石全部爆破后，大量出矿。

采场大量出矿完毕后，按要求进行充填。

4) 方案评价

该方案生产能力大，落矿效率高，使用无轨铲运机出矿，出矿效率高。其缺点是深孔施工技术存在一定的难度，虽然采用进口凿岩台车，但深孔偏斜问题仍然存在深孔爆破震动强，侧向全段高崩矿，大块率高，对顶板及周围采场稳定性影响大。

标准矿块的经济指标：千吨采切比1.36 m/kt；回采率72%；贫化率10%；生产能力932.4 t/d；大块率12%；采矿成本(不含充填)63.8元/t。

5.罗河铁矿采矿方法组合方案

基于罗河铁矿的采矿技术条件、生产能力要求及初选采矿方法技术经济对比，推荐罗河铁矿主体采矿方法为分段空场嗣后充填法，但30联巷东北部大部分矿体高度在35 m以上，-560~-455 m矿体连续性好，且已按照阶段空场嗣后充填法要求完成了部分采准工程，

I—I

II—II

III—III

图例

1—阶段运输平巷；
2—分段巷道；
3—盘区巷道；
4—出矿进路；
5—装矿横巷；
6—溜井；
7—切割天井；
8—凿岩巷道；
9—斜坡道；
10—充填体。

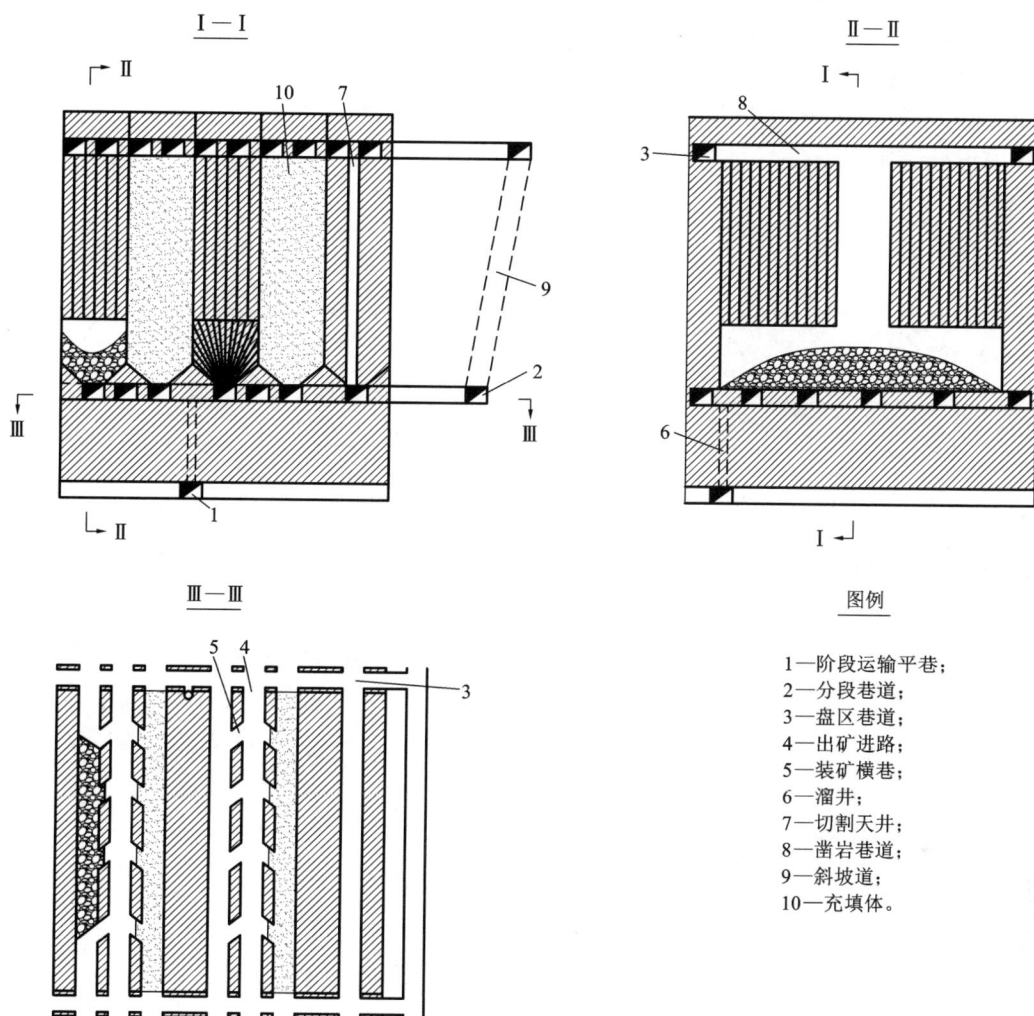

图 3-6　侧向崩矿阶段空场嗣后充填法

为节省工程量，该部分矿体可采用 VCR 嗣后充填法，或阶段空场嗣后充填法；边角部分矿体及 30 联巷与 50 联巷、7 穿至 2 穿之间受含水层影响较大的地段，宜采用机械化上向水平分层充填采矿方法。

6.采场结构参数优化

运用有限元分析软件 MIDAS，模拟不同结构参数时采场顶板及充填体的应力、变形情况，进而确定适合罗河铁矿 $-560 \sim -455$ m 矿体开采技术条件的采场结构参数。采矿方法为分段空场嗣后充填法，模型尺寸为 $X \times Y \times Z = 400$ m×620 m×500 m，矿岩力学参数见表 3-7。

罗河铁矿厚大矿体采用盘区布置形式，每个盘区布置 7 个采场，盘区内采场交替间隔回采，一步采矿柱，胶结充填，二步采矿房并进行非胶结充填。选取三种组合方案进行模拟：模型 1，矿房 15 m、矿柱 15 m；模型 2，矿房 18 m、矿柱 18 m；模型 3，矿房 21 m、矿柱 21 m。每个方案模拟 2 种最危险回采状况：状况 1，相邻 3 个矿柱全部回采完毕，未进行充填；状况 2，相邻 3 个矿柱回采并充填完毕，周围 4 个矿房回采完毕但未充填。数值分析获得盘区内采场顶板拉应力汇总于表 3-8。安全系数定义为矿岩抗压强度（或抗拉强度）与顶板最大压应力（或拉应力）之比，各模型在矿体顶板条件下的抗拉和抗压安全系数见表 3-9。

表 3-7 矿岩力学参数表

矿岩类别	弹性模量 /×10⁴ MPa	抗压强度 /MPa	抗拉强度 /MPa	泊松比	黏聚力 /MPa	摩擦角 /(°)	容重 /(kN·m⁻³)
矿体	5.9	148.6	6.43	0.20	14	57.3	37
顶板	5.6	49.2	3.43	0.22	7.4	50.5	25
底板	5.6	120.8	4.35	0.22	9.6	53.5	28.4
充填体	0.021	1.59	0.39	0.15	0.47	44.7	28.5

表 3-8 各参数组合数值模拟盘区内采场顶板拉应力数据表

序号		最大压应力/MPa	最小压应力/MPa	最大拉应力/MPa
模型 1	状况 1	9.58	2.55	0.5
	状况 2	11.3	3.15	2.46
模型 2	状况 1	10.9	2.75	0.62
	状况 2	11.4	3.16	2.47
模型 3	状况 1	12.9	3.11	1.13
	状况 2	19.2	3.64	2.98

表 3-9 各参数组合抗拉、抗压安全系数表

序号		抗压安全系数	抗拉安全系数
模型 1	状况 1	15.5	6.86
	状况 2	13.2	1.39
模型 2	状况 1	13.6	5.53
	状况 2	13.1	1.38
模型 3	状况 1	11.5	3.03
	状况 2	7.7	1.15

分析表中数据可以得出如下结论：

（1）各模型采场上盘围岩顶板和矿体直接顶板上都出现了拉应力，上盘围岩顶板的最大拉应力为 2.98 MPa（模型 3 状况 2）、矿体直接顶板最大压应力为 19.2 MPa（模型 3），但各模型的最大拉应力均未超过各自的抗拉强度，均处于相对稳定的状态。

（2）随采场跨度的增大，各模型方案的最大拉应力和最大压应力逐渐增大，说明随着采场跨度的增大，采场稳定性越来越差。

（3）各模型顶板最大压应力和最大拉应力均未超过极限抗压强度和抗拉强度值，但矿石力学强度值满足要求并不能代表矿体强度值满足安全要求。这是由于节理、裂隙等地质弱面的存在，使矿岩体的抗压强度和抗拉强度值明显降低。

（4）由于采场顶板主要受拉伸压力破坏，因此，在考虑表中各模型最大压应力和拉应力值的条件下，认为抗拉安全系数 $\eta_1 \geqslant 1.15$ 时顶板抗拉稳定性较好；而抗压安全系数 η_2 只要大于 1.0 即可认为顶板抗压稳定性好。按照此标准，并考虑效率和经济因素，模型 2，即矿柱 18 m、矿房 18 m 的分段空场嗣后充填法安全可靠性较高，经济指标也较理想。

综上所述，推荐罗河铁矿-560～-455 m 矿体采用分段空场嗣后充填法时，矿山当前已形成的矿柱 18 m、矿房 18 m 的采场结构参数是合理的。如果在开采过程中，发现部分地段稳固性较差，可适当减小采场规格。

3.2.4　垂直深孔高分段空场嗣后充填法典型方案

1. 分段设置

分段高度确定或分段水平设置是一个重要的经济、技术指标，主要取决于所采用的凿岩设备，用 YGZ-90 型导轨凿岩机时为 12～15 m，用潜孔钻机时可增大到 15～20 m。分段高度越大、分段数目越少，采准工程量相应减少，但凿岩效率相应降低，装药、爆破难度相应增大。根据已有工程布置情况，增设-500 m 分段水平。各分段凿岩工艺为：

（1）-455 m 凿岩巷道及硐室已经形成，可加以利用，在凿岩硐室内向下钻凿 45 m 平行深孔，至-500 m 标高。

（2）施工-500 m 分段巷道，自分段巷道施工凿岩硐室，在凿岩硐室内施工下向平行中深孔，孔深 20 m，至-520 m 标高。

（3）自-540 m 标高施工堑沟巷道，形成堑沟，高度 20 m，至-520 m 标高。

该方案可称为"垂直深孔高分段空场嗣后充填法"，与传统分段空场嗣后充填法的低分段扇形中深孔相比，由于分段高度加大，采用平行深孔爆破，采切工程量大大降低，爆破效果大大改善，但对凿岩爆破技术要求较严格。

2. 采场布置

（1）采场结构参数。如图 3-7 所示，矿房、矿柱垂直矿体走向交替布置，宽度均为 18 m，长 72 m，高 85 m。一步回采矿柱，胶结充填，形成人工充填体柱；二步回采矿房，非胶结充填。由于留设了足够宽度的盘区矿柱，为尽可能多地回收资源，盘区内各采场除留设堑沟底柱外，不设顶柱，即直接回采至-455 m 水平。通风和充填通过盘区平巷和残留在盘区矿柱内的凿岩硐室与采场联通。

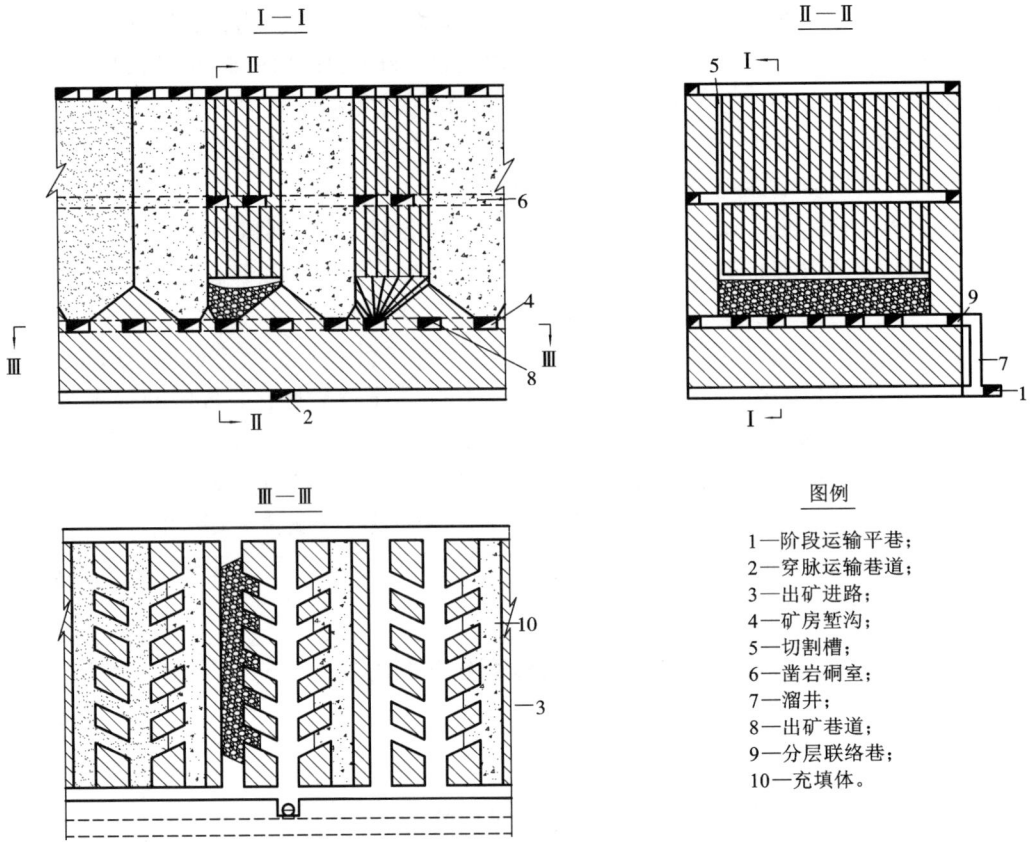

图 3-7　垂直深孔高分段空场嗣后充填法示意图

图例
1—阶段运输平巷；
2—穿脉运输巷道；
3—出矿进路；
4—矿房堑沟；
5—切割槽；
6—凿岩硐室；
7—溜井；
8—出矿巷道；
9—分层联络巷；
10—充填体。

（2）阶段内矿体不连续条件下的变更回采方案。部分地段在-500 m 水平附近出现须剔除的夹石层，在此情况下，可采用分段凿岩分段出矿的方式，在-540 m 水平和夹石层顶板水平分别布置堑沟和出矿巷道，将夹石层留作两个分段的隔离柱不予回采，如图 3-8 所示。

部分地段在-455 m 水平下方出现厚度较大夹石层，在此情况下，可将夹石层作为顶柱不予回采，直接在-500 m 凿岩巷道（硐室）内钻凿上向扇形炮孔至夹石层底板。

如果矿体自-540 m 水平上延未至-500 m 水平，此时可不施工-500 m 凿岩巷道，自-540 m 堑沟巷道钻凿上向扇形孔，回采与"V"形堑沟同步进行。

3. 采准切割

-540 m 水平布置底部出矿结构，于-500 m 水平和-455 m 水平各布置两条断面规格为 6.0 m×4.3 m 的凿岩硐室，运输水平设置在-560 m 水平。

（1）分段联络巷。分段联络巷沿矿体走向布置，服务于整个分段水平，断面规格为 5.0 m×3.8 m。

（2）堑沟拉底巷道。底部结构采用"V"形堑沟，由阶段联络巷向采场边界掘进堑沟拉底巷道，断面规格为 5.0 m×3.8 m。

I—I

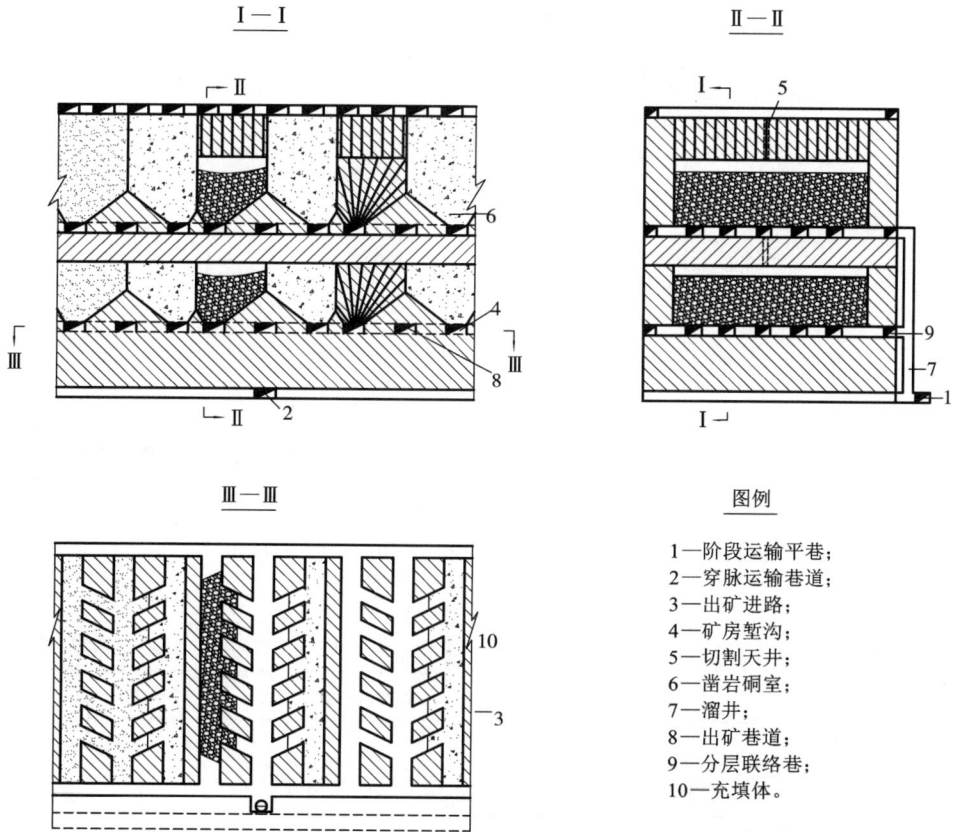

II—II

III—III

图例

1—阶段运输平巷;
2—穿脉运输巷道;
3—出矿进路;
4—矿房堑沟;
5—切割天井;
6—凿岩硐室;
7—溜井;
8—出矿巷道;
9—分层联络巷;
10—充填体。

图 3-8　中间夹石层须剔除时的分段空场嗣后充填法图

（3）出矿巷道。在相邻两个采场中央位置，由分段联络巷向采场边界掘进分段巷道，负责相邻两个采场的出矿，断面规格为 5.0 m×3.8 m。

（4）出矿进路。由出矿巷道向相邻堑沟方向每隔 13 m 掘进一条出矿进路，出矿进路与出矿巷道的交角为 45°，巷道断面规格为 5.0 m×3.8 m。

（5）凿岩硐室。在−500 m 分段水平和−455 m 凿岩水平每隔 3 m 布置一个凿岩硐室，断面规格为 6.0 m×4.3 m。

（6）溜井。整个盘区共用一条溜井，铲运机自−540 m 出矿进路和出矿巷道铲装采场崩落矿石，经溜井下放至−560 m 出矿水平，溜井断面规格为 φ3 m。

（7）切割工程布置。切割工作主要是切割天井、切割横巷和切割槽的形成。在采场端部施工切割横巷，在采场端部中央掘进切割天井，以切割天井为自由面爆破形成切割槽。在堑沟拉底巷道钻凿上向扇形中深孔，爆破形成"V"形堑沟，"V"形堑沟形成可与回采同步进行。

矿块采切工程量见表 3-10，采矿矿量分配见表 3-11。

表 3-10　垂直深孔高分段空场嗣后充填法采切工程量表

标准分段空场法		规格/(m×m)或 m	条数/条	单长/m	长度/m			工程量/m³			采出矿量/t
					脉内	脉外	小计	脉内	脉外	小计	
采切工程	采准工程 溜井	φ3	0.14	20.0	2.86	0.0	2.86	20.29	0.00	20.29	74.85
	堑沟拉底平巷	5×3.8	1	78.5	78.50	0.0	78.50	1411.43	0.00	1411.43	5208.18
	出矿巷道	5×3.8	0.5	78.5	39.25	0.0	39.25	705.715	0.00	705.715	2604.09
	凿岩巷道	6×4.3	4	78.5	314.00	0.0	314.00	7514.02	0.00	7514.02	27726.73
	分段联络巷	5×3.8	3	18.0	54.00	0.0	54.00	970.92	0.00	970.95	3582.69
	装矿进路	5×3.8	5	11.3	56.50	0.0	56.50	1015.87	0.00	1015.87	3748.56
	小计				545.11	0.0	545.11	11638.245	0.00	11638.245	42945.10
	切割工程 切割天井	φ1.5	1	85.0	85.0	0.0	85.00	150.45	0.00	150.45	549.14
	切割横巷	5×3.8	1	10.5	10.5	0.0	10.50	188.79	0.00	188.79	689.08
	小计				95.5	0.0	95.50	339.24	0.00	150.45	1238.22
采切合计					640.61	0.0	640.61	11977.485	0.00	11977.485	44183.32
千吨采切比		1.86 m/kt									

表 3-11　分段空场嗣后充填法矿量分配表

项目	工业储量/t	回采率/%	贫化率%	采出矿量/t			占矿块采出量的比重/%
				矿石	岩石	小计	
矿块	533817.54	71.70	7.38	382725.35	30487.15	413212.50	100.00
盘区矿柱	102606.85						
底柱	24526.10						
矿房	362501.26	94.00	8.00	340751.18	29630.54	370381.72	89.63
掘进带矿	44183.33	95.00	2.00	41974.17	856.62	42830.79	10.37

4. 回采工艺

1) 凿岩爆破

在堑沟拉底巷道中, 使用国产 QZCT90Y 高压台车(配备一台 HG460MD 空压机)钻凿上向扇形中深孔。设计孔径 80 mm, 炮孔排距 2.0 m, 孔底距 2.2~2.4 m。一次崩矿步距 4.0 m, 1~9 ms 分段微差爆破, 形成"V"形堑沟(图 3-9)。扇形中深孔堑沟爆破堵塞长度 1.3~11.3 m, 计算炮孔崩矿量 8.46 t/m、单位炸药消耗量为 0.33 kg/t。

在凿岩硐室中, 使用 SIMBA 364 型凿岩台车钻凿下向垂直深孔(-455 m 凿岩水平孔深 45 m, -500 m 水平孔深 20 m), 设计孔径 120 mm, 炮孔排距 3.0 m。一次崩矿步距 3~6 m。采用 GIAMEC 211 装药车填装乳化炸药, 配套 φ40 mm 半导体输药管, 压气耦合装药,

1~9 ms 分段微差爆破。堵塞长度 2.0~3.0 m, 具体布置如图 3-10 所示。计算每米炮孔崩矿量 33.21 t/m; 炸药单耗为 0.29(−455 m 分段)~0.31 kg/t(−500 m 分段), 平均 0.30 kg/t。所有炮孔可一次凿完, 分次爆破。堑沟扇形孔、−455 m 分段水平垂直深孔(炮孔深度 40.7 m), −500 m 分段水平垂直下向孔(孔深 20 m)的具体参数及相关计算见表 3-12~表 3-14。垂直深孔高分段空场嗣后充填法标准采场炮孔综合计算见表 3-15, 综合单位炸药消耗量 0.294 kg/t。

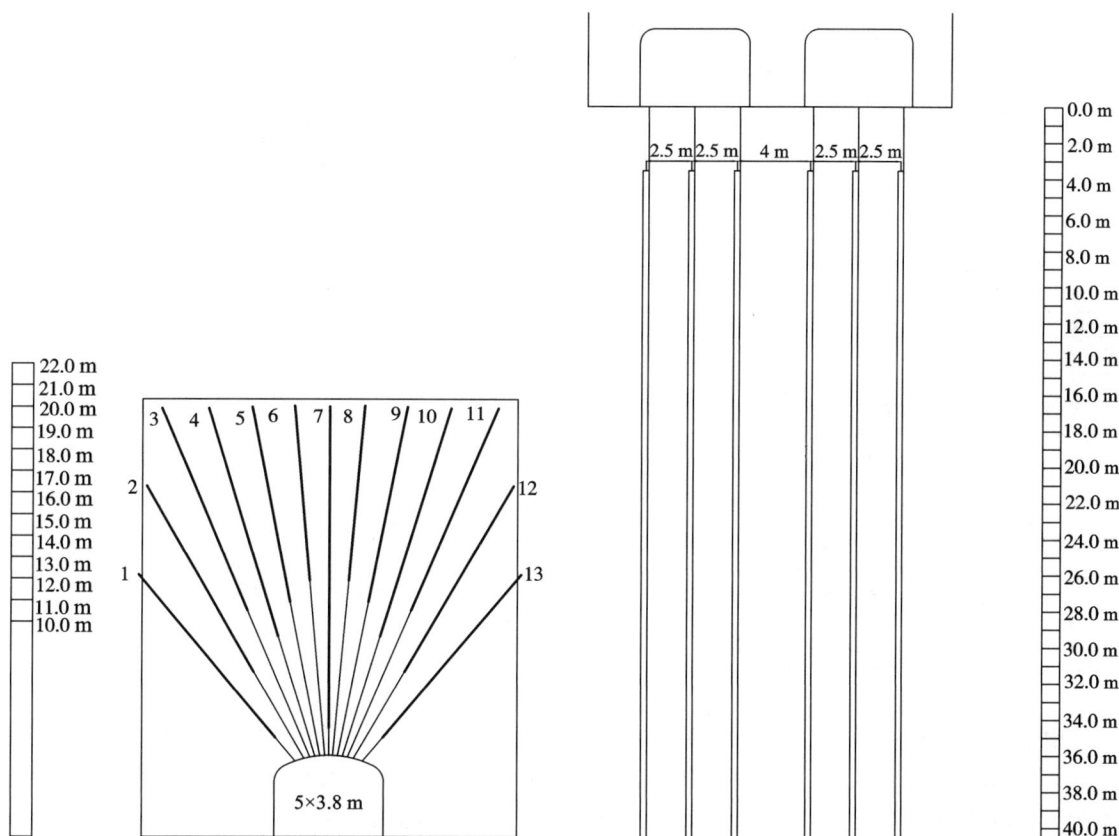

图 3-9 "V"形堑沟炮孔布置图

图 3-10 垂直深孔布置图

表 3-12 堑沟扇形炮孔计算表

孔号	1	2	3	4	5	6	7	8	9	10	11	12	13	合计
装药长度/m	10	8	9	11	7	5	14	5	7	11	9	8	10	114
炮孔直径/m	0.08	0.08	0.08	0.08	0.08	0.08	0.08	0.08	0.08	0.08	0.08	0.08	0.08	
炮孔长度/m	11.3	14.63	17.63	16.9	16.5	16.3	16.2	16.3	16.5	16.9	17.63	14.63	11.3	202.72
炸药质量/kg	50.24	40.19	45.22	55.26	35.17	25.12	70.34	50.24	40.19	45.22	55.26	35.17	25.12	572.74

表3-13 −455 m分段垂直深孔计算表

孔号	1	2	3	4	5	6	合计
装药长度/m	36	36	36	36	36	36	216
炮孔直径/m	0.12	0.12	0.12	0.12	0.12	0.12	
炮孔长度/m	40.7	40.7	40.7	40.7	40.7	40.7	244.2
炸药质量/kg	391.98	391.98	391.98	391.98	391.98	391.98	2351.88

表3-14 −500 m分段垂直孔炮孔计算表

孔号	1	2	3	4	5	6	合计
装药长度/m	18.21	18.21	18.21	18.21	18.21	18.21	109.26
炮孔直径/m	0.12	0.12	0.12	0.12	0.12	0.12	
炮孔长度/m	20	20	20	20	20	20	120
炸药质量/kg	205.90	205.90	205.90	205.90	205.90	205.90	1235.40

表3-15 垂直深孔高分段空场嗣后充填法标准采场炮孔综合计算表

炮孔类型	炮孔长度/m	装药长度/m	炮孔直径/mm	炸药质量/kg	单耗/(kg·t^{-1})	炮孔崩矿量/(t·m^{-1})
扇形炮孔	7297.92	4104.00	80	13174.13		
40.7 m垂直深孔	5860.80	5184.00	120	58599.94	0.294	23.09
20 m垂直下向孔	2880.00	2622.24	120	29641.80		

由于采用深孔爆破(尤其是−455 m水平孔深达45 m),为避免孔内淤泥、积水造成装药困难,影响爆破效果,深孔最好打穿下分段凿岩硐室,爆破时采用水泥胶皮碗形堵孔塞进行堵孔。为减少深孔爆破震动对周围采场或充填体的破坏,可采用分段爆破方式,即首先起爆堑沟水平和−500 m分段,然后爆破−455 m分段,以减少一次爆破炸药量。

2)通风

出矿水平通风线路为:新鲜风流经由−540 m水平联巷,经堑沟及出矿巷道进入采场,冲洗采场后经盘区联络道、盘区联巷排至−455 m水平,经回风大巷进入风井,由主扇风机抽出地表。−500 m分段水平通风线路为:新鲜风流从−540 m水平联巷经斜坡道进入−500 m水平凿岩硐室,冲洗采场后经盘区联络道、盘区联巷排至−455 m水平,经回风大巷进入风井,由主扇风机抽出地表。

3)出矿

每次爆破经充分通风排出炮烟后,利用LH514E型6 m³电动铲运机,自出矿巷道和出矿进路,将落入采场底部"V"形堑沟的崩落矿石装运卸入溜井,计算得铲运机的实际生产能力可达600 t/台班。每次爆破后出矿1/3,另留2/3崩落矿量在采场内,以便后续爆破采用挤压爆破方式,降低大块率,减轻爆破震动,而且留置矿石可起到维护周围采场或充填体稳定的作用，降低矿石损失与贫化率。整个采场回采完毕后，将采场内矿石集中铲出。

4）充填

因阶段高度达85 m，为保证高大采空区稳定，采场集中出矿完毕后，应及时进行充填，避免因空区暴露时间过长，而引起周围采场或充填体垮塌，恶化贫损指标。自盘区联巷接充填支管经盘区矿柱内的采场联络道（与凿岩硐室连通），向采场灌注充填料浆进行充填。一步采场（矿柱）进行胶结充填，二步采场（矿房）非胶结充填。采场封堵地点包括：与采场联通的出矿进路（出矿巷道及出矿进路不充填，以减少下阶段回收堑沟底柱时因充填他混入而造成贫化）、-455 m分段及-500 m分段凿岩硐室与盘区联巷之间的采场联络道。

由于空区高度大，嗣后充填浆体对挡墙的压力较大，安全起见，采用混凝土砌筑挡墙，在挡墙底部，中部和上部布设3~5个泄水孔，安装泄水管道，管道直径不低于150 mm。深入采场内的管道口缠绕2层土工布，外部关口安装闸阀。嗣后充填至少分两次进行，一次充填至-500 m分段水平，待初步凝固后再向上充填至-455 m分段水平，以减轻浆体对-540 m分段水平充填挡墙的压力。充填过程中密切关注挡墙受力情况，如出现异常，应及时停止充填，待充填体初步凝固后再继续充填工作。因人员不能进入空区布置泄滤水设施，故嗣后充填的难题之一是充填浆体的泄滤水问题。除尽可能提高充填体浓度、减少泄滤水量外，可自-455 m分段、-500 m分段吊放直径不小于150 mm的塑料软管至采场底部，软管周壁钻凿泄水孔，用纱布或土工布缠绕，以加强泄滤水效果。

5. 主要技术经济指标

1）采场作业循环及采场生产能力计算

凿岩效率：扇形炮孔，4500 m/月；垂直深孔，4000 m/月。出矿效率：600 t/台班。充填能力：1000 m³/d。按照上述效率指标，并适当考虑不均衡因素，采场回采循环时间预计为1486台班，其中：凿岩340台班、爆破通风168台班、堑沟少量出矿36台班、深孔少量出矿192台班、大量出矿411台班、充填339台班（包括充填准备）。按采场采出矿量370.38 kt（计入损失贫化）计算，采场平均生产能力745 t/d。

2）贫损指标

垂直深孔高分段空场嗣后充填法损失率为28.3%（综合回采率为71.7%），贫化率为7.38%。造成矿石损失的主要原因为：盘区矿柱、"V"形堑沟底柱、凿岩硐室之间的条形间柱。降低矿石损失与贫化的技术措施主要包括：

（1）加强地质勘探，尤其是生产勘探工作，查清矿床赋存规律及开采技术条件，提供确切的矿体产状、形态、空间分布、品位变化规律的资料，以合理确定采矿工艺和参数。

（2）进行爆破参数试验研究，确定一次装药量，优化装药结构、起爆方式和爆破顺序，减少爆破震动对周围采场或充填体的影响。

（3）提高一步采矿柱的胶结充填质量、保证充填体强度和自立能力、改善充填泄滤水和接顶充填质量，避免因充填体垮塌加剧二步矿房回采贫化程度。

（4）采场出矿完毕后及时充填，避免采空区长时间暴露削弱周围采场及充填体的稳定性。

（5）剔除过厚的夹石层。

（6）研究盘区矿柱及"V"形堑沟底柱的开采工艺，尽可能提高资源回采率。

3) 主要技术经济指标

垂直深孔高分段空场嗣后充填法主要技术经济指标见表3-16。

表3-16 垂直深孔高分段空场嗣后充填法主要技术经济指标

序号	指标名称	单位	数值	备注
1	品位：TFe	%	34.8	平均值
2	采场构成要素	m×m×m	72×18×85	
3	综合回采率	%	71.7	
4	贫化率	%	7.38	
5	千吨采切比	m/kt	1.86	自然米
6	出矿效率	t/台班	600	
7	单位炸药消耗量	kg/t	0.33	扇形孔
			0.29~0.31	垂直深孔
			0.294	采场综合
8	炮孔崩矿量	t/m	8.46	"V"形堑沟
			33.21	垂直深孔
			23.09	采场综合
9	凿岩效率	m/月	4500	扇形炮孔
			4000	垂直深孔
10	充填能力	m³/d	1000	参考类似矿山
11	采场平均生产能力	t/d	745	
12	采矿成本	元	65.27	不含充填成本

3.2.5 机械化上向水平分层充填法典型方案

根据罗河铁矿矿体赋存条件，30联巷以北边角部分及受含水层的影响的30联巷与50联巷、7穿至2穿之间的大部分矿体，适合采用机械化上向水平分层充填采矿法。

1. 采场布置

矿房、矿柱垂直矿体走向交替布置，宽度均为18 m，长为矿体厚度，高85 m。一步回采矿柱，胶结充填，形成人工充填体柱；二步回采矿房，非胶结充填。如果回采过程中发现18 m宽度采场安全性不够，可及时缩小采场结构尺寸。根据围岩稳定性、矿体开采技术条件及凿岩设备情况，普通分层高度3.0 m；每上、中、下三个分层构成一个分段，分段高度为9.0 m；整个采场分9个分段。回采过程中，最小控顶高度3.0 m，最大控顶高度6.0 m。

2. 采准切割

机械化上向水平分层充填法采准布置如图 3-11 所示，采准工程主要包括斜坡道、分段运输平巷、分层联络道、充填回风井、卸矿横巷和泄水管等。

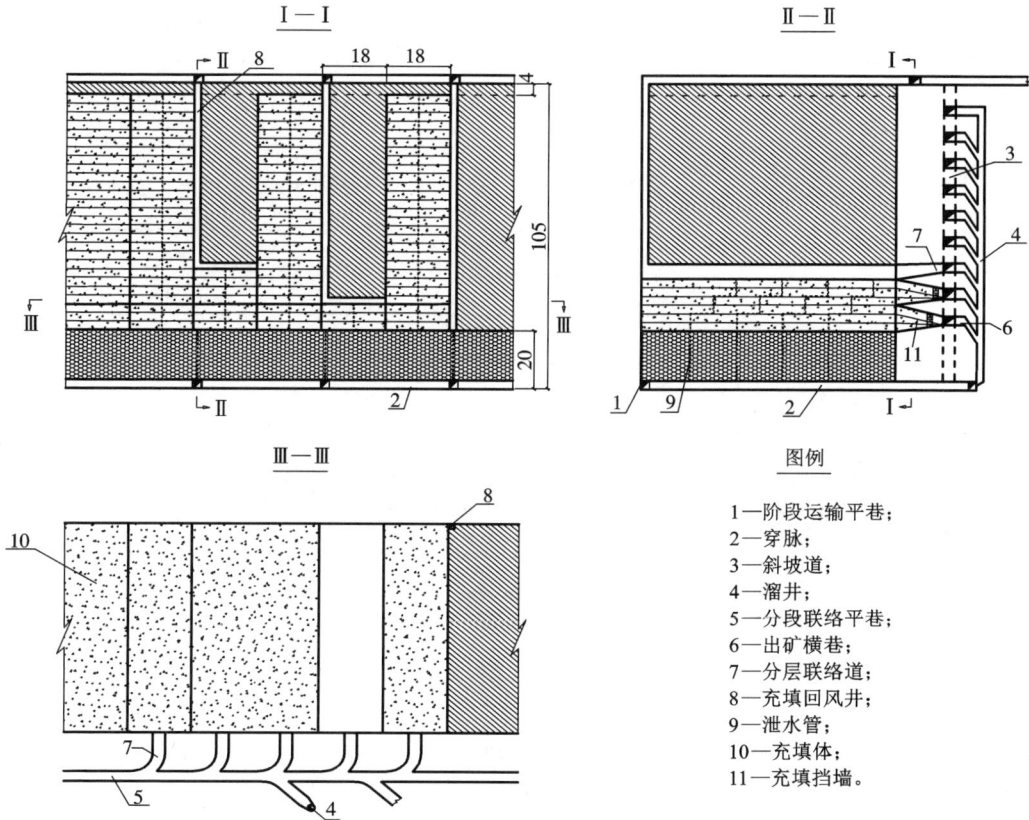

I—I

II—II

III—III

图例

1—阶段运输平巷；
2—穿脉；
3—斜坡道；
4—溜井；
5—分段联络平巷；
6—出矿横巷；
7—分层联络道；
8—充填回风井；
9—泄水管；
10—充填体；
11—充填挡墙。

图 3-11　机械化上向水平分层充填法采准布置图

切割工作使用 Boomer 281 凿岩台车自采场穿脉向两边扩帮，直至采场两边边界，向上一分层挑顶形成 6.0 m 的控顶高度。然后，砌筑 3.0 m 高的人工假底，为下阶段底柱的回收创造条件。剩余 3.0 m 作为继续上采的作业空间。

机械化上向水平分层充填法标准矿房采切工程量见表 3-17，矿量分配见表 3-18。

表 3-17　机械化上向水平分层充填法采切工程表

上向水平 分层充填法		规格 /(m×m)或 m	条数 /条	单长 /m	长度/m			工程量/m³			采出矿 量/t
					脉内	脉外	小计	脉内	脉外	小计	
采切 工程	采准 工程	穿脉	5.0×3.8	2	72	144	0.00	144.00	2589.12	0.00	2589.12	9553.85
		分段运 输巷道	5.0×3.8	9	18	0	162.00	162.00	0.00	2912.76	2912.76	10631.57

续表 3-17

上向水平 分层充填法		规格 /(m×m)或 m	条数 /条	单长 /m	长度/m			工程量/m³			采出矿 量/t
					脉内	脉外	小计	脉内	脉外	小计	
采切工程	采准工程 溜井	φ3.0	0.14	85	0	11.90	11.90	0.00	84.49	84.49	308.39
	充填回风井	φ2.0	1	85	85	0.00	85.00	266.90	0.00	266.90	984.86
	分层联络道	5.0×3.8	27	16.9	0	456.30	456.30	0.00	8204.27	8204.27	29945.60
	切割工程 拉底巷道	5.0×3.8	1	72	72	0.00	72.00	1294.56	0.00	1294.56	4776.93
	采切合计				301	630.20	931.20	4150.58	11201.52	15352.10	56201.20
千吨采切比		2.52 m/kt									

表 3-18　机械化上向水平分层充填法矿量分配表

项目	工业储量/t	回采率/%	贫化率%	采出矿量/t			占矿块采出量 的比重/%
				矿石	岩石	小计	
矿块	530828.64	79.28	4.88	420822.50	21569.29	442391.79	100.00
盘区矿柱	65588.56						
顶柱	19128.96						
矿房	387361.44	95.00	5.00	367993.37	19368.07	387361.44	89.03
掘进带矿	56201.20	94.00	4.00	52829.13	2201.21	55030.34	10.97

3. 回采工艺

1) 凿岩爆破

采用 Boomer 281 全液压凿岩台车凿岩,为了便于分层采场顶板的安全管理,采用水平炮孔布置方式。设计孔距 1.1 m、排距 1 m,边眼眼距适当减小,边眼与采场轮廓线间距 0.6~0.8 m,炮孔直径 48 mm,采用直径为 40 mm 卷状乳化炸药爆破(药卷长度 200 mm,每卷药量 230 g),孔深 3.5 m,每孔装 15 个药卷,药量 3.45 kg。导爆管非电起爆,微差爆破。单位循环水平炮孔计算见表 3-19,单位炸药消耗量 0.3 kg/t,炮孔崩矿量 3.32 t/m。

2) 通风

新鲜风流由 -545 m 进风大巷进入采场,冲洗工作面后,污风经充填回风天井,排入上阶段回风巷道。每次爆破,必须经充分通风(通风时间不少于 40 min)确认炮烟排净后,人员才能进入采场。

表 3-19　机械化上向水平分层充填法单位循环水平炮孔计算表

序号	参数	单位	数值
1	炮孔长度	m	3.5
2	炮孔直径	mm	48
3	每炮孔装药量	kg	3.45
4	每循环炮孔数目	个	54
5	每循环装药总量	kg	186.3
6	每循环炮孔总长度	m	189
7	炮孔利用率	%	90
8	每循环崩矿量	t	627.7
9	单位炸药消耗量	kg/t	0.3
10	炮孔崩矿量	t/m	3.32

3)采场顶板地压管理

采场爆破并经过有效通风排除炮烟后,安全人员进入采场清理顶帮松石。如果顶板矿岩异常破碎,经撬毛处理后,仍无法保证正常作业,可考虑其他顶板支护方式,如喷射混凝土、悬挂金属网及布置锚杆等。二步回采的采场,顶板安全管理工作应更加严谨。因采场控顶高度达 6 m,为保证作业安全,需引进服务台车负责装药和顶板管理。

4)出矿

顶板检查安全后,采用 LH514E 型 6 m³ 电动铲运机铲装矿石,经采场联络道、分段平巷,运至溜井卸至-560 m 水平穿脉,铲运机生产能力为 600 t/台班。

5)充填

每分层出矿结束后,及时进行充填,控制地压,阻止地表出现大变形,并提供继续上采的工作平台。所有充填准备工作完成后,即可进行采场分层充填。一步采场胶结充填,二步采场非胶结充填;所有采场(一步、二步采场)均需进行胶面高配比充填,胶面层厚度 0.3~0.5 m,以缩短充填养护时间,加快工作循环;所有采场(一步、二步采场)均需进行打底高配比充填,以利于底柱的下阶段回收。

4. 主要技术经济指标

采场作业循环见表 3-20。每个采场分为 27 个分层进行回采,每分层回采循环时间分别预计为 90 台班(其中凿岩 26 台班、爆破通风 20 台班、出矿 23 台班、充填 12 台班、养护 9 台班)。采场每分层采出矿量为 14.346 kt(计入损失贫化率),生产能力为 479 t/d。

表 3-20　上向水平机械化充填采矿法采场作业循环图表

序号	作业名称	时间/台班	进度/台班								
			10	20	30	40	50	60	70	80	90
1	凿岩（多次）	26									
2	爆破通风（多次）	20									
3	出矿（多次）	23									
4	充填	12									
5	养护	9									
6	合计	90									

机械化上向水平分层充填法标准采场主要技术经济指标汇总于表 3-21。

表 3-21　机械化上向水平分层充填法标准采场主要技术经济指标

序号	指标名称	单位	数值	备注
1	品位：Fe	%	34.8	平均值
2	矿体水平厚度	m	76.87	
3	矿体倾角	（°）	10~12	
4	采场构成要素	m×m×m	72×85×18	
5	分层高度	m	3.0	
6	综合回采率	%	79.28	
7	贫化率	%	4.88	
8	千吨采切比	m/kt	2.52	自然米
9	铲运机生产能力	t/台班	600	
10	单位炸药消耗量	kg/t	0.30	
11	每米炮孔崩矿量	t/m	3.32	
12	充填生产能力	m³/d	1000	参考类似矿山
13	采场生产能力	t/d	479	
14	采矿成本	元/t	68.74	不含充填成本

3.3　七宝山铜锌矿下向分层崩落法转充填法

3.3.1　采矿方法变更背景

1. 七宝山铜锌矿概况

湖南省的硫铁矿成因类型有沉积型层状矿床和热液交代型矿床两种,以热液交代型硫铁矿为主,储量为 5000 多万 t。湖南境内的硫铁矿发现和开采始于明末清初,现开采的矿区主要有七宝山矿区、沅陵县董家河矿区、城步铺头矿区、青山冲矿区、上堡矿区。浏阳市七宝山铜锌矿业有限责任公司位于湖南省浏阳市七宝山乡宝山村杨家组,矿山始建于 1979 年属七宝山乡办集体企业,后改制成私营股份制企业,更名为浏阳市七宝山铜锌矿业有限责任公司。七宝山铜锌矿现为采选联合矿山企业,矿权面积 0.0594 km²,允许开采标高范围为 $-100 \sim +180$ m,开采矿种为锌、铜、铅、硫铁矿,采矿、选矿能力 10 万 t/a。

2. 矿山存在的主要技术瓶颈难题

矿山存在如下重大技术瓶颈问题,严重影响矿山的生产安全、经济效益、服务年限和可持续发展。

1) 蚀变带内矿岩稳固性差、开采技术难度极大

七宝山矿床受 F2 断层构造带的控制,区内断裂构造强烈、岩浆活动频繁。蚀变岩型多金属矿床禀赋特征复杂,产状从极薄到厚、品位从低到高、倾角从倾斜至急倾斜变化较大,开采难度较大。同时,矿石胶结作用微弱、结构松散、稳固性差,矿体的顶板为强风化石英斑岩或灰岩,呈粉状或砂砾状态、稳定性极差,导致矿体开采难度极大。此外,矿区地表生态环境脆弱、环境容量有限,一旦出现安全和环保事故,将严重危及企业生存。

2) 崩落法工艺落后、安全性差、损失贫化率高

七宝山矿岩稳固性差、开采技术条件复杂,深部地压作用显著。现用无底柱分段崩落法和下向分层崩落法不适用于上述复杂的开采技术条件,在实际使用过程中存在诸多的安全、经济和技术问题:

(1) 机械化程度低、工人劳动强度大。由于主要井巷工程断面较小,机械化的采掘装备无法进入采场。井下现用 YT-28、YT-45 等风动凿岩机凿岩,人工手推车出矿的方式,不仅需要消耗大量的人力,而且凿岩和出矿效率极低、作业环境和安全性差。

(2) 支护工艺复杂、效率低。由于矿岩稳固性差,主要采准巷道均需要进行支护作业。现井下主要采用坑木支架的支护方式,不仅木材耗量多、转运成本高,而且工人劳动强度大、支护效果差。

(3) 回采工艺复杂、效率极低。下向分层崩落法每个分层循环均需要采用木材搭建方框支架、人工耙锄作业、手推车出矿、清扫粉矿和架设溜井等,导致回采工艺复杂、效率极低,单矿块生产能力不足 20 t/d。

(4) 矿石贫化率高、严重压缩企业的利润空间。由于接触蚀变带内矿岩胶结作用微弱、

结构松散、稳固性差，在回采过程中上下盘围岩极易冒落混入，导致矿石贫化。同时，频繁的爆破震动和放矿加载卸荷作用，也会进一步加剧矿石的二次贫化，导致矿石的出窿品位远远低于地质品位，进而严重压缩企业的利润空间，阻碍企业的可持续发展。

（5）地压作用明显、安全风险高、管理难度大。随着采空区的不断累积，地压作用越来越明显，支护结构损伤情况不断加剧。同时，由于单矿块生产能力较小，为达到 10 万 t/a 的产能要求，需近 10~20 个工作面同时生产，导致井下作业和安全管理人员数量多，使得矿山的安全风险较高、管理难度极大。

（6）人工效率极低，采矿综合成本高。大量使用低效率的人力进行凿岩、爆破、支护、平场、出矿、清扫和溜井架设等工作，导致实际采矿成本中的人力成本过高、采矿综合成本居高不下。

3）尾矿产量大、尾矿库库容将罄

按现有采矿工艺尾矿产出率高达 60%，矿山已有尾矿库的服务年限已不足 3 年。随着国家对安全和环保的重视，尾矿库的审批和征地难度越来越大；而且新建尾矿库征地、建设、运行、维护和闭库的费用极高。此外，尾砂在地表大量堆存也是一项重大的危险源，而且根据新颁布的《中华人民共和国环境保护税法》，将对尾矿排放征收 15 元/t 的环境保护税。

3. 解决上述难题的主要途径

基于七宝山矿业保有资源储量告罄，矿山服务年限仅剩 3~4 年，而深部接替资源可靠、资源储量丰富的现状，以扩界扩能增效为目标，通过科学合理的接替资源开采整体规划，完全有条件建成环境友好、安全高效的现代化矿山，将资源优势转化为经济优势，实现持续均衡发展。为实现上述目标，矿山应针对性地开展如下开采技术方案的论证与研究工作。

1）开展翔实的接替资源禀赋特征调查，将地质储量变成可采储量

作为典型的中低温岩浆热液充填交代型多金属矿床，七宝山矿区 F2 断层发育于大塘阶与莲沱组的不整合界面附近，在强烈的拉张作用下破碎带极为发育，为含矿热液的运移和沉淀提供了良好场所。断层构造内多条矿体呈似层状、透镜状并行展布，沿走向、垂直走向相互交叉、分枝复合严重，矿体产状从薄到厚、品位从低到高、倾角从倾斜至急倾斜变化较大，因此，必须首先对已探明的深部接替资源的禀赋特征，如矿体的空间形态、产状（延伸长度、走向长度、倾角、厚度）、沿走向和倾向的连续性、断层位置及影响等，开展系统的调查分析，对矿体倾角、厚度、品位分布等参数进行分类，统计各中段的矿量、金属量、矿体厚度和品位分布，进行可采储量统计与开采技术经济评价；结合工程岩石力学调查，将地质储量变成可采储量，为深部采矿方法的优化选择、回采工艺参数及开拓系统延伸方案的确定提供重要的依据。

2）尽快启动扩界扩能技术改造，进行科学合理的接替资源开采整体规划

鉴于矿山主要开采的 I-1 号矿体保有资源储量仅能维持 3~4 年，应在翔实的深部接替资源可采储量统计与分析基础上，进行科学合理的资源开采整体近期、中期和长期规划，并尽快启动扩界扩能技术改造工作，将资源优势转化为经济优势，使矿山能够实现持续均衡发展并发挥出应有的技术经济效益。

3）进行下向进路充填采矿法优化研究，保障深部资源的安全高效开采

瑞典 Garpenberg 铅锌矿、甘肃金川镍矿等矿山的应用实践表明：下向进路充填法安全性好、损失贫化小，对矿岩不稳固、矿体变化大的复杂开采技术条件适应性好。为保障下向进

路充填法在七宝山矿的成功应用,实现软弱破碎岩层条件下高品质多金属资源安全高效低贫损开采,必须围绕下向进路充填法应用过程中存在的"采场结构参数如何确定、矿脉间回采顺序如何优化、机械化采掘运装备如何配套,开拓采准切割工程如何布置、盘区采区产能如何分配,高强度人工顶板如何构筑"等关键问题,开展一系列的研究与设计工作,并引进机械化采掘装备,最大程度地提高资源的回收效率和回采强度,减少井下用工成本和安全风险,保障深部资源的安全高效开采。

4)建设尾砂或组合料充填系统,为充填采矿创造必备条件

下向进路充填法在七宝山矿成功应用的关键在于构筑高强度人工顶板。单一的全尾砂充填能否满足高强度人工顶板的构筑要求、是否需要采用新型胶凝材料、尾砂-废石组合料充填工艺成本是否更低、是否需要铺设钢筋网等关键问题,均需要通过大量的试验研究予以分析和确定。因此,七宝山矿所建设的充填系统不仅需要同时满足充填采矿和尾矿处理方面的需要,而且还要符合"运行可靠,能力匹配,运营成本低,投资可控"的高标准要求。应通过大量的分析论证、方案比较,获取尾砂管道输送、充填配比等关键技术参数,确定七宝山矿尾砂或组合料充填工艺流程方案,优选合适的充填制备站址方案,保障充填系统的可靠性并控制充填成本,以减少投资与运营成本。

5)进行深部开拓采准系统方案设计,降低运输成本

在确定核心采矿方法及工艺和各中段生产能力的前提下,应秉承"集中作业、集中管理"的宗旨,有针对性和可行性地进行深部开拓采准系统方案设计,以简化运输和通风线路,降低运输和用工成本。同时,深部开拓采准系统方案设计应充分利用上部已有的井巷工程,并兼顾矿山的中长期开采规划,与探矿工程有机结合起来,以降低采掘比,减少废石产出。

6)加强尾矿综合利用,避免新建尾矿库

七宝山矿区地表生态环境脆弱、环境容量有限,且现用尾矿库库容将罄、新建尾矿库投资巨大。因此,应加强尾矿综合利用技术研究,探索尾矿制作建筑材料和加气混凝土的综合性能,开展全尾矿充填试验,避免新建尾矿库。

4. 采用充填采矿法的必要性

七宝山矿深部矿体采用充填法开采,不仅符合国家政策导向和国内外当前采矿方法发展趋势,而且具有如下突出的综合效益:

(1)资源回采率大幅度提高,可达到90%。

(2)资源贫化率得到有效控制,可控制在10%以内。

(3)采场生产效率大幅提高,采矿的直接与综合成本大幅降低,经济效益显著。

(4)采空区得到充填治理,矿山安全生产水平大大提高。

(5)尾矿等固体废弃物实现综合利用,避免新建尾矿库。

3.3.2　矿山开采技术条件分析

1. 开采技术条件

1)矿床地质条件

七宝山矿区位于浏阳-衡东新华厦系断褶带与安化-浏阳东西向构造带复合部位,七宝山

铜锌矿段位于矿区东端，东西长约 1 km，南北宽约 0.8 km。区内地层简单，断裂构造发育，燕山早期岩浆热液活动强烈，矿床成因类型为中低温岩浆热液充填交代型矿床。矿区主要出露冷家溪群、震旦系下统莲沱组及第四系，次为石炭系中上统壶天群及下统大塘阶。矿区南部 F1 和北部 F2 分别呈近东西与北西西走向，于矿段东侧 1.5 km 处交会，为区内重要控矿构造。围岩蚀变类型有矽卡岩化、硅化、绢云母化、碳酸盐化及铁锰碳酸盐化、高岭土化、黄铁矿化。

2）水文地质条件

矿区基本上为单斜储水构造，含水层为壶天群灰岩溶洞裂隙含水层，顶底板为相对隔水层阻隔，形成四面阻水、上覆石英斑岩半封闭的储水体。矿坑充水水源主要为壶天群灰岩溶洞裂隙水和通过溶洞、裂隙下渗的地下水，矿山坑道排水量稳定在 80～120 m³/h。目前，长期的地下坑道排水已使地下水补给，漏斗下降和缩小。矿区近矿断层含水和导水性均较差，对矿坑涌水影响不大。矿山老窿虽然较多，但大部分已塌陷，储水空间小，且大部分已疏干，老窿水对矿坑充水影响很小。因此，矿山水文地质类型属中等偏简单类型。

3）工程地质条件

矿体顶板为灰岩及石英斑岩，近矿脉带岩溶溶洞一般为黏土及岩石碎块充填，石英斑岩风化较强，局部呈黏土状，岩体质量差、稳定性差。矿体直接底板为板岩及石英斑岩，受 F2 断层影响，构造裂隙发育，岩体呈松软的砂土状，完整性差、稳定性差。采矿坑道中常见冒顶、片帮、底鼓等现象，坑道需强支护，工程地质条件中等～复杂。

4）环境地质条件

由于多年来一直沿用崩落法开采，矿体被采空或溶洞顶部岩层下沉，地表山体出现裂缝及整体沉降，主要分布在 F2 断层破碎带上，54～64 线之间长约 250 m 的范围内。同时，采矿排水使地面出现不均匀沉降，环境地质条件中等。

2. 矿体产状

矿段中铜、锌多金属矿体主要分布于 50～74 线之间，受 F2 断层上盘破碎岩带控制，呈似层状产出，走向北西西、倾向南南西、倾角 60°～75°，走向长约 820 m、宽 70～95 m、最大倾斜延伸约 400 m。矿带上部撒开，矿化强烈，深部 -150 m 标高以下矿化变弱，-200 m 标高下逐渐尖灭消失。Ⅰ号主矿体赋存于 F2 断裂面之上，为一个含金、银、铜、铅、锌的黄铁矿多金属矿体，其中，Ⅰ(Zn) 矿体产于矿化带的上部，Ⅰ(SCu) 矿体产于矿化带的下部。

Ⅰ(SCu) 铜硫矿体隐伏产出于矿段西部的 50～62 线一带，呈似层状、透镜状产出，走向北西西、倾向南南西、倾角 60°～76°，赋存标高 -140～+14 m、走向长 440 m、最大斜深 192 m，平均厚度 6.96 m，矿体平均含铜 1.23%、硫 26.36%、锌 1.19%、金 0.37 g/t、银 56.6 g/t、铅 0.25%。Ⅰ(Zn) 锌矿体隐伏产出于矿段西部的 50～70 线一带，呈似层状、透镜状产出，位于矿化带上部，走向北西西、倾向南南西、倾角 60°～75°，赋存标高 -230～+14 m、走向长 515 m、最大斜深为 275 m，平均厚度 11.31 m。主要矿石类型为含铜黄铁矿、含锰黏土型锌矿等，平均含锌 5.83%、铜 0.50%、硫 19.89%、金 0.38 g/t、银 50.15 g/t、铅 0.46%。

3. 资源储量及分类

基于勘探线剖面图和资源量分布立面图,深部-250~-100 m 接替资源量 86.1 万 t。其中,铜(硫)矿体 5.6 万 t、占比 6.5%,锌矿体 80.5 万 t、占比 93.5%;122b 类型占比 48.3%,333 类型占比 51.7%;-150~-100 m 矿体 47.2 万 t、占比 54.9%,-200~-150 m 矿体 38.9 万 t、占比 45.1%;厚度<5 m 的矿体 5.6 万 t、占比 6.5%,厚度>5 m 的矿体 80.5 万 t、占比 93.5%。

因此,七宝山铜锌矿深部-250~-100 m 接替资源以 I(Zn)矿体为主(占比 94.2%),矿石真厚度为 6.04~12.93 m,为急倾斜中厚矿体,含铜平均品位 0.89%、银 61.79 g/t、锌 4.57%、硫 29.80%,品位较高且矿石相对易选、潜在经济效益显著。

七宝山矿矿体、直接顶板和底板均为强风化的灰岩、板岩或石英斑岩,受 F2 断层影响,构造裂隙发育,岩体呈松软的砂土状、完整性差、稳定性差,几乎不允许有任何暴露面积,矿体内布置工程需超前支护。

3.3.3　充填采矿法方案选择

七宝山矿需要尽快由无底柱分段崩落法和下向分层崩落法变更为充填采矿法,以解决矿山当前面临的开采技术难度大、生产效率低、安全性差、贫化率高、机械化程度低、人工劳动强度大及尾矿排放压力大的经济、技术和安全难题。

1. 矿体产状及分类

1)按资源量类型分类

基于勘探线剖面图和资源量分布立面图,深部接替资源总量 86.1 万 t 中,122b 类型矿体 41.6 万 t、占比 48.3%,333 类型矿体 44.5 万 t、占比 51.7%。

122b 类型矿体主要为-150~-100 m 范围 I(Zn)矿体,资源量 41.6 万 t。333 类型矿体包括两类:其一为-150 m 以下 I(Zn)矿体 38.9 万 t;其二为-100 m 以下 I(SCu)矿体 5.6 万 t。

2)按赋存标高分类

基于勘探线剖面图和资源量分布立面图,深部接替资源总量 86.1 万 t 中,-150~-100 m 矿体 47.2 万 t、占比 54.9%,-150~-200 m 矿体 38.9 万 t、占比 45.1%。

-150~-100 m 矿体包括两类:其一为-150~-100 m 范围 I(Zn)矿体 41.6 万 t;其二为-100 m 以下 I(SCu)矿体 5.6 万 t。-200~-150 m 矿体主要为-150 m 以下 I(Zn)矿体 38.9 万 t。

3)按厚度分类

基于勘探线剖面图和资源量分布立面图,深部接替资源总量 86.1 万 t 中,厚度<5 m 的矿体 5.6 万 t、占比 6.5%,厚度>5 m 的矿体 80.5 万 t、占比 93.5%。

-100 m 以下 I(SCu)矿体 5.6 万 t 的厚度<5 m,属急倾斜薄矿脉;-200~-100 m 范围 I(Zn)矿体 80.5 万 t 的厚度>5 m,属急倾斜中厚矿脉。

4)品位分类

I(SCu)矿体:由于-100 m 以下没有开拓和其他探矿工程,仅有 50 勘探线 CK327 钻孔于-100 m 标高控制Ⅰ(SCu)矿体真厚度 5.24 m, 含铜平均品位 1.37%、锌 0.30%、硫 18.48%, 品位较高。

Ⅰ(Zn)矿体: 58 勘探线 CK332 钻孔于-200 m 标高控制矿体真厚度 1.13 m, 含铜平均品位 0.78%、铅 2.59%、锌 5.87%、硫 23.26%, 品位较高; 66 勘探线 ZK6602 钻孔于-154～-100 m 标高控制连续厚大矿体真厚度 25.08 m, 含铜平均品位 0.89%、银 61.79 g/t、锌 4.57%、硫 29.80%, 品位较高; 70 勘探线 CK365 钻孔于-150～-100 m 标高揭露锌矿体真厚度 1.02～2.46 m, CK336 钻孔于-200～-150 m 标高揭露锌矿体真厚度 1.60～2.38 m, 矿体整体品位一般。

2. 深部可采储量开采技术经济评价与分析

1) 深部可采储量计算

七宝山铜锌矿深部-250～-100 m 深部接替资源总量 86.1 万 t。其中, 122b 类型矿体 41.6 万 t、占比 48.3%, 333 类型矿体 44.5 万 t、占比 51.7%。122b 矿量已被钻孔工程控制, 可信度系数取 1.0, 因矿体形态简单、上下连续性好, 333 类矿量可信度系数取 0.8, 则深部可采储量可达 77.2 万 t。其中, Ⅰ(SCu)矿体 4.5 万 t、占比 5.8%; Ⅰ(Zn)矿体 72.7 万 t、占比 94.2%。

2) 可延长矿山服务年限计算

按照目前 10 万 t/a 的生产能力计算, 上述可采储量可维持矿山正常生产 7～8 年。对于小型矿山来说, 服务年限延长 7～8 年已非常可观。

3) 可采储量技术经济评价

(1) 深部接替资源储量丰富且可靠性高。据估算, 深部接替资源总量达 86.1 万 t, 且 122b 类型占比 48.3%, 可延长矿山服务年限 7～8 年。

(2) 深部可采资源以锌为主、矿体厚大、品位较高且可选性好。由于深部可采储量以Ⅰ(Zn)矿体为主(占比 94.2%), 矿石真厚度为 6.04～12.93 m, 为急倾斜中厚矿体。66 勘探线 ZK6602 钻孔于-154～-100 m 标高控制连续厚大矿体真厚度 25.08 m, 含铜平均品位 0.89%、银 61.79 g/t、锌 4.57%、硫 29.80%, 品位较高且矿石相对易选, 潜在经济效益显著。

(3) 开拓系统已经形成, 延伸工程量不大。目前, 矿山已开拓至-100 m 中段, 主要生产系统十分完备, 提升、运输、通风、排水系统能力尚有一定程度的富余, 延伸开拓系统进行深部接替资源开采十分便捷。

(4) 机械化充填法开采势在必行。深部接替资源品质好、价值高, 必须优先采用机械化程度高、采场安全性好、回收率高、贫化小的采矿方法。同时, 随着矿体的延伸逐渐向南南西方向倾斜, 以前的崩落法开采可能会引起地表塌陷, 危及工业广场的安全, 必须采用更加安全环保的充填采矿法, 消除采空区安全隐患, 保护地表环境。

3. 采矿方法选择

深部接替资源品质好、价值高, 但矿岩稳固性差, 为了保障回采作业安全、最大程度地提高资源回收率、降低矿石的损失贫化, 采用下向进路充填法进行软弱破碎矿体的开采。

根据采掘、运搬装备的不同, 下向进路充填法可分为:

(1) 机械化下向进路充填采矿法(掘进机凿岩、汽车运搬矿石)。

（2）普通下向进路充填法（凿岩台车或风动凿岩机凿岩、铲运机运搬矿石）。

下向进路的布置方式受岩性、矿体的水平厚度、采掘装备的尺寸等诸多因素的影响，为了尽可能地提高采场的生产能力和采掘效率，实现"强采强出强充"：

（1）在矿体的水平厚度超过 20 m 的情况下，垂直走向方向布置进路。

（2）在矿体的水平厚度小于 20 m 的情况下，沿走向方向布置进路。

3.3.4　下向进路充填法典型方案

七宝山矿深部接替资源以急倾斜（平均倾角 65°）、中厚矿体（平均厚度 9.5 m）为主（占比 94.2%），适宜采用沿走向布置的机械化下向进路充填法，并配套掘进机凿岩、汽车运搬矿石以最大程度地提高采掘效率，保障回采作业安全。

1. 矿块布置及结构参数

机械化下向进路充填法标准方案如图 3-12 所示，进路矿块沿走向布置，设置阶段高度 40 m，矿块自上至下分为 4 个分段，每个分段负责 3 个分层的回采，每个分层高 3.3~3.4 m。矿体真厚度为 9.5 m，水平厚度约 12 m，即每个分层沿走向布置 4 条进路，每条进路宽 3 m。

2. 采准工程

采准工程主要包括斜坡道、分段联络平巷、分层联络道、卸矿硐室、溜井、充填回风井、穿脉等采准巷道，如图 3-12 所示。

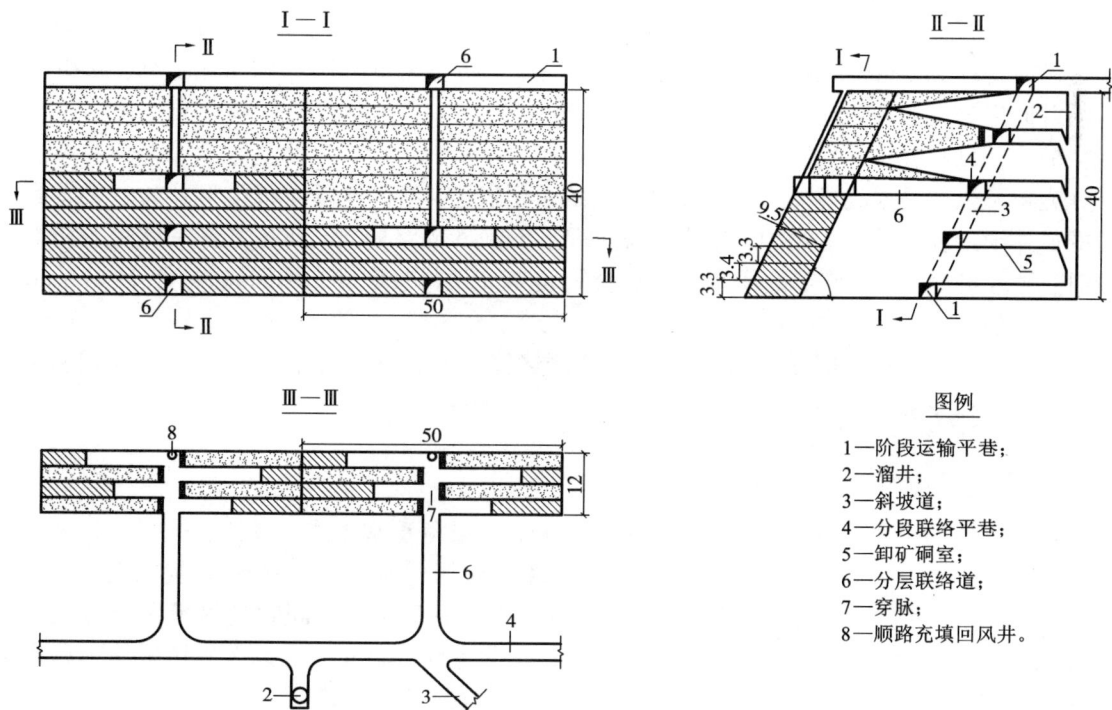

图例
1—阶段运输平巷；
2—溜井；
3—斜坡道；
4—分段联络平巷；
5—卸矿硐室；
6—分层联络道；
7—穿脉；
8—顺路充填回风井。

图 3-12　机械化下向进路充填法（沿走向）（单位：m）

1)斜坡道

斜坡道是设备材料及人员在不同分段和阶段之间实现自由快速移动的重要通道,以无轨设备(凿岩台车、铲运机)通行要求确定断面4.0 m×3.8 m,转弯半径大于10 m,坡度<15%。

2)分段联络平巷

分段联络平巷沿矿体走向布置,负责分段采场的出矿。每个分段联络平巷负责3个分层的回采,1个分层高度约3.3 m,3个分层总计高10 m。其位置应保证分层联络道坡度满足铲运机和凿岩机的爬坡能力要求,且与分层联络道之间保证5 m以上的转弯半径,断面规格3.2 m×2.8 m。

3)分层联络道

每分层采场均布置一条分层联络道与分段联络平巷连通。各分段下向分层联络道为运矿重车上坡,坡度取15%;上向分层联络道为重车下坡,坡度取15%。上向分层联络道采用普通掘进方法形成,水平分层联络道可利旧上向分层联络道(但需管棚护顶、防止顶板冒落)或重新掘进(需与上向分层联络道间隔3~5 m),下向分层联络道可利旧新掘的水平分层联络道(需管棚护顶、防止顶板冒落)或重新掘进(需与水平分层联络道间隔3~5 m)。根据铲运机和凿岩机通行要求,分层联络道断面规格取为3.2 m×2.8 m。采场充填时,首先构筑充填挡墙封闭采场联络道。分层联络道布置在采场中央,以利于铲运机作业,且采场作业效率高,采场两侧边界易于控制。

4)卸矿硐室

分段联络平巷和溜井之间用卸矿硐室连通,卸矿硐室与分段联络平巷间保证5 m以上的转弯半径,卸矿硐室长度不应小于铲运机长度,断面规格3.2 m×2.8 m。

5)溜井

溜井直径2.5 m,溜井底部设置振动放矿机。为防止上下分段卸矿相互干扰,卸矿硐室与溜井间用分支溜井连通。

6)充填回风井

充填回风井是采场通风和下放充填料浆的重要通道,沿矿体倾向布置于采场中央靠近上盘的矿体中。在该采矿方法中,充填回风井需由上到下顺路构筑,即在每层采场回采完毕充填时,通过固定两个半圆形的模具(注意封口)浇筑充填料浆形成充填回风井,直径1.6 m。

7)穿脉

布置于矿块中央上部连通充填回风井,具有探矿、回风及联络各回采进路的作用,断面规格3.2 m×2.8 m。

3. 切割工程

切割工作的主要目的是形成必要的回采空间,让设备正常工作。在该类采矿方法中,切割工程为在每一分层自分层联络道向矿体上盘边界掘进穿脉,穿脉断面规格为3.2 m×2.8 m。每条穿脉应尽量保证位于矿块中央,兼顾两侧进路采场,同时应尽量保证与上下分层穿脉错开一定距离,满足经济与安全要求。机械化下向进路充填法标准矿块采切工程量见表3-22,矿量分配见表3-23。

表 3-22　机械化下向进路充填法采切工程量表

工程名称		条数	规格/(m×m) 或 m	单长/m			总长/m			工程量/m³			工业矿量/t
				脉内	脉外	合计	脉内	脉外	合计	脉内	脉外	合计	
采准工程	溜井	0.33	φ2.5	0.00	40.00	40.00	0.00	13.20	13.20	0.00	64.81	64.81	0.00
	卸矿硐室	1.00	3.20×2.80	0.00	16.00	16.00	0.00	16.00	16.00	0.00	131.68	131.68	0.00
	分段联络平巷	4.00	3.20×2.80	0.00	50.00	50.00	0.00	200.00	200.00	0.00	1646.00	1646.00	0.00
	分层联络道	12.00	3.20×2.80	0.00	16.67	16.67	0.00	200.04	200.04	0.00	1792.36	1792.36	0.00
	充填回风巷	1.00	3.20×2.80	12.00	25.00	37.00	12.00	25.00	37.00	98.76	205.75	304.51	309.12
	充填回风井	1.00	φ1.6	40.49	0.00	40.49	40.49	0.00	40.49	0.00	0.00	0.00	0.00
	斜坡道	0.125	4.00×3.80	0.00	340.00	340.00	0.00	42.50	42.50	0.00	597.55	597.55	0.00
	小计						52.49	496.74	549.23	98.76	4438.15	4536.91	309.12
切割工程	穿脉	12.00	3.20×2.80	12.00	0.00	12.00	144.00	0.00	144.00	1290.24	0.00	1290.24	4038.45
采切合计				196.49	496.74	693.23				1389.00	4438.15	5827.15	4347.57
千吨采切比		12.31 m/kt （不均匀系数取 1.20；按 50 m 长度矿块、阶段高度 40 m、矿体真厚 9.50 m 计算）											

表 3-23　机械化下向进路充填法矿量分配表

项目	体积/m³	工业矿量/t	回采率/%	贫化率/%	采出矿量/t			占矿块采出量的比重/%
					矿石	岩石	小计	
矿房	19571.00	61257.23	95.00	8.00	58194.37	5060.38	63254.75	93.63
副产	1389.00	4347.57	96.00	3.00	4173.67	129.08	4302.75	6.37
矿块	20960.00	65604.80	95.07	7.68	62368.04	5189.46	67557.50	100.00

4. 回采工艺

1）落矿

掘进机是隧道工程和煤矿常用的平直地面开凿巷道的机器，具有安全、高效和成巷质量好等优点。我国是产煤大国，煤巷高效掘进方式中最主要的方式是悬臂式掘进机与单体锚杆钻机配套作业，悬臂式掘进机集截割、装运、行走、操作等功能于一体，主要用于截割任意形状断面的井下岩石、煤或半煤岩巷道。由于七宝山矿矿岩十分破碎，达到了软岩的条件，采用在煤矿中常用的高效掘进机代替凿岩爆破工艺，对于提高回采效率和回采强度，保障回采作业的安全具有重要的意义。针对软弱破碎条件矿岩，采用掘进机进行落矿，通过其截割部，旋转切削矿石使之破碎落下，并通过铲板部的动力装置将矿石收集到前溜槽，而后经刮板运输机送至掘进机后或直接运至运载设备中。采掘进尺速度为 4 m/台班。

2）通风

由于采用掘进机沿走向方向开采，在整个进路回采过程中，均需要采用局扇进行通风。由于进路长度均小于 25 m，设计采用抽出式的通风方式，新鲜风流由分段联络平巷经分层联络道和穿脉，进入采场各条进路，冲洗工作面后，污风经充填回风天井，排入上阶段回风巷道。同时应该注意，当多条进路同时开采时，应设置通风构筑物，防止污风串联。

3）出矿

由掘进机运输机耙运至后方的矿石，由于不需要铲装过程，因此，可不采用铲运机而采用 5 t 小型装矿卡车直接转运至溜井口卸矿，卸入溜矿井内。出矿采用 UQ-5 地下自卸车，矿石经掘进机后部送至自卸车中，装满后经分层联络道、分段联络平巷、卸矿硐室运至溜井卸至下部主运输水平，实际生产能力可达 200 t/台班，可满足掘进机 4 m/台班的出矿要求。

5. 充填工艺

每分层出矿结束后，及时进行充填，以控制地压，防止采场顶板变形。

6. 支护工艺

考虑到七宝山矿矿体、直接顶板和底板均为强风化的灰岩、板岩或石英斑岩，受 F2 断层影响，构造裂隙发育，岩体呈松软的砂土状，完整性差、稳定性差，几乎不允许有任何暴露面积。因此，必须对下向进路充填法最上部的首个分层、一步骤回采进路两帮和部分软弱的下盘脉外巷道进行超前支护。

1）下向进路充填法最上部首个分层——管棚超前支护

管棚超前支护是一种可以靠近或远离的支护方法。它指的是在弱的或破碎的弱夹层沉积物中挖掘巷道工作面之前沿道路顶部和侧面及沿道路纵向轴线的扩散孔布局，以及打入一定直径的金属管，通过金属管支撑矿井巷道的支撑所实现的一种支护方法。管棚可对巷道掘进中空顶区域进行支护，形成管棚承载结构，减少巷道冒顶现象出现。若出现冒顶情况，管棚可防止围岩破碎落入巷道内，起到一定的缓冲作用，对巷道稳定性和掘进中的安全性有很大的提升。此外，对巷道超前区域进行钻孔埋管，可提前对岩层中的水源进行疏导，减小水对巷道围岩的弱化作用。

（1）小管棚超前支护参数设计。

①小管棚钢管直径：为满足施工现场的要求，管棚钢管的直径一般取 32~76 mm，管径太大不易于钻孔和安装，管径太小则起不到管棚的支护的作用。

②管棚钢管的长度：小导管长度一般控制在 3.0~6.0 m，小导管太短，起不到应有的支撑作用，小导管太长则多余。矿层较差时，长度取大值；矿层相对稳定时，长度取小值。

③外插角度：由于破碎的矿床地质条件较差，钻井时管棚会下沉，不能保证巷道开挖段保持不变，施工期间管棚将以一定的角度抬高。如果剧变太大，管棚的支撑效果会降低，有效支撑长度会缩短；如果剧变太小，管棚下沉和弯曲可能会影响巷道的开挖和安全，因此确定管棚合理的仰角是非常重要的。

④管棚金属管环向间距：对于埋深浅、软弱夹层矿井破碎的巷道，管棚金属管宜采用密排方式，间距可取 0.15~0.3 m。

⑤环向布置范围：一般在拱脚以上部分为环向加固范围，在矿体具有膨胀性或侧压力比较大的情况下考虑在侧墙部分设置小管棚。

（2）小管棚施工要求。常用钻孔法施工，即先采用凿岩机成孔，然后用凿岩机顶入金属管形成管棚。小管棚施工的几点要求：

①根据设计的超前小管棚位置，用全站仪进行管棚位置的测量放样工作，并用红油漆在掘进工作面上标记开孔位置。钻孔直径应大于设计导管直径 3~5 mm，一般钻孔直径 50 mm，孔深大于设计深度 10 cm。

②以设计的外插角向外钻孔，一般为 3%~5%。为保证超前小导管的有效搭接长度，施工过程中严格控制巷道的掘进进尺，以使下一循环的施工顺利进行。

③终孔后，要检查锚杆的位置、孔深、方向和外插角，然后用高压风将钻孔吹洗干净。钻孔完成后及时安设管棚金属管，避免出现塌孔。

④钻孔完成后及时安设管棚金属管，避免出现塌孔。

2）一步骤回采进路两帮——倒梯形开采+临时支护

如图 3-13 所示，下向进路充填法在一步骤进路回采时，虽然顶部有人工假顶可以保证回采作业的安全，但是两帮仍为强风化的矿石，采用传统的矩形断面开采过程中，极容易产生两帮片帮、垮塌的现象，进而影响回采作业的安全性。

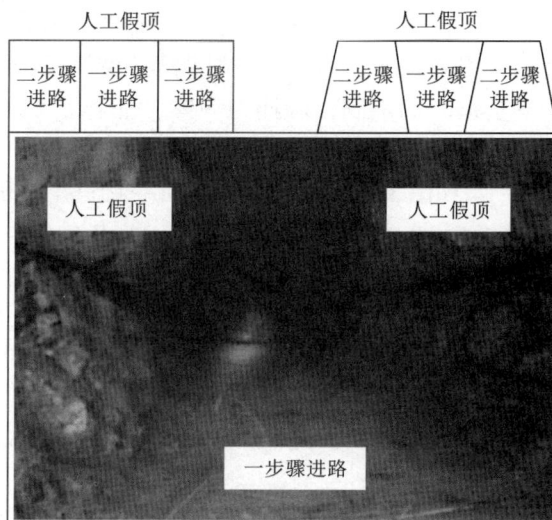

图 3-13　一步骤回采进路两帮倒梯形开采示意图

借鉴金川公司下向进路充填法六角形进路的布置方式，使得回采一步骤进路时，顶部的三个面均为高强度人工充填料构筑的人工假顶，底部三个暴露面采用倒梯形的布置方式，可最大程度地抑制两帮的片帮和垮塌现象，从而保证回采作业的安全。因此，七宝山矿可借鉴和优化下向进路充填法在一步骤进路回采时的矩形断面为倒梯形断面，二步骤进路回采时的矩形断面为正梯形断面，则可有效解决一步骤进路回采过程中两帮片帮的问题，并辅以喷浆等临时支护的手段，可最大程度地保障回采作业的安全。

3）部分软弱的大断面下盘脉外巷道——预制刚拱架支护

在复杂的地质构造作用下，不可避免地会遇到裂隙发育带、断裂破碎带、强风化带或黏土岩、页岩、千枚岩、膨胀岩等软弱岩体，往往需要采用管棚、小导管、旋喷桩等超前支护工艺，不仅支护工艺复杂、成本高，而且工人劳动强度大、支护效率低。此外，为减少爆破震动对软弱岩体的损伤，软岩巷道的掘进还需采用光面爆破工艺，存在爆破工艺复杂、凿岩工程量大、炸药单耗高等问题。与传统的凿岩爆破工艺相比，采用切割破岩工艺更简单、效率更高、掘进速度更快、对周边岩体的扰动更小、成巷质量更好。因此，针对软弱岩体的工程特性，采用切割破岩、快速掘进、随掘随支和掘支并行的方法，取消管棚、小导管、旋喷桩等烦琐的超前支护工艺，不仅可以大大简化软岩巷道的掘进和支护工艺、降低工人的劳动强度，还可有效提高成巷速度、降低施工成本、保障成巷质量。在软弱岩体中快速掘进和支护并行的方法，包括以下步骤：

（1）圆弧拱钢板预制：根据掘进工作面断面大小，预先加工制成四边焊接有螺孔、可便捷拼接的小块弧顶拱钢板、弧帮拱钢板和两壁钢板，并运输至掘进工作面待用。

（2）液压支架临时支护：将弧顶拱钢板、弧帮拱钢板和两壁钢板拼接为梯形，放置于掘进机机身中部的液压支架上，启动液压支架将梯形拱钢板顶起至巷道最高点，发挥临时支护掘进工作面顶板和巷道两帮的作用。

（3）掘进机切割破岩：启动掘进机，采用截割头破岩、铲板收料、皮带转运和自卸汽车出渣，即完成整个断面的单次掘进循环。

（4）钢制挡墙并行支护：在掘进机切割破岩过程中，通过在预制圆弧拱钢板四周焊接的螺孔内穿入螺栓并拧紧螺母，将弧顶拱钢板、弧帮拱钢板和两壁钢板拼接为一个完整的圆弧拱状钢制挡墙，并与前一支护循环的钢制挡墙连为一体，完全覆盖本次掘进循环工作面的顶部和两帮，即完成整个断面的单次支护循环。

预制钢拱架支护如图3-14和图3-15所示。图中：1—掘进工作面；2—巷道顶板；3—截割头；4—岩渣；5—铲板；6—履带；7—巷道底板；8—自卸汽车；9—皮带；10—掘进机；11—液压支架；12—弧顶拱钢板；13—螺孔；14—前一循环钢制挡墙；15—巷道两帮；16—弧帮拱钢板；17—两壁钢板。

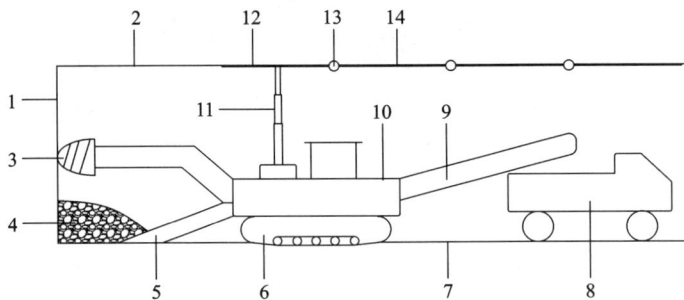

图3-14　掘进机切割破岩示意图

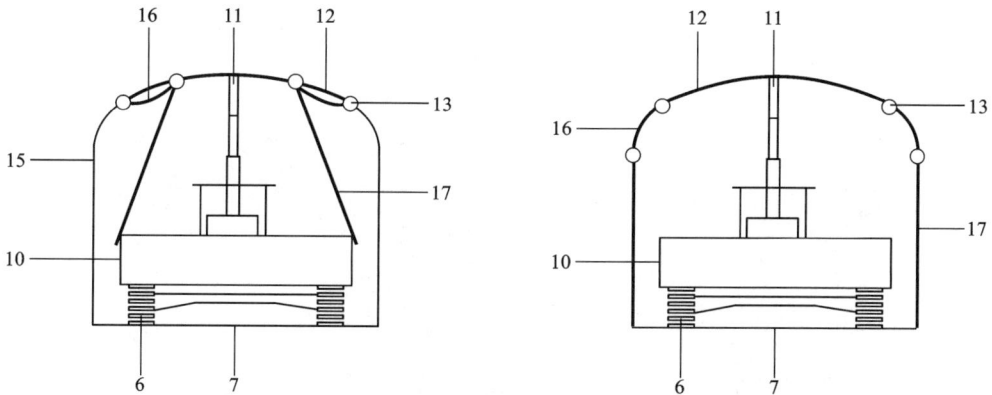

图 3-15　液压支架临时支护及钢制挡墙并行支护示意图

7. 关键技术要求

1) 采矿关键技术要求

(1) 分层联络道必须满足重车上坡坡度<14%的要求。

(2) 同一分层第一步进路回采时应采用倒梯形开采并加强临时支护以防止片帮。

(3) 同一分层同侧进路采场应严格依照采掘计划所划分的开采顺序，分两步骤隔一采一的方式进行开采。

(4) 同一分层穿脉两侧的矿块应避免对开门情况，减小进路口的暴露面积和支护工程量。

(5) 上下分层的分层联络道及穿脉应采用垂直交错布置。

(6) 为提高充填接顶率，建议进路回采时控制坡度为向下 2%~5%。

2) 进路充填关键技术要求

因充填作业时间长，技术难度大，故必须精心组织，做到：

(1) 保证地表充填料浆制备站充填材料储备充足，充填料浆的配比合格。

(2) 采用空心砖砌筑隔墙的方法，有利于充填水的快速排出。

(3) 采场底部高强度充填体的厚度应≥1 m，56 d 充填体强度应≥4 MPa；剩余 2.3~2.4 m 可采用普通胶结充填体，56 d 充填体强度应≥2 MPa，以降低充填成本。

(4) 采场充填接顶率≥95%，进路内空场平均垂高小于 50 mm 视为接顶，否则视为不接顶。

(5) 充填结束后，充填体的养护时间不得低于 72 h，即要求充填体的相邻进路在充填结束 72 h 之内不得进行开采。

8. 机械化采掘装备配套

在崩落法变更为充填采矿法的基础上，通过配置机械化的采掘、运输和其他辅助装备，最大程度地提高资源的回收效率和回采强度；实现采矿、掘进、装载、运输的全流程机械化作业，减少用工成本和安全风险；推进机械化集约化开采，将资源优势转化为经济优势。

1) 小型掘进机选型

推荐由三一重型装备有限公司设计制造的 SCR200Z 型掘进机，如图 3-16 所示，其拥有切割硬度高、截齿损耗小、机器稳定性好、操作方便、可靠性高等优点。改变非煤矿山传统爆破采掘方式，可实现机械采掘，无须使用炸药；矿岩硬度 $f<6$ 时，截割效率 $8\sim10$ m^3/h，截齿消耗 $0.05\sim0.08$ 个/m^3，成本较爆破降低 20%。

图 3-16　SCR200Z 型掘进机运行工作图

2）小型自卸车选型

在选择采用掘进机采矿的情况下，后面配置小型自卸车比铲运机设备投资小且小型自卸车效率更高。根据七宝山矿下向进路充填法的断面大小和采掘进尺，建议选择额定载重为 5 t 的小型自卸车与掘进机配套运搬矿石，如图 3-17 所示。

图 3-17　带有矿安标志的 5 t 自卸车

3）铲运机选型

铲运机根据铲斗大小可分为 0.75 m³、1 m³、1.5 m³、2 m³ 等多种型号，其出矿效率在 50~200 t/台班范围。推荐中钢集团衡阳重机有限公司或南昌凯马有限公司的 WJD-1.5 电动铲运机。

9. 技术经济指标

根据掘进机及自卸车的作业效率，并适当考虑不均衡因素，分层单进路采场的回采循环时间预计为 32 班，其中掘进、落矿和出矿 6 班（掘进机和自卸车并行），人工假顶和充填挡墙构筑 3 班，纯充填 2 班，充填养护 21 班。按照每条进路采出矿量 743.7 t（记入损失贫化）计算，进路平均生产能力约为 70 t/d。考虑到七宝山矿深部接替资源以急倾斜（平均倾角 65°）、中厚矿体（平均厚度 9.5 m）为主（占比 94.2%），单个 50 m 长的矿块内可布置进路的条数为 8 条，通过合理的施工组织管理，采掘设备在盘区内至少可实现 2 条进路同时开采，即单个 50 m 长矿块所形成的盘区生产能力为 140~210 t/d。机械化下向进路充填法的主要技术经济指标见表 3-24。

表 3-24　机械化下向进路充填法标准采场主要技术经济指标

序号	指标名称	单位	数值	备注
1	地质指标			
1.1	矿石平均体重	t/m³	3.13	
1.2	矿体平均倾角	(°)	65	
2	矿块构成要素			
2.1	宽度	m	12	
2.2	矿块长度	m	50	一步
2.3	阶段高度	m	40	
2.4	分段高度	m	10	
2.5	分层高度	m	3.3	
3	采切比	m/kt	12.31	
4	设计回采率	%	95.07	
5	设计贫化率	%	7.68	
6	掘进机进尺能力	m/台班	4	
7	自卸车出矿能力	t/台班	200	UQ-5 地下自卸车
8	采场生产能力	t/d	69.7	单条进路计算
		t/d	140~210	50 m 长度盘区计算
9	采矿直接成本	元/t	115	估算值，含充填成本 45 元/t

10. 充填采矿法产能计算与设备投资估算

1) 深部中段划分及矿块布设

七宝山矿深部接替资源总量 86.1 万 t，其中，−150～−100 m 矿体 47.2 万 t、−200～−150 m 矿体 38.9 万 t；厚度<5 m 的急倾斜薄矿脉 5.6 万 t、厚度>5 m 的急倾斜中厚矿体 80.5 万 t。基于勘探线剖面图和资源量分布立面图，设置 50 m 一个中段，即深部设−100 m 中段(已有)、−150 m 中段和−200 m 三个中段。由于−150～−100 m 中段矿量较多且分布在 58～70 勘探线范围内，走向长超过 300 m，按照 50 m 一个矿块(或盘区)的布设方案，可布设 6 个有效矿块；由于−200～−150 m 中段矿量相对较少且分布在 58～66 勘探线范围内，走向长 200 m，按照 50 m 一个矿块(或盘区)的布设方案，可布设 4 个有效矿块。按照下向进路充填法的具体回采工艺，矿块利用系数取 0.5(即一回采、一充填养护)。

2) 深部产能计算

矿山采用连续工作制，年作业时间 300 d，每天 3 班，每班 8 h。根据拟定的采场结构参数确定中段可布矿块数，采场生产能力按下式验算：

$$A = \sum N_i \cdot q_i \cdot K_i \tag{3-1}$$

式中：A 为中段生产能力，t/d；N_i 为同时回采可布矿块数，个；q_i 为矿块生产能力，取平均值 180 t/d；K_i 为矿块利用系数。

针对开采范围内的矿块进行详细统计并计算，结果见表 3-25。

表 3-25 各中段的可布矿块数和生产能力计算表

中段/m	可布矿块数/个	有效矿块数/个	矿块利用系数	矿块生产能力/(万 t·a^{-1})	生产能力/(万 t·a^{-1})
−150	6	6	0.5	5.4	16.2
−200	4	4	0.5	5.4	10.8

从表中可见，−150～−100 m 中段可布矿块数较多，单个中段的生产能力可达 16.2 万 t/a；−200～−150 m 中段可布矿块数较少，单个中段的生产能力也可达到 10.8 万 t/a。

深部接替资源经济合理服务年限计算：

$$T = \frac{Q\alpha}{(1-\beta) \cdot A} = 8.9 \tag{3-2}$$

式中：T 为矿井经济合理服务年限，年；Q 为开采储量，86.1 万 t；α 为综合回收率，取 95%；β 为贫化率，取 8%；A 为矿井生产能力，取 10 万 t/a。

根据开采储量和确定的生产能力并考虑到基建期、投产和达产期，计算服务年限为 11 年，其中，基建期预计为 2 年，第 3 年投产，第 4 年达产，稳产 7 年。

3) 充填采矿法新增设备投资估算

根据采掘、运搬装备的不同，下向进路充填法可分为：

(1) 机械化下向进路充填法(掘进机凿岩、汽车运搬矿石)，推荐采用由三一重型装备有限公司设计制造的 SCR200Z 型掘进机 1 台(厂商报价 300 万元/台)，配套 5 台 UQ-5 地下自卸车(厂商报价 12 万元/台)，合计新增设备投资 360 万元。

（2）普通下向进路充填法（凿岩台车、铲运机运搬矿石），推荐采用阿特拉斯 Boomer K41 液压凿岩台车 1 台（厂商报价 190 万元/台），配套 3 台南昌凯马有限公司的 WJD-1.5 电动铲运机（厂商报价 50 万元/台），合计新增设备投资 340 万元。

3.3.5　采场充填及人工假顶构筑工艺

下向进路充填法在七宝山矿成功应用的关键在于如何构筑高强度人工顶板。单一的全尾砂充填能否满足高强度人工顶板的构筑要求、是否需要采用新型胶凝材料、尾砂-废石组合料充填工艺成本是否更低、是否需要铺设钢筋网等关键问题，均需要大量研究分析确定。

1. 充填系统工艺流程

如图 3-18 所示，选厂质量浓度为 15% 左右的全尾砂浆通过渣浆泵输送至充填站的浓密机内进行浓密，浓缩后可获得质量浓度为 40%~50% 的全尾砂浆，再进入陶瓷过滤机进一步脱水获得含水率低于 20% 的尾矿滤饼。尾矿滤饼在堆场内临时堆存，由装载机转运至稳料仓，充填时经仓底部的板式给料机放出，经皮带秤的计量后由皮带运输机输送至搅拌桶。浓密机和陶瓷过滤机溢流水经沉砂池沉淀，储存于充填站内清水池作为充填用水，多余清水通过管道输送至选厂循环使用。散装水泥罐车通过高压风将水泥卸入立式水泥仓，经螺旋给料机、螺旋电子秤计量后输送至搅拌桶。充填用水采用清水池中的澄清水，由水泵泵送至搅拌桶，与水泥和尾砂经均匀混合、高速搅拌制备成合乎要求的充填料浆，经钻孔及井下充填管路输送至待充点。

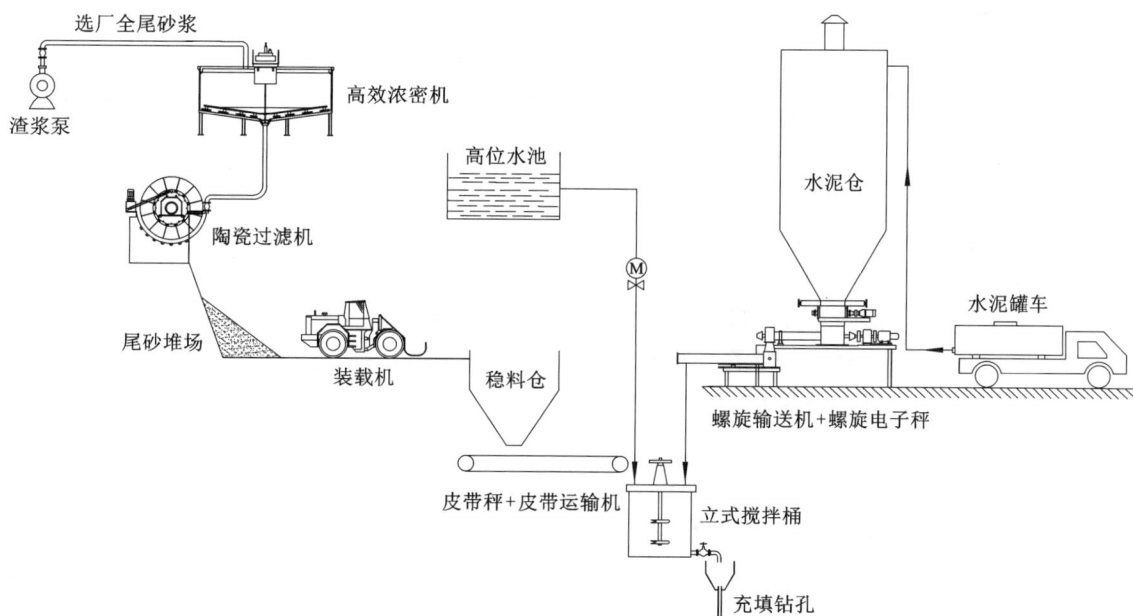

图 3-18　充填工艺流程图

由于七宝山矿尾矿库库容将罄，充填系统工程设计需满足将选厂产出的尾砂全部脱至滤饼状态，大部分回填至井下采空区，剩余小部分地表干堆的要求。七宝山矿选厂工作制度按300 d/a，24 h/d计，干尾砂产出能力为8.4 t/h，即200 t/d。根据计算，遵循可靠、先进、积极、稳妥的设计原则，充填系统能力为40 m³/h。

2. 充填配比参数

机械化下向进路充填法要求底部采用高强度充填，充填体56 d抗压强度应≥4 MPa；上部普通胶结充填，充填体56 d抗压强度应≥2 MPa。根据室内充填配比试验结果，推荐充填配比参数见表3-26。经计算，七宝山矿-100 m以下接替资源开采时，充填料浆可通过钻孔和-100 m巷道自流输送至采空区内。

表3-26 首选胶凝材料(普通42.5水泥)及推荐配比

充填用途	灰砂比	全尾砂：废石	质量浓度 /%	56 d强度 /MPa	体重 (t·m⁻³)	泌水率 /%
底部高强度充填体	1：6	6：4	70	4	1.875	3.30
上部普通胶结充填	1：6	0	60	2	1.673	3.55

3. 充填挡墙构筑工艺

采场充填的关键工序之一是构筑封闭待充采场与外界联系的通道，充填挡墙不仅要求承受采场内充填浆体压力，而且要具有良好的脱滤水性能。根据充填挡墙所受压力及拟采用的挡墙构筑工艺，可采用传统木板式充填挡墙、混凝土结构挡墙或金川公司空心砖挡墙。金川公司采用空心粉煤灰砖砌筑隔墙的方法，砌筑三层空心砖(厚度0.5~0.8 m)之后，再喷射一层50 mm厚混凝土，加固隔墙，挡墙应垂直，密封可靠。水将对充填挡墙产生压力，及时排除充填挡墙后的水，对减小挡墙压力及防止充填料浆离析有积极意义。排除充填挡墙后的水，通常是在墙身设置排水孔，排水孔眼的水平间距和竖直排距均为1~2 m，排水孔应向外做5%的坡度，以利于水的迅速下泄。孔眼选择圆形，直径为5 cm，排水孔上下层应错开布置，即整个墙面为梅花形布孔，最低一排排水孔应高于挡墙前地面，当充填挡墙前有水时，最低一排排水孔应高于挡墙前水位。另外，充填挡墙留出滤水孔与采空区中的滤水管连接，滤水管的布设情况根据充填采空区大小和实际情况而定。

4. 人工假顶构筑工艺

下向进路充填法单进路回采结束后应及时充填采空区。其相应的人工假顶构筑工艺主要包括如下步骤：

(1)进路平场。对进路底板进行扒平，保证底板平整、无积水和大于50 mm的碎块。

(2)吊挂吊筋。在待充填进路顶板两侧寻找上一分层进路底部预埋的桁架，每组桁架每头吊挂1根吊筋，吊筋必须吊挂在桁架端部的三角环内，上部吊在上分层吊挂环上，弯钩处相互缠绕连接。

（3）铺设桁架和金属网。在分层进路的底板铺设桁架，两帮及底板铺设金属网。

（4）桁架和金属网搭接。将底板和边帮的网片和桁架连接好，帮网必须紧贴岩面，网片互相搭接。铺设底部钢筋网时，钢筋网两端露头要与桁架拧结相连并固定在三角桁架底筋上。

（5）吊挂金属网。将吊筋的一端穿过上一分层充填时预埋的吊环中，并拧结，吊筋的另一端斜穿过边帮的网片并与进路底板的网片连接。

5. 构筑材料

钢筋网支护所用的材料主要有吊筋、钢筋网、桁架。

1）吊筋

参考金川公司人工假顶构筑经验，七宝山矿下向进路（3 m 宽、3.3~3.4 m 高）吊筋（图3-19）规格为：直径 ϕ10 mm，长度 3.4 m（含弯钩长度不小于 0.2 m），单根质量 2.1 kg。

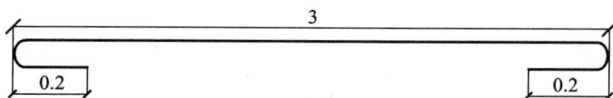

图 3-19　吊筋示意图（单位：m）

2）钢筋网

根据七宝山矿下向进路规格（3 m 宽、3.3~3.4 m 高），设置钢筋网规格如下：底部钢筋网规格 3 m×1.7 m，直径 ϕ6.5 mm，孔网参数 400 mm×300 mm，单片质量 11.2 kg；两帮钢筋网规格 1 m×1.7 m，直径 ϕ6.5 mm，孔网参数 400 mm×300 mm，单片质量 7.2 kg，如图 3-20 所示。其中，最外侧钢筋网搭接长度为 100 mm。

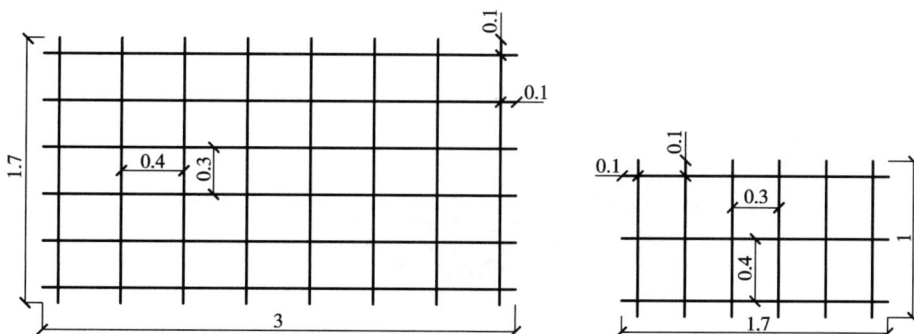

图 3-20　底部及两帮钢筋网规格及尺寸（单位：m）

3）桁架

七宝山矿下向进路采用的桁架（图 3-21）整体长度与进路宽度一致，均为 3 m。桁架主体结构由三根直径 ϕ10 mm 的钢筋组成，其中顶部的钢筋长度为 3.1 m（含弯钩长度不小于 0.05 m），单根质量 1.9 kg；底部的两根钢筋长度为 3 m（无弯钩），单根质量 1.85 kg。三根主钢筋通过三脚架两面焊接形成稳定结构。三脚架采用 ϕ8 mm 钢筋制成，间距为 0.75 m，并要求布置在三根主筋的外边,与主筋两面焊接。三角环加工时钢筋的搭接长度不小于40 mm,并要求两面全缝焊接。经估算,单个桁架总质量约6 kg、总高度约0.1 m。

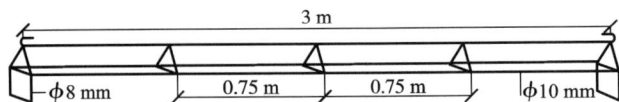

图3-21 桁架规格及尺寸

4)加工技术要求

(1)吊筋:一端弯钩,弯钩长度不小于200 mm。

(2)钢筋网:金属网加工时所有钢筋的交叉点必须全部焊接牢固。

(3)桁架:吊挂桁架下边主筋头间的连接为搭接焊接,搭接长度不小于100 mm,并要求两面全缝焊接,吊挂桁架上边主筋两端变钩长度不小于50 mm。

(4)进路吊挂施工要求:进路吊挂时,桁架间距为1.5 m,每组桁架每头吊挂1根吊筋,吊筋必须吊挂在桁架端部的三角环内,上部吊在上分层吊挂环上,弯钩处相互缠绕连接,当上层吊挂环找不到时,要打1.2 m(含弯钩)的吊挂锚杆,锚杆必须打在巷道顶部充填体中并注浆注满。帮网必须紧贴岩面,网片互相搭接。铺设底部钢筋网时,钢筋网两端露头要与桁架拧结相连并固定在三角桁架的底筋上(图3-22)。

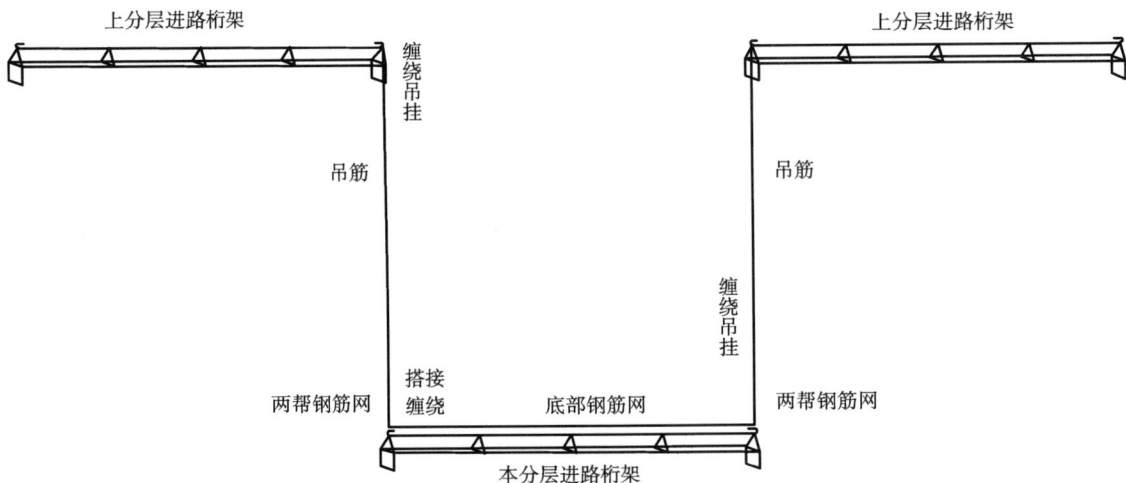

图3-22 进路吊挂示意图

6.进路采场充填工艺

1)平底

回采结束后,必须对进路底板进行扒平,确保两底角无残留矿石,底板无积水,底板上不能有直径超50 mm的矿块,保证底板在一个水平面上,底板局部高差小于200 mm,底板平缓,坡度符合设计要求。对超挖需要垫矿回填的,按照上述平底要求进行平底,平底结束后,要求对垫矿层进行洒水、沉降、夯实,在垫矿层沉降后再进行平底工作。垫矿层夯实后能确保不渗灰时不用铺设防水布。在垫矿回填过程中，因采场矿石块度较大，无法保证垫矿层充填不渗灰时必须铺设防水布，铺设防水布时必须保证防水布不得有破损。

2）吊挂

在待充填进路顶板两侧寻找上一分层进路底部预埋的桁架，每组桁架每头吊挂 1 根吊筋，吊筋必须吊挂在桁架端部的三角环内，上部吊在上分层吊挂环上，弯钩处相互缠绕连接。在分层进路的底板铺设桁架，两帮及底板铺设金属网。将底板和边帮的网片和桁架连接好，帮网必须紧贴岩面，网片互相搭接。铺设底部钢筋网时，钢筋网两端露头要与桁架拧结相连并固定在三角桁架的底筋上。将吊筋的一端穿过上一分层充填时预埋的吊环中，并拧结，吊筋的另一端斜穿过边帮的网片并与进路底板的网片连接。

3）封堵

封口采用空心砖砌筑隔墙的方法，挡墙应垂直，密封可靠。

4）预支通风充填天井

在底板平底结束后，通风充填天井采用直径 1.5 m 铁盒子预留，要求上下口对接严密，铁盒子对接好后，对铁盒子四周进行素喷支护，素喷厚度不能小于 50 mm，喷浆不能有空隙。

5）管道连接

充填管从通风充填天井下放到充填进路，沿管路用铁丝或钢筋固定到进路顶板上。

6）采场充填工艺

充填开始，首先以高压风或少量清水检查并湿润全部管路，待井下通风充填天井口听到高压风或流动正常的清水后，用电话报告地面中央控制室停止压风或压水，然后开启充填料浆制备系统，将制备合格的充填料浆输送至井下空区。充填结束后，采用先清水清洗后高压风清洗的方式清洗管道，确保全部管路清洗干净。

7）充填技术要求

（1）采用连续充填工艺。进路长度不超过 30 m 的情况下，一次性充填接顶；进路长度超过 30 m 应砌充填挡墙，挡墙封死。每条进路从充填准备到充填接顶结束在 7 d 内完成，累计接顶充填的次数不得超过 3 次。

（2）一次充填量。每次充填不得超过 4 条进路，每道挡墙所控充填量不超过 300 m³，4 条进路的充填量不得超过 1000 m³。

（3）底部高强度充填。将充填管道架设至进路顶部，采用高标号充填料浆充填底部 0.8~1 m，形成高强度充填体以保障回采作业的安全（图 3-23）。

（4）上部普通胶结充填。降低水泥用量，采用普通胶结充填料浆充填剩余采空区，在保障充填体稳定的情况下最大程度地降低充填成本。

（5）充填接顶技术。为提高充填接顶率，建议进路回采时控制坡度为向下 2%~5%。

（6）接顶充填检查。采场充填接顶率≥95%，进路内空场平均垂高小于 50 mm 视为接顶，否则视为不接顶。

（7）充填体养护。充填结束后，充填体的养护时间不得低于 72 h，即要求充填体的相邻进路在充填结束 72 h 之内不得进行开采。

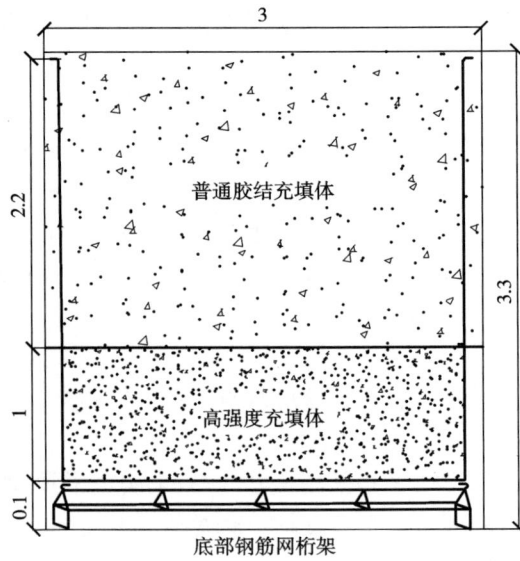

图3-23 采场打底高强度充填和上部普通胶结充填示意图(单位:m)

思考题

1. 简述无底柱分段崩落法和自然崩落法的典型方案特征。
2. 为什么崩落法转型充填法势在必行?
3. 罗河铁矿崩落法转充填法的关键技术有哪些?
4. 结合七宝山铜锌矿开采技术条件,论述崩落法和充填法的优缺点。
5. 下向进路充填法人工假顶如何构筑?

第4章　露天转地下充填法

　　针对矿体出露地表且延伸较深、多为中厚或厚大的急倾斜矿床，早期一般采用投产快、初期建设投资少、贫损指标优的露天开采方式，但当露天开采不断延伸、剥采比逐渐增大接近或超过经济合理剥采比后，矿山必须逐步由露天开采向地下开采过渡，最终转入地下开采。尤其是随着国家对安全环保的高度重视及绿色矿山建设的不断推进，露天矿开采固废占开采与剥离总量的90%以上，其对地表生态环境的破坏难以修复，露天转地下开采将不可避免。

4.1　露天转地下开采技术应用与研究现状

　　在进行露天转地下开采设计时，应对前(露天)后(地下)期开采统一全面规划，使露天开采平稳地过渡到地下开采，且矿山产量和经济效益保持稳定。露天转地下开采的矿山一般要经过露天开采阶段、露天与地下联合开采的过渡阶段和地下开采阶段三个阶段，必须研究与矿床赋存条件及开采技术条件相适应的开采强度和生产能力，以获得经济效益的最大化。国内外露天转地下开采的实践经验表明，当矿山充分利用了露天与地下开采的有利条件，统筹规划了露天与地下开采的工程布置，可使矿山的基建投资减少25%～50%，生产成本降低15%左右。

4.1.1　国内外露天转地下开采研究现状

　　露天转地下开采是集露天和地下两种工艺要素为一体的综合性技术。目前，我国露天转地下开采的矿山一般只是独立地考虑了露天矿的开拓系统，不仅无法有效地利用联合开采的特点，提高矿床开采的技术经济效益，而且还给后期的地下开采带来了许多不利影响。

1. 露天转地下开拓系统

　　如前所述，露天转地下开采的矿山，通常分为三个阶段，第一阶段为露天开采阶段；第二阶段为露天与地下联合开采的过渡阶段，此时露天与地下并行作业，露天生产能力逐步衰减直至闭坑，地下开采从投产逐步达产；第三阶段为地下开采阶段，即露天坑闭坑，产能完全由地下开采所接替。为适应这一生产特点，采用的开拓系统通常根据具体开采技术条件可分为露天和地下各自独立的开拓系统、局部联合开拓系统和露天与地下联合开拓系统三种类型。

1)露天和地下各自独立的开拓系统

这类矿山的地下开拓工程一般都布置在露天采场之外,露天和地下使用各自独立的开拓系统,主要适用于埋藏较深的水平或缓倾斜矿床,例如冶山铁矿、白银厂(折腰山、火焰山)铜矿。这类开拓方式的优点是露天与地下的生产系统相互干扰小;缺点是地下开拓工程量大,投资高、基建时间长,靠近露天境界底部的剥离量大,运输和排水费用高。

2)局部联合开拓系统

露天矿石利用地下开拓系统出矿或者地下开拓系统局部利用露天的开拓工程,这类开拓方式在国内外矿山应用较为普遍。它的使用条件大体上可归纳为两种情况:

(1)对于倾斜或急倾斜矿床,当露天深度较大时,开拓露天挂帮矿的矿石(包括露天底柱和边帮矿柱),通常利用地下开拓巷道运输。例如我国的铜官山铜矿、凤凰山铁矿,南非的科菲丰坦金刚石矿等。

(2)当露天开采到设计境界后,转入地下开采的储量不多、服务年限不长且露天边坡稳定时,通常从露天坑底的非工作帮开掘平硐、斜井(或竖井)开拓地下矿体。例如加拿大波古平公司某金矿和前苏联某铁矿,分别采用平硐斜井和平硐斜坡道开拓地下井田,矿石通过露天开拓系统完成地表运输。

这类开拓方式的优点是井巷工程量较少、基建投资少、投产快,并可利用露天矿现有的运输设备和设施;缺点是露天矿后期的生产与地下井巷施工互相干扰。

3)露天与地下联合开拓系统

露天与地下采用统一的地下开拓、运输、排水等系统,既可以从露天开采的初期就利用地下开拓工程,也可以是露天矿的深部开采与地下联合开拓。对于急倾斜矿床,当露天开采年限短时,为了减少基建投资和露天剥离量,同时也为了向地下开采过渡有较充分的时间,可以用地下巷道同时开拓露天和地下井田,例如芬兰皮哈萨尔米矿就是用下盘竖井斜坡道同时开拓露天和地下矿。对于埋藏深度大的急倾斜矿床,当露天开采的深度超过 150 m 时,其露天深部(一般 100~150 m)利用地下开拓工程更为合理,例如瑞典基鲁纳瓦拉矿、前苏联阿巴岗斯基铁矿等。

国内外的大量工程实践表明,除了特殊的矿床地质地形条件外,露天转地下开采的矿山一般较少采用露天和地下各自独立的开拓系统;应根据矿床的开采技术条件,尽可能选用露天与地下联合开拓系统或局部联合开拓系统。

2. 露天转地下采矿方法

露天转地下开采过程中,地下开采方法的选取受矿体赋存的特点、露天边坡地压情况和露天坑底留设境界矿柱与否等诸多因素的影响,是一项极复杂的技术难题,不仅要处理好上部露天作业对地下开采的影响,还要考虑产量的衔接。目前,国内外露天转地下开采的采矿方法主要有空场法、崩落法及充填法三类。

(1)空场法。主要有房柱法、留矿法等。使用这类方法时,矿柱要求从露天坑底到地下采矿场之间留有一定厚度的隔离矿柱,同时对地下采场的暴露面积、间柱强度及爆破震动都有严格的控制和要求。

(2)崩落法。主要有分段崩落法和阶段崩落法。这类采矿方法要求在地下开采区的上部有一定厚度的废石缓冲层,其生产工艺与一般的地下开采基本相同。同时还要求露天开采结束后地下开采再投入生产。

（3）充填法。根据我国目前矿山的安全和环保形势，充填法最适合露天转地下开采的矿山或露天与地下联合开采的矿山，也是目前国家大力推广应用的一类采矿法。它的优点是安全、高效，且能最大限度地回收矿产资源，有效保护地表环境，尤其是可以实现尾矿和废石等固体废弃物的大规模利用和无害化消纳，兼具显著的环境效益和社会效益。

露天转地下开采国内外均有不少实例，如芬兰皮哈萨米矿，在露天坑底预留 20 m 顶柱，地下采用留矿法、分段空场法回采，嗣后充填采空区；前苏联的盖伊斯基矿在 1 号露天采场下部用阶段空场法回采矿房，用水砂砾岩充填采空区。我国白银厂折腰山铜矿先用水平分层充填法回采矿柱，后用无底柱分段崩落法回采矿房。

综上所述，随着国家对安全环保的高度重视及绿色矿山建设的不断推进，露天矿开采固废占开采与剥离总量的 90% 以上，其对地表生态环境的破坏难以修复，露天转地下开采将不可避免。由于充填法可以有效消除采空区安全隐患，保护上部露天边坡稳定及地表生态环境，还可以大量消纳固体废弃物，减少地表排放总量，相对于空场法和崩落法表现出显著的优势，已成为我国露天转下开采的首选采矿方法。

3. 采场结构参数优化研究

露天转地下开采采场结构参数的选定，取决于矿体的赋存条件、倾角、厚度、矿体和围岩的稳固程度、矿区的地质构造及采空区附近构筑物的重要程度等。露天转地下开采的矿山，一旦地下开采方法确定，采矿方法结构参数的选择至关重要，应根据具体情况具体分析。

4. 露天开采极限深度

采用露天开采的金属矿山通常用境界剥采比不大于经济合理剥采比的原则来确定露天开采的界线。在露天开采境界以外的矿床，露天开采水平以上的矿体可采用挂帮形式地下开采，而露天开采水平以下的矿体需要转地下开采。因此，露天开采的极限深度就不能用原先单一露天开采的方式计算和确定，应按照露天开采和地下开采每吨矿石的生产成本相等的原则确定，此时露天开采的极限深度计算结果更为合理。

5. 露天转地下开采过渡时期产量衔接

露天转地下开采过渡时期的产量衔接应在露天开采产量逐渐减少时，地下开采的产量同步增加，最后在露天开采结束时，地下开采达到设计产量。露天转地下开采的过渡期一般为3~5 年或更多，过渡期的长短与过渡方式有关，目前国内外采用的过渡方式有露天停产后过渡到地下开采，过渡期长；不停产过渡，过渡期短。国内外不停产过渡的实例有：加拿大基德克里克多金属矿、奥地利爱兹贝尔核格铁矿、前苏联克里沃罗格铁矿和高山铁矿；我国的凤凰山铁矿、冶山铁矿、金岭铁矿等。缩短过渡期的关键为：

（1）生产与勘探紧密结合，在露天开采结束前 10~15 年就提前开展补充地质勘探工作。

（2）在露天开采设计时同时全面规划地下开采，并根据规划尽早进行地下开采工程的设计施工。如加拿大基德克里克多金属矿露天生产后的第 2 年就开始了地下开采的工程建设，使露天顺利地过渡到地下开采。

（3）地下开采系统的建设应充分利用露天开拓系统，以缩短建设周期。

（4）解决露天转地下开采的技术难题，正确选择露天转地下开采过渡时期的采矿方法。

为缩短过渡期，冶山铁矿采用露天硐室爆破构造了 15~20 m 的垫层，为地下采用崩落法开采创造了必要条件，仅用了两年多时间由露天全部转入地下开采，年出矿能力达 32 万 t。石人沟铁矿采取的分区下降、剥离废石内排措施，既减少了排土场占地，也保证了露天采矿的正常生产，还为深部转入地下开采事先准备了覆盖垫层。新桥硫铁矿在露天开采结束前 10 年即开展了露天转地下的开采设计，并充分考虑了露天地下开拓工程的相互利用，提前开展了相应的设计建设工作。

6. 露天边坡管理

露天转地下开采条件下，岩体变形和移动所诱发的露天边帮稳定性问题，是近年来采矿界关注的重要论题之一。露天转地下开采的工程稳定性问题不同于单一的露天开采，岩体经历露天和地下二次开挖扰动，应力场和位移变化更加复杂。随着露天开挖的卸载作用及采动影响，边帮岩体内的能量逐步释放，应力状态不断变化，岩体也产生相应的变形和滑移，处在一种动态平衡的变化之中。地下开采不可避免地会对露天采动影响范围内的岩体产生二次扰动，表现为地下采动效应对原平衡体系产生干扰，使得两种采动效应相互影响和扰动，形成一个复合动态变化系统。因此，为了保证露天边坡和上覆岩层的稳定性，有必要综合考虑露天和地下采动两方面的影响，利用工程地质调查、计算机数值分析等研究手段，开展露天转地下开采时的边坡稳定性研究，分析地下巷道、边坡周围压力的变化特性及应力场的分布规律，并针对研究结果采取必要的安全措施，确保露天开采时边坡的稳定，同时还要制定露天转地下开采过渡时期的边坡管理办法。

我国有近 40% 露天矿不同程度存在边坡稳定性问题。例如，江西新余钢铁公司良山铁矿、江西铜业公司德兴铜矿和永平铜矿、大冶有色金属公司铜绿山铜矿、攀钢矿业公司石灰石矿、眼前山铁矿、水厂铁矿、南山铁矿、姑山铁矿、城门山铜矿、新桥硫铁矿、金堆城钼矿、大冶铁矿、南芬铁矿、酒泉钢铁公司黑沟铁矿等矿山边坡都出现过滑坡和边坡稳定性问题。

7. 露天开采挂帮矿回收

由于矿床开采地质条件的复杂性与露天开采的极限深度限制，在开采范围内的境界外矿体通常作为残留矿柱（俗称"挂帮矿"）永久性损失。统计表明，露天开采结束后，残留在露天境界周围的挂帮矿储量占开采总储量的 5%~16%。露天挂帮矿归纳起来可分为三类：露天底矿柱——在露天坑底和地下采空区之间的矿柱；露天边帮残柱——在露天边坡附近的挂帮矿；露天矿两端的三角残柱，也包括由于不扩帮延深开采而留在上盘边坡的三角残柱。由于挂帮矿回收开采技术条件复杂、安全性差，因此回采强度低、回采周期一般要 3~5 年甚至更长的时间。

露天坑底柱是指露天坑底至地下采场之间的隔离矿柱，其回收方案与地下开采所采用的采矿方法直接相关。当地下开采使用崩落法时，露天坑底就不存在底柱的开采问题；当采用房柱法开采时，露天坑底柱发挥隔离矿柱的作用，必须经充分论证，在保障安全的前提下才能回收；当采用充填法开采时，由于没有采空区安全隐患，可最大程度地实现露天坑底柱的安全高效回收。

露天边帮的残留矿体，主要包括非工作帮附近和边坡以下的矿体。由于这部分矿体受到各种外力的破坏且形状不规则，开采比较困难，回采率也比较低，除了少量可由露天直接采出外，大部分需采用地下采矿法回采。根据近 20 年来国内外露天挂帮矿的回收实践经验，为了确保生产作业安全及露天边坡稳定，应优先使用各类充填法，强采强出强充。

露天矿三角残柱包括露天矿两端三角残柱及在上盘预留的边坡三角残柱。在稳固的顶板岩石中，可按矿体的长度和厚度，沿走向布置矿房采用充填法进行回采。若上盘三角残柱暴露面积大、应力集中且露天矿延深很大、矿体很厚、倾角不陡、上盘岩石稳固性一般，此时的矿柱回采最困难。在这种情况下，矿柱的回采最好与地下矿体一起进行，并优先使用各类充填法，强采强出强充。

8.露天转地下通风、防洪及排水

露天转地下开采的通风系统与一般的地下开采矿山基本相同，但是需考虑地下开采的通风系统与露天坑的联系及露天坑对地下通风效果的影响。如果地下开采使用崩落法和空场法开采，极易使地下采场与露天坑相通，造成漏风串风；使用充填法开采并留设一定的隔离矿柱则可以有效避免此问题。国内外加强通风管理的经验有：

（1）设计时考虑分区通风、使通风线路短、漏风少，并力求抽压结合、负压低。

（2）尽可能使用充填法使地下与露天隔绝，密闭采空区或加强风门控制。

（3）国外往往采用大风量通风，除了用抽压结合的系统外，还可以采用加大口径管道辅扇通风的分区通风方式。

露天转地下开采除了正常的地下开采涌水以外，露天降雨径流也直接影响地下排水，给地下生产造成危害，国内几个露天转地下开采的矿山日最大涌水量为 $5\sim16$ 万 m^3。要控制好这部分涌水量，通常有以下几种措施：

（1）在露天境界外设置防洪排水沟，并充分考虑到最大涌水季节的涌水量，配置防洪排水设施。

（2）露天境界内也要设置防洪排水系统，在露天坑底设置储水池等设施，并配置防洪排水设施。

（3）露天底回填废石或留境界顶柱，对减少雨季径流，调节洪峰起良好作用。如铜官山铜矿由于上部有岩石垫层，一般降雨 4 h 后，坑下涌水量才有所增加。

（4）地下开采所产生的采空区除了会直接影响露天采场边坡的稳定性，还可能会储存大量的积水，造成人员和设备的伤亡事故。因此，应优先采用充填法，消除采空区安全隐患和老窿存水的安全隐患。

4.1.2　国内外露天转地下开采典型实例

1.国外露天转地下开采典型实例

1）国外露天转地下开采概况

国外露天转地下开采的矿山较多，如瑞典的基鲁纳瓦拉矿、南非的科菲丰坦金刚石矿、加拿大的基德克里克铜矿、芬兰的皮哈萨尔米黄铁矿、前苏联的阿巴岗斯基铁矿、澳大利亚的蒙特莱尔铜矿等。上述矿山根据地质、资源、生产、环境和经济等的不同，就合理确定露天开采极限深度、过渡期产量衔接、露天坑底柱与缓冲层、露天与地下联合开拓系统、露天边坡管理与残柱回采、坑内通风与防排水等问题进行了深入研究，取得了较好的效果。国外露天转地下开采的矿山生产情况见表4-1。

表4-1 国外露天转地下开采矿山

矿山名称	生产规模/(万t·a⁻¹)	地下开拓方式	地下采矿方法	过渡期年限/a
刚果Kamoto矿	300	场外竖井	充填法、分段空场法	1970—1976
前苏联高山铁矿	440	场外竖井	阶段强制崩落法	15
南非Koffiefotein金刚石矿	>300	竖井、斜坡道		8
瑞典Kiruna铁矿	1200~2400	竖井、斜坡道	留矿嗣后充填法	1952—1962
加拿大Frood stobie矿	>300	竖井、斜坡道	阶段强制崩落法	分区过渡
前苏联阿拜岗斯基铁矿	150~200	竖井、溜井		1960—1969
加拿大Steblok矿	150	皮带斜井	阶段强制崩落法	1946—1950
加拿大Kiddcreek矿	400~700	竖井、斜坡道	分段空场嗣后充填法	1969—1976
澳大利亚KingIsland矿	30~40	斜坡道	点柱充填法	1~2
澳大利亚MountLycll矿	170~250	竖井、斜坡道	矿房空场法、矿柱崩落法	

2）瑞典基鲁纳瓦拉矿

瑞典基鲁纳瓦拉矿由三个透镜状矿体组成，长7000 m，倾角55°~65°，主矿体走向长3000 m，平均厚度90 m，从1952年开始由露天向地下开采过渡，1962年全部转入地下开采，生产能力为2300~2500万t/a。露天坑深部的矿石采用溜井通过坑内巷道运出，减少了露天剥离量并缩短了运输距离；地下用竖井+斜坡道联合开拓，使用机械化的凿岩、装运设备使井下运输提升全部实现自动化。

3）芬兰皮哈萨尔米黄铁矿

芬兰皮哈萨尔米黄铁矿埋深在地表以下500 m，走向长650 m、中部宽75 m，两端变窄，矿体北部倾角50°~70°，其余部位垂直分布。矿山采用露天与地下同时开拓建设、露天超前地下开采的方式，露天与地下共用井下破碎站和提升系统，露天坑深部矿石通过溜井下放到地下开采的运输系统中，采用竖井提升的方式比地面汽车运输节约成本，减少了基建投资和露天剥离量；从地面有斜坡道直通井下各个工作面，大大提高了采场的机械化程度和设备的效率。

2. 国内露天转地下开采典型实例

1）国内露天转地下开采概况

国内露天转地下开采的矿山有江苏凤凰山铁矿和冶山铁矿、安徽铜官山铜矿、湖北红安萤石矿、甘肃白银厂折腰山铜矿、江西良山铁矿、浙江漓诸铁矿和山东金岭铁矿等。国内露天转地下开采的矿山生产情况见表4-2。

表 4-2 国内露天转地下开采矿山

矿山名称	生产规模/(万 t·a^{-1})	地下开拓方式	地下采矿方法	过渡期年限/a
凤凰山铁矿	30	场外主副井	初期分段空场法	12
冶山铁矿	30	场外主副井	分段崩落法	6
金岭铁矿铁山区	50~60	场内箕斗井	分段空场法	7
铜绿山铜矿	35	场外主副井	胶结充填法	已有坑内矿
铜官山铜矿		露天溜井、混合井	废石充填法	联合开采
松树卯矿	78	场外主副井	阶段强制崩落法	
红安萤石矿	10	场外竖井		8
白银厂折腰山铜矿	100	场外主副井	分段崩落法	9
石人沟铁矿	60~100	场外主副井	分段空场法	3.5
建龙铁矿	85~100	场外主副井	分段空场法	5
板石沟铁矿	100	场外主副井	分段崩落法	4~6
海城滑石矿	10~14	场内平硐	分段崩落法	
红旗岭镍矿	30	场外竖井	下向胶结充填法	5

2)江苏凤凰山铁矿

江苏凤凰山铁矿是我国露天转地下开采最早的矿山,1960 年就开始进行地下开采工程的建设,1973—1976 年由露天转为地下开采。矿山先采露天部分,待转入地下开采时,露天有足够的时间回采残柱,地下有充分的时间进行试采,为过渡期的持续稳产创造了条件。

3)铜陵有色铜山铜矿

铜陵有色金属集团控股有限公司下属的铜山露天矿、前山露天矿和金牛露天矿,均由露天开采成功转型地下开采。以铜山露天矿为例,该矿利用地下-40 m 阶段运输巷作为露天矿的主运输道,采用多排孔微差爆破技术,每段药量控制在 500 kg 以内,防止地下巷道发生冒顶和严重开裂现象,保证其稳定性。

4.1.3 露天转地下开采关键技术

1.露天转地下开采特点

由于露天转地下矿山要顺序经历露天开采、露天与地下联合开采及地下开采三阶段,因此这类矿山的建设模式不同于新建矿山,从设计到生产都具有特殊性,具体表现如下:

(1)露天开采已进行多年,形成了完整的生产系统和生活福利设施,如选矿厂、机修厂、供电和供水管网、露天坑、排土场,以及生产和销售系统等。因此,在露天转地下开采设计时,应充分考虑利用露天开采原有的设施,统筹规划地下开拓运输系统与露天开采系统,如地下开拓井筒的位置、出车方向,以及过渡期的地下采矿方法等。

（2）在露天转地下过渡之前，应充分研究地质资料，并加强补充勘探工作，进一步掌握深部矿体的赋存条件。

（3）露天开采与地下开采采矿工艺完全不同，为保证生产持续稳步过渡，应加强培训，使工人和技术人员迅速熟悉与掌握地下开采工艺。

（4）露天转地下开采的过渡期，露天开采已向深部发展，当地下开拓系统建成，应注重露天地下不同工艺要素的组合，发挥联合开采的优越性。

（5）应防止过渡期出现通风短路、漏风现象，更应防止露天大爆破有毒气体侵入井下巷道及露天坑积水涌入井下。同时应根据矿山的特点，采取适宜的采矿方法和有效的通风、防寒及防洪措施。

（6）解决过渡期在时间和产量上的衔接问题，确保矿山在过渡期维持必要的产能，加强边坡管理，确保生产安全。

2. 露天转地下开采难点

露天转地下过渡期开采是集露天和地下两种工艺要素为一体的综合性技术。这种技术可以充分回收矿产资源，提高经济效益，是大型露天矿山开采可持续发展的趋势之一，也是一种经济上合理、技术上可行的资源回收方法。但目前露天转地下开采平稳过渡技术内涵及外延目前尚不完整和明确，仅仅为露天采矿和地下采矿的单一集合。国内外矿山只是在露天转地下开采中存在的产量衔接、边帮残矿开采、开拓方法等方面积累了一些经验，但尚未涉及露天转地下开采的关键技术，研究仍处在理论探索阶段。对诸如联合开采的开拓系统研究、安全高效的采矿方法研究、矿区的应力应变场的动态演变过程规律研究、采空区破坏模式研究以及对环境破坏的预测及恢复环境的对策等关键技术还缺乏系统的研究。

（1）在进行露天转地下开采设计时，对前（露天）后（地下）期开采应统一全面规划，露天开采后期的开拓系统既要考虑地下巷道的利用，在向地下开采过渡时，地下开采也应尽可能利用露天开采的相关工程和设施等有利因素，使露天开采平稳地过渡到地下开采，使矿山产量和经济效益保持稳定。

（2）保证露天转地下过渡期开采的安全性，既要保证露天开采作业不影响地下开采的安全，又要保证地下采场结构参数和回采作业不影响露天边坡的稳定性。

（3）地下开采的防洪排水设施设计应充分考虑地下水量和露天坑受大气降水渗入或流入地下采场的水量。

（4）露天转地下开采通风条件恶化，最突出的问题是漏风严重，应科学制定露天、地下隔离层厚度及布设方案，保障地下通风的效率和质量。

3. 露天转地下开采基本原则

露天转地下开采的矿山应全面考虑露天转地下开采的过渡方式、地下采矿方法，以及过渡期的安全生产技术，确保过渡期时间衔接和产量衔接。一般应按以下原则：

（1）应充分发挥露天开采优势的原则，合理确定露天开采境界及露天与地下开采界限。

（2）应优先选择充填法，确保地下采矿作业不影响露天作业的安全及露天边坡的稳定，要结合矿岩条件研究合理的采场结构参数、回采顺序和爆破参数。

（3）因地制宜地选择挂帮矿的回采方法和顺序。

（4）采用先进的岩移观测手段与设备，随时掌握地下采空区上覆岩层的移动规律，确保露天边坡和生产作业的安全。

（5）确定合理的露天转地下开采的过渡方式。当矿体走向长度大时，应选用分期、分区交替过渡方式，以简化过渡期复杂的时空关系，维持过渡期的生产能力。

（6）根据露天采掘进度计划，依露天减产的起始时间及地下开拓、采准和切割工程量，确定地下开拓、采准和切割工程的时间。

（7）制订过渡期矿山安全生产技术措施。例如：露天采掘最终境界与地下工程间应保持足够的距离，临近露天坑底的穿爆作业不要超深并控制爆破装药量。

（8）采取切实可行的通风、防洪措施，防止地下采空区与露天坑贯通。过渡期尽量采用抽压结合、中央对角式或分区通风等方式。为防止地表径流经露天采场涌入井下，应在地下开采移动界限以外设置防洪堤、截水沟；对地下与露天沟通的井巷和采空区，要及时密闭隔绝井巷与露天坑的连通，并设置地下防水闸门，确保地下水泵房的正常运转并防止泥沙溃入。

（9）编制好过渡期产量平衡表。在露天转地下开采过渡期，一般有多种开采方式并存，如露天开采、地下开采和边角矿回采等。要根据不同开采方式的开采范围、生产能力与存在年限，确定出最佳的稳产过渡期开采方案。

4.2 新桥硫铁矿露天转地下充填法

4.2.1 露天转地下开采背景及意义

1.露天转地下开采背景

新桥矿业有限公司隶属铜陵化工集团，是一座以硫、铜、铁为主，伴生、金、银、铅、锌等多种金属元素的露天与地下联合开采的矿山。矿区位于安徽省铜陵市东郊狮子山区新桥村境内，已探明地质储量 1.7 亿 t，工业储量 1.1 亿 t，其中硫铁矿矿石量 87110 kt、铁矿石量 24000 kt、铜金属量 500 kt、铅锌金属量 40 kt 等。新桥矿开采方式为露天、地下开采；采选生产规模为 150 万 t/a（露天 90 万 t/a、地下 60 万 t/a）；矿区面积 3.529 km^2。由于矿体延展范围较广，东翼水文地质条件复杂，属大水矿山，为加快矿山建设进度，以矿养矿，本着由难到易的原则，矿山开始分期建设。一期工程地下开采西翼矿体，二期工程露天开采东翼矿体，一期地采工程接近尾声时启动一期延伸工程，开采西翼深部矿体。东翼露天开采接近最终开采境界，随即开展了东翼露天转地下开采工程。

2.矿区概况

1）矿区地质

区域地层区划属扬子地层区下扬子地层分区芜湖-安庆地层小区，区域构造上处于两个雁行排列的背斜倾没端相向倾没交会地带，即由舒家店背斜南西倾没端的北西翼部、大成山背斜北东倾没端、圣冲向斜向北东延续部分组成（图 4-1）。丘体基岩裸露，斜坡地、坳谷地表为第四系覆盖；基岩地层自老至新为志留系下统高家边组（S_1g）～三叠系下统殷坑组（T_1y）。矿区范围内的断裂，基本上可分为两类：一类为北西～北北西向延长的横切或斜切褶皱轴方向断裂；另一类为北东向延长的以层间破裂为主的断裂。矿区内岩浆岩较发育，主要有矶头岩株，位于大成山、舒家店两个背斜相向倾没的交会处。

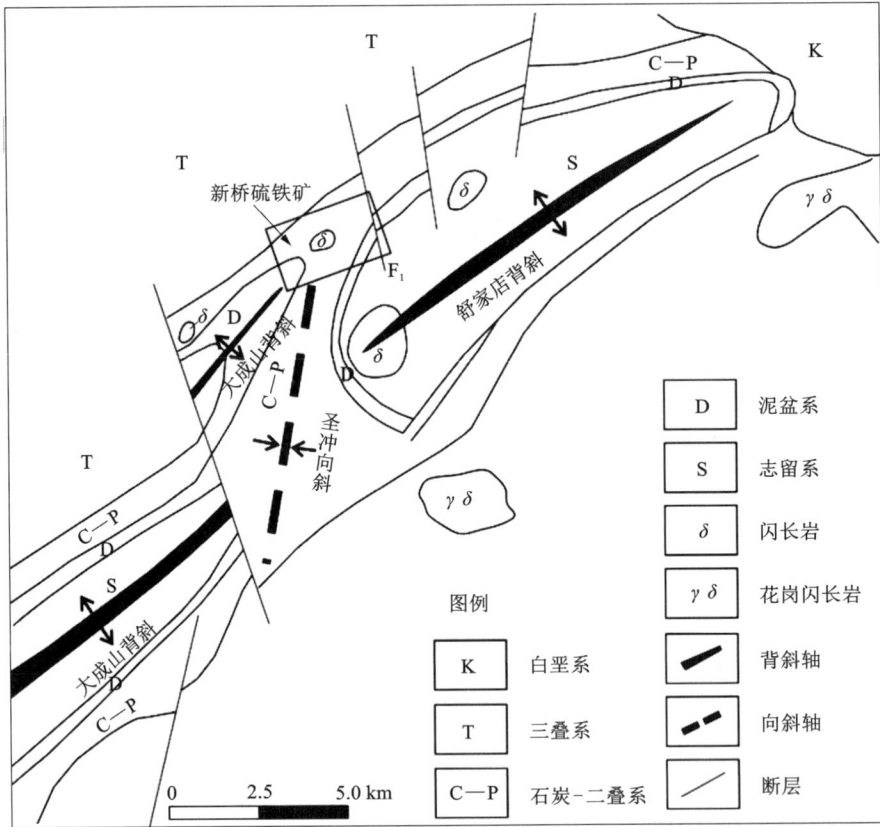

图 4-1　区域地质构造略图

2）矿床地质特征

该矿床是以硫为主，含有铜、铁、金、银等多种元素的综合矿床，成因类型属高中温热液交代型。矿区有矿体 80 个，其中以 1# 矿体为主，占总矿石量的 88%，其次为 5# 矿体，占 9%。

1# 矿体产于黄龙和船山灰岩中，底板为高丽山组砂质页岩，顶板有闪长岩、栖霞灰岩和船山灰岩，似层状，具有与褶曲同步弯曲的形态特点，上部较陡，下部较缓。分布于东起 1 线西至 92 线范围内，赋存标高从地表 +140 m 至深部 -678 m，垂深 818 m。矿体全长 2560 m，最大延深 1810 m，最大厚度 70 m，平均厚度 21 m。

5# 矿体位于 1# 矿体上盘的栖霞灰岩和闪长岩类岩株体内及其接触带附近，赋存标高 -250～+70 m，倾向北西，倾角 20°～55°，一般上陡下缓。矿体走向长 1000 m，倾斜延深 550 m，平均厚度 20 m。16 线以东主要由褐铁矿型矿石组成，矿体较完整，厚度为 10～35 m，似层状；17 线以西，矿体多分支，形态不稳定，主要由硫化矿石组成，有少量褐铁矿。

矿石矿物主要为黄铁矿，其次为黄铜矿、磁铁矿、磁黄铁矿等，另有少量的闪锌矿、方铅矿、硫铜铋矿、赤铁矿及金银类矿物。矿床为高硫矿床，有自然性。矿石中游离 SiO_2 含量小于 10%，围岩中为 20% 左右，局部石英砂岩地段高达 60%。

3. 矿床开采技术条件

矿区位于矶头岩株以东至新西河谷一带，矿体顶板直接以岩溶裂隙充水为主，充水水源有大气降水和地表水。大气降水及地表水通过第四系含水层、岩溶塌陷和"天窗"进入茅口组、栖霞组灰岩向矿坑补给；北西部和北东部茅口组、栖霞组灰岩裂隙岩溶水通过矶头岩株东侧侵入破碎带、FR_1 断层及次级破碎带补给，水文地质条件较为复杂。

$1^#$ 矿体赋存于高骊山组与船山组之间，连续性好，规则，似层状，多为致密块状构造，稳固性好。矿体顶板主要为大理岩化灰岩、大理岩、局部为闪长岩、闪长玢岩等，稳固性好，仅在栖霞灰岩底部有一层泥碳质页岩较松软，且多构成层间破碎软弱带，不稳固，另外当矿体顶板为闪长岩、闪长玢岩且伴有强烈的绿泥石化、绢云母化时，往往也构成顶板软弱层，易产生坍塌、掉块现象，坑采时应加强支护。矿体底板主要为石英砂岩，少部分为粉砂岩（含泥质），稳固性好。各矿岩物理力学性质参数见表 4-3。

表 4-3　矿岩物理力学性质参数表

试样	坚固性 f	抗压强度 σ_c /MPa	弹性模量 E /GPa	泊松比 μ	抗拉强度 σ_t /MPa	密度 /(t·m^{-3})
栖霞灰岩	17	164.8	72.2	0.140	2.76	2.71
黄铁矿（靠顶板）	7.3	71.1	32.1	0.140	5.21	3.8
黄铁矿（靠中部）	6.4	63.8	18.2	0.141	6.53	3.8
黄铁矿（靠底板）	9.7	94.9	32.1	0.172	3.67	3.8
闪长玢岩	11.6	113.6	28.8	0.111	3.85	
高骊山砂页岩	11.2	109.9	42.3	0.100	5.43	

4. 矿区保有资源量

露天转地下开采范围（1~21 线，-156 m 水平以下）地质资源储量为 4805.7 万 t，其中 -180~-156 m 水平间（境界顶柱）为 184.0 万 t，-380~-180 m 水平间（一期）为 2072.4 万 t，-530~-380 m 水平间（二期）为 2297.5 万 t，-530 m 水平以下为 251.8 万 t，详见表 4-4。

表 4-4　露天转地下开采地质资源储量（111b+332+333）表

中段	矿石量/t	金属量/t		
		Cu	Cu	Cu
-180~-156 m	1839868	4480	549929	97572
-230 m 中段	4378226	7127	635892	81380

续表 4-4

中段	矿石量/t	金属量/t		
		Cu	Cu	Cu
−270 m 中段	4076731	6634	591917	75752
−330 m 中段	6615403	10772	961167	123008
−380 m 中段	5654116	9207	821564	105142
一期小计	22564344	38220	3560469	482854
−430 m 中段	10602396	17257	1539821	197063
−480 m 中段	8216202	13377	1193606	152755
−530 m 中段	4156174	6767	603783	77271
二期小计	22974772	37401	3337210	427089
−530 m 以下	2517911	1947	449016	0
总计	48057027	77568	7346695	909943

4.2.2 露天转地下开采生产系统衔接

矿山目前开采分地下、露天两部分，开采对象同为 1# 矿体，根据矿山总体规划，总的开采范围为 11 线以西矿体，其中露天开采的对象为东翼矿段，即 11~29 线范围−156 m 以上矿体，地下开采的对象为西翼矿段，即 21 线以西−180 m 以下矿体。

1. 西翼地下开采现状

西翼地下开采为一期工程，开采对象为 29 线以西−230 ~ −180 m 中段之间的 1# 铜硫矿体，设计开采地质储量 860 万 t，1991 年建成投产，设计规模 2000 t/d，现已基本回采完毕。为稳定地下生产能力，新桥矿于 1998 年末开始进行一期坑采延伸工程(也称井下接替工程)，延伸开拓采取主、副井原位延深、粉矿回收井异位延深方案。延深接替开采范围确定在−330 m 标高以上，共设−270 m、−300 m、−330 m 三个接替中段。2001 年为持续坑内生产，设计施工了−270 ~ −230 m 中段的盲斜井系统，作为开采−270 m 中段矿石的提升井，主要生产中段已从 − 230 m 水平转入 − 270 m 水平。同时地下开采范围向东扩展，− 270 m、−300 m、−330 m 中段也扩至露天坑底 21 线位置。目前，−180 m、−230 m 中段部分巷道已进入露天坑底 21 线位置。延伸工程建设规模总体为 60 万 t/a，主、副井提升系统等矿山咽喉部位按 90 万 t/a 规模进行设计。坑内接替开采范围内以 90 万 t/a 规模生产时服务年限为 24 a。

开拓方式：采用侧翼竖井开拓，主、副井均设置在矿体西翼端部，与矿体中部的青山风井形成对角式通风系统，采用顶板底盘环形布置的中段矿石运输系统。

采矿工艺：主要采用机械化上向水平分层充填法，分矿柱、矿房两步间隔回采，先采矿柱，胶结充填形成人工矿柱，然后回采矿房，进行非胶结充填。采用凿岩台车落矿，铲运机出矿，采场生产能力 276 t/d，损失率 5%，贫化率 5%。

−270 m 水平采场以 W501 为界，分为东西两部分，W501 以西矿柱宽 8 m，矿房宽 14 m；

W501 以东矿柱宽 10 m, 矿房宽 15 m。

矿山之前采用江砂胶结充填, 充填料在青山充填站制备, 通过钻孔及管道自流输送至各采场。为配合选硫工程, 新桥矿在原露天工段办公场地建设了满足地下 110 万 t/a 开采能力充填的全尾砂胶结充填系统。

2. 东翼露天开采现状

露天采场开采最低标高目前已降至 -116 m, 呈东低西高状态。下盘 -36 m 以上已形成最终境界, 上盘 11 线~20 线也达原 -144 m 最终境界, 西端帮 72 m 以上已形成 -144 m 境界, 东端帮在原 -144 m 最终的基础上已扩界至 9 线。

开拓运输: 采用上盘移动坑线、汽车公路运输开拓方式, 坑线布置为直线折返式, 道路纵坡 8%, 缓和段长度 4~50 m, 最小转弯半径 20 m, 道路宽度 16 m。

采剥方法: 组合台阶陡帮剥离, 沿走向横向采矿。

矿石损失率 5%, 矿石贫化率 5%。

3. 露天转地下开采与露天开采的衔接

(1)露天开采末期和露天转地下初期存在一个过渡阶段, 在这一阶段, 露天产能逐渐降低, 地采产能逐渐增加, 直至最终露天闭坑, 完全转入地下开采。在露天转地下过渡期内, 露采作业与地采作业同步进行, 回采顺序应加以调整, 避免露采与地采爆破作业同时进行。

(2)露天闭坑后, 及时进行坑底防渗处理, 并按露天坑处置方案进行回填工作, 露天坑回填至 -106 m 标高。

(3)将 -180 m 水平以上矿体(厚度 24 m)作为露天与地下的安全隔离层。

(4)建立露天边坡监测系统, 密切监测地下开采活动对露天边坡稳定性的影响。

(5)统筹考虑露天排水与地下排水系统; 露天转地下过渡期间露天采场涌水由露天现有排水设施排出; 露天采场闭坑回填至 -106 m 标高后, 在最低水平设置集水坑(10 m×6 m×6 m), 积水由设在 -48 m 的永久泵站排出。

4. 露天转地下开采与西翼地下开采的衔接

(1)根据西翼现有地质储量(1835 万 t), 西翼地下开采尚有 20 a 的服务年限, 在较长时间内, 西翼地采与东翼露天转地下开采将同时进行。鉴于西翼主副井系统提升能力已经饱和, 且西翼作为独立的生产系统已相当完备, 所以露天转地下应作为一个独立的新系统进行设计和建设。

(2)青山风井是按照西翼生产能力设计施工的, 位于矿体中部, 西翼东扩部分已经存在反向通风问题, 如果露天转地下仍采用青山风井回风, 不仅通风线路长、通风阻力大, 而且极易发生污风串联, 恶化通风质量, 所以将矶山风井修复后作为露天转地下开采的回风井。

(3)为了加快基建进度, 露天转地下一期开采设计主要中段标高与西翼地下开采中段标高一致, 两翼中段在西翼东扩地段(21~23 线间, 措施井附近)通过巷道相连通。这样一方面基建期可以利用措施井反掘新主副井, 同时施工 -230 m 中段巷道, 加快基建进度; 另一方面露天转地下工程基建期和生产初期可以利用措施井 -300 m 中段现有的排水系统排除 -230 m 中段以上的涌水, 减少基建工程量和基建投资。

（4）为了解决西翼东扩部分存在的反向通风问题，西翼东扩部分用风由露天转地下新建副井提供，需风量按 20 万 t/a 采矿规模计算为 30 m³/s，该部分风量由青山风井排出；同时为了避免两翼通风的相互干扰，在西翼（29~31 线附近）连通西翼东扩部分巷道处和措施井附近连通两翼的巷道处设置风门。

（5）为了控制地压，露天转地下开采设计在两翼结合地段（21~22 线）预留一个矿块宽度（24 m）的矿柱，矿柱可在后期回收。

（6）目前矿山新建的充填站，其站址选择已充分考虑了露天转地下充填需要。

（7）其他系统，如压气系统、供水系统、供电系统等，综合考虑，全面安排，兼顾使用。

综上所述，露天转地下作为一个独立的工程进行设计，但在各系统的设计过程中充分考虑了当前西翼地采、东翼露采各生产系统的兼顾使用问题。

5. 露天转地下开采产能衔接

矿山当前露天地下综合生产能力为 150 万 t/a（东翼露天 90 万 t/a，西翼地下 60 万 t/a），未来可能会扩产至 180 万 t/a（东翼露天 90 万 t/a，西翼地下 90 万 t/a）。由于东翼露天转地下一期工程服务年限与西翼地下剩余服务年限基本相当，因此必须考虑西翼地下开采结束、露天转地下进入二期开采后，产能的有效衔接，以维持整个矿山 180 万 t/a 的生产能力。

当前西翼地下开采与东翼露天转地下开采产能衔接见表 4-5，为了维持矿山产能的平衡，矿山需在 2028 年进行露天转地下二期工程的建设。西翼地采结束，产能转移到东翼露天转地下二期工程后，可以在合适地段施工措施工程（盲斜井或盲竖井）将露天转地下开采新增产能（90 万 t/a）生产的矿石转运至西翼，由西翼主井提升至地表，如图 4-2 所示。

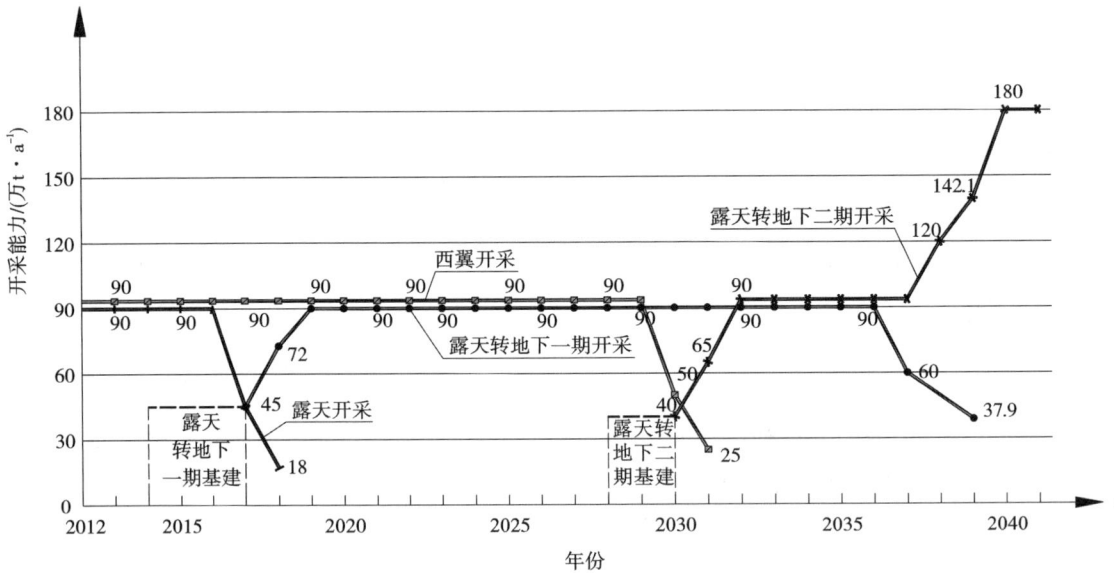

图 4-2　矿山产能衔接图

表4-5　矿山产能衔接表

名称	地质矿量/万t	采出矿量/万t	年份								
			2012	2013	2014	2015	2016	2017	2018	2019	2020—2027
露天开采	538	513	90	90	90	90	90	45	18		
西翼开采	1835	1695	90	90	90	90	90	90	90	90	90
露天转地下一期开采	2093.47	1834.90			露天转地下一期基建(3 a)			45(投产)	72	90(达产)	90
露天转地下二期开采											
年产量/(万t·a⁻¹)			180	180	180	180	180	180	180	180	180

名称	地质矿量/万t	采出矿量/万t	年份								
			2028	2029	2030	2031	2032	2033—2037	2038	2039	2040	2041—
露天开采	538	513										
西翼开采	1835	1695	90	90	50	25						
露天转地下一期开采	2093.47	1834.90	90	90	90	90	90	90	60	37.90		
露天转地下二期开采			露天转地下二期基建(2 a)		40(投产)	65	90	90	120	142.10	180	180
年产量/(万t·a⁻¹)			180	180	180	180	180	180	180	180	180	180

4.2.3　露天转地下安全境界顶柱厚度

1.露天转地下安全境界顶柱概况

露天转地下开采境界顶柱厚度的确定是一项非常重要和复杂的课题。一方面，露天生产均为大型设备和大孔径爆破，如果顶柱尺寸不够，爆破作用加之重型设备反复碾压，会削弱境界顶柱稳定性，影响露天的正常生产，甚至引起顶柱冒落，为地下生产带来严重的危害，因此，安全顶柱厚度必须首先保证设备和人员的安全；另一方面，如果顶柱厚度过大，会造成资源的损失，降低矿山的经济效益。本次设计通过理论分析与计算、数值模拟等手段来确定境界顶柱的安全厚度，以实现预留境界顶柱的优化。

新桥矿露天开采设计最终境界最低开采水平为−156 m水平，上盘最终边坡角43°，下盘最终边坡角39°~41°；露天坑底位于13~29线，长度约900 m，水平宽度25~65 m，平均宽度50 m。露天坑底部矿体水平厚度多为20~60 m，只在20~23线之间水平厚度达140 m，平均水平厚度37 m；矿体倾角多为45°~60°，平均倾角55°。

由于新桥矿属于大水岩溶矿山，水文地质条件复杂，水对岩石的弱化作用会严重影响露天边坡和境界顶柱的稳定性，同时考虑到闭坑之后露天坑回填和境界顶柱隔水防渗的要求，为实现新桥矿露天转地下平稳、安全过渡，本次设计考虑了在露天坑底浇筑钢筋混凝土的复合境界顶柱方案和露天坑底不浇筑钢筋混凝土的原岩境界顶柱方案。根据露天坑回填方案，在露天坑开采结束后使用松散废石或磷石膏将露天坑回填至 -108 m 水平，境界顶柱承载的附加载荷为：

$$q = \rho g h = 2 \times 9.8 \times 50 = 980 \text{ kPa} = 0.98 \text{ MPa} \tag{4-1}$$

式中：q 为附加载荷，MPa；ρ 为回填体密度，取 2 t/m³；g 为重力加速度，取 9.8 m/s²；h 为露天坑回填高度，取 50 m。

2. 境界顶柱厚度理论计算

国内外目前尚无成熟的理论计算来确定在露天坑底浇筑钢筋混凝土后组成的复合境界顶柱的厚度，本处只分析露天坑底不浇筑钢筋混凝土的原岩境界顶柱的安全合理厚度。

1）厚跨比法

根据厚跨比理论与计算方法，当采空区顶板为完整顶板时，顶板的厚度 H 与其跨越采空区的宽度 B 之比不小于 0.5 时，认为采空区是安全的。但为确保安全，另行引入安全系数 K，得到在一定安全条件下的境界顶柱厚度与采空区跨度之间的关系，其计算公式如下：

$$\frac{H}{KB} = 0.5 \tag{4-2}$$

式中：H 为境界顶柱厚度，m；B 为采空区跨度，m；K 为安全系数，本次露天转地下开采设计采用上向水平分层胶结充填法，地压控制效果好，所以取 1.2。

2）荷载传递交会线法

假定荷载由顶板中心按竖线成 30~35° 扩散角向下传递，此传递线位于顶板与洞壁的交点以外时，即认为洞壁直接承受顶板上的外载荷与岩石自重，表明顶板岩层是安全的，设 β 表示荷载传递线与顶板中心竖直线之间的夹角，则有如下计算公式：

$$H = \frac{KB}{2\tan\beta} \tag{4-3}$$

式中：H 为境界顶柱厚度，m；B 为采空区跨度，m；β 为荷载传递线与顶板中心竖直线之间的夹角，取 35°；K 为安全系数，取 1.2。

3）结构力学方法

假定采空区顶板岩体是一个两端固定的平板梁结构，上部岩体自重及其附加载荷作为上覆岩层载荷，按梁板受弯考虑，以岩层的抗拉强度作为控制指标，根据材料力学与结构力学理论，可得到境界顶柱厚度与采空区跨度之间的关系，其计算公式如下：

$$H = \frac{KB}{4} \times \frac{\gamma B + \sqrt{\gamma^2 B^2 + 8\sigma_{许} q}}{\sigma} \tag{4-4}$$

式中：H 为境界顶柱厚度，m；B 为采空区跨度，m；γ 为境界顶柱岩石容重，$\gamma = 9.8 \times 3828 = 37.5$ kN/m³；$\sigma_{许}$ 为境界顶柱岩体抗拉强度，取 1.31 MPa；q 为附加荷载，$q = 0.98$ MPa。

按上述不同方法计算的原岩境界顶柱结果见表 4-6。

表4-6　原岩境界顶柱厚度理论计算结果表

采空区跨度 /m	原岩境界顶柱厚度/m			备注
	厚跨比法	荷载传递交会线法	结构力学方法	
10	6	8.6	8.2	
15	9	12.9	13.1	
20	12	17.1	18.5	
25	15	21.4	24.5	
30	18	25.7	31.1	安全系数 $K=1.2$
35	21	30.0	38.3	
40	24	34.3	46.2	
45	27	38.6	54.7	
50	30	42.8	64.0	
55	33	47.1	74.0	

3. 原岩境界顶柱厚度数值模拟分析

为尽可能全面地考虑各种定量和定性影响因素，分别对露天坑底未浇筑钢筋混凝土的原岩境界顶柱的稳定性和露天坑底浇筑钢筋混凝土组成的复合境界顶柱的稳定性进行了模拟。

1）模型的建立

（1）考虑到矿山露天开采到-156 m水平（按设计边坡角靠帮），模型中的境界顶柱从-156 m水平往下开始预留。

（2）露天转地下开采，矿块垂直走向布置，分矿房（宽14 m）、矿柱（宽10 m）两步骤回采，考虑到二步相邻矿房回采时，矿柱充填接顶不充分，可能造成相邻采空区贯通成较大空区，同时为了分析在露天高陡边坡的影响下不同采空区跨度的最小安全境界顶柱厚度，模型中空区跨度方向取为矿体水平厚度方向。

（3）上向水平分层充填法采空区高度取最大控顶高度6.6 m。

（4）露天坑底部矿体倾角多为45°~60°，平均取倾角55°。

（5）为了满足计算需要和保证计算精度，本次模拟采用的模型尺寸取为空区范围的3~5倍。

根据上述要求，建立的原岩境界顶柱厚度数值模拟模型如图4-3所示。

2）矿岩和充填体物理力学参数

数值模拟所需的矿岩、充填体和钢筋混凝土的物理力学参数见表4-7。

表4-7　矿岩、充填体和钢筋混凝土的物理力学参数表

类别	弹性模量 /GPa	泊松比	黏聚力 /MPa	内摩擦角 /(°)	抗拉强度 /MPa	抗压强度 /MPa	密度 /(kg·m⁻³)
围岩	25	0.141	1.06	42	1.06	15.4	2700

续表 4-7

类别	弹性模量/GPa	泊松比	黏聚力/MPa	内摩擦角/(°)	抗拉强度/MPa	抗压强度/MPa	密度/(kg·m⁻³)
矿体	18	0.141	1.31	45	1.31	16.9	3830
充填体	0.615	0.30	0.06	53.1	0.02(28 d)	0.2	1800
钢筋混凝土	30	0.2	3.8	55	2.4	20	2500

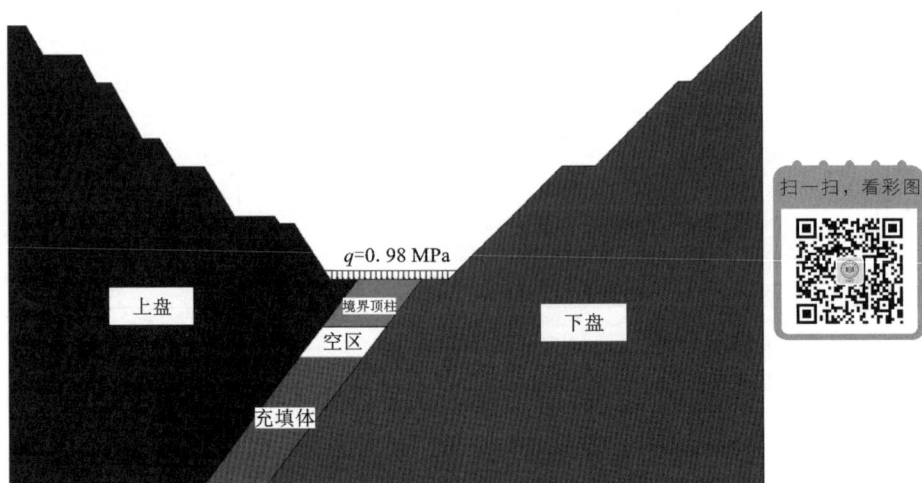

图 4-3 原岩境界顶柱厚度数值模拟模型图

3) 数值模拟方案与结果

本次数值模拟分析主要分析境界顶柱的拉应力大小,根据拉应力安全系数来确定合理的境界顶柱厚度,其中拉应力安全系数按下式计算:

$$K = \frac{\sigma}{\sigma_{许}} \tag{4-5}$$

式中:K 为拉应力安全系数;σ 为境界顶柱岩体最大拉应力,MPa;$\sigma_{许}$ 为境界顶柱岩体抗拉强度,取 1.31 MPa。

原岩境界顶柱厚度数值模拟方案与结果汇总于表 4-8。

表 4-8 原岩境界顶柱厚度数值模拟方案与结果汇总表

采空区跨度/m	参数	原岩境界顶柱厚度/m												
		4	6	8	10	13	15	18	20	23	25	28	30	33	35
10	境界顶柱的最大拉应力	1.42	1.05	0.75										
	拉应力安全系数	0.92	1.25	1.74										

续表 4-8

采空区 跨度/m	参数	原岩境界顶柱厚度/m													
		4	6	8	10	13	15	18	20	23	25	28	30	33	35
15	境界顶柱的 最大拉应力	1.47	1.25	1.06	0.81										
	拉应力安全系数	0.89	1.05	1.24	1.62										
20	境界顶柱的 最大拉应力			1.77	1.13	0.96	0.83								
	拉应力安全系数			0.74	1.16	1.36	1.58								
25	境界顶柱的 最大拉应力				1.75	1.35	1.12	0.99	0.87						
	拉应力安全系数				0.75	0.97	1.17	1.32	1.51						
30	境界顶柱的 最大拉应力							1.56	1.16	1.03	0.94				
	拉应力安全系数							0.84	1.13	1.27	1.39				
35	境界顶柱的 最大拉应力									1.52	1.27	1.19	1.08	1.02	
	拉应力安全系数									0.86	1.03	1.10	1.21	1.29	
40	境界顶柱的 最大拉应力											1.68	1.41	1.34	1.27
	拉应力安全系数											0.78	0.93	0.98	1.03

分析模拟结果可知：

(1)采空区跨度一定时，原岩境界顶柱的最大拉应力与拉应力区的范围随着原岩境界顶柱厚度的增大而减小，拉应力安全系数随着原岩境界顶柱厚度的增大而增大。

(2)原岩境界顶柱厚度一定时，原岩境界顶柱的最大拉应力与拉应力区的范围随着采空区的增大而增大，拉应力安全系数随着采空区跨度的增大而减小。

(3)采空区跨度达到 40 m 时，原岩境界顶柱的最大拉应力与拉应力安全系数不再随着原岩境界顶柱厚度的增大而明显增大或减小，均位于临界破坏状态附近，所以露天转地下开采过程中应将采空区跨度控制在 40 m 以内。

根据新桥矿露天转地下开采技术条件、采矿方法和实际情况并结合数值模拟结果，以原岩境界顶柱中的拉应力安全系数不小于 1.2 为原则推荐最小原岩境界顶柱厚度，见表 4-9。

表 4-9　原岩境界顶柱厚度数值模拟推荐值

采空区跨度/m	10	15	20	25	30	35	40
原岩境界顶柱厚度/m	6	10	13	18	23	30	—

4. 复合境界顶柱厚度数值模拟分析

1）模型的建立

本次设计考虑成本等因素，拟定在露天坑底（-156 m 水平）浇筑 1 m 厚的钢筋混凝土（C20 混凝土+普通碳钢钢筋）。模型建立的其他原则与原岩境界顶柱厚度数值模拟模型相同，复合境界顶柱厚度数值模型如图 4-4 所示。

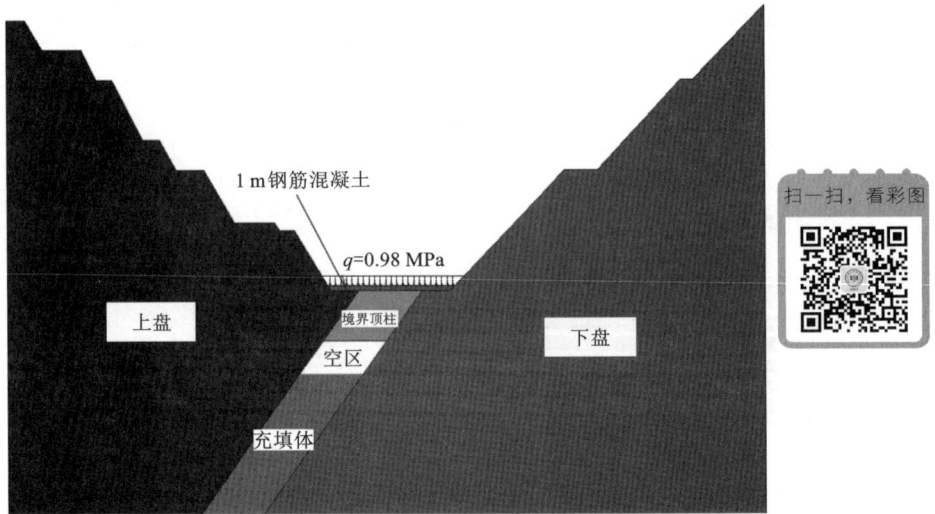

图 4-4 复合境界顶柱厚度数值模型图

2）数值模拟方案与结果

由于钢筋混凝土刚度大、质地均匀，在露天坑底浇筑 1 m 厚钢筋混凝土后的复合境界顶柱受力更加均匀，相同跨度下所需的原岩顶柱厚度可以更小，因此，只需对原岩顶柱厚度小于或等于上述推荐值的组合模型进行分析即可。复合境界顶柱厚度数值模拟方案与结果汇总于表 4-10。

对比分析模拟结果可知，采空区跨度和原岩顶柱厚度相同时，在露天坑底浇筑 1 m 钢筋混凝土的复合境界顶柱的最大拉应力较原岩境界顶柱的最大拉应力小，拉应力安全系数提高 0.1~0.4。复合境界顶柱厚度的数值模拟推荐值见表 4-11。

表 4-10 复合境界顶柱厚度数值模拟方案与结果汇总表

采空区跨度/m	参数	复合境界顶柱厚度/m													
		3	4	6	8	10	13	15	18	20	23	25	28	30	33	35
10	原岩顶柱的最大拉应力	1.18	0.96	0.85												
	拉应力安全系数	1.11	1.36	1.55												

续表 4-10

采空区跨度/m	参数	复合境界顶柱厚度/m														
		3	4	6	8	10	13	15	18	20	23	25	28	30	33	35
15	原岩顶柱的最大拉应力			1.28	1.05	0.88										
	拉应力安全系数			1.02	1.25	1.49										
20	原岩顶柱的最大拉应力				1.20	1.04	0.89									
	拉应力安全系数				1.09	1.26	1.47									
25	原岩顶柱的最大拉应力						1.22	1.07	0.94							
	拉应力安全系数						1.07	1.23	1.39							
30	原岩顶柱的最大拉应力								1.21	1.07	0.93					
	拉应力安全系数								1.08	1.22	1.41					
35	原岩顶柱的最大拉应力											1.16	1.04	0.98		
	拉应力安全系数											1.13	1.26	1.34		
40	原岩顶柱的最大拉应力												1.54	1.34	1.26	1.20
	拉应力安全系数												0.85	0.98	1.04	1.09

备注:各方案均为 1 m 厚钢筋混凝土+对应厚度的原岩顶柱

表 4-11 复合境界顶柱厚度数值模拟推荐值

采空区跨度/m	10	15	20	25	30	35	40
原岩顶柱厚度/m	4	8	10	15	20	28	—

备注:均为 1 m 厚钢筋混凝土+对应厚度的原岩顶柱

5. 露天转地下境界顶柱厚度确定

新桥矿露天转地下开采境界顶柱厚度的理论计算和数值模拟分析结果汇总于表 4-12。

综合数值模拟结果,并考虑以下因素,采用 24 m 厚原岩顶柱(-180 m 水平以上矿体):

(1)西翼地下开采最高标高为-180 m,为了便于管理,露天转地下开采最高标高宜与西翼地下开采一致。

(2)露天坑底铺设钢筋混凝土层施工难度大,费用高(估算需要 1598 万元)。

(3)新桥矿露天转地下分两步骤充填法开采,考虑到充填接顶不充分,存在未接顶相邻采空区贯通,形成跨度为 20~30 m 低矮空区(空区高度即为未接顶空间高度)的可能。

表 4-12 境界顶柱厚度的理论计算和数值模拟结果表

采空区跨度/m	原岩境界顶柱厚度/m					复合境界顶柱厚度/m
	厚跨比法	荷载传递交汇线法	结构力学方法	数值模拟法	平均值	数值模拟法
10	6	8.6	8.2	6	7	4
15	9	12.9	13.1	10	11	8
20	12	17.1	18.5	13	15	10
25	15	21.4	24.5	18	20	15
30	18	25.7	31.1	23	24	20
35	21	30.0	38.3	30	30	28
40	24	34.3	46.2	—	—	—
45	27	38.6	54.7	—	—	—
50	30	42.8	64.0	—	—	—
55	33	47.1	74.0	—	—	—

备注：安全系数 $K \geq 1.2$；复合境界顶柱均为 1 m 钢筋混凝土+对应厚度的原岩顶柱

4.2.4 露天转地下充填采矿方法

1.采矿方法选择

本次露天转地下开采范围为 -156 m 水平以下 21 线以东(即 1~21 线)的矿体，主要开采对象为 1# 矿体的东翼，采用下行式顺序开采。根据 1~21 线剖面图和平面图，按矿体的厚度将 1~21 线 -156 m 以下矿体为 4 类：厚度小于 5 m，占 4.4%；厚度为 5~15 m，占 11.8%；厚度为 15~50 m，占 79.4%；厚度大于 50 m，占 4.4%。各类矿体又根据矿体倾角分为 1~3 个亚类，各类矿体所占比例及主要分布区域见表 4-13。

表 4-13 1~21 线 -156 m 以下矿体分类表

厚度/m	所占比例/%	倾角/(°)	所占比例/%	主要分布区域
<5	4.4	25~45	33.4	20~21 线的 -270 m 中段和 -330 m 中段
		>45	66.6	3~5 线的 -230 m 中段和 5~10 线的 -380 m 中段、-430 m 中段与 -480 m 中段
5~15	11.8	<25	1.8	14~15 线的 -230 m 中段
		25~45	21.1	20~21 线的 380 m 中段和 8~9 线的 -430 m 中段
		>45	77.1	20~21 线的 -230 m 中段和 3~5 线各中段

续表 4-13

厚度/m	所占比例/%	倾角/(°)	所占比例/%	主要分布区域
15~50	79.4	<25	32.1	13~17 线-380 m 以下和 9~12 线-480 m 以下
		25~45	20.7	10~13 线-380 m 中段和 10~15 线-360 m 以下
		>45	47.8	9~17 线的-230 m 中段、-270 m 中段、-330 m 中段和 7~8 线的-230 m 中段、-270 m 中段、-330 m 中段
>50	4.4	>45	100.0	18~19 线的-270 m 中段、-330 m 中段和-380 m 中段

为实现露天转地下开采不停产平稳过渡，必须处理好露天与地下同时开采相互影响问题。新桥硫铁矿露天转地下采矿方法的选择，不但要考虑矿体的产状特点、产量要求，而且要充分考虑地压影响，保证地表公路、铁路、河流、村庄和建(构)筑物的安全，所以采矿方法的选择主要从充填法中进行选择。1~21 线-156 m 以下厚度为 15~50 m(C 类)的矿体为79.4% 左右，因此采矿方法的选择主要针对厚度为 15~50 m 的矿体，适合的采矿方法主要有机械化上向水平分层充填法和分段空场嗣后充填法。

2. 采矿方案优选

两种采矿方案的主要技术经济指标见表 4-14。

机械化上向水平分层充填法采切工作简单，灵活性强，对矿体形态变化适应性好；采用水平炮孔爆破，便于采场顶板的安全管理，地压控制效果好；使用无轨设备凿岩、出矿，回采作业机械化程度高，矿石损失率小，贫化率低；采场形成贯穿风流，通风效果好。其缺点是水平孔凿岩效率相对较低，作业循环较多，采场生产能力较低。

分段空场嗣后充填工作循环简单，同时作业面多(凿岩能与矿石运搬平行作业)，分段落矿自由面多，同次爆破炮孔排数多，回采强度大，劳动生产率高；工人不进入空区，只在分段凿岩巷道内作业，采场底部铲运机进行快速出矿，通风条件好，作业安全。其缺点是施工难度大，采场边界难以控制，顶底柱所占比例高，矿石损失、贫化大；采用扇形中深孔落矿，矿石块度不均匀、大块率高，二次破碎作业量大。

机械化上向水平分层充填法优点突出，在新桥矿应用技术成熟，效果好，施工容易，管理方便，为露天转地下开采采矿方法首选方案。

表 4-14　采矿方法主要技术经济指标表

序号	项目名称	机械化上向水平分层充填法	分段空场嗣后充填法
1	采场生产能力/(t·d⁻¹)	357.50	528.10
	矿房/(t·d⁻¹)	383.70	553.70
	矿柱/(t·d⁻¹)	331.40	502.40
2	矿石损失率/%	15.11	20.52
3	矿石贫化率/%	3.41	8.85

续表 4-14

序号	项目名称	机械化上向水平分层充填法	分段空场嗣后充填法
4	千吨采切比/(m·kt^{-1})	6.39	4.87
5	方案灵活适应性	好	较好
6	通风条件	好	好
7	实施难易程度	容易	难
8	地压控制效果	好	较好

3. 上向水平层充填法典型方案

1) 矿块布置和结构参数

矿房、矿柱垂直矿体走向交替布置，长度为矿体水平厚度，宽度为：矿房 14 m，矿柱 10 m。底柱 5 m，顶柱 2 m，分段高度 9.9 m，每个分段负责 3 个分层，分层高度 3.3 m，回采过程中最小控顶高度 3 m，最大控顶高度 6.3 m。

2) 采准切割

如图 4-5 所示，采准工程主要包括斜坡道、分段联络平巷、分层联络道、卸矿横巷、溜井、充填回风井等矿石回采工作必不可少的巷道。切割工作主要是拉底，在矿房、矿柱最下一分层自下向分层联络道垂直矿体布置一拉底平巷，根据凿岩台车工作需要，从最下一分段

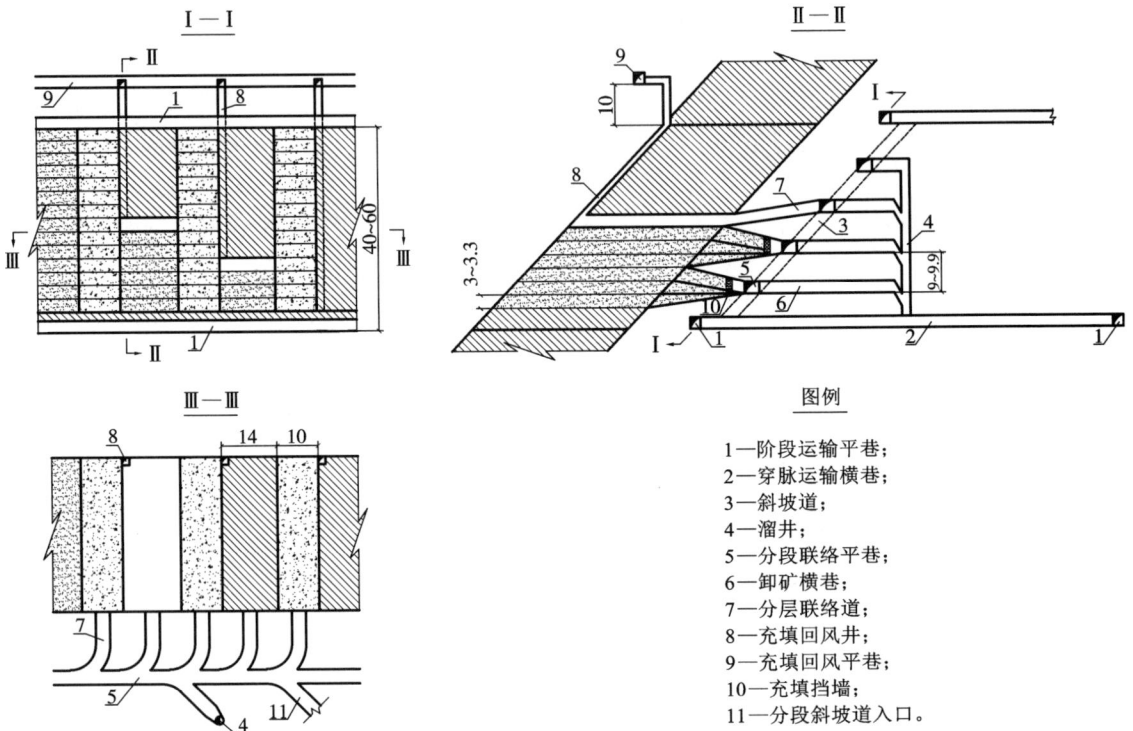

图例

1—阶段运输平巷；
2—穿脉运输横巷；
3—斜坡道；
4—溜井；
5—分段联络平巷；
6—卸矿横巷；
7—分层联络道；
8—充填回风井；
9—充填回风平巷；
10—充填挡墙；
11—分段斜坡道入口。

图 4-5 上向水平分层充填法（单位：m）

平巷，下向采场联络道，在最下一分层掘进拉底平巷(规格 3.0 m×3.0 m)，以拉底平巷为自由面向两边扩帮，直至采场两边边界。回采炮孔为水平中深孔，因此除了拉底层外，还需形成切割槽。考虑凿岩台车工作尺寸，切割槽宽和高均为 3.3 m，长为采场宽度，用凿岩台车形成。标准矿块采切工程量和矿量分配分别见表 4-15 和表 4-16，千吨采切比为 6.39 m/kt。

表 4-15　上向水分层充填法标准矿块采切工程量表

工程阶段及项目名称		规格/(m×m)或 m	条数/条	单长/m	长度/m			工程量/m³			采出矿量/t
					脉内	脉外	合计	脉内	脉外	合计	
采切工程	采准	分段联络平巷	3.5×3	4	24		96	96		1008	1008	
		溜井	φ2	1/2	28.1		14.1	14.1		176.56	176.56	
		分层联络道	3.5×3	24	20.6		494.3	494.3		5190.36	5190.36	
		卸矿横巷	3.5×3	1	17.8		17.8	35.7		374.59	374.59	
		穿脉	2.85×2.55	1	47.6	37.6	10	47.6	273.26	72.675	345.93	1046.03
		充填回风井	1.8×1.8	1	64.5	64.5		64.5	145.8		145.8	558.12
		小计						732.6		6822.18	7241.24	1604.15
	切割	拉底平巷	3×3	2	37.6	75.2		75.2	676.8		676.8	2590.79
		小计						75.2		676.8	676.8	2590.79
	采切合计							803.4			7918.04	4194.94
千吨采切比							6.39 m/kt				

表 4-16　上向水分层充填法标准矿块矿量分配表

项目	工业储量/t	回采率/%	贫化率/%	采出矿量/t			占矿块采出量的比重/%
				矿石	岩石	小计	
矿块	172719.4	84.66	3.41	146221.3	5160.0	151381.2	100
其中：矿柱	60595.7	98	4	59383.8	2474.3	61858.1	40.86
矿房	84818.8	98	3	83122.5	2570.8	85693.3	56.61
顶柱	6884.0						
底柱	16630.1						
附产	3790.8	98	3	3715.0	114.9	3829.9	2.53

3) 回采

为控制地压，各中段采用自中央向两翼间隔回采的方式，一步回采矿柱，二步回采矿房；阶段内间隔 4~5 矿块留设一个矿块宽度的间柱，待整个中段回采完毕后，再回收间柱。

为了便于分层采场顶板的安全管理，采用 Boomer 281 型凿岩台车凿岩水平炮孔。设计孔距 1.3 m、排距 1.1 m，边眼眼距适当减小，边眼与采场轮廓线间距 0.8~1.0 m，炮孔直径

42 mm。采用直径为 32 mm 卷状乳化炸药进行爆破，用电起爆引爆导爆管(非电导爆系统)一次微差爆破。根据炮孔布置及分层采场参数，矿块每个分层采场可布置 627 个(矿房 363 个，矿柱 264 个)炮孔，合计孔深 2143.2 m(矿房 1240.8 m，矿柱 902.4 m)，1 台凿岩台车作业的纯凿岩时间为 7 台班(矿房 4 台班，矿柱 3 台班)。分层矿量 11.4 t，故每米炮孔崩矿量为 5.32 t。

每次爆破，必须经充分通风(通风时间不少于 40 min)后，人员才能进入采场。新鲜风流经分层联络道进入采场冲洗工作面后，污风经充填回风天井排入上阶段回风巷道。为了改善通风效果，可以在充填井回风顶部设置辅扇加强通风。

采场爆破并经过有效通风排除炮烟后，安全人员进入采场清理顶帮松石。崩落矿石采用 CY-4 柴油铲运机经采场联络道、分段联络平巷运至溜矿井。估算出铲运机台班生产能力 406.7 t/台班。矿块分层矿量 11.4 kt(矿房 6.65 kt，矿柱 4.75 kt)，则纯出矿时间为 29 台班(矿房 17 台班，矿柱 12 台班)。

4) 充填

一步矿柱充填采用水泥：粉煤灰：全尾矿(质量比)=1：2：6，质量浓度 70% 左右的胶结充填混合料；二步矿房充填采用水泥：粉煤灰：全尾矿(质量比)=1：2：15，质量浓度 70% 左右的胶结充填混合料；矿房、矿柱各分层采用水泥：粉煤灰：全尾矿(质量比)= 1：2：6，质量浓度 70% 左右的胶结充填混合料进行浇面(厚度 300 mm)充填以减轻铲运机出矿时对层面的破坏和矿石贫化；矿房、矿柱底部第一分层和接顶充填采用水泥：粉煤灰：全尾矿(质量比)=1：2：6，质量浓度 70% 左右的胶结充填混合料。充填接顶方法采用分区、分次加压输送充填料，即在接顶层分区段构筑隔墙，先充 1~2 次，让充填料沉缩后，再次补充以提高接顶的密实性。

水泥、粉煤灰与高硫尾砂的充填浆体质量浓度为 70% 左右，充填能力 110 m³/h，考虑充填体压缩沉降及料浆流失(10%)，实际充填体积可以达到 99 m³/h。矿柱每分层充填体积分别为 1737.12 m³、1024.8 m³，所以矿房、矿柱每分层纯充填时间分别为 3.5 台班、2.1 台班，考虑到充填准备、整平等，预计矿房、矿柱每分层纯充填时间分别需 6 台班、4 台班。

5) 采场生产能力与分层作业循环表

每个采场分为 12 个分层(不计拉底层)进行回采，矿房、矿柱每分层的回采作业循环分别见表 4-17 和表 4-18。

矿房、矿柱每分层回采循环时间分别预计为 52 台班(包括充填 6 台班、养护 21 台班)、43 台班(包括充填 4 台班、养护 21 台班)。矿房、矿柱每分层采出矿量分别为 6.65 kt、4.75 kt(计入贫化损失)，矿房、矿柱采场生产能力分别为 383.7 t/d、331.4 t/d。

6) 主要掘进设备

大断面巷道凿岩选用 1 台 Boomer 281 型凿岩台车，能力有较大富余，可同时作为采矿凿岩备用。天井、溜井掘进使用 AT1500 型天井钻机，小断面平巷掘进使用普通凿岩机，根据掘进与采矿规模需要适当增配，主要采掘设备见表 4-19。

表 4-17　上向水平分层充填法矿房每分层作业循环表

序号	作业名称	时间/台班	进度/台班								
			6	12	18	24	30	36	42	48	54
1	凿岩(多次)	4									
2	爆破通风(23次)	4									
3	出矿(23次)	17									
4	充填	6									
5	养护	21									
6	合计	52									

表 4-18　上向水平分层充填法矿柱每分层作业循环表

序号	作业名称	时间/台班	进度/台班							
			6	12	18	24	30	36	42	48
1	凿岩(11次)	3								
2	爆破通风(11次)	3								
3	出矿(11次)	12								
4	充填	4								
5	养护	21								
6	合计	43								

表 4-19　主要采掘设备

序号	设备名称	型号	数量/台		
			开动	备用	小计
1	凿岩台车	Boomer 281	2		2
2	铲运机(内燃)	CY-4	3	1	4
3	天井钻机	AT1500	1		1
4	凿岩机	7655	6	3	9
5	凿岩机	YSP-45	2	2	4
6	局扇	JK58-2No4、JK58-1No4	24	10	34

7)主要技术经济指标

主要技术经济指标见表 4-20。

表 4-20　上向水平分层充填法标准矿块主要技术经济指标表

序号	指标名称		单位	数值	备注
1	地质指标				
1.1	品位	Cu	%	0.34	
		S	%	28.05	
1.2	矿石体重		t/m³	3.828	
1.3	矿体真厚度		m	27.5	
1.4	矿体倾角		(°)	45	
2	设计生产能力		万t/a	90	
3	矿块构成要素				
3.1	长度		m	37.6	矿体水平厚度
3.2	宽度	矿房	m	14	二步
		矿柱	m	10	一步
3.3	阶段高度		m	50	
3.4	底柱		m	5	
3.5	顶柱		m	2	
3.6	分段高度		m	9.9	
3.7	分层高度		m	3.3	
4	矿块矿量		kt	151.38	
5	千吨采切比		m/t	6.39	
6	每米炮孔崩矿量		t/m³	5.32	
7	回收率		%	84.66	整个矿块
8	贫化率		%	3.41	整个矿块
9	凿岩穿孔速率		m/台年	230000	理论值
			m/min	0.7	实测值
10	铲运机生产能力		万t/台年	34~38	理论值
			t/台班	406.7	理论值
11	单位炸药量		kg/t	0.3	参考矿山值
12	充填生产能力		m³/h	110	设计值
13	采场生产能力		t/d	357.5	平均
13.1	矿房		t/d	383.7	二步
13.2	矿柱		t/d	331.4	一步

4.2.5　露天转地下主要生产系统

1. 矿山生产能力

根据矿山现有地质储量和开采技术条件,露天转地一期开采设计生产能力为 90 万 t/a。

1)按中段可布有效矿块数验证生产能力

矿体在各中段赋存状况和分布情况表明,1~21 线范围内,−380~−230 m 中段矿体走向延长为 700~1000 m,矿体在 8、9 线处发生间断;−530~−380 m 中段的矿体比较连续,但走向长度逐渐减小为 300~500 m。根据拟定的采场结构参数确定中段可布采场数,采场生产能力按下式验算:

$$A = \sum N_i \cdot q_i \cdot K_i \qquad (4-6)$$

式中:A 为中段生产能力,t/d;N_i 为同时回采可布矿块数,个;q_i 为矿块生产能力,取 357.5 t/d;K_i 为矿块利用系数。

计算结果见表 4-21。

表 4-21　各中段的可布采场数和生产能力计算表

中段	可布矿块数 /个	矿块利用系数	同时回采可布矿块数 /个	矿块生产能力 /(t·d⁻¹)	中段生产能力 (t·d⁻¹)
−230 m	34	0.33	11	357.5	3933
−270 m	39	0.33	13	357.5	4648
−330 m	34	0.33	11	357.5	3933
−380 m	33	0.33	11	357.5	3933
−430 m	32	0.33	11	357.5	3933
−480 m	21	0.33	7	357.5	2503
−530 m	13	0.33	4	357.5	1430

露天转地下一期中段生产能力为 3933~4648 t/d,满足 90 万 t/a 生产需求;露天转地下二期 −430 m 和 −580 m 两个主要中段同时生产可达 6436 t/d,满足 180 万 t/a 的生产能力要求。

2)按年下降速度验证生产能力

$$A = \frac{QV\alpha}{h \times (1-\beta)} \qquad (4-7)$$

式中:A 为矿山年生产能力,t/a;V 为年下降速度,m/a;α 为矿石回收率,%;β 为废石混入率,%;Q 为中段矿石量,t;h 为中段高度,m。

各中段年下降速度计算见表 4-22。

露天转地下开采一期以 90 万 t/a 生产规模进行计算,平均年下降速度为 12 m/a;二期以 180 万 t/a 生产规模进行计算,平均年下降速度为 24 m/a,与同类型矿山的年下降速度相当。

表 4-22　各中段年下降速度表

中段	地质矿量 /t	下降速度 /(m·a⁻¹)	损失率 /%	贫化率 /%	段高 /m	地质影响系数	中段生产能力 /(t·a⁻¹)
−230 m	4499141	12	15.34	3.41	50	0.9	851784
−270 m	4228217	12	15.34	3.41	40	0.9	1000615
−330 m	6542211	12	15.34	3.41	60	0.9	1032151
−380 m	5665089	12	15.34	3.41	50	0.9	1072523
−430 m	8957218	24	15.34	3.41	50	0.9	3391588
−480 m	6787940	24	15.34	3.41	50	0.9	2570206
−530 m	3091263	24	15.34	3.41	50	0.9	1170484

3) 按新水平中段提前准备时间验证生产能力

$$T_z = \frac{Q_z \alpha E}{K(1-\beta)A_z} \qquad (4-8)$$

式中：T_z 为新水平中段准备时间，a；Q_z 为回采阶段地质储量，t；A_z 为回采阶段年产量，t；α 为矿石回收率，%；β 为废石混入率，%；E 为地质影响系数，取 0.9；K 为超前系数，取 1.2。

新水平中段准备时间计算见表 4-23，可见新水平准备时间为 2.8~4.2 a，中段开采时间为 4~6 a，准备时间小于生产时间，满足要求。

表 4-23　按水平中段准备时间验证生产能力

中段	地质矿量 /t	阶段年产量 /(t·a⁻¹)	损失率 /%	贫化率 /%	超前系数	地质影响系数	新水平准备时间/a
−230 m	4499141	851784	15.34	3.41	1.2	0.9	3.47
−270 m	4228217	1000615	15.34	3.41	1.2	0.9	2.78
−330 m	6542211	1032151	15.34	3.41	1.2	0.9	4.17
−380 m	5665089	1072523	15.34	3.41	1.2	0.9	3.47
−430 m	8957218	1695794	15.34	3.41	1.2	0.9	3.47
−480 m	6787940	1285103	15.34	3.41	1.2	0.9	3.47
−530 m	3091263	585242	15.34	3.41	1.2	0.9	3.47

4) 矿山服务年限

$$T = \frac{Q\alpha}{(1-\beta) \cdot A} \qquad (4-9)$$

式中：T 为矿井服务年限，a；Q 为设计开采一期储量，取 2093.47 万 t；α 为矿石回收率，取 84.66%；A 为矿井生产能力，取 90 万 t/a；β 为贫化率，取 3.41%。

根据开采储量和设计的生产能力并考虑达产期和后期减产期，计算一期服务年限为

22 a，加上基建期 3 a，实际服务年限为 25 a，满足要求。

2. 开拓运输系统

1）中段高度

增加中段高度可降低开拓采准工作量，延长阶段回采期间，为新阶段的准备赢得时间。但阶段高度太大会造成采矿技术条件恶化，天井、溜井掘进困难，增加矿石的损失与贫化。相反，小的阶段高度采矿较易控制，矿石回收率高，但开拓采准工程量增多，掘进成本增加。根据矿体赋存条件、露天坑最终境界、境界顶柱的厚度、西翼中段高度情况及所选择的采矿方法，露天转地下确定中段高度为 40 m、50 m、60 m 不等。一期设 -230 m、-270 m、-330 m 和 -380 m 四个中段，-180 m 水平为回风水平；二期设 -430 m、-480 m 和 -530 m 三个中段。

2）开拓系统方案

露天转地下开拓系统的范围为新桥硫铁矿东翼 21 线以东 -156 m 水平以下的含铜硫铁矿体。根据矿区地表地形条件、矿体赋存特征及地表现有主体工程、工业场地布置情况等，新桥矿露天转地下开采设计采用上盘侧翼主副井+上盘辅助斜坡道开拓、主副井分次掘成方案。在矿体上盘 21 线与 20 线之间的矾头岩株布置一箕斗主井，主要承担矿石的提升；在主井附近布置副井，主要承担各废石、人员、设备、材料等的提升，并兼入风井；为了方便大型无轨设备、材料和人员进出井下，在副井口附近布置辅助斜坡道，兼辅助入风井；将原矾山风井修复后作为回风井，构成单翼对角式开拓通风系统；井下设 -230 m、-270 m、-330 m、-380 m、-430 m、-480 m 和 530 m 七个中段，-180 m 水平作为回风水平，一期破碎硐室设置在 -430 m 水平，负责 -230 m、-270 m、-330 m 与 -380 m 中段矿石的破碎提升任务，二期破碎硐室设置在 -580 m 水平，负责 -430 m、-480 m 与 -530 m 中段矿石的破碎提升任务。

地表工业场地主要有主井井口工业场地、副井井口工业场地和风井井口工业场地，其中副井井口部分工业场地利用现有的露天汽保车间改建而成。

3）主井提升系统

在矿体上盘 21 线与 20 线之间的矾头岩株布置箕斗主井，井筒净径 4.5 m，井口标高 +34 m。一期在 -430 m 标高水平设大件道与破碎硐室相通，在 -459 m 标高水平设皮带道；二期在 -580 m 标高水平设大件道与破碎硐室相通，在 -609 m 标高水平设皮带道。主井与各中段不连通。主井采用 JKM-2.8×4（Ⅰ）E 型井塔式多绳摩擦提升机，内设 5 m³ 的 DJD1/2-5 型多绳底卸式箕斗配 15.4 t 平衡锤。主要担负矿石提升，设计提升能力 90 万 t/a。

4）副井提升系统

在主井附近布置副井，井筒净径 5.5 m，井口标高 +34 m，通过马头门与 -180 m、-230 m、-270 m、-330 m、-380 m、-430 m、-480 m 和 530 m 水平连通。副井采用 JKMD-2.8×4（Ⅰ）E 型落地式多绳摩擦提升机，井筒内设 4000 mm×1800 mm 的 6# 单层多绳罐笼 YMGG-4（2）-1-Z₆ 配 13.7 t 平衡锤、梯子间和管缆间。主要担负矿山基建期和生产期废石、人员、材料、设备等的提升与上下任务，同时兼进风井，设计废石提升能力 20 万 t/a。

5）辅助斜坡道

在副井井口附近设置斜坡道，硐口标高 +34 m，坡度 15%，主要作为运送无轨设备和人员、材料的通道，同时兼做辅助进风井、废石运输出口和安全出口。

6）中段运输

井下运输采用电机车牵引矿车组运输。各中段采用下盘双沿脉环形运输方式，中段矿石经中段溜井装入 2.0 m³ 底侧卸式矿车，用 ZK6-7/250 架线电机车双机牵引 12 辆矿车组运至主井旁侧的矿石主溜井，卸入井下破碎硐室破碎后，经皮带、计量装置由箕斗提至地表矿仓。而各中段废石用 ZK3-7/250 架线电机车单机牵引 10 辆 0.7 m³ 翻转式矿车组运至副井，由副井罐笼提升至地表暂时堆存。

7）溜破系统

鉴于采场最大出矿块度达 600 mm，而主井提升采用多绳底卸式箕斗，为提高箕斗装卸效率，防止箕斗装卸环节出现矿石卡堵现象，改善提升设备的工作条件，实现提升自动化，尤其是为了提高采场开采强度，减少采场二次破碎工作量，改善矿井通风条件，设计在坑内设置配套的破碎系统。

溜破系统包括破碎硐室、主溜井、上部矿仓、下部矿仓、除尘硐室、破碎变电所、操作硐室、卸矿硐室、分支斜溜道、大件道、皮带道及联络道等。

溜破系统采用中央竖井单机双侧布置方式。一期破碎硐室设置在 -430 m 水平，内设 PEF900×1200 型颚式破碎机，负责 -230 m、-270 m、-330 m 和 -380 m 四个中段矿石的破碎。主溜井采用直溜井，井筒净径 3.5 m，共设 2 条，其中 1 条备用，-230 m 中段采用中心卸矿方式，-270 m、-330 m 和 -380 m 中段采用分支斜溜道与主溜井连通。主溜井下口至破碎系统设上部矿仓（净径 4 m），破碎硐室下方设下部矿仓（净径 4 m）。

破碎硐室通过大件道与箕斗主井相连，通过破碎硐室联络道与粉矿回收井相连；下部矿仓设皮带道与箕斗主井相连，并通过皮带道联络道与粉矿回收井相连。

二期破碎系统相应下移，破碎硐室设置在 -580 m 水平，内设 PEF900×1200 型颚式破碎机，负责 -430 m、-480 m 与 -530 m 中段矿石的破碎。

8）粉矿回收系统

粉矿回收系统设在 -380 m 水平，包括卷扬机硐室、水泵硐室、沉淀道、沉淀池、吸水井、粉矿回收道等。

一期在主井附近从 -380 m 中段下掘进一盲竖井（粉矿回收井）至 -509 m 水平，井筒净径 3.5 m，分别在 -430 m 与 -459 m 水平设置破碎硐室联络道与皮带道联络道，在 -509 m 水平通过粉矿回收道与主井贯通。二期粉矿回收系统相应下移，分别在 -580 m 与 -609 m 水平设置破碎硐室联络道与皮带道联络道，在 -659 m 水平通过粉矿回收道与主井贯通。粉矿回收井采用 2JTP-1.6×1.2 型落地式单绳缠绕提升机，内设 2000 mm×1150 mm 的 2# 单层罐笼配 3.7 t 平衡锤、梯子间和管缆间。主井井底粉矿采用装岩机装入 0.7 m³ 矿车，人工推至粉矿井内罐笼，通过罐笼将粉矿提至 -380 m 中段（二期至 -530 m 中段），卸入溜破系统。

9）通风系统

根据露天转地下开采确定的开拓方案，设计采用单翼对角抽出式通风系统。新鲜风流由副井进入（斜坡道辅助进风），经井底车场与石门，进入阶段运输巷道，再经斜坡道和分段联络平巷进入各分层水平清洗工作面。污风由脉内充填回风井、上中段回风巷、中段回风井汇聚至矾山风井，由主扇风机抽出地表。

10）充填系统

为配合选硫工程，新桥矿在原露天工段办公场地建设了满足地下 110 万 t/a 开采能力充填的全尾砂胶结充填系统(图 4-6),充填站内设二座立式砂仓(ϕ10 m,有效容积 1500 m^3)、一座水泥仓(ϕ5.5 m,有效容积 560 m^3)、一座粉煤灰仓(ϕ5.5 m,有效容积 560 m^3)和一套搅拌系统,露天转地下开采范围内充填倍线绝大部分属于充填自流运输范围。

图 4-6　新桥硫铁矿分级尾砂充填系统

4.3　黄麦岭磷矿露天转地下充填法

4.3.1　露天转地下开采背景

1.露天转地下开采背景及意义

湖北省黄麦岭磷化工有限责任公司位于湖北省孝感市大悟县境内,紧靠我国北方缺磷区,是一家以化肥生产为主,集磷矿采矿、选矿、化工于一体的国有大型企业。公司于2001 年取得 24~56 线采矿权,开采深度为 +25~+240 m 标高,储量为 2551.58 万 t,P_2O_5 平均品位 11.40%,设计服务年限 23 年,设计采矿能力 100 万 t/a。+110 m 水平以上为山坡露天,自上而下分层开采,+110 m 以下为凹陷露天,以 40 线为界分为东西两个采坑,采用穿孔爆破,铲装运载,排岩间断工艺,纵向掘沟水平推进的开拓方式,公路汽车运载。露天开采台阶高度 10 m,台阶坡面角 65°,安全平台宽度 3 m,清扫平台宽 11 m,最终台阶坡面角 44°。

2009 年底,露天开采范围内矿石地质储量尚余 660 万 t,仅能维持 4~6 年服务年限,届时露天将完全闭坑，转入地下开采。为此，湖北省黄麦岭磷化工有限责任公司委托中南大学对黄麦岭及方家冲矿段的资源进行露天转地下开采安全平稳过渡关键技术和方案展开规划方案研究，为露天转地下开采的设计与建设提供科学依据。

2. 矿区概况

1）矿区地质

黄麦岭磷矿地下开采矿区位于大悟-红安弧形帚状构造与淮阳"山"字形内弧重接部位，大磊山穹隆的西南部，由黄麦岭矿段与方家冲矿段组成，地层产状较平缓且稳定。除矿区西端有倾伏倒转背斜外，其余为单斜构造，断裂亦不发育，区内构造比较简单。黄麦岭矿段西起晏家桥（10线），东到徐家河（74线），全长3400 m，宽5~200 m；方家冲矿段北起徐家河，中经方家冲水库，南止周家冲，全长3000 m，下含磷层地表宽10~90 m。

2）地层

区内出露地层只有元古界红安群七角山组下段和第四系，磷矿床赋存于元古界红安群七角山组含磷亚段下含磷层（Ptq_1^{1-1}）中，矿床由下部 I 矿层和上部 II 矿层及其夹石层组成。下含磷层（Ptq_1^{1-1}）由 I、II_1 矿层及顶底部的锰土层、石英云母片岩、碳质片岩、大理岩、含磷大理岩及构造、浅粒岩、变粒岩等组成，层厚15~180 m。石英云母片岩层（Ptq_1^{1-2}）主要由石英云母片岩、云母石英片岩、钠长白云片岩等组成，层厚0~55 m，P_2O_5 含量小于1.0%。上含磷层（Ptq_1^{1-3}）主要为含磷变粒岩、含磷片岩、大理岩，局部见磷矿层厚0.2~1.15 m，P_2O_5 含量6.74%~11.64%，层厚0~11 m。

3）矿体产状特征

II 矿层为主要工业矿层，主要分布于24~94线，长度超过2100 m、控制斜深超过750 m，规模大、连续性好，呈层状、似层状分布，分支复合明显，厚度5~30 m，平均厚度15.75 m。由于地表广泛出露，24~54线间标高+25 m 以上矿体采用露天开采，其余使用地下开采进行矿体回收。按矿层对比 II 矿层又可分为上部的 II_1 矿层与下部的 II_2 矿层，II_1 矿层厚大（平均厚度12.93 m）而稳定，基本上贯穿全矿区；而 II_2 矿层厚度小（平均厚度5.75 m），分布于黄麦岭矿段的54~66线范围内，在方家冲矿段缺失 II_2 矿层。

4）矿体顶底板特征

矿层顶板主要岩性为含磷石英云母片岩，次为含磷浅粒岩、含磷变粒岩及半石墨片岩，偶见大理岩。含磷岩石 P_2O_5 含量1%~3%。其厚度在48线以西一般5~10 m，有时尖灭，使矿层与石英云母片岩层（Ptq_1^{1-2}）直接接触；51线以东厚度为20~50 m。矿层底板主要岩性为含磷浅粒岩，次为含磷变粒岩、条带状含磷变粒岩、石英云母片岩、大理岩，地表常见1~4 m 的含磷锰土，个别达5 m 的含磷黏土、含磷锰黏土，P_2O_5 含量均小于4%；沿走向及倾向有时全部相变为大理岩或浅（变）粒岩，厚度很不稳定。

3. 露天开采现状

1）露天采场基本概况

湖北省黄麦岭磷化工有限责任公司露天采矿场于1972年开始进行人工开采，1993年建成为100万t/a的现代化大型化工矿山。按照原初步设计，露天开采年限为23年，开采深度为东坑240 m，西坑160 m。+130 m 水平以上为山坡开采，东、西部同步下降，从+130 m 水平以下以 40 线为界分为西、东两坑开采。西坑坑底为 24~40 线，坑底标高+60 m，长 680 m，宽 31 m；东坑坑底为 46~54 线，坑底标高+25 m，长 500 m，宽 31 m。先采西坑，后采东坑，西坑作东坑开采的内排土场，内排土场容积估算为 700 万 m³。目前西坑已经闭坑，截至 2009 年年底，东露天坑还有 660 万 t 矿石储量，如图 4-7 所示。

图 4-7　东露天坑现状图

2）采矿工艺

采用穿孔、爆破、铲装、运输等回采工艺，纵向挖沟沿走向水平推进方式。先剥离矿体顶板，采用掘沟的方法形成回采工作面，通常形成 2 个出矿工作面，1 个出矿，1 个备用。矿石进原矿仓时要进行配矿。采矿主要设备包括：

（1）WK-4A 电铲 4 台，1 台用于装矿，3 台用于剥离。

（2）NHL-3307 矿用汽车 9 台，用于剥离运输。

（3）D25KSh 高风压潜孔钻 2 台，用于矿石及岩石穿孔工作。

（4）ROC-742 液压钻机 1 台，用于预裂穿孔工作及根底处理。

（5）D9N 推土机 2 台，上海 120 推土机 2 台，用于采场辅助作业和排土场整平。

（6）乳化炸药混装车 1 台。

（7）排水泵 3 台。

（8）洒水车 1 台，材料车 1 台，工具车 1 台。

4. 地下矿床开采技术条件

1）水文地质条件

区内主要河流为南部的大雁河和西缘的灅水，对矿坑充水影响较大，主矿层开采时，矿坑水主要来源是顶板和矿层中溶孔裂隙水，大气降水作为本矿区地下水主要补给来源，对井下开采影响较大，水文地质属中等类型。

2）矿岩物理力学性质

距矿层较远的浅粒岩、片麻岩岩性较坚硬，接近矿层的石英云母片岩，尤其是含碳质或含碳酸岩的片岩稳固性较差；矿层较为坚硬而稳定，局部节理发育稳定性稍差。区内断裂多为压扭性，破碎带宽度不大，且多为闪长岩脉所充填，胶结较好，但局部地段断层破碎带胶结差，节理裂隙较发育，有掉块、漏水现象。主要岩石试样物理力学性质见表 4-24。

3）矿区保有资源量

黄麦岭矿区共划分为 2 个矿段，北部为黄麦岭矿段，南部为方家冲矿段。据统计，黄麦岭矿区标高-350~+200 m，20~94 线范围内，露天坑以下矿体的资源总量为 6837.28 万 t，建筑物下压覆资源量 545.2 万 t，水库下面 82~94 线间压覆矿石量 200.02 万 t。

表 4-24　黄麦岭岩石试样力学性质汇总表

试件岩性	试件编号	抗压强度 /MPa	抗拉强度 /MPa	弹性模量 /GPa	密度 /(kg·m⁻³)	泊松比	备注
浅粒磷灰岩	Kx-1	121	3.06	9.079	2906.2	0.325	矿石
含磷变粒岩	Xy-4	104	14.20	5.610	2866.4	0.304	
石英云母片岩	Xy-5	36	3.742	2.355	2722.2	0.231	
绿片岩	Dy-1	40.1	3.525	9.407	2721.4	0.220	
变粒磷灰岩	Dk-1	150	4.037	24.106	2692.3	0.327	致密坚硬
片麻岩	Dy-3	77.2	7.292	8.796	2599.8	0.440	
大理岩	Dy-5	165	5.44	20.335	2840.2	0.430	致密坚硬
半石墨片岩	Dy-7	128	6.592	9.033	2699.7	0.438	

4.3.2　露天转地下安全隔离层厚度

1.露天转地下安全隔离层厚度计算

1)隔离层厚度计算方法

安全隔离层是露天转地下开采过渡期间至关重要的安全保障。隔离层的安全与否,不仅直接影响露天坑底作业人员和设备的安全,也会严重影响地下开采的安全,如果隔离层过薄,易造成采空区围岩突然崩落,对地下采空区产生强烈冲击,造成井下作业人员伤亡。

研究表明,影响隔离矿柱稳定性的因素很多,主要包括矿岩物理力学性质、矿床的地质构造、采空区面积(矿房跨度)、间柱宽度、露天地下的开采作业、地下水等因素,同时受回采顺序、爆破震动及露天重型设备运行等动荷载的影响。如果矿房跨度过大,而隔离矿柱过薄,此时由于采空区暴露面积过大,可能造成隔离矿柱冒落、采场塌陷,将对生产造成严重的危害。如果矿房跨度较小,隔离矿柱过厚,将不可避免地造成大量的矿石损失。因此,隔离层安全厚度的研究与计算是一项非常重要而又复杂的课题。目前,计算露天转地下隔离层安全厚度的方法主要有:厚跨比法、荷载传递交汇线法、结构力学方法、采场长宽比方法、普氏地压力计算方法等理论分析方法,以及基于 ANSYS、ANDIA、NASTRAN、SAP 等有限元软件的数值模拟方法。由于各种方法都存在一定的局限性,应采用多种方法计算,并进行多项式数值逼近,力求得到一个比较合理的隔离矿柱厚度。

2)厚跨比法

露天矿开采时最大型设备为 WK-4A 电铲,设备质量 220 t,外部静荷载 q 大小为:

$$q = \frac{G}{2bc} = \frac{220 \times 10}{2 \times 1 \times 6} = 183.3 \text{ kPa} \qquad (4-10)$$

式中: G 为设备自重,kg; b 为履带宽,m; c 为履带长,m。

根据厚跨比理论与计算方法,引入安全系数 K,可得到不同安全条件下的采空区跨度与安全隔离层厚度之间的关系,见表 4-25。

表 4-25　厚跨比法计算安全隔离层厚度与采空区跨度

采空区跨度/m	安全隔离层厚度/m				备注
	$K=1$	$K=1.2$	$K=1.5$	$K=2.0$	
5.0	2.5	3.0	3.75	5.0	
7.5	3.75	4.5	5.63	7.5	
10.0	5.0	6.0	7.50	10.0	
15.0	7.5	9.0	11.25	15.0	
20.0	10.0	12.0	15.00	20.0	
25.0	12.5	15.0	18.75	25.0	
30.0	15.0	18.0	22.50	30.0	
35.0	17.5	21.0	26.25	35.0	
40.0	20.0	24.0	30.00	40.0	
45.0	22.5	27.0	33.75	45.0	
50.0	25.0	30.0	37.50	50.0	
55.0	27.5	33.0	41.25	55.0	
60.0	30.0	36.0	45.00	60.0	

3）荷载传递交会线法

使用荷载传递交会线法，得到不同采空区跨度与安全隔离层厚度的关系见表 4-26。

表 4-26　用荷载传递交会线法计算安全隔离层厚度

采空区跨度/m	安全隔离层厚度/m		
	$\beta=30°$	$\beta=32°$	$\beta=35°$
5.0	4.3	4.0	3.6
7.5	6.5	6.0	5.4
10.0	8.7	8.0	7.1
15.0	13.0	12.0	10.7
20.0	17.3	16.0	14.3
25.0	21.7	20.0	17.9
30.0	26.0	24.0	21.4
35.0	30.3	28.0	25.0
40.0	34.6	32.0	28.6
45.0	39.0	36.0	32.1
50.0	43.3	40.0	35.7

4)结构力学方法

将采空区上部的安全隔离层假定为结构力学中两端固定的板梁,将其简化为平面弹性力学问题,取单位宽度进行弯矩 M 的计算,岩性板梁的计算简图和弯矩情况如图 4-8、图 4-9 所示。

$$M = \frac{1}{12}qL_0^2 \tag{4-11}$$

式中:q 为岩梁自重及外界均布荷载;L_0 为采空区跨度。

将顶柱受力认为是两端固定的厚梁,可得到顶板厚梁内的弯矩与应力大小:

$$M = \frac{(9.8h+q)l_n^2}{12} \tag{4-12}$$

$$\omega = \frac{bh^2}{6} \tag{4-13}$$

式中:M 为弯矩,$N \cdot m$;ω 为阻力矩,截面系数,m^3;b 为梁宽,m。

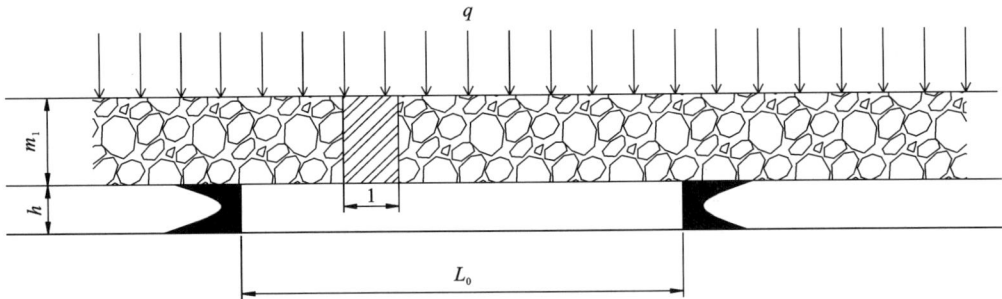

图 4-8 岩性板梁的支承条件(固支状态)

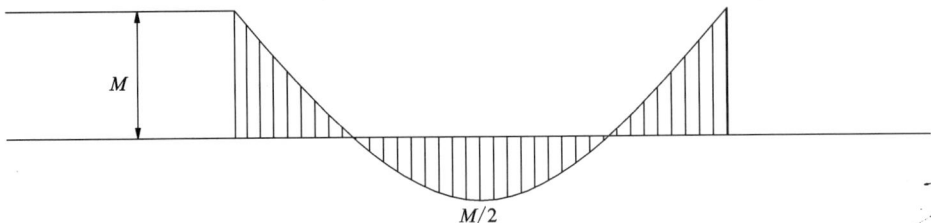

图 4-9 岩性板梁的弯矩大小示意图

计算可知,在采空区顶板中央部位出现最大弯矩,顶板允许的应力为:

$$\sigma_{许} = \frac{M}{\omega} = \frac{(9.8\gamma h+q)l_n^2}{2bh^2} \tag{4-14}$$

式中:$\sigma_{许}$ 为允许拉应力,MPa。

$$\sigma_{许} = \frac{\sigma_{极}}{nK_c} \tag{4-15}$$

式中:n 为安全系数,可取 2~3;$\sigma_{极}$ 为极限抗拉强度,11.85 MPa;K_c 为结构削弱系数。K_c 值取决于岩石的坚固性、岩石裂隙、夹层弱面等因素。当用大爆破崩矿时,顶柱中会产生附加应力,这些应力将削弱岩体强度并增加裂隙。因此,结构削弱系数 K_c 不应小于7。

按两端固定的厚梁模型计算安全隔离层厚度,其结果见表4-27。

表4-27　结构力学方法计算的安全隔离层厚度

序号	净跨 l_n/m	最小计算安全厚度 H_n/m	备注
1	10	2.3	
2	12	2.9	
3	15	3.9	
4	18	5.2	岩石容重 $\gamma = 2.83$ t/m³;
5	20	6.1	准许拉应力 $\sigma = 592.5$ kPa;
6	22	7.1	地面单位压力 $q = 180$ kPa;
7	24	8.2	安全系数 $n = 2$
8	26	9.4	
9	28	10.7	
10	30	12.0	
11	35	15.9	岩石容重 $\gamma = 2.83$ t/m³;
12	40	20.3	准许拉应力 $\sigma = 592.5$ kPa;
13	45	25.3	地面单位压力 $q = 180$ kPa;
14	50	30.8	安全系数 $n = 2$

5)空场长宽比方法

根据露天矿不同的采空区尺寸大小,分两种情况分析计算安全隔离厚度。

(1)空场的长度与宽度之比大于2。此时假定空场顶板至露天工作平盘间为一块嵌固梁板,受均衡连续载荷作用,其最小安全厚度为:

$$H_n = \frac{L_n}{8} \times \frac{\gamma L_n + \sqrt{\gamma^2 L_n^2 + 16\sigma(P + P_1)}}{\sigma} \tag{4-16}$$

式中: H_n 为最小安全厚度,m; L_n 为空场宽度,m; γ 为空场顶板岩石容重,t/m³; σ 为空场顶板岩石的准许拉应力,t/m²; P_1 为设备对地面单位压力,t/m²; P 为由爆破而产生的动载荷,

$$P = \frac{\gamma H(K_c + K_n)}{K_p} \times K_g \tag{4-17}$$

式中: H 为阶段高度,为12 m; K_c 为爆堆沉降系数,取0.1; K_n 为爆破孔超钻系数,取1.1; K_p 为爆破后岩石松胀系数,取1.3; K_g 为载重冲击系数,取2。

(2)空场的长度与宽度之比等于或小于2。此时假定空场顶板为一个整体板结构,把其视为矩形双向板受自重均布荷载作用,按弹性理论计算板跨中的最大弯矩,其四边支撑情况既不能简化为四边简支,也不能简化为四边固定,计算时利用二者表格中的弯矩系数取二者的平均值来确定短跨方向的最大弯矩 M_x ,其计算公式为:

$$弯矩 = 弯矩系数 \times pl_x^2 \tag{4-18}$$

式中：p 为作用在双向板上的均布荷载，kN/m^2；l_x 为顶板的短边跨度，m。

$$p = \gamma h \tag{4-19}$$

由于岩石抗拉强度最低，利用材料力学方法确定顶板最小安全厚度：

$$\sigma = \frac{W_x}{\frac{1}{12}bh^2} \tag{4-20}$$

取岩石容重 $\gamma = 28.3 \ kN/m^3$，准许拉应力 $\sigma = 592.5 \ kPa$，地面单位压力 $p_1 = 180 \ kPa$，爆破动荷载 $p = 760 \ kPa$，计算结果见表 4-28。

表 4-28 根据力学原理、岩石物理性质及空场条件计算的安全厚度

计算条件	净跨 l_n/m	空场长度 L/m	最小计算安全厚度 H_n/m
	10	50	6.41
	12	50	7.6
$L > 2l_n$	15	50	9.6
（嵌固梁）	18	50	11.5
	20	50	12.8
	22	50	14.1
	25	50	15.5
	30	50	16.8
$L \leqslant 2l_n$	35	50	18.1
（双向板）	40	50	19.4
	45	50	22.8
	50	50	26.2

6）普氏地压力计算方法

根据普氏地压理论，在巷道或采空区形成后，其顶板将形成抛物线形的三拱带。对于坚硬岩石，顶部承受垂直压力，侧帮不受压，形成自然拱；对于较松软岩层，顶部及侧帮有受压现象，形成压力拱；对于松散性地层，采空区侧壁崩落后的滑动面与水平交角等于松散岩石的内摩擦角，形成破裂拱。各种情况下的拱高计算如下：

自然拱拱高：

$$H_z = \frac{b}{f} \tag{4-21}$$

压力拱拱高：

$$H_y = \frac{b + h \cdot \tan(45° - \varphi/2)}{f} \tag{4-22}$$

破裂拱拱高：

$$H_p = \frac{b + h \cdot \tan(90° - \varphi)}{f} \tag{4-23}$$

式中：b 为空场宽度之半，m；h 为空场最大高度，m；φ 为岩石内摩擦角，(°)；f 为岩石强度系数。

由于黄麦岭磷矿顶板岩体非常坚硬，节理裂隙不发育，计算时仍采用侧壁受压的拱高计算公式，计算得到不同跨度、高度的采空区的压力拱拱高，计算结果见表4-29。

表4-29　普氏压力拱法计算采空区安全隔离层厚度结果

岩石内摩擦角/(°)	空场宽度 b/m	空场高度 h/m	压力拱拱高 H_y/m	顶板安全厚度 H/m
54.96	10	14	2.4	4.8
54.96	12	16	2.8	5.6
54.96	15	18	3.4	6.8
54.96	18	20	4.1	8.2
54.96	20	22	4.5	9.0
54.96	22	25	5.0	10.0
54.96	25	30	5.7	11.4
54.96	28	34	6.5	13.0
54.96	30	34	6.8	13.6
54.96	35	34	7.6	15.2
54.96	40	34	8.5	17.0
54.96	45	34	9.3	18.6
54.96	50	34	10.1	20.2
54.96	55	34	11.0	22.0
54.96	60	34	11.8	23.6

2. 有限元方法数值模拟

采空区结构参数是影响隔离矿柱稳定性的重要因素，本节采用 ANSYS 软件模拟分析了不同采空区高度、跨度、隔离矿柱厚度对隔离层矿柱稳定性的影响。

1）采空区跨度一定、不同采空区高度的数值计算

根据黄麦岭磷矿地质水文条件，建立相同采空区跨度不同隔离矿柱厚度（18~24 m）与采空区高度（12~20 m）的规则采空区力学结构模型，计算结果见表4-30。

表 4-30　坑底不同空区高度的最大应力对应表

高度/m	18 m	20 m	22 m	24 m
	最大拉/压应力/MPa	最大拉/压应力/MPa	最大拉/压应力/MPa	最大拉/压应力/MPa
12	2.29/8.01	2.34/8.51	2.42/9.11	2.5/9.1
14	2.52/8.91	2.57/9.40	2.63/9.94	2.72/10.0
16	2.76/9.86	2.81/10.2	2.87/10.8	2.95/10.9
18	3.01/10.8	3.06/11.1	3.11/11.7	3.18/11.7
20	3.27/11.8	3.32/12.1	3.36/12.5	3.42/12.6

模拟结果表明，隔离矿柱所承受的拉应力与采空区高度成正比，即采空区高度越大，隔离矿柱拉应力越大。但是采空区高度过小，致使矿块划分过小、采切工程量增大、工作面无法施展。

2）采空区跨度一定、不同隔离矿柱厚度的数值计算

表 4-31 汇总了采空区跨度 25 m 时不同顶板厚度的各最大应力。可知，在导致采空区顶板破坏的各种应力中，拉应力破坏处于主导地位。根据顶板最大拉应力曲线及岩体强度破坏准则，可获得特定采空区跨度下顶板的安全厚度大小。在进行隔离层矿柱厚度选择时，应选取最为安全的隔离矿柱组合，即隔离层安全厚度 15 m，岩体抗拉强度最小为 2.86 MPa。

表 4-31　采空区跨度 25 m 时不同顶板厚度的最大应力情况

顶部厚度	10 m	12 m	14 m	15 m	16 m	18 m
最大拉应力/MPa	4.28	3.94	3.18	2.86	3.32	3.48
最大压应力/MPa	7.53	12.80	13.00	12.20	15.70	17.40

3）不同跨度采空区顶板安全厚度数值计算

在工程应用中，除了考虑不同的覆盖层影响外，还要考虑岩体中节理、裂隙、断层、弱面、岩石风化及水、爆破震动等影响，采空区顶板的安全隔离层厚度还要考虑一定的安全系数。由于以上各采空区跨度数值模拟结果的隔离矿柱安全系数均未大于 1.5，在追求顶板最优厚度时，应寻求顶板所承受的最小拉应力对应的隔离层厚度。各种跨度下顶板承受的最小拉应力对应的隔离矿柱的厚度，采空区跨度与最大安全系数对应的隔离矿柱厚度见表 4-32。

表 4-32　安全系数最大对应的顶板安全厚度

采空区跨度/m	相对最小拉应力/MPa	覆层厚度/m	安全系数
5	2.90	3	1.23
10	3.29	5	1.08
15	2.39	12	1.49
20	2.48	12	1.44

续表 4-32

采空区跨度/m	相对最小拉应力/MPa	覆层厚度/m	安全系数
25	2.86	15	1.24
30	3.00	16	1.19
34	3.38	20	1.05
40	3.70	22	0.96
45	4.05	24	0.88
50	4.08	24	0.87

结果表明：当跨度在 40 m 以上无论留多厚的隔离矿柱，都无法满足安全回采的要求。因此当矿体水平跨度大于 40 m（真厚度 20 m 以上）时，在回采时，矿房应垂直走向布置，并留间柱，以期将空区跨度控制在 40 m 以下。

3. 理论计算与数值模拟结论

针对黄麦岭露天矿实际条件，不同理论方法的计算结果见表 4-33。从表 4-33 中可以看出，各种理论与数值模拟计算的采空区顶板上方岩层的安全隔离层厚度基本相同，无论是用鲁佩涅伊特理论计算法还是用结构力学梁法或普氏破裂拱计算法，与数值模拟的计算厚度相差范围都比较小。对于规则采空区，其顶板的安全隔离层厚度，不同的方法在不同的采空区跨度时有不同的大小。此外，厚跨比法、荷载传递交会线法、数值模拟计算法、长宽比梁板计算法等的安全隔离层厚度计算值在采空区跨度较小时要求较大；而在采空区跨度较大时数值模拟计算法、长宽比梁板计算法、普氏拱法的安全隔离层厚度计算值则要求较小。因此，经综合分析与研究，确定当岩层条件较好时，其采空区跨度与顶板岩层的安全隔离层厚度的对应关系见表 4-34。

黄麦岭磷矿西坑坑底矿体较薄，矿体平均厚度 12.2 m，水平跨度为 24.3 m，并有从上往下变薄的趋势，0~60 m 间资源储量为 302.88 万 t；东坑坑底矿体较厚，平均厚度为 34 m，0~25 m 间资源储量为 310.91 万 t，矿体平均水平跨度 68 m。根据上述理论计算与数值分析可知，采空区跨度大于 50 m 时，需预留隔离矿柱 31 m，矿量丢失过大。因此，可将矿房垂直走向布置，并留设间柱，将空区水平跨度控制在 30~35 m 以内，可将东坑预留隔离层矿柱降为 20 m，在保证安全回采的前提下进行矿石最大化回收。

表 4-33　黄麦岭磷矿地下采空区安全顶板厚度计算结果表

采空区跨度/m	不同理论方法计算的顶板安全厚度/m					
	厚跨比法	荷载传递交会线法	结构力学简化梁法	长宽比梁板计算法	普氏拱法	数值模拟计算法
10	6.5	7.1	2.3	6.41	4.8	5.0
12			2.9	7.6	5.6	
15	9.75	10.7	3.9	9.6	6.8	12.0

续表 4-33

| 采空区跨度/m | 不同理论方法计算的顶板安全厚度/m | | | | | |
	厚跨比法	荷载传递交会线法	结构力学简化梁法	长宽比梁板计算法	普氏拱法	数值模拟计算法
18			5.2	11.5	8.2	
20	13.0	14.3	6.1	12.8	9.0	12.0
22			7.1	14.1	10.0	
25	16.25	17.9		15.5	11.4	15.0
26			9.4			
30	19.5	21.4	12.0	16.8	13.6	16.0
34						20.0
35	22.75	25.0	15.9	18.1	15.2	
37						
40	26.0	28.6	20.3	19.4	17.0	22.0
45	29.25	32.1	25.3	22.8	18.6	24.0
48						
50	32.5	35.7	30.8	26.2	20.2	24.0
55	35.75	39.3		22.0		
59						
60	39.0	42.8		23.6		

表 4-34　采空区跨度与顶板安全隔离层厚度推荐值

采空区跨度/m	10	15	20	25	30	35	40	45	50
安全隔离层厚度/m	7	11	12.5	15	18	22	24	30	31

4.3.3　地下采矿方法方案选择与设计

1. 采矿方法初选

黄麦岭磷矿露天转地下采矿方法的选择，不但要考虑矿体的产状特点、产量要求，而且要充分考虑地压影响，保证地表建（构）筑物（大前冲、彭家冲、鹅颈冲废石堆场等）的安全，为此需考虑以下因素：

（1）根据企业规划，露天坑闭坑后，将作为尾砂干排、磷石膏或废石堆场，露天边坡及隔离层的稳定性将作为矿山建设的首要考虑问题，不允许地表塌陷，因此无论是环保要求还是地下回采的安全要求，所选择的采矿方法都必须保护地表，因此不考虑使用崩落法。

（2）地下空场法方案中的 VCR 法生产能力大，但深孔钻凿困难，偏斜率大，矿岩边界难以控制，矿石损失、贫化率高，在国内应用不成熟，不宜采用。

（3）44~74 线间矿体厚度较大，若使用不进行空区回填的空场法，将积压大量矿柱（30% 以上），矿量损失大，且随着空区群的形成，顶板冒落、地表塌陷都将影响露天边坡的稳定性。因此在采矿方法的初选中，即使考虑采用空场法，但采空区必须进行嗣后充填。

（4）黄麦岭磷矿矿石品位低，胶结充填、人工假底成本过高，非胶结充填法成本相对较低，且能够很好地控制岩层移动，具有安全、高效的优点，因此在进行采矿方案初选中，非胶结充填法可作为主要选择方案。

（5）根据企业要求，矿山达产期需实现年产量 200 万 t，因此应研究采用生产能力大、机械化程度高的采矿方案。

（6）能够解决过渡期所面临的技术难题，如产量衔接、回采安全提高、采矿成本低等。

根据矿山提供的剖面图和平面图，在设计开采范围内，按照矿体的厚度和倾角进行统计分类，便于采矿方法的选择，将矿体按厚度分为 3 类，即厚度小于 7 m，厚度 7~12 m，厚度大于 12 m。各类矿体具体情况见表 4-35。

中厚矿体、厚大矿体共占 82% 左右，因此采矿方法的选择中，将以中厚及厚大矿体作为主要探讨对象。对于薄矿体则本着方法统一的原则进行采矿方法最终确定。为满足生产管理与安全技术管理的需要，矿山针对开采技术条件，最终选择一到两种主体采矿方法较为适宜。

表 4-35　矿体按厚度和倾角分类表

厚度/m	所占比例/%	倾角/(°)	所占比例/%	主要分布区域
0~7	18	<25	25	24~36 线深部，51~58 线深部
		25~40	31	24~28 线之间及 28~36 线深部
		>40	44	54~67 线浅部，78~94 线之间
7~12	10	<25	0	
		25~40	70	28~48 线-100~-50 m 之间，72~78 线深部
		>40	30	72~78 线-300~-200 m 之间
>12	72	<25	0	
		25~40	60	28~36 线及 48~58 线-200~-50 m 之间
		>40	40	28~36 线、48~54 线及 72~78 线中部

2. 中厚矿体采矿方法优化选择

中厚矿体可供选择的采矿方法包括分段矿房嗣后充填法和机械化上向水平分层充填法。

1）分段矿房嗣后充填法

该方案适用于矿石和围岩中等稳固以上的倾斜厚矿体。由于分段回采，使用高效率的无轨装运设备，应用时灵活性大，回采强度高。工人在巷道中作业，安全性高。分段矿房采完后立即充填采空区可以较好地进行地压管理，从而为上分段回采创造了良好的条件。其主要缺点是采准工作量大，每个分段都要掘进分段运输巷道、出矿巷道、凿岩巷道和切割巷道。

2）机械化上向水平分层充填法

该方案使用无轨设备出矿，回采作业机械化程度高；采场布置灵活，便于不同矿种分采；采场形成贯穿风流，通风效果好。

3. 机械化上向水平分层充填法典型方案

1）采场构成要素

矿块沿矿体走向布置，采场垂直矿体走向分为矿房、矿柱，两者交替布置，先采矿房，考虑到黄麦岭矿段磷矿品位较低，采用全尾砂非胶结充填矿房采空区，矿柱视矿体稳固性情况回收。采场长度为矿体水平厚度，矿块长度26 m，其中矿房20 m，间柱6 m；底柱3 m。根据采空区围岩稳定性、矿体开采技术条件及凿岩设备，取普通分层高度3 m，每上、中、下三个分层构成一个分段，分段高度为9 m。每分层的最小控顶高度2.8 m，最大控顶高度5.8 m。为保护中段底部的井巷工程，留设3 m后的底柱构成采场直接顶板，待本中段回采结束后，视矿体稳固性情况可部分回收顶柱。

2）采准切割工艺

如图4-10所示，采用下盘脉外阶段斜坡道采准方式，阶段运输平巷及各分段之间采用下盘采准斜坡道连通。每一个分段平巷负责上、中、下三个回采分层，分段平巷与回采分层

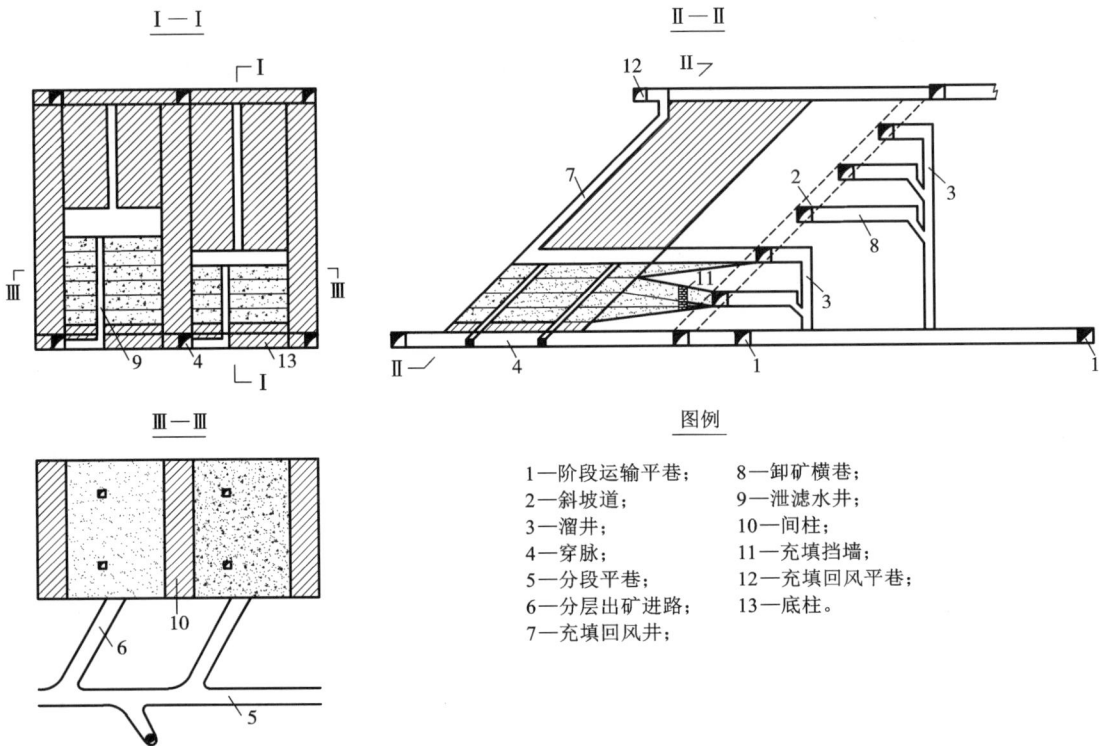

图例

1—阶段运输平巷；　8—卸矿横巷；
2—斜坡道；　　　　9—泄滤水井；
3—溜井；　　　　　10—间柱；
4—穿脉；　　　　　11—充填挡墙；
5—分段平巷；　　　12—充填回风平巷；
6—分层出矿进路；　13—底柱。
7—充填回风井；

图4-10　机械化上向水平分层充填法示意图

间用分层出矿进路连通。在矿体的上盘矿岩接触带处，沿矿体走向，布置一条与上阶段阶段运输平巷同一水平的充填回风平巷。根据铲运机的有效运距为 150 m，在下盘每 4 个矿房布置一条主溜井。每隔 1 个矿房，垂直于矿体走向掘进一条穿脉，连通下盘阶段运输平巷与上盘充填回风平巷。

3）采准工程布置

采准工程主要是指下盘阶段运输平巷、斜坡道、分段平巷、分层出矿进路、充填回风井、溜井及穿脉等矿石回采工作必不可少的巷道。

4）切割工程布置

切割工作主要为充填回风井、切割拉底的形成。切割工作主要是拉底，即以拉底平巷为自由面和补偿空间扩大到矿房底部全面积形成拉底空间。首先，从靠近矿体的分段平巷掘进下向出矿进路（规格 3.5 m×3.0 m）通达矿体；然后，在采场中央按 2.7 m×2.7 m 断面规格掘进拉底平巷，通达矿体上盘，与充填回风井相通，形成贯穿风流；最后，以拉底平巷为自由面用 YSP-45 或 7655 凿岩机向两边扩帮至采场两边边界。

5）采切工程量

标准矿块的采切工程量及矿量分配列于表 4-36 和表 4-37。分层充填法中巷道总长度为 494 m，合计 5548.2 m³，千吨采切比为 9.4 m/kt。

6）回采工作

待整个矿房的拉底空间形成后，采用 Boomer 104 全液压凿岩台车打垂直上向孔，分层内炮孔一次凿岩完成，工人站在服务台车上进行装药工作，各排炮孔间微差起爆。每次爆破后通风时间不少于 40 min，工作面炮烟排净后，安全工进入采场检查顶板，清除浮石。采用 CY-6 型铲运机将崩落的矿石卸入分段溜井，并在阶段运输巷道内装入矿车运出。每分层采完后及时用非胶结充填料充填采空区。整个矿房采完后，分区、分次加压输送充填料进行充填接顶。充填渗水通过预先布设的脱滤水管导出采场。

表 4-36　厚大矿体上向水平分层充填法标准矿块采切工程量表

序号	工程名称	规格/(m×m)	条数/条	总长/m	工程量				工业矿量/t	采出矿量/t
					长度/m		体积/m³			
					脉内	脉外	脉内	脉外		
1	铲运机运输巷道	3.5×3.0	6	156		156		1638		
2	分层出矿进路	3.5×3.0	15	270		270		2835		
3	穿脉	3.5×3.0	1	53	28	25	294	262.5	832	832
4	充填回风平巷	2.0×2.0	1	26		26		104		
5	充填回风井	1.8×1.8	1	65	65		210.6		596	596
6	拉底平巷	2.7×2.7	1	28	28		204.1		577.7	577.7
7	合计			598			708.7	4839.5	2005.7	2005.7

表 4-37　厚大矿体上向水平分层充填法采矿矿量分配表

项目	矿块工业储量 /t	回采率 /%	贫化率 /%	采出矿量/t			占矿块采出量 的比重/%
				矿石	岩石	小计	
矿块	104042	73	4.9	72237.9	3759.8	75997.7	100
其中：底柱	4805.3						
间柱	24009.7						
矿房	73221.3	96	5	70292.4	3699.6	73992	97.4
附产	2005.7	97	3	1945.5	60.2	2005.7	2.6

7）采场通风

每次爆破之后新鲜风流从斜坡道、分段平巷和分层出矿进路进入采场，冲洗工作面后，污风由上盘充填回风井排入上中段回风平巷，可在充填回风井顶部设置辅扇加强通风。

8）采场顶板地压管理

采场最大控顶高度 5.8 m，可引进带顶棚保护装置及自动升降装置的采场服务台车或撬顶台车，以满足回采顶板地压管理的要求，实现与铲运机等大型机械化采掘设备的配套。

9）出矿

崩落的矿石重力落矿到混凝土底板上后，用铲运机通过分层出矿进路进入到采场中进行出矿，经分段平巷、卸矿横巷卸入放矿溜井，并在阶段运输巷道内装入矿车运出。

10）充填

每分层出矿结束后，及时进行充填，以控制地压，阻止地表出现大的变形。采用充填接顶方法，分区、分次加压输送充填料，即在接顶层分区段构筑隔墙，先充 1~2 次，让充填料沉缩后，再用砂浆泵泵送充填料强行灌入接顶的缝隙中，以提高接顶的密实性。

11）生产能力计算

整个采场分 15 个分层回采，分层回采高度 3 m，每分层回采作业循环见表 4-38，分层矿房的矿量为 5.1 kt，纯回采时间 6 d，采充总时间 13 d，则分层采矿能力达 392 t/d。

表 4-38　上向水平分层充填法每分层采充作业循环表

序号	作业名称	时间 /d	进度/d						
			2	4	6	8	10	12	14
1	凿岩（多次）	2							
2	爆破通风（3次）	1							
3	出矿（3次）	3							
4	充填（1次）	7							
5	合计	13							

12）主要经济技术指标及方案评价

上向水平分层机械化充填法对矿体形态的变化适应性强，结构简单，采切工程简单，采切比小；矿石损失、贫化小；凿岩台车凿岩，机械化无轨铲运机进行出矿，采场生产能力大。主要技术经济指标为：分层采场生产能力 392 t/d；标准米千吨采切比 22.9 m/kt；贫化率 4.9%；回收率 73%；采充综合成本 66.2 元/t。综合经济技术指标见表 4-39。

表 4-39 综合经济技术指标表

序号	指标名称		单位	数值	备注
1	采矿				
1.1	一期设计可采储量		万 t	3451	−150～+50 m
1.2	设计规模		万 t	200	
1.3	开拓运输方式			王家山竖井开拓方案	
1.4	采矿方法			上向水平分层充填法	
1.5	标准矿块生产能力		t/d	400	加权平均
1.6	同时出矿采场数		个	14	
1.7	采掘比		m/千 t	21.45	标准 m
1.8	阶段高度		m	50	
1.9	同时工作阶段		个	1	50 m、0 m、−50 m 需要双阶段同时生产
1.10	采矿贫化率		%	4.67	加权平均
1.11	采矿回收率		%	73.67	加权平均
1.12	平均出矿品位		%	10.87	
1.13	三级矿量的保有期限	开拓矿量	a	4.6	
		采准矿量	月	25.2	
		备采矿量	月	6.6	
1.14	井巷基建工程量		m	21455.7	
			m³	257940.8	
1.15	基建时间		a	4.6	
1.16	矿山设计服务年限	一期	a	16.3	
		二期	a	16	
2	总投资		万元	37758.94	基建投资
3	采矿生产成本		元/t	66.2	

4.3.4 充填材料试验及充填系统

黄麦岭磷矿露天转地下后，机械化上向水平分层充填法作为主体采矿方法，比例达到80%，由于矿石价值较低，必须通过试验，确定合适的充填材料及最优的充填配比。

1. 主要充填料物化性能测定

充填材料的物理力学性能及化学成分对充填体强度、渗滤水性能、管道输送性能等均有重要影响，矿石周边可用的尾矿和磷石膏的主要物化性质测试结果见表4-40～表4-42。测定结果表明：

（1）磷石膏和尾砂的渗透系数较高，进入充填采场后具有良好的脱水性能，初凝快。

（2）随着压力的增大，磷石膏单位沉降量增大较为明显，说明其压缩性较大；尾砂的单位沉降量几乎不随压力的增大而增加，说明其压缩性能较小，有利于提高接顶充填质量。

（3）黄麦岭磷石膏和尾砂的不均匀系数为3~4，不均匀系数较低，属均匀的黏土类，制浆时易于混合，便于管道输送，充入采场后，将有利于减少水泥的离析。

（4）磷石膏和尾砂在不同压力下的孔隙比曲线基本保持不变，反映了磷石膏和尾砂的密实程度都极高，沉降变形量小。

表4-40 物理力学性能表

样品	相对密度	液中沉积松散密度 /($g \cdot cm^{-3}$)	松装法松散干密度 /($g \cdot cm^{-3}$)	渗透系数 /($cm \cdot s^{-1}$)
磷石膏	2.36	0.74	0.53	5.67×10^{-3}
尾矿	2.80	1.41	1.20	2.66×10^{-3}

表4-41 不同粒径组成表

样品	各粒径组(mm)含量百分数/%						d_{50} /mm	不均匀系数
	2~0.5	0.5~0.25	0.25~0.075	0.075~0.05	0.05~0.005	<0.005		
磷石膏	5.9	6.3	59.8	12.0	14.5	1.5	0.10	3.41
尾矿	1.3	17.5	43.9	21.8	13.5	2.0	0.11	3.00

表4-42 化学成分测定结果

单位：%

样品	pH	Al_2O_3	Fe_2O_3	SiO_2	CaO	MgO	P_2O_5	S	SO_3	F
磷石膏	—	—	0.93	4.49	29.46	0.20	0.67	17.04	1.34	0.062
尾砂	7.81	8.09	7.08	59.38	2.83	2.75	1.10	5.05	/	0.069

2. 充填配比试验

通过开展水泥与尾砂、磷石膏在不同配比条件下的固结特性、强度性能试验,确定黄麦岭矿最佳的充填材料及配比,并为充填系统设计提供依据。

1)抗压强度

室内制作试块并测定其相应龄期的单轴抗压强度值,结果汇总于表 4-43。分析表中数据可以得出如下结论:

(1)随水泥含量的减少,胶结体抗压强度明显降低。如 W 组配比 1∶5 试块的内部结构比较致密,其 7 d 抗压强度能够达到 2.10 MPa,而配比 1∶10 试块仅有 0.70 MPa,且有分层、离析现象。当配比为 1∶15 时,7 d 龄期强度只有 0.25 MPa。

(2)W 组配比 1∶5 试块单轴抗压强度随养护时间的增加而增大,如各质量浓度 28 d 强度与 7 d 强度相比有较大幅度增长,而且质量浓度越高,增长幅度越大,说明胶结体在水泥含量较大时其强度增长期较长,对嗣后充填有利。但配比 1∶10 试块强度与养护时间的长短关系不大,其 7 d、28 d 强度相当,说明胶结充填时水泥含量过少不能起到很好的胶结效果。

(3)在充填料浆制备过程中,依照质量浓度从高到低的原则依次进行,到出现合适的浆体质量浓度时为止,所以实验中均为合适的浆体输送质量浓度。

(4)在兼顾浆体管道输送流变特性的情况下,尾砂明显好于磷石膏。

(5)磷石膏、尾砂胶结充填体符合弹塑性模型,达到强度极限破坏后,仍可维持相对较高的残余强度,有利于采矿安全。

表 4-43　部分配比充填体的抗压强度测试结果

编号	配比	质量浓度 /%	7 d 抗压			28 d 抗压		
			弹性模量 /MPa	抗压强度 /MPa	屈服强度 /MPa	弹性模量 /MPa	抗压强度 /MPa	屈服强度 /MPa
W1	1∶5	73	130.94	2.10	2.09	334.11	3.94	3.88
W2	1∶10	73	76.58	0.70	0.70	73.41	0.99	0.98
W3	1∶15	73	30.22	0.25	0.25	36.39	0.32	0.32
L1	1∶5	49	37.94	0.30	0.29	88.06	0.86	0.85
L2	1∶10	45	16.31	0.10	0.10	17.56	0.16	0.13
L3	1∶15	44	7.50	0.10	0.09	21.46	0.09	0.09
H1	1∶2∶6	60	25.01	0.24	0.22	125.65	0.67	0.66
H2	1∶2∶10	62	20.78	0.14	0.12	58.20	0.33	0.33

2)充填浆体物理参数试验

部分配比充填料浆的泌水率测试结果见表 4-44。

分析各配比体重、泌水率值可以得出如下结论:

(1)在磷石膏或者尾砂原料配比一定的条件下,浆体体重随质量浓度的提高而增大,这是因为质量浓度越高,单位体积内固料含量越高。

（2）一般而言，质量浓度一定情况下，骨料含量越多，浆体体重越大，这是因为骨料密度高于水泥密度。但随着质量浓度的提高，配比对浆体体重的影响逐渐减小。

（3）泌水率随质量浓度的提高而减少，但与配比之间无确切规律可循，因此，为减轻充填采场内脱水压力，应尽量提高充填浆体的浓度。

表4-44　不同配比充填料浆的体重和泌水率

编号	配比	质量浓度/%	体重/(t·m⁻³)	泌水率/%
W1	1:5	73	1.93	3.37
W2	1:10	73	1.95	3.72
W3	1:15	73	1.90	4.65
L1	1:5	49	1.48	5.63
L2	1:10	45	1.41	4.58
L3	1:15	44	1.35	3.26
H1	1:2:6	60	1.63	5.56
H2	1:2:10	62	1.64	6.75

3）充填材料单耗

各配比充填体材料单耗见表4-45。

表4-45　不同配比充填体材料单耗

编号	配比	质量浓度/%	体重/(t·m⁻³)	水泥单耗/(kg·m⁻³)	尾砂单耗/(kg·m⁻³)	磷石膏单耗/(kg·m⁻³)	水量单耗/(kg·m⁻³)
W1	1:5	73	1.93	234.62	1173.11	—	520.67
W2	1:10	73	1.95	129.45	1294.50	—	526.67
W3	1:15	73	1.90	86.56	1298.45	—	512.27
L1	1:5	49	1.48	120.79	—	603.93	754.30
L2	1:10	45	1.41	57.78	—	577.78	776.79
L3	1:15	44	1.35	37.14	—	557.13	756.35
H1	1:2:6	60	1.63	108.81	217.61	652.84	652.84
H2	1:2:10	62	1.64	112.94	225.89	677.66	623.01

4）最优配比

综合上述试验结果，机械化上向水平分层充填法最优配比为：

（1）普通充填：尾砂非胶结。

（2）胶结面充填：尾砂胶结充填，充填厚度20~30 cm，配比1:5~1:8，质量浓度73%，该配比充填体物理力学参数指标为7 d、28 d抗压强度为1.5~2 MPa；浆体体重1.95 t/m³；泌水率3.37%。

3. 充填系统方案

根据确定的充填方式，黄麦岭磷矿充填工艺流程如图 4-11 所示。磷石膏和尾矿分别采用汽车运送至充填站磷石膏、尾矿堆场。充填时，堆场中的充填骨料采用装载机推入稳料仓（稳料漏斗），经安装在稳料仓底部的给料机向短皮带输送机卸料，经皮带秤计量后，进入打散机将结块磷石膏打散，输送至搅拌机。水泥用散装罐车运送，通过压气卸入立式水泥仓储存。充填时，经仓底插板阀、螺旋给料机和螺旋电子秤计量后进入搅拌机。井下涌水泵送至地表用作充填用水，可储存于充填站附近的高位水池，通过管道，经电磁流量计计量后自流输送至搅拌机。按充填配比试验确定的充填配比参数，上述充填物料在搅拌机内强力搅拌形成满足充填质量浓度要求的充填料浆，通过充填管道输送至待充采场。

2023 年 10 月 20 日，黄麦岭磷矿露天转地下采矿项目开工仪式在大悟举行，设计采选原矿 150 万 t/a，采用上向水平分层充填法和分段矿房嗣后充填法采矿技术，建设矿、废石运输和提升系统，矿井通风系统，矿井排水系统，充填系统，供电及通信系统；产磷精矿 39 万 t/a；建设配套尾矿干堆库系统。

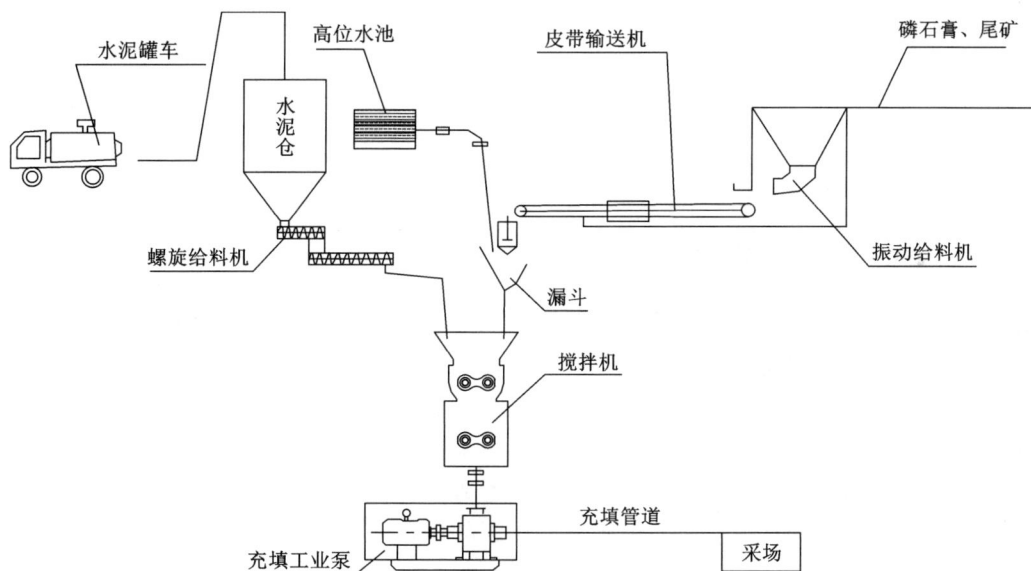

图 4-11 黄麦岭磷矿充填工艺流程图

思考题

1. 为什么说露天转地下开采势在必行？

2. 露天转地下开采的关键技术有哪些？

3. 露天转地下安全境界顶柱厚度如何计算？

4. 结合新桥硫铁矿的实际情况，论述如何实现露天转地下生产系统的衔接。

5. 结合黄麦岭磷矿的开采技术条件，分别论述露天开采和地下充填法开采的优缺点。

第5章　深井开采充填法

随着浅部优质资源的逐渐枯竭，我国将逐步迈入深井开采阶段。深井"高地应力、高地温、高渗透压和强烈开采扰动"的特殊环境，极易引发顶板冒落、矿柱坍塌、采场闭合和岩爆等灾害，其中以岩爆灾害尤为突出。大量应用实践表明，"强采、强出、强充"的机械化充填采矿工艺，不仅可以降低开采作业面的温度、最大程度地回收宝贵的矿石资源，还可尽快封闭岩体内弹性势能释放的临空面，抑制裂纹扩展和变形，进而有效地预防和控制岩爆灾害，已成为深井矿山首选的采矿方案。

5.1　深井开采技术条件

5.1.1　深井开采的定义

根据矿床开采工作所面临的地压问题，可按开采深度将矿山分为以下几类：

（1）开采深度小于 300 m，称浅井开采。在此深度内采矿时，一般地压显现不严重，即使发生地压活动，也属静压问题，易于处理。

（2）开采深度 300~800 m，称为中深井开采。根据矿体赋存条件、矿岩的物理力学性质，在掘进或开采过程中，可能发生轻度岩爆，如岩石弹射等现象。

（3）开采深度超过 800 m，为深井开采。在此深度内岩石会发生频繁的岩爆，影响作业安全。

截至目前，世界上开采深度超过千米的矿山已过百座：如印度戈拉尔金矿的吉福德矿井开采深度为 3260 m；澳大利亚的芒特艾萨铜多金属矿开采深度达 2600 m，后来在 3000 m 深度又发现储量超过 3000 kt 的富铜矿床；南非的巴伯顿金矿采矿深度达 3800 m；威特沃特斯兰德盆地的采矿深度已接近地表以下 4000 m，而最深竖井已达 4176 m，而且 5000 m 甚至 6000 m 以下资源仍有很大潜力。虽然与世界深井开采先进国家相比，我国开采深度一般不大，如山东新汶孙村煤矿开采深度为 1350 m，云南会泽铅锌矿 3 号竖井井深为 1526 m。虽然深井开采的开拓系统、采矿方法与浅部和中深部矿床开采差别不大，但随着开采深度增加，要求采用特殊的工程技术措施，以应对深井开采带来的高地压、高地温等不利的特殊开采环境。

5.1.2　深井开采面临的主要问题

与浅井和中深井开采相比，深井开采面临一系列技术、经济、安全、卫生难题，突出表现为：

（1）深井热害和通风降温问题。随着开采深度增加，井下温度越来越高。深井生产实践证明，高岩温是井下工作面气温高、工作条件差的主要原因。除此之外，设备运行放出的热量、水的热量、矿石氧化放热难以及时排出也是影响因素之一。澳大利亚北帕克斯铜矿用于深孔凿岩的潜孔钻机配备移动式空压机，其放出的热量使工作面温度达到 50 ℃。有效降温，改善工作面生产条件是深井矿山面临的主要问题之一。

（2）高地压问题。深井矿山地应力较大，岩石力学特性发生变化，地压管理是深井矿山开采需高度重视的突出问题。岩爆是深井采矿地压的一个普遍显现，如冬瓜山铜矿在矿山基建过程中就发生过多起岩爆事件。

（3）深井涌水问题。由于不可预测的岩石裂隙及岩石移动，深井开采过程中更容易发生大量地下水突然涌出现象，影响作业安全，必须高度重视防治水工作。

（4）深井提升问题。随着开采深度及提升高度的增加，提升钢丝绳质量越来越大，提升作业因钢丝绳自重带来的无效耗能愈加突出，应研究与开发新型的深井矿石提升技术。

5.1.3　岩爆

岩爆，也称冲击地压，是一种岩体中聚积的弹性变形势能在一定条件下突然猛烈释放，导致岩石爆裂并弹射出来的现象。岩爆是深井矿山面临的主要安全隐患之一。

1. 岩爆发生的条件

（1）近代构造活动造成深部矿岩内地应力较高，岩体内储存着较大的应变能，当该部分能量超过了岩石自身的强度时，就会发生岩爆事件。

（2）坚硬、新鲜完整、裂隙极少或仅有隐裂隙且具有较高的脆性和弹性的围岩，能够储存能量，而其变形特性属于脆性破坏类型，当因工程开挖解除应力后，由于回弹变形很小，极有可能造成岩石爆裂并弹出。

（3）如果地下水较少，岩体干燥，也容易发生岩爆。

（4）开挖断面形状不规则，大型硐室群岔硐较多的地下工程，或断面变化造成局部应力集中的地带，也是岩爆容易发生区域。

2. 岩爆分级

岩爆一般根据烈度分为轻微岩爆、中等岩爆、强烈岩爆和剧烈岩爆 4 个级别。

（1）轻微岩爆。围岩表层无声响或仅有不易察觉的微弱响声，劈裂的岩块自由下落或松弛后下落，规模小，表现为爆落岩片尺寸小、数量少，多为破裂剥落型，对施工作业影响较小。

（2）中等岩爆。爆裂脱落、剥离现象较严重，岩屑或岩块向临空面弹出，伴有清脆爆裂声。表现为岩爆坑连续分布，规模较大，坑径可达数米，坑深一般小于 2 m，爆落岩石尺寸较大、数量多，多为弹射型及破裂剥落型，对施工作业有一定影响。

(3)强烈岩爆。岩爆时伴有巨响,具有锐利边棱的大小岩石碎片迅猛飞出。表现为岩爆坑连续分布,坑深一般都在 2 m 以上,爆落岩石尺寸大、数量多,且造成围岩大面积开裂失稳,严重威胁施工人员及设备安全。

(4)剧烈岩爆。剧烈的爆裂弹射甚至抛掷性破坏,有似炮弹巨响声,岩爆具有突发性,并迅速向围岩深部发展甚至可以摧毁工程,释放的能量可相当于 200 多 t TNT 炸药。严重的岩爆像小地震一样,可在 100 km 之外测到。

3.岩爆特点

(1)突发性。在未发生前,并无明显的征兆,甚至可能听不到空响声,一般认为不会掉落石块的地方,也会突然发生岩石爆裂声响,石块有时应声而下,有时暂不坠下。

(2)部位集中性。虽然岩爆发生地点也有距新开挖工作面较远的个别案例,但大部分均发生在新开挖的工作面附近。常见的岩爆部位以拱部或拱腰部位为多。

(3)时间集中性与延续性。岩爆在开挖后陆续出现,多在爆破后 24 h 内发生,延续时间一般为 1~2 个月,有的延续 1 年以上,事前一般无明显预兆。

(4)弹射性。岩爆时,岩块自洞壁围岩弹射出来,一般呈中厚边薄的不规则片状。

4.岩爆预防措施

深井开采过程中,应采取积极主动的预防措施和强有力的支护措施,确保岩爆地段的作业安全,将岩爆发生的可能性及岩爆的危害降到最低。

(1)研究确定开采区域地应力的数量级及容易出现岩爆现象的部位,优化施工开挖和支护顺序,为岩爆防治提供初步的理论依据。

(2)加强超前地质探测,预报岩爆发生的可能性及地应力的大小。

(3)采用充填采矿法,实现强采、强出、强充,尽快消除岩爆发生的空间条件。

(4)优化爆破参数,尽可能减少爆破对矿岩的影响并使开挖断面尽可能规则,减小局部应力集中发生的可能性。

(5)采矿作业线推进应规整一致,不应有临时小锐角的出现。

(6)多层平行矿脉开采时,先采岩爆倾向性弱或无岩爆倾向矿脉,解除其他岩爆倾向性强的矿脉的应力,防止岩爆的发生;岩爆倾向性强烈的单一矿脉回采时,下向分层充填法比上向分层充填法更有利于控制岩爆。

(7)采场长轴方向应尽量平行于原岩最大主应力方向,或与其成小角度相交。能量释放率的绝对值不至于产生岩爆时,为了充分发挥能量释放率较大有利于提高爆破效果的作用,采场爆破推进方向要尽量与原岩最大主应力方向平行;能量释放率接近或超过设计极限时,爆破的推进方向应垂直原岩最大主应力方向,以防止岩爆的发生。

(8)利用岩爆特性,研究诱导崩落采矿技术。

(9)加强施工支护工作。支护工作要紧跟开挖工序进行,以尽可能减少岩层暴露的时间,减少岩爆发生概率。

5.岩爆监测技术

岩爆监测实际上是借助一些必要的仪器设备,对地下工程的现场或岩体直接进行监测和测试，依此判别岩爆的可能性。迄今为止，岩爆的监测方法还在发展之中，没有一种方法能够较完善地解决岩爆的监测问题。国内外常用的岩爆监测技术包括：

（1）地震学预测法。该预测方法利用地震技术，研究开挖范围内岩体微震变化，通过安置在岩体内的地震传感器网确定破坏源，利用波辐射分析岩石的破坏程度。通过对连续的、长时间的微震监测数据进行分析，总结微震事件的时间序列和空间分布规律，找出地震学参数和地震活动与岩石破坏之间的关系模式，进而找出发生岩爆的趋势，圈定存在岩爆危险的大致区域。

（2）钻屑法。钻屑法是通过向岩体钻凿小直径钻孔，根据钻孔过程中单位孔深排粉量的变化规律和钻进过程中各种动力现象，了解岩体应力集中状态，达到预报岩爆的目的。在岩爆危险地段钻进时，钻孔排粉量剧增，最多可达正常值的 10 倍，一般认为排粉量为正常值的 2 倍以上时，即有发生岩爆的危险。

（3）声发射。声发射法，又称为亚声频探测法，是通过地音探测器（拾音器）探测岩石变形时发生的人耳听不到的亚声频噪声，并将其转化为电信号，根据地音探测器检测到的微细破裂确定异常高应力区的位置。当岩石临近破坏之际，噪声读数会迅速增加。如果地音探测器平均噪声读数大于预定的目标，就意味着有岩爆来临。

（4）微重力法。在发生震动和岩爆前，岩体的体积会发生变化，从而使岩体密度改变。根据岩体的变形重力的变化，以及密度分布的变化可以预测具有岩爆倾向的地带。

（5）电磁辐射法。采用特制的仪器，现场监测矿（岩）体变形破裂过程中发出的电磁辐射"脉冲"信号，通过数据处理和分析研究来预报岩爆。

6. 岩爆灾害事故

岩爆是矿山深井开采面对的较严峻的安全隐患之一。1880—1894 年，捷克斯洛伐克的 Kladno 煤矿发生了 237 起严重的岩爆冲击地压事件。1992 年 3 月，南美洲受岩爆危害最严重的矿山——智利埃尔特尼恩特铜矿发生岩爆，造成上百米巷道垮落，停产长达 22 个月。在过去 30 多年里，波兰的煤矿共发生 190 起岩爆，造成了 122 人死亡，波兰的 3 个铜矿地震都比较活跃，每年出现 400~700 起强烈的地震事件，引发了 61 起岩爆灾害。1986—1990 年，美国硬岩矿山开采中的岩爆事故共造成了 23 伤 6 死，用于防治岩爆的费用占总采矿成本的 8%~18%。影响最大的岩爆事件发生在 1958 年，加拿大 Cumberland 二号矿的岩爆事故共造成了 75 名工人死亡。南非是世界上发生矿山岩爆最严重的国家，Witwatersrand 盆地的金矿是世界上最深的矿山，如 Klerksdorp 矿区、Welkom 矿区和 Carletonville 矿区等，其开采深度都在 2000 m 以上，最大开采深度已接近 5000 m，仅在 1975 年，南非 31 个金矿就发生了 680 次岩爆，造成 73 人死亡和 4800 个工班的损失。

我国岩爆灾害主要集中发生在煤炭矿山，1949—1997 年，我国 33 个煤矿发生了 2000 多次煤爆事件，造成了数百人的伤亡，属世界上岩爆灾害较严重的国家之一。在黑色、有色金属矿山如红透山铜矿、锡矿和杨家杖子矿等矿山，岩爆的主要表现为巷道周边岩石向坑道内弹射，并伴有劈裂声，未见对设备和人员有重大损失的资料报道。

5.1.4 深井降温

高地温是深井矿山面临的突出技术、经济、安全与卫生难题，必须采用技术可行、经济合理的降温技术或热环境控制技术，将工作面温度控制在人感舒适的范围内，以保证井下工人健康，提高工人劳动效率。

1. 深井高温热源

深井高温热源来自多个方面，包括：

(1)地表大气变化。井下新鲜空气来自地表，因此，地表大气变化将对井下空气温度产生影响，但由于空气流入井下后，井巷围岩将产生吸热和散热作用，使风温和巷壁温度达到平衡，井下空气温度变化幅度逐渐衰减，因此，在采掘工作面上基本上觉察不到地表风温的剧烈变动。换言之，对于深井矿山，地表大气变化不是主要的高温来源。

(2)空气自压缩升温。当可压缩的气体(空气)沿着井巷向下流动时，其压力与温度都要有所上升，称之为"自压缩"过程。空气自压缩产生的热源是无法消除的，而且随着采深的增加而增大。

(3)围岩传热。井下未被扰动岩石的温度(原始岩温)随着与地表距离的加大而上升。原始岩温随着深度而上升的速度(地温梯度)主要取决于岩石的热导率与大地热流值，原始岩温的具体数值取决于温度梯度与埋藏深度。当围岩的原始岩温与在井巷中流动的空气的温度存在温差时，就要借热传导自岩体深处向井巷传热，或者经裂隙水借对流将热传给井巷产生换热。

(4)机电设备放热。随着矿山机械化水平的提高，井下机械化装备越来越多、越来越大，设备运行产生的热量几乎全部散发到流经设备的风流中。

(5)其他热源。除上述主要热源外，深井矿山还有其他热源，如矿石氧化放热、热水放热、人员放热等。

2. 深井降温技术

深井矿山特殊热环境使深井降温及热害控制成为矿山日常工作之一。由于矿山开采深度大，降温技术难度相应也较高。深井矿山降温从规模上分为整体降温、局部降温和个体降温3种。整体降温是建立全矿性降温系统，局部降温则是在需要降温的工作面采取局部降温措施，而个体降温则是个人通过穿戴降温服等手段降低皮肤温度。国外矿山及部分国内大中型深井矿山一般采用整体降温，而中小型矿山则多采用局部降温。按降温手段可分为矿井制冷空调降温和矿井非空调降温两种方式。

1)矿井制冷空调降温

整体降温多采用矿井制冷空调降温方式。矿井空调系统由制冷站、空冷器、输冷管道、高低压换热器等构成。空冷器一般都设在采掘工作面附近，而制冷站的位置是决定矿井空调系统的基本因素。制冷站可设置在地面、井下，或者地面、井下同时设置。

澳大利亚芒特艾萨(Mount Isa)矿采矿深度达 2600 m，地热反应较为明显，在通风不畅情况下，掌子面温度可接近 60 ℃，故该矿配置了世界上最大的制冷系统，通风系统也较为健全完善。地表共设置制冷站两座，装机容量分别为 25 MW 和 14 MW，制冷站的功能是将地表常温水进行制冷，然后送入井下换热器，通过换热器将新鲜冷空气送往各作业区域进行降温通风。矿区共设 11 条进风井和 7 条回风井，安装有 9 台主风机，风机功率 600~2000 kW/台，总通风风量为 2600 m³/s；井下在不同区域共设置换热站 5 座，各换热站均配置了不同台数和功率的 BAC 型换热器。地表制冷后水温一般在 2 ℃左右，到达深井工作面，经换热降温后周围空气温度一般在 14 ℃左右。有的矿山采用矿井制冰降温系统，也能取得良好的效果。其基本原理为：在地面制备碎冰，通过管道输送到井下融冰池，碎冰溶成冷水后通过管道输送到工作面。在输送过程中，管道内冷水与周围空气发生热交换，使周围空气温度降低，达到深井降温目的。如果需要可以在工作面布置喷雾系统，实现局部喷雾降温。管道内冷水温度升高后，返回融冰池继续融冰，形成闭路循环系统。如果仅需在局部工作面降温，则可采用在工作面设置空调房的方法，人员轮流定期到空调房纳凉。

2）矿井非空调降温

非空调降温一般用于局部降温和个体降温。非空调降温方法很多，如加大通风量、采用隔热材料喷涂岩壁减少围岩放热等，但效果不理想。应该指出的是目前深井降温技术主要在煤矿应用，但随着金属矿床开采深度越来越深，未来深井降温也会成为金属矿床不得不面对的问题。

5.2　深井充填采矿技术研究现状

5.2.1　深井充填体作用机理概述

大量应用实践表明，"强采、强出、强充"的机械化充填采矿工艺，不仅可以降低开采作业面的温度，最大程度地回收宝贵的矿石资源，还可尽快封闭岩体内弹性势能释放的临空面，抑制裂纹扩展和变形，进而有效地预防和控制岩爆灾害，已成为深井矿山首选的采矿方案。

其中，采场充填工艺又以一步骤胶结充填、二步骤非胶结充填为主。然而，作为一种多相多孔材料，充填体在承载或破坏时的塑性变形过程能够吸收和耗散大量的能量，其在深井高聚能条件下与围岩的耦合作用、区域承载机理并未被充分揭示，以经典弹塑性理论为基础的应力强度理论与破坏准则一直是判断充填体失效破坏的依据。这导致矿山在实际充填过程中，过度重视胶结充填体的刚性支撑作用，过于强调"高配比"和"高强度"，使得充填体强度设计过于保守，充填成本居高不下。实际上，千米深井矿岩的自重应力已高达 50 MPa，回采过程中应力集中条件下矿柱的最大主应力更是达到 100 MPa，而普通胶结充填体的单轴抗压强度普遍不足 5 MPa。因此，过于强调"高配比"和"高强度"的充填体也无法替代矿柱的刚性支撑作用，传统的应力强度理论与破坏准则应用于深井充填体存在明显的局限性。

同时，深井充填采矿过程中，围岩通过变形挤压充填体而释放弹性势能，充填体则不断吸收和积蓄变形能，形成了一套能量释放、吸收、转化和耗散的复杂系统。从能量角度分析，岩爆是岩体中聚积的弹性变形势能瞬时释放而产生强烈冲击波的过程，释放的速率和效率直接影响岩爆的作用强度和破坏效果，因此岩爆具有明显的时效性。这一现象类似于工程中常见的爆炸与燃烧，能量的高速释放产生爆炸，缓慢低速释放则称为燃烧。虽然充填体的抗压强度较低，在应力集中条件下极易产生蠕变损伤和塑性破坏，但是结构损伤破坏后的充填体仍能承受较大的地压载荷，并在长期承载过程中表现出蠕变强度大于单轴抗压强度的变形硬化特性，可有效抵抗围岩的变形破坏，保持长期稳定。因此，与传统的刚性支撑体以"小变形"来吸收和储存能量的模式不同,充填体作为塑性体通过"大变形"来吸收岩体中聚积的弹性变形势能,延缓其释放速率,抑制其作用强度和破坏效果,达到"以柔克刚"的支护效果。

此外,作为一种多相多孔材料,充填体的吸能和储能特性不仅与充填配比和抗压强度有关,还受充填料的粒径级配、化学成分、质量浓度、内摩擦角和黏聚力等因素的影响,在高聚能深井下表现出明显的时效性和不确定性。鉴于深井"三高一扰动"的特殊开采技术条件,围岩-充填体应变能的转移、吸收与耗散规律与地压分布、矿岩性质、采场结构参数、回采工艺、充填步骤和接顶率等诸多不耦合因素相关。因此,为科学评价充填体作用机理、合理确定充填配比参数,亟需系统、深入地开展深井围岩-充填体刚柔介质耦合作用的理论研究与工程应用实践。

5.2.2 充填体损伤破坏特性研究现状

充填采矿技术经过近半个世纪的不断完善与发展,其在工程中的应用实践已日趋完善。基于深井"三高一扰动"的特殊开采技术条件,系统、深入地开展深井充填理论与岩爆防控技术研究,已成为新的研究热点和发展方向。

如图 5-1 所示,国内外学者对较低地应力条件下胶结充填体的刚性支撑作用研究较多。Liu 等分析了充填体内部孔隙率和孔隙分形维数对其强度的影响规律;Galaa 等基于水泥

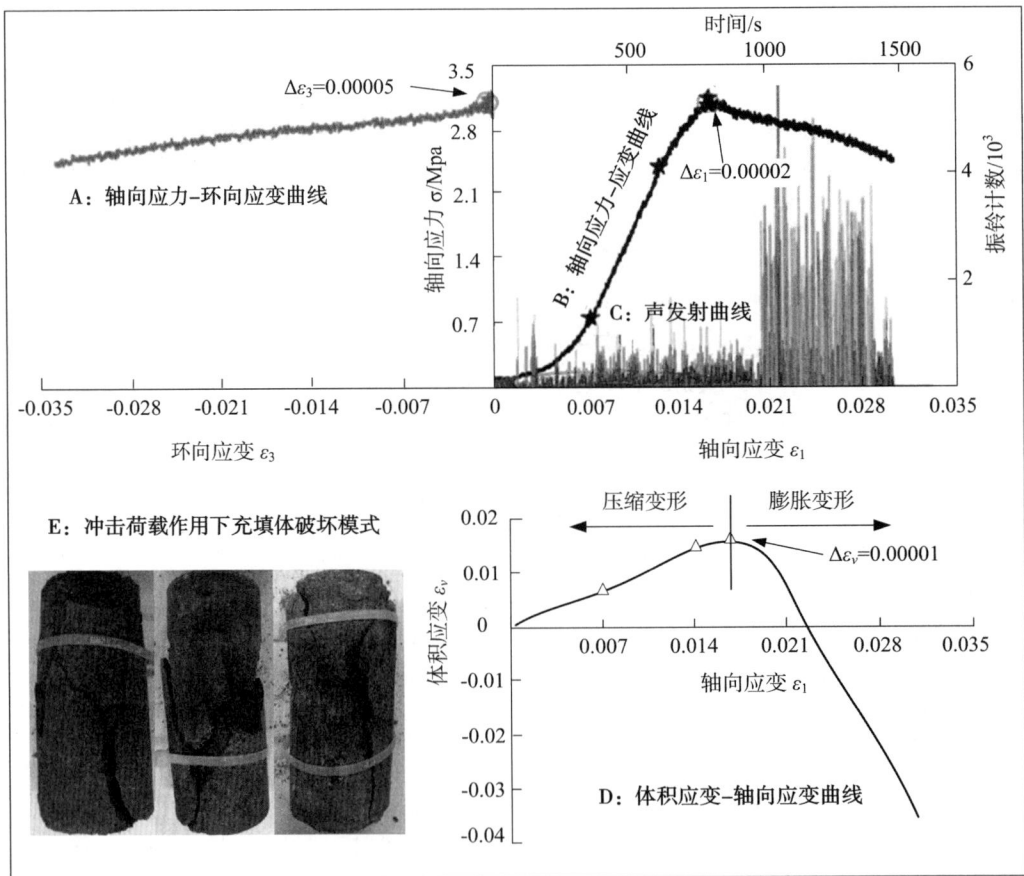

图 5-1 充填体损伤破坏特性

的水化反应、基质吸力和相对湿度条件，研究了超声波 P 波与充填体强度的潜在关联性；Fu 等发现充填体的单轴抗压强度与质量浓度和养护时间成指数增长关系，弹性模量则与围岩的侧限压力成反比；王新民等将充填体的受压破坏过程简化为初始变形、弹性变形、塑性屈服和破坏四个阶段；徐文彬等通过试验得出电阻率变化可表征受压充填体内部结构的变化特征，热红外信息可反映充填体塑性屈服前表面结构的温度演化特性；陈绍杰等认为充填体的蠕变硬化特性有利于保持围岩的长期稳定。但是，深井充填体往往处于三轴复杂应力状态和多向强烈扰动作用下，上述针对较低地应力条件下充填体特性的研究成果，普遍无法准确反映深井高聚能条件下兼具随机性和时效性的充填体损伤破坏特征。

作为一种多相复合介质，充填体在不同的围压环境和加载条件下，会出现不同的损伤方式和破坏形态，并表现出明显的随机性和时效性，在深井复杂应力状态和多向强烈扰动作用下尤为明显。因此，忽视深井高聚能开采技术条件对充填体吸能耗能特性的影响，基于较低地应力条件下胶结充填体的刚性支撑作用，以经典弹塑性理论为基础的应力强度理论与破坏准则作为判断充填体失效破坏的依据是不适用的。

5.2.3 围岩-充填体耦合作用机理研究现状

如图 5-2 所示，充填料浆进入采空区后，经流动沉缩、渗透脱水、固结硬化后与围岩发生的相互作用主要包括：为卸载岩块的滑移趋势提供侧向压力，支撑破碎岩体和原生碎裂岩体，抵抗采场围岩闭合等。于学馥等将充填体的作用归结为应力吸收与转移、接触支撑和应力隔离；刘光生发现充填体与围岩产生摩擦作用后，会有部分自重应力向岩体转移呈现拱效应；Cui 等模拟分析了多场耦合条件下充填体应力成拱效应随时间的变化规律；Liu 等探究了围岩表面粗糙度对充填体应力分布的影响规律；Singh 等利用最小主应力迹线形成的圆弧微

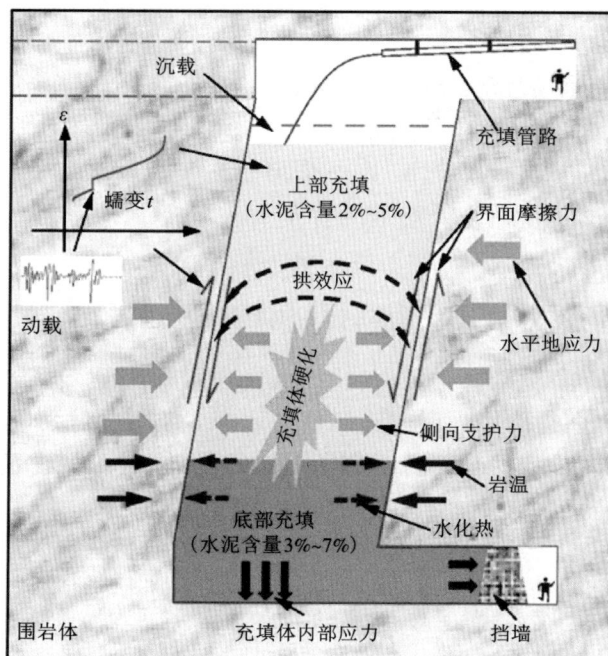

图 5-2 围岩-充填体耦合作用示意图

分单元，研究了围岩变形对充填体挤压模式的影响；Rajeev 等通过试验推导了充填体与围岩接触面之间剪应力的计算公式；Dirige 等认为充填体作为滑移块体，受内部失稳滑移面间摩擦阻力和下盘岩体摩擦阻力的双重影响。

大量的应用实践表明：与传统的刚性支撑体以"小变形"来吸收和储存能量的模式不同，充填体通过"大变形"来吸收岩体中聚积的弹性变形势能，延缓其释放速率，达到"以柔克刚"的支护效果。因此，过于重视"高配比"和"高强度"胶结充填体产生的刚性支撑作用，忽视充填体损伤变形过程中的缓冲吸能和损伤耗能作用是不全面的。刚性围岩与柔塑性充填体耦合作用下，探究高聚集应变能释放、吸收与耗散规律，揭示其交互作用、协同承载、区域支护的耦合效应，是目前亟待解决的关键科学问题之一。

5.2.4 充填体吸能耗能特性研究现状

作为一种多相多孔材料，充填体的蠕变损伤、塑性破坏及变形硬化过程能够吸收和耗散大量的能量。Wu 等建立了一种由非线性黏壶、黏塑性体和 Burgers 体串联的胶结充填体非线性黏弹塑性蠕变模型，并采用声发射信号量化表征了胶结充填体蠕变过程中损伤变量与时间的函数关系；Huang 等分析了煤矸石、粉煤灰等充填材料的细观结构和应力变化特征，定义应变能密度作为评价其充填性能的指标；侯永强等研究获得了充填体受压破坏的总能耗量随轴向压缩时间、轴向应变呈现 Logistic 函数形式的增长规律，单位体积吸收能和单位质量破碎耗能随着平均应变率的增加呈指数函数的增长规律；Wang 等通过三轴循环加卸载试验，探究了分层结构对充填体力学性能和破坏模式的影响，发现层状充填体的破坏模式主要表现为上部为共轭剪切破坏，跨层面为拉伸破坏，循环荷载有利于增强充填体变形的线性特性；Liu 等基于损伤力学理论推导了胶结充填体的损伤本构方程，利用突变理论构建了充填体失稳判据的能量模型。

如图 5-3 所示，作为一种多相多孔材料，充填体的流动沉缩、渗透脱水、固结硬化、卸荷承载作用是涉及化学场、温度场、渗流场和应力场的复杂多相多场耦合过程。深井充填体的吸能耗能特性，不仅受多向复杂应力状态和多向开采扰动的影响，还受充填料的粒径级配、化学成分、质量浓度、灰砂比、内摩擦角和黏聚力等诸多因素的影响。因此，仍需系统深入地开展高聚能深井、多相多场耦合下充填体的吸能耗能特性试验和理论研究工作。

5.2.5 充填体的深井岩爆灾害防控机制研究现状

从能量角度分析，岩爆是岩体中聚积的弹性变形势能瞬时猛烈释放的过程，岩体中能量的释放速率直接影响岩爆的作用强度和破坏效果。Heunis 通过对大量南非黄金矿山的岩爆灾害调查，发现废石充填采空区可降低岩爆所释放的能量；Hu 等探究了充填体的侧限支护作用对岩体裂纹密度、扩展度及力学特性的影响；李地元将高地应力条件下的地下洞壁简化为两边简支的力学模型，分析了充填体的侧压作用对减少洞壁岩体屈曲板裂破坏的效果；Jiang 等研究发现充填体可增加煤柱弹性变形部分的体积，进而增加煤柱的整体强度，降低岩爆的能量指数；Zhang 等认为充填体接顶能够显著改善顶板的应力集中现象，降低表面型岩爆的发生；冯帆等针对岩体特性及受力状态影响形成的板裂体，探究了充填体抑制屈曲岩爆发生的作用机理；刘志祥等基于充填体与岩体在相互力学作用下的能量模型，推导了充填体

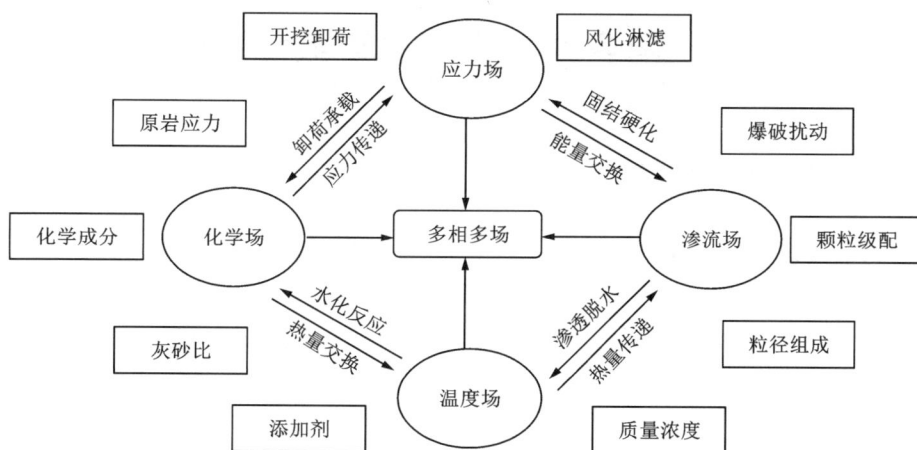

图 5-3　深井高聚能条件下充填体复杂多相多场耦合作用过程

与岩体的系统失稳判据。但是，上述研究成果普遍未深入探究和量化深井围岩-充填体刚柔介质耦合作用下岩爆能量的释放速率，也未全面给出岩爆发生的判据表征。

　　如图 5-4 所示，深井高地应力条件下，开挖卸荷采场往往会在一定区域内迅速聚集大量的应变能并不断通过周边岩体向临空面内释放。刚性围岩和支护材料（如钢拱架、砌碹等）虽然能够通过"小变形"来吸收和储存一部分能量，起到临时支撑的效果，但是应变能的不断累积和持续作用势必会不断加剧刚性支护材料的损伤破坏，并最终超出其承载极限而向临空面发生剧烈变形破坏。与刚性材料临时支护的作用机理不同，塑性或柔性充填体充满了开挖卸荷的采场，封闭了应变能量释放的临空面，并在与围岩充分接触、耦合作用过程中，通过其损伤破坏吸收与耗散大量能量，从而大大减缓岩爆能量释放的速率和效率，进而有效地预防和抑制岩爆灾害。因此，围岩-充填体耦合作用下的能量演化机制是准确量化深井岩爆能量释放速率和发生判据表征的关键，如何量化其开挖卸荷采场高应变能聚集和耗散的速率与效率，构建兼具科学性和实用性的岩爆灾害倾向性评估指标体系、发生判据及防灾减灾机制，是目前理论和工程实践上亟待解决的关键科学问题。

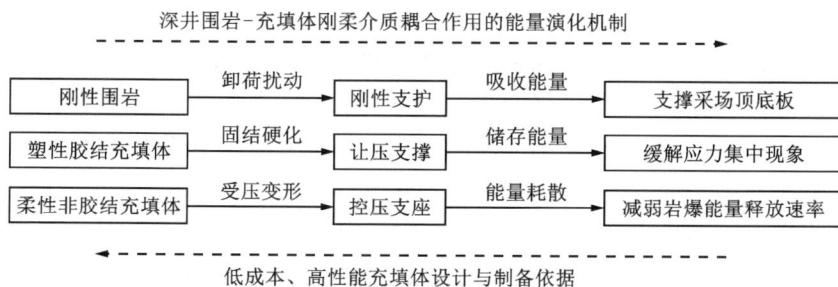

图 5-4　深井围岩-充填体耦合作用下能量演化机制

5.3 国内深井充填采矿典型实例

5.3.1 国内深井开采现状

1.煤炭行业深井开采现状

伴随经济发展的突飞猛进，我国对煤炭资源需求量日益增加，矿山的开采强度和深度不断增加。如图5-5所示，我国煤矿矿井的平均采深正在以10~25 m/a的速度向深部延伸，已经由1980年的地下288 m发展到2020年的地下1200 m，我国煤炭开采已步入深井采矿行列。

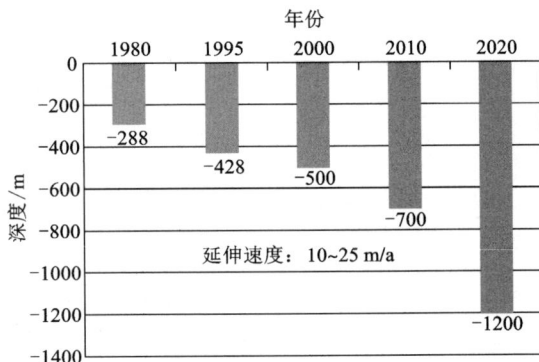

图5-5 我国国有重点煤矿平均采深变化趋势

2.金属矿山深井开采现状

随着经济发展对矿产资源需求的急剧增长，我国金属矿山的开采深度不断增加，越来越多的矿山开始进入深井开采，也产生了明显的岩爆灾害。1995年，我国正式启动了"九五"国家科技攻关计划"千米深井矿山300万t级强化开采综合技术研究"；2001年"十五"国家科技攻关计划，设置"千米深井地压与高温灾害监控技术与装备"课题；2006年"十一五"国家科技支撑计划，以金川镍矿、凡口铅锌矿等为依托，开展了"特大型矿床深部开采综合技术研究"；2016年"十三五"国家重点研发计划，设置"深部矿产资源开采理论技术与示范"课题，其中包含了"深部金属矿开采灾害防控"专项研究内容。可见，自20世纪90年代开始，我国对地下金属矿山岩爆研究的重视程度逐渐提升。

我国发生过岩爆灾害的地下金属矿山分布具有以下特点和规律：

(1)除少数矿山(金川二矿区、厂坝铅锌矿)外，岩爆矿山主要自东北至西南近海岸线侧呈"S"形分布。

(2)20世纪70年代之前共有5座矿山记录曾发生过岩爆灾害，但地点普遍较浅，基本位于埋深300~600 m范围内。

(3)近30年来岩爆矿山呈较明显的递增趋势，仅在过去10余年里发生岩爆灾害的矿山就达到8座，且近年来岩爆发生的深度大多在800 m以上。

(4)发生岩爆灾害的矿山中，主体采矿方法采用空场法的最多，可见大规模空场回采容易诱发岩爆灾害。尽管采用充填法回采无法完全消除和避免岩爆灾害，但充填后的地下矿山回采区域基本没有大规模的岩爆灾害事件发生，显示了充填采矿在岩爆等地压灾害防治方面的优势。

(5)阿舍勒铜矿、程潮铁矿、湘西金矿、寿王坟铜矿、乳山金矿、东安锑矿、铜绿山铜铁矿等矿山在进入或即将进入深部开采时，均进行过岩爆倾向性预测等相关方面的研究工作。

国内在建的设计深度达 1500 m 的思山岭铁矿和瑞海金矿等超深井矿山,也将同样面临着潜在的岩爆灾害问题。

3.国内深井矿山岩爆灾害特点

国内地下金属矿山最早于 20 世纪 60 年代开始有岩爆灾害报告,如石嘴子铜矿、锡矿山南矿、盘古山钨矿、弓长岭铁矿等,而有明确岩爆记录且开展了相关研究的则是 1976 年位于辽宁抚顺的红透山铜矿。近十几年来,随着一批地下金属矿山进入深井开采阶段,矿山岩爆发生的频率和造成的危害明显增加(表 5-1)。与其他工程领域相比,地下金属矿山岩爆的发生具有其特殊性,主要体现在:

(1)由于矿岩赋存状况、结构面及构造发育情况、应力条件等方面的差异性和多变性,地下金属矿山岩爆发生的基础工程地质条件较其他工程领域存在显著的差别。

(2)由于采矿方法与工艺循环方面的差异性,地下金属矿山岩爆的发生频率差异较大,且岩爆的等级和破坏性与采空区处理程度呈显著的相关性。

(3)与其他工程领域不同,地下金属矿山涉及的井巷工程往往是多中段错综复杂交错布置的,井巷岩爆在不同的施工阶段均有可能发生。

(4)地下金属矿山往往是大范围采场复杂叠加开采扰动状态,采场岩爆的发生环境复杂多变,且由于采矿方法与工艺的不同,可发生岩爆的采场是多尺度的,这是地下金属矿山开采领域所特有的。

表 5-1　国内外典型岩爆地下金属矿山情况调查统计结果

矿山名称	采矿方法	首次岩爆时间/年	岩爆地点埋深/m	岩爆程度	岩爆现象描述
红透山铜矿	浅孔留矿法,上向分层充填法	1976	1257	轻微~中等	冒顶片帮,岩块弹射等
金川二矿	下向进路胶结充填法	1984	470~800	轻微	脆性破裂(声响)
冬瓜山铜矿	阶段空场嗣后充填法	1993	800~1150	轻微	岩石弹射、清脆响声,片状抛掷
会泽铅锌矿	上向进路充填法	2000	1000~1500	中等~强烈	岩芯饼化,侧帮片状剥落
灵宝釜鑫金矿	全面法,浅孔留矿法	2004	1050	中等~强烈	岩壁片状剥落
二道沟金矿	浅孔留矿法,削壁充填法	2006	1050	中等~强烈	爆裂声、岩石弹射,片状脱落
玲珑金矿	浅孔留矿法	2007	650~1100	中等~强烈	岩石发生爆裂、松脱,剥落弹射
凡口铅锌矿	上向水平分层充填法	2011	>800	轻微	顶板边帮块状板状爆裂(声响)

续表 5-1

矿山名称	采矿方法	首次岩爆时间/年	岩爆地点埋深/m	岩爆程度	岩爆现象描述
渣滓溪锑矿	浅孔留矿法	2011	600	轻微~中等	有岩爆响声
大红山铁矿	无底柱分段崩落法	2012	807~1301	轻微~中等	顶板及边帮发生破坏
厂坝铅锌矿	浅孔留矿法，空场嗣后充填法	2014	700~1082	轻微~中等	岩石开裂声，弹射、片帮冒顶
鸡冠嘴金矿	阶段空场嗣后充填法	2015	1024	轻微	有岩爆响声

4.深井开采技术

由于深井矿山的特殊性，充填法将成为主流采矿方法。深井地应力增大，可利用这一特点研究非爆破采矿技术的可行性；深井提升费用、排水费用增大，可研究利用排水过程中水力提升矿石的可行性；为降低水力提升成本，提高水力提升效率，矿石粒度应严格控制。将选矿厂或者选矿厂的磨矿工序置于井下应是未来深井矿山井下采选一体化的发展方向，其优势在于：减少甚至取消原矿提升工序，降低原矿提升运输费用；水力提升精矿，降低成本；尾矿就地充填，地表环境得到根本改善。但选矿厂建于井下，也存在一些技术、安全和环境方面的问题，如大断面硐室的维护、废气、噪声的治理及事故处理等。

5.3.2 金川镍矿

金川镍矿以矿体厚大、埋藏深、地应力高和矿岩破碎著称于采矿界。随着我国对镍资源的需求增长，金川镍矿开发规模逐年递增，目前生产能力已经接近 900 万 t，且以每年 10% 的速度递增。同时，矿床开采深度接近千米，采场地压显现剧烈，给矿山工程稳定性和岩移控制带来极大困难。金川镍矿多次开展采场地压规律、支护技术、充填工艺及地压控制等重大技术攻关，取得了诸多技术成果。

1.矿山概况

金川镍矿位于我国甘肃省河西走廊中段的金昌市境内，是世界著名的多金属共生的大型硫化铜镍矿床之一。矿区主要分布在龙首山下长 6.5 km、宽 500 m 的范围内，探明矿石储量为 5.2 亿 t，镍金属储量 550 万 t，居世界同类矿床第 3 位，铜金属储量 343 万 t，居中国第 2 位。近年来地质勘探成果表明，金川镍矿深部、边部及外围具有良好的找矿前景。金川矿石还伴生有钴、铂、钯、金、银、锇、铱、钌、铑、硒、碲、硫、铬、铁、镓、铟、锗、铊、镉等元素，其中可供回收利用的有价元素有 14 种。矿床之大、矿体之集中、可利用金属之多，在国内外都是罕见的。

如图 5-6 所示，金川镍矿分为 4 个矿区，其中 Ⅰ、Ⅱ 矿区为正在开采的富矿，Ⅲ、Ⅳ 矿区为将开发的贫矿。金川镍矿目前有龙首矿、二矿区和三矿区 3 个生产矿山。龙首矿于 20 世纪 60 年代建设，采用竖井开拓系统及下向六角形进路胶结充填法开采。金川二矿区于 1983 年正式投产，1987 年出矿量突破 100 万 t 大关，2003 年突破 300 万 t 大关，2012 年达到

450 万 t，成为我国为数不多的地下大型现代化充填法矿山。三矿区是由原露天矿转型的地下矿山，主要开采原二矿区 2 号矿体 F17 以东的矿石，目前年产矿石已突破 200 万 t，成为金川集团的主力矿山。

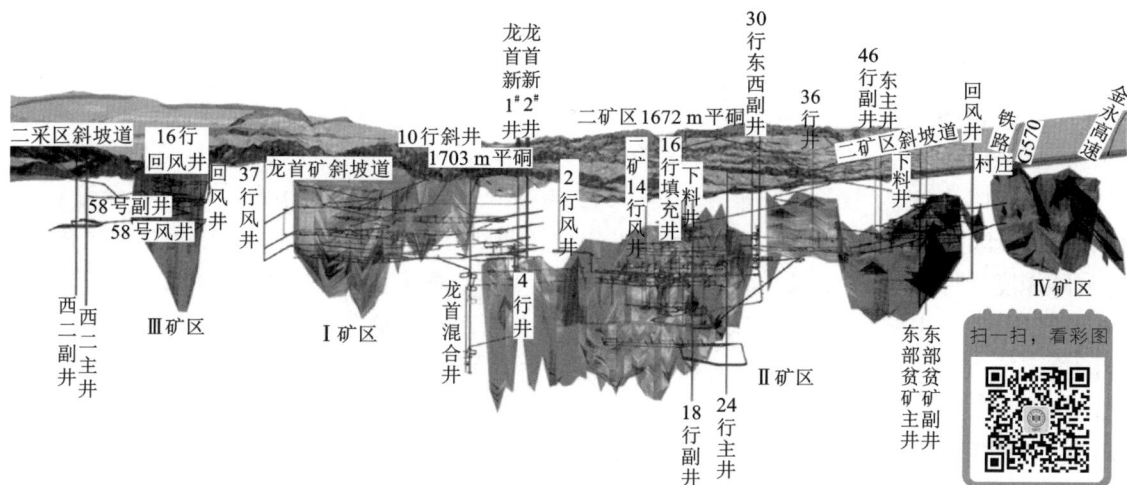

图 5-6　金川镍矿矿山三维模型示意图

2. 开采技术条件

1）地质条件

金川铜镍矿区在构造位置上位于阿拉善平台南缘的隆起区，平台的内部区域在北部，而祁连山的加里东海槽边缘凹陷区在南部。矿区裸露地层主要为震旦系前变质岩和第四系砾石冲积层。矿区的南部是河西走廊龙首山脉的东延，山脉延伸方向与岩层的走向一致，海拔一般在 1700~2700 m，北部是无尽的戈壁沙漠。前震旦系展布的方向是北西西—南东东，矿区暴露的总厚度为 1465 m。岩性从下到上分为五层，即花岗片麻岩、黑云母片麻、白云质大理石、肉红色花岗片麻岩和黑云母片麻岩。如图 5-7 所示，F1 断层位于矿区北部，成为龙首山和北部潮水盆地之间的分水岭；F17 断裂带位于Ⅰ矿区和Ⅱ矿区之间，它向东西方向延伸，并向南倾斜，使矿体错开分为Ⅰ矿区和Ⅱ矿区。

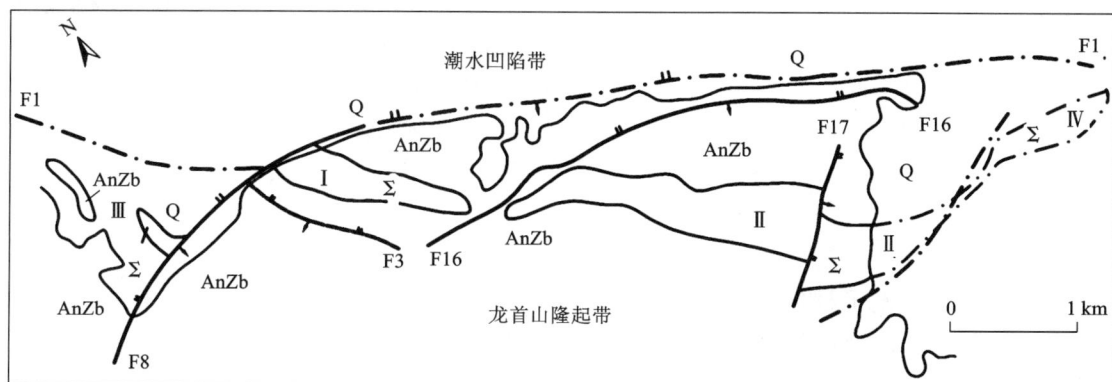

图 5-7　金川镍矿矿区地质略图

2）水文地质条件

金川矿区水文地质条件简单，地下水来源补给单一，年降雨量小，井下涌水不大。矿区的水文地质条件以裂隙充水为主、局部脉状充水。矿区整体的水文地质条件变化不大，随着采掘深度的增加，大气降水对矿床地下水的补给日趋减少，开采过程中的矿坑涌水增大，主要由生产用水和工业回水通过岩石裂隙循环而成，二矿区也因此出现了井巷工程涌水等水文及工程地质问题。按照矿山这些年的实际排水数据，矿区正常排水量基本不超过 4000 m³/d。

3）工程地质条件

矿区经历了印支、吕梁和燕山等多期构造运动，频繁的岩浆活动致使矿区内岩体节理十分发育，岩体表现为"散而不软"。其中，二矿区作为金川的主力矿区，开采深度已逾1000 m，矿区内地应力均为压应力，且水平应力为最大主应力。在埋深 400～850 m 范围内，应力随深度的增加而增加，最大主应力一般为 30 MPa，最大值可达 52.2 MPa，属中高地应力。随着开采水平的延深，岩体结构仍以层状和碎裂结构为主，局部为块状结构，岩体稳定性的突出特点为"岩块强度高，整体稳定性差"。岩体破坏主要受软弱结构面控制，表现出明显的流变特征，因此巷道围岩趋于稳定的时间较长。另外，深部围岩变形破坏主要特征为大变形，这种特征随着开采深度的增加而增加。

金川镍矿主要采用下向进路充填法进行开采，根据进路断面的不同，又可分为下向矩形进路充填法和下向六角形进路充填法两种。

3. 下向矩形进路充填法

1）采场布置及采场结构参数

根据矿体产状，沿矿体走向划分盘区，盘区长度 100 m，宽度为矿体厚度，盘区内垂直矿体走向布置采场（进路），阶段高度 60 m，分段高度 20 m，分层高度 4 m，采场（进路）断面为矩形，规格为 4 m×4 m。

2）采切工艺

如图 5-8 所示，采准工程主要包括斜坡道、分段巷道、放矿溜井、充填回风井等。切割工程主要包括下盘沿脉巷、充填井联络道等。

3）回采

用 Rocket Boomer 282 双臂液压凿岩台车钻凿水平孔，采用光面爆破的布孔方式进行崩矿，JCCY-6 型内燃铲运机铲装矿石，经分层联络道运至溜矿井卸矿。由于进路采场系独头掘进，通风效果差，故必须加强通风，每次爆破结束后，用风筒将新鲜风流导入工作面，清洗工作面后的污风亦用布置在进路入口处的风筒抽出，排至回风井，通风时间不少于 40 min。

进路回采完毕后及时进行充填，充填管道用锚杆钢圈固定在进路顶板上，进路采场底部预先铺设钢筋网。所有进路回采并充填完毕后，最后充填分层联络巷，统一转入下一分层。

4）方案评价

该方案采准切割工程量少，采切比小；布置进路采场，矿石回采率高，损失贫化率低；采场暴露面积小，地压控制效果好，回采作业安全性高。但是，矩形进路回采效率与生产能力低、采场通风困难，进路充填准备及接顶工作复杂，充填效率低，人工假顶构筑成本高。

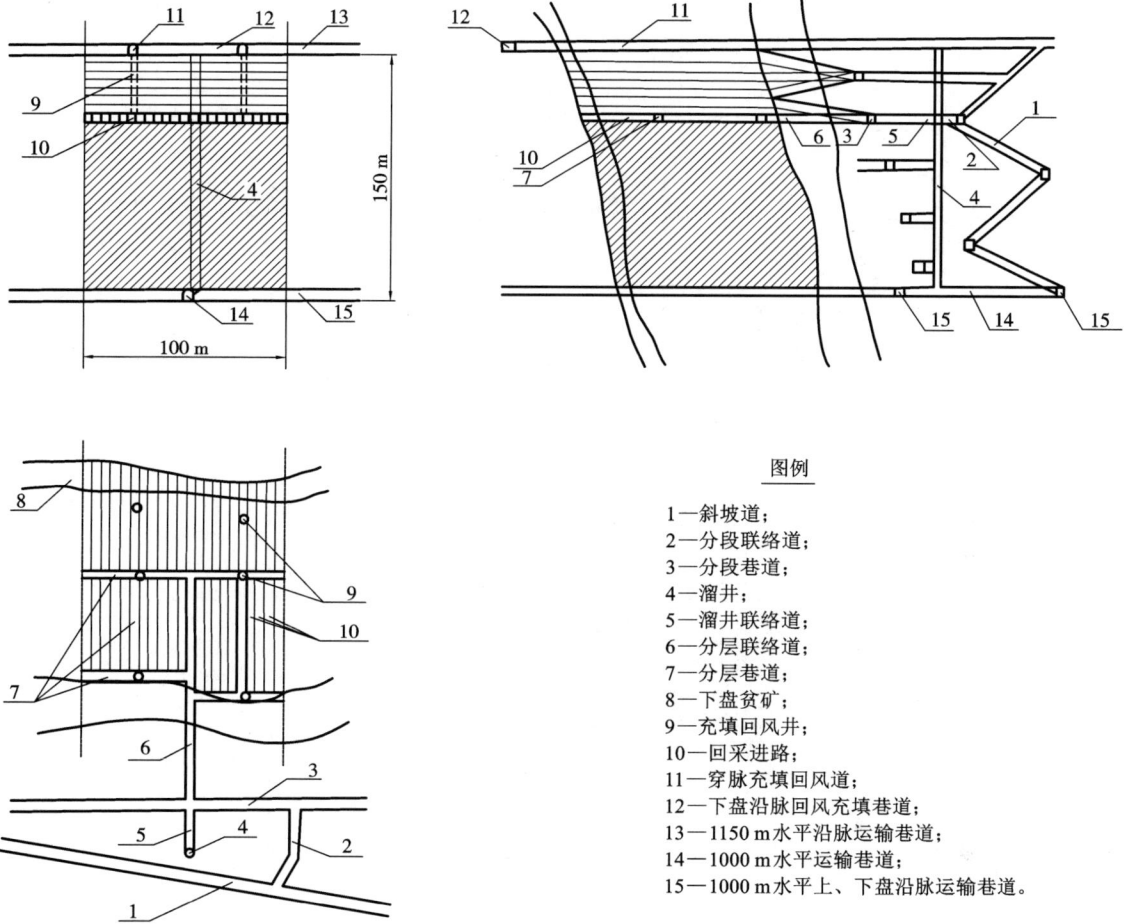

图 5-8 下向矩形进路充填法示意图

图例

1—斜坡道；
2—分段联络道；
3—分段巷道；
4—溜井；
5—溜井联络道；
6—分层联络道；
7—分层巷道；
8—下盘贫矿；
9—充填回风井；
10—回采进路；
11—穿脉充填回风道；
12—下盘沿脉回风充填巷道；
13—1150 m 水平沿脉运输巷道；
14—1000 m 水平运输巷道；
15—1000 m 水平上、下盘沿脉运输巷道。

5）主要经济技术指标

千吨采切比 3.5 m/kt；贫化率 5%；回采率 95%；采矿成本 66.2 元/t。

4. 下向六角形进路充填法

1）采场布置及采场结构参数

盘区垂直矿体走向布置，盘区长 100 m，宽度为矿体的水平厚度。进路结构参数为：4 m× 5 m×6 m（上下底宽×高度×腰宽），长度 50~75 m，沿矿体走向布置，分段高度 20 m，分层高度 5 m。

2）采切工艺

下向六角形进路充填法采用脉内外联合采准系统，主要采切工程为分段脉外运输道、分层联络道、分层出矿巷道、放矿溜井、充填回风道和充填回风井等工程，如图 5-9 所示。

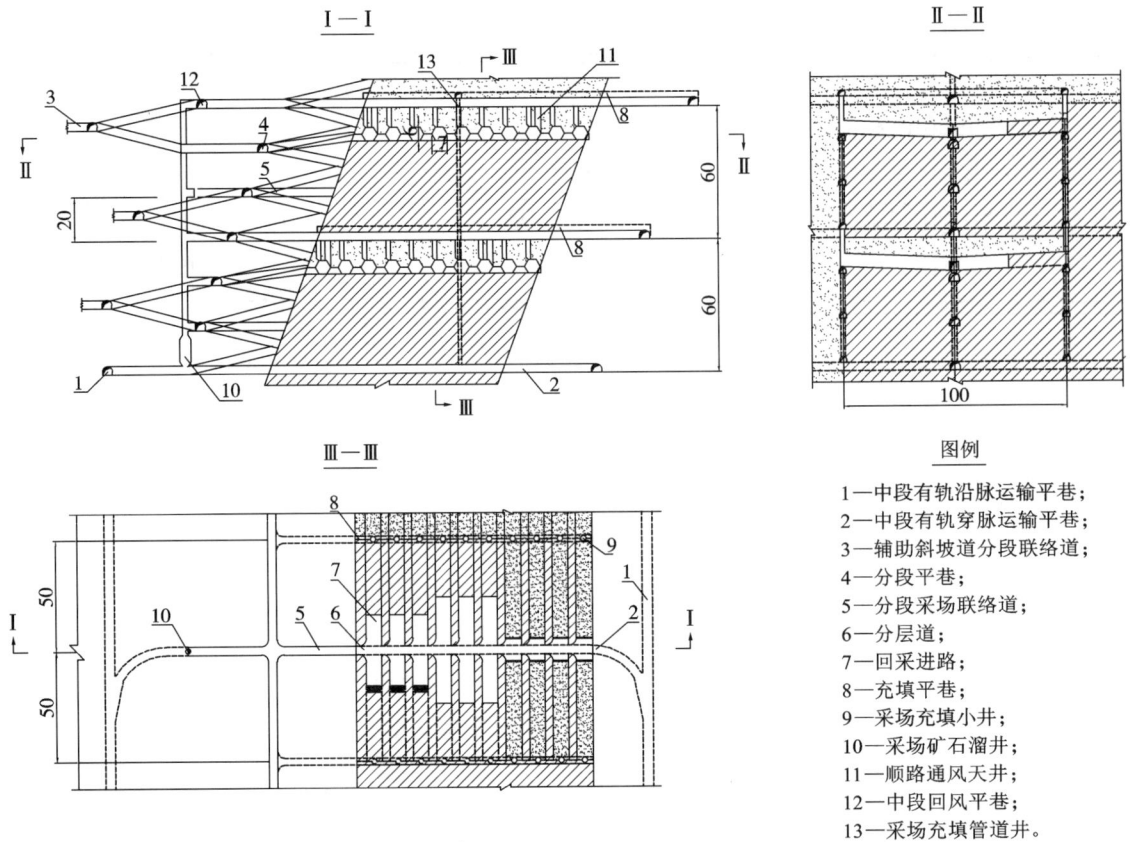

图 5-9　下向六角形进路充填采矿法示意图(单位：m)

图例

1—中段有轨沿脉运输平巷；
2—中段有轨穿脉运输平巷；
3—辅助斜坡道分段联络道；
4—分段平巷；
5—分段采场联络道；
6—分层道；
7—回采进路；
8—充填平巷；
9—采场充填小井；
10—采场矿石溜井；
11—顺路通风天井；
12—中段回风平巷；
13—采场充填管道井。

3)回采

(1)六角形进路的形成。

第一步：对新开采场第一层进行全面回采，全部进路回采结束后，预留人行井、通风井(或充填管道井)，整层充填。

第二步：进路以一定间距回采，一次充填或分次充填形成预备层。

第三步：即第三层时回采第二层未采的进路，且必须把进路的下半部开帮形成倒梯形断面，形成六角形雏形层。

第四步：形成标准层，即在实际回采中，进路绝大部分是一次性形成六角形断面，对部分进路还需开帮处理。

(2)凿岩爆破。凿岩爆破采用楔形掏槽等方式，凿岩设备为 Rocket Boomer 282 凿岩台车与 YT 28 凿岩机。

(3)通风与采场地压管理。采场新鲜风流从斜井、混合井和辅助斜坡道进入井下，经中段运输平巷、中段回风井、分段运输平巷及分段联络道进入分层道作业面，污风经采场顺路人行通风天井回到上中段穿脉平巷，再经中段沿脉平巷、回风石门和回风竖井排出地表。回采进路的污风主要采用局扇排至回风中段，随贯穿风流排出地表。

采场爆破并经过有效通风排除炮烟后，安全人员清理顶帮松石。顶板处理后，仍无法保证安全作业，需按照相应的要求进行支护，如布置锚杆等。同时，在生产过程中，要加强适时安全检查，发现问题，及时处理。检撬工作面浮石并洒水降尘后，用铲运机铲装矿石，运至脉内或脉外溜井转运。

(4)充填。当采场本分层所有进路或部分进路(按照龙首矿六角形进路回采规范要求，每采完 4 条进路后，与分层联络道一起充填)采完后，即实施进路嗣后充填。充填前先将分层道和采场进路底板用 0.1~0.3 m 厚的碎矿石填平，并形成 3°~5°的倾角。在回填层上铺设金属桁架及金属网，并用钢筋将此金属桁架与上层金属桁架连接，金属网铺设在金属桁架上并搭接，用炉渣空心砖砌筑挡墙。完成充填前准备工作后，进行采场进路一次充填。

4)方案评价

该方案开采技术条件适应性强，六角形进路充填体安全可靠，矿石贫化损失小，技术成熟，是龙首矿主要采矿方法，但是也存在技术要求严格、开采成本较高等问题。

5)主要经济技术指标

千吨采切比 3.3 m/kt；贫化率 5%；回采率 95%；采矿成本 63.8 元/t。

5. 充填工艺技术

金川镍矿充填工艺技术的发展可分为 5 个阶段。

1)粗骨料机械化胶结充填

建矿后至 20 世纪 80 年代初，以龙首矿粗骨料机械化胶结充填为标志。金川矿山在采用充填法初期，在龙首矿建设了粗骨料简易充填系统，采用 40 mm 戈壁集料为充填骨料，袋装水泥人工拆包，0.4 m³、0.8 m³ 混凝土搅拌机制备，矿车-串筒溜放充填，采场进路中电耙倒运。该种充填方式工人劳动强度大，作业效率低，生产能力小，作业环境差。经多次改进在龙首矿建成了粗骨料机械化充填系统，采用-25 mm 戈壁集料溜井存放，袋装水泥拆包机拆包，射流制浆或采用混凝土搅拌机制浆，水泥浆采用管道自流输送。水泥浆与骨料混合均匀后，采用井下吊挂皮带运料加电耙倒运。这种充填方式仍存在采矿作业效率低、生产能力小和作业环境差等问题。

2)高浓度管道自流输送

20 世纪 80 年代至 20 世纪末，开展了膏体泵送充填技术研究，在二矿区建成了膏体泵送充填系统。具体的充填工艺为：以 3 mm 棒磨砂+河砂(戈壁砂)为集料，采用火车运至砂池中并通过抓斗、中间料仓、圆盘给料机、核子秤进行给料计量，采用分砂小车分砂。通过罐车将散装水泥卸入水泥仓并通过双管螺旋给料机、冲板式流量计进行给料和计量；通过流量计及调节阀进行水的供给和计量；采用集散式控制系统和智能化仪表，实现了物料配比、料浆浓度、搅拌桶液位的自动检测和调节。与此同时，还开展了粉煤灰替代部分水泥的试验及工业化生产；在实现高浓度料浆管道自流输送的基础上，对充填进路挡墙进行改进，由炉渣砖挡墙全部替代木质挡墙。开展了膏体泵送充填技术的试验研究，引进德国普斯迈斯特固体系有限公司的 KOS2170、KOS2140 型液压双缸活塞泵及德国 Schwing 公司 KSP140-HDR 型活塞泵，于 1999 年在二矿区建成了膏体泵送充填系统。

3)高浓度管道自流充填技术革新和膏体充填系统改造

2000—2010年,以高浓度料浆管道自流输送系统挖潜、革新、改造及二矿区膏体泵送充填系统达到产能为标志,包括:

(1)不断优化充填集料组成,改进集料供配料系统,提高单套系统制备输送能力。

(2)在大量试验研究的基础上,在充填料浆中添加减水剂、早强剂等。

(3)提高充填料浆浓度及充填体强度。

(4)对充填钻孔及井下充填管道材质、连接方式(快速卡箍连接、耐磨柔性接头等)进行优化选择,提高充填料浆通过能力及使用寿命。

(5)采场进路充填挡墙材料及架设方式,提高采场充填效率、缩小分层道与进路交叉口的顶板暴露面积。

(6)在进路挡墙处设置脱水设施并在充填管道进入进路口处设置导水阀等,使进路充填体尽快脱水凝固并提高充填接顶率等。

4)充填系统智能化改造阶段

受传统工艺影响,金川集团龙首矿充填系统中存在砂石含水率无法监测、参数耦合控制波动大、人员调整时滞大等难点问题,对充填系统参数控制时效性要求高,人工干预操作难度大,需要作业人员长时间频繁操作,智能化程度不高,系统运行稳定性难以满足现有生产需求。为了解决上述难题,经过8个月的现场数据采集、仪表升级改造、控制模型研发等过程。2020年12月,金川集团龙首矿西一充填站"一键充填"系统正式投入使用,标志着金川集团龙首矿"多骨料充填"复杂环境、多参数耦合调节控制的难题得以解决,核心参数算法难题实现重大突破,龙首矿"智能化充填"建设驶入"五化"项目实施的新阶段。该系统通过自适应含水率、骨料波动调整、生产过程自检自调、自动纠偏、应急处理等智能充填控制系统模型的研发应用,最大程度减少人员干预,做到了充填过程的自动化、数字化、透明化。

5)全尾砂+废石充填系统

2022年,二矿区建设了以深锥浓密机为核心的全尾砂充填系统,每年可消纳35万t废石、25万t尾矿,有助于提升矿山废石和尾砂利用能力,实现固废减量化处理,降低环境治理费用和环境保护压力。尾砂与废石4:6配比、充填料浆浓度77%~79%,输送过程中不分层、不离析、不泌水,充填体强度达到3 d≥1.5 MPa、7 d≥2.5 MPa、28 d≥5 MPa,有效保证了充填系统稳定、可靠运行。运行过程中,充填体整体性好,为降低采场安全风险和保障井下人员安全提供了重要保障。

6.巷道变形破坏方式及支护措施

1)巷道变形破坏方式

二矿区不同埋深巷道的变形模型可总结为:

(1)偏压变形:在重力、构造应力和采动压力的共同作用下,巷道围岩发生明显的不对称变形。巷道两侧变形不协调,导致整个巷道向一侧倾斜,在拱肩或其他薄弱位置发生大变形。

(2)顶板下沉:二矿区巷道围岩自稳性较差,在顶压为主导应力或上部有采动应力的情况下易发生顶板下沉。

（3）顶板开裂：在强烈侧向压力作用下，巷道顶板发生剪切破坏，表现为顶板混凝土喷层沿巷道轴向开裂为 2 个部分，巷道断面呈现出尖顶状或桃状，拱肩偶尔也伴随着严重的开裂。

（4）底鼓：底板隆起在矿区内较为常见，特别是在底板没有支护的情况下，底鼓量可超1 m。目前矿区对底鼓变形的处理方法是直接机械铲平，但不能从本质上抑制底鼓。

（5）边墙开裂：巷道的变形破坏通常由拱肩和直墙脚处发起，随后在直墙处发生内挤，并产生大小不等的纵向张裂缝，在水平应力的持续作用下，可发展为片帮。

（6）片帮：较易发生在巷道边墙的起拱线附近，严重时整个边墙均发生破坏，并在围岩和支护体之间形成一个空腔。

2）高应力巷道变形特征

（1）最大主应力主导：区内地应力水平较高，且水平应力几乎为垂直应力的 3 倍，当巷道受到水平挤压力作用时，岩体中的软弱结构面向自由面扩展，当挤压力超过支护阻力时，产生拉张裂缝。特别是在巷道走向与最大主应力方向垂直时，巷道变形更显著。这一特征与现场常见的边墙开裂和片帮现象相吻合。

（2）大变形：在高地应力、破碎岩体和强烈工程扰动的共同作用下，巷道最终收敛变形非常大。若不及时采取补救措施控制变形，巷道将发生严重破坏，某些断面直径约为 4 m 的废弃巷道，因不再提供有效的支护措施，已经收敛殆尽。

（3）显著的时间效应：巷道变形的时间效应包括两个方面，一是初始阶段变形速度快，二是变形持续时间长。巷道开挖后，周围岩体卸载剧烈、来压迅速，前几周的变形量有时超过总变形的 50%；破碎岩体在高地应力作用下表现出软岩的流变特征，有些巷道数年也无法达到稳定。

巷道围岩在无支护条件下，产生了很大的变形，整个巷道断面收敛为酒瓶子状，特别是在巷道的左右底角和拱肩处，挤压严重，两帮水平相对位移超过 270 cm。而且顶板下沉和底鼓变形明显，最大位移分别超过了 135 cm 和 103 cm。巷道围岩松动圈分布在整个计算区域内，影响范围很大，巷道上方围岩主要发生剪破坏，下部围岩主要发生拉剪破坏，巷道周边围岩几乎均发生了拉剪破坏。

3）大断面主斜坡道支护方案

由于高地应力和围岩条件差，巷道工程塌方、冒顶、底鼓在二矿区工程中屡见不鲜，由此造成事故不断、巷道掘进效率低、安全隐患多，既提高了支护成本，又直接影响了矿山的正常生产。针对二矿区深部 650 m 斜坡道工程，矿山采用图 5-10 所示的两种支护方式进行试验，结果表明：

（1）双层喷锚网支护斜坡道的变形稍大，几乎不能控制底鼓变形；采用锚注支护的底鼓变形明显低于双层锚网喷支护工况，表明锚注支护对斜坡道底鼓控制效果明显。

（2）斜坡道变形破坏呈高应力全断面大变形失稳模式，呈现高应力影响显著、应力压挤底鼓破坏范围大、持续时间长的特征。

（3）在高应力软岩变形控制中，多阶段联合支护中柔性支护适度变形，能够调整释放围岩压力。

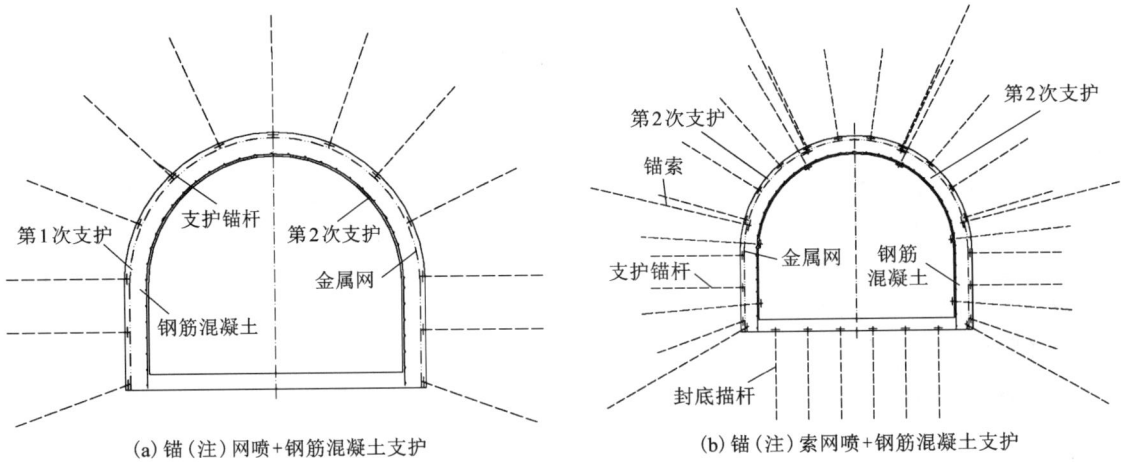

图 5-10　大断面斜坡道支护示意图

7. 采场失稳风险与灾变模式

1）采场整体失稳风险

由于矿体厚度大，在采用下向进路充填法进行大面积连续开采过程中，整体采场围岩和充填体构成的采矿系统存在三种潜在失稳风险。

（1）构造控制的块体滑落失稳风险。随着采场面积逐步扩大，断层、剪切带和矿岩接触带等构造面与采场临空面切割围岩构成的可移动块体数量增多、体积扩大。可移动块体在深部高地应力环境的作用下，可能向采场内移动或滑落，形成关键块体，造成采场围岩和充填体整体失稳。

（2）能量控制的采场突变失稳风险。矿山开采过程伴随着矿岩体能力聚集、损耗和释放。当矿岩中损耗和释放的能量小于围岩聚集变形能时，采场围岩变形能将逐渐增加，并且在达到某一临界值时突然释放。二矿区二期工程进入深部开采，在高地应力环境中的矿岩强度显著提高，由此提高了采矿系统的能量储备。因此，采准和进路工程在掘进中的能量释放率有所增大，地压活动日趋剧烈，由采场围岩能量释放所导致的突变失稳风险增加。

（3）水平矿柱压杆式灾变失稳和塑性破坏。二矿区 1 号矿体二期工程采用双中段或三中段开采。1150 m 和 1000 m 两个中段同时向下开采在其间形成采场中的梁（二维结构）或板（三维结构）承载结构，在矿区水平构造应力的作用下，潜在两种失稳模式：其一，当水平压力达到矿柱的临界荷载，发生类似于压杆的突变失稳；其二，水平矿柱随着内部集中应力的作用逐渐屈服而全部变成塑性区，使采场地压剧烈显现。

2）局部破坏失稳模式

相对于整体失稳与灾变风险，二矿区二期工程中的局部破坏与失稳是采场剧烈的地压活动，导致采场出矿进路、采准巷道、地下硐室或开拓竖井等工程剧烈变形破坏，从而影响采场的正常生产甚至停产。其破坏模式主要有以下几种形式：

（1）巷道顶板充填体脱落。在采矿生产中，经常发生充填假顶（混凝土）离层脱落，发生掉块和冒顶。尽管这种破坏并不影响整个采矿生产系统，但却严重危害采矿人员的安全。

（2）高应力巷道碎胀变形破坏。围岩在屈服破坏过程中，除了发生塑性变形，还伴随节理碎胀、滑移与扩容，这种变形特征称为碎胀蠕变。对于节理裂隙发育的金川矿岩条件，碎胀蠕变变形会更加显著。例如 1000 m 环形运输道工程掘进成巷不到 1 个月就发生大变形破坏，个别地段变形达 1 m。

（3）岩移诱发构筑物变形破坏和灾变失稳。二矿区地表张裂缝的出现及地表岩移的监测结果显示，一期工程开采已经引起采场围岩的剧烈沉陷，导致采场顶板围岩下沉并发展到地表二期工程的采矿生产，不仅加剧采场围岩变形，而且影响范围逐步扩大。岩层移动对矿区构筑物稳定性的影响，也是二期工程最严重的安全隐患。

3）金川公司开展的重大采矿技术攻关

（1）地表岩移观测网的建立与风险预测。1999—2000 年，金川镍矿与中国科学院地质与地球物理研究所合作，建立了二矿区地表岩移 GPS 观测网，2001—2002 年多期 GPS 观测结果显示，二矿区地表岩层受地下开采影响，已经发生水平位移和沉降，在二矿区 1 号矿体上盘地表Ⅳ222 和Ⅳ220 监测点的三维位移量分别达到了 47.39 cm 和 40.80 cm。

（2）二期工程大面积连续开采技术攻关。2004—2010 年为二期工程采矿生产阶段，如图 5-11 所示，金川公司在第 17 次科技大会上，实施了二期工程重大课题研究和关键技术攻关，开展了一系列重大科研课题研究，研究解决了重要的采矿生产难题，实现了二期工程 1150 m 以上厚大矿体大面积连续开采。

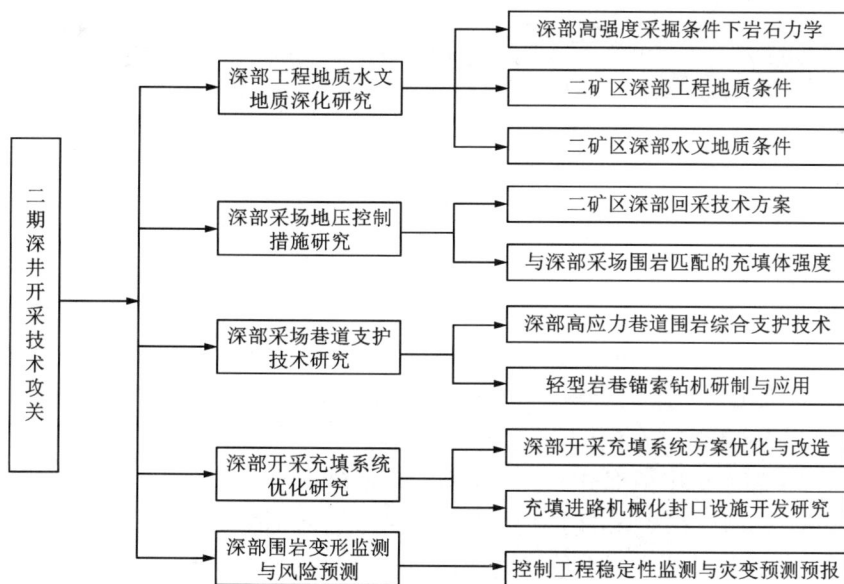

图 5-11　金川公司第 17 次科技大会重大课题研究和关键技术攻关

5.3.3　冬瓜山铜矿

铜陵矿集区地处长江中下游铜、金多金属成矿带的中部地区，拥有十分丰富的矿产资源，是我国著名的"古铜都"，区内发育狮子山、铜官山、新桥、沙滩脚、凤凰山五个金属矿田。其中，冬瓜山铜矿床更是该矿集区大型铜矿床的典型代表，其铜矿储量约占铜陵矿集区铜矿总储量的四分之一。

1. 矿山概况

冬瓜山铜矿是世界500强企业——铜陵有色金属集团股份有限公司下属的一座采选联合骨干矿山，是中国目前最大的现代化井下坑采铜矿山、国家级绿色矿山（图5-12）。矿山采选生产能力为13000 t/d，年营业收入约15亿元，主要产品有铜精矿、硫精矿和铁精矿。矿山曾先后荣获部级"环境优美矿山""先进矿山"、全国"绿色矿山"试点单位等多项称号。目前，开采深度已达1200 m，是亚洲首个超千米规模400万 t坑采铜矿。

图5-12　冬瓜山铜矿鸟瞰图

2. 开采技术条件

1）地质条件

狮子山矿田构造上位于朱村复式向斜青山次级背斜的核部、大团山东西向构造带、包村后山-沙子堡北北东向构造带和包村后山-青山东西向基底构造带的构造复合交会部位。如图5-13所示，冬瓜山铜矿床位于狮子山"多层楼式"铜金多金属矿田的中部偏北，西南侧毗邻老鸦岭矿床，南侧接壤东狮子山矿床及西狮子山矿床。冬瓜山铜矿床又可分为上部的砂卡岩型矿床和深部斑岩型矿床两部分，主矿体是上部的砂卡岩型矿床。从垂向上看，其主矿体位于老鸦岭和东、西狮子山矿床的主矿体之下。矿床上部是砂卡岩型矿体，也是冬瓜山铜矿床的主矿体。矿体赋存于石炭系上统黄龙组（C_2h）、船山组（C_2c）地层中，石炭系地层控矿作用明显。矿体底板与泥盆系上统五通组（D_3w）呈似整合接触，底板围岩主要是五通组石英砂岩、砂页岩，偶见石英闪长岩。矿体顶板为黄龙组或船山组白云岩和灰岩，局部可跨界到下二叠系中统栖霞组灰岩，顶板围岩主要为砂卡岩，靠近岩体或接触带处也可见少量石英闪长岩，远离矿体处则为大理岩。

2）水文地质条件

冬瓜山铜矿北段矿体埋藏较深，水文地质条件较复杂，多次发生水害事故。矿区含（隔）水层可划分为松散岩类孔隙含水岩组、碳酸盐岩类岩溶裂隙含水岩组、碳酸盐岩类夹碎

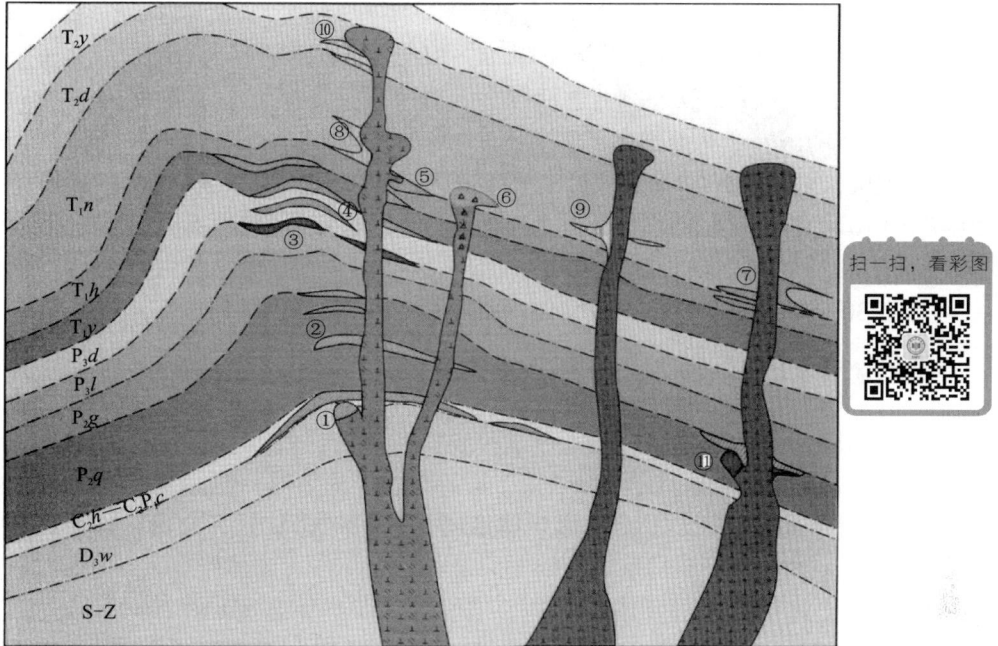

①冬瓜山铜（金）矿床；②花树坡铜（金）矿床；③老鸦岭铜（钼）矿床；④大团山铜矿床；
⑤西狮子山铜（金）矿床；⑥东狮子山铜矿床；⑦胡村铜（金）矿床；⑧包村金（铜）矿床；
⑨朝山金矿床；⑩鸡冠山银（金）矿床；⑪胡村南铜（钼）矿床。

图 5-13　狮子山矿田矿床剖面分布示意图

屑岩类溶蚀裂隙含水岩组、碎屑岩类裂隙含水岩组、岩浆岩类裂隙含水岩组等 5 个含水岩组。矿区主要破碎带有龙塘湖破碎带、铜塘冲破碎带及阴涝-大冲破碎带，该类破碎带沟通了含水层之间的水力联系，强化了地下水径流，为矿区地下水的主要导水通道。浅层地下水为矿床充水的主要水源，目前矿区的坑道涌水点出露于顶板接触带、底板接触带及岩体接触带，以裂隙涌水为主，矿区充水途径主要有构造破碎带、岩体接触带、层间构造、青山背斜轴部裂隙密集带及未封孔或封孔质量不合格的勘探钻孔。为有效解决该矿井下突水问题并降低工程成本，采用井下封堵导水通道的方式进行涌水治理，取得了较好的实践成效。

3) 工程地质条件

受区内褶皱的影响，主矿体呈压扁蘑菇状，走向长达 3000 m、宽 200~800 m，分布面积约 2 km²。矿体呈层状或似层状沿青山背斜轴部缓倾斜产出，产状与围岩的产状大体一致，中部厚大且产状缓，向北东向延伸，两翼倾角 30°~40°。矿体垂向分层明显，上部层状矿体矿石类型有磁黄铁矿矿石、黄铁矿矿石、含铜矽卡岩、含铜磁铁矿矿石等，矿石呈块状、条带状、细脉浸染状或脉状，结构以交代充填和粒状为主；矿体下部矿石类型主要为含铜蛇纹石，矿石构造主要为条带状、层纹状。矿体构造简单、节理裂隙不发育，普氏系数为 8~16，原岩应力值 30~38 MPa，岩性属坚硬岩石，稳定性较好。矿体底盘围岩为石炭系下统高丽山组灰岩、粉砂岩和石英闪长岩等岩石，厚 14~24 m，顶盘岩石主要为黄龙组、船山组大理岩，厚度 46~68 m。顶底板岩石结构致密、硬度大、性脆、结构面不发育，但矿体所处地层原岩地温高（30~39.8 ℃），硫铁矿中部分胶质黄铁矿有结块和自燃发火倾向。

4）矿体产状

冬瓜山矿床属层控矽卡岩型铜矿床，探明的矿石总储量为 9546 万 t，其中 1 号矿体占总储量的 98%。矿体受层位控制，中部厚大，沿两翼及走向向外逐渐变薄并尖灭。矿体走向 NE35°，倾向随围岩产状分别向北西、南东倾斜，平均倾角 20°，最大可达 35°。矿体沿走向向北东侧伏，侧伏角 100°左右。矿体埋藏较深，赋存于−1000～−682 m。矿体所处地段地应力高，−910 m 原岩应力测试点最大主应力为 38.1 MPa，地应力系数>0.2，属高应力区。矿床分布范围广，水平走向长度 1810 m，最大宽度 882 m，最小宽度 204 m；垂直厚度大，矿体一般厚度 30～50 m，最大厚度 101 m，平均含铜 1.01%，含硫 19.7%，含金 0.29 g/t。

3. 采矿工艺技术

1）采场结构参数

冬瓜山铜矿矿体厚度大、连续性好、矿岩稳固，多年来一直采用三步骤开采的大直径深孔嗣后充填法。如图 5-14 所示，沿矿体走向每隔 100 m 划分一个盘区。在盘区内垂直于矿体走向每间隔 18 m 划分矿房采场（长×宽×高＝82 m×18 m×矿体厚度），矿柱采场（长×宽×高＝78 m×18 m×矿体厚度），并预留隔离矿柱（长×宽×高＝矿体宽度×18 m×矿体厚度）。盘区内分三步骤开采：第一步骤回采矿房采场，而后进行全尾砂胶结充填（28 d 强度 3 MPa）；第二步骤回采矿柱采场，进行全尾砂胶结充填（28 d 强度 1 MPa）；第三步骤回采隔离矿柱，而后进行低强度的全尾砂胶结充填。三个步骤回采矿量分别占矿体总储量的 42%、40%和 18%。

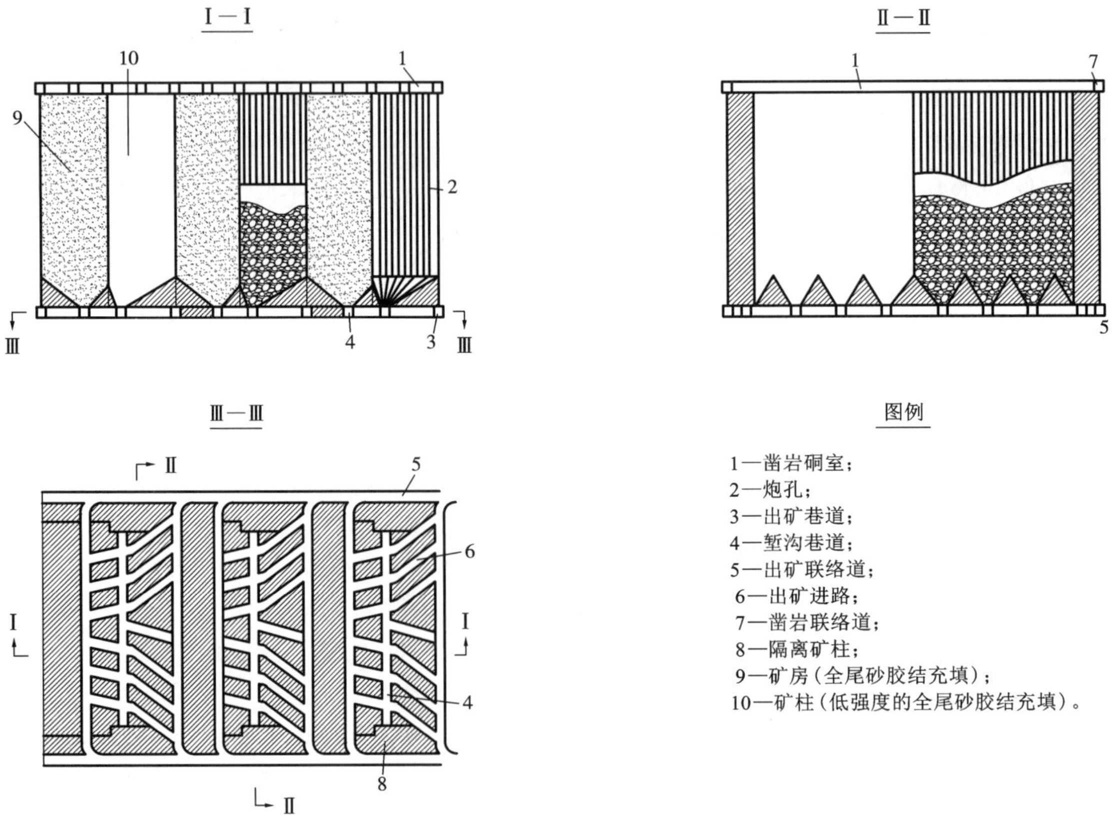
Ⅰ—Ⅰ
10
1
9
2
4
3
Ⅲ
Ⅲ
Ⅱ—Ⅱ
1
7
5
Ⅲ—Ⅲ
Ⅱ
5
6
Ⅰ
Ⅰ
4
8
Ⅱ
图例
1—凿岩硐室；
2—炮孔；
3—出矿巷道；
4—堑沟巷道；
5—出矿联络道；
6—出矿进路；
7—凿岩联络道；
8—隔离矿柱；
9—矿房（全尾砂胶结充填）；
10—矿柱（低强度的全尾砂胶结充填）。

图 5-14　三步骤开采的大直径深孔阶段空场嗣后充填采矿法

2）回采工艺

回采凿岩采用 Simba 261 潜孔钻机在凿岩硐室钻凿下向垂直深孔，炮孔直径 165 mm。采用乳化炸药分次爆破，以切割槽和拉底层为自由面倒梯段侧向崩矿，矿石采用 EST-8B 电动铲运机装运，残留矿石用遥控铲运机回收。嗣后充填采用掘进废石与尾砂充填采场，充填料浆用充填管通过充填天井或残留炮孔进入采场。盘区综合生产能力 2400 t/d，凿岩设备效率 40 m/台班，铲运机出矿效率 800 t/台班，损失率 8%，采切比 80 m³/kt。

3）隔离矿柱回采概况

经过大规模的第一步骤矿房回采和第二步骤矿柱回采，到第三步骤回采隔离矿柱时，采矿技术条件已经发生了根本性变化。首先，隔离矿柱周围的介质由强度较高的矿（岩）体基本变为强度较低的尾砂充填体；其次，隔离矿柱内的应力会明显增大，矿（岩）体次生节理裂隙可能大量发育，增加了回采难度和复杂性。总之，到第三步骤回采隔离矿柱时，采矿技术条件比第一步骤回采矿房和第二步骤回采矿柱时严重恶化。

如图 5-15 所示，按矿量较大且较为均衡的原则划分采矿单元，沿矿柱长度方向，按 18 m（一、二步骤采场宽）倍数不均衡布置回采单元，矿体厚的单元长度取小值，矿体薄的单元长度取大值。采场留侧壁厚为矿房采场 2 m、矿柱采场 4 m，端壁厚度 4 m，采场宽度 14 m，采场高度为矿体厚度。隔离矿柱的回采顺序是从回风道一侧开始，采用退采方式逐一回采，凿岩采用 Simba 261 潜孔钻机钻凿 165 mm 下向钻孔。布孔设计参数为：排距 3 m，垂直孔孔距 3 m，斜插孔孔底距 3.5~4.0 m。深孔爆破采用乳化炸药，炸药直径 150 mm，质量 10 kg/条，长度 0.5 m/条。采用毫秒导爆管雷管起爆，导爆索传爆。

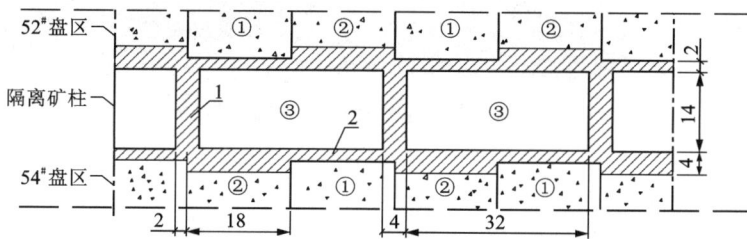

图 5-15　隔离矿柱矿房回采方案（单位：m）

从隔离矿柱整体回采效果上看，爆破对采场两侧预留矿壁保护效果较好，在回采工作进入中后期时，两侧 2 m 厚预留矿壁垮落，但出矿过程中没有见到充填体，采场中矿石全部出完，实现了安全高效回采。同时矿床资源综合回收率实现了从两步骤回采的 70% 到三步骤回采的 81% 跨越，加之两侧 2 m 厚预留矿壁垮落，增加了矿石回收量，效果超过预期。

4. 充填工艺技术

1）充填系统概况

冬瓜山铜矿设计生产能力 429 万 t/a（1.3 万 t/d），日产尾砂量 7800 t/d，日需充填采空区 4062 m³，其中尾砂充填 3912 m³/d，废石充填 150 m³/d，日需全尾砂砂浆 4752 m³/d。其中，尾砂充填浓度为 73.5%，一步骤灰砂比为 1∶8，二步骤灰砂比为 1∶15。如图 5-16 所示，冬瓜山铜矿地表充填站配套建设有 6 座立式砂仓（φ=8 m，h=23.2 m），3 座水泥仓（φ=10 m，

$h = 19$ m)，总计可存贮尾砂 8840 t，水泥 3600 t。选矿直排浓度 22% 左右的全尾砂料浆，经立式砂仓制备出浓度为 76%~78% 的料浆，按配比加入水泥搅拌，制成 74%~76% 浓度的料浆，通过管道自流至井下充填作业区。为了避免充填作业点管道末端压力过大，冬瓜山铜矿井下充填采用分段钻孔、延程减压方式，在 -280 m 水平新辟 1 条约 600 m 的平巷用来减阻。目前，单套系统充填能力可达 2500 m³/d，平均充填浓度为 73%，胶结充填成本 44 元/m³。

图 5-16　冬瓜山立式砂仓充填制备站

2）冬瓜山铜矿充填特点及关键技术

由于尾矿中含有大量的蛇纹岩成分，因此冬瓜山铜矿全尾砂泥质含量高、粒级细、黏性大、含硫高，全尾砂细粒级含量小于 20 μm 的颗粒约占 40%。冬瓜山铜矿通过科研攻关，形成了立式砂仓流态化全尾砂高浓度连续充填生产体系。关键技术主要包括：

（1）全尾砂浓缩、储存和充填可实现全过程自动化控制。

（2）能适用于全尾砂又能适用于分级尾砂的浓缩，可满足各种高浓度尾砂充填；能实现井下少脱水或不脱水，改善井下的作业环境，减少排泥费用。

（3）尾砂溢流浓度低，可达到直接排放标准。

（4）底流浓度和流量波动小，能减少充填成本。

3）充填质量控制

尾矿的充填能力与供应砂仓的尾砂量和浓度有关，要获取连续稳定的高浓度料浆就必须保证进料与出料平衡。如图 5-17 所示，立式砂仓结构中尾砂由上至下大致分为 4 层，即澄清层、过渡层、浓缩层和压缩层。其中，立式砂仓的放砂浓度是由高度和压缩时间共同决定的。大多数情况下，在单孔放砂的立式砂仓中，料浆受重力作用，其中心部分的浆料下降速度最快，中间部分料浆由于上部水体的下移，压缩层的尾砂逐渐减少，浓缩层的尾砂向中间流动增多，导致浓度下降；而两侧的尾砂流动性差，沉降时间较长，浓度较高。因此，要实现高浓度连续充填，就必须充分利用仓壁两侧的高浓度尾砂进行补充。在同样条件下，放砂浓度与砂仓的几何形状无关，只与尾矿特性和沉降压缩时间有关，立式砂仓虽然集仓储与中转于一体，但在连续充填过程中它更多的是作为一个中转站。

全尾砂高质量连续充填离不开"硬件"和"软件"的支持。所谓"硬件"即各类仪表和阀门，而软件则是指充填过程控制和操作技术水平。高浓度放砂是动载和静载共同作用的过程，也是仓内尾砂压力场不断变化的过程，应力场的变化需要通过在线检测来完成，如浓度、砂位、流量、液位等。实现连续高浓度放砂必须要有高技术的自动化控制，连续充填的基本要素包括

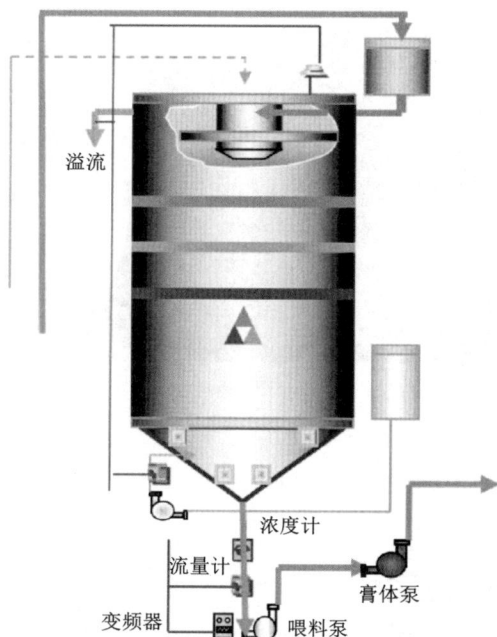

图 5-17　立式砂仓内部结构图

进出平衡、多点絮凝、变频调速、稳定工况。其中，阀门和仪表的选型是至关重要的，自动化控制的阀门均是电动的，如电动闸板阀、球阀、管夹阀等。由于立式砂仓的料浆压力较大，阀体容易磨通，球阀阀蕊与阀体间隙容易抱闸；而管夹阀操作较灵活，管夹的胶管易于更换，所以充填自动化一般均选用耐磨管夹阀。界面仪的选择一般有超声波、雷达和重锤等仪表，由于超声波界面仪在不同工况条件下，料浆中的泡沫、蒸气、漂浮物、波浪等将导致信号反馈失真，宜采用效果较好的重锤料位计。

4）提高充填接顶率

由于充填料浆均会发生不同程度的沉缩和流失，因此采场接顶困难。多次充填是提高采场接顶率和充满率的有效手段，但是也要求充填钻孔或下料点应尽量设在采场的最高位；须有 2 个以上的排气孔，排出采场内的压缩空气和积水；还要求充填料浆具有较好的流动性。

5. 深井地压灾害防控

1）采空区探测

三维激光扫描技术探测采空区，是掌握采空区的具体形态，进行采空区稳定性分析和治理的必要基础工作。在采用分步开采的冬瓜山铜矿，采空区探测形成的三维模型能直观可视一步骤采场的回采边界，对二步骤采场边界控制、参数优化起到重要指导作用，从而降低贫化、减少损失。如图 5-18 所示，2010 年铜陵有色技术中心引进加拿大 Optech 研制的空区三维激光探测系统 CMS（cavity monitoring system），对空区边界控制、后续回采、地压监测等起到很好的指导作用。

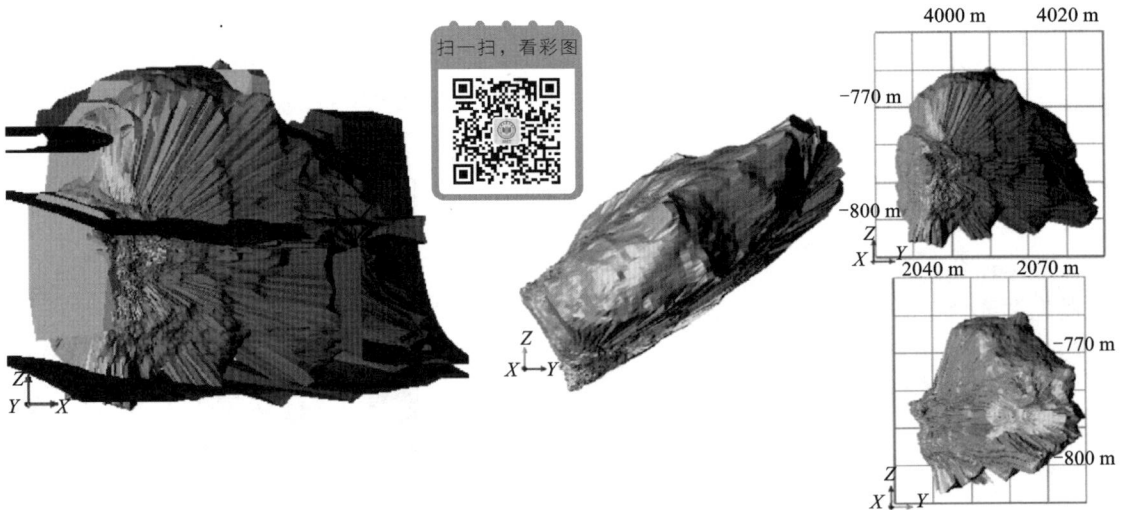

图 5-18　采空区探测模型

2）微震检测

冬瓜山铜矿目前开采深度超过 1000 m，为保证安全生产，防控岩爆灾害，引进微震监控系统，对矿岩应力状态进行 24 h 监控，采集岩体活动的信号，预测、控制不稳定的岩体。冬瓜山铜矿的微震监控系统的结构组成如图 5-19 所示，系统可划分成地表监测控制系统和地下岩体震动信号采集通信系统，在-670 m、-730 m 各布置一个 QS，-875 m 水平布置两个 QS，并且在-730 m 另布置一个 QS Repeater（地震仪转发器），每个 QS 连接四个传感器，采集地震模拟信号，然后转化为数字信号并通过连接的铜绞线传输到井下通信控制系统，再由光缆输送到地表的监控系统中，供地表技术人员分析研究。2017 年，冬瓜山铜矿在井下-790 m 和-730 m 中段选取 2~3 个盘区进行国产微震监测系统的工业测试工作。该套系统主要由微震检波器、数据采集基站、时间同步授时器、微震服务器、微震数据采集和分析软件及云平台组成，其系统拓扑图如图 5-20 所示。

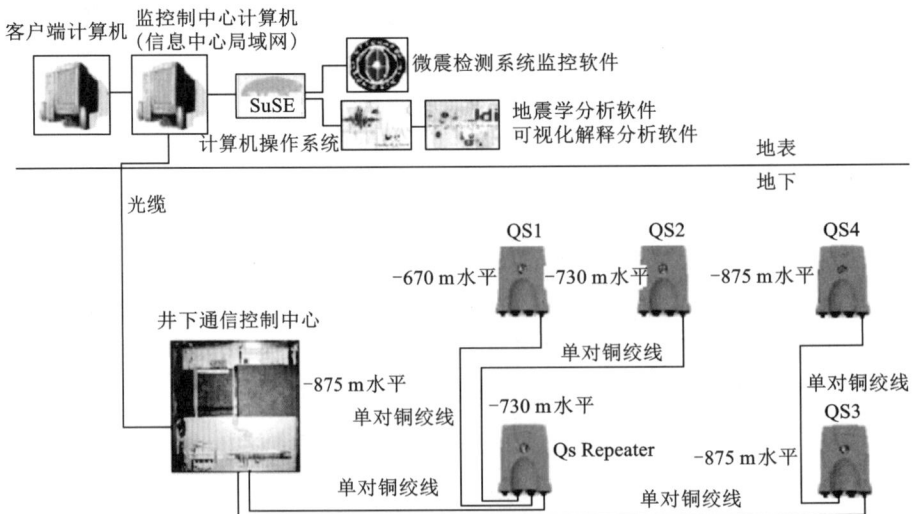

图 5-19　冬瓜山铜矿微震监测系统结构组成

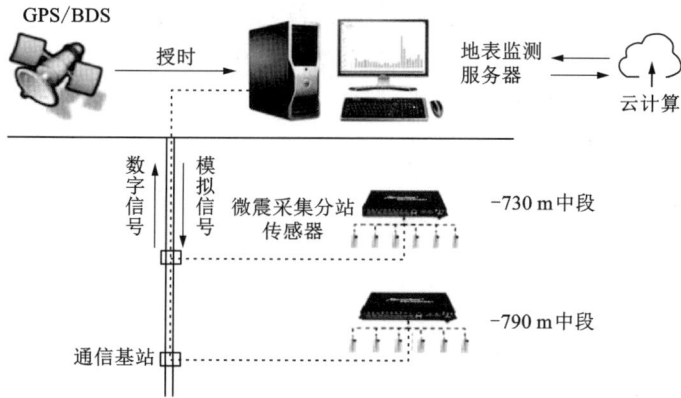

图 5-20　微震监测系统拓扑图

该套微震监测系统自投入运行以来，系统运行状态良好，系统灵敏度高，监测到了大量岩石微破裂事件，最高 1 d 监测到了 200 多个事件，定位误差小，通过爆破测试台网内的事件定位误差可以控制到 10 m 以下，如图 5-21 所示。

2018-04-30
2018-04-18
2018-04-06
2018-03-25
2018-03-13
2018-03-01

扫一扫，看彩图

图 5-21　微震事件定位三维展示

5.3.4　凡口铅锌矿

1. 矿山概况

深圳市中金岭南有色金属股份有限公司凡口铅锌矿位于广东省韶关市仁化县境内，西南距韶关市 48 km，矿区面积约为 6.07 km²。凡口铅锌矿于 1958 年建矿，1968 年正式投产，2009 年开始形成日处理铅锌矿石 5500 t、年产 18 万 t 铅锌金属量的生产能力。凡口铅锌矿采用中央主、副井开拓，目前开采深度接近 900 m。

按矿产资源种类划分，凡口铅锌矿是目前亚洲较大的铅锌银矿种生产基地之一，是集采、选于一体的综合性企业。矿山资源丰富，品位高，储量大，铅锌银属超大型矿床，镓、锗构成大型矿床。凡口铅锌矿的采选工艺和装备处在国内先进水平，采矿采用的大直径深孔采矿法、盘区机械化中深孔采矿法、全尾砂充填等工艺；选矿采用的高碱快速浮选电位调控优化工艺。先后从德国、芬兰、美国、加拿大等国家引进 100 多台套世界先进水平设备，采选使用的潜孔钻机、凿岩台车、装药台车、可视遥控铲运机、可视遥控破碎台车、美卓 C100 破碎机、西门子提升机、美卓 HP500 破碎机、陶瓷过滤机、6SL 荧光分析仪、自动给药系统等均为国内外最新设备。

2.开采技术条件

1）地质条件

如图 5-22 所示，凡口矿区位于粤北曲仁上古生界断陷盆地北缘，出露地层以晚古生代地层为主；寒武系八村群（ϵ_{bc}）分布于矿区的西北角，与泥盆系桂头组（$D_{1-2}gt$）呈角度不整合接触，岩石为一套板岩化巨厚浊积岩（砂岩、粉砂岩、页岩）。由于多次受构造运动影响，岩层褶皱强烈、倾向变化大、倾角较陡。铅锌矿体分布于中泥盆统东岗岭组（D_2d）至中上石炭统壶天群（$C_{2+3}ht$）底部地层中，主要含矿地层为泥盆系，次为石炭系。区内构造以断裂为主，褶皱次之，褶皱构造以北西向凡口复式倾伏向斜为主体，随着逆冲推覆断裂构造的活动，地层因剪切在凡口复式倾伏向斜内形成次级不对称的小褶皱。凡口铅锌矿区已发现的铅锌矿体均位于 F203 断层上盘的含矿层位中，而断层下盘的地层还未发现铅锌矿化。矿床形成是以地下水作用为主，伴有其他来源的中—低热液型铅锌硫化物矿床。

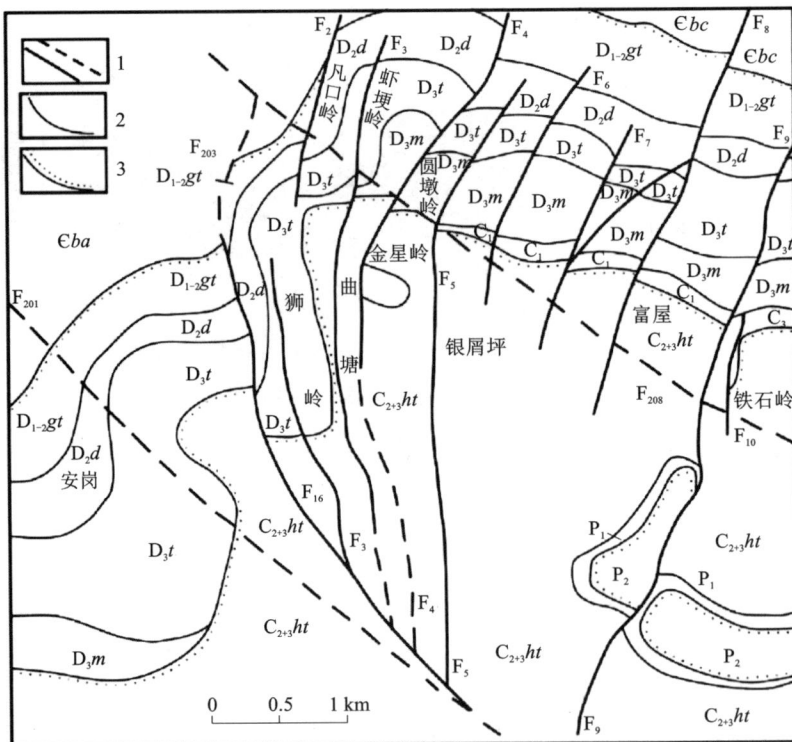

图 5-22　广东凡口铅锌矿区地质构造略图

2）水文地质条件

凡口铅锌矿属于岩溶大水矿山，水文地质条件非常复杂，矿山基建期地表曾反复发生不同程度的塌陷，同时井下发生突水、突泥，引发地表水倒灌矿坑、矿井。从 2002 年开始，矿山启动从根本上治理地下水害、保护矿区地质生态环境技术方法的研究工作，开展了一系列物探勘查、注浆工艺、注浆材料等试验研究，选定了适合矿山水文地质条件，技术上可行、经济上合理的疏、堵、避等多种方法相结合的综合治理手段，实现了安全高效采矿。

3）矿体产状

凡口矿区黄铁铅锌矿床主要产于上泥盆统天子岭组和中泥盆统东岗岭组地层中，位于北西向 F203 断层上盘、北北东向 F3~F6 断层区域，多呈透镜状、似层状产出，赋存标高−750~+110 m，埋深 0~850 m。矿床整体呈北北东走向，往东倾斜，投影范围沿南北向长约 2.6 km、东西向延长约 1.0 km。凡口铅锌矿累计探明铅、锌金属量约 830 万 t，截至 2020 年 12 月底仍保有矿石资源量 1821.13 万 t，平均含铅 5.47%、锌 11.12%、硫 37.02%。

凡口矿山主要分为金星岭、狮岭和狮岭南三个开采区段。金星岭区段矿体主要分布在北部，产于一组平行裂隙中，围岩为东岗岭组和天子岭组灰岩，形态较复杂，呈不规则透镜状、燕尾状、扫帚状产出，北北东走向延长与倾斜延深近乎相等，倾角较陡。狮岭区段矿体均呈北北东走向，往东倾斜，倾角较陡，为 32°~80°，大部分矿体具有"沿走向延伸很长，沿倾斜方向延伸很短"的特点。矿体主要产于天子岭组灰岩中，呈透镜状、似层状产出，厚度巨大，大部分为埋深 100~200 m 以下的盲矿体。狮岭南区段矿体主要赋存在 F3 断裂上、下盘，中、上泥盆统碳酸盐岩地层中。该区矿体呈北东 15°~25° 走向，所有矿体均往东倾斜，倾角 7°~66° 不等。矿体埋藏南高北低，以 25° 左右的侧伏角由 SSW 往 NNE 方向侧伏。埋藏深度 140~600 m，最高标高−19 m，最低标高−660 m，垂直延伸 641 m。

凡口矿区主要矿体上、下盘围岩与夹石岩性基本相同，大部分为花斑灰岩、块状灰岩、鲕状灰岩、瘤状灰岩等，属稳定~极稳定岩石；少部分为白云质灰岩、片理化细砂岩、泥质粉砂岩、砂质页岩等，裂隙发育，属较不稳定岩石。

3. 采矿工艺技术

由于凡口铅锌矿矿体数量多、禀赋特征复杂，现行的主要采矿方法有普通上向分层充填法、机械化上向水平分层充填法、VCR 法等。

1）普通上向分层充填法

如图 5-23 所示，普通上向分层充填法阶段高度为 40 m，采场长度为矿体厚度（垂直矿体布置）或矿体走向长度（沿走向布置），采场宽度为 8 m（垂直矿体布置）或矿体厚度（沿走向布置）。采场底柱高为 8 m，分层高度为 3~4 m，分段高度为 8 m，1 个分段服务于 2 个分层；穿脉、分段平巷等巷道断面为 3.4 m×3.2 m，分段联络道、分层联络道等巷道断面为 3.2 m×3.1 m，脱水井为 1 m×1 m，拉底平巷为 3 m×3 m，回风天井为 2 m×2 m。该采矿方法机械化程度低，工人劳动强度大，在空场下作业危险系数高、凿岩效率低。

2）机械化上向水平分层充填法

如图 5-24 所示，该采矿方法结构参数同普通上向分层充填法。采掘人员由主斜坡道通过分段平巷联络道进到分段平巷中，自中段平巷向矿体一分段底板掘进采矿进路；到达矿体边界时，开始掘进拉底巷道，拉底巷道掘进到达天井位置，在回风巷打一天井与上一中段回风巷相通，对拉底平巷进行扩帮至两帮矿房充填体，然后开始回采第二分层矿石。

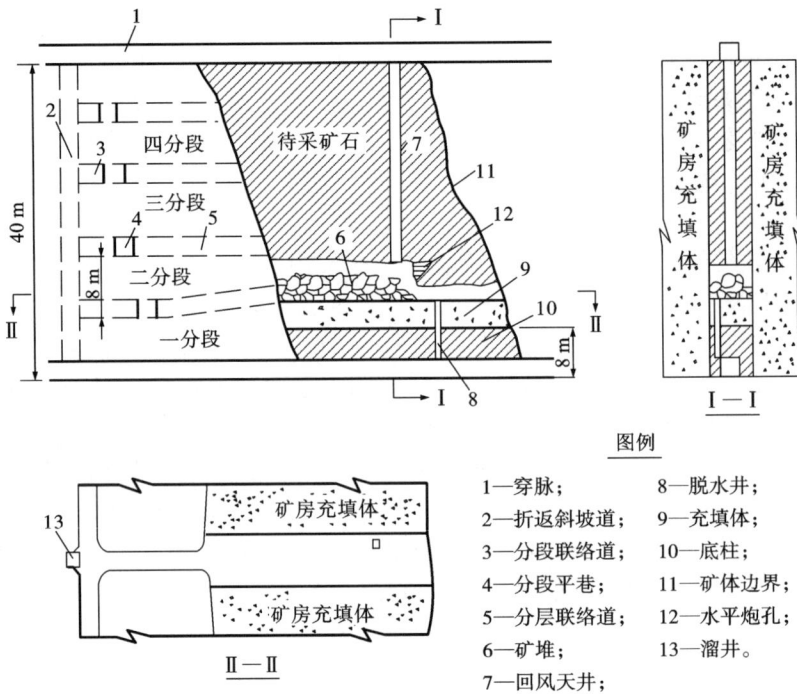

图例

1—穿脉;　　　　　8—脱水井;
2—折返斜坡道;　　9—充填体;
3—分段联络道;　　10—底柱;
4—分段平巷;　　　11—矿体边界;
5—分层联络道;　　12—水平炮孔;
6—矿堆;　　　　　13—溜井。
7—回风天井;

图 5-23　凡口铅锌矿普通上向分层充填采矿法

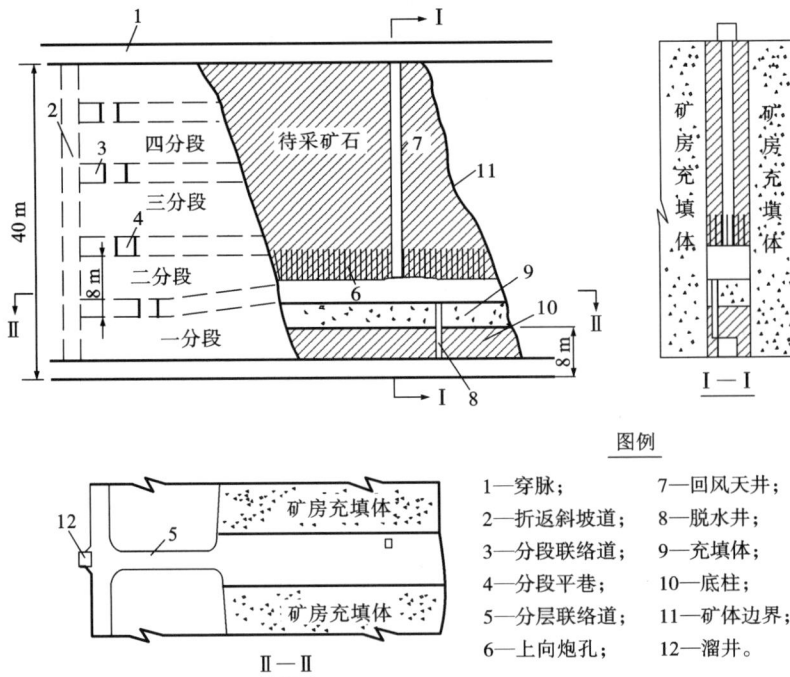

图例

1—穿脉;　　　　　7—回风天井;
2—折返斜坡道;　　8—脱水井;
3—分段联络道;　　9—充填体;
4—分段平巷;　　　10—底柱;
5—分层联络道;　　11—矿体边界;
6—上向炮孔;　　　12—溜井。

图 5-24　凡口铅锌矿机械化上向水平分层充填法

凿岩采用 HS105 型上向自动接杆台车钻凿仰角 85°~88° 的上向炮孔，凿岩速度达 0.5 m/min。单钎杆长 1.2 m，连接 4 杆，孔深一般在 4 m 以上，梅花状排列布孔，孔距 1.0 m，排距 1.2 m，掏槽区孔网一般为 0.8 m×0.8 m。为保证两帮充填体少受冲击波的损害，采场边孔距离充填体 0.4 m，并每隔 3~5 m 用水平台车打 1 个仰角 45°、孔深 3.5~4 m 的边帮控制孔。采用 NT30/NBB150 型装药台车装药，利用风压把乳胶炸药压入孔内，装药速度快，达 36 孔/h。通常 1 个分层崩 1 次矿，顶板一次处理。出矿设备采用斗容 2~3 m³ 铲运机，由采矿进路进到采场，将矿石铲出倒到脉外溜井中。出矿清场后，进行分层胶结充填，充填高度为 3.5~4.5 m，待充填体强度达到铲运机的压力要求便可回采下一分层的矿石。该方法可以避免人员在破碎岩石、距离上部中段或首层充填体实体厚度较小等情况下凿岩，避免矿岩意外冒落坍塌伤人毁物，通过加大距离不稳定岩层及充填体的实体回采厚度，可以有效提高整个凿岩过程中的安全可靠性；中深孔崩落法也加大了一次性回采高度，提高了采矿效率，结合遥控铲运机出矿，减去了人员上矿堆松石这一危险较大的作业程序，实现了高效的机械化作业。

3）VCR 法

凡口铅锌矿 Sh-600 m 214#a 采场应用 VCR 法爆破技术，取得了很好的效果。VCR 法爆破采场宽度 20 m，采场垂直矿体布置，长为矿体厚度（图 5-25）。在 -550 m 水平和 -600 m 水平分别设计上、下部硐室，在 -600 m 下部硐室布置底部结构。以 -600 m N7# 川为主要的出矿穿脉，采用堑沟出矿，堑沟高度 8 m，倾角 71.5°，堑沟以上空间 3.0 m。堑沟及出矿进路分布于出矿穿脉两侧，出矿进路及出矿穿脉 3.2 m×3.1 m；上部硐室为凿岩硐室，设计在 -550 m 水平，硐室高度 3.5 m；为避免硐室超宽带来安全隐患，硐室中间设计了一条 5.5 m 宽的保安矿柱。在 -550 m 上部硐室凿下向大直径束状深孔，孔径 165 mm，边孔 110 mm；每束打 4~5 个孔，孔距 1 m，每束孔之间间距 6.5 m。在 -550 m 上部硐室采用人工装药、分层爆破方式，每层爆破 6 m，每束孔装同段雷管，束与束之间用不同段雷管，利用高精度毫秒雷管起爆。首次爆破各束孔利用下部硐室空间作为自由面呈"倒漏斗状"向下崩矿，后续爆破利用前次爆破空间向下爆破，依次类推，留 11 m 的厚度破顶爆破直至爆破结束。每次爆破后采用铲运机在下部硐室从各出矿进路铲矿，铲至有下次爆破的补偿空间即可，最后利用斗容 3 m³ 遥控铲运机进入堑沟内清场，采用 SOLO5-5V 遥控破碎台车处理大块。上部硐室顶板和

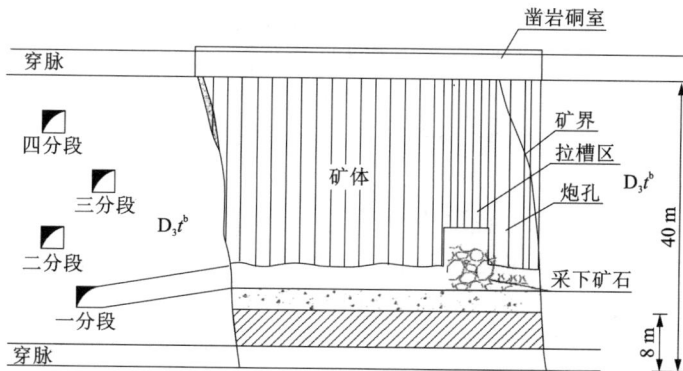

图 5-25　凡口铅锌矿 Sh-600 m 214#a 采场 VCR 法示意图

边帮均采用锚杆和铁丝网联合支护,以确保人员在上部硐室凿炮孔和装药时的安全;铲矿人员不进入爆破空场,只在已经处理好的下部硐室处操作遥控铲运机铲矿,确保了铲矿过程的安全。与常规采矿法相比,采矿技术生产能力达到 300 t/d,劳动生产率高,辅助作业少,采矿成本仅 150 元/t。

4) 充填工艺技术

凡口铅锌矿是我国使用充填法起步较早且较为成熟的矿山,先后采用了废石干式充填、分级尾砂充填、高性能泡沫砂浆充填和全尾砂充填等工艺技术,建有卧式砂仓、立式砂仓等共计 6 套充填系统,井下布置有 3 套减压输送系统及大量的充填管网。目前,矿山正在进行充填系统改造,将新建设以深锥浓密机为核心设备的全尾砂充填系统,以简化充填工艺流程,提高充填能力。

4. 深井地压灾害防控

1) 深部岩爆基本特征

凡口铅锌矿狮岭和狮岭南的深部中段已成为主要生产中段,在采掘作业中,岩爆时有发生。从近年发生岩爆的采掘作业面现场调查和统计分析看,岩爆发生时一般围岩成块状、板状或鳞片状冒落或剥落,并伴随有爆裂声,但几乎没有出现比较严重的弹射现象。如狮岭-650 m 一分段 S1#VCR 采场下部硐室在掘进过程中多次发生岩爆,顶板边帮块状、板状爆裂,并伴有爆裂声,预留的矿柱在岩爆后经过多次松石处理,矿柱比原来小了很多。狮岭-550 m 一分段 209#aS 采场在切采作业时也发生过岩爆,顶板边帮剥落冒落密集,工区暂停了该作业点,几天后岩爆消失。总的来说,从历次观察到岩爆的情况看,仅有岩层、岩片剥落,没有出现弹射现象,因此凡口铅锌矿的岩爆应属于弱岩爆。从凡口铅锌矿的统计中看,发生岩爆最浅的是狮岭南-455 m 一分段 209#中采场,距地表深度将近 580 m,因此凡口铅锌矿发生岩爆深度较大。

狮岭深部地段在 2011 年以前主要采矿房,虽然地压问题比较突出,但岩爆少见。近年来,逐渐开始回采间柱,在间柱的回采过程中,岩爆逐渐增多,而且多发生在采场找边、切采环节。如-600 m S2#S、S2#N、N9#和-650 m S1#等 VCR 采场硐室在切采过程中都出现过岩爆。同时,凡口铅锌矿在回采设计中对于沿走向延伸较长,沿倾向厚度小的矿体,一般沿矿体走向布置采场。如狮岭南 Sh-209、Sh-210 矿体和狮岭深部南盘的 Sh-209 矿体开采的采场发生岩爆占较大比例,这与南北向水平构造应力较大有关。此外,狮岭深部 0#穿以南矿体规模较小,矿石类型相对简单,主要为方铅矿和闪锌矿,而且矿石品位较高,岩爆现象尤为突出,多个采场发生过岩爆。如:-550 m S3#N、S3#S、S4#和 S5-7#,-600 m S2#S、S2#N,-650 m S1#等采场,回采过程中矿体先后都发生过不同程度的岩爆。

2) 微震监测系统

凡口铅锌矿深部井巷地压大、冒顶片帮多、大冒顶现象时有发生、支护工程量和成本大大增加,均体现出典型深井开采的地压特点。为保证深部矿体的安全生产,采用微震系统监测深部地压活动,具体监控范围:-650～-400 m 中段,高 290 m,控制长度 800 m、宽度 200 m。在矿区建立 5 个微震工作站和 32 个检波器的微震监测系统。工作站在-280 m、-360 m、-455 m、-550 m 和-650 m 中段各设置一个,编号依次为 1 号至 5 号工作站。微震工作站包含 32 位高精度的八通道数据采集器(net ADC8)、波形处理器(net SP)、智能 UPS、单端口调制通信设备和一些其他辅助设备,其中在-455 m 中段工作站安装 2 个八通道数据采集器，其他工作站均为 1 个。-280 m 中段 1 号工作站连接 5 个单向检波器、1 个三向检波器；在-360 m 中段 2 号工作站布置 5 个单向检波器、1 个三向检波器；-455 m 中段 3 号工作站布置 6 个单向检波器、2 个三向检波器；-550 m 中段 4 号工作站布置 5 个单向检波器、1 个三向检波器；-650 m 中段 5 号工作站布置 5 个单向检波器、1 个三向检波器。所有检波器都将连接到八通道数据采集器上，将检测到的波形信号经模数转换后送至波形处理器处理。

井下数据通信中心拟安装在-455 m 中段，主要由时钟同步设备、4 端口的专用调制解调器（DSLAM）、串口同步设备及光电转换设备组成，主要负责分发来自服务端的控制信号和时钟同步信号，同时收集井下数据中心的缓存及中转，最终将数据传输到位于地面的微震服务器，从而让这些微震数据得到系统软件的进一步处理。

3）岩爆的防范措施

岩爆是高地应力、地层岩性、地质构造、水文地质条件、开挖扰动等多种因素导致的结果。目前，凡口铅锌矿采矿作业重心已经向深部转移，岩爆开始增多。矿山技术部门对岩爆危害的认识也逐步深刻，通过收集、分析发生岩爆的作业点资料，结合矿山矿岩地质特征，提出了一系列行之有效的防范措施，减少了岩爆的发生及危害。

（1）施工超前孔。施工采掘工程时，在巷道、采场的边帮或掌子面施工超前孔，孔深一般 2~3 m，达到释放应力目的，能有效减轻围岩的应力集中程度，使应力集中向围岩深部进行转移，同时使围岩积聚的弹性应变能提前耗散，有效地降低了围岩发生岩爆的风险。必要时也可以施工部分径向应力释放孔，钻孔方向应垂直岩面，间距 1 m 左右，效果更好。

（2）软化围岩。软化围岩最常用的办法是对围岩喷水或注水。长期以来，凡口铅锌矿的采掘工程在爆破后作业人员一般会先对采准工程的边帮进行洒水，主要目的是降尘，但同时也起到减少岩爆发生的作用。洒水过程中，水分渗入岩石孔隙，与岩石矿物中的离子发生作用，使岩石软化、膨胀，使岩层强度降低。岩石的软化系数越小，采用喷水方式对降低岩石的强度效果越好。凡口铅锌矿深部地层主要是 D_2d^b 粉砂岩，岩性较脆，但其软化系数较小，在开挖采掘工程时，如果对作业面的岩层充分喷水就能很大程度较少岩爆的发生。对部分 D_3t^a 灰岩，软化系数较大，喷水效果如果不理想，可以先施工超前孔，然后向孔内压水，水的劈裂作用使岩石微裂隙扩展，节理张开，降低围岩表面张力，从而降低岩体储备弹性应变能。

（3）柔性支护。井下采掘工程揭露应力集中、易引发岩爆的矿岩层时，采用短进尺、弱爆破掘进，以降低对矿岩体的扰动。同时要及时实施锚索支护、锚网联合支护等柔性支护措施，必要时在支护完毕后进一步喷浆。采取锚网喷浆联合支护，在施工过程中，使铁丝网紧靠岩体面与锚杆连成一体，然后进行喷射混凝土，可有效地提高结构的整体支护能力，尽可能减少岩层暴露的时间，防止岩块的弹射和塌落。

（4）使用光面爆破。多年来，凡口铅锌矿在井下采掘工程中一直大力推行光面爆破，通过多打炮眼少装药，严格控制用药量，尽可能减少爆破对围岩的影响并使开挖断面尽可能规则。对构造发育、矿岩结构差的地段，为获得光面爆破效果，在施工采掘工程时，施工双层光面爆破孔。采掘工程的边帮和顶板采用光面爆破后，一方面有效减少了松石量，另一方面也减小了局部应力集中发生的可能性，很大程度避免了岩爆的发生。

（5）合理选择巷道施工位置。D_2d 粉砂岩、粉砂质灰岩具有硬度大、脆性大、抗变形能力强的特点，有利于弹性应变能量聚积而产生岩爆，所以在深部施工巷道时应尽量避开 D_2d 粉砂岩、粉砂质灰岩。

5.4 国外深井充填采矿典型实例

鉴于不同国家及矿床的赋存条件、开采技术条件、采掘装备配套、充填工艺技术等方面的差异,本节选取世界上深井充填采矿技术研究和应用较多的南非、加拿大、澳大利亚、芬兰、瑞典等国家,进行深井充填采矿典型实例介绍。

5.4.1 国外深井开采现状

国外矿山进入深井开采的时间较早,一些主要产煤国家从 20 世纪 60 年代就开始进入深井开采,目前已有数百余座开采深度超过 1000 m 的矿山(图 5-26)。目前,国外矿山平均开采深度正以 8~16 m/a 的速度向深部延伸(图 5-27),其中南非的 Anglogold 公司的西部深井金矿采矿深度达 3700 m,印度 Kolar 矿区已有三座采深超 2400 m 的金矿,俄罗斯的克里沃罗格铁矿区已有 8 座采准深度 910 m、开拓深度 1570 m 的矿山,而且还将继续延伸到 2000~2500 m。

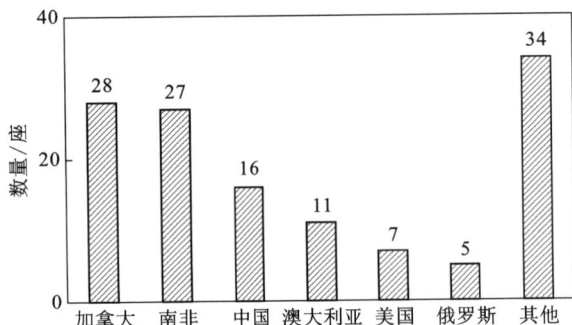

图 5-26 采深 1000 m 以上金属矿山国别分布

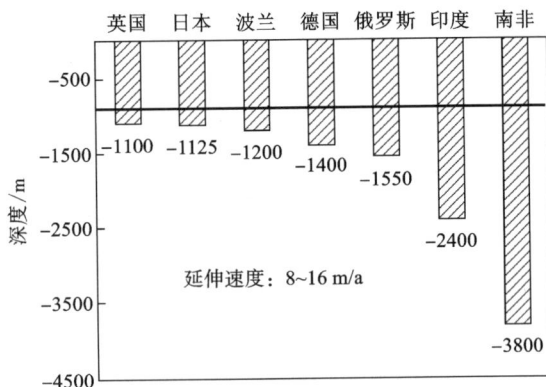

图 5-27 国外深部矿山开采现状

5.4.2 南非深井矿山

1.南非充填采矿技术的发展

1)南非黄金资源概况

南非被称之为黄金之国,其黄金储量约 6 亿盎司,约占世界总储量的 60%,同时南非也是世界最著名的产金国,从 1898 年起其金产量就高居世界之首。如图 5-28 所示,南非98% 的黄金分布在威特沃特斯兰德盆地的金弧地带内,矿体以板状缓倾斜薄矿脉为主,厚度在 0.15~0.3 m 的部分约占 50%,在 0.3~3.0 m 的部分占 40%。持续近 160 年的高强度开采,南非黄金矿山的平均开采深度已超过 3000 m,保有资源量急剧减少 70% 以上,随着深井开采和提升难度的不断增加,南非的黄金产量开始不断下降,2021 年仅 127 t,排在全球第八。

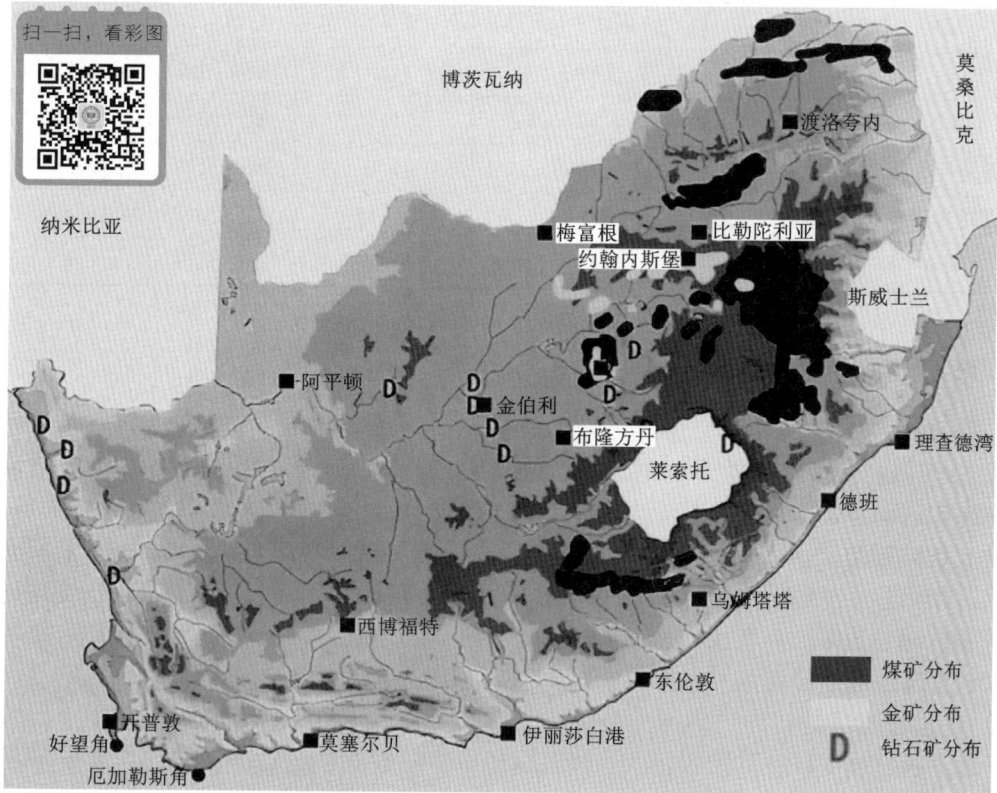

图 5-28 南非主要矿产资源分布图

2) 南非充填采矿工艺发展概况

作为世界上岩爆灾害最严重的国家，南非仅在 1975 年就发生了 680 次岩爆，造成 73 人死亡。因此，在 20 世纪 80 年代初期，南非的许多矿山开始应用废石胶结充填、脱泥尾砂胶结充填来治理采空区，减弱岩爆灾害破坏，并开始了高浓度充填技术的应用研究。同时，为了解决充填料浆管道输送阻力大、采场内流动性差的问题，南非许多金矿山进行了大量的试验研究，通过改变充填料颗粒级配、配合比等参数来减小输送阻力，并通过降低充填浓度、添加改性材料等措施以获得更好的减阻效果和更低的充填成本。

见表 5-2，充填法已经成为南非目前深井矿山开采的标准工艺，也是支护矿体顶板围岩、预防和控制岩爆灾害的主要方法，其优点还表现在：①改进矿山安全和工作环境；②减少或取消矿柱，提高金属的回收率；③废石留在井下，减少地表的废石处理量；④减少采场支护材料（木材）的需要量；⑤减少支护的劳动与设备需要量。

表 5-2 南非部分矿山应用充填采矿技术情况

矿山名称	开采深度/km	采矿方法	回采宽度/m	充填材料	充填开始时间
西部深水平	2.5~3.0	长壁法	1.0	磨碎废石	1983 年 10 月
东德里方丹	2.1	长壁法	1.0~3.0	脱泥尾砂	1982 年

续表5-2

矿山名称	开采深度/km	采矿方法	回采宽度/m	充填材料	充填开始时间
西德里方丹	2.0	长壁法	1.0	脱泥尾砂	1981年8月
法尔里弗斯	2.3	锯齿上向梯段法	1.3	脱泥尾砂	1980年
弗雷迪斯	1.5	锯齿上向梯段法	1.0	尾砂胶结	1985年1月
兰德方丹集团	0.8	房柱法	5~15	尾砂胶结	1985年3月
库克-3号矿	0.8	房柱法	1.0~1.3	尾砂充填	

2. 南非深井矿山典型实例

1) 库克-3号矿

库克-3号矿是南非兰德方丹集团采金公司所属的库克矿区的主力矿山，矿石储量约占整个库克矿区储量的30%。缓倾斜状薄矿脉赋存于一南北向背斜的两侧，西部有1条矿脉，东部由5条矿脉组成。采用传统的房柱法回采时，矿石的回采率仅能达到60%，采用充填法的回采率则可达到90%。此外，库克-3号矿采用充填法的原因还包括：①最大限度地回收宝贵的矿石资源；②保护采场顶板，防止地下水的侵入；③使得多条并行矿脉的开采更加灵活和安全；④减少采空区漏风，改善采场通风；⑤便于使用和实现机械化开采。

库克-3号矿区最初的采矿方法是房柱法，每隔150~200 m留设连续的矿柱，但效果并不好，后才通过改变矿柱的留设方式，即采用让压矿柱或立柱的方式沿走向150 m和沿倾斜方向90 m留设30 m×60 m的区域矿柱。目前，矿山已改用条带式进路充填法，分两步骤开采，采完一条进路后立即进行充填，如图5-29所示。

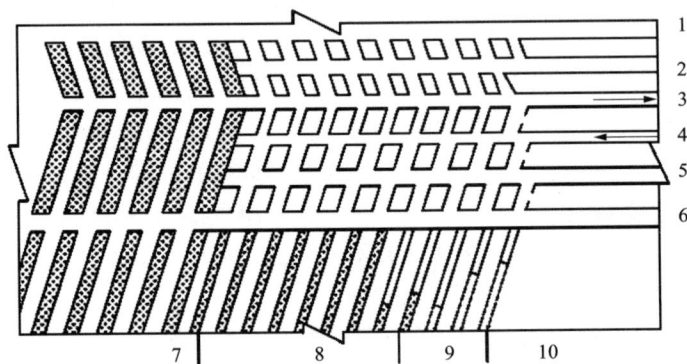

1—充填管道和回风道；2—回风道；3—单向行车道；4—单向行车道；5—辅助巷道；
6—废石充填道；7—最终回采；8—初始回采；9—初始充填；10—已采准区。

图5-29 库克-3号矿采矿方法示意图

库克-3号矿采用的充填骨料为脱滤后的全尾砂滤饼，充填骨料配比为：95%的全尾矿，4.5%的磨细的粒化炉渣和0.5%的活化剂。选厂产生的低浓度全尾砂浆体，泵送进入直径为18.4 m普通浓密机中，经浓缩后的底流再经两台63 m² 水平真空带式过滤机进行二段脱水获得全尾砂滤饼，最后在经高速搅拌制备成全尾砂充填料浆。充填料浆通过充填钻孔自流至地下的泵站内，在井下与粉煤灰、水泥均匀混合后，泵送至采空区内进行充填，主要工艺流程如图 5-30 所示。

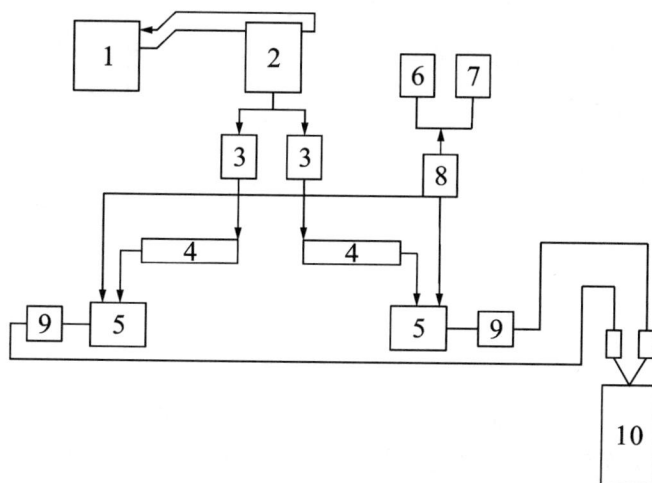

1—全尾砂；2—高效浓密机；3—中间料仓；4—水平带式过滤机；5—搅拌桶；
6—矿渣仓；7—活化剂仓；8—搅拌桶；9—往复泵；10—充填钻孔。

图 5-30　库克-3 号矿充填料浆制备示意图

2）Weltevreden 金矿

Weltevreden 金矿位于南非西北部省的克勒克斯多普，是一个年采选 100 万 t 的大型矿山。矿山采用多条竖井联合开拓的方式，由于矿岩稳固性良好，实际生产能力可达到 120 万 t/a，7 个矿井最深已经开拓至 2325.9 m。矿山二期工程设计服务年限 30 年，二期工程控制的矿体主要是地下 1000~2200 m。截至 2021 年 6 月，矿区保有矿石资源量为 1158 万 t，含金平均品位 4.06 g/t，折算金金属量 47.01 t，深部 3000 m 以下仍然具有较大资源量。

深部矿体以缓倾斜的薄~极薄矿体为主，矿岩稳固，矿山主体采矿方法为长臂式全面法。随着开采深度的增加，全面法也出现了贫化损失偏高、回采矿量不足、采场出矿困难、工人劳动强度大、生产效率低下、机械化程度低、生产成本上升、原提升系统自动化程度低、不能满足大规模生产等问题。为此，当矿体厚度小于 0.9 m 时，矿山开始采用削壁充填法。如图 5-31 所示，削壁充填法矿块沿走向布置，因矿脉缓倾斜（15°左右），中段垂高 30 m，矿块长度 80~200 m，矿块宽度为矿体厚度，局部矿块沿脉巷兼做出矿电耙道，巷道断面为 2.5 m×2.5 m，矿块间留设 2 m 间柱或点柱，削壁充填法主要采场结构参数见表 5-3，计算采切比为 48 m³/kt。

表 5-3　Weltevreden 金矿削壁充填法结构参数

阶段高度/m	矿块长度/m	底柱高度/m	顶柱高度/m	步距/m	漏斗间距/m
30	80~200	2~3	2~3	1.5~2.2	15~20

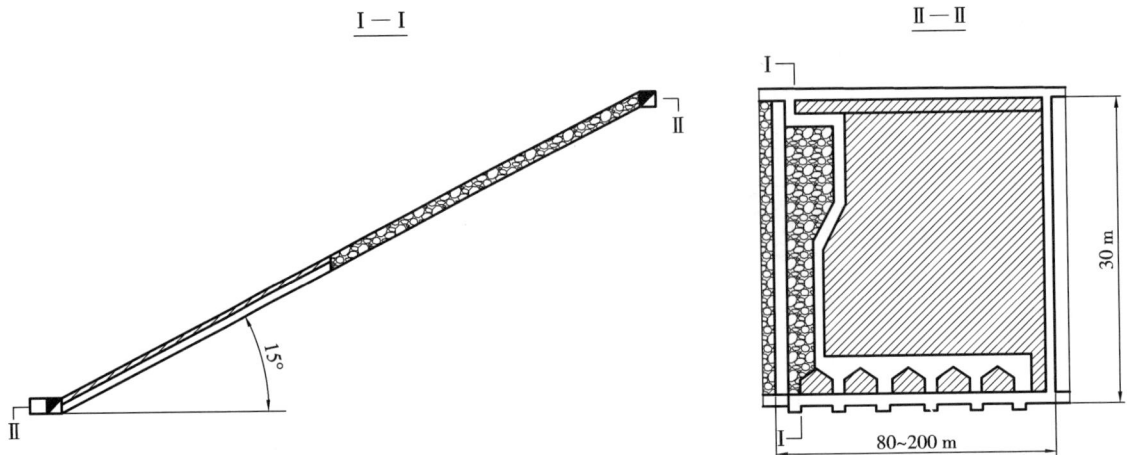

图 5-31　削壁充填法示意图

虽然削壁充填法的采矿、出矿工艺增加、周期变长、直接成本增加，但是矿石的品位提升非常显著，减少了大量的废石提升运输及选矿成本，综合经济效益仍然是明显的。削壁充填法的主要回采工艺步骤包括削去围岩充填处理采空区→平场→铺垫层→落矿→出矿，其中出矿采用低矮型铲运机进行。由于矿石围岩均相对稳固，既能选择上盘又能选择下盘进行削壁充填，但要求采幅控制在 1.2 m 以内，且采空区上部预留开采和出矿空间。

矿岩属于稳固型，使用低矮式 Rocket Bommer S1L 双臂凿岩台车（或定制 CMJ2-18）凿岩，南非本地水压钻机 HPS 协助施工，孔径 40 mm，排距与孔距均为 0.7 m。为减少大块，排间交叉布孔，眼深 1.5~2.4 m，装药（条状）0.4~0.6 kg/m，堵塞 0.2 m 炮泥，用毫秒导爆管（1、3、5、7、9 段或 2、4、6、8、10 段）起爆乳化炸药，实行微差爆破，削壁围岩用抛掷爆破技术，采矿过程用松动爆破落矿，围岩充填采空区支撑顶板，回采步距 2 m 左右，大块率控制在 5% 以内。

采场内出矿选择电耙出矿，根据运距选型电耙和调整位置，富矿段采场底板需要扒渣机协助清理（或水洗）粉矿；漏斗放矿间距 15~20 m，采场内耙矿距离逐步加长，局部需要增加第二台电耙辅助耙矿（安装于切割上山相应高度）。随着回采高度上升，根据运输巷位置，采场中间增加溜矿井放矿，漏斗或溜矿井放矿至矿车，牵引车将装好的矿车运至井底车场（主运平巷 3.5 m×3.5 m 双轨道），矿石放入中段溜矿井，进入一期 1300# 矿仓，最后由箕斗提升出井。

南非矿山地压管理，要求具有专业资质的岩石工程师进行监管，每日监测地震、地压及围岩应力变化数据，研究地压变化规律，超前预报及采取整改措施。该矿区有多次微震记录，但不影响生产；井巷工程在开拓及回采期间极少发生岩爆，矿山建设初期有岩爆规律记录，以调整施工时间段来躲避灾害；在采区内首先施工切割巷、电耙硐室、上山通风天井，实现应力探测、释放、转移及采取管理措施；矿房内沿矿脉走向推进回采，即一侧向另一侧推进，有效控制了地压管理。

1~7# 矿井底互相贯通，新鲜风流由 7# 矿井侧面的服务井，进入千米以下的井底中段石门，通过运输平巷进入出矿漏斗，再进入采场，通过人行通风天井，将污风排至上中段通风井，最后由 6# 矿井主风机抽出地表，各采场无粉尘和炮烟现象，通风效果良好。目前正常通风条件下观测到的井温正常（20~25 ℃），说明除一定强度的地温梯度热能外，矿坑其他热能

(矿体硫化物含量 2%～5%，氧化反应热和贯通性传导热)增温很小，属常温矿床，没有热污染，也不会对井下生产工人的身心健康造成太大影响，2300 m 以下新开拓工程，出现温度＞29 ℃现象，采用大功率风机传递通风，实现正常作业，目前没有增加井下制冷系统。矿区各条竖井井底涌水量在 1000～2000 m³/d，选用 730～56 L/s 水泵(扬程 730 m，电机 575 kW)实行三级接替型排水，每日排水量直接进入地表选矿厂，作为工业水源。

3）West Driefontein 金矿

位于威特沃特斯兰德盆地的金弧地带内的西德里方丹金矿采用微倾斜布置的条带式进路充填采矿工艺，条带式进路与矿体倾向有一定的夹角，进路长度一般为 35 m，采用自下而上、独头掘进的方式完成进路的回采。为了保障回采作业的安全，采空区用管柱临时支护、支护间距为 1.8 m，靠回采工作面设置三排液压支柱支撑顶板。尾矿在地面用圆筒式真空过滤机过滤后，再加水制备成密度为 1.65～1.70 g/cm² 的浆体，通过敷设在竖井中的充填管路，自流至井下砂仓内。由于料浆达不到膏体的充填质量要求，需再经离心式脱水机进一步脱水至质量浓度为 78%、体重为 1.90～1.98 g/cm³、+44 μm 粒级占 48% 以上的合格充填料浆。为了改善充填料浆的各项特性，通过在每吨物料加入硫酸亚铁 0.2 kg 以中和浸金过程残留的氰化物，加入 0.1% 的三聚磷酸钠以提高充填料的渗滤性。所制备的充填体凝固速度快，可有效阻止或减缓采场顶板的闭合，工作面顶板板的安全状况得到了明显的改善。

5.4.3　加拿大深井矿山

1. 加拿大充填采矿技术发展概况

1）加拿大矿产资源概况

如图 5-32 所示，加拿大矿产资源丰富，矿产品种超过 60 种，碳酸钾、钴、铀、镍、铜、锌、铝、石棉、钻石、镉、钛精矿、盐、铂族金属、铝、石膏等金属和矿物产量均居世界前列。加拿大采矿业发达，是世界第三矿业大国，国内约有 300 个金属、非金属和煤矿，3000 多个

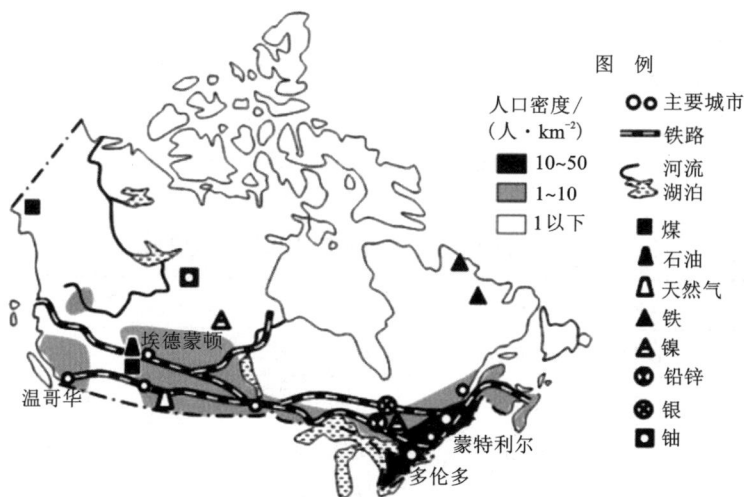

图 5-32　加拿大矿床资源分布示意图

采石场和砂石坑道，50 多个有色金属冶炼厂和炼钢厂。矿产品对加拿大的经济贡献大，矿产品占铁路和其他陆路货物运输量的 60%，为 34 万多人提供就业，并带动矿物勘探、生产加工、环保服务、运输、设备保养等诸多附加产业的蓬勃发展。加拿大的矿产品在本国内部消费较少，大部分销往国际市场，是世界最大的矿产品出口国，占商品出口总额的 14%。

2）加拿大充填采矿工艺发展概况

早在 20 世纪 30 年代，加拿大的部分地下矿山就开始采用冲积砂作为充填料，开展充填法应用实践。到了 1950 年，开始采用胶结充填工艺构筑胶面层，以减少耙矿过程中的矿石贫化损失，水平分层充填法也开始逐渐取代低效且成本极高的方框支柱法，但是水砂充填体内聚力小、无法稳定自立的问题仍较为突出。自 1960 年开始，加拿大国际镍公司（INCO）和鹰桥镍矿有限公司（Falconbridge Nickel Mines Limited）开展了大量的水泥添加剂改性试验和应用实践，以水砂充填料的内聚力和固结强度，降低电耙出矿过程中的矿石损失贫化。此后，烟灰、炉渣、絮凝剂等添加剂或改性材料开始在矿山充填中广泛应用和实践，并随着工艺和技术的不断进步，取得了较好的效果。

随着 1980 年的全球经济衰退，加拿大的矿山开始将重心放在如何简化充填工艺、降低充填成本方面，许多采用分层充填法的矿山开始尝试采用大直径的中深孔或深孔采矿工艺，并增加阶段高度和采场尺寸，以降低采准工程量和采矿成本。同时，与大直径中深孔或深孔采矿工艺相配套的采场嗣后充填工艺，也有利于提高充填效率，降低充填成本。

1985—1991 年，加拿大矿山在充填新材料研发、充填工艺技术方面进行了诸多有益实践并取得了一系列成果。譬如，块石胶结充填、高浓度管道输送等新工艺显著改善了充填料浆的各项工程特性，进而有效提高了充填体的承载特性，减少了充填泌水，降低了充填成本。其间，加拿大国际镍公司还进行了质量浓度为 75%～79% 的高浓度混凝土泵送技术、高浓度砂浆流动和气力输送技术研发，并成功地应用于生产之中。

鉴于南非深井金矿采用地表浓缩、井下制浆的充填工艺流程，存在输送能耗高、投资大、维护困难、管路压力大、磨损高等诸多问题，加拿大矿山充填研发过程中注重一次性在地表制备好浆体，通过钻孔或管道直接输送至采场工作面，大大简化了充填工艺流程，降低了充填系统投资和维护成本。1994 年，加拿大国际镍公司 Garson 矿从废弃的尾矿库中挖取尾砂，与冲积砂按照 1∶3 的比例均匀混合制成质量分数为 65% 的砂浆，然后采用自流输送工艺直接将充填料浆输送至采场内，水平输送距离超过 600 m。目前，加拿大地下矿山几乎都采用充填采矿工艺，主要矿山的应用情况见表 5-4。

表 5-4 加拿大部分矿山应用充填采矿技术情况

矿山名称	采矿方法	充填材料	灰砂比或水泥耗量/(kg·m³)
莱瓦克镍矿	上向水平分层充填法	分级尾砂胶结	65
汤普森镍矿	上向水平分层充填法	分级尾砂胶结	1∶30
洛克比矿	阶段深孔嗣后充填法	分级尾砂胶结	1∶12
利瓦克镍矿	VCR 嗣后充填法	分级尾砂胶结	1∶30
斯特拉思康纳镍矿	点柱上向分层充填法	尾砂胶结	1∶30～32

续表 5-4

矿山名称	采矿方法	充填材料	灰砂比或水泥耗量/(kg·m³)
纳缪湖矿	深孔空场采矿法	碎石胶结	3%水泥+2%飞灰
多姆金矿	深孔空场采矿法	全尾砂充填	2%~2.5%水泥
Creighton 铜镍矿	深孔空场采矿法	分级尾砂、研磨炉渣、生石灰	1∶10~1∶20
基德克里克矿	深孔空场采矿法	碎石、粉煤灰、炉渣、水泥	100

2. 加拿大深井矿山典型实例

加拿大矿山的充填采矿应用实践已接近百年，尤其是 1990 年以来充填技术的快速发展，为深井矿山的安全开采提供了重要的技术保障。

1）Creighton 铜镍矿

Creighton 铜镍矿位于加拿大安大略省萨德伯里西部，距离萨德伯里约 17 km，是加拿大国际镍公司经营的一座大型地下铜镍矿，于 1901 年开始露天开采，1907 年转为地下开采。矿体主要赋存于大规模苏长岩和下盘岩石之间的萨德伯里火成杂岩（SIC）的东南角，由地表向下延深超过 2590 m，有 3 号和 9 号两个矿体，其中 9 号为主矿体，倾角 50°、厚度45~120 m，矿石平均含镍 2%、铜 1.7%，矿体和围岩中等稳固。Creighton 铜镍矿是西半球地下开采最深的矿山，采用竖井+斜坡道联合开拓方式，开采深度已超过 2200 m，生产能力为9700 t/d。

矿山在生产期间使用了留矿法、自然崩落法、充填法、VCR 法和阶段空场法等诸多工艺，目前深部开采形成了具有特色的 VRM 法（大直径深孔法，类似于 VCR 法和阶段空场法的混合）。采场垂直矿体走向按棋盘方式布置，长度为 15.2 m、宽度为 12 m、高度为 67 m。采场底部采用平底结构，拉底层高度为 4.5 m，沿采场全面拉开。每个采场布置一条装矿进路，采场顶部布置一条宽 6~8 m 的凿岩巷道。采用 CD-90 高风压潜孔钻机凿岩，炮孔直径165 mm，爆破采用浆状炸药，高精度延时电雷管起爆，每层药包中部装有起爆药包，电雷管导线连接在一多通道顺序起爆器上。出矿主要采用斗容 6.1 m³ 的 ST-8A 型柴油铲运机和部分斗容 3.8 m³ 的电动铲运机，运距 150~200 m，出矿能力 150 t/h，铲运机有效作业时间为80%，残矿采用遥控铲运机回收。

矿山第一次有记录的地震事件和岩爆发生在 20 世纪 30 年代，在 700 m 开采深度的顶柱和底柱上发生了岩爆。之后随着开采深度的增加，在 1200 m 的采准巷道和 2000 m 的底部巷道生产爆破后开始发生地震（应变岩爆）。底部巷道发生的大多数为岩爆，都是由每天的开采活动引起的，主要是底柱和顶柱开采导致的（矿柱岩爆），而大多数的应变岩爆与地质构造有关联。目前，Creighton 矿运行 104 通道的 Hyperion 微震系统服务于 1080~2420 m 水平开采区域。1950 m 水平安装了一个 64 通道的收发器，2340 m 水平安装了 24 通道的收发器，1220 m水平安装了一个 16 通道的收发器，这些收发器的工作范围能够覆盖 402 矿体。在有岩爆倾向的环境或在地震活跃的地质构造周边，尤其在矿山早期阶段或者开拓采准时，采用配套薄钢带的 MCB 锚杆，或者喷射混凝土拱进行加强支护，实践证明这些支护系统是有效的。

1988 年以来，矿山所有采场均用无水泥的尾矿胶结充填，充填材料为分级尾砂、研磨的炉渣和生石灰粉,全部取代了水泥,降低了充填成本。Creighton 铜镍矿将炉渣和生石灰磨细成+32 μm 的细粒,同分级尾砂在地表搅拌后,以 70%~72% 的浓度通过管道输送到井下。地表充填制备站有一个计算机控制监测中心,作业人员根据各采场的充填强度要求,将尾砂、炉渣、石灰配合比输入计算机进行制浆。并于充填管道易堵管处安装了遥控装置,工作人员可在地表控制室检测充填系统的渗漏情况,发生渗漏和堵管可自动停止充填直至检修完毕。

2)LaRonde 矿

Agnico Eagle 位于魁北克西北部的阿比蒂比地区,是加拿大老牌的矿业公司,在加拿大、芬兰和墨西哥拥有 8 个矿区。北美最深的硬岩矿山是 Agnico Eagle 的旗舰矿山 LaRonde 矿,开采金、锌、铜和银矿石,自 1988 年以来已产出了超过 500 万盎司的黄金。矿床埋深从地表延深到井下 3110 m,是加拿大现存最大的金矿之一。矿山采用竖井开拓系统,其中 Penna 主井为目前主要生产服务主井,井深超过 2400 m,也是西半球最深的单绳提升系统。现用采矿方法为大直径深孔嗣后充填法,采场垂直走向布置,少部分沿走向布置。LaRonde 矿为了减小深井高地压对采矿的影响,设计采用卸压式分区分块金字塔开采顺序,如图 5-33 中①、②、③、④、⑤、⑥为开采顺序。另外,在矿山井下安装了 ESG Hyperion 便携式微震监测系统,监测岩石应力的变化。

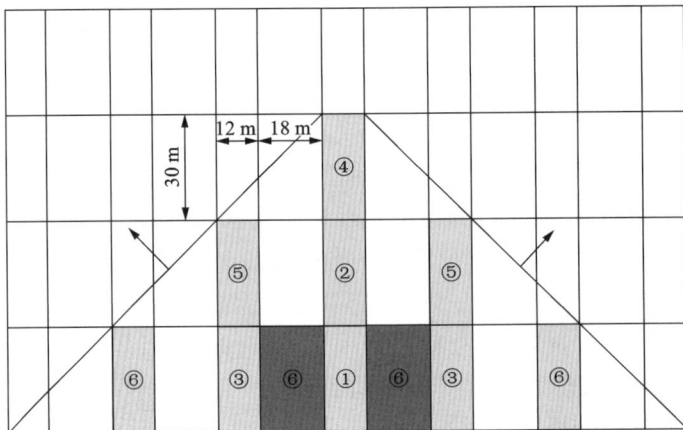

图 5-33　LaRonde 金矿回采顺序

2018 年,为了更好地提升矿区的安全性和开采效率,爱立信携手 Ambra Solutions 为 LaRonde 矿区部署加拿大最深的地下 LTE 网络。该 LTE 网络位于地表以下 3 km,将为整个矿区提供数据和语音移动业务,并支持多种物联网。与其他网络不同,LTE 网络允许物联网传感器和设备在整个矿区监测、操作和采集数据,例如与空气质量监测有关的数据。整个过程包括远程控制采矿机械的操作、调度系统、紧急通知系统、门禁系统、数据的自动采集、风机监测和气体检测系统。

3)Kidd Creek 铜锌矿

Kidd Creek 铜锌矿位于加拿大安大略省蒂明斯以北约 27 km,最大开采深度近 3000 m,开采规模 200 万~240 万 t/a,是世界上开采深度最大的金属矿山之一。采矿方法为深孔空场嗣后充填法,通常采场长 15~20 m,宽 20 m,高 30~40 m,平均每个采场矿量约为 3.4 万 t。

目前矿山准备增大采场尺寸,其宽 20 m,长 35 m,高 40 m。

凿岩巷道布置在采场顶部和底部,分别施工孔径为 114 mm 的下向和上向孔,在上下凿岩巷之间施工直径为 0.7~1.0 m 的切割天井,然后逐排爆破 114 mm 的深孔,每次爆破 3~4 排孔。最后通过远程遥控铲运机进入采场底部进行出矿,铲运机将矿石卸入矿石溜井。出矿结束后,随即对采场进行充填,充填能力可满足 8000 t/d 的生产能力。在支护方式上,矿山在开采初期主要使用机械式和摩擦式锚杆,在连续发生岩爆事故后,改进了部分区域的支护方法,增加了金属网带、MCB 33 锚杆和锚索等支护方式,支护强度大大增加。同时,在部分应力集中区采取了卸压的处理方式,待卸压后再进行开采,效果良好。

由于矿山采深超过 2800 m,矿山于 2004 年建成膏体充填系统,充填能力为 400 t/h,水平充填管道长 300 m、充填管径 8 寸(1 寸 ≈ 0.0333 m),充填料浆质量浓度为 81%~84%、坍落度为 15.2~17.8 cm。在膏体充填系统运行 2 年之后,产生了明显的管道磨损、堵管现象,且有维护成本高、故障停机时间长等问题。为维持正常生产,Kidd Creek 矿充填工艺由膏体充填改为高浓度充填,并使用新型抗磨损管道。

5.4.4　国外其他深井矿山

1. 澳大利亚 Mount Isa 铜矿

Mount Isa 铜矿位于澳大利亚昆士兰州西北部蒙特艾萨镇东北方向 55 km。铜矿体开采规模为 620 万 t/a,年产金属铜 15 万 t,Cu 平均品位 2.4%,采用竖井提升矿石,提升高度约为 900 m,深部矿体由 M62 盲主井经胶带斜井倒运至 U62 主井,提升至地表。该铜矿主要包括 2 个矿体,即 X41 矿体和 Enterprise 矿体,其中后者开采深度超过了 1500 m。采矿方法为分段空场嗣后充填法,并根据矿体厚度不同划分为棋盘式布置和后退式回采。Enterprise 矿体厚度小,采场尺寸为(30~40) m×(30~40) m×60 m(长×宽×高),单个采场的矿量 20 万~30 万 t。采场回采顺序为后退式回采,每个采场均采用胶结充填,最后一个回采的采场采用废石和水泥浆充填。采场矿石采用 14 t 和 21 t 铲运机出矿,凿岩根据炮孔方式分别采用中深孔台车和潜孔钻机,上向孔采用孔径 102 mm 中深孔台车,下向孔采用孔径 140 mm 潜孔钻机,具体工作示意图如图 5-34 所示。为了有效控制地压,除了采场棋盘式布置、后退式回采及选择合适采场尺寸之外,在岩爆发生准则、井下爆破控制、微震监测等方面也进行了大量实践工作。

2. 澳大利亚 Olymic Dam 铜铀金银矿

Olymic Dam 铜铀金银矿是位于南澳大利亚州的大型多金属矿山,也是世界上第四大铜矿床和已知最大的单一铀矿床。铜业务是最大的收入来源,约占矿山收入的 70%,其余来自铀、银和金。必和必拓自 2005 年以来运营该矿,保有矿石储量超过 20 亿 t。其中,铜平均品位 1.6%,金属储量 3200 万 t,排名世界第五;铀平均品位 0.06%,金属储量 120 万 t,排名世界第一;金平均品位 0.6 g/t,金属储量 1200 t,排名世界第三。

如图 5-35 所示,作为澳大利亚最大的地下开采矿山,Olymic Dam 铜铀金银矿采用 Whenan 竖井、Robinson 竖井、3 号竖井和 1 条斜井联合开拓矿体。目前,产量已超过 1000 万 t,主要采用深孔分段空场嗣后充填法开采,分段高度为 60 m。

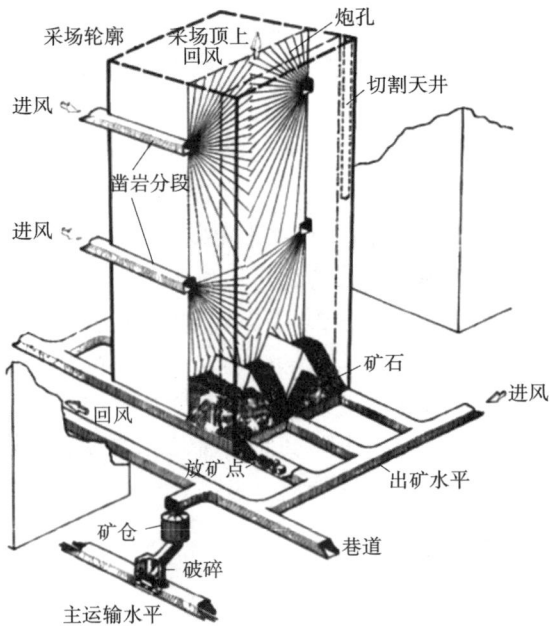

图 5-34 Mount Isa 铜矿垂直高分段空场嗣后充填法示意图

图 5-35 Olymic Dam 铜铀金银矿区全貌

3. 芬兰 Pyhasalmi 铜锌矿

芬兰 Pyhasalmi 铜锌矿位于芬兰中部奥卢省南部皮哈萨米小镇，为地下铜锌矿，目前开采深度接近 1500 m，是欧洲最深的生产矿山，矿山生产规模为 140 万 t/a。矿体宽度 200 m，走向长 400 m，高度约 400 m，具有品位低、储量大的特点。采矿方法为分段空场嗣后充填法，分段高度 25 m，一步骤采场长 40~60 m、宽 15~18 m，二步骤采场长 40~60 m、宽 20~25 m，4~6 个采场同时开采。一步骤采场采用胶结充填，二步骤采场采用废石充填，后来考虑地压问题，老的废石采场陆续进行了胶结充填。从矿体最底部开始回采，逐渐在水平和竖直方向呈箭头形状扩展，回采方向大致平行于主要水平应力方向且垂直于矿体走向。平面上，采场长轴方向应平行于水平主应力方向。如图 5-36 所示，矿山采用了 Sandvik 的 AutomineLite 自动化出矿系统，铲运机为 Toro 501 型。

图 5-36　芬兰 Pyhasalmi 铜锌矿井下采掘装备图

早在 1991 年，芬兰就提出 1992—1997 年的 5 年智能矿山技术研究计划，之后又提出了智能矿山实施研发计划，涉及采矿实时过程控制、资源实时管理、高速通信网络、新机械应用和自动化采矿与设备遥控等 28 个专题。芬兰 Pyhasalmi 铜锌矿建有采矿自动化系统、地质与排产系统、提升自动控制系统、备品备件管理系统、井下安全系统及生产信息系统等。地质勘探信息管控、矿床资源模型建立、矿山生产规划及设计、矿山测量及工程量验算等采用 Surpac 软件进行数字化管理。主要采矿设备采用山特维克公司的智能采掘装备，并关联至 ISure、Automine 软件平台。自动化生产辅助系统如通风、排水、破碎、转运、消防等集成度高，采用统一界面，在地表或井下均可以进行监控操作。该矿充分发挥了自动化和信息化的技术优势，使得"生产—管理—统计"的各环节都具备了高效、安全、准确的特点。

4. 瑞典 Zinkgruvan 铅锌矿

瑞典具有丰富的矿产资源，一直是欧洲主要的矿石生产国之一。贝里斯拉根（Bergslagen）矿集区位于瑞典的中南部（图 5-37），矿产开采和工业加工历史超过 1000 年。Zinkgruvan 铅锌矿地处贝里斯拉根矿集区的最南端，位于瑞典斯德哥尔摩西南约 200 km，距离 Aslkersund 镇 15 km，是北欧历史最悠久的地下矿山之一。矿山于 1857 年开始地下采矿，2004 年被伦丁矿业从力拓手中买下，2007 年扩能至矿石量 30 万 t/a，2018 年产出 7.66 万 t 锌和 2.46 万 t 铅。矿床位于东西向斜构造中，铅锌银矿体赋存于变质火山岩-沉积岩群上部 5~25 m 厚的层状带中，以闪锌矿和方铅矿为主，总体上为块状、带状和层状。矿体整体走向长约 5 km，埋藏深度超过 1500 m，一个主要的次垂直断层将该矿床分成两部分——西部的 Knalla 矿和东部的 Nygruvan 矿。截至 2018 年 6 月，矿区控制和探明资源总量为 2331.3 万 t，锌、铅、银、铜品位分别为 6.8%、2.9%、72.6 g/t、0.23%。

矿山采用主井、斜坡道开拓，有 3 条竖井和 1 条斜坡道。其中，主井深 900 m，服务

| 矿集区边界 |
| 显生宙盖层岩石 |
| 斯堪的纳维亚加里东造山带 |
| 加里东矿集区 |
| 加里东造山带前缘 |
| 斯堪的纳维亚西南部片麻岩区 |
| 波的尼亚湾盆地侵入岩（非造山期的） |
| 斯堪的纳维亚岩浆岩带 |
| 波的尼亚湾盆地海相区 |
| 瑞芬造山带亚区 |
| 太古宙岩石 |

扫一扫，看彩图

□ 开矿中

1. 基律纳瓦瑞矿：Fe 1898—
2. 马尔姆里耶特矿：Fe 1888—
3. 艾蒂克矿：Cu，Au 1968—
4. 斯特利德矿：Zn，Cu 2002—
5. 克瑞斯贝格矿：Zn，Cu，Au，Ag 1940—
6. 玛利德矿：Cu，Zn，Au，Ag 1992—
7. 彭克纳斯矿：Zn，Cu，Au，Ag 1992—
8. 喏斯特玛矿：Zn，Pb，Cu，Au，Ag 1952—
9. 布基克达矿：Au 1989—
10. 斯瓦特利德矿：Au 2004—
11. 加彭贝格矿 奥达矿区：Zn，Pb，Cu，Ag 1200—
12. 加彭贝格矿 诺阿矿区：Zn，Ag，Pb，Au，Cu 1972—
13. 罗萨格鲁万矿：Zn，P 2004—
14. 正科格鲁万矿：Zn-Pb-Ag 1700—

○ 闭坑（19802004）

矿产：■ 铁矿 ■ 贱金属矿产 ▨ 贵金属矿产

图 5-37 瑞典主要矿产资源分布

800 m 和 850 m 水平，斜坡道目前深度已达到 1130 m。矿山的 Burkland 矿区采用深孔两步骤盘区回采，Nygruvan 和 Cecilia 矿区采用分段阶梯式回采，采用尾砂或者废石充填。尽管 Zinkgruvan 铅锌矿山是一个 150 多年的老矿山，但其采矿设备和矿物加工设备全是现代化的，如最新引进的美卓 C160 系列颚式破碎机，可破碎质地最坚硬的岩石，年破碎量超过 100 万 t。

该矿现今的采矿方法为盘区回采和阶梯式开采，同时该矿还是采矿技术和设备的重要实验场所，如最早使用诺贝尔硝化甘油炸药采矿、窄矿脉采矿技术、最早在地下采用 Kiruna 电动汽车运输矿石等。

5. 芬兰 Kemi 铬铁矿

芬兰拥有欧洲最大的铬铁矿山——Kemi 铬铁矿山，矿区位于北极圈南部 80 km 的波的尼亚湾北端，由芬兰本土公司 Outokumpu 经营。从大地构造位置看，Kemi 铬铁矿床产出于芬诺斯堪迪亚（Fennoscandian）地盾的瑞典卡累利阿-帕拉波加（Karelian-Perapohja）片岩带内，在该地区发育 20 多个古元古代层状超镁铁质杂岩体，这些杂岩体赋存在太古宙花岗岩类杂岩体中，或与岩浆岩、碎屑沉积岩地层相接触。与 Kemi 铬铁矿具有密切时空分布关系的 Kemi 层状镁铁质杂岩体就是其中之一（图 5-38）。

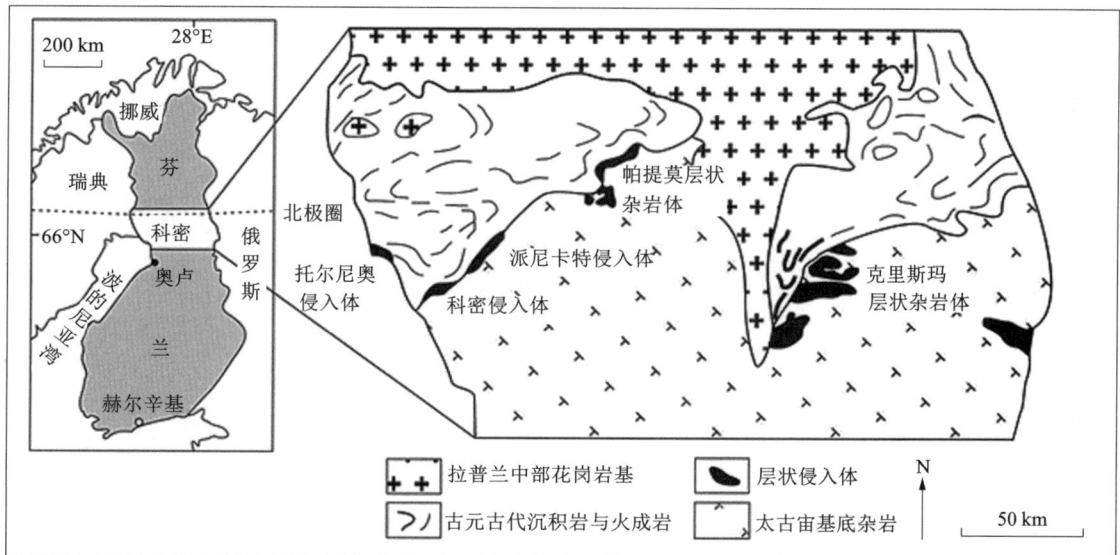

图 5-38　芬兰北部古元古代层状侵入体分布位置图

Kemi 侵入体中部的铬铁岩层为一套厚层堆积岩，可分为 3 个结构各异的单元，从底部到顶部，分别为主铬铁岩单元、蚀变岩单元和顶层单元。主铬铁岩单元呈层状分布于杂岩体基底接触带上 100~150 m，平均倾角 70°，平均厚度 40 m，其厚度变化范围较大，最薄处约几米，最厚处可达 160 m。目前，共圈定矿体十余条，已探明铬矿储量 3600 万 t，推测矿石资源量为 8700 万 t，Cr_2O_3 的平均含量为 26%。矿床 1962 年被发现，1966 年开始露天开采，1999 年开始地下建设，2006 年全部转入地下开采，目前生产规模为 130 万 t/a。采用主井、斜坡道开拓，主井深度约 600 m；斜坡道坡度 1∶7，断面 8 m×5.5 m。采矿方法为分段空场嗣后充填法，采场长 20 m，宽 12~20 m，高 25 m，采场顶板采用锚索和金属网支护以减少贫化。一步骤胶结充填，二步骤废石充填。巷道用膨胀锚杆和纤维增强喷射混凝土支护，锚固作业完全机械化。

思考题

1. 深井开采的特点和面临的主要问题有哪些？
2. 为什么深井开采首选充填法？
3. 从能量角度出发，论述充填体对深井岩爆灾害的防控机制。
4. 金川镍矿实现深井安全高效开采的关键技术有哪些？
5. 分析国内外深井开采的现状及特点。

第6章 复杂难采矿体充填法

复杂难采矿体主要是指矿床的开采技术条件相对复杂、矿体的开采难度较大，采用现行的充填采矿法标准方案无法实现安全高效开采或无法取得较好的经济效益。因此，必须基于复杂难采矿体的典型特征，优选合适的充填采矿法方案、采场布置方式、结构参数和回采顺序，并选型配套相适应的机械化采掘装备，提高采掘效率、控制暴露面积和暴露时间，实现"强采强出强充"。本章通过系统地介绍我国典型复杂难采矿体的成功开采实例，为促进复杂难采矿体的安全高效回收，推动我国复杂难采矿体开采技术的整体进步提供参考。

6.1 软弱破碎矿体

软弱破碎矿床是在形成过程中或形成之后经历了剧烈地质构造运动和多次反复地质作用，在矿体和围岩内部形成众多物质分异面和不连续面，如假整合、不整合、褶皱、断层、层理、节理和片理等结构面，弱化了矿体和围岩的稳定性和整体性。

6.1.1 围岩软弱破碎

1.奥家湾铝土矿锚杆护顶房柱法

1）矿山概况

山西华兴铝业有限公司位于山西省兴县，是中国铝业的大型骨干企业，已形成200万 t/a 的氧化铝冶炼能力，旗下的主力矿山奥家湾矿位于山西兴县奥家湾村，矿权面积 16.02 km²，开采标高+908~+1170 m，实际生产能力85万 t/a。区内共圈定Ⅰ号、Ⅱ号两个矿体，累计探明矿石量22822 kt，平均品位 Al₂O₃ 67.25%、A/S 9.55。其中，Ⅱ号矿体地质资源储量14065 kt，占比61.6%；Ⅰ号矿体地质资源储量8757 kt，占比38.4%。Ⅱ号矿体平面形态为长条状，南北长约3720 m，东西平均宽790 m，总呈层状、似层状产出，由东向西倾斜，平均倾角6.9°，平均厚度1.99 m。Ⅰ号平面形态为三角形状，南北长约2410 m，东西平均宽1000 m，呈层状、似层状产出，由北东向西南倾斜，平均倾角8.2°，平均厚度1.85 m。矿区目前采用平硐和斜坡道联合开拓，实际使用的采矿方法为房柱法。

2）开采技术条件

矿区位于蔚汾河水系，地貌形态为低中山区，属较为典型的黄土梁峁区；矿区内铝土矿层上覆砂岩、灰岩为主要间接充水含水层；区内未发现较大断层，地质构造条件简单，矿区水文地质类型为以裂隙含水层充水为主的简单型。矿体直接顶板为黏土矿、黏土岩，在无水情况下，稳固性好，但遇水膨胀松软，稳固性差；间接顶板为砂岩、黏土岩、泥（页）岩互层，稳固性差。

3）采矿方法现状

矿山当前采用锚杆护顶房柱采矿法开采，沿矿体走向布置盘区，长 80~100 m，盘区间均保留间柱及顶底柱。沿盘区斜长方向中轴线将盘区分为上下两部分，中间留 3 m 宽条形矿柱，其中布置 3~5 个 4~6 m 宽铲运机联络口。盘区间留间柱，间柱宽 10 m，中间为 4 m 宽铲运机联络道，在间柱内沿倾斜方向每 10~15 m 留铲运机联络出口，于上部采场间柱内布置 2 m×2 m 人行进风天井。条形矿柱与间柱交接处两侧布置两个集中溜井，溜井直径 3.0 m。顶底柱宽为 3 m。采场中间布置 3 m 宽通风联络上山。矿房内留规则点柱，直径 3.0 m，横排间距为 12~15 m，竖排间距 8~10 m。

4）回采工艺及装备

盘区内从上往下分梯段回采，回采从通风联络上山处往两端推进。工作面沿倾向呈阶梯从采场中间往两端推进，分段宽度为采场点柱在横排方向上的间距，上一分段矿房开采进度超前下一矿房 8~10 m。铲运机沿中间上山或盘区间专用联络道进入采场，将矿石铲装经切割平巷、间柱联络出口进入联络道，最终将其倒入溜井。采场出矿后先对不稳定顶板进行锚杆支护再进行下一轮作业。新鲜风流从铲运机道经中间进风上山进入采场，冲洗工作面后，经矿块顶柱内出口或另一侧人行通风上山回至上中段铲运机道。每次爆破后，采场内需用局扇加强通风。为保证开采过程安全，采场内除留永久性矿柱支撑顶板外，设计还考虑在回采时矿体顶部预留一定厚的矿壁或锚杆护顶。由于矿石价值不高，矿柱均留作永久性矿柱支撑顶板，不作回收。正常生产时期可用废石充填部分采空区，其他作密闭处理，同时留有必要的通气口连通地表。

5）采掘装备

凿岩采用 DF-281 型低矮式防爆凿岩台车或煤矿用 CMJ2-18 凿岩台车，每次进尺 3~5 m，出矿采用 WJ-4FB 防爆型铲运机，矿石运输采用 WC8 井下防爆卡车，采场回风采用 FB No 4.5/5.5 隔爆型局扇。每两盘区配备凿岩台车 1 台、铲运机 1 台、FB No 4.5/5.5 隔爆型局扇（5.5 kW）4 台。

6）采切工程量

采切工程主要包括：铲运机道、人行通风天井及联络道、人行通风切割上山、切割平巷、联络平巷、电耙硐室及联络道、矿石溜井等。采掘比为 14.348 m/kt，综合副产矿石率 16.63%、废石率为 13.82%。

2. 奥家湾矿条带式进路充填采矿法

1）现用房柱法存在的突出问题

（1）因为顶底板岩性松软、稳固性差，为保障回采作业安全，需要留设大量的顶柱、点柱和连续矿壁，所以回收率低于 50%，大量优质的资源损失严重。

（2）采装运设备不配套，单矿块生产效率为 30~50 t/d，为满足产能要求须多中段同时生产，进而导致生产作业点多、安全风险高、管理难度大。

（3）矿体稳固性尚好但顶板稳固性较差，矿山在开采过程中，为保障回采作业的安全，在上层预留了 0.3~0.5 m 厚的矿壁护顶；由于矿体平均厚度仅 1.85 m，为保证 2 m 的最低工作面作业高度，回采时造成矿体底板 0.5 m 废石混入，这导致采出矿石的贫化率高达 30%，矿石品级由二级下降为四级至五级，价值大大降低。

（4）采场回采率低、顶板暴露时间长、支护强度要求高、支护量大、成本高。

（5）缺少爆破工艺参数优化设计，炸药单耗高、矿石大块多。

（6）矿山整体通风系统虽然已经建成，由于回采中段多、作业面分散，再加上历史遗留的废弃巷道和老窿空区，井下漏风、串风严重；同时，井下大量使用未安装尾气净化装置的柴油四轮车进行矿石运输，严重恶化了井下空气质量。

（7）由于历史遗留和近些年的连续开采，奥家湾矿采空区的总体积已超过 120 万 m³，如此大规模的采空区群极易发生冒顶坍塌，可能导通上覆煤层瓦斯突出引发灾害事故，大规模的地压灾害亦会对地表河流、公路、建(构)筑物和高压电网造成严重的破坏，危及企业的生存和发展，如图 6-1 所示。同时，采场内留设了大量的矿柱，按照 50% 的回采率估算其矿柱资源量已达 300 万 t。随着时间的推移，矿柱稳定性将不断恶化，该部分高品位优质资源将会难以回收并永久损失。

图 6-1　奥家湾矿地表环境

采用传统的空场法开采煤下铝将产生大量的采空区群，在风化侵蚀、爆破震动的作用下，极易发生冒顶、坍塌，并导通上覆煤层引发瓦斯突出、诱导产生大规模的地压活动等灾害事故。因此，借鉴充填法能够安全回采"三下"资源的成功经验，采用安全高效的充填采矿法代替空场法，可使煤下铝开采对上部煤层不产生采动影响，实现煤层压覆条件下铝土矿开采技术的突破和资源的安全高效利用。

2）充填采矿法选型

奥家湾矿属典型的古风化壳型铝土矿，矿床赋存于石炭系中系本溪组下部，与底部奥陶系灰岩、铁黏土岩侵蚀面接触不整合。由图 6-2 可知，上覆地层由本溪组黏土岩（C_2b^1）和泥岩（C_2b^2）、太原组泥岩（C_3t^1）、太原组砂岩（C_3t^2）、新近系红土（N_2）、第四系黄土（Q_3）组成，上覆煤层厚 6.10 m，距铝土矿矿体 53 m。矿体顶板极限抗拉强度低，抗拉强度 0.48 MPa，软化系数 0.53，顶板软、弱且不稳定，适宜选用适用性和安全性更好的条带式进路充填法。

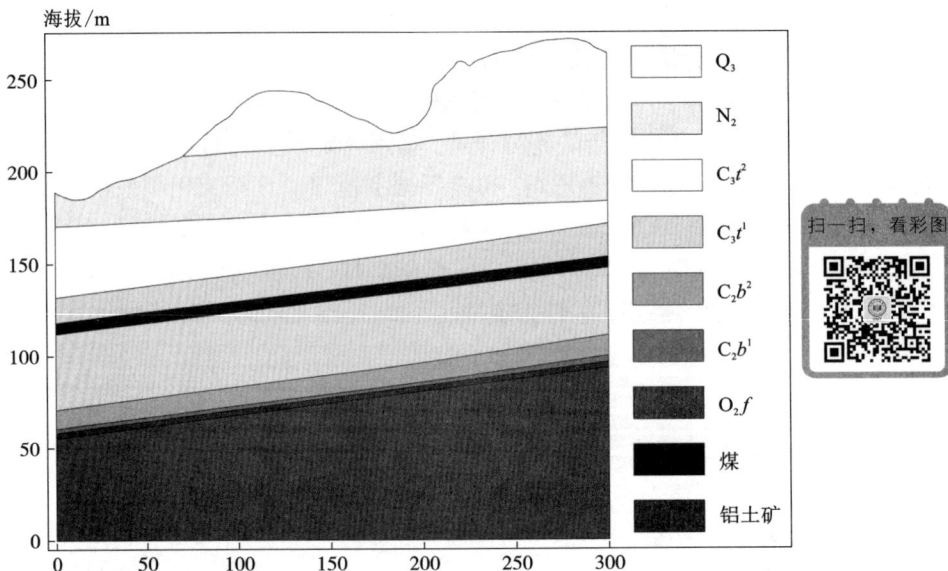

图 6-2 奥家湾矿煤下铝开采工程地质条件（单位：m）

条带式进路充填法是沿矿体倾向方向将层状薄矿脉划分为若干盘区和进路，各分层进路采用两步骤开采的方式，第一步开采单数进路并采用胶结充填，第二步回采偶数进路采用非胶结充填。利用凿岩台车和铲运机等机械化采掘装备，沿矿体倾向方向用采一条进路充一条进路的回采工艺，直至整个盘区回采完毕。

3）条带式进路充填法开采模拟

为了模拟整个盘区的开采过程，利用 Rhino 软件建立三维模型，Griddle 软件合理划分网格并导入 FLAC3D 软件，最终数值分析模型如图 6-3 所示。铝土矿层共划分为三个采区，相邻采区之间用 10 m 宽的矿柱隔开。根据条带式进路充填法两步骤开采过程，采场条带垂直于矿体走向布置，宽 4 m、长 50 m。

结合矿山实际情况利用 Rhino、Griddle 和 FLAC3D 软件建立三维模型，选择条带式进路充填法作为主要采矿方法，用摩尔-库仑屈服准则来判断材料的破坏情况，可得出以下结论：

（1）充填开采引起的底板位移较小，顶板位移有限，正常充填开采的最大顶板位移仅为空场法开采的 50%，顶板位移范围仅为空场法开采的 30%。

（2）矿石开采扰动使上覆岩层的地应力场重新分布，充填不仅可以降低矿柱的压应力，而且可以将顶板和底板的拉应力由正向负释放，防止顶板下沉。正常充填条件下煤层顶板 Z 向最大位移为 -0.3416 cm，较空场法条件下降低 31%。

（3）由于蠕变破坏过程会吸收和耗散大量的能量，充填体在采空区处理和地压管理方面具有独特的优越性，采用条带式进路充填法可以将采空区顶板的扰动范围控制在 3 m 以内，为空场法的 10%。

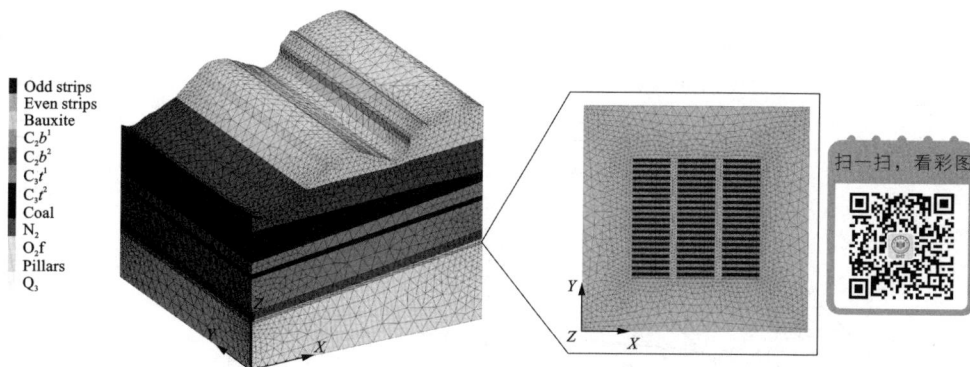

图 6-3　模型整体分层及内部矿体分块图

6.1.2　矿体软弱破碎

1）安徽和睦山铁矿概况

和睦山铁矿是马钢（集团）控股有限公司姑山矿业公司旗下的一个主力矿山之一，由后和睦山矿段（产能 50 万 t/a）和后观音山矿段（产能 60 万 t/a）组成。矿区位于钟姑山矿田的西北部，地处当姑复式背斜西翼的次级构造和睦山至长岭背斜的北东部；背斜两翼地层产状变化较大，是矿区主要的控矿和容矿构造。受构造及次火山岩体侵入影响，产生了明显的热接触变质作用和接触交代变质作用，在热接触变质作用影响下，黄马青组砂、页岩广泛有硅化、角岩化，周冲村组灰岩大理岩化；在接触交代变质作用下矿体及近矿围岩产生金云母-阳起石（磷灰石）-磁铁矿化、金云母-钠长石化、碳酸盐化、高岭土化等。

2）矿体赋存特征

后观音山矿段矿体主要赋存于闪长岩与周冲村组岩层接触带和靠近接触带的周冲村组灰岩内，主矿体为产状变化较大、尖灭再现与分支复合现象明显的 3 号矿体。3 号矿体以磁铁矿为主部分为半假象赤铁矿，呈似层状产出，产状为 NNE∠20°~30°，走向长 350 m、倾向最大延深 300 m，厚度 2~33 m、平均厚度 13 m。后观音山矿段矿石以疏松块状、粉状为主，属松软、不稳定级；顶板主要岩性为灰岩、砂岩、页岩，岩性一般坚硬、完整，底板主要岩性为新鲜、完整的闪长岩，岩性一般坚硬、稳定。

3）预控顶上向水平进路充填法方案介绍

由于后观音山矿段开采技术条件极为复杂，矿体形态多变，尖灭再现现象突出，矿石稳固性较差，初步设计采用分段空场嗣后充填法。第一步矿柱采完后，相邻矿房极易冒落，致使第一步矿柱采场充填作业和第二步矿房回采作业难度增大，资源回采率不足 50%，且安全性差，无法满足矿段生产的需要。为此，中南大学技术团队针对性地提出了预控顶上向水平进路充填法，并在 -184 m 分层、-187 m 分层（布置有巷道）、-190 m 分层进行了试验，且获得成功。该方法的实质是将上向水平进路充填法"自下而上单分层回采"变为"自下而上双层合并回采"，是将空场法与充填法进行技术性融合，通过预先拉顶加固顶板，下向采矿形成较大空场然后充填的一种采矿方法。其基本特征：将两个分层作为一个回采单元，首先回采上分层,采用措施加固顶板后,再回采下分层,两分层回采完毕后,进行充填;本采场所有上下两层进路回采充填完毕后,再升层至上两个分层(图6-4)。

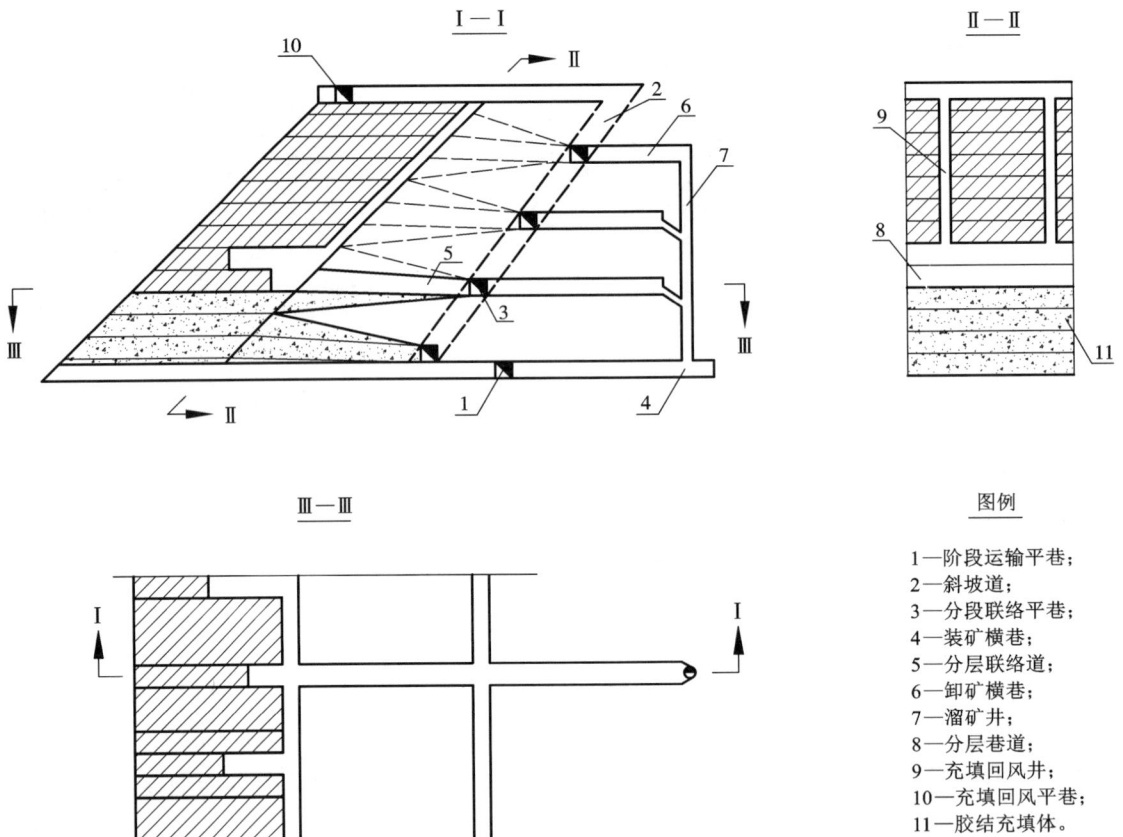

图例

1—阶段运输平巷;
2—斜坡道;
3—分段联络平巷;
4—装矿横巷;
5—分层联络道;
6—卸矿横巷;
7—溜矿井;
8—分层巷道;
9—充填回风井;
10—充填回风平巷;
11—胶结充填体。

图6-4　预控顶上向水平进路充填法方案图

4)采准切割及回采工艺

根据后观音山矿段矿岩条件,采用6 m×6 m进路规格,首先以3 m×3 m规格掘进上分层进路,然后扩帮至6 m×3 m,顶板进行高质量支护后,再以6 m×3 m规格回采下分层进路,最终形成6 m×6 m空间。预控顶上向水平进路充填法采准切割工程与普通上向水平进路充填法基本相同,主要包括阶段运输巷道、回风巷道、采场斜坡道、分段巷道、分层联络道、溜矿井、充填通风井及泄水井等。预控顶上向水平进路充填法上分层超前回采系独头巷道掘进,下分层回采时,布置水平炮孔,以上分层进路为自由面进行采场爆破。抵抗线1.1 m、孔间距1.3 m。由于预控顶上向水平进路充填法进路高度达到6 m,其安全性主要取决于高进路顶板的支护质量和支护效果,矿山常用的支护措施是喷锚支护(局部挂网)。锚杆支护布置为正方形,其行距、排距相等,设计采用0.50 m、0.85 m、1.00 m三种间距。

5)方法评价

该方法采用预切顶方式,使进路高度翻倍,减少了不稳固顶板的支护工程量和支护成本(下分层无须支护),改善了下分层回采崩矿条件,减少了充填次数,可显著提高上向水平进路充填法效率。顶板在锚杆加固后,除强度较低的破碎顶板岩体外,安全系数均有很大程度的提高,而且随着岩体的极限抗拉强度的增大,锚杆护顶的作用越来越明显。由于采用预控顶措施,改善了矿岩稳固条件,将装矿进路之间的底柱进行回收,使进路规格扩大为 6 m×6 m,取得了较好的效果。

6.1.3 矿岩均不稳固

浏阳市七宝山铜锌矿业有限责任公司位于湖南省浏阳市七宝山乡宝山村杨家组。矿体顶板为灰岩及石英斑岩,近矿脉带岩溶溶洞一般为黏土及岩石碎块所充填,石英斑岩风化较强,局部呈黏土状,岩体质量差、稳定性差。矿体直接底板为板岩及石英斑岩,受 F2 断层影响,构造裂隙发充,岩体呈松软的砂土状,完整性差、稳定性差,工程地质条件为中等至复杂。

七宝山铜锌矿深部接替资源以急倾斜(平均倾角 65°)、中厚矿体(平均厚度 9.5 m)为主(占比为 94.2%),考虑到此部分矿岩稳固性差且矿体平均品位较高,适宜采用沿走向布置的机械化下向进路充填法(掘进机凿岩、汽车运搬矿石)。进路矿块沿走向布置,设置阶段高度40 m,矿块从上至下分为 4 个分段,每个分段负责 3 个分层的回采,每个分层高 3.3~3.4 m。矿体真厚度为 9.5 m、水平厚度约 12 m,即每个分层沿走向布置 4 条进路,每条进路宽 3 m,详见 3.3 节内容。

6.2　低品位矿体

随着浅部优质资源开采的逐渐消耗殆尽,地下矿山开采深度越来越深、矿体总体品位不断下降,低品位矿体的合理利用和经济开发已成为新的热点研究方向。传统观念普遍认为充填法成本较高,不适用于低价值矿体的开采。但是,近年来随着充填成本不断降低和国家对安全及环境保护的高度重视,充填法在低价值矿体开采中得到了广泛应用,并创造了良好的安全效益、经济效益和环保效益。

6.2.1 柿树底金矿

1)矿山概况

低品位、缓倾斜的多层金矿脉一直是采矿工作中的难点,目前安全高效且低贫损的成功开采案例极少。河南中矿能源有限公司嵩县柿树底金矿位于嵩县大章乡牛头沟,2013 年由原庙岭金矿崔洼注采区和原柿树底金矿整合而成,矿区面积 19.883 km²,设计生产能力 12 万 t/a。矿区位于花山岩体外接触带与焦园断裂北东端交会部位,出露地层为中元古界长城系熊耳群火山岩系,岩浆活动频繁,断裂构造发育,形成较多以金为主的多金属矿产。矿体赋存于含金构造蚀变带中,顶底板为安山岩、杏仁状安山岩和安山玢岩,呈整体块状结构,一般致密完整、力学强度高、稳固性好。

2)资源禀赋特征及采矿方法典型方案

柿树底金矿Ⅸ号主矿体赋存于 F985 含金构造蚀变带中,走向长 400 m、倾向延伸 300~400 m、倾角为 10°~45°、平均倾角 30°、矿体厚度 0.5~15.0 m、平均厚度 3.39 m、平均品位 1.51 g/t。柿树底金矿缓倾斜矿体品位极低且分布不均,多条矿脉呈似层状、板状产出,分支复合现象严重，开采技术难度极大，多年的空场法开采遗留了大规模的采空区群，严重威胁深部采场作业的安全。因此，需转型升级为安全高效的充填采矿法。经过多个方案的技术对比，优选机械化上向水平分层充填法作为主体开采方案，配置凿岩台车、铲运机等机械化装备减少人工成本，采用单步骤间隔回采、非胶结充填工艺等，最大程度降低充填成本，实现低品位、缓倾斜多层金矿脉的安全高效、低贫损和低成本开采。

3）采用机械化装备代替人力

由于柿树底金矿现有采矿及掘进装备仍以 YT-28 风动凿岩机为主，存在工人劳动强度大、安全性差、生产效率低，爆破参数不合理、炸药单耗高等诸多问题。Boomer K41 是阿特拉斯·科普柯公司生产的适用于狭窄隧道和矿山巷道的凿岩台车，配有高可靠性且带有缓冲减震系统的 COP 系列凿岩机、BUT 系列重型钻臂。柿树底金矿采用凿岩台车、铲运机等机械化装备代替人力，大大减少了人工成本。

4）采用光面爆破技术、优化爆破参数

采场边帮采用光面爆破技术，所有炮孔深度均为 3.2 m，直径均为 45 mm，采用梅花形布置；光爆孔角度 5°（与底板水平面线夹角），孔帮距 300 mm，孔底至进路边界，光爆孔的最小抵抗线 680 mm、孔距 710 mm；主爆孔直线布置，最小抵抗线为 830 mm、孔距 950 mm。分别以主爆孔逐排由下往上，最后按光爆孔的顺序分段起爆，每循环炸药消耗量 166.2 kg、炸药单耗 0.672 kg/m³、雷管消耗量 0.1003 个/t、炮孔崩矿量 1.968 t/m，示意图如图 6-5 所示。

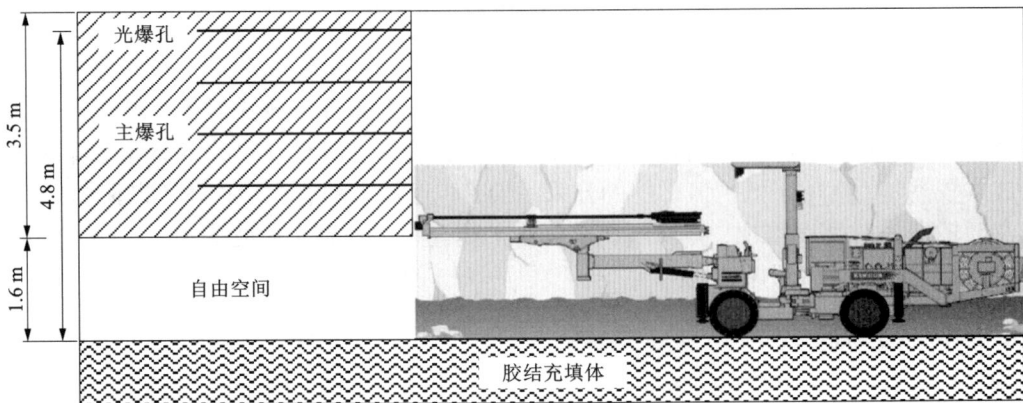

图 6-5　柿树底金矿凿岩台车光面爆破示意图

5）多层矿脉并行安全高效开采技术

柿树底金矿由多条矿脉组成，呈似层状、板状产出，分支复合现象严重，由于相邻矿脉距离较近，采用传统的空场法无法实现两条相邻矿脉的同时开采，且上盘矿脉或下盘矿脉开采结束后，遗留采空区会严重威胁其他矿脉开采的安全。空场法变更为机械化上向水平分层充填法后，原有矿体开采的方式和采场的布置方式也发生了变化，矿房和矿柱沿走向布置，单分层回采的高度将达到 3.3 m 且回采后及时充填，因此，相邻矿脉开采的扰动被控制在安全的范围内。同时，柿树底金矿矿岩稳固性相对较好，在采用充填采矿法的基础上，相邻两条矿脉可同时开采，相邻矿脉间夹石不混采，仅施工一条穿脉穿过即可，如图 6-6 所示。

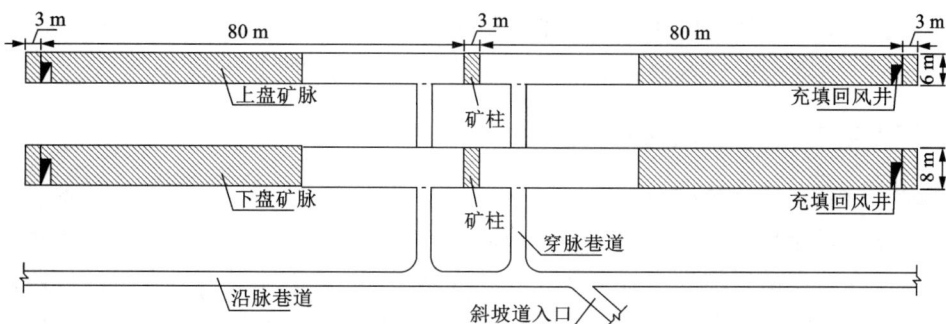

图 6-6　柿树底金矿多层矿脉并行安全高效开采技术示意图

6）以非胶结充填为主、控制充填成本

由于柿树底金矿矿体品位极低且分布不均匀，平均品位仅为 1.51 g/t，因此，充填成本直接影响矿山的经济效益。为降低充填成本，在机械化上向水平分层充填法相邻矿房之间留设连续的矿柱，矿柱长度为 4 m、宽度为矿体厚度。在矿房回采过程中可采用单步骤间隔回采和非胶结充填的方式，从而以预留少量连续矿柱的方式，将原两步骤回采方式简化的同时，达到了控制充填成本的目的。同时，为了进一步降低充填成本，机械化上向水平分层充填法在每个 3.3 m 的分层回采结束后，在单分层中最上部 0.3 m 进行胶结充填，其余 3 m 采用非胶结充填。柿树底金矿实际充填采矿过程中，胶结充填的比例仅为 7%，每年的水泥用量约 2000 t，充填成本仅为 3.17 元/t。

7）应用效果评价

通过现场工业试验，柿树底金矿机械化上向水平分层充填法试验采场生产能力可达 197 t/d、回采率达 89.9%、贫化率达 7.27%、采矿成本 55.29 元/t、充填成本仅 3.17 元/t。机械化上向水平分层充填法在柿树底金矿的成功应用，既可彻底消除采空区的隐患，提高采矿作业安全性，减轻尾矿排放对地表环境造成的危害，改善当地生态环境，也为低品位、缓倾斜、多层矿脉的安全高效开采开辟了思路，进一步扩大了充填采矿法的应用范围。

6.2.2　董家河磷矿

1. 低品位磷矿开采现状

宜昌地区在湖北省七大磷矿区中排名第一，共由 12 个矿区组成，保有储量 9.53 亿 t，占湖北省保有储量的 51.98%，其中品位大于 30% 的富矿石仅占 11.74%。根据矿石自然类型和品级不同，宜昌磷矿区自上而下又可划分为下贫矿、中富矿和上贫矿，形成"二贫夹一富"的矿层结构，全层平均品位仅 22.20%，且产出磷矿石多为隐晶质胶磷矿，选矿难度大、成本高。

2. 矿山概况

宜昌宝石山矿业有限公司董家河磷矿位于宜昌市夷陵区樟村坪镇董家河村，由宜昌磷矿云台观矿段与原董家河矿（采矿权）整合而成，矿区面积 5.3394 km²。区内赋存 Ph_2、Ph_1^3 两个工业磷矿层，总体倾向北东、倾角 2°~10°，平均厚度分别为 2.21 m 和 1.68 m。矿床开采工程地质条件良好，矿体顶底板多为半坚硬岩类，水文地质条件相对复杂。董家河矿采用地下开采，采矿方法为房柱嗣后充填法，开采深度为+910～+1090 m。设计可利用资源储量共计 2868.7 万 t，实际可采矿石储量 2587.25 万 t，设计生产规模 80 万 t/a。

3. 智能光电选矿充填项目简介

由于董家河磷矿所在的樟村坪镇地处黄柏河东支流域，为宜昌市水源保护区，不能采用浮选方式选矿，只能采用重介质选矿方式选矿，但选矿效果并不理想且同样存在水污染的情况，还需在重介质选矿厂增加水处理装置导致成本增加，影响企业开发中低品位磷矿资源的开发效益。2020 年，宜昌宝石山矿业有限公司建成了"董家河磷矿智能光电选矿充填项目（采选充一体化）"，采用光选工艺实现了中低品位磷矿资源安全、环保、节能、绿色开发。项目总投资 8000 万元，总占地 20000 m^2，可实现采矿 80 万 t/a、智能光电选矿 50 万 t/a、充填 12.5 万 t/a 的一体化配套，如图 6-7 所示。董家河磷原矿品位（含 P_2O_5）20.50%，通过智能光电选矿后矿石品位提升至 25.22%，选矿回收率 92.26%、精矿产率 75%，尾矿品位（含 P_2O_5）6.35%，选矿比 1.333 t/t。

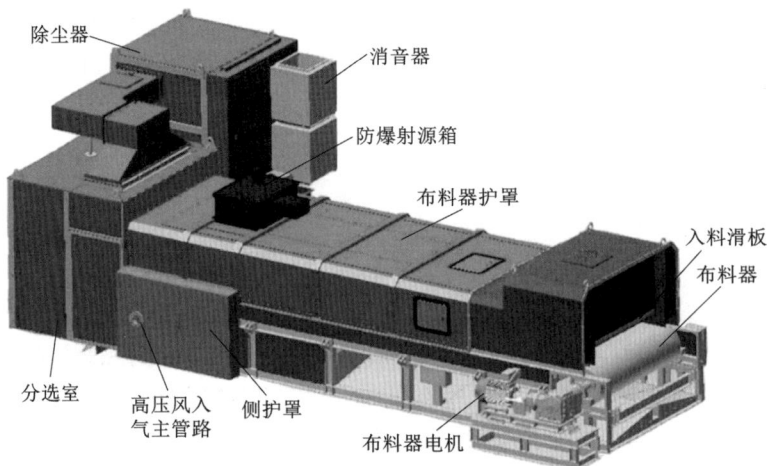

图 6-7　董家河磷矿智能光电选矿充填项目

4. 光电分选工作原理

光电分选技术主要设备为 TDS16-30 全自动智能光电分选机，该设备通过 X 射线透视提取矿石内部结构特征，识别矿石品位，依据需求采用 AI 算法对其进行分类，并配以高压气喷系统实现被分选对象的空间分离。其运行过程主要分为三个步骤：

（1）待分选原矿的块矿通过振动给料系统的机械振动被分散开，这样进入高速皮带时可均匀分布，避免发生石块重叠的情况。

（2）使用 X 射线对原矿进行扫描，通过探测器采集数据，扫描待分选的原矿，检测识别采集矿石的特征信息，算法实现万分之一量级。

（3）在智能识别系统完成对每一块矿石的物质识别鉴定后，将矿石的运动信息及鉴定信息传输给分离系统。分离系统由智能控制系统和高压气喷执行系统两个分系统构建而成。其中智能控制系统接收由识别系统传输的矿石相关信息，并将其转换成对高压气喷执行系统的控制指令；高压气喷执行系统通过压缩高压空气，完成对控制指令的执行，控制气排枪对需要分离的物块进行精确的喷吹，从而实现矿石的分选。

5. 生产工艺流程

1）原矿出井运输

井下原矿全层开采，贫富矿分采分运。中低品位原矿由井下溜井装车采用轨道电车运输，通过斜坡道进原矿堆场。

2）原矿预先筛分

原矿最大块度 350 mm，为回收达到商品矿要求的原矿、减少小颗粒对光选机的影响，原矿堆场卸矿点处设置有间距 25 mm 的条形格筛进行预先筛分，预先筛分后矿粒度 <25 mm 直接进入粉矿堆场，与粉矿一并出售；不符合粒度的大块矿石（ >25 mm）直接经装载机由原矿堆场转运至原矿缓冲仓，待后续破碎处理。

3）破碎及筛分

对原矿进行破碎筛分，主要是利用磷块岩与脉石之间硬度差别大，接合面不紧密，易解离的特点，使矿物得到充分解离，为后续的分选工序提供基础。原矿缓冲仓的大粒径中低品位块矿直接进入破碎筛分流程，破碎筛分流程选择两段一闭路破碎筛分流程。原矿最大块度 350 mm，粗碎采用复摆式颚式破碎机、细碎采用标准圆锥破碎机与圆振动筛组成一个闭路破碎筛分流程，最终破碎粒度小于 50 mm。将物料筛分成筛下 <10 mm、筛中 10~50 mm、筛上 >50 mm 三个粒级，其中筛上 >50 mm 的块矿返回标准圆锥破碎机，筛中 10~50 mm 的块矿进入光选车间光选，筛下 <10 mm 的粉矿直接进入粉矿堆场待售。

4）光电分选

光电分选环节主要设备为 TDS16-30 全自动智能光电分选机，该装置利用 X 射线对磷矿石进行穿透识别，经过计算机人工智能判断，高压压缩空气吹扫，将矿石与废石进行高效、精准分离。

5）储存

经分选后的精矿和尾矿分别经带式输送机运输至光选后半壁式矿仓对应的精矿仓和尾矿仓。精矿出售，尾矿经卡车地面运输至工业场地处新建尾矿溜井，进入充填工程。

6）胶结充填

光选厂尾矿采用地表卡车运至工业场地尾矿溜井，再用井下无轨设备经斜坡道、中段运输巷道运输至充填采场；砂、水泥用无轨设备运输至井下充填站砂、水泥堆场贮存；砂、水泥、水按照定量配比搅拌后制成充填砂浆，通过混凝土泵输送至采空区内向尾矿堆浇淋，再用铲运机将浇淋后的尾矿集堆，使其进行二次混合，集堆过程应尽可能接顶。

7）干式充填

光选厂尾矿用地表卡车运至工业场地尾矿溜井，再用井下无轨设备经斜坡道、中段运输巷道运输至充填采场。

6.3 复杂多变矿体

资源的禀赋特征是指矿体的空间形态、产状(延伸长度、走向长度、倾角、厚度)、沿走向和倾向的连续性、断层位置及影响等。复杂多变矿体是指在一个阶段或矿块内,矿体的倾角、厚度、品位及上下盘矿岩的稳定性等禀赋特征有所变化或有差异导致开采难度增大,不仅直接影响最佳采矿工艺参数的研究设计和推广应用,还间接影响生产安全性、回采强度、采矿成本和贫损指标。因此,必须在对矿体禀赋特征系统调查分析的基础上,对矿体按倾角、厚度等参数进行分类,结合工程岩石力学调查,即矿岩的节理裂隙、抗压强度、抗拉强度,上下盘矿岩稳固性等,进行岩体质量分级与稳定性评价、采矿方法优选和采场结构参数优化。

6.3.1 宝山矿业概况

1.矿山概况

湖南宝山有色金属矿业有限责任公司位于湖南省桂阳县城西南郊,是一个以铅、锌、铜、银为主的多金属中型矿山,矿区面积 25.47 km²,采矿许可证面积 5.2164 km²,开采深度 −400~+400 m 标高,采矿生产能力 45 万 t/a。2011 年其与湖南黄金集团有限责任公司合作进行了重大资产重组,2017 年成为湖南黄金集团有限责任公司全资子公司。宝山矿冶历史悠久,是中国历代官家炼银、冶铸的地方,名副其实的千年矿都。2013 年,宝山矿业依托厚重的历史文化底蕴和悠久的采矿工业遗迹,成功创建湖南宝山国家矿山公园 AAAA 级景区,形成富有特色的工矿旅游。

宝山矿业矿石品位高,深部资源储量前景大,但开采技术条件复杂(顶底板稳固性变化大、成矿条件复杂、矿体零散分布),开采技术与装备水平不高,多区段、多中段、多工作面同时生产,不仅安全管理难度大,而且容易造成资源浪费,影响深部高品位资源的最大程度回收。

2.矿山开采技术条件分析

1)区域地质条件

坪宝矿田处于耒(阳)-临(武)南北向成矿带南端,南岭东西向成矿带中段北缘,有炎陵-郴州-蓝山北东向基底深大断裂通过本区。宝山矿田位于坪宝复式向斜的北端,区内地层比较发育、构造复杂、燕山期小岩体多,出露地层以石炭系为主,主要赋矿层位为石炭系石磴子组灰岩、测水组砂页岩、梓门桥组白云岩。坪宝矿田成矿控制条件与地层岩性、构造及岩浆岩有关,具时空分布规律,形成三位(地层、构造、岩体)一体的控矿特征。区内的Ⅰ、Ⅱ级断裂构造控制了本区岩浆岩、多金属矿床分布的格架,Ⅲ、Ⅳ级断裂构造控制了矿体的规模和富集程度。矿区成矿与隐伏花岗闪长斑岩有成因联系,由隐伏岩体向外依次为高中温岩浆热液矽卡岩型 W、Bi、Mo、Cu 多金属硫化物矿床→中温热液 Cu、Pb、Zn 硫化物矿床→中低温热液 Pb、Zn、Ag 硫化物矿床→低温 Ag、Mn 矿床;还出现相应的围岩蚀变为矽卡岩化(硅化)→绿泥石化(萤石黄铁矿化)→大理岩化→铁锰碳酸盐化。

2）矿区地质条件

本区主要含水层为壶天群灰岩、梓门桥组白云岩裂隙岩溶水含水岩组，岩溶发育较弱，富水性中等，水文地质属中等类型。铜钼矿为矽卡岩型矿体，顶板围岩以砂页岩为主，矿体顶板围岩不稳固，底板围岩较稳固；铅锌银矿为裂隙充填型矿体，矿体基本稳固，顶底板围岩稳固性较差，工程地质条件属中等类型。矿区内矿业活动水资源、水环境影响程度现状评估总体较轻，滑坡、矿井突水对矿工的安全危害程度为中等、影响较重，环境地质条件属中等类型。宝山矿床开采技术条件类型为：开采技术条件中等的有复合问题的矿床（Ⅱ-4）。

3）矿体赋存特征

宝山矿田主要由中、西、东和财神庙（北部）四个矿床组成。其中，中部铜钼矿床和西部铅锌银矿床是目前主要的生产区段。中部铜钼矿床主要由铜、钼、钨、铋矽卡岩型多金属组成，主要赋存在宝岭倒转背斜核部的石磴子组灰岩中及正常翼中，主要矿体在石磴子组中上部不纯灰岩中，分布在3~8线或161~189线、标高为+100~+480 m间、东西长约800 m、南北宽100~380 m。西部铅锌银矿矿体主要赋存在F21断裂破碎带及其下盘的宝岭北倒转向斜、宝岭倒转背斜中，主要分布在158~171线之间，东西长1000 m，南北宽500 m。

6.3.2　复杂多变矿体禀赋特征调查

1. 矿体禀赋特征调查

如图6-8所示，宝山西部矿区深部157~173线有12个大型矿体，其中单铜矿体5个，占西部铜钼矿总矿量的93.0%；铅锌银矿体7个，占西部铅锌银矿总矿量的96.3%。

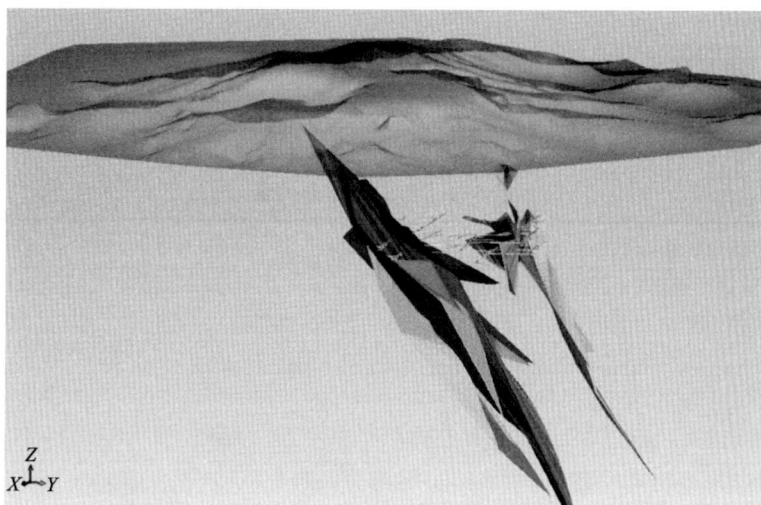

图6-8　矿体产状三维模型图

Cu-1矿体分布于161~169线，走向长250 m，倾向延深700 m，真厚度1.24~8.92 m、平均4.99 m，倾角18°~63°、平均45°，平均含Cu 0.92%。Cu-2矿体分布于165~169线，走向长200 m，倾向延深800 m，真厚度1.43~22.02 m、平均7.60 m，倾角35°~68°、平均52°，

平均含 Cu 1.15%。Cu-3 矿体分布于 165~169 线，走向长 150 m，倾向延深 600 m，真厚度 1.41~9.53 m、平均 5.21 m，倾角 45°~68°、平均 53°，平均含 Cu 1.69%。Cu-5 矿体分布在 169 线，走向长 50 m，倾向延深 200 m，真厚度 5.18~7.56 m、平均 6.37 m，平均倾角 36°，平均含 Cu 1.12%。Cu-7 矿体分布在 169~173 线，走向长 200 m，倾向延深 400 m，真厚度 0.83~8.21 m、平均 3.46 m，倾角 34°~74°、平均 48°，平均含 Cu 0.68%。

PZ-1 矿体分布于 158~165 线，走向长 650 m，倾向延深 200 m，真厚度度 0.34~8.37 m、平均 2.15 m，倾角 45°~75°、平均 66°；矿石平均含 Pb 5.20%，含 Zn 5.81%，含 Ag 143.46 g/t。PZ-2 矿体分布于 154~157 线，走向长 300 m，倾向延深 180 m，真厚度 0.88~20.08 m、平均 7.04 m，倾角 10°~80°、平均 42°；矿石平均含 Pb 5.08%，含 Zn 5.49%，含 Ag 206.81 g/t。PZ-3 矿体分布于 157~158 线，走向长 450 m，倾向延深 260 m，真厚度 0.70~19.68 m、平均 4.53 m，倾角 0°~65°、平均 22°；矿石平均含 Pb 7.47%，含 Zn 7.02%，含 Ag 206.00 g/t。PZ-4 矿体分布于 150 线，走向长 100 m，倾向延深 300 m，真厚度 1.26~20.13 m、平均 10.28 m，倾角 10°~35°、平均 28°；矿石平均含 Pb 9.27%，含 Zn 9.20%，含 Ag 86.73 g/t。PZ-5 矿体分布于 150~157 线，走向长 300 m，倾向延深 650 m，真厚度 0.39~15.59 m、平均为 4.67 m，倾角 17°~62°、平均 45°；矿石平均含 Pb 4.60%，含 Zn 5.65%，含 Ag 65.17 g/t。PZ-11 矿体分布于 158 线，走向长 200 m，倾向延深 50 m，真厚度 1.35~7.23 m、平均 4.29 m，倾角 39°~50°、平均 45°；矿石平均含 Pb 8.66%，含 Zn 7.34%，含 Ag 384.98 g/t。PZ-13 矿体分布于 157~169 线，走向长 350 m，倾向延深 350 m，真厚度 0.75~10.9 m、平均 3.32 m，倾角 43°~72°、平均 62°；矿石平均含 Pb 3.62%，含 Zn 4.79%，含 Ag 69.25 g/t。

2. 矿体产状分类

1) 矿体倾角厚度分类

如表 6-1 所示，宝山西部矿区深部矿体成矿条件复杂，矿体倾角、厚度变化范围大，但是倾角大于 30°的矿体分别占铅锌银矿体的 83.5% 和铜矿体的 100%。

表 6-1　宝山矿体分类表

类别	倾角/(°)	所占比例/%	厚度/m	所占比例/%
铅锌银矿体	5~30	16.5	<5	9.6
			≥5	90.4
	>30~50	21.6	<5	4.4
			≥5	95.6
	>50	61.9	<5	63.1
			≥5	36.9
铜矿体	>30~50	60.0	<5	39.9
			≥5	60.1
	>50	40.0	<5	37.5
			≥5	62.5

2）矿体品位分布规律分析

统计勘探钻孔取样数据，铜矿体的品位分布见表6-2。

表6-2 铜矿体品位分布表

标高/m	品位				
	Cu-1/%	Cu-2/%	Cu-3/%	Cu-5/%	Cu-7/%
50	0.82				
-30	0.73	1.42			
-70	1.23				
-110	0.78				
-150	0.86	0.69			
-230			0.64	0.81	0.93
-270	1.95	0.07			
-310					0.82
-350		0.91	1.53	1.11	
-390			3.32		
-470	1.37		1.01		
-510					
-550	0.60				
-630					0.59
-750		1.30	1.05		
-830			0.69		

　　Cu-1矿体沿倾向矿体品位分布较稳定，-550～+50 m标高范围内，基本在0.60%～1.37%波动，但在-270 m标高矿体品位陡增至1.95%。Cu-2矿体沿倾向矿体品位变化较大，呈"V"形分布，在-270 m标高，矿体品位低至0.07%，但在-150 m标高及以上、-350 m标高及以下，矿体品位均超过0.60%。Cu-3矿体沿倾向矿体品位分布较稳定，基本在0.64%～1.53%波动，在-390 m标高矿体品位陡增至3.32%。Cu-5矿体在-350～-230 m标高间，矿体品位逐步由1.11%减至0.81%。Cu-7矿体在-630～-230 m标高间，矿体品位逐步升高。

　　PZ-1矿体品位沿倾向变化较大，其中铅品位在-230 m标高上下，均呈增大趋势；锌品位在-270 m标高变化幅度较大；银品位沿倾向总体呈降低趋势。PZ-2矿体中铅品位沿倾向呈"V"形分布，锌、银品位沿倾向呈降低趋势。PZ-3矿体中铅品位在4.58%～10.77%、锌品位在4.01%～11.59%、银品位在100.00～265.55 g/t波动。PZ-4矿体铅、锌、银矿体沿倾向变化较大，呈倒"V"形分布。PZ-5 矿体中铅品位在 1.39%～8.49%、锌品位在 1.63%～6.58%波动，银矿体品位沿倾向总体呈降低趋势。PZ-11 矿体中铅、银沿倾向呈增大趋势。PZ-13 矿体中铅、银品位沿倾向总体呈降低趋势。

3）工程岩石力学调查

根据折减后的宝山岩体力学参数，可以将矿体大致分为以下两类：

赋存在石磴子组灰岩（包括大理岩、矽卡岩）岩组中的矿体（如 Cu-1、Cu-2、Cu-3、Cu-5、Cu-7、PZ-5、PZ-13），岩石致密坚硬，抗压、抗剪强度高，矿体顶底板稳固性好。

铅锌银矿体（PZ-2）顶板为石磴子组灰岩岩组，底板在测水组砂页岩中，矿体顶板稳固、底板不稳固。赋存在测水组砂页岩中的矿体（PZ-3、PZ-4），易碎、易风化，风化后呈碎块状和黏土状，页岩中片理发育，沿片理面易产生滑动，矿体顶底板稳固性较差。赋存在断裂破碎带中的矿体（PZ-1、PZ-11），以泥、碳质胶结为主，矿体顶底板稳固性较差，折减后宝山岩体力学参数见表6-3。

表6-3 折减后宝山岩体力学参数表

序号	岩性	弹性模量 E_m/GPa	抗压强度 σ_m/MPa	抗拉强度 σ_m/MPa	泊松比 μ	密度 /(kg·m⁻³)	黏结力 C_m/MPa	内摩擦角 φ_m/(°)
1	灰岩	28.2	28.40	-2.03	0.251	2200	35.5	28.30
2	矽卡岩	19.3	36.51	-1.17	0.238	3300	4.79	51.20
3	砂页岩	20.5	3.12	-0.25	0.151	2200	9.82	19.61

6.3.3 复杂多变矿体采矿方法

1.采矿方法选择

宝山西部矿区深部矿体成矿条件复杂，矿体倾角、厚度变化范围大，但是倾角大于30°的矿体分别占铅锌银矿体的83.5%和铜矿体的100%，即倾角以倾斜和急倾斜矿体为主、厚度则以中厚至厚为主。采矿方法的选择，不仅要考虑矿体产状的变化，更要重视矿岩稳固性对安全回采的影响。宝山西部矿区深部矿体成矿条件复杂，不同类型矿体的顶底板赋存的条件不一，顶底板稳固性变化大。最终选择以下采矿方法：上向水平分层充填法，上向水平分层进路充填法，分段空场嗣后充填法。其中，上向水平分层充填法用于回采厚度大于 3 m 且矿岩较稳固的铅锌银矿体和铜矿体，上向水平分层进路充填法用于回采矿岩不稳固的铅锌银矿体和厚度小于 3 m 铜矿体。本节仅详细介绍上向水平分层进路充填法典型方案。

2.矿块布置和结构参数

如图6-9所示，矿块沿矿体走向布置，长度50 m，宽度为矿体水平厚度，底柱4 m，顶柱2 m；分段高度9 m，每个分段负责3个分层，分层高度3 m，每分层在矿块中央布置一条宽3.2 m的分层联络道，进路规格 3 m×3 m。

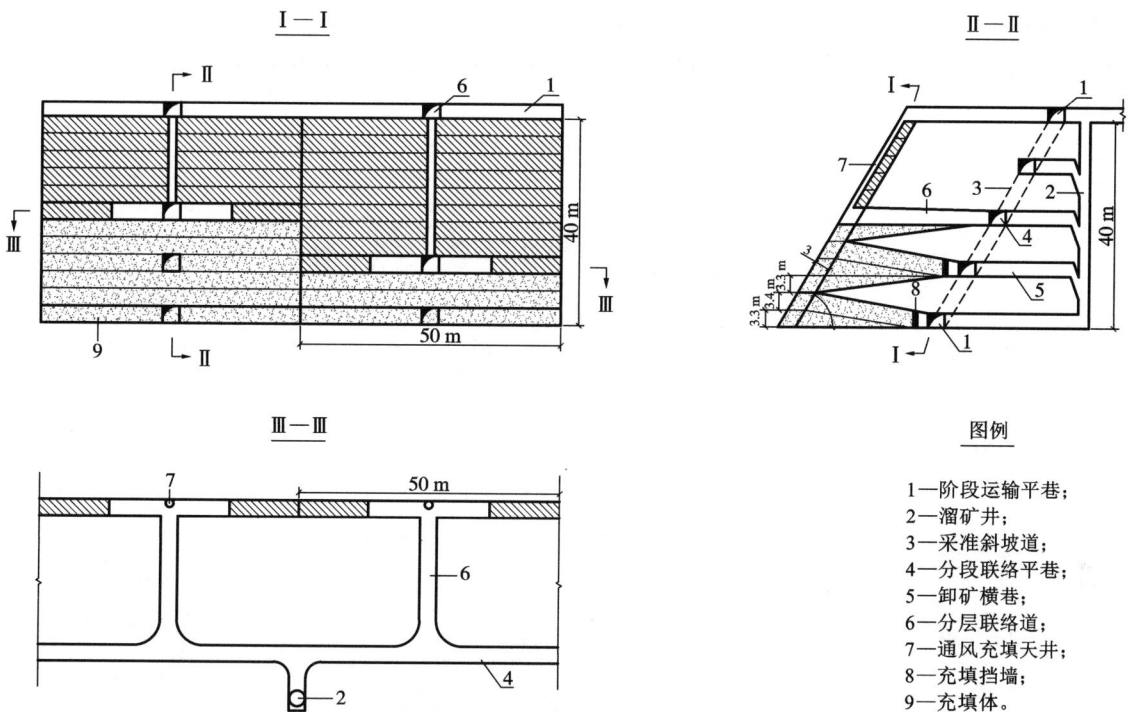

图 6-9　宝山矿上向水平分层进路充填法典型方案

3. 采切工作

1）采准工程布置

采准工程主要包括斜坡道、出矿横巷、溜井、分段运输平巷、分层联络道、卸矿横巷、穿脉、泄水平巷、充填回风井等矿石回采工作必不可少的巷道。

2）切割工程布置

切割工程主要在矿块每分层的中央位置自分层联络道垂直矿体走向掘进分层联络巷连通各进路采场，为进路采场回采创造作业空间。

3）采切工程量计算

标准矿块采切工程量和矿量分配分别见表 6-4 和表 6-5，采切巷道总长度为 690.5 m，合计 5279.0 m³，标准矿块采出矿量为 90.5 kt，自然米和标准米千吨采切比分别为 9.1 m/kt 和 17.5 m/kt。

4. 回采

1）回采顺序

在每分层的各个矿块中央布置垂直于矿体走向的分层联络巷，沿矿体走向向两翼掘进进路采场进行回采，同一分层的进路采场采用间隔回采的方式，采一充一，整个分层回采并充填结束后再转入下一分层回采。待整个分层进路回采充填结束后，统一升层。

2）凿岩爆破

进路回采属于掘进式回采，炮孔布置与平巷掘进布孔方式基本相同，采用垂直桶形掏槽方式，掏槽眼由 5 个炮孔组成，中间一个为空眼，炮孔间距 0.15 m，辅助眼间距取 0.8 m，周边眼间距取 0.7 m，周边眼距进路轮廓线取 0.1~0.2 m，掏槽眼深 2.4 m，其余孔深 2.2 m。考虑炮孔利用率，每进尺 2.0 m，矿量 61.7 t，故每米炮眼崩矿量为 0.95 t/m。

表 6-4　上向水平分层进路充填法标准矿块采切工程量表

工程阶段名称		规格 /(m×m)或 m	条数 /条	单长 /m	长度/m			工程量/m³			采出 矿量/t
					脉内	脉外	合计	脉内	脉外	合计	
采准	斜坡道	3.2×3.0	1/6	200.0	0	33.3	33.3	0	320.0	320.0	
	出矿横巷	3.2×3.0	1/2	47.0	0	23.5	23.5	0	225.6	225.6	
	溜井	φ1.8	3/5	31.5	0	15.8	15.8	0	40.1	40.1	
	分段运输平巷	3.2×3.0	4	60.0	0	240.0	240.0	0	1680.0	1680.0	
	分层联络道	3.2×3.0	11	12.8	0	141.2	141.2	0	1355.9	1355.9	
	卸矿横巷	3.2×3.0	2	20.0	0	20.0	20.0	0	307.2	307.2	
	穿脉	2.0×2.0	2	21.8	19.8	23.8	43.6	79.2	95.2	174.4	598.2
	充填回风井	2.0×2.0	1	52.2	52.2	0	52.2	208.8	0	208.8	716.2
	小计						569.6			4312.0	1314.4
切割	分层联络巷	3.2×3.0	11	9.9	108.9	0	108.9	1045.4	0	1045.4	3585.9
	小计						108.9				3585.9
采切合计							678.5			5357.4	4900.3
千吨采切比		9.1 m/kt									

表 6-5　上向水平分层进路充填法标准矿块矿量分配表

项目	工业储量 /t	回采率 /%	贫化率 /%	采出矿量/t			占矿块采出量 的比重/%
				矿石	岩石	小计	
矿块	105369.6	83.3	3.00	87772.9	2714.6	90487.5	100.00
矿房	84663.9	98.0	3.00	82970.6	2566.1	85536.7	94.53
顶板	5268.5						
底板	10537.0						
附产	4900.2	98.0	3.00	4802.2	148.5	4950.7	5.47

3) 通风

进路采场系独头掘进作业，通风效果差，须安装局部风机加强通风，根据要求风机和启动装置安设在离掘进巷道进口 10 m 以外的进风侧巷道中，每次爆破结束后，用风筒将新鲜风流导入到工作面，进行清洗，通风时间不应少于 40 min，污风沿进路出采场经充填回风天井排入上阶段回风平巷，然后通过回风井排至地表。

4）出矿

采场爆破并经过有效通风排除炮烟后，安全人员进入采场清理顶帮松石。如果顶板矿岩异常破碎，经撬毛处理后，仍无法保证正常作业，可考虑其他顶板支护方式。崩落矿石采用WJD-15型电动铲运机运至最近溜井，每循环矿量为 61.7 t，则纯出矿时间为 2 h。

5）充填

一步回采进路采场采用高浓度尾砂胶结充填，二步回采进路采场采用废石非胶结充填。为减轻铲运机出矿时对层面的破坏，并降低矿石贫化损失，各分层进路采场均用高配比胶结体进行浇面（厚度 300 mm）。矿山充填系统能力为 80 m³/h，各进路充填体积 252 m³，纯充填时间为 3.5 h，考虑到充填准备、整平等，预计各进路纯充填时间为 1 d。

5.进路作业循环图表

进路采场作业循环图表见表 6-6。

表 6-6　上向水平分层进路充填法每进尺作业循环图表

序号	作业名称	时间/h	进度/h				
			3	6	9	12	15
1	凿岩	6.0					
2	爆破通风	1.0					
3	充填	1.5					
4	出矿	2.0					

标准矿块的主要技术经济指标汇总于表 6-7。

表 6-7　上向水平分层进路充填法标准矿块主要技术经济指标

序号	指标名称		单位	数值	备注
1	地质指标				
1.1	品位	Pb	%	6.55	
		Zn	%	6.76	
1.2	矿石体重		t/m³	3.43	
1.3	矿体真厚度		m	9.8	
1.4	矿体倾角		(°)	50	
2	矿块构成要素				
2.1	长度		m	60	
2.2	宽度		m	12.8	矿体水平厚度
2.3	阶段高度		m	40	
2.4	底柱		m	4	

续表 6-7

序号	指标名称	单位	数值	备注
2.5	顶柱	m	2	
2.6	分段高度	m	9	
2.7	分层高度	m	3	
3	矿块矿量	kt	105.4	
4	千吨采切比	m/kt	9.1	
5	每米炮孔崩矿量	t/m	0.95	
6	回收率	%	85.9	整个矿块
7	贫化率	%	3	
8	凿岩穿孔速率	m/台班	50	理论值
9	铲运机生产能力	t/台班	190.7	理论值
10	单位炸药量	kg/t	0.46	参考矿山值
11	充填生产能力	m³/h	80	设计值
12	矿块生产能力	t/d	212	
13	采充综合成本	元/t	97.78	

6.4　夹层矿体

夹层矿体的主要特征就是在矿块或采场内会出现 2~3 层矿体且其中间隔着间距一般在 10 m 以内的岩石夹层，在有色、金属、非金属等诸多矿山均有此类型的夹层矿体开采实例。总体而言，夹层矿体开采的难点在于多层矿体间的夹石是否回采。如果将矿体和夹石一起混采，不仅会消耗大量的凿岩爆破等采矿成本，而且还会使矿石的贫化率急剧增加；如果将两层矿体单独分采，则会导致采切工程量增加；如果仅回采一层矿体，即采用采富弃贫则会使矿石损失急剧增加。因此，夹层矿体开采的核心在于需要明确合理地确定最佳的分采和混采方案，并确定最优的采准布置形式。

6.4.1　汉源石沟石膏矿

1. 矿山概况

汉源县鑫金矿业有限公司石沟石膏矿位于四川省汉源县城乌斯河镇石沟村，矿区面积 0.123 km²，开采深度为 +1469~+1810 m，设计生产能力 30 万 t/a。矿区保有地质储量 1037 万 t，矿石平均品位（$CaSO_4$+$CaSO_4 \cdot 2H_2O$）69.15%，属优质石膏矿资源。一期工程开采 1575 m 中段以上矿体，服务年限为 20 a；二期工程开采 1575 m 中段以下矿体，服务年限为 7 a，开采范围为 3~6 号勘探线，开采对象为 Ⅰ、Ⅱ 号矿体。

2.矿山开采技术条件分析

1)区域地质条件

矿区位于苏雄背斜的北端、马托断裂西侧,出露地层主要有震旦系下统的开建桥组,上统列古六组、观音崖组、灯影组及第四系等地层。矿区内褶皱发育一般,石沟村向斜为矿区内主要的褶皱构造,也是石膏矿的赋矿构造,呈北西—南东向展布,长约 1300 m,宽 800~1000 m,两翼夹角在 40°~70°,向南倾伏于黑子坝一带,倾伏角 13°左右。F2 断层出露于矿区中部,呈北西—南东向展布,长约 1500 m,断层面东倾,倾角 65°~75°,其发育特征对矿体空间分布、矿体延伸,勘查及开采方案等产生重要影响。

2)矿体赋存特征

矿区石膏矿体产于震旦系上统观音崖组和上统列古六组的假整合接触面上,矿体严格受观音崖组控制,多呈层状、似层状产于石沟村向斜中。同时受 F1、F2 断层影响,目前所控制矿体多位于 F2 断层东盘。根据石膏矿层的分布特征和富集规律,将含矿层富集带自上而下划分为 Ⅰ、Ⅱ 号两个矿体,相伴平行产出,间距 0~8.68 m,每个矿体由 1~3 层不等的石膏矿层组成。

Ⅰ 号矿体位于含矿层上部,为一隐伏矿体,赋存标高 +1478.76~+1809.75 m,为该矿区主要石膏矿体,埋藏最浅,由 1~2 层单矿层组成。矿体倾向南西,浅部总体产状 223°~301°∠33°~51°,平均产状 250°∠44°,深部因 F2 断层拖拽作用而有所变化,倾角变陡,其产状为 228°~255°∠54°~65°。矿体控制长 730 m,最大斜深 280 m,分布面积为 0.16 km²。单矿层厚度一般在 2.20~10.0 m,厚度大的单矿层多分布在 0~6 线;矿体品位 55.27%~82.51%,平均品位 68.24%,品位变化系数 9.66%。Ⅱ 号矿体分布于 Ⅰ 号矿体之下,与 Ⅰ 号矿体距离在 0~8.68 m。矿体产状、范围、赋存标高、矿石类型及断层的影响均与 Ⅰ 号矿体基本规模相同。单矿层厚度一般在 3.56~12.00 m,厚度大的单矿层多分布在 0~6 线;单工程平均品位 69.17%。

3)开采技术条件

主要矿体均赋存于最低侵蚀基准面以上,矿区水文地质条件属简单类型。矿体顶板为含砾粗砂岩、细砂岩,其稳定性较差;矿体为石膏、硬石膏矿,属软质岩类,其稳固性较差;底板为层状白云岩、泥岩,矿体底板围岩的稳固性相对较好,属较坚固—坚固型,但局部地段因构造影响,岩体破碎,裂隙发育,其稳定性较差。矿区内由于第四系发育,加上雨量充足,在局部发生小型浅层滑坡的可能性较大,故矿区环境地质条件属中等复杂类型。

根据矿山建设环境与矿体赋存条件,比较适合的采矿方法有机械化上向水平分层充填法和分段空场嗣后充填法。

3.机械化上向水平分层充填法典型方案

1)矿块垂直走向布置

由于矿床勘探程度不高,对上下盘围岩及矿体的稳固性掌握不充分,为缩短矿块跨度,生产初期矿块垂直走向布置,沿走向划分为矿房和矿柱,两步骤回采用液压凿岩台车凿岩、铲运机出矿。首先以水平分层形式自下而上回采矿柱,依次进行胶结充填以维护上下盘围岩,并创建不断上采的作业平台。矿柱回采并充填结束后,在胶结体形成的人工矿柱保护下用同样的回采工艺回采矿房并进行非胶结充填。将Ⅰ号与Ⅱ号矿体划为一个矿块进行回采，回采过程中采下夹石堆存于采场内用于充填。当围岩较破碎时，应在靠近矿体边界预留1 m厚的矿石不进行回采，以防止废石混入，降低矿石贫化。

2）矿块沿走向布置

如果回采过程中探明矿体及上下盘围岩稳固性较好，且当夹石厚度大于3 m、Ⅰ号与Ⅱ号矿体厚度均小于15 m时，矿块可采用沿走向布置形式，分别回采Ⅰ号与Ⅱ号矿体，两矿体之间的夹石层作为阶段内盘区矿柱支护顶板。中段内矿体沿走向划分为矿房和矿柱，采用机械化上向水平分层充填法回采矿房，矿房间的矿柱不进行回收。

矿床端部Ⅰ号与Ⅱ号矿体总厚度小于15 m时，矿块也沿走向布置。

3）矿块布置和结构参数

矿块垂直走向布置时，矿房宽度14 m，矿柱宽度8 m，长度为矿体厚度；矿块沿走向布置时，矿房长度40 m、宽度为矿体厚度，矿柱宽度5 m。底柱高5 m，顶柱高2 m，分段高度9.9 m，每个分段负责3个分层，分层高度3.3 m，回采过程中最小控顶高度3 m，最大控顶高度6.3 m。

4）采切工艺

如图6-10、图6-11所示，采用下盘脉外采准方式。自阶段运输平巷垂直矿体走向在矿房、矿柱交界处布置一条穿脉至矿体上盘边界（矿块沿走向布置时穿脉布置在矿房中央位

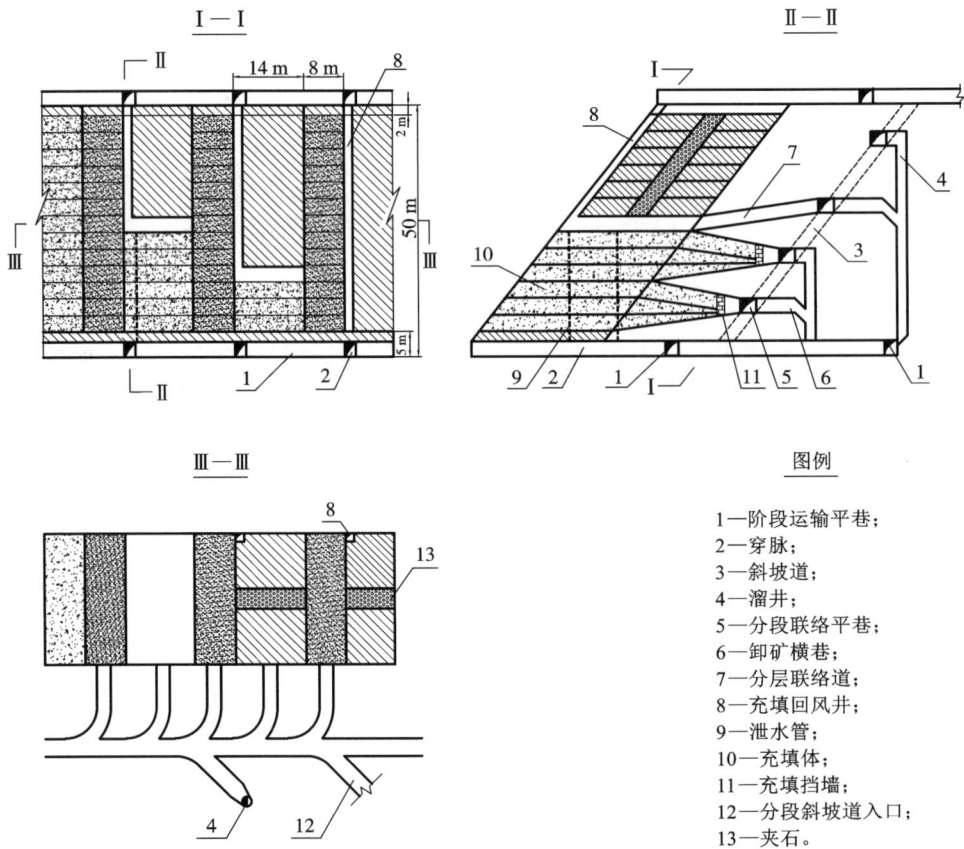

图例

1—阶段运输平巷；
2—穿脉；
3—斜坡道；
4—溜井；
5—分段联络平巷；
6—卸矿横巷；
7—分层联络道；
8—充填回风井；
9—泄水管；
10—充填体；
11—充填挡墙；
12—分段斜坡道入口；
13—夹石。

图6-10　机械化上向水平分层充填法（垂直走向布置）

I—I

II—II

III—III

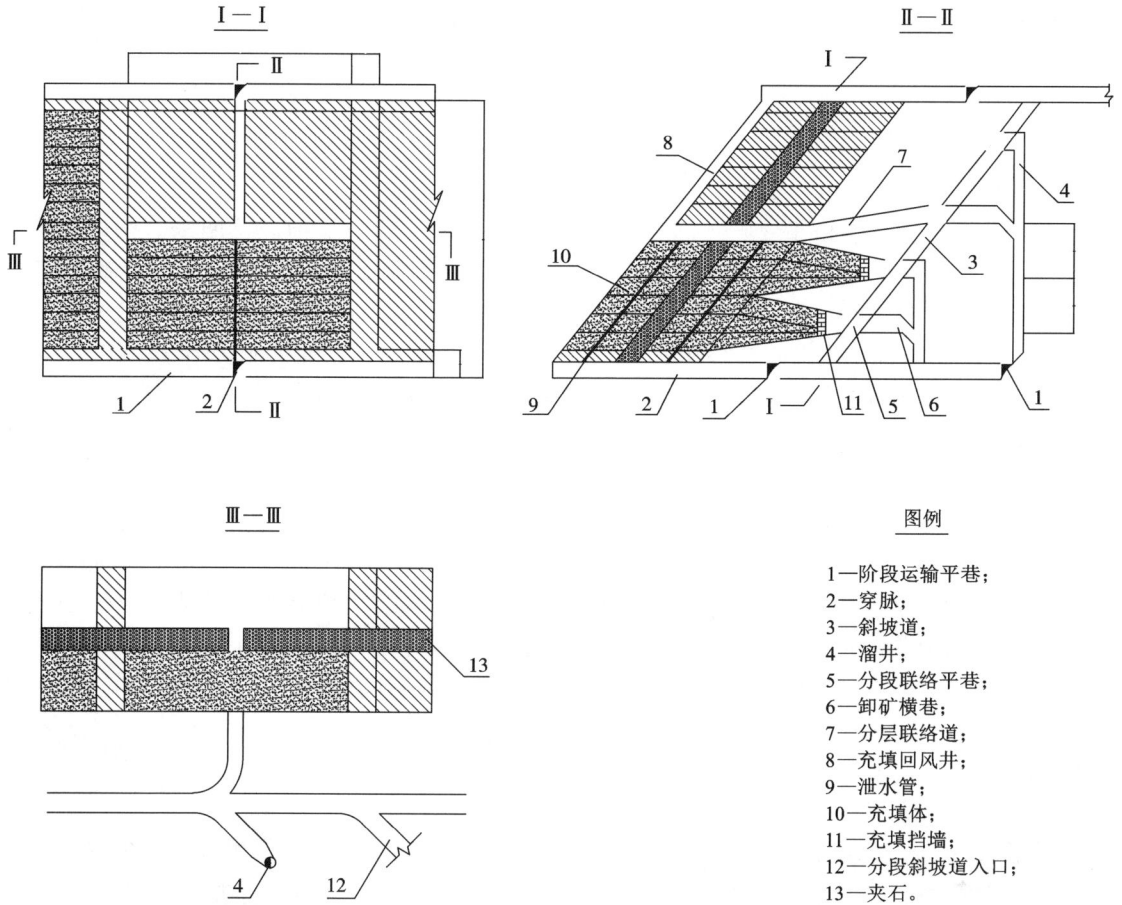

图 6-11　机械化上向水平分层充填法(沿走向布置)

置),自穿脉在矿柱内沿矿体倾向在矿体上盘边界布置一条脉内充填回风井连通上一阶段穿脉。上下阶段用采准斜坡道(坡度 20%,阶段内布置一条,各采场共用)连通。自采准斜坡道掘进分段联络平巷,由分段联络平巷垂直矿体走向在采场中央位置掘进下向分层联络道,随回采工作进行,水平分层联络道和上向分层联络道分别为上挑下向分层联络道和水平分层联络道形成,根据铲运机的爬坡能力要求,分层采场联络道坡度为 14% ~ 20%。阶段内每隔5 个(矿块沿走向布置时每隔 3 个)矿块在下盘布置一条脉外溜井,溜井与分段联络平巷之间用卸矿横巷连通。切割工作主要是拉底,在矿房、矿柱最下一分层自下向分层联络道垂直矿体布置拉底平巷,然后以拉底平巷为自由面和补偿空间用凿岩台车或浅孔凿岩机扩帮至采场两边边界,在采场底部全断面形成拉底空间。

　　5)回采

　　采用 Boomer 281 全液压凿岩台车凿岩,为了便于分层采场顶板的安全管理,采用水平中深炮孔的爆破方式。每次爆破后,新鲜风流由斜坡道、分段联络平巷和分层联络道进入采场清洗工作面,污风经充填回风井排入上阶段回风巷道。通风时间不少于 40 min。工作面炮烟排净后,安全人员进入采场检查顶板,清除浮石,对大块进行二次破碎,采用 WJ-2 型柴油铲运机装运崩落矿石卸入溜井。崩落矿石出完后,在分层联络道口设置充填挡墙,从上阶段穿脉经充填回风井或采场联络道往采场接通充填软管，按照配比要求进行充填，充填渗水通过预先布设的脱滤水管导入穿脉。

4. 分段空场嗣后充填法

1）方案特征

本方案将Ⅰ号矿体和Ⅱ号矿体（包括其间的夹石）划入同一采场进行回采。中段内矿体沿走向划分为矿房和矿柱，用两步骤回采（第一步回采矿柱，第二步回采矿房）、铲运机出矿。

2）矿块布置和结构参数

矿房、矿柱垂直矿体走向交替布置，长度为矿体水平厚度，宽度为矿房15 m、矿柱10 m。阶段高50 m，自下而上分4个分段，高度分别为12 m、12 m、11 m和11 m。最下一分段为堑沟拉底凿岩分段，最上一分段上部留4 m顶柱。

3）采切工艺

如图6-12所示，沿阶段运输平巷在矿房和矿柱中央掘进一条穿脉至矿体上盘边界，同时兼做出矿平巷。自出矿平巷每隔8 m掘进出矿进路，在矿房中央位置掘进堑沟拉底巷道连通各出矿进路。自每条分段联络平巷在矿房中央掘进分段凿岩巷道至矿体上盘边界。在上盘端部掘进切割天井连通上下分段凿岩巷道，最上一分段连通上阶段穿脉，作为充填回风天井。自分段凿岩巷道与切割天井交界位置在矿房宽度方向掘进切割横巷。切割工作主要是拉

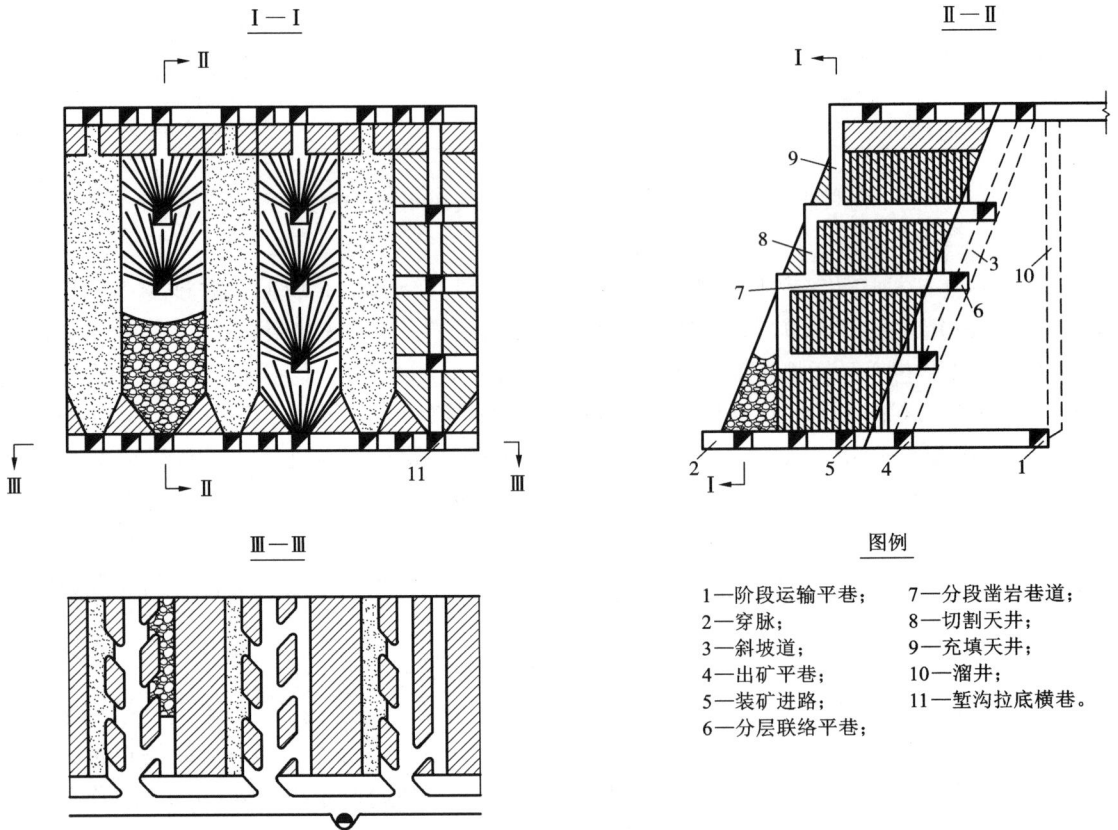

图例

1—阶段运输平巷； 7—分段凿岩巷道；
2—穿脉；   8—切割天井；
3—斜坡道；   9—充填天井；
4—出矿平巷；   10—溜井；
5—装矿进路；   11—堑沟拉底横巷。
6—分层联络平巷；

图6-12　分段空场嗣后充填法

底和切槽。在堑沟拉底巷道钻凿上向扇形中深孔，与回采炮孔同时爆破形成"V"形集矿堑沟。在切割横巷内钻凿上向平行中深孔，以切割天井为自由面爆破形成切割槽。

4）回采

切槽工作完成后，自最下一分段开始崩落靠近上盘的三角矿带，铲运机出矿形成补偿空间后，再崩落余下部分矿体和第二分段三角矿带，依此类推，直到采完4个分段的全部矿体。在同一循环的上下分段采用异步正阶梯崩矿方式落矿，阶梯面超前2~3排炮孔。每次爆破后，新鲜风流由分段联络平巷和分段凿岩巷道，以及出矿巷道和出矿进路进入采场，污风经切割天井及充填回风天井汇聚至上阶段穿脉排入回风巷道。每次爆破后，通风时间不少于40 min，出矿巷道炮烟排净后，安全人员进入巷道检查顶板，清除浮石。落入采场底部"V"形集矿堑沟的崩落矿石采用WJ-2型柴油铲运机装运卸入溜井。采场回采完毕后，在分段凿岩巷道口及出矿进路口设置充填挡墙，从上阶段穿脉经充填回风井往采场进行嗣后充填。

5. 夹层矿体采矿方法优选

机械化上向水平分层充填法和分段空场嗣后充填法的主要技术经济指标见表6-8。对比可知，鉴于机械化上向水平分层充填法机械化程度高，灵活性好，损失贫化率低，实施难度小，可以实现Ⅰ号和Ⅱ号矿体的分采分运等突出优点，推荐采用机械化上向水平分层充填法进行夹层矿体开采。

表6-8　采矿方法主要技术经济指标表

序号	指标名称	机械化上向水平分层充填法	分段空场嗣后充填法
1	采场生产能力/(t·d⁻¹)	144~184	240~340
2	矿石回采率/%	86.6	75.0
3	矿石贫化率/%	3.3	12.0
4	采切比/(m·kt⁻¹)	17	6
5	方案灵活适应性	好	差
6	通风条件	好	较好
7	实施难易程度	容易	难
8	地压控制效果	好	差
9	优点	（1）使用液压凿岩台车和铲运机，作业机械化程度高，采场产能较大，矿石损失贫化率低； （2）采切简单，灵活性强，对矿体变化适应性好，分采效果好； （3）实施难度小，管理方便； （4）采场形成贯穿风流，通风效果好	（1）巷道断面小，采切比小； （2）采场生产能力大； （3）凿岩、出矿均在专用巷道内进行，人员不进入空场，安全性好

续表 6-8

序号	指标名称	机械化上向水平分层充填法	分段空场嗣后充填法
10	缺点	(1)满足无轨设备通行要求的断面大,采切工程量大; (2)工人在空场下作业,对顶板管理要求严格	(1)矿石损失贫化率高; (2)中深孔崩矿大块率高; (3)灵活性差,对矿体变化适应性差,不能实现分采; (4)采场暴露面积大

6.4.2 楚磷矿业

1.矿山概况

湖北楚磷矿业股份有限公司成立于 2008 年 8 月,是一家从事磷矿资源开发、精细磷化工业产品制造及相关科学技术研发的民营股份制企业。楚磷矿业白竹矿区位于湖北省襄阳市保康县马桥镇,矿区面积 11.51 km²,开采深度+555~+960 m,设计可采矿量 3605 万 t,分两期开采(一期为+750 m 以上),生产规模 100 万 t/a,服务年限 25 a,初步设计采用主平硐溜井加辅助斜坡道开拓、采矿方法为房柱法。

2.矿山开采技术条件分析

1)区域地质条件

矿区位于扬子准地台中段北缘龙门—大巴台缘褶皱的东端,北隔青峰大断裂与秦岭褶皱带与两郧印支褶皱带相邻;出露的地层有元古界神农架群,震旦系、寒武系和第四系地层。其中,震旦系地层又分为下统南沱组和上统陡山沱组(Z_1d)、灯影组(Z_2dn)。陡山沱组(Z_1d)第二段(Z_1d^2)为矿区的主要含矿层,厚 6.22~87.40 m,底部为含磷钾硅质页岩,中上部为白云质条带磷块岩和泥质条带磷块岩互层。矿区整体上呈向东倾的单斜构造,地层倾角 9°~22°;地层产状北部倾向为北东东向,南部折转为南东向,从南至北形成一弧形。

2)矿体赋存特征

矿区磷矿层呈层状、似层状产于陡山沱组第二段(Z_1d^2)地层中,为沉积型磷块岩矿床,走向 NE 35°~73°、SW 295°~333°,倾向由北向南为 35°~85°。由二层磷矿层组成,倾角 12°~17°,中间为含磷钾硅质页岩,厚度 0~5.58 m。第一磷矿层(Ph_1)最大延伸 1010 m、厚度 0~10.99 m,工业矿层厚度 1.79~10.99 m,平均厚度 4.71 m,平均品位为 22.34%,厚度总的变化趋势是由地表向深部、由北西向南东变薄。第三磷矿层(Ph_3)最大延伸 1312 m、厚度 0.71~15.16 m,工业矿层厚度 3.57~15.16 m,平均厚度 9.92 m,平均品位 22.68%。主要矿石矿物为胶磷矿和磷灰石,主要构造有条带构造、条纹构造、脉状构造、波状构造和透镜状层理等。

3)开采技术条件

矿段矿层都位于当地最低侵蚀基准面以上,地形有利于自然排水;降水入渗为矿坑充水主要因素,各含水层为矿坑充水次要因素,但矿层顶底板富水性弱且有冰碛砂砾岩隔水层阻隔。矿床充水岩层以溶隙、裂隙为主,构造破碎带透水性很弱,坑道充水较少,水文地质条件属简单类型。第一磷矿层(Ph_1)底板为 Z_1d^{1-1} 含锰硅质条带泥晶白云岩或 Z_1d^{1-2} 低品位泥

（硅）质条带状磷块岩（含磷钾硅质页岩），顶板为 $Z_1 d^{1-4}$ 低品位泥（硅）质条带状磷块岩（含磷钾硅质页岩）。第三磷矿层（Ph_3）底板为 $Z_1 d^{1-4}$ 低品位泥（硅）质条带状磷块岩（含磷钾硅质页岩），顶板为 $Z_1 d^{1-6}$ 低品位白云质条带状磷块岩或含磷泥质泥晶白云岩。矿段工程地质类型属于岩溶化岩层为主的层状矿床，矿层及其顶板的稳定性尚好，但其顶板厚度较薄，层间结合力差，尤其是由叶片状的泥质泥晶白云岩构成的软弱结构面稳定性较差。主要不良工程地质因素是采空区顶板及上覆岩层、构造断裂破碎带可能出现的垮塌、崩落及冒顶现象。本矿区开采活动对环境地质的破坏不大，最主要的问题是危岩体的失稳会给地面设施带来潜在威胁，其次是采空塌陷及潜在的泥石流灾害等，矿段环境地质属中等类型。

3. Ph_1 矿层伪倾斜进路充填法典型方案

楚磷矿业通过与中南大学合作进行科技攻关，采用两层磷矿分采的工艺，即首先采用伪倾斜进路充填法回采下层 Ph_1 磷矿层，再采用预控顶小分段空场嗣后充填法回采上层 Ph_3 磷矿层。

1）采场布置与结构参数

如图 6-13 所示，回采进路与矿体倾向方向偏斜 50°进行伪倾斜布置，高度等于矿体垂直

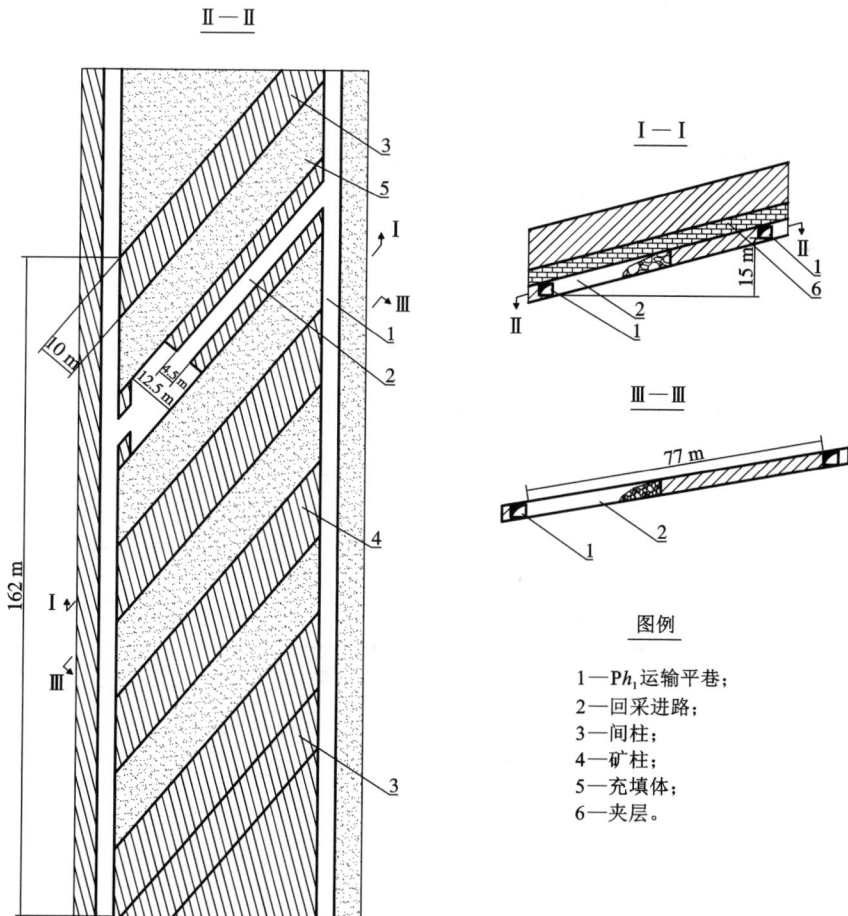

图 6-13　Ph_1 矿层伪倾斜进路充填法

厚度，进路宽度 4.0 m，相邻 Ph_1 运输平巷高差约 15 m，进路倾斜长度约 80 m。沿矿体走向间隔 140 m 布置连续倾斜间柱，宽度 10 m。

2）采准切割工程

（1）Ph_1 运输平巷。中段内沿矿体走向布置 Ph_1 运输平巷，作为矿石运输巷道，断面规格 4.5 m×3.8 m。

（2）斜坡道。为提高生产效率，在矿体中部区域设置斜坡道，铲运机和凿岩台车均可通过斜坡道到达各 Ph_1 运输平巷。其坡度应满足铲运机的爬坡能力要求，断面规格 4.5 m× 3.8 m。

（3）储矿平巷、储矿横巷、扒矿平巷。储矿平巷作为铲运机暂存矿石的地方，断面 4.0 m ×3.2 m，长度建议 10~12 m。储矿横巷作为铲运机运搬矿石至储矿平巷的石门，联络运输平巷与储矿平巷，断面 3.2 m×3.2 m。扒矿平巷用于停放扒渣机和井下汽车，断面 4.0 m× 3.2 m，长度建议 20 m，可以同时容纳扒渣机和井下汽车。伪倾斜进路充填法标准矿块采准切割工程量见表 6-9，矿量分配见表 6-10。

表 6-9　伪倾斜进路充填法标准矿块采准切割工程量表

伪倾斜进路充填法		条数/条	规格/(m×m)	断面面积/m²	单长/m			总长/m			工程量/m³			工业矿量/t
					脉内	脉外	合计	脉内	脉外	合计	脉内	脉外	合计	
采准切割工程	运输平巷	1	4.5×3.8	17.10	140	0	140	140	0	140	2394.00	0	2394.00	7062.30
	储矿横巷	1	3.2×3.2	10.24	13	0	13	13	0	13	133.12	0	133.12	392.70
	储矿平巷	1	4.0×3.2	12.20	10	0	10	10	0	10	122.00	0	122.00	359.90
	扒矿平巷	1	4.0×3.2	12.20	20	0	20	20	0	20	244.00	0	244.00	719.80
合计								183	0	183	2893.12	0	2893.12	8534.70
采切比		2.6 m/kt												

表 6-10　伪倾斜进路充填法标准矿块矿量分配表

项目	体积/m³	工业矿量/t	回采率/%	贫化率/%	采出矿量/t			占采出矿量的比重/%
					矿石	岩石	小计	
采场	27869.2	82214.14	96.0	4.0	78925.6	3288.6	82214.1	92.8
间柱	3483.6	10276.62	60.0	4.0	6166.0	256.9	6422.9	7.2
矿块	31352.8	92490.76	92.0	4.0	85091.5	3545.5	88637.0	100.0

3）回采工艺

考虑到下层磷矿层（Ph_1）厚度变化，在该矿层顶底板上下交替布置沿矿体走向的运输平巷，以控制矿体厚度。当矿体厚度小于 5 m 时，单层回采；当矿体厚度大于 5 m 时，分两层回采，先自顶板 Ph_1 运输平巷沿顶板掘进伪倾斜进路至底板 Ph_1 运输平巷回采上分层矿体，及时支护顶板再回采进路下分层矿体。

（1）设备选型。矿块内进路采场采用隔一采一的间隔回采方式，考虑凿岩作业安全性和生产效率，设计采用 Boomer 281 单臂液压凿岩台车作为主要钻孔设备，综合凿岩速度可达 0.70 m/min。

（2）凿岩爆破。采用 Boomer 281 单臂液压凿岩台车钻凿水平炮孔，钻孔直径 48 mm，掏槽眼角度 83°（与掌子面线夹角），深度 3.2 m；辅助眼直线布置，深度 3.1 m；帮眼、顶眼和底眼角度 3°（与边帮、顶板和底板平面线夹角），深度 3.2 m。掏槽眼采用垂直楔形掏槽方式，共布置三对掏槽眼，每对掏槽眼孔口距 0.8 m，孔底距 0.1 m，排距 0.35 m。超深 0.2 m，堵塞长度 0.7 m，用装药和堵塞的方式把炮孔填满。采用 $2^\#$ 岩石乳化药卷炸药，直径 32 mm，单孔装药量 1.81 kg。采用 1~5 段半秒非电导爆管雷管起爆，以掏槽眼、辅助眼、帮眼、顶眼、底眼为序分段起爆。炮孔装药量见表 6-11，按每循环进尺 3 m，进路规格 4 m×4 m，单循环采出矿量 141.6 t，炸药单耗为 0.36 kg/t，每米炮孔崩矿量 1.07 t/m。

（3）通风。进路采场系独头掘进，每次爆破结束后，用风筒将新鲜风流导入到工作面，进行清洗，污风用局扇抽出，经风筒进入本中段运输平巷，再进入回风系统，排出地表。

（4）出矿。选择 2 m^3 铲运机作为出矿主要设备，并推荐利用现有的 LWL-120 履带挖掘式装载机将铲运机运搬至储矿平巷的矿石运搬到井下汽车上，装载能力为 120 m^3/h，巷道断面要求大于 2.8 m×2.8 m。经计算，单台铲运机的实际生产能力可达 190 t/台班。

表 6-11　回采进路爆破参数

炮孔	孔深 /m	与工作面夹角/(°)	炮孔 /个	炮孔总长 /m	装药量/kg 单孔	装药量/kg 小计	爆破顺序
掏槽眼	3.2	84	6	19.2	1.81	10.86	Ⅰ
辅助眼	3.0	90	12	36.0	1.51	18.12	Ⅱ
帮眼	3.2	86	10	32.0	0.90	9.00	Ⅲ
顶眼	3.2	86	7	22.4	0.90	6.30	Ⅳ
底眼	3.2	86	7	22.4	1.00	7.00	Ⅴ
合计	—	—	42	132.0	—	51.28	

矿量 141.6 t，炸药单耗 0.36 kg/t，每米炮孔崩矿量 1.07 t/m

（5）充填工艺。每分层进路出矿结束后，及时进行充填，控制地压，阻止围岩大变形，以保证相邻进路的回采安全；第一步回采胶结充填，第二步回采进行低配比强度胶结充填或非胶结充填。

（6）进路顶板支护工艺。Ph_1 进路顶板是较为软弱的夹层，夹层最厚 6 m，在回采过程中除做到强采强出的同时，应对其采场顶板采取相应的支护措施，如顶锚长度 1.8 m、锚杆间排距 1 m，锚索长度 6 m、排距 1 m、间距 2 m。锚杆采用 ϕ18 mm，45Mn 螺纹钢，采用 7 股 ϕ5 mm 的钢绞线锚索。

4) 生产能力计算

根据铲运机出矿效率 190 t/台班、充填能力 60 m³/h 及各工序工程量，并适当考虑不均衡因素，制定的标准矿块进路采充作业循环见表 6-12。按单工作面一次爆破矿石 141.6 t 计算：凿岩时间 3.5 h，装药爆破 1.5 h，通风撬毛 1 h，出矿 6 h，共需 12 h。一个工作班无法完成作业循环，故当两条进路同时回采时，一条进路凿岩、装药爆破时另一条进路进行撬毛和出矿，通风布置在更换班组时间内，合计一次掘进 3 m 循环时间约为 2 班，即 141.6 t/台班。由于采用隔一采一的回采方式，一次两条进路纯充填时间 42.6 h（每天 15 h），约 3 d，挡墙制作与充填管道架设 2 d，养护时间 3 d，共需 8 d，而 80 m 进路全部回采完毕约需 18 d，在进路回采时可同时进行其他进路充填工作，因此，平均生产能力为 424.8 t/d，按矿块采出矿量82214.1 t（计入损失贫化率）计算，整个矿块回采时间预计为 194 d。

5) 主要技术经济指标

主要技术经济指标见表 6-13。

表 6-12 伪倾斜进路充填法每条进路采充作业循环表

序号	工序	工时/d	进度/d		
			5	10	15
1	凿岩爆破	5.6			
2	通风撬毛	1.2			
3	出矿	6.8			
4	充填养护	8			

表 6-13 主要技术经济指标

序号	指标名称	单位	数值	备注
1	平均品位（WO₃）	%	24	总体平均值
2	盘区构成要素	m	15	中段高度
3	采场构成要素	m×m×m	4×4×80	矿房
4	综合回采率	%	92.0	含矿柱回收
5	贫化率	%	4.0	
6	采切比	m/kt	2.6	
7	大块率	%	5	参考国内同类矿山
8	铲运机出矿能力	t/台班	190	2 m³ 铲运机
9	单位炸药消耗量	kg/t	0.38	综合

续表 6-13

序号	指标名称	单位	数值	备注
10	每米炮孔崩矿量	t/m	1.06	采场综合
11	采区生产能力	t/d	424.8	两进路采场同时生产
12	采矿成本	元/t	91.68	含充填成本

4. Ph_3 矿层预控顶小分段空场嗣后充填法典型方案

1) 采场布置和结构参数

如图 6-14 所示，将矿体划分为盘区，以盘区为回采单元组织生产。盘区为平行四边形布置，盘区间沿走向与矿体倾向成 50° 布置间柱，间柱宽 8 m，分段联络道布置在间柱中。每个盘区垂直矿体走向方向上布置 8 个采场，矿房、矿柱交替布置，宽 6 m，长 60 m。中段高 15 m，顶柱 8 m，底柱 8 m。

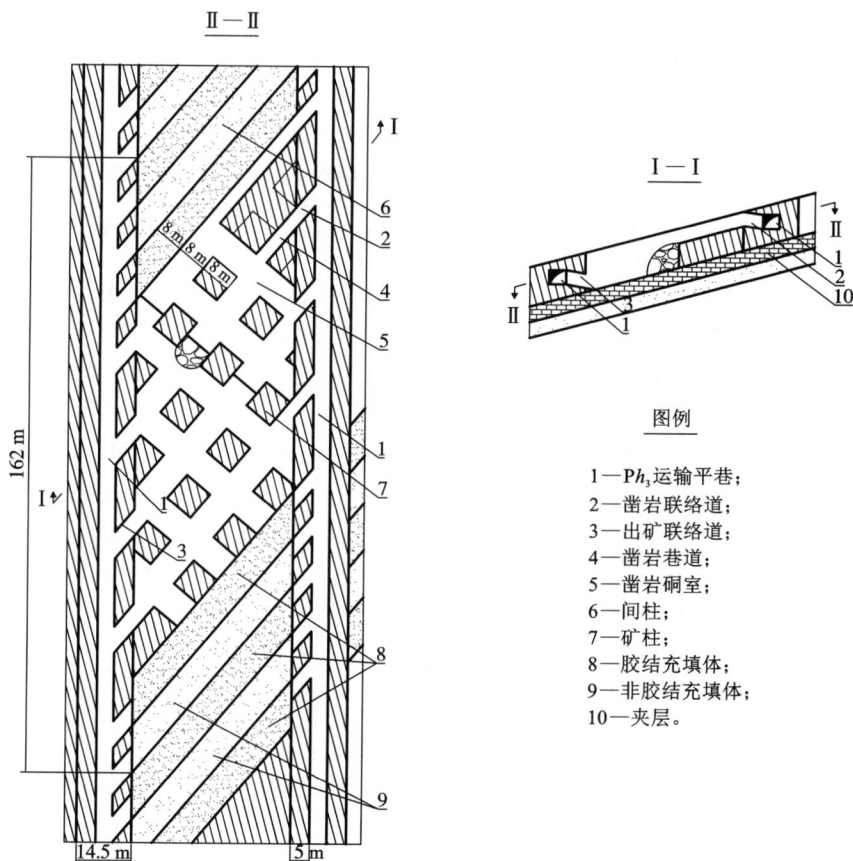

图 6-14 Ph_3 矿层预控顶小分段空场嗣后充填法

图例

1—Ph_3 运输平巷；
2—凿岩联络道；
3—出矿联络道；
4—凿岩巷道；
5—凿岩硐室；
6—间柱；
7—矿柱；
8—胶结充填体；
9—非胶结充填体；
10—夹层。

2）采准切割工程

（1）凿岩联络平巷。在 Ph_3 矿层顶板沿矿体走向间隔 140 m 布置凿岩联络平巷，与矿体倾向方向偏斜 50°，服务两侧矿块，断面规格 3.2 m×3.2 m。

（2）出矿联络平巷。在 Ph_3 矿层底板沿矿体走向每间隔 140 m 布置出矿联络平巷，布置方式与凿岩联络平巷一致，凿岩联络平巷与出矿联络平巷间隔 68 m 交替布置，服务两侧矿块，作为出矿通道用，断面规格 3.2 m×3.2 m。

（3）分段联络道。在 Ph_3 矿层内沿矿体走向施工分段联络道，连通凿岩联络平巷和出矿联络平巷，沿倾向布置，坡度控制在 10° 以内，断面规格 3.2 m×3.2 m。

（4）凿岩硐室。先自凿岩联络道沿矿体顶板向出矿联络道掘进 3.2 m×3.2 m 凿岩巷道，再扩帮形成凿岩硐室。凿岩硐室断面规格 6.0 m×3.2 m。

（5）切割槽。凿岩硐室形成后，先在采场端部施工 1.5 m×1.5 m 切割井，并连通出矿联络道，再在凿岩硐室内钻凿下向炮孔以切割井为自由面爆破形成切割立槽。

（6）卸矿硐室。在分段联络道内靠近凿岩联络平巷布置卸矿硐室，对应下层 Ph_1 开采已形成的储矿平巷。

（7）溜井。卸矿硐室内布置 1 条溜井，溜井直径 3 m，高度 11 m。因采用脉内采准，采准及回采出矿都可通过卸矿硐室内的溜井下放到下层磷矿层（Ph_1）的储矿平巷。

预控顶小分段空场嗣后充填法标准矿块采切工程量见表 6-14，矿量分配见表 6-15。

表 6-14 预控顶小分段空场嗣后充填法标准矿块采切工程量表

项目		条数/条	规格/(m×m)或 m	断面面积/m²	单长/m			总长/m			工程量/m³			工业矿量/t
					脉内	脉外	合计	脉内	脉外	合计	脉内	脉外	合计	
采准切割工程	分段联络道	2.0	3.2×3.2	10.240	70	0	70	140.0	0	140.0	1433.60	0	1433.60	4229.12
	凿岩联络道	1.0	3.2×3.2	10.240	90	0	90	90.0	0	90.0	921.60	0	921.60	2718.72
	出矿联络道	1.0	3.2×3.2	10.240	90	0	90	90.0	0	90.0	921.60	0	921.60	2718.72
	溜井	0.5	φ3	7.065	7	4	11	3.5	2.0	5.5	24.73	14.13	38.86	72.95
	凿岩硐室	16.0	6.0×3.2	19.200	62	0	62	992.0	0	992.0	19046.40	0	19046.40	56186.88
	切割槽	16.0	6.0×1.5	9.000	7	0	7	112.0	0	112.0	1008.00	0	1008.00	2973.60
合计								1427.5	2	1429.5	23355.93	14.13	23370.06	68899.99
采切比								8.8 m/kt						

表6-15 预控顶小分段空场嗣后充填法标准矿块矿量分配表

项目	体积/m³	工业矿量/t	回采率/%	贫化率/%	采出矿量/t			占采出矿量的比重/%
					矿石	岩石	小计	
矿房	55238	162952.1	95.0	5.0	154804.5	8147.6	162952.1	79.1
矿柱	23144	68274.8	60.0	5.0	40964.9	2156.0	43120.9	20.9
矿块	78382	231226.9	84.7	5.0	195769.4	10303.7	206073.1	100.0

3)回采工艺

形成凿岩硐室后,先对其顶板进行预控顶支护,再在凿岩硐室内采用凿岩台车钻凿下向垂直中深孔,以切割槽为自由面,侧向崩矿,铲运机通过出矿联络平巷进入采场内出矿,出矿结束后嗣后胶结充填。矿块内采场分两步骤间隔回采,第一步回采矿房,胶结充填后回采,第二步矿柱非胶结/低强度充填。

(1)凿岩爆破。根据预控顶小分段空场嗣后充填法回采工艺特点,和类似矿山实际凿岩设备应用情况,设计采用SD M90T履带式井下凿岩台车作为主要凿岩设备。凿岩硐室形成采用浅孔凿岩方式,与进路充填法基本一致。采用在凿岩硐室中钻凿下向中深孔,孔径65 mm,孔深6.8 m。结合矿房宽度,最小抵抗线W取1.8 m,孔距也取1.8 m,采用三角形排列,使炸药分布较均匀,破碎程度较好。堵塞长度在0.4~0.8倍最小抵抗线变化,堵塞长度取1.4 m。采用连续耦合装药,单孔装药量16.12 kg。共计布置4排炮孔,排距1.8 m,采用非电导爆管雷管毫秒微差起爆方式,微差间隔时间大于50 ms。按采用连续耦合装药实际情况和设计的爆破参数,计算得单孔装药量16.12 kg,炸药单耗0.26 kg/t,具体爆破参数见表6-16。

表6-16 预控顶小分段空场嗣后充填法中深孔爆破参数

孔号	孔径/mm	孔深/m	堵塞长度/m	装药长度/m	单孔装药量/kg	装药结构	炮孔/个	雷管/个	炸药量/kg	炮孔总长/m
第1段	65	6.8	1.4	5.4	16.12	连续耦合	2	4	32.24	13.6
第2段	65	6.8	1.4	5.4	16.12	连续耦合	2	4	32.24	13.6
第3段	65	6.8	1.4	5.4	16.12	连续耦合	3	6	48.36	20.4
第4段	65	6.8	1.4	5.4	16.12	连续耦合	2	4	32.24	13.6
第5段	65	6.8	1.4	5.4	16.12	连续耦合	2	4	32.24	13.6
第6段	65	6.8	1.4	5.4	16.12	连续耦合	3	6	48.36	20.4
其他								2		
合计	2#岩石硝铵炸药225.68 kg						14	30	225.68	95.2
	矿量866.6 t,炸药单耗0.26 kg/t,每米炮孔崩矿量9.10 t/m									

(2)出矿。选择2 m³铲运机作为出矿主要设备,与下层Ph_1磷矿层出矿设备配套,铲运

机生产能力 150 t/台班。

（3）通风与撬顶。采场爆破工作结束后，及时通风、清理顶帮松石。新鲜风流由出矿联络道进入采场，冲洗采场后，污风经凿岩联络平巷排出。通风时间不少于 40 min。

（4）充填工艺。回采结束后应尽快充填，尽可能缩短进路暴露时间。

（5）Ph_3 预控顶支护措施及参数。根据 Ph_3 采矿方法，在回采 Ph_3 时，须对控顶层进路顶板进行支护达到预控顶效果。其支护参数如下：顶锚长度 2 m、帮锚长度 2.4 m、锚杆间排距 1 m，锚索长度 6 m、排距 1 m、间距 1 m。锚杆采用 ϕ20 mm，45Mn 螺纹钢，采用 7 股 ϕ5 mm 的钢绞线锚索，并挂钢筋网片喷射混凝土。支护过程中，需及时挂网喷射混凝土，避免顶板围岩因风化导致岩性力学性质衰减，采场帮锚原则上间隔 1 m 布设，可根据采场实际情况进行适当调整。

4）作业循环

根据铲运机出矿效率 150 t/台班、充填能力 60 m³/h（每天 15 h）及各工序工程量，并适当考虑不均衡因素，制订标准采场采充作业循环见表 6-17。

表 6-17　预控顶小分段空场嗣后充填法采场采充作业循环表

序号	工序	工时/d	进度/d		
			10	20	30
1	凿岩爆破	2			
2	通风撬毛	1			
3	出矿	16			
4	充填养护	13			

5）主要技术经济指标

主要技术经济指标见表 6-18。

表 6-18　主要技术经济指标

序号	指标名称	单位	数值	备注
1	平均品位（WO_3）	%	24	总体平均值
2	盘区构成要素	m	15	中段高度
3	采场构成要素	m×m×m	6×10×60	矿房
4	综合回采率	%	84.7	含矿柱回收
5	贫化率	%	5.0	
6	采切比	m/kt	8.8	
		m³/kt	119.4	
7	大块率	%	7	参考国内同类矿山

续表 6-18

序号	指标名称	单位	数值	备注
8	铲运机出矿能力	t/台班	150	2 m³ 铲运机
9	单位炸药消耗量	kg/t	0.343	综合
10	每米炮孔崩矿量	t/m	9.1	采场综合
11	采区生产能力	t/d	450	两采场同时生产
12	采矿成本	元/t	89.88	含充填成本

6.4.3 软弱夹层矿体开采

编者基于中部有软弱夹层难采薄矿脉的具体特征,开发了一种适用于缓倾斜薄矿脉的中深孔落矿机械化分采工艺,为提高缓倾斜薄矿脉的综合生产效率、降低开采成本开辟了新的途径。

1. 技术领域

本发明属于矿物采掘技术领域,具体涉及一种适用于中部有软弱夹层的缓倾斜多层矿体连续开采工艺。

2. 背景技术

中部有软弱夹层的缓倾斜多层矿体在层状沉积型的铁、锰、磷、煤、铝土、砂矿及盐类等矿床中极为常见。此类矿体的倾角普遍在 30° 以内,往往呈层状、似层状产出,倾向方向上表现为多层矿体并行展布,中间隔着间距为 1~10 m 的软弱夹层,属于典型的难采矿体之一。传统的将矿体与夹层一起混采的工艺虽然效率较高,但是会消耗大量的凿岩爆破和提升运输成本,还会使矿石的贫化率和选矿成本急剧增加,进而严重压缩矿山的经济效益。

将多层矿体逐一分层开采是一种有效减少废石混入,控制矿石贫化,降低凿岩爆破、提升运输及选矿成本的新方法,但是也面临着软弱夹层稳定性差、回采作业安全风险高,需要建设充填系统并在回采结束后尽快充填采空区,充填养护周期长、成本高,多层矿体无法连续开采、采场生产能力小等诸多问题。因此,针对此类矿体的典型特征,开发一种适用于中部有软弱夹层的缓倾斜多层矿体连续开采工艺,不仅可以大大提高采掘效率和采场生产能力,还可有效减少废石混入、控制矿石贫化、降低采矿选矿和充填的成本。

3. 发明内容

为了实现上述技术目的,本发明的技术方案是,一种适用于中部有软弱夹层的缓倾斜多层矿体连续开采工艺,包括以下步骤:

步骤一,底部矿层开采:沿矿体走向方向划分盘区和采场,沿矿体倾斜方向完成底部矿层开采与支护;

步骤二,软弱夹层崩落:沿软弱夹层倾斜方向从中间向两边依次施工平行深孔,以底部矿层开采所产生的采空区为自由面崩落软弱夹层,充填底部采空区;

步骤三，胶面层构筑：在崩落的软弱夹层上部构筑刚性胶面层，便于机械化采掘设备作业并减少废石混入；

步骤四，上部矿层开采：以胶面层上部的未接顶空间为自由面，采用向下压采的方式完成上部矿层开采与支护。循环步骤二、三、四，直至所有层位矿体开采完毕。

本发明的有益效果在于，通过崩落多层矿体间的软弱夹层充填底部采空区，避免了矿山建设充填系统，简化了采空区封堵、管道架设和充填养护等工艺环节，加快了多层矿体充填采矿的作业循环速度；利用胶面层上部的未接顶空间为自由面，采用向下压采的方式完成上部矿层开采，则大大简化了采切工艺、降低了采切工程量、提高了采掘效率和采场生产能力。

4. 附图说明

下面将对具体实施方式中所需要使用的附图作简单介绍，如图 6-15～图 6-18 所示，图中：1—底部矿层；2—软弱夹层；3—上部矿层；4—底部联络道；5—中部联络道；6—上部联络道；7—凿岩台车；8—炮孔；9—矿石；10—铲运机；11—废石；12—胶面层。

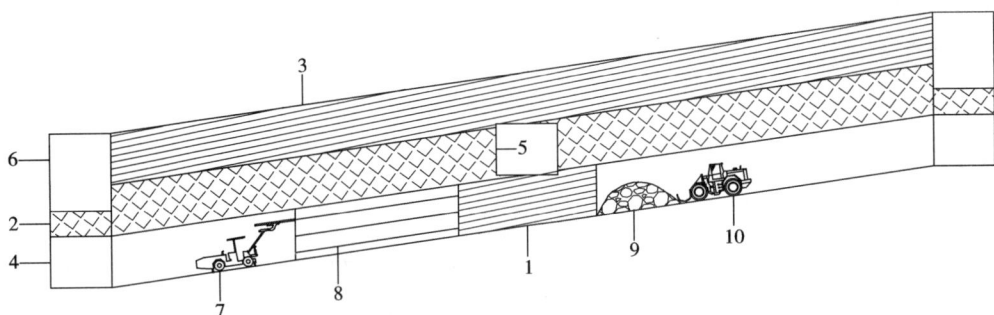

图 6-15　该工艺步骤一示意图

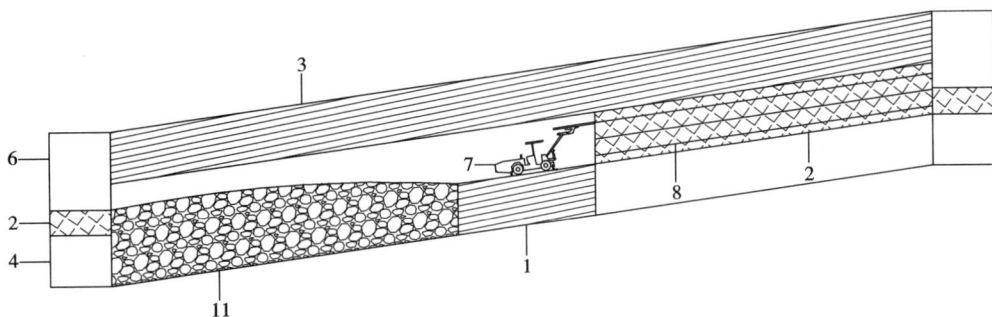

图 6-16　该工艺步骤二示意图

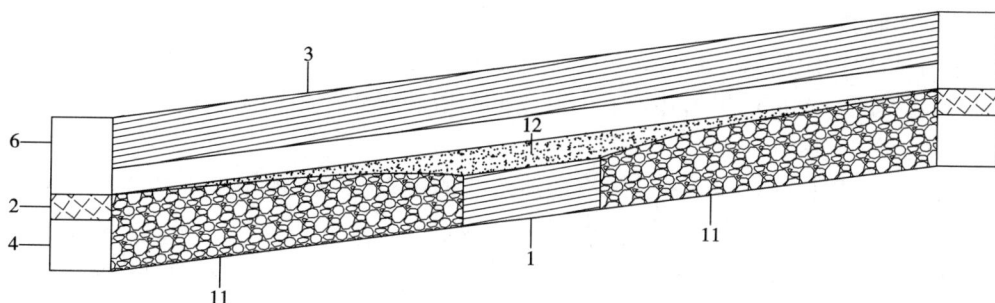

图 6-17　该工艺步骤三示意图

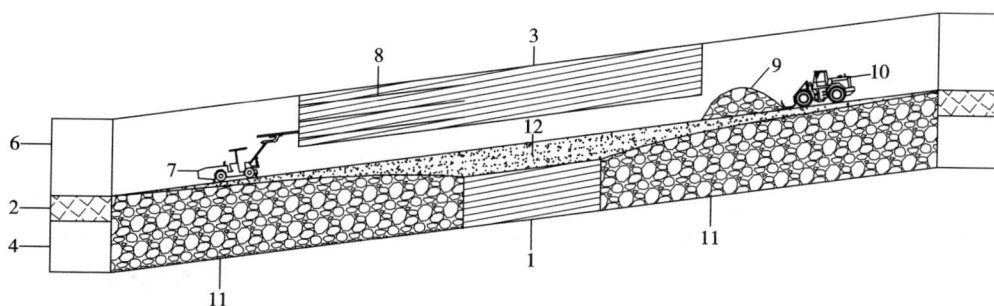

图 6-18　该工艺步骤四示意图

5. 具体实施方式

本发明的一种适用于中部有软弱夹层的缓倾斜多层矿体连续开采工艺，包括以下步骤：

步骤一，底部矿层 1 开采：沿矿体走向方向划分盘区和采场，自下而上依次设置底部联络道 4、中部联络道 5 和上部联络道 6，沿矿体倾斜方向采用凿岩台车 7 施工炮孔 8，崩落矿石 9 并采用铲运机 10 运出，完成底部矿层 1 的开采与支护，如图 6-15 所示；

步骤二，软弱夹层 2 崩落：沿软弱夹层 2 倾斜方向，从中部联络道 5 向两边依次施工平行炮孔 8，以底部矿层 1 开采所产生的采空区为自由面崩落软弱夹层 2，充填底部采空区，如图 6-16 所示；

步骤三，胶面层 12 构筑：在崩落软弱夹层 2 所形成的废石 11 上部构筑刚性胶面层 12，便于机械化采掘设备作业并减少废石 11 混入，如图 6-17 所示；

步骤四，上部矿层 3 开采：以胶面层 12 上部的未接顶空间为自由面，采用向下压采的方式完成上部矿层 3 的开采与支护，如图 6-18 所示。循环步骤二、三、四，直至所有层位矿体开采完毕。

6. 实施例

以某沉积型磷矿山为例，三层矿体呈层状平行分布，厚度均为 3~4 m、倾角 5°~8°，中部有两个软弱夹层其平均厚度为 5 m。下面采用本发明方法实现多层矿体的连续开采。

步骤一，底部矿层开采：沿矿体走向方向每隔 100 m 划分一个盘区、每个盘区内设置 8~

10个采场，自下而上依次设置底部联络道、中部联络道和上部联络道，联络道宽 3.2 m、高 2.8 m，沿矿体倾斜方向完成底部矿层的开采与支护；

步骤二，软弱夹层崩落：沿软弱夹层倾斜方向，从中部联络道向两边依次施工炮孔深度 15 m、间距和排距为 1 m 的平行中深孔，以底部矿层开采所产生的采空区为自由面崩落软弱夹层，充填底部采空区；

步骤三，胶面层构筑：在崩落软弱夹层所形成的废石上部，采用人工拌和的 C10 混凝土构筑刚性胶面层，便于机械化采掘设备作业并减少废石混入；

步骤四，上部矿层开采：以胶面层上部预留的 2 m 左右未接顶空间为自由面，施工炮孔深度 15 m、间距和排距为 1 m 的平行中深孔，采用向下压采的方式完成上部矿层开采与支护。循环步骤二、三、四，直至所有层位矿体开采完毕。

所述实施例的回采率高达 90%，贫化率低于 5%，采场生产能力超过 200 t/d。

6.5 "三下"矿体

"三下"矿体是指赋存在铁路公路、建筑物下及大型水体下的矿石资源。鉴于"三下"资源复杂的开采技术条件，采用传统的空场法开采会不断累积产生规模庞大的采空区群，极易发生冒顶、坍塌事故，引起上覆岩层的弯曲变形、溃曲破坏和整体塌落，进而可能引发地表沉降和塌陷，对地表河流、公路、建（构）筑物造成严重的破坏。

6.5.1 开阳磷矿公路下开采

1. 矿山概况

开阳磷矿位处黔中腹地，包括马路坪、用沙坝、沙坝土、极乐、牛赶冲、两岔河、新坡等矿段，全区面积约 85 km²，累计探明资源量 4.2 亿 t 以上、平均品位达 34.2%，是国内外著名的大型富磷产区。用沙坝矿段是开阳磷矿的主力矿段之一，其 $W_{11} \sim W_{17}$ 勘探线间的矿体位于开磷集团的交通要道金阳公路和牯牛背下部，开采区域内移动带与公路及村庄的位置关系如图 6-19 所示，走向长度超过 1200 m，按照空场法开采移动带所圈定的公路保安矿柱矿量达到 2262 万 t，已成为制约马路坪正常生产和可持续发展的核心瓶颈。为此，开阳磷矿与中南大学联合开展用沙坝矿段公路下采矿方法优化选择。

2. 矿山开采技术条件分析

1）区域地质条件

用沙坝矿段磷矿床属浅海至滨海相大沉积磷块岩矿床，矿体呈较稳定层状，产于陡山沱组上部，与上覆灯影组白云岩呈平行不整合接触。金阳公路所在位置矿体的上覆岩层从上至下为震旦系上统灯影组、陡山沱组、下统南沱组；岩石类型有细晶白云岩、砂质页岩等；其地质构造有龙井湾向斜及 F310、F314、F313、F316、F325、F333 等断层，其中 F310、F314 对白云岩的影响最大。F314 断层地表出露于 $W_{11} \sim W_{13}$ 勘探线，走向 N 段呈近南北向展布，往南变为近 NW 至 SE 向，整个走向呈波状起伏，向西倾，倾角 21°～31°，走向 400 m，为一平推正

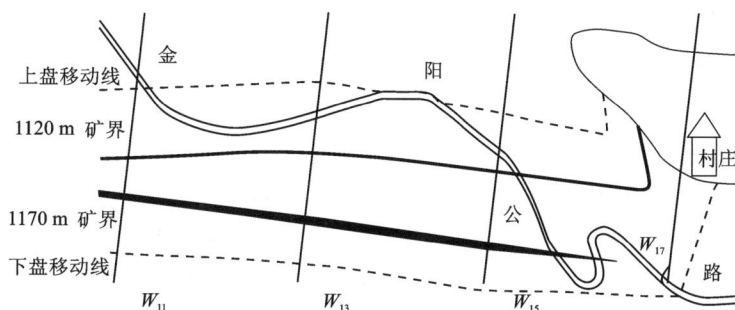

图 6-19 $W_{11} \sim W_{17}$ 线 1120~1170 m 开采区域内移动带与公路及村庄的位置关系图

断层,从北向南从浅部到深部,断层断距逐渐加大,断层派生构造发育,形态复杂。由于该断层影响,在断层附近,上盘矿呈南厚北薄的趋势,下盘矿倾角变陡,甚至于倒转,在剖面上呈"S"形。

2)矿体赋存特征

矿体走向南北,倾向为 280°~290°,倾角 27°~30°;厚度 5.8~7.5 m,南薄北厚,厚度变化不大,平均厚度 6.0 m;P_2O_5 平均含量 35.81%。受 F314 断层影响,断层下盘矿体产状由北向南逐渐变陡,在 $W_{11} \sim W_{11+1}$ 线矿体出现倒转。W_{11} 线矿体在 1170 m 水平以下产状稳定,矿体以 30° 的倾角一直往下延伸,真厚度 6 m,水平厚度 12 m,与公路的垂直距离为 370 m;W_{13} 线矿体产状稳定,矿体倾角 30°,真厚度 6 m,与公路的垂直距离为 290 m;W_{15} 线矿体在 1000 m 水平产状急剧变化,向上弯曲,呈"S"形产状,与公路的垂直距离为 220 m;W_{17} 线矿体在 1130 m 水平产状急剧变化,向上弯曲,与公路的垂直距离仅 80 m。矿物主要成分为胶磷矿,其次为细晶或微晶磷灰石,矿岩界限清楚;矿石结构为细-粗粒结构,主要构造类型有致密块状、条带状、粉砂状。

3)开采技术条件

矿体 $W_{11} \sim W_{17}$ 勘探线范围内,除 W_{11} 勘探线附近,地下水位在 1180 m 标高以上,其余北段,地下水位均在 1180 m 标高以下;灯影组白云岩是唯一的含水层,其矿坑涌水量不大,大气降雨为主要补给源,水文地质属于中等至简单类型。矿层底板为灰绿色细砂岩,呈中厚层状产出,致密坚硬,普氏系数 f 为 7.3~15.9;磷矿层由呈粒状结构、致密块状、条带状构造的磷块岩构成,菱形节理发育,沿节理面有泥质充填,易冒落,不稳固,f 为 6.2~22.2;矿层的直接顶板为棕褐色、黄褐色泥质页岩,呈强风化状态,厚 0~0.3 m,遇水易膨胀冒落,极不稳固,f 为 2~3。

3. 充填采矿法选择

1)采矿方法典型特征

根据用沙坝矿段 $W_{11} \sim W_{17}$ 勘探线矿体的赋存特征,选用分段矿房嗣后充填采矿法进行开采。典型特征:分段高度为 8 m,分段之间与脉外斜坡道相连,先采矿房,矿房采后胶结充填,而后开采矿柱,矿柱采后非胶结充填。中段最下一分层 4~6 m 用强度 2.0 MPa 的磷石膏胶结充填,作为下中段开采的人工顶柱。

2）盘区布置与采场回采顺序

盘区长 600~800 m，高度为 50 m，盘区中采场回采顺序：先采矿房，后采矿柱。如果盘区长度按 800 m 计算，一个盘区可布置 20 个矿房和 20 根矿柱，按隔一采一的顺序安排，盘区可布置 10 个采场并同时开采。

3）采准工程布置

在斜坡道与分段平巷的开口位置，每隔 10 m 高度掘进脉外出矿巷；在脉外出矿巷向矿体掘进出矿进路，出矿进路与脉外出矿巷夹角在 70°左右，出矿进路掘进在矿柱内，即一个矿房和一根矿柱共用一条出矿进路；出矿进路完成后，在矿体内靠上盘掘进凿岩出矿巷；而后在每个采场的端部距回采边界 2.5~3.0 m 处，靠矿体上盘掘进一条通风切割上山。为了便于出矿，每隔 200 m 掘进一出矿横巷和出矿溜井，溜井倾角为 60°；在盘区中央掘进一条通风和管线布置斜井，以保障各采矿分段顺利充填。考虑第一次爆破区域为通风上山拉槽与其前端 2.5~3.0 m 厚矿体，通风切割上山和下部的凿岩出矿巷为第一次爆破的补偿空间。通风切割上山距采场边界必须严格控制，如果太近，前一采场爆破时，可能使后一采场的通风切割上山被破坏；如果太远，第一次爆破的补偿空间会受到限制，造成挤压爆破。采场结构尺寸与采准顺序如图 6-20 所示，采准切割工程量见表 6-19。矿体平均水平厚度按 10 m 计算，中段高度 50 m，一个盘区矿量为 883200 t，采切比为 15.06 m/kt。

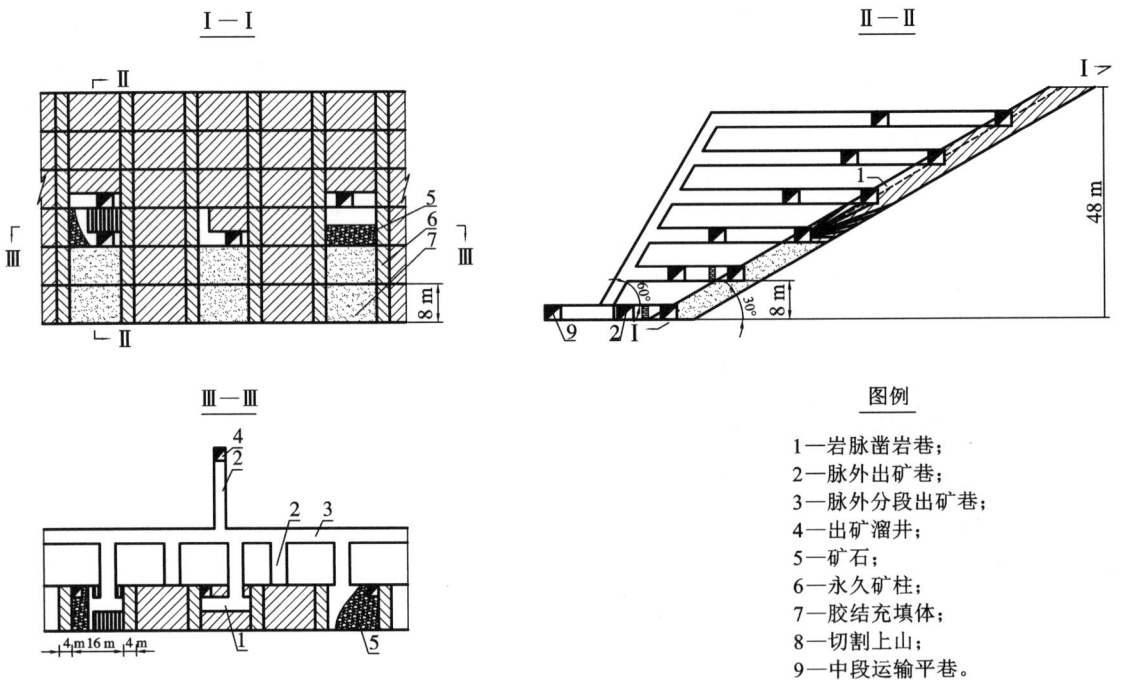

图例
1—岩脉凿岩巷；
2—脉外出矿巷；
3—脉外分段出矿巷；
4—出矿溜井；
5—矿石；
6—永久矿柱；
7—胶结充填体；
8—切割上山；
9—中段运输平巷。

图 6-20 分段矿房嗣后充填采矿法

表6-19　分段矿房嗣后充填采矿法采准切割工程量表

序号	巷道名称	数目	巷道断面（高×宽）/（m×m）	巷道长度/m			工程量/m³		
				单长	共长	标准米	矿石	废石	合计
1	脉外出矿横巷	15	3.8×4.2	28.5	427.5	1705.7	0	6822.9	6822.9
2	脉外出矿巷	5	3.8×4.2	800.0	4000.0	15960.0	0	63840.0	63840.0
3	溜矿井	3	3.0×3.0	65.3	195.9	440.8	0	1763.1	1763.1
4	充填管线井	1	2.2×2.2	81.2	81.2	98.3	0	393.0	393.0
5	出矿进路	100	3.8×4.2	15.0	1500.0	5985.0	0	23940.0	23940.0
6	脉内凿岩巷	200	3.8×4.2	20.0	4000.0	15960.0	63840.0		63840.0
7	切割通风上山	40	2.7×2.7	81.2	3248.0	5919.5	23677.9		23677.9
	合计			1091.2	13452.6	46069.3	87517.9	96759.0	184276.9

4）回采工艺

采准切割工作完成后即可开始采场凿岩。采用 YGZ-90 凿岩机，在凿岩出矿巷中钻凿上向扇形中深孔，中深孔的孔径 60~65 mm。首先在凿岩巷钻凿以切割通风上山为自由面的拉槽中深孔，拉槽中深孔凿岩参数为排距 1.0~1.2 m，孔底距 2.0 m；而后以整个采场断面为中深孔凿岩范围，钻凿崩矿中深孔，其凿岩参数为排距 1.4 m，孔底距 2.2~2.4 m。采场中深孔凿岩时，顶板稳固性差，靠顶板的孔原则上不超深，考虑矿体为缓倾斜，下盘矿石全部自溜有一定的困难，靠下盘的孔超深 1.2~1.5 m，使下盘矿石尽量多地被采出。以切割通风上山为自由面，沿采场全断面拉开。

采场全断面拉开后即可进行分次爆破，每次爆破 3~4 排，后退式回采。采用 TORO400E 电动铲运机或 ST-6C 柴油铲运机出矿，经脉外出矿平巷，倒入出矿溜井。

5）通风及充填工艺

新鲜风流由下中段平巷经脉外出矿横巷，进入斜坡道，经脉外出矿平巷至出矿进路，进入采场。采场污风由切割通风上山排入上分段凿岩巷，进入出矿进路，经脉外出矿平巷和斜坡道排出，在局部地段可采用局扇改善采场通风。

采场出矿完毕，立即进入充填工作。矿房充填时，在紧临采空区的凿岩巷道中砌筑充填挡墙，充填挡墙完成后，在上分层凿岩巷道中向采空区充入磷石膏或将磷石膏与废石混合后充填；矿柱充填时，在紧临采空区的脉外出矿进路中砌筑充填挡墙，充填挡墙完成后，在上分层出矿进路中向采空区充入磷石膏或将磷石膏与废石混合后充填。

局部破碎地段采用锚杆支护或锚杆金属网喷射混凝土联合支护，锚杆支护网度为 1.0 m× 1.0 m~1.2 m×1.2 m，局部比较破碎地段采用锚杆与金属网联合支护，并喷射混凝土。

6）主要技术经济指标

中深孔凿岩工效 40 m/台班；铲运机出矿工效 780 t/台班；中深孔每米炮孔崩矿量 4.3 t/m；炸药单耗（平均）0.451 kg/t（其中采场爆破 0.439 kg/t；二次破碎 0.012 kg/t）；采场生产能力 200 t/d；盘区生产能力 800~1000 t/d；采矿工效 37.2 t/工班；采矿贫化率 3%；采矿损失率 20%；采切比 15.06 m/kt；采矿成本（凿岩、爆破、出矿）11.18 元/t。

4. 岩层位移与沉降观测

为了解采场回采过程中岩层的变形与位移，对采空区直接顶板的位移与开采移动带范围内的地表公路沿线分别进行了位移观测。

1）采场直接顶板的位移观测

在用沙坝矿段+1170 m平巷位置的W_{11+2}线、W_{13+2}线、W_{15+1}线处分别安装了两个多点位移计（共6个点）。观测结果表明：多点位移计最大位移下沉量仅为1.307 mm，下沉量很小。

2）地表固定点公路沿线地表下沉测量

对金阳公路部分监测点用全站仪进行了监测，在全站仪的精度范围内，公路基本没有发生位移变化，即地表无变形发生；路面未见裂隙与裂缝。

究其原因，一方面是采场揭露后即进行了充填，采空区暴露时间短、岩层下沉量小；另一方面是采场中仍然留有一定数量的原岩矿柱且矿柱布置合理；三是充填体有足够强度，能承担起采场顶板的部分载荷。

6.5.2 康家湾矿大型水体下开采

1. 永久防水矿柱开采技术条件分析

1）矿山概况

湖南水口山有色金属集团有限公司坐落在常宁市水口山镇，是一家集采矿、选矿、冶炼、加工、贸易于一体，以生产铅、锌、铜和稀贵金属为主的大型有色金属联合企业，也是中国五矿集团有限公司的重要骨干企业。公司前身为水口山矿务局，成立至今已有百余年的历史，鼎盛时期铅锌产量雄居全球之首，被誉为"世界铅都"。公司现有铅、锌、铜矿山3座，铅及稀贵金属冶炼厂3家，拥有80万t铅锌铜采选、15万t铅冶炼、4500 kg黄金、470 t白银的生产能力。

康家湾矿区是湖南水口山有色金属集团有限公司旗下的一座中型铅锌金银多金属矿山，矿区储量丰富、品位高、开采价值大。但是，矿体开采技术条件极为复杂，矿体上覆盖着与湘江洪泛区有天然水力联系的大面积含水层，如图6-21所示，为防止开采过程中顶板可能产生的导水裂隙和构造破坏穿透隔水层，导致淹井灾害，在Ⅲ、Ⅴ矿体中隔水层较薄和缺蚀部位预留了大量防水保安矿柱，矿量141万t，占-262 m以上地质储量的26.5%。随着近十年来的大规模开采，九中段以上可采储量消耗殆尽，为加快矿山二期基建工程，提前开采所预留的高品位防水矿柱，对于延长矿山服务年限，确保矿山稳产和深部二期工程能够顺利接替具有重要的现实意义。

2）主要构造对防水矿柱顶板围岩稳定性及上部（Ⅰ₁）含水段的影响

防水矿柱均位于康家湾倒转背斜西翼，且有规模较大的F22推覆断层纵贯该矿体群顶部。F22断层虽是一条复活断裂带，但最晚活动时间应于燕山晚期结束，然后再有白垩系地层沉积，有了白垩系地层才有Ⅰ层水的存在。经地表多处所见，白垩系地层与F22断层为沉积接触，故断层本身和通过部位所形成的旁侧裂隙、节理亦不会与白垩系中的含水层或含水裂隙有什么联系。它虽与矿区Ⅲ、Ⅴ号矿体顶板贯通，但不会与矿体顶板白垩系中的Ⅰ层水沟通。F149~F153号东西向张性断层均发育于中生代侏罗系砂页岩中，虽在雨季有地表水渗

图 6-21　康家湾矿区地表地貌

入并沿断层活动，但因断层沿倾斜延深不大，未到防水矿柱顶部的相应部位即已尖灭，故对防水矿柱顶板和 I 层水之间亦构不成有关水文或工程地质方面的威胁。

3）顶板围岩稳定性及与隔水层、相对隔水层关系分析

永久防水矿柱直接顶板主要为 QB 岩组。该岩组为较理想的矿体顶板围岩，岩石较坚硬，稳定性好，但厚度较小，一般都在 15 m 以下。从目前矿山生产情况看来，有部分采场顶板为 QB 岩组，采矿过程中没有冒落现象，坑道不需支护。Ⅲ号矿体顶板隔水层、相对隔水层总厚度见如表 6-20。

表 6-20　Ⅲ号矿体顶板隔水层、相对隔水层总厚度一览表

勘探线号	钻孔号	隔水层、相对隔水层		
		总厚度/m	最小总厚度/m	厚度测量具体部位
107	1073	240	240	B—B'剖面线
	10711	240		
	1071	240		
109	1092	210	203	1093 孔
111	1112	226	190	1118 孔
	1118	190		
113	1132	195	180	B—B'剖面线
115	1153	144	144	1153 孔

4）上部含水段（ I₁）分布区对永久防水矿柱开采的影响度分析

通过对含水层按剖面进行了圈定，防水矿柱分布范围内只存在 I 层水中的弱至中弱含水段（ I₁）。强~次强含水段（ I₂）尖灭于 107 线以南，对Ⅲ₁矿体永久防水矿柱（109B 至 111 线、113C 至 115B 线）开采没有影响；防水矿柱分布范围内的 I₁ 含水段最低发育标高处

于 115 线的 1158 孔附近，为 -92 m，距防水矿柱最高出露点之间仍有一段隔水层或相对隔水层距离。况且 I_1 含水段由南往北也有减弱的趋势；经采用渗透系数法进行水量计算，I_1 含水段雨季动流量约 105 m³/h，流量不大。但该含水段具有 2.16×10⁶ m³ 的静储量；各剖面 I_1 含水段底板与矿体之间均有一定厚度的相对隔水层或隔水层，在天然条件下，I_1 含水段不对矿坑充水，已经得到证实。坑道调查还表明 F22 号断层亦不含水、不导水和没有其他沟通 I 层水的断裂构造迹象。

矿区在勘探过程中，为了防止人为引起上部 I 层水与下部 II 层水的互相贯通，对凡是既揭露了上部 I 层水又揭露了下部 II 层水的钻孔都一律进行封孔。经矿床疏干及目前坑道、采场揭露，矿区封孔质量较好，未发现上部 I 层水沿钻孔涌入采场。因此，钻孔封堵问题已不对永久防水矿柱开采构成威胁。

2. 永久防水矿柱安全开采深度研究

水体下开采安全与否关键取决于矿体开采引起的导水裂隙带是否导通上部含水层，必须研究导水裂隙带高度和安全开采深度计算方法，分析导水裂隙带高度和安全开采深度是否越过隔水层和相对隔水层进入含水层。

1）采矿方法

胶结充填采矿法是抑制顶板岩层移动，控制导水裂隙带发育高度的有效途径。因此，永久防水矿柱开采仍然需要采用矿山当前使用的尾砂胶结上向水平分层充填法。矿块垂直走向布置，阶段高度 32 m，分层厚度 2.5 m，斜坡道脉外采准，每个分层联络巷负责 3 个分层的回采，充填灰砂比 1 : 10 ~ 1 : 5。采场主要技术经济指标见表 6-21。

表 6-21 采场主要技术经济指标

序号	指标名称	单位	数量	备注
1	采矿损失率	%	1.28	
2	采矿贫化率	%	3.40	
3	千吨采切比	m/kt	9.59	
4	凿岩台效	t/台班	60/110	采切/采矿
5	铲运机台效	t/台班	200	
6	采场生产能力	t/d	144	
7	掌子面工效	t/工班	41.38	
8	采矿直接成本	元/t	14.7	
9	充填成本	元/t	22.45	胶结充填

2）导水裂隙带高度及安全开采深度计算

分析安全开采深度计算结果并与隔水层、相对隔水层厚度进行比较可以得出如下结论：

（1）除个别隔水层较厚部位，安全开采深度未穿过隔水层外，绝大部分安全开采深度均穿过隔水层进入相对隔水层，但由于相对隔水层厚度一般大于 180 m（局部大于 140 m），因此，安全开采深度远未超过相对隔水层进而影响到（Ⅰ₁）含水段。鉴于相对隔水层良好的隔水性能，可以认为永久防水矿柱回采不会导致（Ⅰ₁）含水段水涌入防水矿柱开采地段。

（2）不同控顶高度条件下，永久防水矿柱及其附近区域采矿后安全厚度，即矿体至（Ⅰ₁）含水段底板岩层总厚度与安全开采深度之差，汇总于表6-22。为提高安全系数，表中矿体至（Ⅰ₁）含水段底板岩层总厚度 H_r 与安全开采深度 H_a 不取同一位置的数值，而是 H_r 取计算剖面最小值，而 H_a 为最大计算值。从表中可以看出，即使充填未接顶高度达到3.0 m，采动后距（Ⅰ₁）含水段底板仍然具有超过50 m的安全厚度，开采作业是安全的。

（3）接顶充填质量越高，对顶板岩层变形与移动的抑制作用越强，如果充填未接顶高度控制在2.0 m以内，采动后距（Ⅰ₁）含水段底板的安全厚度大于65 m的，回采更加安全。根据防水矿柱实际开采经验，这一目标是可以达到的。

表6-22　永久防水矿柱及其附近区域采矿后安全厚度

勘探线号	最小 H_r/m	最大 H_a/m			安全厚度，H_r-H_a/m		
		$M=2.0$	$M=2.5$	$M=3.0$	$M=2.0$	$M=2.5$	$M=3.0$
109A	210	75.6	82.8	89.2	134.4	127.2	120.8
109B	203	74.8	81.7	87.9	128.2	121.3	115.1
109C	203	74.3	81.2	87.2	128.7	121.8	115.8
111A	195	74.4	81.5	87.6	120.6	113.5	107.4
113B	180	98.5	111.4	123.5	81.5	68.6	56.5
113C	195	76.2	83.6	90.1	118.8	111.4	104.9
115	144	75.3	82.3	88.6	68.7	61.7	55.4
115A	144	77.6	85.2	92.1	66.4	58.8	77.6
115B	150	79.9	88.1	95.5	70.1	61.9	54.5

3. 永久防水矿柱开采对上覆含水层影响的数值模拟研究

1）数值模拟对象

开采防水矿柱，主要是要防止由于井下采动，地表水或含水层水经导水裂隙带下泄至采空区而造成的淹井事故，其关键是安全开采深度（冒落带高度＋导水裂隙带高度＋保护层厚度）不会导通含水层。因此，要确保水体下的安全开采，必须首先确定导水裂隙带的高度，进而确定井下安全开采的深度。然而，井下开采所引起顶板覆岩的冒落高度及导水裂隙带发育的高度与大小的变化，是一个十分复杂的问题，受多方面因素的影响，诸如矿体厚度、顶板覆岩的岩性、岩体力学性质、裂隙、节理、断层构造、采矿方法、充填工艺及充填质量等。康家湾铅锌金矿109B到117勘探线间永久防水矿柱开采采空区分布如图6-22所示。

2）充填体及矿岩的物理力学参数

康家湾矿区为中温热液型矿床，矿体产状复杂，岩性种类很多，工程地质及水文地质条件复杂。矿体的直接顶板大部分由硅化破碎带的硅质角砾岩和燧石角砾岩组成，厚度一般为数米至数十米，岩石坚硬，抗压强度高，充填体及矿岩的物理力学参数见表6-23。

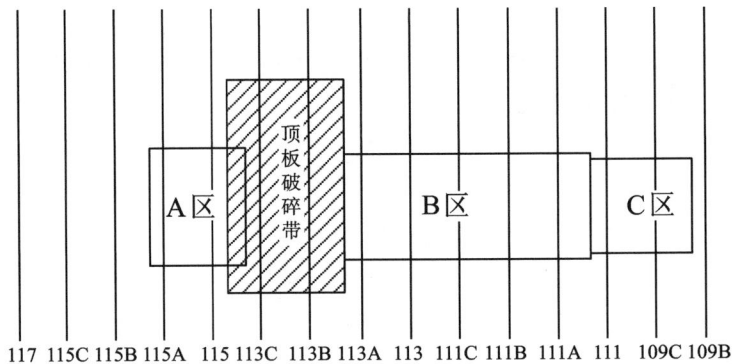

图 6-22　109B 到 117 勘探线间永久防水矿柱开采采空区分布图

表 6-23　充填体及矿岩的物理力学参数表

序号	岩性	容重 /(t·m⁻³)	抗压强度 /MPa	抗拉强度 /MPa	黏聚力 /MPa	内摩擦角 /(°)	弹性模量 /GPa	泊松比
1	碳质粉砂岩	2.76	167.534	1.976	17.799	56.80	111.00	0.11
2	砂质含碳质粉砂岩	2.59	128.348	3.338	23.200	54.09	94.40	0.18
3	硅质角砾岩	2.99	195.921	9.480	21.548	65.19	166.90	0.23
4	矿石	3.40	117.642	3.078	15.992	53.81	310.20	0.19
5	灰岩	2.94	86.111	2.884	20.690	50.31	104.90	0.27
6	1∶4 灰砂比充填体	2.20	8.240	0.340	0.840	67.00	6.15	0.29
7	1∶10 灰砂比充填体	2.05	1.480	0.090	0.180	62.30	5.71	0.37
8	1∶15 灰砂比充填体	1.89	0.890	0.070	0.120	68.70	2.03	0.42

3）数值模拟方案

109B 到 117 勘探线间各个用上向水平分层充填法的采场回采参数见表 6-24。据康家湾矿区矿体的赋存特点，对已经开采和即将开采所形成的 3 个采空区群建立了三维实体模型。本次计算就充填和不充填 A、B 和 C 三个采空区的如下 4 种方案进行了分析和比较：

方案 1：B 区已经开采，A、C 区还没有开采，且开采 B 区所形成的采空区没有充填；

方案 2：B 区已经开采，A、C 区还没有开采，且开采 B 区所形成的采空区已经充填；

方案 3：B 区开采所形成的采空区充填后，A、C 区开采，且开采 A、C 区所形成的采空区没有充填；

方案 4：B 区开采所形成的采空区充填后，A、C 区开采，且开采 A、C 区所形成的采空区也已经充填，即三个区域都已全部充填。

表 6-24　防水矿柱采场回采参数表

勘探线编号	109B	109C	111	111A	111B	111C	113	113A
采场高/m	30	30	25	25	32	36	25	22
采场宽/m	48	51	50	38	51	72	61	25
勘探线编号	113B	113C	115	115A	115B	115C	117	
采场高/m	47	46	40	20	34	22	20	
采场宽/m	46	87	67	26	35	32	51	

计算结果的分析和比较主要从应力、位移、安全率和塑性区 4 个方面进行。此外，为更加精确地对 4 个方案的关键部位进行区别和比较，模拟结果分析中特别对 2 条特征线(矿体顶线和顶板对角线)和几个剖面进行了对比分析。分析结果表明 4 个方案的应力、位移、安全率和塑性区状况存在较显著的差别，见表 6-25。

表 6-25　各方案中采场的应力、位移值

指标名称	方案 1	方案 2	方案 3	方案 4
最小主应力/MPa	2.52	1.50	1.98	1.89
最小主应力类型	拉应力	拉应力	拉应力	拉应力
拉应力集中区	大部分顶板，且最大值偏向非破坏区	顶板位置，且最大值偏向非破坏区	A、C 区顶板，B 区充填体非破坏区	最大值在顶板位置，B 区大部分，A 区小部分，c 区无
最大抗拉强度/MPa	2.21	2.21	2.21	2.21
顶板被破坏是与否	完全被破坏	否	否	否
充填体最小主应力/MPa	未充填	-0.519	-0.542	-0.540
最小主应力类型	压应力	压应力	压应力	压应力
充填体顶板被破坏是与否	否	否	否	否
最大等效应力/MPa	11.3	8.54	13.4	13.0
充填体最大位移量/mm	未充填	-4.84	-5.04	-5.01
顶板最大位移量/mm	-6.83	-5.47	-5.52	-5.51
破碎区最大位移量/mm	-12.59	-10.97	-11.22	-11.18

通过对采场回采结构参数进行的数值模拟及结果分析，可以得出如下结论：

(1)采场顶板岩层(砂岩)中受采动影响的范围大致呈拱形，且存在着强度不同的拉应力区、卸载区和支承压力区。采空区周围的凸凹部位存在应力集中现象，在凸出部位产生拉应力集中，且随回采参数的增大，应力集中程度和应力集中区域也相应扩大。

(2)岩体为脆性材料，抗压强度远大于其抗拉、抗剪强度，因此采空区上方及其周围岩体的破坏主要是剪切破坏或拉伸破坏。

（3）采空区的顶板主要表现为拉应力，等效应力集中的部位随着方案的不同而发生变化，先是出现在垂直走向的两个矿体壁靠近底板和顶板的位置，而后是 A 区与 B 区交界处的 4 个端角附近。方案 1 的拉应力达到 2.52 MPa，远大于其抗拉强度，导致大部分顶板出现拉应力破坏，因此，采空区必须进行充填。

（4）应力分布状态、位移状态、顶板安全率、采场塑性区大小和对特征线和特征面的比较分析表明，在回采永久矿柱之前，对所有周围采空区必须进行高质量的充填，在此前提下，开采永久矿柱是安全可行的。

4. 康家湾矿永久防水矿柱开采经验

（1）防水矿柱提前开采经验证明，在康家湾复杂的工程地质及水文地质条件下，只要采取胶结充填采矿法并保证充填质量（充填体强度和接顶充填率），防水矿柱开采就不会沟通上部含水层，可以实现安全开采。

（2）永久防水矿柱分布区内的白垩系红层中含水段具弱至中弱富水性，属上部含水（Ⅰ）层中的弱至中弱（$Ⅰ_1$）含水段。该含水段具自南向北富水性逐渐减弱的特征，而且自 115 线往北含水层底板抬起，底板最低发育标高为 -92 m（位于 1158 孔附近）。经采用渗入系数法计算（$Ⅰ_1$）含水层的动流量为 105 m^3/h；利用给水度法计算，得该含水层静储量为 $2.16×10^6 m^3$。

（3）矿床疏干及防水矿柱提前开采实践证明，矿区封孔起到了隔开上部（Ⅰ）含水层与下部（Ⅱ）含水层的作用，不会对永久防水矿柱开采构成潜在威胁。

（4）永久防水矿柱顶板岩层稳定性良好，只要按照设计方案合理开采，可以保证回采过程中的顶板安全；F22 主断层属压扭性断裂，又从本区隔水层中通过，既不含水亦不导水，而且尚未延深到防水矿柱分布范围即已尖灭，因此不会沟通上部（$Ⅰ_1$）含水段；其他构造，如褶皱等，不会与矿体顶部（Ⅰ）层水沟通，对永久防水矿柱开采无水力方面的影响。

（5）本区具有稳定厚度的相对隔水层具有良好的隔水性能，故其可以作为准隔水层使用。

（6）永久防水矿柱开采时安全开采深度与（$Ⅰ_1$）含水段之间仍有 50 m 以上的相对隔水层，这可以保证永久防水矿柱开采不会沟通上部（$Ⅰ_1$）含水层，回采作业安全。

（7）数值模拟分析结果表明，采用胶结充填法开采永久防水矿柱并及时充填采空区，回采过程中可以保证顶板的安全。

（8）在康家湾矿区开采技术条件下，在防水矿柱开采地段若顶板岩石极稳固且岩体完整、地下水影响不大、采空区形状规则且跨度不大、采空区暴露时间不长，则采空区极限暴露面积为 3360~4000 m^2。

（9）永久防水矿柱开采过程中要采取必要的安全技术措施，包括采用胶结充填法并保证充填质量；加强开采过程中的水文地质观测工作和地压观测工作；如遇钻孔、构造或淋水增大，要及时认真观察分析，采取治理措施。

总之，在康家湾工程地质及水文地质条件下，只要在开采之前对周围采空区进行充填，采取胶结充填采矿法回采并保证充填质量（充填体强度和接顶充填率），局部未接顶高度控制在 2.0 m 以下，并采取上述安全技术措施，防水矿柱可以实现安全开采。另外，虽然数值模拟得出了康家湾矿区浅部完整岩体条件下采空区极限暴露面积 3360~4000 m^2，但考虑到模拟过程不可能考虑所有影响因素，为保证水体下开采的安全，应及时充填，尽量减少采空区暴露面积和暴露时间。尤其是深部开采时，岩体应力增大，更应严格控制采空区的暴露面积和暴露时间，确保生产安全。

6.5.3 丁西磷矿陡崖下开采

1. 工程概况

湖北柳树沟矿业股份有限公司丁西磷矿保有资源储量分布范围内有两处危岩及多处高陡岩质边坡，出露较高，地势陡峻，并且其西南分布有村镇。该磷矿原设计采用空场法开采，因考虑到采空区会影响高陡岩质边坡稳定，进而危害人民生命财产安全，故将高陡岩质边坡所在地段圈定为禁采区，如图 6-23 所示。

图 6-23 待分析高陡岩质边坡及其卫星图

2. 边坡破坏机理与分析方法

1) 岩质边坡圆弧形滑移破坏机理

在岩质边坡中，由于大量节理裂隙等结构面的存在，当单个岩石块体尺寸与边坡岩体规模相比非常小时，破碎岩体的特性类似于土质边坡中的土颗粒，在外部作用下可能会沿着圆弧破坏。边坡岩体处于上覆岩土自重为主体载荷所形成的复杂应力场中，同时可能受到地下水、降雨、风化、地震和人类工程活动等外部因素的影响，边坡体从稳定到失稳滑移大致可以分为以下 4 个渐进破坏的阶段(图 6-24)。

(1)原生岩质边坡。原生岩质边坡内部存有对边坡滑移演化起重要作用的关键单元，由岩石细观裂纹的扩展演化特征可知，关键单元往往出现在岩体天然缺陷及结构面等位置。

(2)关键单元萌生微裂隙。岩体关键单元在复杂应力场及各种外部因素的共同作用下，岩体微观结构开始发生损伤，内部萌生张拉、剪切微裂隙。

(3)微裂隙扩展为宏观裂隙。随着微裂隙损伤量不断积累，微裂隙不断扩展、成核和贯通，致使关键单元岩体强度下降，最终发生破坏。潜在滑移面关键单元的破坏加快了边坡破裂点沿潜在滑移面向边坡边界的进一步发展，随着边坡破裂点的增加，小型裂隙逐渐汇集、贯通，成为更加宏观的裂隙，这又相应地增强了裂隙之间的相互作用，使得裂隙的张开度进一步增大，渐进形成宏观裂隙。其中位于坡体后缘的张应力区特别容易形成张裂缝，这些张裂缝在降雨入渗条件下会产生静水压力，将对坡体的稳定造成不利影响。

（4）岩桥贯通形成滑移面。宏观裂隙之间形成岩桥，岩桥不断贯通，从局部到整体不断发展，形成似圆弧形的潜在滑移面，最终在外部因素的诱导下边坡发生滑移破坏。

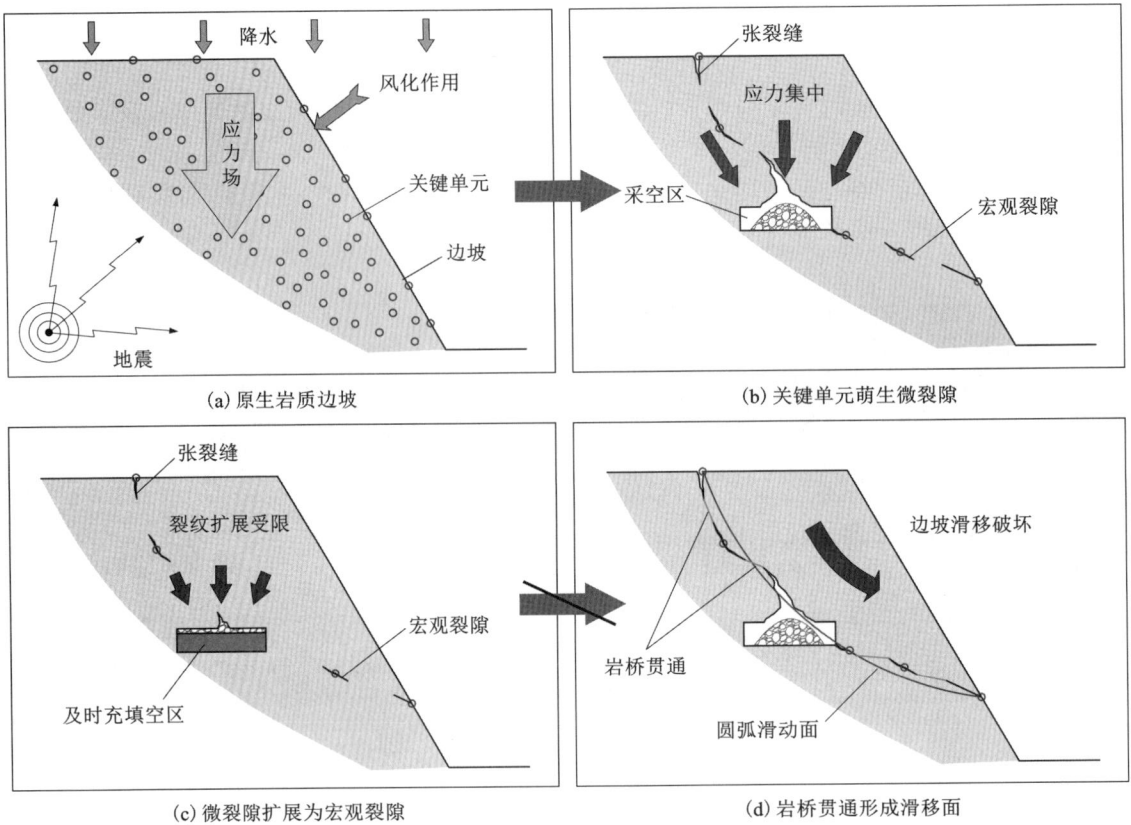

图6-24 岩质边坡圆弧形滑移破坏机理示意图

而在采矿活动的影响下，边坡的地质体结构将发生改变，引发上覆岩体的应力调整，微裂隙的扩展与贯通可能会加快，这势必影响边坡的结构特征，进而对边坡的稳定性造成一定影响。因此，原本稳定的禁采区边坡在地下开采扰动下有发生失稳滑移的可能，故必须对高陡岩质边坡的安全性进行分析。根据禁采区高陡岩质边坡实际状况，在采用充填法开采的条件下，考虑地下开采对边坡的最大扰动情况，利用 Slide 软件分析边坡的稳定性和可靠度，为禁采区安全高效开采可行性论证与开采设计提供理论依据。

2）稳定性分析方法

Slide 软件是由加拿大 RocScience 公司基于极限平衡理论开发的一套用于分析岩土体边坡稳定性的软件。边坡稳定性分析采用垂直条分的极限平衡法分析边坡的稳定性，能分析特定的滑移面，也可以通过搜索找到边坡的临界滑移面。进行概率统计分析时，用户可以指定统计分布时的参数，如材料属性、支持特征、载荷、地下水位等。通过给模型中一个或多个参数指定统计分布类型，用户就可以诠释其参数的不确定程度，然后可以计算出该边坡滑坡的可能概率（或可靠性指标）。边坡稳定性的概率分析应被视为传统确定性（安全系数）分析方法的补充和完善,且通过边坡的概率分析可获得大量有价值的结论。进行边坡稳定性分析,一般包含两个步骤:一是求出滑坡体内某一滑移面上的安全系数;二是在所有可能的滑移面中,找出相应最小安全系数的临界滑移面。

(1)第一步:计算滑移面安全系数采用的是极限平衡法,常用方法有 Fellenius 法、简化 Bishop 法、简化 Janbu 法、Spencer 法、Morgenstern-Price 法、Sarma 法等等。

(2)第二步:临界滑移面搜索,Slide 软件采用的是整体边坡法。整体边坡法是针对所有整体最小滑移面的全部搜索,对滑移面进行 N 次迭代搜索(N 为样本数量),对于每次迭代搜索,程序会重新加载一组新的随机变量样本来完成搜索,确定整体最小滑移面。

3)可靠度分析方法

实际边坡工程问题中,由于边坡岩体的不均一性,存在各种内部软弱结构面等问题,一部分影响边坡稳定的因素只能定性分析,不可定量,故在定量分析时不可能考虑所有因素,再加上用于计算的定值参数不一定能很好地反映边坡的实际情况。因此,有可能计算出的边坡安全系数虽然满足要求,但实际上却可能存在失稳现象;而与之相反的是定量计算的边坡安全系数不满足要求,实际状况却又可能是稳定的。这说明仅仅进行边坡稳定性分析是不够全面的。

近年来,随着可靠度分析方法在边坡工程中的广泛应用,上述问题得到了一定程度的改善。可靠度分析方法采用蒙特-卡罗模拟法,当已知基本变量 X 的概率分布时,可利用适当的随机数发生器,产生符合状态变量 X 的概率分布的一组随机数 $x_1, \cdots, x_n$,将其代入状态函数 $g(X_1, \cdots, X_n)$ 计算状态函数的一组随机数 $g(x_1, \cdots, x_n)$,并看它们是否小于零。以同样的方法产生状态函数的 M 个随机数据,若状态函数的 M 个随机数据中有 m 个小于零,则当 M 足够大时,由大数定律可知系统的失效概率 P_f 为:

$$P_f = P[g(x_1, \cdots, x_n) < 0] = m/M \tag{6-1}$$

3. 数值计算模型与参数

1)剖面模型建立

根据矿山岩土工程勘察报告与剖面相邻的 ZK-702 钻孔信息等地质资料,该高陡岩质边坡从上到下有共计 14 层缓倾斜岩(矿)层。该高陡岩质边坡下可能的最危险的情况——除最内侧采场开采完毕尚未处理采空区外,其余采场已经胶结充填完毕。据此建立高陡岩质边坡剖面二维模型(图6-25),边坡内侧留 50 m 的保安矿柱,4 个采场中外侧 3 个已经充填处理。此外,考虑到边坡受风化作用的影响,在其表面保留有厚 5 m 左右的强风化层。

2)计算参数与设置

在充分考虑野外原位测试和室内试验(图6-26)结果的基础上,参考《建筑边坡工程技术规范》(GB 50330—2013),再结合类似工程经验,最终确定待分析边坡剖面上各岩(矿)层的容重、黏聚力和内摩擦角。材料定义选择莫尔-库仑模型,由上向下将各地层物理力学参数输入计算模型,见表6-26。

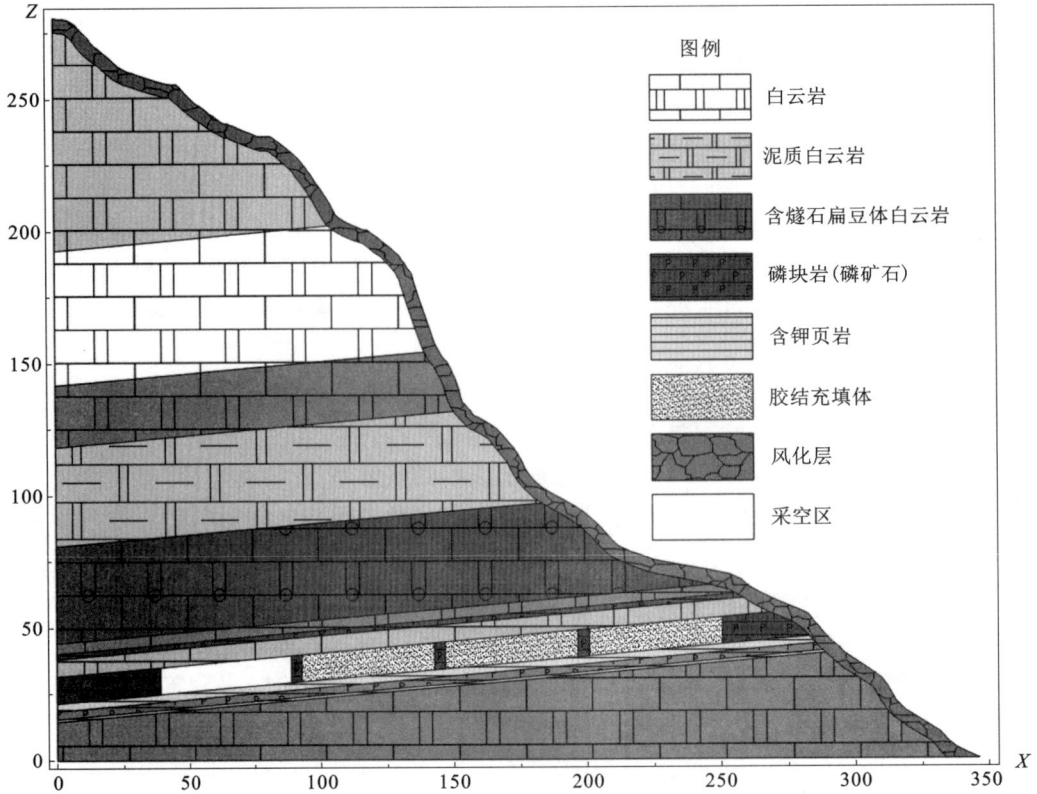

图 6-25 高陡岩质边坡剖面二维模型（单位：m）

图 6-26 室内岩石力学试验照片

表6-26　岩(矿)层物理力学参数表

岩层代号	岩层名称	容重		黏聚力	内摩擦角
		t/m³	kN/m³	/(kN·m⁻²)	/(°)
Z_2dn_2	灰色白云岩	2.76	27.08	470	36
Z_2dn_1	浅灰色白云岩	2.76	27.08	470	36
Z_2d_4	灰~深灰色白云岩	2.74	26.88	450	36
Z_2d_3	灰~深灰色泥质白云岩	2.70	26.49	430	36
$Z_2d_2^2$	黑色含燧石扁豆体白云岩	2.80	27.47	480	36
$Z_2d_2^1$	灰色白云岩	2.75	26.98	460	36
Ph_2	灰色白云质磷块岩	2.95	28.94	500	39
$Z_2d_1^3$	灰色厚层白云岩	2.78	27.27	480	36
Ph_1^3	灰色白云质磷块岩、灰黑色致密磷块岩、黑色泥质磷块岩	2.93	28.74	490	39
K_2	含钾页岩	2.68	26.29	330	25
Ph_1^2	黑色泥质砂状磷块岩	2.90	28.45	480	39
K_1	含钾页岩	2.68	26.29	330	25
$Z_2d_1^2$	灰色白云岩	2.72	26.68	440	36
mantlerock	风化层	2.50	24.53	150	20
filling	胶结充填体	1.95	19.13	200	22

4. 高陡岩质边坡稳定性分析

1)稳定性分析工况

为对比分析高陡岩质边坡在空场法与充填法两种开采状况下的稳定性,故针对这两种情况,分别计算边坡在正常与地震两种工况下的稳定性。计算方法采用简化 Bishop 法、Fellenius 法及简化 Janbu 法。根据《中国地震动参数区划图(2016 年版)》(GB 18306—2015)与《建筑抗震设计规范》(GB 50011—2010),矿区所在地(湖北省宜昌市夷陵区樟村坪镇)抗震设防烈度为6度,地震动峰值加速度为 0.05 g,水平地震影响系数取 0.04,竖向地震影响系数取前者的 65%,即 0.026,并将这些作为地震工况的计算参数。因地下开采扰动下的边坡稳定安全系数尚无明确规定,可参考《建筑边坡工程技术规范》(GB 50330—2013)、《岩土工程勘察规范》(GB 50021—2001)(2009 年版)与《非煤露天矿边坡工程技术规范》(GB 51016—2014),最终确定边坡正常工况稳定安全系数为 1.45,地震工况稳定安全系数为1.37,见表6-27。

2)稳定性分析结果

经过 Slide 软件计算分析,计算结果如图6-27~图6-28所示,图中特别表示的滑面为安全系数整体最小滑面,边坡模型外部的彩色部分表示的是安全系数等值线图。从计算结果可以看出：充填法所得的最小安全系数皆高于空场法；充填法的深色等值线区域(具有更低的安全系数)面积比空场法更小，这说明采用充填法安全系数整体都有提高；地震工况所得的最小安全系数皆低于正常工况。

表 6-27　边坡稳定性分析安全系数与设计规范标准值

工况	采矿方法	稳定性分析计算值				设计标准值			
		简化Bishop法	简化Fellenius法	简化Janbu法	平均值	岩土工程勘察规范	建筑边坡工程技术规范	非煤露天矿边坡工程技术规范	设计取值
正常工况	空场法	1.561	1.480	1.485	1.509	1.30~1.50	1.35	1.20~1.25	1.45
	充填法	1.636	1.551	1.539	1.575				
地震工况	空场法	1.383	1.381	1.376	1.380	—	1.15	1.15~1.20	1.37
	充填法	1.536	1.445	1.428	1.470				

5. 可靠度分析

在充填法开采条件下，Slide 软件采用蒙特-卡罗模拟法将不同材料的黏聚力和内摩擦角指定为正态分布输入模型进行可靠度分析，分析方法采用整体边坡法。经 Slide 软件计算，临界确定性滑面、整体边坡可靠度和临界概率滑面等结果见图 6-29~图 6-30，结果汇总见表 6-28。

表 6-28　可靠度分析结果表

方法	失效概率 PF /%	可靠性指标 RI		平均安全系数 FS(mean)
		正态分布(Normal)	对数正态分布(Lognormal)	
临界确定性滑面	2.000	13.311	16.850	1.637
整体边坡可靠度	1.700	14.677	18.513	1.624
临界概率滑面(正态分布)	0.700	10.722	—	2.676
临界概率滑面(对数正态分布)	1.400	—	14.316	1.722
算术平均值	1.450	12.903	16.560	1.915

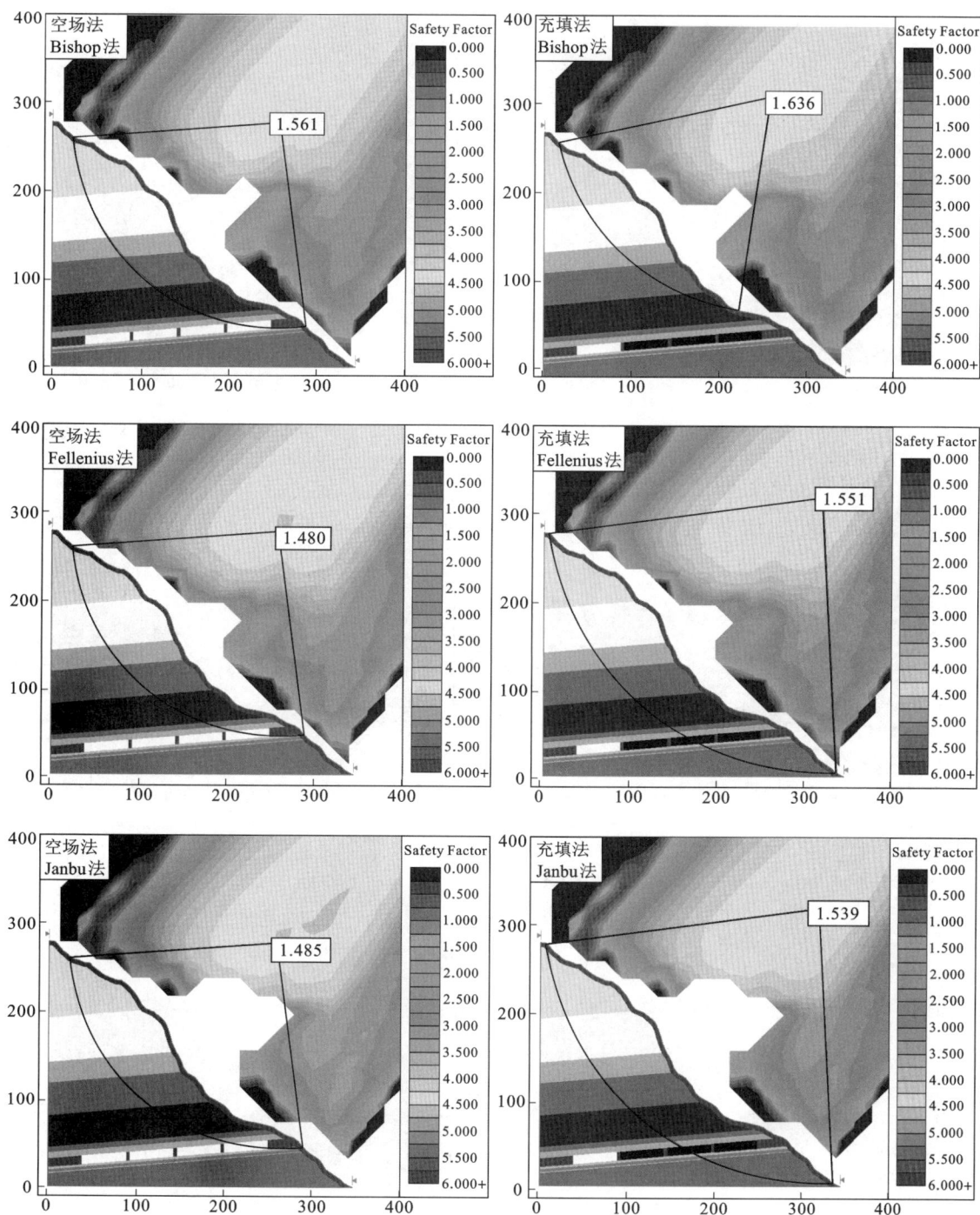

图 6-27 正常工况稳定性分析计算结果

扫一扫,看彩图

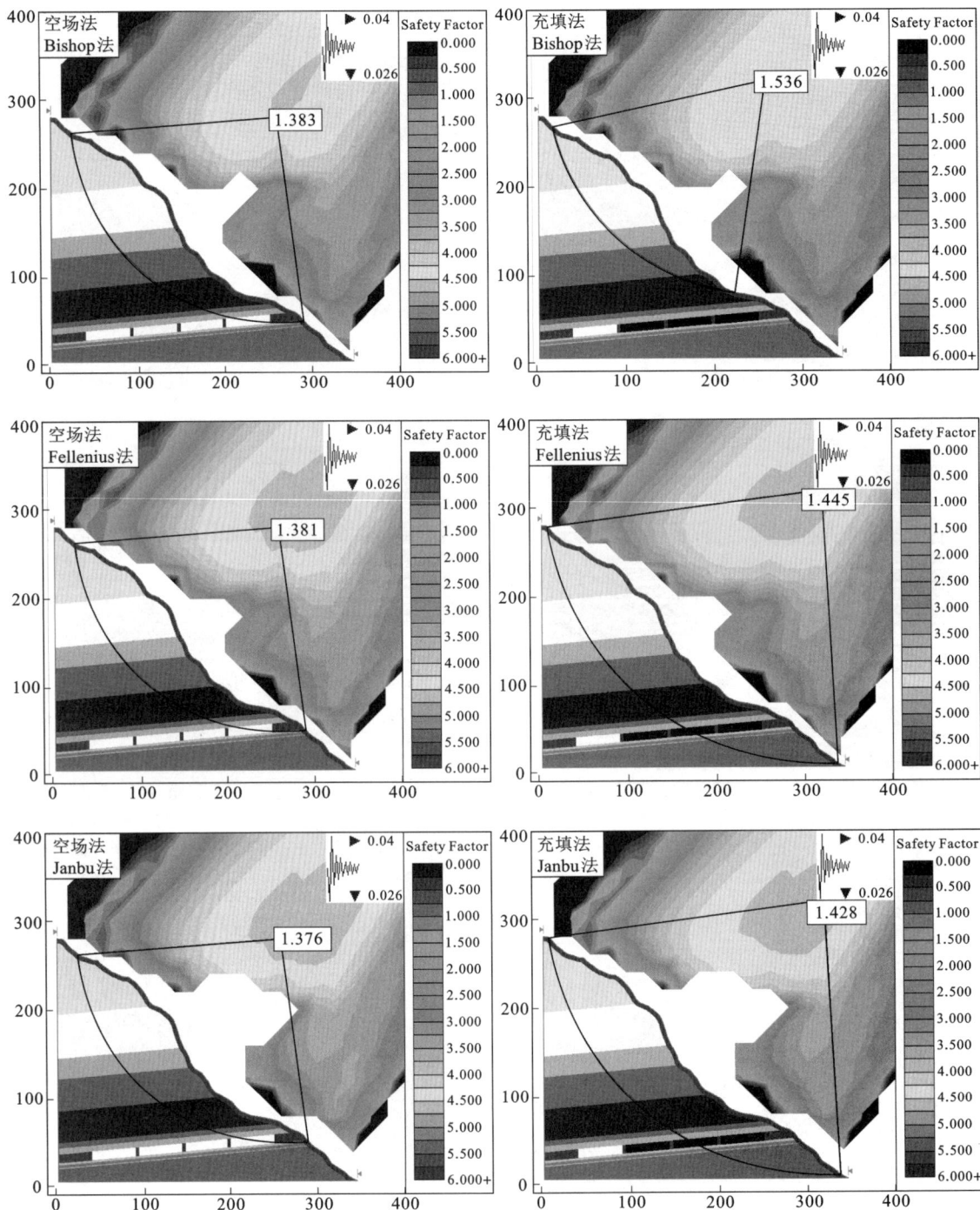

图 6-28　地震工况稳定性分析计算结果

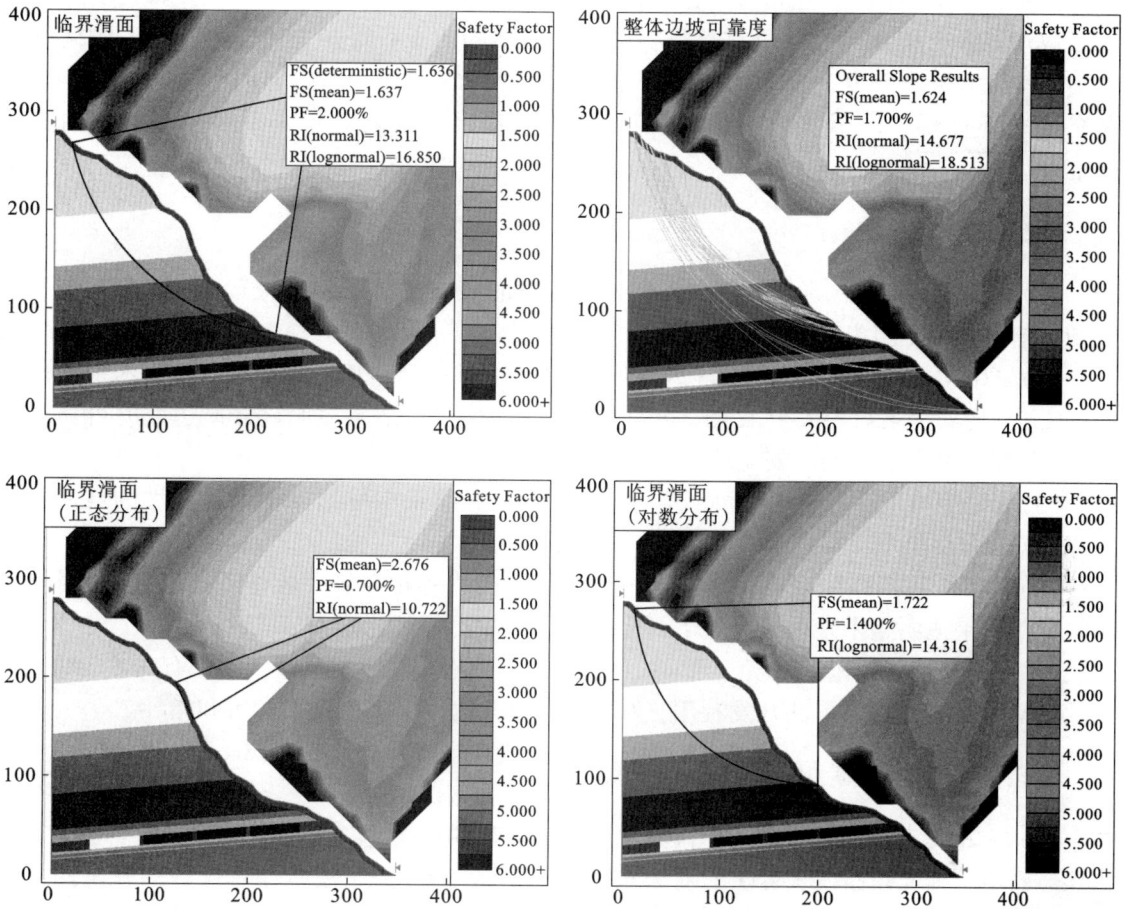

图 6-29　临界确定性滑面和整体边坡可靠度计算结果图

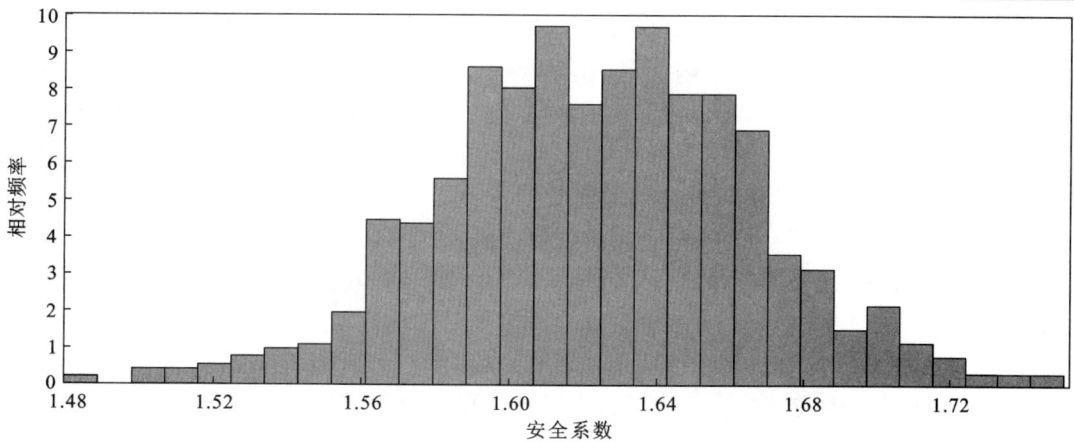

图 6-30　临界概率滑面（正态分布）安全系数相对频率分布图

临界概率滑面(正态分布)安全系数相对频率也接近于正态分布,分别采用正态分布和对数正态分布得到的最小可靠性指标的滑面是不同的,不同方法计算所得的失效概率均较小,其算术平均值为1.45%,平均安全系数均大于1.45,可靠性指标均大于3。因此,在充填法开采条件下,该岩质边坡稳定可靠度较高,可保证其在未来采矿活动中的安全稳定。

6. 结论

(1)空场法和充填法在地震工况与正常工况下的最小安全系数均大于设计值;尽管如此,空场法却存在安全隐患,而充填法满足设计要求。

(2)采用蒙特-卡罗模拟法进行边坡的可靠度分析,得到边坡的失效概率算术平均值为1.45%,平均安全系数均大于1.45,可靠性指标均大于3,结果表明该岩质边坡的可靠度较高,可确保未来采矿活动的安全稳定。

(3)无论是稳定性分析还是可靠度分析,所有计算结果中标出的滑面是边坡的最薄弱位置,是矿山今后应重点关注的对象。

(4)用于计算的高陡岩质边坡是经过严格筛选的,是最典型且最具代表性的,故对该边坡的分析结果说明整个禁采区受地下开采扰动的边坡可保证稳定与安全。

(5)分析结果为禁采区充填法开采的可行性提供了有力的论证,禁采区保有的627.06万t的优质磷矿资源将得以重新开发利用,为类似矿山与边坡工程提供了参考和指导。

6.5.4　孙村煤矿城镇下煤柱开采

2006—2008年,孙村煤矿与中南大学王新民教授团队合作,在孙村煤矿建成了全国首创的煤矸石似膏体充填技术,实现了垂深600 m以上近1000万t优质保安煤柱的安全高效开采。2010年,孙村煤矿的似膏体充填技术通过了山东省科技厅的技术鉴定,认为这种充填技术应用于煤矿企业在国内尚属首次,在类似条件下的煤矿具有广阔的推广应用前景,对于中国煤炭工业发展循环经济、实现绿色开采具有广泛的推广借鉴价值。

1. 工程概况

孙村煤矿是新汶矿业集团有限责任公司开采历史最为悠久的主要矿山之一,截至2004年末地质储量106776 kt,表内储量76120 kt,工业储量74813 kt,可采储量48258 kt,设计年生产能力1400 kt。主要开采煤层为2、4、11层,主体采矿方法为长壁全部垮落法,开采深度已达1300 m。随着国际能源市场价格上扬及矿山技术革新与进步,矿山经济效益大大提高。但由于存在以下难题,矿山可持续发展受到一定程度的制约:

(1)由于多年的强化开采,掘进产生的煤矸石日益增多(按12%的煤矸石产出率,每年新增煤矸石近200 kt),2015年孙村煤矿煤矸石山容积已近饱和(图6-31),新增煤矸石如何堆放已成当务之急。

(2)煤矸石山位于城区内,靠近柴汶河,对城镇环境和柴汶河水系造成严重污染。如果能够将这部分煤矸石彻底消化,不仅可以恢复宝贵的土地资源,创造显著的经济效益(按每亩土地20万元计算,占地近200亩的煤矸石山占用资金4000万元),而且会对保护环境、创建绿色矿山做出重大贡献,经济效益、社会效益和环境效益显著。

（3）为保护地表建筑物、农田、柴汶河及矿山 3 条主要井巷，在城镇范围内留设了储量达 1600 kt 的优质保安煤柱，按当前市场价格计算，积压资金为 6.4 亿元。由于该部分矿量属于典型的"三下"开采，因此如何在保证地表及矿山主要井巷安全的前提下，最大限度地回收这部分宝贵的煤炭资源，对矿山可持续发展意义重大。

（4）矿山已经进入深井开采行列，深井开采所面临的一些重大技术难题，如高温、岩爆、煤柱难以留设等，也必须采取有效的技术措施加以解决。

图 6-31 2015 年孙村煤矿煤矸石山堆积情况

针对膏体制备及管道输送技术要求较高、泵送设备投资大、充入采场后浆体流动性能差、充填采场充满率低等突出问题，中南大学王新民教授团队开发了一种浆体浓度较高（体积浓度 50% 左右）、流动性能好的似膏体自流输送充填系统和与煤矿开采技术相配套的似膏体充填工艺，以满足孙村煤矿对充填能力和系统可靠性的要求，这对解决煤矸石污染、解放高质量的保安煤柱、提高生产安全性具有重要意义。该项技术成果不仅可为孙村煤矿实现绿色生产和可持续发展提供技术支持，而且将填补国内软岩矿山应用高浓度似膏体充填技术的空白，对提高我国煤炭资源开采技术水平、提高资源综合回收率、控制地面塌陷和生态破坏、消除煤矸石堆放带来的占地和污染环境问题有重大意义。

2.城镇下煤柱开采技术条件

1）矿区概况

孙村煤矿位于山东省泰山东侧的新泰市孙村镇境内，地处新汶煤田东部，位居山东新汶矿业集团有限责任公司腹地，东与张庄煤矿，西与良庄煤矿相邻，南依蒙山山系，北与莲花山相望，柴汶河自东向西流经井田之上。新汶煤田系华北石炭二叠系近海型煤田，下伏奥陶系石灰岩，上覆侏罗系、第三系红层、第四系黄土和流砂层。F10 断层将孙村井田分为南北两区，两区基本上属简单的单斜构造形态，并有宽缓的褶曲存在，井田地质构造以断层为主。地层走向变化为 300°～330°，倾角由浅至深在 12°～33° 变化；南区地层倾角由东到西逐渐变小，北区则变化较大。

2）水文地质条件

孙村井田之上的柴汶河及其支流长约 2700 m，构成主要地表水系。由于孙村矿现已进入深部开采，其补给水源及通道有限，对矿井影响较小。奥陶系石灰岩层厚 800 m，在浅部有岩溶裂隙发育，富水性强，连通性好，接受大气降水补给，交替循环条件优越。-210 m 水平以上属富水性强的岩溶裂隙承压含水层，断层附近岩溶裂隙尤为发育，是地下水活动的主要径流部位。因大断层附近既是地质构造薄弱点，也是地下水的汇集点，生产过程中必须超前探查，留足安全防水煤柱。

3）煤层特征

孙村井田含煤地层为石炭二叠系煤系地层，总厚度 246~489 m，平均厚度 340 m；其中石盒子组不含煤层，山西组和太原组为主要含煤地层，本溪组中偶含不可采或不稳定薄煤层。煤系共含煤层 19 层，总厚 13.9 m，含煤系数为 4.09%，其中可采煤层为 $2^\#$、$3^\#$、$4^\#$、$6^\#$、$11^\#$、$13^\#$ 和 $15^\#$ 煤层，平均总厚度 8.81 m，可采煤层的含煤系数为 2.59%。

4）瓦斯、煤尘、自燃倾向性及地温

孙村煤矿在向深部发展过程中一直为一级瓦斯矿井或低瓦斯矿井，也是低二氧化碳矿井。各煤层均有煤尘爆炸危险。随着开采深度不断加大，煤岩呈干燥趋势，相对瓦斯涌出量呈增高趋势，煤尘爆炸危险性加大。各煤层均具有自燃发火倾向，发火期为 6~12 个月，$2^\#$、$4^\#$、$11^\#$、$13^\#$ 煤层为Ⅲ类不易自燃煤层，$3^\#$、$6^\#$、$15^\#$ 煤层为Ⅱ类自燃煤层。孙村井田内恒温带深 37 m，平均温度为 16.1 ℃。随采深增加，井下地温增加，造成深部开采的热害。

3. 煤矸石充填材料试验

1）充填材料特性

煤矸石是采煤和洗煤的副产品，是无机质和少量有机质的混合物，主要有两种形式：一为新鲜煤矸石，呈黑灰色；二为经过陶化的煤矸石，呈淡红色。由于煤矸石块度较大，用管道输送时，必须进行破碎并添加细骨料，以改善管道输送性能、降低管道磨损。粉煤灰又称飞灰，是燃煤电厂中磨细煤粉在锅炉中燃烧后从烟道排出、经收尘器收集的物质。由于粉煤灰具有一定的悬浮性能，因此可降低充填料浆浓度、有效抑制骨料沉淀、改善充填料浆管道输送性能，适宜作为改性材料。

如表 6-29、表 6-30 所示，主要充填材料物理性质及化学成分测定结果表明：

（1）新鲜煤矸石（新矸 1）粒级较粗，2 mm 以上颗粒达 77%，中值粒径为 3.5 mm，不均匀系数在 50 以上。

（2）细碎后煤矸石粒径相对较细（新矸 2 和陶矸），2 mm 以下颗粒占 85% 左右，中值粒径 0.4~0.45 mm，但不均匀系数和破碎成本也相对较高。

（3）新矸 1 渗透系数明显高于新矸 2 和陶矸，有利于充填体脱水和快速硬化。

（4）SiO_2 含量高达 50% 以上，具有一定的散体强度，其他主要氧化物为 Al_2O_3、Fe_2O_3。

（5）粉煤灰粒径细（有效粒径仅为 0.011 mm），渗透系数小（0.000482 cm/s），其 SiO_2、Al_2O_3 含量分别高达 56.43% 和 27.17%，具有一定的潜在胶结性能，可作为水泥代用品提高充填体后期强度，降低水泥消耗，节约充填成本。

表 6-29　孙村煤矿充填材料不同粒径组成

%

粒径范围/mm	>5	2~5	0.5~2	0.25~0.5	0.075~0.25	0.05~0.075	0.005~0.05	<0.005
陶矸		12.0	33.0	15.0	20.0	5.0	13.5	1.5
新矸 1		77.0	10.0	2.0	1.0	2.0	7.5	0.5
新矸 2		16.0	31.5	13.5	16.5	5.5	16.5	0.5
粉煤灰						11.0	87.0	2.0

表 6-30　孙村煤矿充填材料化学成分测定结果

%

充填材料名称	CaO	Fe_2O_3	MgO	SiO_2	Al_2O_3	K_2O	Na_2O	SO_3	P_2O_5
陶矸	1.27	6.86	1.33	51.65	21.03	1.69	0.30	9.29	0.11
新矸	4.10	6.50	1.69	57.60	19.39	1.87	0.47	4.82	0.13
粉煤灰	2.95	5.67		56.43	27.17				

2）充填配比试验

在室内常温下制作试块，到相应养护龄期后，测定其单轴抗压强度，结果汇总于表 6-31。其中，为了改善煤矸石充填体的综合性能，在部分试验组中添加了复合减水剂和早强剂，添加量为水泥与粉煤灰质量和的百分比。分析表 6-31 中的数据，可以得出如下结论：

表 6-31　孙村煤矿充填试验结果

水泥：粉煤灰：骨料	质量浓度/%	复合减水剂/%	早强剂/%	骨料	强度/MPa 7 d	28 d	60 d	浆体体重/(t·m⁻³)	泌水率/%
1：2：16	72			新矸 1	0.38	0.50	0.72	1.80	2.0
1：2：16	75			新矸 1	0.57	0.74	1.10	1.88	1.2
1：2：16	75	1.5		新矸 1	0.56	0.71	1.22	1.86	1.1
1：2：16	72		8.0	新矸 1	0.55	0.60	0.94		
1：2：16	75	1.5	8.0	新矸 1	0.63	0.80	1.35		
1：2：16	75	1.0		新矸 1	0.51	0.67	1.05	1.91	3.7
1：2：16	75	2.0		新矸 1	0.56	0.69	1.12	1.77	2.6
1：2：20	75	1.5		新矸 1	0.42	0.50	0.75	1.91	2.9
1：2：25	75	1.5		新矸 1	0.25	0.29	0.45		6.3
1：2：20	72			新矸 1	0.21	0.25	0.40		2.3

续表 6-31

水泥∶粉煤灰∶骨料	质量浓度/%	复合减水剂/%	早强剂/%	骨料	强度/MPa			浆体体重/(t·m⁻³)	泌水率/%
					7 d	28 d	60 d		
1∶3∶25	75	1.5		新矸 1	0.23	0.24	0.49		2.2
1∶4∶25	75	1.5		新矸 1	0.19	0.23	0.38		2.5
1∶2∶20	72			新矸 2	0.44	0.67	1.00		2.7
1∶2∶20	75	1.5		新矸 2	0.63	0.70	1.15		2.4
1∶2∶20	72			陶矸	0.65	0.70	1.16		2.3
1∶2∶20	75	1.5		陶矸	0.87	0.93	1.38		4.3
1∶3∶25	72			新矸 1	0.13	0.20	0.24		
1∶4∶15	72			新矸 1	0.28	0.43	0.88		2.4
1∶4∶15	75	1.5		新矸 1	0.56	0.76	1.35		3.0
1∶4∶15	75	1.5		陶矸	1.15	1.41	2.42		
1∶4∶15	72	1.5		新矸 2	0.70	1.00	1.83		2.4
1∶4∶15	75	1.5		新矸 2	1.11	1.33	2.02		
1∶10∶30	72	1.5		新矸 1	0.12	0.14	0.25		2.6
0∶1∶3	72	1.5		新矸 1		0.11	0.24		15.0
0∶1∶3	72	1.5		陶矸		0.15	0.30		6.3

(1)陶化煤矸石(陶矸)充填体早期强度明显高于新鲜煤矸石,而细粒新鲜煤矸石(新矸 2)优于粗粒新鲜煤矸石(新矸 1)。同条件下,陶化煤矸石 7 d 充填体强度比新矸 2 提高了 30%,比新矸 1 提高 50%~70%。这说明煤矸石陶化后具有了一定的胶凝特性,而同为新鲜煤矸石,新矸 2 由于粒径较细,充填体更容易密实。

(2)添加粉煤灰可有效抑制骨料沉淀,明显改善浆体流动性能,减少泌水率(仅为 3%左右,而不加粉煤灰的胶结充填体泌水率在 10%以上),有利于井下采场脱滤水。

(3)早强剂虽可在一定程度上提高充填体强度,但添加后工艺变复杂,不予推荐。

(4)添加复合减水剂可明显改善浆体和易性,有利于提高充填体质量浓度和强度,降低管道磨损,添加量以水泥与粉煤灰质量和的 1.5%为宜。

(5)不加水泥试块在早期难以自立。

(6)分析胶结充填体应力-应变曲线,可以发现充填体具有较高的残余强度,即充填体达到强度极限破坏后,仍能维持一定的承载性能。

(7)综合经济技术两方面要求,推荐充填材料配比及技术参数如下:骨料采用陶化煤矸石或细粒新鲜煤矸石,粒径小于 5 mm;水泥∶粉煤灰∶煤矸石=1∶4∶15(质量比);质量浓度 70%~72%;复合减水剂添加量 1.0%~1.5%;7 d 充填体强度不低于 0.7 MPa。

4. 煤矸石似膏体充填系统

1）充填料浆制备工艺流程

如图 6-32 所示，充填制备站的主要功能是将水泥、粉煤灰、煤矸石、减水剂混合料加水制成合格的胶结充填料浆，通过钻孔和管道输送至井下待充采场。

为满足管道输送要求，煤矸石必须进行破碎。破碎后的合格粒度煤矸石用高架皮带运输机储存于煤矸石堆场内，通过电溜子向缓冲漏斗供料，经圆盘给料机、振动筛、核子秤计量后通过带式输送机转运到主搅拌桶内；水泥、粉煤灰用散装罐车运送，通过压气卸入立式水泥仓和粉煤灰仓内，经仓底插板阀、星型给料机、冲板流量计计量后通过单螺旋输送机输送至同一个搅拌桶内，按要求加入减水剂，搅拌形成水泥粉煤灰浆，然后转运到主搅拌桶内，采用强力机械搅拌装置，制备成均匀合格的似膏体充填料浆。高浓度胶结充填料浆，通过钻孔和管道输送至待充采场，通过带快速接头的塑料软管进行采场充填，充填料的制备能力为 $80 \sim 100 \ \mathrm{m^3/h}$。

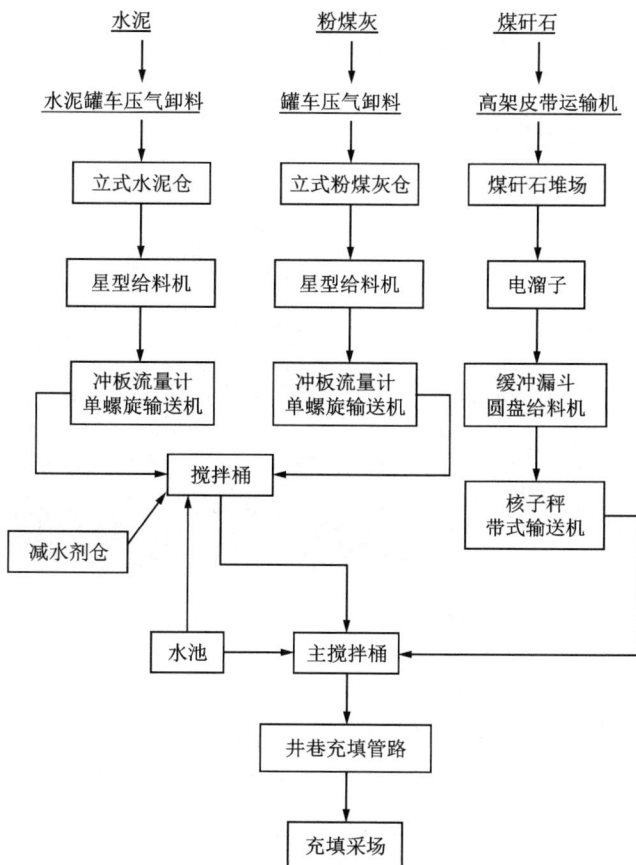

图 6-32　充填料浆制备工艺流程

2）煤矸石输送及上料系统

如图 6-33 所示，由于煤矸石山距离充填料浆制备站较远，因此煤矸石从收集到破碎成合格产品(粒径≤5 mm)的各工序间通过固定式和移动式皮带运输机相连,破碎合格的煤矸石从外部运输至搅拌站附近进行堆放。

图 6-33 煤矸石输送系统

　　如图 6-34 所示,破碎后的煤矸石由前装机或铲运机自堆场转运至煤矸石喂料仓中,喂料仓底部设有 $\phi2000$ mm 的圆盘给料机,圆盘给料机将煤矸石送入其下方的胶带机上,其给料速度可以自动调节,胶带机设有计量装置,用于对煤矸石进行计量。

图 6-34 煤矸石上料系统

3)充填料浆制备系统(图 6-35)

　　煤矸石由胶带机直接送入高浓度搅拌槽中;水泥和粉煤灰分别由其仓底的双管螺旋输送机送入高浓度搅拌槽,水泥采用 $\phi175$ mm 的双管螺旋输送机给料,粉煤灰采用 $\phi300$ mm 的双管螺旋输送机给料,其给料量可以自动检测和调节;减水剂由计量泵送入搅拌槽;添加水由高位水池通过管路注入搅拌槽中,其流量可检测及自动调节。各种物料送入搅拌槽中边搅拌边通过搅拌槽下方的管路放出,搅拌槽设有料位检测和控制系统,其下方管路设有流量和浓度检测及流量调节装置。充填站内还设有一台微型空压机,用于向水泥仓、粉煤灰仓底吹气防止堵塞。减水剂储存在减水剂桶内,通过计量泵根据设计要求,往搅拌桶内添加。

图 6-35　充填料浆制备系统

5. 城镇下煤柱安全高效开采技术

孙村煤矿在煤矸石似膏体充填系统建成后，随即开展了-210 m 水平 4 层煤柱的回收工作。

1）煤柱开采技术条件

煤柱开采工作面位于-210 m 水平西部，东至-600～-210 m 皮带井保安煤柱线，西到 F3 断层和西斜井保护煤柱线，南临-210 m 水平车场和-210 m 西大巷，北临已结束开采的 2409 采场。周围 4 层煤均开采完毕，工作面上覆 2 层煤，西部局部开采、东部未开采，3 层煤未开采。对应地面的大洛沟、洛沟—新泰公路以西的一片农田，柴汶河由东向西流经该工作面西部。

工作面走向长为 533～550 m，平均 540 m；倾斜宽 20～57 m，平均 50 m；面积 26871 m²；工作面标高为-234.0～-213.5 m。该面地质构造简单，煤层稳定，煤层变异系数为 2.0%，可采指数为 1.0。走向 113°～119°、倾向 23°～29°、倾角 15.5°～16.5°。煤层厚度 1.78～1.88 m，平均 1.83 m。煤层为黑色、粉末为黑褐色，容重为 1.36 t/m³，硬度小，断口呈阶梯状，性脆且易碎，导电性弱，亮煤、暗煤和镜煤条带较宽且相互交替存在，具有条带结构和层状结构，层理间偶见丝炭，属半亮型煤。煤层顶板为灰白色、厚层、中粒、钙质砂岩，厚度 10.0 m，抗压强度 66.7 MPa；底板为灰黑色粉砂岩，层理发育、泥质、含植物碎屑化石，抗压强度 16.4 MPa，厚度 1.8 m，其底部煤线为小 5 层煤。经过多年的开采疏降，工作面水文地质条件简单；瓦斯等级为低级，煤尘爆炸指数为 37.1%，自燃发火期为 6～12 个月，地压为 942.3～997.5 t/m²。

2）开采方式

采用走向长壁采煤法，由西向东后退式开采，用 DY-150 型采煤机落煤、装煤，SGW-150 型运输机运煤，DZ22-25/100、DZ25-25/100 型单体液压支柱配 HDJA-800 型金属铰接顶梁支护顶板，似膏体充填和矸石充填法管理顶板，上下端头采用 DZ22-25/100、DZ25-25/100 型单体液压支柱配双楔调角定位顶梁支护。

根据工作面煤层赋存及开采技术条件与充填工艺要求，确定工作面支护采用 DZ22-25/100、DZ25-25/100 型单体液压支柱和 HDJA-800 型金属铰接顶梁，排距 0.8 m、柱距 0.6 m，最大控顶距 9.6 m、最小控顶距 3.2 m。

3)回风巷前进式代采留巷措施

工作面采过回风通道后,为保证正常回风,对回风巷采取留巷措施,直到工作面采至停采线位置,代采长度约95 m。工作面采至停采线位置后顺4层煤向-210 m水平4层大巷掘一出口,作为支架回撤通道。工作面采用似膏体充填和矸石充填护帮留巷,在回风巷下帮沿走向垒砌矸石墙,接顶严实,采空区内用似膏体和矸石充填密实。保证留巷段人行道宽度不小于2.0 m、高度不小于1.8 m。

4)作业制度、工作面生产能力

作业制度按照每年300 d,每天3班,每班8 h作业,每班2个循环,每推进6.6 m后进行充填,充填时间4个班。工作面循环产量99.6 t,日产量298.8 t,月产量7.47 kt;考虑到生产不均衡系数,将工作面生产能力定为80 kt/a。

5)充填工艺

由于充填工作面倾斜布置,且斜长较大,充填下口部分挡墙承受较高的料浆压力,如果采用金属矿山普遍采用的封堵工艺,难以保证采场充填的安全。结合孙村矿开采工作面倾斜布置的特点,采用煤矸石非胶结干式充填和煤矸石似膏体管道自流输送充填交替进行的综合充填工艺,既减少了矸石出窿量,降低了矸石提升费用和充填成本,又保证了煤矸石似膏体管道自流输送充填的安全。

6.6 其他复杂难采矿体

6.6.1 三山岛金矿滨海开采

1.开采技术条件分析

1)矿山概况

山东黄金矿业(莱州)有限公司三山岛金矿地处山东省黄蓝战略核心区莱州湾畔,是国家黄金工业"七五"期间重点建设项目,中国100家最大有色金属矿采选业企业之一,也是目前全国唯一滨海开采黄金矿山企业。三山岛金矿资源丰富、设备先进,发展前景广阔,用于采矿、出矿、运输、提升、探矿的设备全部从国外引进,是目前全国机械化程度和整体装备水平最高的现代化金矿。新立矿区矿体位于海床下数十米至数百米范围内,是完全意义上的海底开采,矿区目前采用主副井联合开拓系统,生产能力6000 t/d。

2)矿区地质特征

矿区位于胶东隆起的西缘,构造活动不甚强烈,区内浅层的第四系松散层较厚,基岩岩性为较坚固岩浆岩和变质岩,力学强度较高,稳定性较好。矿体顶板的岩石属坚硬、半坚硬岩石,稳固性较好,在顶板的主断裂附近岩石受主断裂影响,强度有所降低,特别是断层泥及其上下的部分岩石强度较低,稳固性较差。矿体底板岩石强度高,属坚硬岩石,岩石中小结构面和裂隙均不发育,稳定性良好,矿区的工程地质条件较好。

3)矿体赋存特征

新立矿区有3个矿体,其中I₁号为矿床主矿体,赋存于-710～-30 m标高F1主断裂面之下 0~35 m 范围内黄铁绢英岩化碎裂岩带中,资源储量占总量的 91%。矿体形态整体呈大脉状,局部呈似层状和透镜状,沿走、倾向呈舒缓波状展布,变化程度沿走向较倾向大,具膨胀夹缩、分支复合现象,倾角多在 40°~50°。矿体走向 1145 m,倾向长 135~900 m,平均 591 m;矿体厚度 0.48~40.65 m,平均 8.96 m;品位 1.52~10.14 g/t,平均 3.31 g/t;C+D 储量 800 余万 t,金金属量 32 t,矿床远景储量 2500 万 t,金金属量 100 t。

2. 点柱式上向水平分层充填法

1)采场结构参数

盘区尺寸为 300 m×80 m,盘区长 300 m,高度为 80 m(图 6-36)。根据新立矿区目前开拓系统,该采矿方法分段高度为 13~15 m,一个盘区可布置 5 个分段。每个分段服务 3~4 个分层,分层回采高度为 3.0~3.5 m。采场垂直矿体走向布置,先采矿房,矿房采后用配比 1:8 的尾砂胶结充填,后回采矿柱,非胶结充填。矿房和矿柱的宽度均为 8~12 m,矿房开采时两侧为原岩,采场暴露面积 360 m² 左右,不留点柱,矿柱开采时,在采场中央留 4 m×4 m~5 m×5 m 点柱,点柱在垂直矿体走向方向的间距为 12~15 m(中心距)。每一盘区分 3 个区段,每一区段内有 4 个矿房和 4 根矿柱,区段间留 5 m 连续间距。

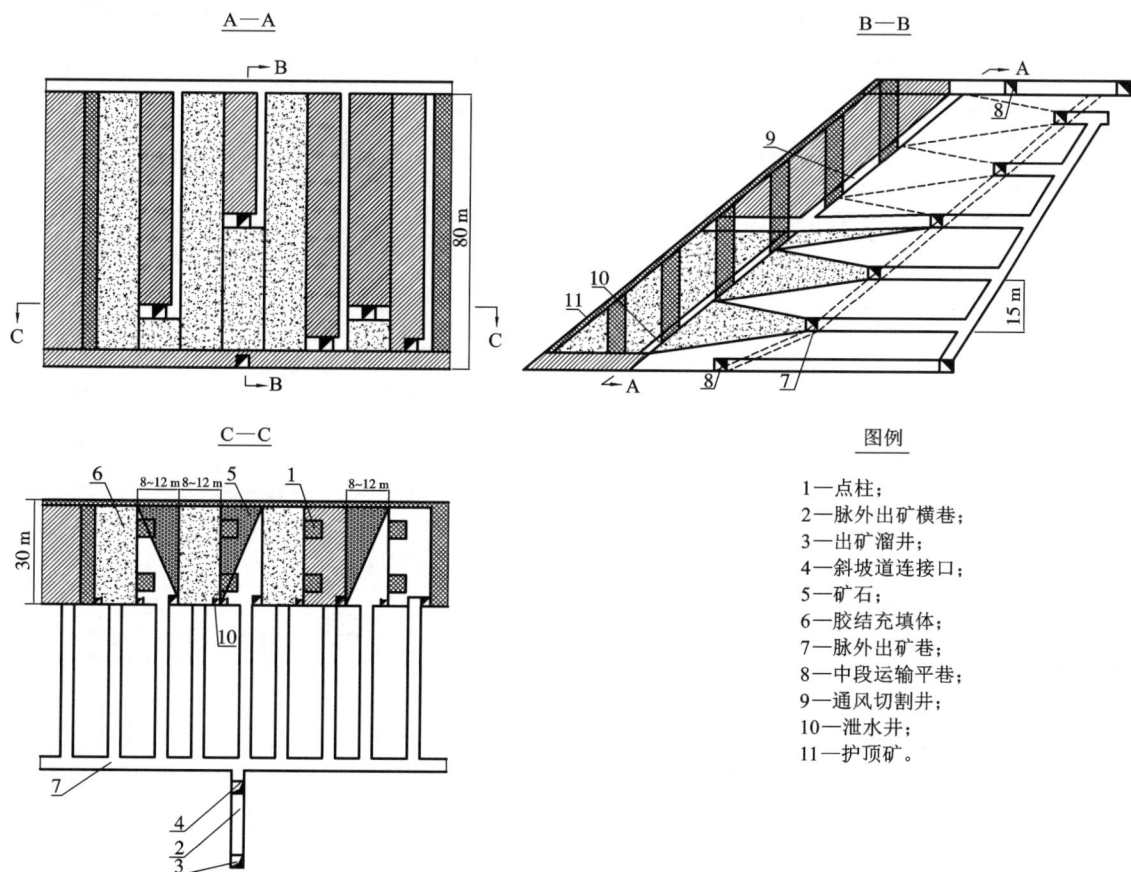

图 6-36 点柱式上向水平分层充填法

图例

1—点柱;
2—脉外出矿横巷;
3—出矿溜井;
4—斜坡道连接口;
5—矿石;
6—胶结充填体;
7—脉外出矿巷;
8—中段运输平巷;
9—通风切割井;
10—泄水井;
11—护顶矿。

2) 采准切割工程

采用脉外采准方式,盘区斜坡道形成后,在高度方向上每隔 12 m 掘进脉外出矿横巷,而后在矿体下盘布置脉外出矿巷,在脉外出矿巷每隔 12 m 向矿体掘进出矿进路,而后在矿体中央掘进切割通风上山。铲运机进入采场出矿,运至中段溜井,每个采场布置一个泄水井,采准切割工程量见表 6-32,千吨采切比(标准米)为 29.0 m/kt 或 115.9 m³/kt。

3) 回采工艺

采用单臂式凿岩台车每分层的回采高度为 3.0~3.5 m,控顶高度为 4.2 m。考虑到顶板岩石不稳定,留 1.5~2.0 m 护顶矿。爆破使用粉状铵梯炸药,药卷规格为 φ37 mm×200 mm。采场用水平眼落矿,炮眼深度一般为 3.8~3.9 m。普通落矿眼间距 1.0 m,排距 0.8 m;周边控制眼间距 0.9 m,最小抵抗线为 0.7 m。炮眼用人工进行装药。普通落矿眼连续装药,孔口为 0.8 m 的不装药,用炮泥进行堵塞;周边眼分两段空气间隔装药,间隔长度 0.8~1.0 m。

表 6-32 采准切割工程量表

序号	巷道名称	数目 /个	巷道断面 (高×宽)/(m×m)	巷道长度/m			工程量/m³		
				单长	共长	标准米	矿石	废石	合计
1	脉外出矿横巷	10	3.6×3.2	25.2	252.0	725.8	0.0	2903.0	2903.0
2	脉外出矿巷	5	3.6×3.2	312.0	1560.0	4492.8		17971.2	17971.2
3	斜坡道		3.6×3.2	682.0	0.0	0.0	0.0	0.0	0.0
4	溜矿井	2	2.5×2.5	96.0	192.0	300.0	0.0	1200.0	1200.0
5	采场联络巷	120	3.6×3.2	50.0	6000.0	17280.0		69120.0	69120.0
6	通风充填井	24	2.7×2.7	125.0	3000.0	5467.5	21870.0	0.0	21870.0
7	风井联络巷	24	2.7×2.7	50.0	1200.0	2187.0		8748.0	8748.0
8	采联压顶	120				20628.0		82512.0	82512.0
9	采联口片帮	120				450.0		1800.0	1800.0
10	采场变电所	120				101.3		405.0	405.0
11	切割巷	24	3.6×3.2	30.0	720.0	2073.6	8294.4	0.0	8294.4
12	服务井		2.5×2.5	0.0	0.0	0.0	0.0	0.0	0.0
13	服务井联络巷		2.5×2.5	0.0	0.0	0.0	0.0	0.0	0.0
	合计			12924.0	53706.0	30164.4	184659.2	214823.6	

新鲜风流由斜坡道进入中段或分段平巷,再从中段或分段平巷通过采场联络巷进入采场,清洗工作面后的污风经采场回风充填井,排到上分层联络道回风平巷。确保通风良好后再进行顶板检查和撬毛作业,由工人站在爆堆或撬毛车上进行。检撬从采场口开始,由外向里,最后进行工作面的检撬。采场顶板及上盘破碎带以锚杆支护为主,局部特别破碎地点用锚杆加金属网支护。锚杆支护网度为 1.0 m×1.0 m;遇岩石特别破碎时网度加密至 0.8 m×0.8 m。金属网采用直径 8 mm 铁丝,编织网格为 100 mm×100 mm,每张金属网大小 2100 mm

×1600 mm。用 ST-3.5 柴油铲运机出矿，经脉外出矿平巷，倒入出矿溜井。

胶结材料为普通硅酸盐水泥，采场充填矿房灰砂比 1:8；矿柱用分级尾砂充填；所有采场均用灰砂比 1:6 的水泥尾砂充填浇面，浇面层高度为 0.4~0.5 m。条件具备时掘进废石可运入采场充填，分层充填中坚持先充掘进废石，后充尾砂。

4）主要技术经济指标

单臂式凿岩台车 150 m/台班；铲运机出矿工效 528 t/台班；充填站充填能力 80 m³/h。采场长度确定为 30 m，采场宽度为 12 m，回采分层高度 3.0 m，开采矿房每分层矿石量为 3024 t，采矿循环周期 32 天，开采矿房采场生产能力为 94.5 t/d。矿柱回采一个分层矿石量为 2755 t，回采周期为 30 天，开采矿柱采场生产能力为 91.8 t/d，平均生产能力为 93.2 t/d。

采矿主要技术经济指标：采场生产能力 93.2 t/d；盘区生产能力 900~1000 t/d；采矿工效 15.4 t/工班；采矿损失率 13.3%，贫化率 6%；采切比 29.0 m/kt 或 115.9 m³/kt；采矿直接成本 72.61 元/t。

3. 海底高效开采充填接顶技术

根据新立矿区开采技术条件及采矿方法，点柱式上向分层充填法最后一层充填的采空区高度约 4 m，若一次充填完，显然从工艺上难以做到。另外，充填速度太快，充填料自然沉降留下的不接顶空间大，充填系统大量放砂，会造成砂仓充填料浆输送浓度过低，导致采场充填时存在大量泌水，一时间难以快速脱出，也严重影响采空区的充填接顶。试验采用分次充填、分区充填、多点下料等方式实现接顶。对于分次充填，每次充填高度控制在 0.2~0.3 m 为宜。采用自然地形、木立柱、砂包堆积等方法对充填采空区进行隔离，对采空区充填分区的原则：使排浆点向区内四周有平整的下向坡度，为减少换接充填软管工作，分区体积应满足一次连续充填量，同时兼顾采场的自然环境。多点下料充填必须注意先充填采场低处，再充填高处。此外，充填接顶时加入石膏、明矾石等膨胀材料添加剂，利用其水化作用产生有制约的体积膨胀，抑制充填体收缩，改善接顶质量。新立矿区试验采场采用三通阀、分次充填等新工艺技术，成功实现充填接顶。

4. 国内外其他海底开采工程实例

1）加拿大纽芬兰铁矿

加拿大纽芬兰附近有一个延伸到大西洋底的磁铁矿，探明储量有几十亿吨，从贝尔岛的入口修建竖井进行开采。在开采的时候，一条重要通道是通过失萨罗岛开竖井和 2.5 km 长的平巷，还有一处是从相邻的岛上打竖井进行的。

2）芬兰芬兰湾贾亚萨罗·克鲁瓦矿

芬兰湾贾亚萨罗·克鲁瓦矿位于芬兰赫尔辛基西南 50 km 的朱塞索岛附近海域，距该岛约 1 km，采用竖井开拓，先在朱塞索岛岸边开凿 300 m 深的主井，再从主井底部掘进 1200 m 长的平巷通达矿体。同时，在露出海面很小的岛上开凿一通风井，掘进阶段平巷，将矿体划分为若干阶段，然后用陆地上的传统采矿方法开采。

3）英国莱文特锡矿

英国的康沃尔州附近的莱文特锡矿是世界上唯一的海底基岩锡矿。该处锡矿脉离海岸 1.6 km，系直立锡矿脉。入口处设在海岸上，开凿了岸边竖井，采取下行式开采。

4）山东北皂煤矿

山东龙口矿业集团有限公司北皂煤矿是我国第一个海下采煤的矿井。北皂煤矿仅海域扩大区的煤炭地质储量就有 8300 多万 t，建立了现代化的调度指挥中心和监控中心，安装了 KJ95 安全生产监测系统、束管监测系统、瓦斯巡检系统及顶板压力监测系统。同时，还建立了海域水情监测系统，利用 KJ95 分站，将各种水情监测传感器接入安全生产监测系统，实现了井下水位标高、水压及海域主水仓流量的在线监测。

6.6.2 阿尔哈达矿高海拔高寒开采

1. 矿山概况

山东黄金集团有限公司所属锡林郭勒盟山金阿尔哈达矿业有限公司位于内蒙古锡林郭勒盟（简称锡盟）东乌珠穆沁旗（简称东乌旗）境内，为锡盟、东乌旗政府重点扶持企业，锡盟首家安全生产一级标准化企业，东乌旗唯一一家国家高新技术企业，东乌旗首家国家级绿色矿山。

2. 矿山开采技术条件分析

1）区域地质条件

矿区的大地构造位置位于内蒙古—兴安岭地槽褶皱系（Ⅰ），东乌旗—二连浩特复背斜（Ⅱ）北东部的东乌旗褶皱束（Ⅲ）内。在成矿区带上处于内蒙古—兴安岭晚古生代—中生代铜、铅、锌、金、银、锡、铬（钼）成矿区，锡林浩特—东乌旗多金属成矿带东段。区内地层简单，出露地层为泥盆系上统安格尔音乌拉组、侏罗系上统布拉根哈达组、第三系上新统，大部分地区为第四系全新统所覆盖。

2）矿体赋存特征

本区矿体主要分布在Ⅰ号矿脉带内，呈平行脉状、似层状、透镜状产出。其中，7～24 线矿体呈脉状、透镜状，一般长 50～350 m，控制长度最长 350 m；矿体延深一般在 20～300 m，最大延深 275 m；矿体厚 1～5 m，最大真厚度 18.19 m；矿体的走向和倾向都有一定变化，总体走向 300°，倾向南西，倾角 20°～47°，平均倾角 36°。7～39 线矿体长 50～150 m，最长为 350 m；延深一般在 20～200 m，最大延深 254 m；矿体厚 1～6 m，最大真厚度 6.15 m；矿体走向 300°～305°，倾向南西，倾角 20°～59°，平均倾角 37°。39～79 线矿体长 30～600 m，最长 1000 m；延深一般在 30～380 m，最大延深 570 m；矿体一般厚 1～10 m，最大真厚度 35.77 m；矿体走向 285°～315°，倾向南西，矿体倾角 40°～70°，平均倾角 53°。

3）开采技术条件

矿区位于额仁高毕复式向斜北翼，为一套向北缓倾的单斜构造，地下水的补给来源主要为大气降水，主要含水层为基岩裂隙含水层，通过基岩出露区补给地下水。区内Ⅰ号矿体赋存于一系列北西向断裂带中，沿走向和倾斜方向呈舒缓波状，有分支复合等特点，有利于地下水富集，但含水微弱，水量不大，水文地质条件简单。矿体及顶底板围岩，岩体质量等级属一般岩体，岩体质量良好。

3.充填采矿法选择

1)矿块布置和结构参数

矿块沿矿体走向布置,长度100 m,宽度为矿体水平厚度,底柱2 m,顶柱2 m;分段高度9 m,每个分段负责3个分层,分层高度3 m,每分层在矿块中央布置一条分层联络道,进路规格3 m×3 m(图6-37)。

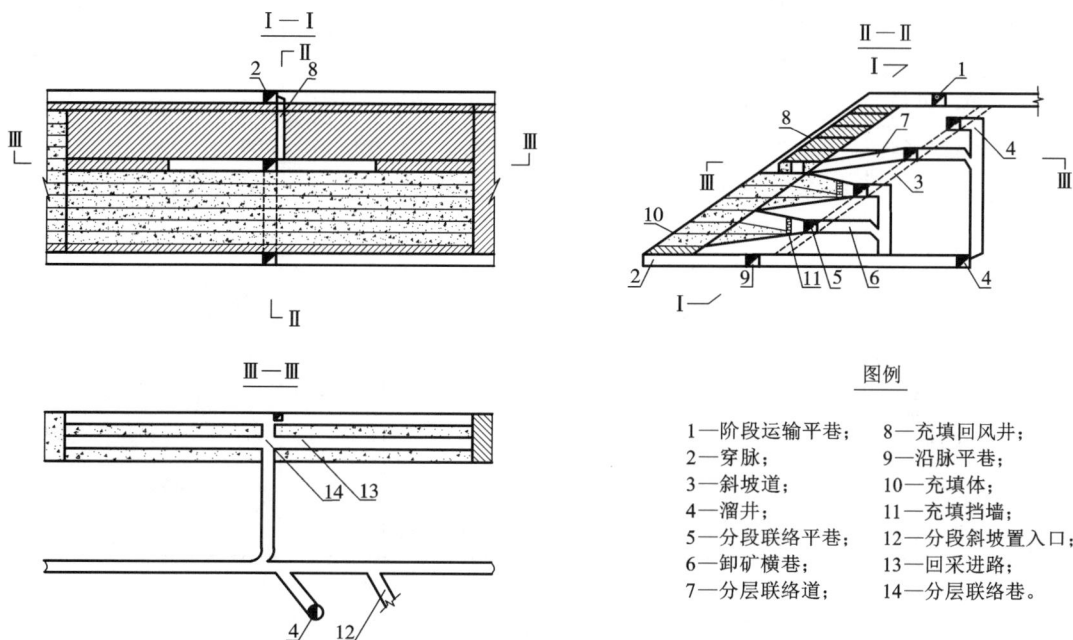

图6-37 上向水平分层进路充填法采矿方法图

2)采准切割工程布置

采准工程主要包括斜坡道、溜井、阶段运输平巷、分层联络道、卸矿横巷、穿脉、充填回风井等矿石回采工作必不可少的巷道。切割工程主要在矿块每分层的靠近下盘位置矿体内自分层联络道沿矿体走向掘进分层横巷连通各进路采场,为进路采场回采创造作业空间。标准矿块采准切割工程量和矿量分配分别见表6-33和表6-34。

3)回采

在每分层的各个矿块靠近下盘矿体内布置垂直矿体走向的分层联络巷,垂直矿体走向向上盘掘进分层进路进入采场进行回采,同一分层的进路采场采用间隔回采的方式,整个分层回采并充填结束后再转入下一分层回采。待整个分层进路回采充填结束后,密闭、充填分层联络巷,统一升层。

用Boomer 281型凿岩机打水平眼,采用光面爆破的布孔方式进行崩矿,进路回采属于掘进式回采,炮孔布置与平巷掘进布孔方式基本相同,采用垂直桶形掏槽方式,掏槽眼由5个炮孔组成,中间一个为空眼,炮孔间距0.15 m,辅助眼间距取0.8 m,周边眼间距取0.7 m,周边眼距进路轮廓线取0.1~0.2 m,掏槽眼深2.4 m,其余孔深2.2 m。根据炮孔布置及分层采场参数，每循环进尺可布置5个(1个空孔)掏槽眼、8个周边眼和16个光面眼，一共29个炮孔，合计孔深64.8 m，1台凿岩机同时作业的纯凿岩时间为6 h。考虑炮孔利用率为0.9，每进尺2.0 m，矿量58.5 t，故每米炮眼崩矿量为0.9 t/m。

表6-33　上向水平分层进路充填法标准矿块采准切割工程量表

<table>
<tr><th colspan="2" rowspan="2">阶段及项目</th><th rowspan="2">规格
/(m×m)或m</th><th rowspan="2">条数
/条</th><th rowspan="2">单长
/m</th><th colspan="3">长度/m</th><th colspan="3">工程量/m³</th><th rowspan="2">采出
矿量/t</th></tr>
<tr><th>脉内</th><th>脉外</th><th>合计</th><th>脉内</th><th>脉外</th><th>合计</th></tr>
<tr><td rowspan="9">采
准
切
割
工
程</td><td rowspan="7">采
准</td><td>穿脉</td><td>2.0×2.0</td><td>1</td><td>77.8</td><td>12.0</td><td>65.8</td><td>77.8</td><td>48.0</td><td>263.2</td><td>311.2</td><td>156.0</td></tr>
<tr><td>充填回风井</td><td>φ1.8</td><td>1</td><td>63.2</td><td>63.2</td><td>0</td><td>63.2</td><td>160.7</td><td>0</td><td>160.7</td><td>522.4</td></tr>
<tr><td>分段联络平巷</td><td>3.2×3.2</td><td>4</td><td>100.0</td><td>0</td><td>100.0</td><td>400.0</td><td>0</td><td>4096.0</td><td>4096.0</td><td></td></tr>
<tr><td>卸矿横巷</td><td>3.2×3.2</td><td>1</td><td>34.2</td><td>0</td><td>34.2</td><td>34.2</td><td>0</td><td>350.2</td><td>350.2</td><td></td></tr>
<tr><td>溜井</td><td>φ3</td><td>1</td><td>45.5</td><td>0</td><td>45.5</td><td>45.5</td><td>0</td><td>214.31</td><td>214.31</td><td></td></tr>
<tr><td>分层联络道</td><td>3.2×3.2</td><td>12</td><td>20.8</td><td>0</td><td>20.8</td><td>249.6</td><td>0</td><td>212.99</td><td>212.99</td><td></td></tr>
<tr><td>小计</td><td></td><td></td><td></td><td></td><td></td><td>870.3</td><td></td><td></td><td>5345.4</td><td>678.4</td></tr>
<tr><td rowspan="2">切
割</td><td>分层横巷</td><td>3×3</td><td>12</td><td>12</td><td>12</td><td>0</td><td>144</td><td>1296</td><td>0</td><td>1296</td><td>3732.5</td></tr>
<tr><td>小计</td><td></td><td></td><td></td><td></td><td></td><td>144</td><td></td><td></td><td>1296</td><td>3732.5</td></tr>
<tr><td colspan="2">采准切割合计</td><td></td><td></td><td></td><td></td><td></td><td>1014.3</td><td></td><td></td><td>6641.4</td><td>4410.9</td></tr>
<tr><td colspan="2">千吨采切比</td><td colspan="10">8.58 m/kt</td></tr>
</table>

表6-34　上向水平分层进路充填法标准矿量分配表

<table>
<tr><th rowspan="2">项目</th><th rowspan="2">工业储量
/t</th><th rowspan="2">回采率
/%</th><th rowspan="2">贫化率
/%</th><th colspan="3">采出矿量/t</th><th rowspan="2">占矿块采出量
的比重/%</th></tr>
<tr><th>矿石</th><th>岩石</th><th>小计</th></tr>
<tr><td>矿块</td><td>156000.0</td><td>88.20</td><td>2.97</td><td>137592.0</td><td>4209.9</td><td>141801.9</td><td>100.00</td></tr>
<tr><td>矿房</td><td>135989.1</td><td>98.00</td><td>3.00</td><td>133269.3</td><td>4121.7</td><td>137391.0</td><td>96.89</td></tr>
<tr><td>顶柱</td><td>7800.0</td><td></td><td></td><td></td><td></td><td></td><td></td></tr>
<tr><td>底板</td><td>7800.0</td><td></td><td></td><td></td><td></td><td></td><td></td></tr>
<tr><td>附产</td><td>4410.9</td><td>98.00</td><td>2.00</td><td>4322.7</td><td>88.2</td><td>4410.9</td><td>3.11</td></tr>
</table>

4)通风与出矿

新鲜风流由斜坡道、阶段运输平巷、分层联络道、分层横巷到回采进路，通风时间不应少于40 min。污风沿进路出采场经充填回风井排入上阶段回风平巷，通过回风井排至地表。

采场爆破并经过有效通风排除炮烟后，安全人员进入采场清理顶帮松石。崩落矿石采用CYE-2型电动铲运机经采场分层联络道、阶段运输平巷，运至最近溜井卸矿，实际生产能力可达250 t/台班。

5）充填

回采的第一分层进路采场均用高浓度尾砂胶结充填，以提高后期阶段顶底柱回采的安全性。为减轻铲运机出矿时对层面的破坏，并降低矿石贫化损失，各分层进路采场均用高配比胶结体进行浇面（厚度 400 mm）。

6）采场作业循环时间

根据各工序工程量，按照上述效率指标，并适当考虑不均衡因素，制定标准采场作业循环见表 6-35。标准采场回采循环时间预计为 92 班，其中：凿岩 20 班（两台凿岩台车同时作业）、爆破通风 14 班、出矿 14 班、充填 12 班（包括充填准备），养护 21 班。

表 6-35　上向水平分层进路充填法作业循环图表

序号	作业名称	时间/班	进度/班									
			10	20	30	40	50	60	70	80	90	100
1	凿岩（多次）	20										
2	爆破通风（25次）	14										
3	出矿（25次）	25										
4	充填	12										
5	养护	21										
6	合计	92										

7）采场生产能力

按采场采出矿量 141.8 kt 计算每进尺矿量为 58.5 t，故进路生产能力为 122 t/d。以标准矿块为例，若两条进路同时进行回采，则矿块生产能力为 191 t/d。标准矿块主要技术经济指标汇总于表 6-36。

表 6-36　上向水平分层进路充填法标准矿块主要技术经济指标

序号	指标名称	单位	数值	备注
1	地质指标			
1.1	矿石体重	t/m³	3.25	
1.2	矿体真厚度	m	25	
1.3	矿体倾角	(°)	35	
2	矿块构成要素			
2.1	长度	m	100	
2.2	宽度	m	12	矿体水平厚度
2.3	阶段高度	m	40	

续表 6-36

序号	指标名称	单位	数值	备注
2.4	底柱	m	2	
2.5	顶柱	m	2	
2.6	分段高度	m	9	
2.7	分层高度	m	3	
3	矿块矿量	kt	156.0	
4	千吨采切比	m/kt	8.6	
5	每米炮孔崩矿量	t/m	0.9	
6	回收率	%	88.2	整个矿块
7	贫化率	%	2.97	
8	凿岩穿孔速率	m/min	0.5	理论值
9	铲运机生产能力	万 t/台年	10~15	理论值
		t/台班	250	理论值
10	单位炸药量	kg/t	0.46	参考矿山值
11	充填生产能力	m³/h	80	设计值
12	矿块生产能力	t/d	191	
13	采充综合成本	元/t	97.78	

4. 热力计算与采暖

阿尔哈达矿地处内蒙古高原，年平均气温 2.5 ℃，累年日平均温度 ≤+5 ℃ 的天数为 194 d。高寒天气持续时间长，必须进行采暖设计，来提供适宜的生产、生活条件，避免井筒冻结危及设备运转与作业人员安全，进而保障正常的生产作业，维持矿山效益。

1）气象资料

阿尔哈达矿地处内蒙古高原，地表植被发育，为大面积草原牧场。该区属典型的大陆性季风气候，风季长，最大风力有 8 级，年平均气温 2.5 ℃。矿区位于内蒙古锡盟东乌旗满都胡宝拉格镇辖区内，处在东乌旗的北东方向，直线距离约 185 km。内蒙古东乌旗气象资料见表 6-37。

表 6-37　内蒙古东乌旗气象资料

编号	项目	参数
1	采暖室外计算温度	−28 ℃

续表 6-37

编号	项目	参数
2	冬季通风室外计算温度	-22 ℃
3	夏季通风室外计算温度	25 ℃
4	冬季通风室外计算相对湿度	73%
5	夏季通风室外计算相对湿度	46%
6	冬季室外平均风速	3.3 m/s
7	夏季室外平均风速	3.2 m/s
8	冬季主导风向及频率	C 28%　SW 16%
9	夏季主导风向及频率	C 22%　N 9%　SE 9%
10	冬季大气压力	692 mm 汞柱
11	夏季大气压力	683 mm 汞柱
12	冬季日照率	73%
13	最大冻土深度	253 cm
14	海拔高度	839.1 m
15	日平均温度≤+5 ℃的天数	194 d
16	极端最低平均温度	-36.3 ℃
17	极端最高平均温度	36.5 ℃

2）井下通风热力计算

参考矿山资料，根据采矿工艺要求，主要从中央竖井与斜坡道进风，井下所需总风量为 151.8 m³/s。《金属非金属矿山安全规程》(GB 16423—2020) 要求入井温度须达到 2 ℃。依据相关设计规范，当在井口房混合热风压入时，通过加热器加热后的热风计算温度可取 20~30 ℃；当在井筒内混合热风时热风计算温度取 60~70 ℃。

加热送风热负荷 Q 按下式计算：

$$Q = KGC\rho_m(t_m - t_w) \tag{6-2}$$

式中：K 为漏风系数，可取 1.1；G 为主井进风总量，m³/s；C 为空气比热，其值为 1.01 kJ/kg；ρ_m 为混合空气密度，查空气密度表 2 ℃时取 1.284 kg/m³；t_m 为混合后空气温度，取 2 ℃；t_w 为室外空气温度，取 -28 ℃。

计算得：加热送风热负荷 $Q = 6496.39$ kJ/s。

加热风量按下式计算：

$$G_{jr} = G \times \frac{t_m - t_w}{t_r - t_w} \tag{6-3}$$

式中：G_{jr} 为加热风量，m^3/s；t_r 为加热后空气温度，按混合地点不同分别取 30 ℃ 和 70 ℃。

计算得井口房混合加热风量 $G_{jr} = 78.52\ m^3/s$，井筒内混合加热风量 $G_{jr} = 46.47\ m^3/s$。

3）井筒防冻技术

（1）水暖加热方式。利用矿区内布置的集中采暖热水锅炉，经井口房或空气加热室内置的多组水暖散热片加热冷空气至 30 ℃（井口房混合）或 70 ℃（井筒内混合），与室外进入井口房内的冷空气混合至 2 ℃ 以上后，再进行送风。

（2）电加热方式。在井口房内或一侧布置一间较大的空气加热室，内置多组电加热散热器加热冷空气至 60~70 ℃（井筒内混合），采用压风机，将热风压入热风道后利用井筒的负压吸入井筒内，与井口吸入的冷空气进行混合至 2 ℃ 以上后，再进行送风。

（3）热风炉方式。在中心锅炉房或单独加热室内布置热风炉，直接加热冷空气，再利用压风机与热风管道输送至井口房或井筒内与冷空气混合至 2 ℃ 以上后，再进行送风。

4）井筒防冻技术对比

水暖加热方式中加热空气的热媒为热水，水暖散热片的传热系数一般在 6 左右，故要达到设计所需热风温度和热风量，最少也需要 4000 m^2 的散热面积，明显不符合实际应用。电加热方式中加热空气的热媒可选电加热的 SRZ15×10 型加热器，工作温度 800 ℃，所需不锈钢散热器散热面积约 476 m^2，不能在井口房内布置电加热散热器，且单独设计的空气加热室对安全管理要求很高，所需空气加热室体积大、电力负荷高。用热风炉方式加热空气的热媒为热风炉内燃烧的煤，相对于前 2 种方案具有很明显的优点：

（1）直接加热空气，在缺水的地区尤其适用。

（2）设备少，易于安装、管理和维护，特别是省去了水处理系统，投资小，根据相关资料统计可节约投资 20%~30%。

（3）运行时，耗能少且可随时根据气温变化进行调节。

（4）可在中心锅炉房内与采暖锅炉集中布置或在井口工业场地内就近布置一间很小的空气加热室，减少劳动定员和土地使用。

（5）热风炉内没有承压部件，是非压力容器，无爆炸隐患，使用方便，是一种安全、可靠的可用于井筒防冻的理想设备。

5）冷热空气混合位置

依据目前国内外矿井井筒防冻措施的应用情况，主要有 2 种冷热空气混合方案：一是在井筒内混合，二是在井口房内混合。依据其他类似矿山井筒防冻措施使用情况，在井口房内混合冷热空气，很难保证混合后的热风进入井筒之内，大部分热风会上升至房内顶部，入井空气预热效果差，且由于生产与通风需要，井口房内密闭保温措施差，在井口房内混合冷热空气将会导致热量损失增大，增加运行成本。

因此，采用热风炉加热空气的方式，在主井工业场地内布置热风炉加热室，通过专用热风管道将热风送入井筒，与室外进入的冷空气混合至 2 ℃ 后，再送入井下。井口房内利用集中采暖热水锅炉热力管道供热，防止井口冰冻。

6.6.3　细沙沟铁矿干旱沙漠气候开采

1. 矿山概况

细沙沟铁矿是一座以铁铜为主,伴生银的中型矿山,矿床采矿权属新疆鄯善联合矿业有限公司,已探明地质储量551.89万t,铁金属量190.52万t、铜金属量34986.29t。矿区位于鄯善县南西方向,直线距离约160km,行政区隶属于新疆鄯善县管辖,面积0.2km²,开采标高+865~+1145m,设计采选生产规模为45万t/a。矿山位于戈壁滩深处,大部分路段未修筑公路。虽然由于附近矿山多年的运输,已在戈壁滩中形成可使汽车行驶的运输道路,但道路状况较差,行驶速度慢。矿区地处东天山南侧中间隆起带平坦的低山戈壁区,海拔+1146~+1150m,最高+1173m,绝对高差27m,相对高差2~10m,属低山戈壁地貌。矿区气候类型属典型的大陆性干旱气候,夏季酷暑炎热,冬季寒冷,年平均降水量23.1mm,方圆10km内无任何常年水系及水体,属地表水贫乏区,生活生产用水要从190km以外的迪坎儿乡运送,不但成本高,而且用水量大时难以保证。

2. 矿山开采技术条件分析

1)区域地质条件

矿区位于吐哈盆地南缘,塔里木板块与准噶尔微板块碰撞汇聚带中。以康古尔深大断裂为界,北属哈尔里克—大南湖晚古生代岛弧带,南为觉罗塔格晚古生代岛弧带。区域内褶皱、断裂较为发育。区域内出露地层主要有元古界星星峡组、上古生界下石炭统雅满苏组、中石炭统迪坎儿组、中生界侏罗下中统煤窑沟组、新生界第三系桃树园组及第四系等。区域内经历了多次强烈的构造运动,断裂构造十分发育,区域断裂构造控制着构造格架和岩浆岩的分布及成矿活动。北部康古尔深大断裂,向北西西向延伸,长约1300km,形成于石炭纪末,中、新生代历经多次复活,该断裂对两侧的成矿活动有突出的控制作用。区内断裂构造较发育,其中北东、南东向断裂是阿奇克库都克大断裂扭动过程中派生的次一级配套构造,是本区主要的控矿构造,控制着本区的矿化分布格局。矿床是以Fe为主,含有Cu、Mn、Pb、Au、Ag等多种元素的综合矿床,成因类型属与侵入活动有关的热液型矿床。

2)矿体赋存特征

细沙沟铁矿床由大小13个矿体构成,其中以Ⅳ、Ⅳ-1、Ⅴ、Ⅵ号矿体为主要矿体,其资源量占矿床资源量的78%以上,其他小矿体分别是上述主矿体的侧列脉体。目前发现和控制的矿带总长度约2000m,宽度80~120m。在此平面范围内共计分布着出露长度大小不等的矿体13条,它们受一个北西至南东向断裂构造带的严格控制。单个矿体长度120~800m,最大单个矿体长度800m;矿体厚度3~10m,最大厚度15m。矿体呈条带状、单脉状、细网脉状产出,显示构造控矿明显。主要矿体呈条带状、单脉状产出,构成工业矿体。矿体为急倾斜状,在平面上和空间上呈舒缓波状的脉状板状体,在走向上诸矿体呈尖灭再现和平行侧列展布,矿带总体走向110°~130°,倾向200°~210°,其中Ⅱ号矿体反倾,倾向290°,倾角82°~90°。矿床中矿石全铁的平均品位为35.85%,其中可熔铁在矿石中所占比例在89%左右,矿石磁性铁占有率较低,平均为2.2%,矿体主要特征见表6-38。

表 6-38　细沙沟铁矿矿体主要特征表

矿体编号	矿体形态	产状/(°)		规模/m			平均品位/%	
		倾向	倾角	长度	控制最大深度	平均厚度	TFe	Cu
I	单脉状	200~210	65~80	329	95	3.75	35.14	0.63
I-1	单脉状	235	87	50	75	2.01	31.22	0.01
II	单脉状	26~28	60~77	102	70	4.92	52.95	0.18
III	单脉状	35	89	90	180	1.04	42.41	1.14
IV	单脉板状	205~211	76~82	800	270	6.03	35.35	0.62
IV-1	单脉板状	206~210	77~81	600	158	5.03	35.23	0.49
V	单脉板状	208~215	70~89	600	167	5.94	30.29	0.69
VI	单脉板状	202~208	78~84	260	87	5.20	36.51	0.57

3) 开采技术条件

浅部坑道中矿层顶底板围岩主要以浅肉红色蚀变碎裂花岗岩为主，结构致密，岩石均属于坚硬岩石，绝大部分区域围岩整体性较好，坑道工程一般不需支护。在局部蚀变及层间错动强烈破碎地段，围岩风化严重，整体性差，此处坑道主要采用锚杆支护并挂钢丝网。矿区深部围岩主要以浅肉红色蚀变碎裂花岗岩为主，虽然岩石单轴抗压强度较小，但是围岩的整体性较好，结构致密，抗风化能力强，岩石裂隙不发育，不易产生大的不良工程地质现象，因此矿坑井巷围岩稳固性整体良好。矿区内无地表水体，地下水主要补给来源为大气降水、冰雪消融水，矿区内主要含水层为裂隙含水层，含水层富水性微弱，地下水主要接受地下侧向径流补给、洪流渗补给及大气降水入渗补给，水文地质条件简单。

3. 分段空场嗣后充填法典型方案

1) 矿体分类

开采范围内 9~16 线 1050 m 水平以上的铜、铁矿体，赋存于花岗闪长岩的断裂带中，矿体完整性为中等至完整，走向长度约 1200 m，矿体走向 110°~130°，倾向 200~210°，矿体平均厚度 4.66 m，矿体平均倾角 75°。按矿体的厚度将矿体分为两类，厚度小于 5 m 占 29%，厚度为 5~15 m 占 71%。

2) 采场结构参数

矿块沿矿体走向布置，矿块长度 50~60 m，矿块宽度为矿体厚度，阶段高度 50 m，采用平底堑沟底部结构，间柱宽度 6 m，顶柱高度 4 m，分段高度 11~12 m(图 6-38)。

3) 采准切割工程

采准工作主要包括铲运机出矿巷道、穿脉、装矿进路、分段凿岩巷道、人行通风天井、溜井等矿石回采工作必不可少的井巷工程。切割工程包括切割槽及"V"形堑沟。采用垂直中深孔拉槽法形成切割槽，即先在矿房中央位置掘进切割天井。在每个分段水平，于切割天井下侧先掘进切割平巷，由切割平巷围绕切割天井开环形进路，并逐渐扩帮到整个槽

I — I

II — II

III — III

图例

1—铲运机出矿巷道； 8—切割天井；
2—穿脉； 9—切割平巷；
3—人行通风天井； 10—溜井；
4—联络道； 11—炮孔；
5—分段凿岩巷道； 12—"V"形堑沟；
6—装矿进路； 13—间柱；
7—拉底平巷； 14—顶柱。

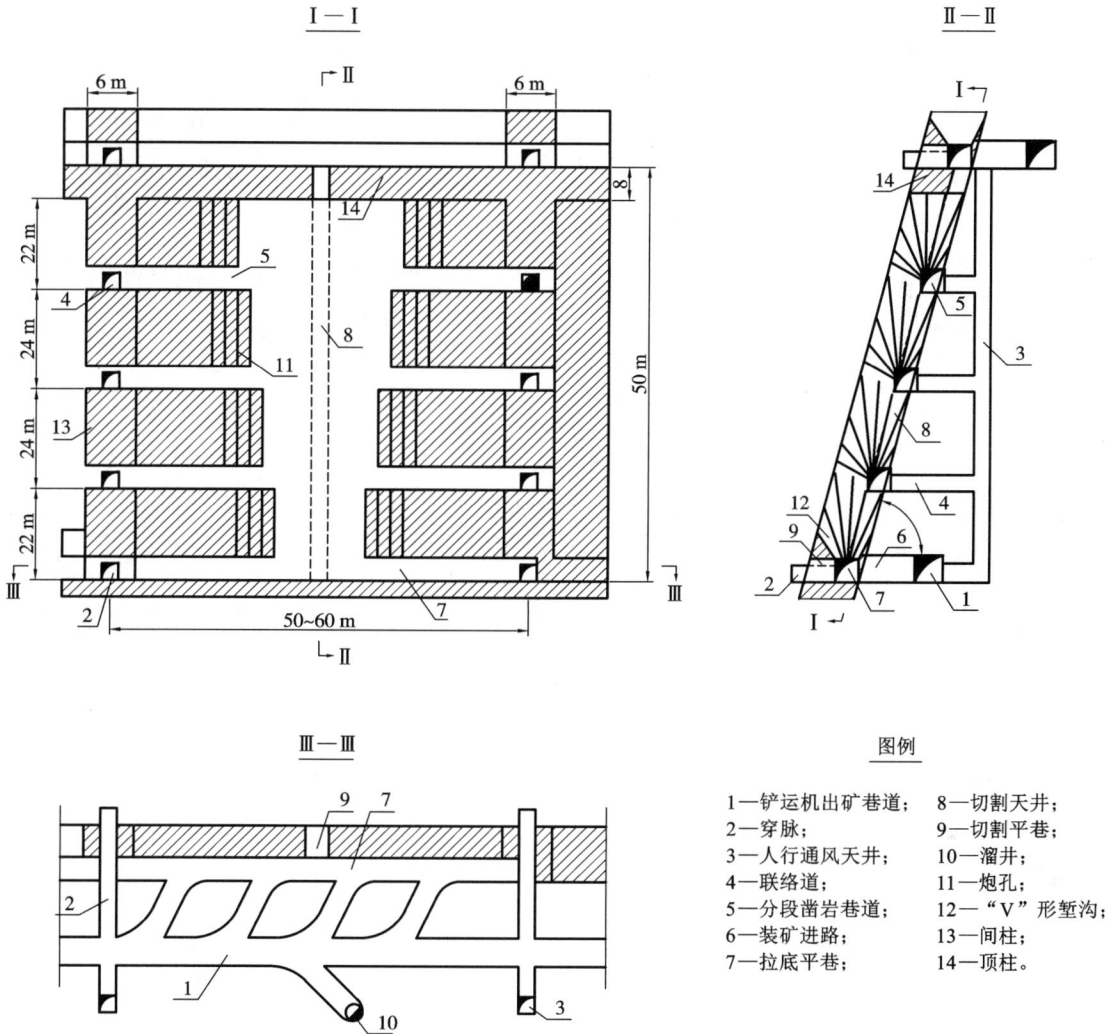

图 6-38 分段空场嗣后充填法

宽。再从切割平巷向上钻凿平行中深孔，以切割天井为自由面进行爆破，形成切割立槽。切割槽采幅 2 m，切割平巷断面 2.8 m×2.8 m；考虑到切割槽采幅小，爆破夹制作用大，切割槽的排距确定为 1.0 m；使用散装乳化炸药，非电毫秒雷管和导爆索复式反向起爆。切割天井连通上阶段巷道(于 1100 m 水平直接连通地表)。"V"形堑沟由拉底平巷掘进上向扇形中深孔爆破形成。即在出矿水平掘进 2.8 m×2.8 m 的堑沟拉底平巷，在此平巷用 YGZ-90 钻凿扇形孔，边孔少装药，以形成平整的堑沟斜面。堑沟爆破与回采同时进行，且无须一次形成，只需落后于回采立面 1~2 排炮孔即可。标准矿块采准切割工程量和矿量分配分别见表 6-39 和表 6-40。

表 6-39　分段空场嗣后充填法标准矿块采准切割工程量

工程阶段及项目名称		规格/(m×m)或 m	条数/条	单长/m	长度/m			工程量/m³			采出矿量/t
					脉内	脉外	合计	脉内	脉外	合计	
采准切割工程	采准	铲运机出矿巷道	3.4×3.3	1	50.0		50.0	50.0		561.0	561.0	
		人行通风天井	2.0×2.0	1	50.0		50.0	50.0		200.0	200.0	
		联络道	2.0×2.0	4	6.2		24.8	24.8		99.2	99.2	
		分段凿岩巷道	2.8×2.8	3	50.0	150.0		150.0	1176.0		1176.0	4551
		装矿进路	2.8×3.1	4	7.4		29.6	29.6		256.9	256.9	
		穿脉	2.0×2.0	1	15.5	6.6	8.9	15.5	26.6	35.4	62.0	103
		溜井	φ2.0	1/3	50.0		16.7	16.7		52.3	52.3	
	切割	切割天井	2.0×2.0	1	38.8	38.8		38.8	155.2		155.2	601
		切割平巷	2.8×2.8	4	3.8	15.4		15.4	120.4		120.4	466
		拉底平巷	2.8×2.8	1	48.0	48.0		48.0	376.3		376.3	1456
采准切割合计					258.8	180.0	438.8	1854.5	1204.8	3059.3	7177
千吨采切比		9.43 m/kt									

表 6-40　分段空场嗣后充填法标准矿块矿量分配表

项目	工业储量/t	回采率/%	贫化率/%	采出矿量/t			占矿块采出量的比重/%
				矿石	混入岩石	小计	
矿块	64242	78.11	10.66	49880	5923	55803	100.00
顶柱	5077						
底部结构矿量	2877						
间柱	7060	35.00	14.00	2471	402	2873	5.14
矿房	42050	96.00	11.20	40368	5092	45460	81.45
附产	7177	98.00	6.00	7033	449	7482	13.41

4）回采

矿房回采以切割槽为自由面，由两侧向切割槽崩矿。爆破时保持上一分段超前下一分段 1~2 排炮孔。每次崩落矿石，经一定的通风时间后，及时出矿；矿石用"V"形堑沟集矿，经铲运机运输，倒入溜井。采用 YGZ-90 型导轨式凿岩机凿岩，2 台钻机，3 班工作，凿岩台班效率 35 m/台班，全部炮孔一次凿完，分次爆破。

5）通风

矿房回采时，应保证分段凿岩巷道与装矿进路内风流畅通。每次爆破后，新鲜风流由铲运机出矿巷道、矿房两侧的人行通风天井及装矿进路进入分段凿岩巷道与空区，清洗工作面后，污风经顶柱中央的天井进入上中段回风巷。每次爆破后至少通风 40 min，人员方可进入工作面。第一中段(1100 m 水平)因人行通风天井均通达地表,在人行天井地表出口安装局扇,可直接将污风抽出地表。

6)出矿

崩落的矿石借助自重落入分段矿房底部"V"形堑沟,铲运机在装矿进路内装矿,卸入采场溜井。设计采用 1.5 m³ 柴油铲运机,生产能力 Q = 131.6 t/台班。若标准方案矿房采出矿量为 45460 t,则纯出矿时间为 345 台班,合 115 d。

7)矿房生产能力计算

为了提高矿石回收率,降低矿石损失,在保证安全的前提下,在矿房回采完毕后,需对间柱进行回收,采用"隔一采一"的回收方式。回采完毕后,用井下掘进废石或崩落的少量上下盘围岩(从地表钻凿若干排浅孔,爆破空区两侧围岩)进行充填。

8)矿房生产能力计算

矿房作业循环见表 6-41,主要技术经济指标见表 6-42。矿房采出的矿量为 45460 t,凿岩爆破通风回采总时间约为 150 d,则矿房生产能力为 303 t/d。

表 6-41 分段空场嗣后充填法标准矿房作业循环表

序号	作业名称	时间/d	进度/d						备注
			26	52	78	104	130	150	
1	凿岩	29							两台三班
2	爆破通风	5							
3	出矿	116							一台铲运机
4	合计	150							

表 6-42 标准矿块主要技术经济指标

序号	指标名称		单位	数值
1	地质指标			
1.1	品位	Cu	%	0.54
		Fe	%	33.38
1.2	矿石体重		t/m³	3.87
1.3	矿体平均水平厚度		m	6.64
1.4	矿体倾角		(°)	75
2	采矿方法比例			71
3	矿块构成要素			
3.1	长度		m	50
3.2	矿房		m	44
	间柱		m	6

续表 6-42

序号	指标名称	单位	数值
3.3	阶段高度	m	50
3.4	顶柱	m	4(1050 中段)
3.5	分段(层)高度	m	11(12)
4	矿块矿量	kt	64.24
5	千吨采切比	m/kt	9.43
6	每米炮孔崩矿量	t/m	7.43
7	回采率	%	78.11
8	贫化率	%	10.66
9	铲运机生产能力	t/台班	131.6
10	采场生产能力	t/d	303

思考题

1. 如何实现软弱破碎矿体的安全高效回收?
2. 如何实现低品位矿体的低成本开采?
3. 复杂多变矿体选择适宜充填采矿法方案的核心要素是什么?
4. 论述如何实现"三下"矿体的安全高效回收。
5. 分析滨海、高寒高海拔、干旱沙漠气候对地下开采的影响。

第7章 残矿资源安全高效回收

矿产作为不可再生的资源被加速消耗，易于开采的优质矿产资源日渐枯竭。为保持经济社会可持续发展，矿物的获取除了继续向地层深部开采外，矿山已开始关注残矿资源的二次回收，特别是当深部开采面临技术上或经济上难以克服的困难时，矿山将会更多地转向残矿资源的二次开采。

7.1 残矿资源回收利用现状

残矿资源的开采技术条件极为复杂，尤其是开采的安全隐患突出，因此，研究残留矿柱安全开采工艺技术，寻找解决这一问题的科学途径，对于充分回收有用资源、提高矿山企业经济效益及延长矿山服务年限均具有十分重要的意义。

7.1.1 国外残矿回收研究现状

国外矿业发达国家一贯重视不可再生矿产资源的综合回收和利用，对于地下残矿资源的回收利用研究工作进行得较早。例如，美国亚利桑那州的 Morenci 铜矿和 Ray 铜矿早期采用地下开采方式形成了大量的空场，后改用露天开采日产矿石 4 万~6 万 t；San Manuel 铜矿根据矿体厚大、破碎、品位低的特点，采用阶段自然崩落法开采，同时对老崩落区的残矿采用溶浸法回收铜金属；White Pine 铜矿采用溶浸法回收早期房柱采矿法遗留的矿柱及残矿，使资源得到充分的回收。伊里奇铁矿用充填法开采瓦梁柯箕斗井工业场地保安矿柱，产生经济效益 15.12 万卢布；英古列茨采选公司用崩落法从英古列茨河床下部保安矿柱中回采 83.7 万 t 铁矿石，盈利 205.1 万卢布。

7.1.2 国内残矿回收研究现状

目前，我国金属矿山的残矿主要有四种类型：

(1)挂壁矿：采矿时未完全采下，主要为附着在矿体的上下盘围岩上的矿石。

(2)边角细脉矿：因矿体分支复合现象普遍，故部分开拓、生产、采准巷道周围留有细小矿脉。

(3)存窿矿：主要指回采过程中采下而未运出的矿石，也包括自然垮塌落入采空区中的矿石。

（4）矿柱型和隔墙型矿：开采过程中由于受条件限制而留下的顶柱、间柱、隔墙等矿石。

湘西金矿在对采场中的挂壁残矿进行回收时，矿壁几乎被尾砂包围或处于尾砂与干式充填料中，由于充填料强度低，稳固性差，加上矿壁宽度一般为 3~5 m，厚度 1.5~3.5 m，斜长 50 m 左右，所以一般采用小断面向上掘拉底沿脉上山至上部回风平巷，然后从沿脉上山分段后退并采用控制爆破技术进行扩帮压顶回采矿石，随着压顶紧跟工作面安设长锚索和短锚杆以加固顶板岩层。在扩帮过程中若两侧的尾砂因爆破作用而塌落，则可采用人工分选，将选出的矿石用拖篓运出，尾砂就地堆积用于处理采空区。同时对塌落部位用立柱与木板或水泥堵封，以防尾砂继续塌落。当整个矿壁采完并清扫底板后，封闭漏斗，再用尾砂充填采空区。如果在矿壁中不易开凿上山，也可从矿壁与尾砂接触面向上边出尾砂边用插板法超前支护，自上而下采出矿壁。

湖南黄沙坪铅锌矿边角细脉矿体形态极不规则，多数矿体及围岩为中等稳固，矿石品位高。因矿体分支复合现象普遍，部分开拓、生产、采准巷道周围留有细小矿脉。这类残矿采用留矿法回采程序：人工直接在矿房暴露下的矿堆上作业，自下而上分层回采，每次采下的矿石靠自重放出 1/3 左右，其余暂留在矿房中作继续上采的工作台，矿房全部回采完后，再大量出矿。

广东高要河台金矿 120~160 m 中段 16 线间柱，左右两个矿房回采后的采空区被黄泥或大量片落围岩充填，是典型的隔墙型矿柱，由于围岩破碎而无法回收。查清情况后先从 160 m 中段 16 线天井下向挖掘黄泥，清理出天井作为回采通道，然后在 120 m 中段穿脉巷道施工一条 600 m 斜井通达 16 线天井作为下放矿石通道。用浅孔留矿法从开始采矿至出矿结束耗时 1 年零 2 个月，采出矿石约 2000 t。

铜绿山矿采场内预留的条柱宽度一般为 8~10 m，且被流动性极好的松散炉渣充填料所包裹。矿房一次回采始于 20 世纪 70 年代初期，距今时间久远，加之矿房充填接顶效果不理想，大多数残留矿柱成了地下应力集中区。因受一次回采爆破的影响，加之一些井巷工程的穿越，矿柱的完整性和稳定性均遭受到不同程度的削弱。残柱开采地段上盘地表为古铜矿遗址，属国家重点保护文物，矿山生产不能对该遗址产生任何不良影响。针对上述残留矿柱所特有的开采技术条件，使用上向梯段胶结充填法作为残柱回采的方法，采用超前拉槽、分次落矿、梯段式推进等新工艺，取得了良好的技术效果和经济效益。

杭州建铜集团有限公司Ⅱ#多金属矿体水平矿柱回采中，采用后退式分区回采，分区充填办法，减少采充作业循环次数，提高劳动生产率；将采场中的白云岩夹层留作采场永久性安全支柱，且用木垛替代矿石点柱，支撑充填体顶板，提高采矿回收率；采用后退式剥帮形式逐渐回采水平矿柱，控制采场顶板暴露面积。

7.1.3　采空区稳定性研究现状

残矿资源能否安全回收，很大程度上取决于周围采空区是否稳定，因此，采空区稳定性分析是残矿资源安全回收专项论证的必要基础条件。

随着我国经济建设的快速发展，涉及岩体的工程建设项目(水电、矿山、交通、海港等领域)不仅越来越多，而且规模越来越大，在整个社会经济中占有举足轻重的地位。岩石力学的研究对象是多相、各向异性的裂隙岩体，因此它不是一门单一的学科，而是由多学科相互交错、渗透、依赖而派生出来的交叉学科。岩石力学在岩体工程上的表现形式不但与地质条件密切相关，而且与工程类别、施工工艺、支护方式与时间等相辅相成。这些特点决定了研究岩石力学及其工程应用不能采用单一的方法，而应采用多种方法、多种技术的综合性研究方法。这种综合性研究方法自20世纪90年代起已是不少岩石力学研究领域的共识，亦是21世纪岩石力学与工程发展的主要方向。

保证生产安全和降低工程费用是岩石力学研究的首要任务，为此需要在地质勘探的基础上进行科学设计，以期达到生产上安全、经济上合理的目标；然而，由于岩体介质的客观复杂性，使得这一工作至今主要还是依赖经验方法，即工程类比法。但经验不过是对以往典型工程的总结，不可能全面反映岩石工程与力学行为的本质，加之每一项具体的岩土工程项目都有其自身的特点，使得经验方法在某些方面不能做出科学的决策，从而只能以增加工程费用作代价。正是由于岩体介质的客观复杂性，使得以固体力学基础理论和以经典数学为基础的岩体理论分析至今不可能完全取代经验方法。

地下岩体是经历地质构造运动重新建造和改造的地质体的一部分，是非均质、不连续、非线性的复杂多变的地球表层介质；而已知的地质环境、施工条件和岩体力学形态的参数，通常是不精确的。其误差可能在百分之几十以上，甚至相差数量级别，这是一种典型的结构不良问题。地下工程只能在这种基础信息极其匮乏的条件下及模糊的工程环境中，利用一切可以利用的技术手段，集成多因素耦合分析，做出设计与施工决策，并对工程的安全和经济承担技术责任。

采空区稳定性研究主要在煤炭、冶金、军事和交通等部门进行，如波兰、前苏联、英国和中国等主要产煤国家从20世纪50年代开始就对"三下"采煤技术、采空区地表构筑物保护和防治技术进行了大量试验研究，积累了宝贵的经验。20世纪80年代始，英国、波兰、德国等国的一些学者相继研究了采空区等地下空洞对公路的危害，其后，国内外众多研究者也针对地下开采沉陷及"三下"采矿技术进行了大量研究，形成了矿山开采沉陷学等学科。

研究发现采空区上方地层可能产生连续性或非连续性位移变形，并具有如下特点：

①隐蔽性，老采空区一般深埋于地下，其特征一般难以弄清，其变形过程难以直接观察；

②复杂性，老采空区活化过程受多种自然和人为因素的影响，其活化机理、过程及其对地表的影响规律相当复杂；

③突然性，许多大型浅部老采空区失稳破坏常常是突然性的，塌陷时间难以准确预计；

④周期性，老采空区的活化是一个长期的过程，可能在采后几年或几十年甚至上百年后发生，也可能是长期的缓慢变形过程，在发生过明显活化的老采空区仍有再次活化的可能。比较有名的老采空区突发破坏的事例，包括1960年波兰维利奇卡盐矿140年前遗留采空区的突然塌陷和苏格兰某报废矿118年后的突然塌陷等。

7.1.4　采空区稳定性分析方法

目前，采空区稳定性分析方法主要有预计法、解析法、半预计半解析法及数值模拟法。

1）预计法

预计法主要是通过计算顶板承载力、剩余地表变形量及残留采空区的稳定性、地表破坏范围来进行，主要有：

（1）基于实测资料的经验公式法，在我国广为使用的有负指数LY1数法、典型曲线法等。

（2）在波兰推广使用的 Budryk-Knothe 理论。

（3）在我国广泛使用的概率积分法。

（4）其他预测方法，如灰色预测方法、稳健统计方法、采空区矢量法、模糊数学方法等，但这些方法尚需实践的进一步验证。

2）解析法

解析法是对采空区进行简化，建立地质模型，再按一定的原则抽象为一个理想的数学物理力学模型，按照数值方法予以求解。如结构力学方法，就是计算采空区地下残留硐室和矿柱稳定性的一种常用方法，有单硐室或多硐室弹性地基上梁模型或拱模型等。

3）半预测半解析法

该方法是预测法和解析法的结合，如 B. Dzezli 教授在 Budryk-Knothe 理论基础上引入 Fourier 二维积分经变换形成的方法。

4）数值模拟法

采空区数值模拟可使用有限元法、边界元法、离散元法及有限差分法等。其中，有限元法适用范围最广，发展较成熟，有着独特的优点，可以选用不同的本构关系，采用灵活多变的单元，尤其适用于覆岩开采沉陷预测这类复杂大变形问题的求解。国内外已经有许多可用于岩土工程分析的、比较成熟的有限元计算软件可供直接使用，如 UDEC、FLAC、ANSYS、MIDAS 等。

综上所述，对采空区灾害的研究，在认识论上，走过了对系统认识从封闭到半开放、开放，对系统行为从确定性到随机性、混沌性，对系统内涵从线性到非线性的历程；在理论基础上，逐步将传统静力学、近代岩体力学、现代数理力学及非线性科学理论引入应用；在行为目的上，从认识灾害发生机制、预测其发生可能到进行灾害控制与治理，走过了从认识自然到改造自然的艰难历程。

7.2　洛坝铅锌矿残矿回收实践

7.2.1　残矿回收背景与意义

1.矿山开采技术条件分析

1）矿山概况

甘肃省铅锌矿产资源丰富，属于我国五大铅锌生产基地之一，西成铅锌矿田东起徽县洛坝，西至西和县洛峪，远景储量达 5000 万 t，是我国的超大型铅锌矿矿田之一。甘肃宝徽实业集团有限公司是徽县一家以铅锌资源开发、加工、贸易为主，多产业发展的企业集团，子公司甘肃洛坝有色金属集团有限公司徽县洛坝铅锌矿是其主要的原材料生产基地，由 4 个采矿权整合而成，拥有国内不可多得的高品质易选铅锌矿资源。洛坝铅锌矿床位于甘肃省徽县柳林镇沙坝村，矿床东起张家山梁、西至青竹垭，长 4400 m，南北宽 1000 m，采矿权面积 2.2566 km^2，准采标高 +700～+1360 m，保有资源量 2530 万 t，Pb 平均品位 1.43%，Zn 平均品位为 3.53%，生产能力 100 万 t/a。

2) 矿床地质条件

矿区位于西成铅锌矿集区内东端,呈狭长带状东西向展布,南邻三叠系,中间有人土山-江洛大断裂,北部是沿黄渚关断裂侵入呈超覆状的糜署岭花岗闪长岩基。地层主要为中泥盆统安家岔组焦沟层上层,为滨海-浅海相细碎屑岩及碳酸盐岩建造。矿区构造复杂、以近东西向为主,由洛坝背斜和南、北两翼的人土山—江洛大断裂及黄渚关断裂组成。洛坝背斜属区域Ⅲ级构造,轴线呈北东东—南西西向,并朝两端以小角度(5°~10°)倾伏;层内小褶曲发育,在千枚岩中成组成群出现。矿区内断层非常发育,两条区域性大断裂呈南、北相向挟挤之势,再叠加后期不同规模的大、小断层,使含矿层和矿体形态复杂、变化急剧,并共同构成矿床及矿体特征的主要控制因素。按产状不同,可将断层分为走向断层 F1、F2、F3,横向断层 F7、F8、F9,及斜向断层(规模较小)F5、F6、F10、F11、F12 等。

3) 矿体赋存特征

该矿床属大型铅锌矿床,呈沿走向朝东、西两端缓慢倾伏的狭长带状,地表矿体出露较少,大多为盲矿体;矿体规模较大、数量多,呈多层平行叠置,已控制的大、小矿体有200 多条。主矿体有 3 条,分别是Ⅰ-5、Ⅰ-7 和Ⅲ-2 号矿体,矿石量分别占全矿区查明的 13.64%、17.13% 和 37.74%,金属量分别占全矿区查明的 11.58%、17.87% 和 36.56%,其单独矿体铅+锌金属量都超过 31 万 t。区内所有矿体都分布在洛坝背斜两翼及其近转折端部位,平面上矿体呈向西、向南斜列排布,剖面上呈由浅到深,从北向南斜列。随着背斜轴由中部分别向东、西两端缓慢倾伏、矿体埋藏亦随之加深。大多数矿体位于+950~+1000 m 标高,且矿体延长都大于延深,虽总体上以向北中等至缓倾斜为主,但受构造影响,矿体常有弯曲,交叉分支、尖灭再现等特点。矿体与围岩呈整合接触,围岩有千枚岩、石英岩和灰岩三种。千枚岩是Ⅰ、Ⅲ号矿体系统围岩之一,与矿体之间有明显界线。由绢云母及少量铁白云石、石英、方解石等组成,千枚理发育,易剥离脱落,带有不同程度碳化或褪色蚀变。石英岩与矿体呈过渡边界、岩石坚硬,常为破碎状,由石英、菱铁矿、铁白云石、方解石等组成。灰岩受矿体影响有不同程度硅化,常与石英岩间杂分布,岩石较完整,常有铁碳酸盐化、碳化,数量较少。

4) 开采技术条件

矿床位于罗家河一级流域西部的二级水系洛坝河中上游与三级水系西沟的交会地段,三级水系西沟呈东西向展布,矿床主要位于其南侧四级冲沟的上段。矿床地下水的补给取决于大气降水,大气降水直接或通过第四系盖层间接渗入岩石空隙,再进入承压水含水层,沿背斜脊部向翼部径流,在从适当地点排出。由于风化裂隙潜水含水层下伏大片千枚岩类的不透水岩体,阻止了地下水垂直下渗,水文地质条件属简单型。

洛坝铅锌矿床灰岩和石英岩等硬性岩体一般为完整至较完整型,岩体结构类型主要为整体块状结构,岩体稳定,工程地质条件较好,开采对岩石工程地质条件基本无影响,揭露的新鲜岩石都未支护。在局部千枚岩等松软岩石和区域性大断裂 F1 影响范围内的千枚岩一般稳定性差,岩石较破碎,极易发生塌顶及片帮现象。因此,工程地质勘探属于层状岩类,工程地质勘探的复杂程度属于复杂型。

受 20 世纪 90 年代大规模混乱的民采、盗采的影响,以及洛坝铅锌矿多年的强化开采,采空区规模已超过 100 万 m³,地面变形、塌陷等灾害已经初步显现,环境地质条件复杂。

2.矿山存在的问题及解决途径

1)矿山面临的主要问题

洛坝矿采用平硐+多级斜井开拓,采矿方法为浅孔留矿法和全面法,矿柱一般不回收,采空区不做处理。按照初步设计,矿山进行了施工生产,历时两年多,仍未能达产。通过现场调研发现,矿山当前存在如下技术、经济、环保和安全难题,严重影响矿山的经济效益、服务年限和可持续发展。

(1)资源统计分析工作欠缺、矿体禀赋情况不明。据甘肃有色地质勘查局一零六队2011年5月提交的《甘肃省徽县洛坝铅锌矿区资源储量核实报告》,按照50 m×50 m的勘查网度,查明矿区保有资源储量为2530万t。但是由于矿山整合前的地质勘探资料部分缺失,且对资源的统计分析工作欠缺,所以部分矿体的分布和禀赋情况不明,具备开采条件的资源仅为191万t,这致使采区产能分配、采矿工艺选择、开拓系统优化等工作均无据可依,严重影响了矿山的生产能力和服务年限。

(2)采矿工艺及装备水平落后、生产效率低下、损失贫化严重。洛坝矿矿体埋藏浅、品位高、上下盘围岩稳定性较好,应优选先进的采矿工艺和高效的采矿装备,以提高资源的开采效率,减少损失贫化。初步设计推荐的浅孔留矿法和全面法,均是相对落后的采矿工艺,不适合厚大矿体的开采,存在诸多的安全、经济和技术问题:

①采场结构参数设置不合理,留设了大量的矿柱矿壁,回采率低,资源损失量大;

②单矿块生产效率低、能力小,采矿装备落后,为满足产能要求需多中段同时生产,进而导致生产作业点多、安全风险高、管理难度大;

③该方法回采过程中采场需大量留矿,造成资金积压,且回采结束需大量出矿时,由于控顶过高,铲运机在超过10 m以上的空场下作业,安全隐患突出;

④铲运机直接向矿车装矿,矿石运搬和运输相互干扰,出矿运输效率低下;矿体上盘为片理状千枚岩,采场回采高度在10 m以上时,上盘容易片帮,造成出矿进路堵塞,矿石损失贫化加剧,后续回采作业难以为继;

⑤浅孔爆破参数不合理,大块率超过20%。

(3)开拓运输系统复杂、井下通风条件差。矿区目前共有8个坑口、10个中段,坑道总长超过120 km,开拓运输线路极其复杂,采矿、运输、提升、配矿等环节相互间影响较大。斜井总数超过40条,斜井工作人员168人,矿石需经多级斜井倒运3次以上才能到达地表,运输能耗高、效率低,管理难度大、运输成本高。矿山整体的通风系统尚未形成,且未根据各中段同时生产矿块数和生产能力来合理分配风量,大部分区域依赖自然通风,无法满足大规模地下开采安全生产的要求,再加上矿山整合前大量的废弃巷道和未处理采空区,导致井下漏风、串风严重。

(4)尾矿产量大、尾矿库投资运营成本高。由于矿山现有的数座尾矿库均已接近最大库容,按现有采矿工艺需新建尾矿库来满足生产需要。由于国家对安全和环保的重视,尾矿库的审批难度越来越大;而且新建尾矿库征地、建设、运行、维护和闭库的费用极高。

(5)采空区群安全隐患突出、残矿资源永久损失严重。洛坝矿经过数十年的开采,采空区体积已经超过288万 m³,仅1090中段37~39A采空区的体积就超过38.7万 m³,如此大体积采空区群极易发生采空区冒顶、坍塌等现象,进而诱导产生大规模地压活动。采场内留设了大量矿柱,按照回采率50%~60%估算其残矿资源总量已达数百万吨。随着时间的推移,矿柱稳定性将不断恶化,例如,37线以西大部分巷道严重垮塌,1030-2、1060-11、1090-4等采空区塌穿。若不尽快采取新的工艺与技术,该部分矿量将会难以回收、造成永久损失。

(6)采掘失衡严重、生产被动。在生产管理中未能坚持"贫富兼采、厚薄兼采、难易兼采、采掘并举、掘进先行"的原则,致使资源大量浪费、采掘严重失衡、生产被动、产能受限。

2)解决途径

针对上述技术、经济和安全难题,需要进行专题研究和科学规划,并在充分研究论证的基础上,通过引进先进的技术与装备加以攻关解决。

(1)开展翔实的资源禀赋特征、采空区调查及工程岩石力学测试分析。洛坝铅锌矿保有未动矿体及残矿资源禀赋特征和开采技术条件复杂,单一的采矿方法难以适应上述复杂的开采技术条件。必须对未动矿体及残矿资源的禀赋特征,如矿体及采空区的空间形态、产状(延伸长度、走向长度、倾角、厚度)、沿走向和倾向的连续性、断层位置及影响等,进行系统的调查分析;开展矿岩的节理裂隙及抗压强度、抗拉强度,上下盘围岩的稳固性等工程岩石力学调查,进而为整体开采方案规划、采矿方法选择、采矿工艺参数优化、采场和巷道支护方式、各中段可布矿块划分、合理的回采顺序制定及产能分配提供依据。

(2)将空场法变更为更加安全、高效、环保的充填法。在掌握资源的禀赋特征与岩石力学特性的基础上,通过矿体分类,对开采技术条件基本相同的主要矿段进行采矿方法优化,优选适用性强、安全高效、低成本的充填法方案;针对其他特殊开采条件下的矿体,优选有针对性的开采技术方案;并通过合理配置机械化的采掘装备,减人增效,实现生产的本质安全。

(3)建设低成本高效率的充填系统、为空场法转充填法创造必备条件。充填法的关键在于充填工艺与充填系统。洛坝铅锌矿所建设的充填系统不仅需要同时满足充填采矿、采空区治理、残矿回收和尾矿处理四个方面的需要,而且还要符合"运行可靠,能力匹配,运营成本低,投资可控"的高标准要求。因此,应通过大量的试验研究、理论分析、方案比较,获取尾砂管道输送、充填配比等关键技术参数,确定低成本充填工艺流程方案,优选合适的充填制备站址,保障充填系统的可靠性并控制充填成本,以减少投资与运营成本。

(4)进行采空区充填治理、消除采空区安全隐患、加快残矿资源回收。鉴于洛坝铅锌矿多年空场法开采后的复杂开采技术条件,应利用新建成的充填系统,对采空区进行充填治理,从根本上消除采空区安全隐患、保护地表环境,确保矿山后续的生产安全并取得良好的经济效益,具有重大的现实意义。同时,鉴于矿山采掘失衡严重、生产被动的困境,应通过技术攻关实现采空区群条件下高品位残矿资源的安全高效回收,在尽可能地利用原有巷道工程、不明显增加掘进工程量的基础上,保障矿山生产系统改造期间的矿量供应、维持矿山现有产能。

(5)进行开拓采准系统优化调整设计、降低提升运输成本。在确定核心采矿方法及工艺和各中段生产能力的前提下,应秉承"集中作业、集中管理"的宗旨,有针对性和可行性地进行开拓采准系统优化调整设计,以简化运输和通风线路,降低运输和用工成本,满足空场法变更为充填法的需要。同时,开拓采准系统优化调整设计应充分兼顾矿山中长期的开采规划,并与探矿工程结合起来,以降低采掘比、减少废石产出。

(6)进行科学合理的资源开采整体规划、实现持续均衡的发展。在翔实的可采储量统计与分析基础上，应进行科学合理的资源开发近期、中期和长期规划，引进机械化采掘装备，最大程度地提高资源的回收效率和回采强度；实现采矿、掘进、装载、运输、提升、选矿的全流程机械化作业，减少用工成本和安全风险，建成大规模开采的绿色示范矿山，将资源优势转化为经济优势。同时，基于矿山生产被动、产能受限、效益不佳的现状，应根据采矿工艺和生产能力编制未来 3 年的采掘计划，使矿山形成合理的三级矿量，加强高品位残矿资源的开采，保障矿山生产系统改造期间的矿量供应，使矿山能够实现持续均衡发展，并发挥出应有的技术经济效益。

(7)开展充填法现场工业试验、开发安全高效低成本开采实用成套技术。通过选择典型开采区域，进行矿块划分和采场布置，制订合理的回采顺序，进行采准工程设计、爆破参数设计、回采施工设计和充填工程设计，通过现场工业试验，获得机械化充填采矿、采空区充填治理及残矿回收的实用成套技术，并确定相关技术参数和工艺流程。

3)残矿回收意义

洛坝铅锌矿经过多年的开采，采空区体积已经超过 300 万 m³，仅 1090 中段 37~39A 采空区的体积就超过 38.7 万 m³，如此大体积采空区群极易发生空区冒顶、坍塌等现象，进而诱导产生大规模地压活动。由于一直沿用工艺技术装备落后的空场法开采，且采场无设计无规划，长期的无序开采使洛坝铅锌矿保有的 2530 万 t 储量中的未动矿量消耗殆尽，而大量的采空区群内及周边则遗留了大量的优质残矿资源。截至 2018 年底，洛坝铅锌矿 860~960 m 中段的未动矿量不足 100 万 t，再加上深部+860 m 以下接替资源勘探工作严重滞后，将会面临无矿可采的被动局面，矿山的生产形势十分严峻。

因此，通过技术改造及技术攻关实现采空区群条件下残矿资源的安全高效回收，已成为未来几年维持矿山产能、为边深部接替资源勘探赢得时间的唯一可行途径；而且回收残矿资源的同时也对遗留采空区进行了处理，可以从根本上消除采空区安全隐患、保护地表环境，确保矿山后续的生产安全并取得良好的经济效益，故具有重大的现实意义。

考虑到残矿资源开采技术条件极为复杂，制约因素众多，国内尚无类似成功经验可以借鉴。因此，必须在充分考虑其特殊开采条件的前提下，经科学论证，并采取有针对性的安全技术对策，方能确保残矿资源安全回收。中南大学技术人员通过综合分析残矿资源的禀赋条件和采空区的分布状况，选择典型盘区开展残矿回收的现场工业试验，进行残矿资源回采方法与工艺研究，确定采场布置方式及采场结构参数，优化回采工艺与回采顺序；通过采准工程设计、控制爆破工程设计、切割工程设计、回采施工设计和充填工程设计，实现"强采、强出、强充"，使采空区群条件下的盘区残矿资源得以安全高效回收。

因此，残矿回收项目的实施不仅可以从根本上解决洛坝铅锌矿上部中段优质铅锌残矿资源安全高效回收的难题，提高矿山经济效益，延长矿山服务年限，而且可以从根本上消除采空区安全隐患，保护地表地下环境，对保障洛坝铅锌矿持续安全高效开采并取得良好的经济效益具有重大的现实意义。

3. 残矿回收关键技术

1)残矿回收的技术难点

残矿资源的安全高效回收一直是当今采矿技术的一大难题，究其原因，存在如下难题：

(1)采空区群形态复杂、安全隐患突出。据统计，洛坝铅锌矿 1030 m、1060 m、1090 m

和 1120 m 四个中段共有主要生产盘区 13 个,其采空区总体积高达 173 万 m³,残矿资源量达到 567.7 万 t,Pb+Zn 的平均品位高达 6.0%。采空区内部往往纵横交错、上下贯通,如此大体积的复杂采空区群极易发生空区冒顶、坍塌等现象,进而诱导产生大规模地压活动,因而保障残矿回收的安全性难度极大也极其关键。

(2)采空区充填技术要求高、治理难度大。高效合理地充填采空区以消除采空区安全隐患、防止上部岩体出现移动和沉降,是残矿安全高效回收的主要前提条件。例如,在上下皆存在采空区的残留顶底柱回收过程中,顶底柱下部采空区可采用非胶结充填以降低充填成本,并需预留 3~4 m 的上采作业空间,顶底柱上部采空区则需采用高强度胶结充填工艺,构筑顶底柱回收时的人工顶板,确保顶底柱回采安全。因此,采空区的充填工艺技术要与残矿回采方案相结合,以获得技术可行、经济合理的充填工艺技术方案。

(3)残矿资源禀赋条件复杂、空间形态变化大。洛坝铅锌矿矿体产状变化从薄到厚、倾角从水平至急倾斜,且上盘大多赋存有不稳固的千枚岩体,开采技术条件极其复杂。再加上多年的无序开采,产生了数量庞大的采空区群,遗留了大量的高品位残矿资源于采空区群内部及边部,其形态各异、厚度不均、安全回收技术难度极大。

(4)不同类型的残矿资源回采工艺各不相同。多数采空区群条件下的盘区残矿资源类型主要包括:顶底柱、间柱和边角矿。由于各盘区残矿资源禀赋特征和采空区分布状况的不同,相应的残矿回采工艺也各不相同,再加上部分采空区的稳定性会随着时间的推移而不断恶化。因此,所选用的技术方案必须具有针对性,且应安全可靠、技术可行、经济合理。

2)残矿回收关键技术

要想实现残矿资源的安全高效回收,必须突破以下技术及工艺:

(1)顶底柱、间柱和边角矿资源的安全高效回收技术。

(2)与采空区地压分布规律相适应的"强采、强出、强充"工艺。

(3)与残矿资源禀赋条件相适应的采准、切割和回采工艺技术。

(4)采场低扰动控制爆破技术与采空区低成本高效充填工艺。

7.2.2 采空区及残矿资源禀赋特征调查

1.残矿回收试验盘区选择

基于以下几个方面的原因,本次残矿回收试验盘区选择 1090 中段南区的 29A~33A 勘探线之间,如图 7-1 所示。

(1)根据中南大学 2017 年提交的《资源的禀赋特征与可采矿量现状调查分析报告》,1090 中段的残矿资源最为丰富,高达 242.56 万 t,占总残矿资源量的 20.87%。

(2)充填钻孔设计由充填站施工至 1120 中段,则 1090 中段具备相对成熟的采空区充填现场工业试验条件。

(3)1090 中段仅 37~39A 采空区的体积就超过 38.7 万 m³,如此大体积采空区群极易发生采空区冒顶、坍塌等现象,亟须充填处理。

2.试验盘区采空区调查

为便于开展试验盘区残矿资源统计与分类工作,对初选盘区内的采空区和拟回收间柱进

图 7-1 残矿回收试验盘区

行了统一编号，针对初选盘区顶柱、间柱和边角矿等不同类型的残矿资源开展系统的现场调查，深入分析残矿资源量、地质品位、开采技术条件等各项因素。

1) 1120 中段采空区

主要为 1120 中段Ⅲ-2 号主矿体采空区群，部分空区内部存窿矿较多。靠北部巷道基本完整，靠南部大部分巷道堆渣或已经塌陷，人员无法通过，如图 7-2 所示。

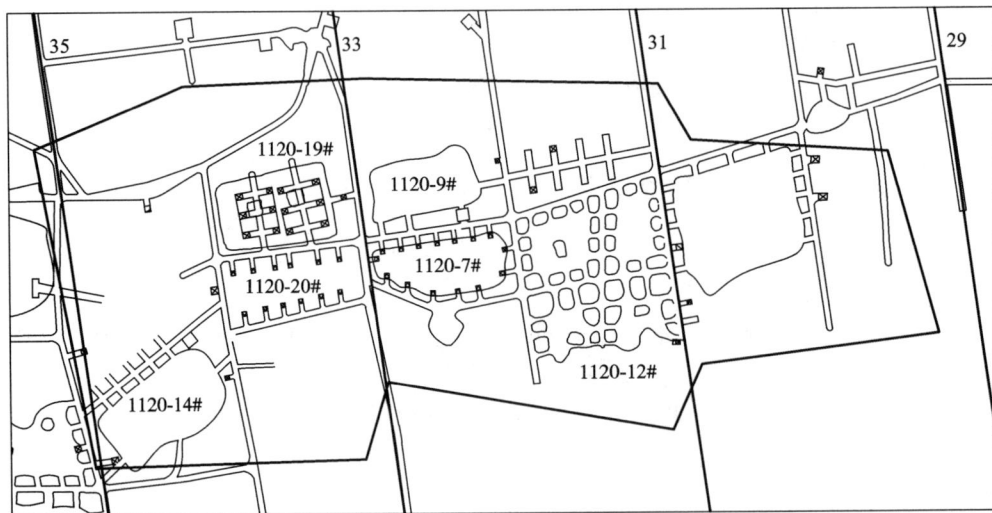

图 7-2 1120 中段采空区

2) 1090 中段采空区

采空区自东向西分别编号为 90-CS2-1 至 90-CS2-17，其中 33A 线以西大部分采空区顶板为千枚岩，完整采空区较少，南部采空区周围巷道基本塌陷或堵塞，无法进入，如图 7-3 所示。

图 7-3　1090 中段采空区

试验盘区采空区调查结果汇总表见表 7-1。

3）1060 中段采空区

如图 7-4 所示，主要为洛坝三号 1060 中段Ⅲ-2 号主矿体采空区群，采空区数量相比 1090 中段较少，巷道基本完整，其中，60-2-3 号采空区南部沿脉无法进入，60-2-7 号采空区与 1090 中段塌透，60-2-2、60-2-4 及 60-2-7 号采场矿未出完。

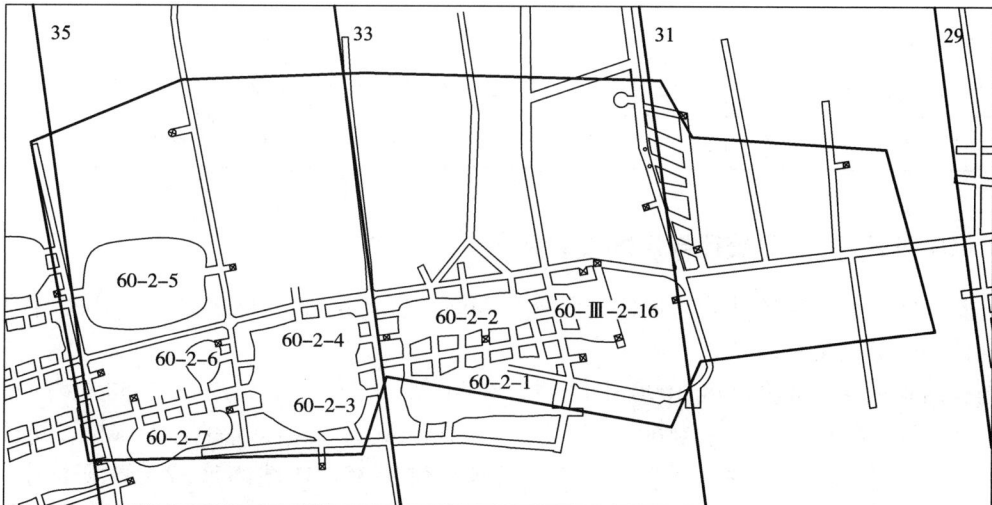

图 7-4　1060 中段采空区

表 7-1　试验盘区采空区调查结果汇总表

采空区编号	勘探线	类别	长/m	宽/m	高/m	采空区体积/m³	顶柱厚度/m	顶柱品位/%	备注
90-CS2-1	29~29A	完整	36.96	17.00	22	13823.04	13	3.67	堆渣
90-CS2-2	29A~31	塌落	38.61	20.61	32	25464.07	3	3.67	堆矿,南部塌落
90-CS2-3	29A~31	完整	39.62	14.90	14	7969.56	22	3.67	堆较多矿
90-CS2-4	31~31A	塌落严重	30.78	15.79	22	10692.36	13	3.30	顶板千枚岩,矿未出完
90-CS2-5	31~31A	完整	37.76	14.75	27	15037.92	8	3.30	堆少量矿
90-CS2-6	31~31A	完整	32.29	14.53	0	0.00	35	3.30	基本未采
90-CS2-7	31A~33	塌落	30.08	16.52	25	12423.04	10	5.84	无法进入
90-CS2-8	31A~33	完整	40.28	14.70	25	14802.90	10	5.84	最高点采透
90-CS2-9	31A~33	完整	39.88	11.87	23	10887.64	12	5.84	堆满矿
90-CS2-10	33~33A	塌落	30.68	13.73	27	11373.38	8	5.09	顶板千枚岩,矿未出完
90-CS2-11	33~33A	塌落	31.57	12.82	27	10927.64	8	5.09	顶板千枚岩,矿未出完
90-CS2-12	33~33A	塌落	42.73	11.35	27	13094.61	8	4.96	顶板千枚岩
90-CS2-13	33~33A	塌落	30.89	22.78	27	18999.20	8	4.96	顶板千枚岩,无法进入
90-CS2-14	33~33A	完整	19.00	17.00	14	4522.00	21	1.21	顶板完整性好,内部干净
90-CS2-15	33A~35	完整	41.53	15.32	25	15905.99	10	2.04	矿未出完
90-CS2-16	33A~35	塌落	38.10	11.51	25	10963.28	10	1.52	千枚岩塌落
90-CS2-17	33A~35	完整	36.00	12.00	26	11232.00	9	1.46	矿基本出完,大块堆放点

3.试验盘区残矿资源统计与分类

试验盘区残矿资源统计分为顶柱资源统计和间柱资源统计。1090 中段及 1060 中段残矿资源统计与分类结果见表 7-2。

调查结果表明:试验盘区 1090 中段顶柱矿量 27.2 万 t,平均品位 3.58%,间柱矿量 34.3 万 t,平均品位 5.39%;1060 中段顶柱矿量 5.36 万 t,平均品位 2.66%,间柱矿量 11.98 万 t,平均品位 3.37%。试验盘区间柱及顶柱位于 35~31 线的 III-2 号大矿体中,采空区群规模大,残矿量集中,为洛坝铅锌矿残矿赋存区域中最复杂的盘区,可作为矿区残矿回收工作推广应用的典型案例。

表7-2 1090中段、1060中段残矿资源统计与分类结果

中段盘区	采空区编号	采空区体积/m³	顶柱厚度/m	顶柱矿量/t	顶柱品位/%	顶柱金属量/t	间柱编号	间柱体积/m³	间柱矿量/t	间柱品位/%	间柱金属量/t
1090中段	90-CS2-1	13823	13	22871	3.67	839	2-1	1443	4041	3.61	146
	90-CS2-2	25464	3	0	3.67	0	2-2	4735	13257	4.38	581
	90-CS2-3	7970	22	35538	3.67	1304	2-3	10087	28243	5.01	1415
	90-CS2-4	10692	13	17691	3.30	584	2-4	12543	35122	4.61	1619
	90-CS2-5	15038	8	12476	3.30	412	2-5	11799	33037	4.98	1644
	90-CS2-6	0	35	45979	3.30	1517					
	90-CS2-7	12423	—		5.84	0	2-7	8649	24218	6.32	1530
	90-CS2-8	14803	10	16579	5.84	968	2-8	8873	24843	6.41	1591
	90-CS2-9	10888	12	15905	5.84	929	2-9	12416	34764	6.00	2086
	90-CS2-10	11373	8	9436	5.09	480	2-10	4814	13479	5.64	761
	90-CS2-11	10928	8	9066	5.09	461	2-11	1531	4288	5.79	248
	90-CS2-12	13095	8	10864	4.96	539	2-12	1243	3481	6.11	213
	90-CS2-13	18999	8	15762	4.96	782	2-13	13409	37546	7.80	2928
	90-CS2-14	4522	21	18992	1.21	230	2-14	4	13	10.19	1
	90-CS2-15	15906	10	17815	2.04	363	2-15	14868	41629	5.43	2258
	90-CS2-16	10963	10	12279	1.52	187	2-16	5723	16023	4.84	776
	90-CS2-17	11232	9	10886	1.46	159	2-17	10387	29084	2.41	702
	小计	208119	198	272140		9755		122524	343067		18500
1060中段	60-Ⅲ-2-16	2780	17	0	0.00	0					
	60-2-1	17849	7	17492	1.66	290	60-2-1	5315	14883	1.74	259
	60-2-2	10043	9	14060	2.00	281	60-2-2	8260	23127	1.66	383
	60-2-3	7246	7	7101	4.70	333	60-2-3	6115	17121	1.50	257
	60-2-4	12560	5	7993	4.00	320	60-2-4	3851	10782	4.70	506
	60-2-5	31073	2	6960	2.90	202	60-2-5	3450	9661	2.21	214
	60-2-6	1720	17	0	0.00	0	60-2-6	9094	25464	6.19	1576
	60-2-7	10780	0	0	0.00	0	60-2-7	6708	18783	4.46	838
	小计	94051	64	53606		1426		42793	119821	3.37	4033
总计		302170	262	325746		11181		165317	462888		22533

7.2.3 采空区群数值模拟与稳定性分析

洛坝铅锌矿区多年来一直采用空场法进行回采，遗留了大量采空区，随着时间推移和采空区规模的逐步扩大，部分采空区互相贯通，形成了若干大型采空区群，成为矿山的重大安全隐患。因此，需要通过数值模拟对采空区群充填处理前后的稳定性进行全面分析，为下一步充填治理及残矿资源回收工作提供理论支撑和设计依据。基于 FLAC3D 软件对 1120 中段、1090 中段和 1060 中段 31~35 线残矿回收试验盘区范围内的采空区群进行建模，对比分析研究采空区群在充填处理前后的应力、应变规律，并进行稳定性评价。

1.采空区群模型构建过程

1)采空区群模型构建

建立的采空区群模型尺寸为 $X($宽$)×Y($长$)×Z($高$) = 400 \text{ m}×400 \text{ m}×200 \text{ m}$，如图 7-5 所示。数值模拟采用的材料力学参数见表 7-3。

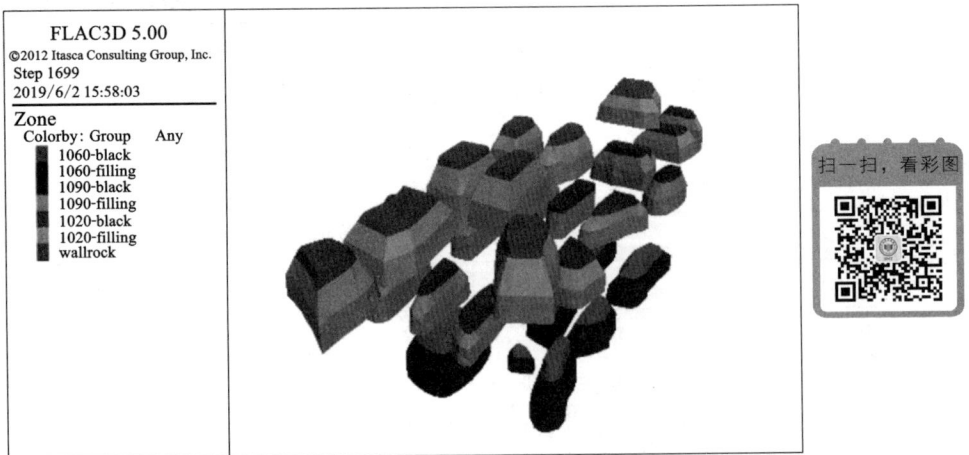

扫一扫，看彩图

图 7-5 基于 FLAC3D 的采空区群模型(隐藏围岩)

表 7-3 材料力学参数表

类别	弹性模量 E_j /GPa	抗拉强度 σ_c /MPa	泊松比 μ	容重 γ /(kN·m⁻³)	黏结力 /MPa	内摩擦角 /(°)
矿体	38.50	1.96	0.22	27.50	0.53	39.0
围岩	51.91	1.96	0.24	27.50	0.53	39.0
充填体	3.20	0.85	0.15	17.16	0.55	38.0

2)采空区形成阶段

在 FLAC3D 中对模型的 1120 中段、1090 中段和 1060 中段同时开挖，形成模拟采空区群。通过对采空区群模型的最大主应力云图、最小主应力云图、位移云图及塑性区云图进行分析，获取目前采空区的稳定性情况、应力应变状态、位移情况和塑性区分布区域，为采空区充填治理及残矿回收提供理论依据。

3）采空区充填处理阶段

采空区充填顺序为 1090 中段、1120 中段、1060 中段。充填完毕后，通过对采空区群的最大主应力云图、最小主应力云图、位移云图及塑性区云图进行分析，获取各中段在充填前后的稳定性、应力应变、围岩位移及塑性区情况，并探讨充填质量和充填效果对整个采空区的影响。

2. 充填处理前采空区群模型分析

1）最大主应力云图分析

如图 7-6 所示，应力集中区主要出现于模型 0~400 m 范围内的区域，而拉应力集中区主要出现于采空区群顶底板中部及模型顶部中央位置，由典型采空区最大主应力分布情况可知：

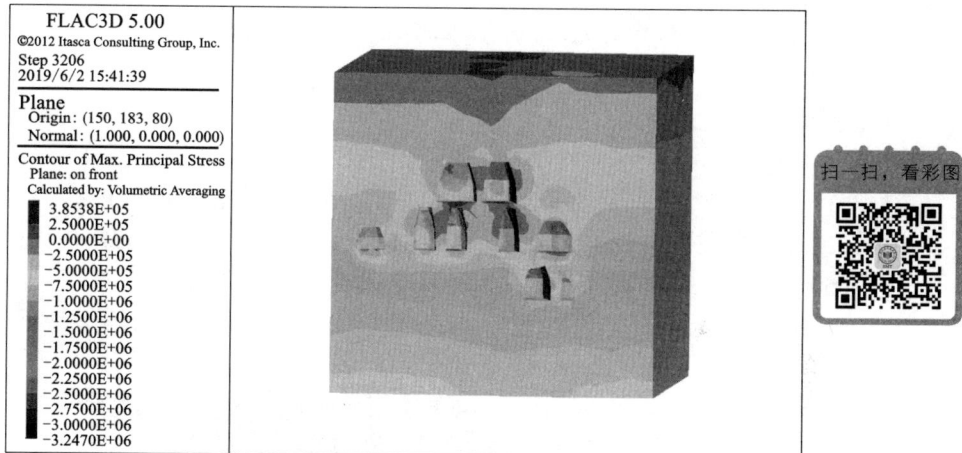

图 7-6　典型采空区最大主应力模拟计算云图

（1）1120 中段采空区顶部至地表存在较大的拉应力集中区，最高达到 3.85×10^5 Pa，采空区顶底板中部均存在较大的拉应力集中区，可能出现冒顶及底鼓现象。

（2）1090 中段采空区的应力分布与 1120 中段类似。其压应力向拉应力转化的程度随采空区间距离的缩小而提高，继而出现拉伸破坏现象。此外，采空区底部均存在拉应力集中区。

（3）1060 中段压应力的作用更为明显，可达 1.00×10^6 Pa，采空区顶底板拉应力集中现象较弱，整个采空区群底部压应力凸显。

2）最小主应力云图分析

如图 7-7 所示，由典型采空区最小主应力分布情况可知：

（1）1120 中段部分采空区顶部存在较大的拉应力集中区。另外，采空区底部均有比较大的拉应力集中区，采空区底板出现底鼓现象的可能性较大。

（2）1090 中段采空区的应力分布与 1120 中段类似。相距越近的采空区，压应力作用越突出。采空区底部区域同样存在明显的压应力集中区。

（3）1060 中段采空区应力集中现象较弱。

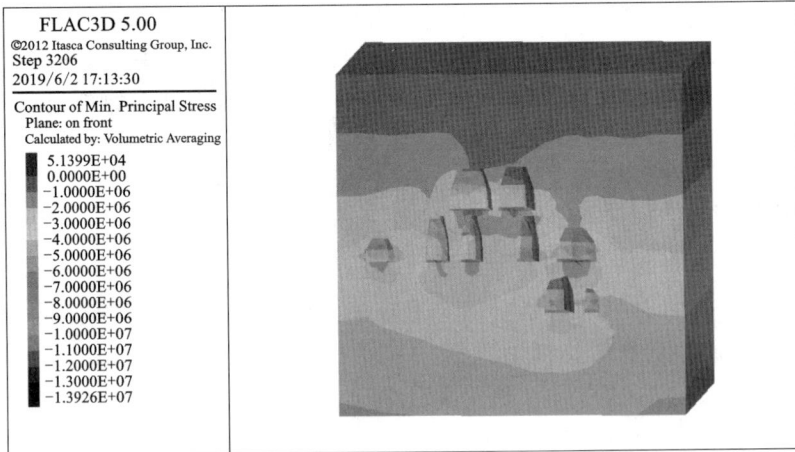

图 7-7　典型采空区最小主应力模拟计算云图

3）位移云图分析

如图 7-8 所示，由典型采空区群模型纵向位移云图可知：

（1）3 个中段的采空区底部都出现了底鼓现象，印证了位移云图的推测。

（2）1120 中段采空区与部分 1090 中段采空区顶板出现沉降，即 Z 方向位移存在相互叠加。

（3）1060 中段除了底鼓现象外，其顶板几乎没有出现沉降现象。

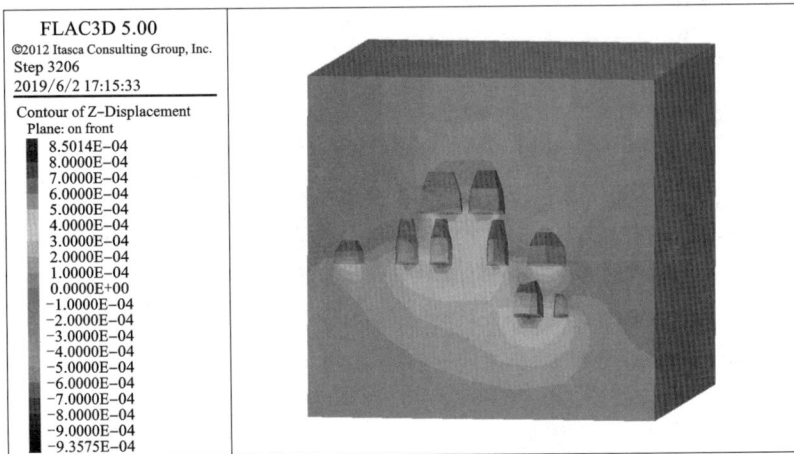

图 7-8　典型空区位移模拟计算云图

4）塑性区云图分析

如图 7-9 所示，由典型采空区群模型塑性区云图可知：模型范围内塑性区范围较大，塑性区类型主要为剪切破坏，说明采空区区域内破坏模式主要为剪切破坏。采空区周围易出现塑性区贯通现象，其中，1090 中段较为明显，这说明未做处理的采空区群处于较为危险的状态。

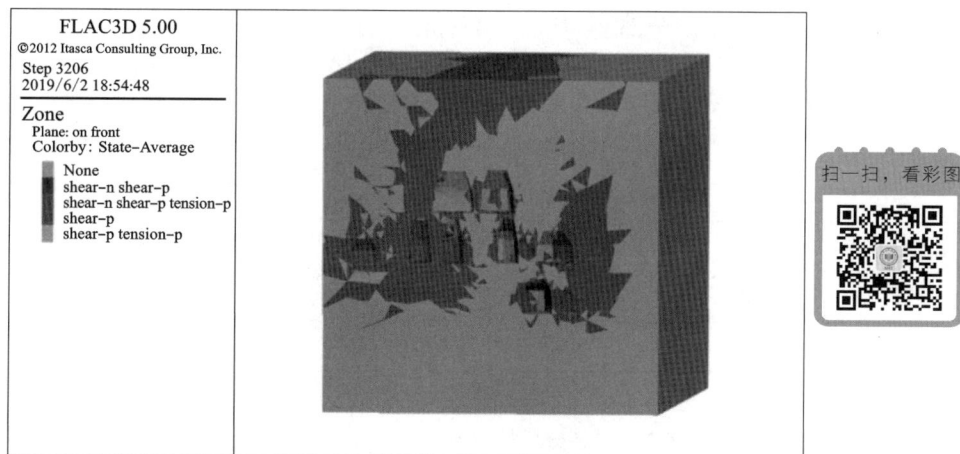

图7-9　典型采空区塑性区模拟计算云图

3. 充填处理前后采空区群对比分析

1）1090中段

采空区充填处理前，由于采空区规模较大，且相对集中，采空区顶部存在最大拉应力分布，部分采空区四周存在塑性区贯通，采空区顶部及周围破坏可能性较大；采空区底部也有拉应力分布，并且底板位移幅度比较大，应注意底板底鼓现象。充填处理后，整体呈现稳定状态，部分采空区存在应力较小的拉应力，应力分布得到改善，底板位移幅度和塑性区分布得到改善。

2）1060中段

采空区充填处理前，压应力分布主要集中在邻近采空区，并且由于中段相对较深，拉应力集中现象不明显；与1090中段类似，采空区底板底鼓幅度较高，四周塑性区贯通现象明显。充填处理后，采空区处于低应力、小位移的稳定状态，塑性区得到显著改善。

3）1120中段

采空区充填处理前，采空区顶部、四周和底板存在较大的应力分布，采空区落石片帮、微小滑移等现象突出；采空区顶板沉降幅度较大，底板底鼓幅度较大。充填处理后，采空区稳定性得到提高，采空区顶部、四周和底板应力值及塑性区范围显著下降，围岩位移情况得到明显改善。

综上分析，采空区充填处理后，采空区应力应变、围岩位移、塑性区分布情况相比充填处理前得到了显著的改善和优化，进一步提高了采空区的稳定性，有利于残矿回收工作的顺利实施。

7.2.4　复杂隐蔽采空区群充填治理工艺方案

2018—2019年，洛坝铅锌矿根据中南大学提交的相关充填系统研究与设计文件，建成了甘肃省首套超大能力全尾砂似膏体充填系统，开展了复杂隐蔽采空区群充填治理与高品位盘区矿柱安全高效回收的现场工业试验。

1. 充填材料试验

洛坝铅锌矿目前有3个选厂同时工作，根据各分厂尾矿产出率及生产安排，采用两种方式混合使用：三分厂尾砂全部使用（以下简称全混尾砂），混合比例为一分厂：二分厂：三分厂=7：6：13；使用一分厂、二分厂尾砂（以下简称局混尾砂），比例为7：6。全混尾砂及局混尾砂的物理力学性质见表7-4，粒级组成见表7-5。

表7-4　一分厂、二分厂、三分厂混合尾砂物理力学性质

充填料名称	相对密度	真密度/(t·m^{-3})	渗透系数/(cm·s^{-1})	水上休止角/(°)	水下休止角/(°)
全混尾砂	2.93	2.68	1.35×10^{-5}	37.8	28.4
局混尾砂	2.94	2.70	2.06×10^5	38.2	29.1

表7-5　各分厂按一定比例混合后的粒径(μm)组成

充填料名称	+150 μm	−150~+74 μm	−74~+45 μm	−45~+37 μm	−37 μm
全混尾砂	16.23%	14.14%	10.13%	3.22%	56.28%
局混尾砂	18.22%	14.75%	10.17%	3.22%	53.64%

全混尾砂真密度为2.68 t/m^3，局混尾砂的为2.70 t/m^3；适宜的絮凝剂型号为AN-926-SHV型阴离子絮凝剂，絮凝剂添加量为15 g/t，矿浆稀释质量浓度为10%~12%，推荐的给料速度为0.5~0.7 t/(m^2·h)。充填料配比参数及性能指标见表7-6、表7-7。

表7-6　全混尾砂充填料配比参数及性能指标

充填用途	灰砂比	质量浓度/%	28 d强度/MPa	体重/(t·m^{-3})	泌水率/%	坍落度/cm
打底、胶面	1：6	70	2.06	1.91	1.98	26.5
一步人工矿柱	1：8	70	1.02	1.90	3.49	26.8
二步（或嗣后）	1：20	70	0.24	1.89	4.74	27.2

表7-7　局混尾砂充填料配比参数及性能指标

充填用途	灰砂比	质量浓度/%	28 d强度/MPa	体重/(t·m^{-3})	泌水率/%	坍落度/cm
打底、胶面	1：6	72	2.53	1.97	2.01	26.3
一步人工矿柱	1：8	72	1.16	1.94	3.70	26.5
二步（或嗣后）	1：20	72	0.29	1.91	4.85	26.9

2. 充填系统方案

1）充填系统能力

充填作业采取年300 d，处理采空区时3班/d、5 h/班的间断工作制度；正常生产时采取2班/d、5 h/班的间断工作制度。洛坝矿存在大量采空区，为加快采空区充填治理速度，释放更多残矿资源，前期尾矿全部用于采空区充填。按照100万t/a采选生产能力计算，选厂全

尾砂产出速度为 2832.42 t/d。充填时尾矿最大消耗量(按 1 : 20 计)为 1.287 t/m³,按每天 3 班、每班 5 h,计算的充填能力为 146.7 m³/h。遵循可靠、先进、积极、稳妥的原则,并充分考虑矿山前期采空区集中充填需求,设计充填系统能力为 150 m³/h。

2)充填工艺流程

来自选矿厂质量浓度在 20% 左右的全尾砂浆通过渣浆泵注入深锥浓密机中,添加絮凝剂沉降后,放入搅拌桶中,与来自胶凝材料仓的胶凝材料在搅拌桶内搅拌均匀,后通过钻孔和井下充填管道输送至采空区或采场进行充填。全尾砂浓缩沉降后排出的溢流水自流至深锥浓密机旁的沉砂池,通过沉砂池沉淀细泥后溢流至清水池,用作充填生产用水,多余部分自流返回选厂,处理后用作选矿用水,实现废水循环利用。充填所需的胶凝材料(水泥)由水泥罐车运至充填制备站,然后气力输送至水泥仓内储存。为处理地表堆存废石,充填制备站内设置了废石破碎、筛分、输送系统,必要时,可与全尾砂充填系统一起进行废石胶结充填。

3)充填制备站站址选择

作为矿山永久设施,充填制备站站址的合理性直接关系到充填能力、充填调度、系统投资、长期效益等重要指标。

通过技术经济对比,最终优选了在场地平整、填挖方工程量小,大部分充填区域可实现自流输送、系统投资低,便于集中管理、可靠性高的虎头山坑口附近建设充填制备站。选定的充填制备站站址标高约 +1285 m,而井下管路最高水平为 1120 中段,大部分区域充填料浆可实现自流输送,并备用一台拖泵,局部区域采用加压泵送方式。

3. 甘肃省首套超大能力全尾砂似膏体充填系统建设

1)选厂供砂系统

如图 7-10 所示,选矿厂排出的全尾砂浆直接通过管路泵送至充填制备站。根据洛坝三个选厂的生产能力和尾砂产出率,一分厂供砂流量为 138 m³/h、供砂管道型号为 φ180 mm × 10 mm 高分子聚乙烯管;二分厂供砂流量为 381 m³/h、供砂管道型号为 φ273 mm × 12 mm 高分子聚乙烯管;三分厂供砂流量为 254 m³/h、供砂管道型号为 φ219 mm × 11 mm 高分子聚乙烯管。一分厂和三分厂的渣浆泵满足要求,二分厂需要新增两台流量 400 m³/h、输出压力 6.3 MPa 的渣浆泵,互为备用。

2)深锥浓密系统

据全尾砂静态与动态沉降试验成果,深锥浓密机单位面积处理量在 0.6 t/(m²·h) 左右,需要处理的全尾砂最大量为 118.02 t/h,计算的浓密机面积不小于 196.7 m²,即深锥浓密机直径不小于 14.03 m。综合技术经济等因素,深锥浓密机直径取 18 m,如图 7-11 所示。根据国内外研究成果和生产实际经验,为保证底流放砂浓度要求,深锥浓密机边墙高度一般需 6~12 m,需要的全尾砂底流浓度越高,其圆柱体高度越高,取值为 10 m,其上部 2 m 为清水溢流层,池底板锥角 30°。深锥浓密机所需技术参数见表 7-8。

图 7-10 洛坝铅锌矿选厂供砂管路

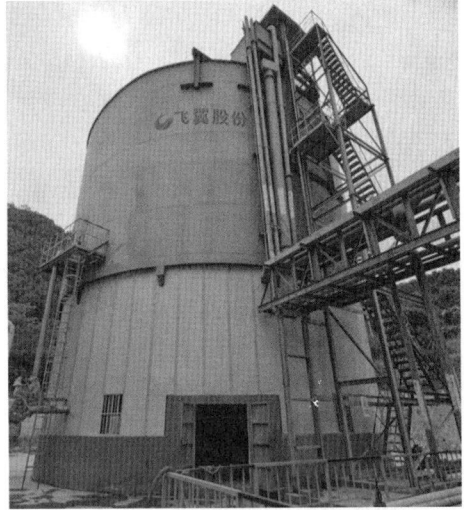

图 7-11 洛坝铅锌矿深锥浓密机

表 7-8 深锥浓密机技术参数表

技术指标	数值	单位	备注
直径	18000	mm	池体内尺寸
边墙高度	10000	mm	
池底板锥角	30	(°)	
总高度	约21000	mm	从支腿底板算起
电动机数量	1	台	
单台电机功率	45	kW	
设计的耙架扭矩	1600000	Nm	
正常工作扭矩	400000	Nm	
减速机台数	4	台	
耙子转速	0.141	r/min	
回转支承	014.60.2500.01		
絮凝剂制备及添加系统	4000	L	
入料方式	中心切线入料		
干矿处理量	113	t/h	
入料浓度	10%~25%		
底流浓度	69%~73%		
溢流水的澄清度	固体物含量≤300 mg/L		
传动方式	中心传动、液压驱动		
润滑方式	自动稀油润滑		

3）絮凝剂制备系统

为最大幅度利用全尾砂，降低溢流水含固量，在全尾砂泵送至深锥浓密机内浓缩贮存的同时，从深锥浓密机顶部添加粉状絮凝剂，加快全尾砂的浓缩沉降。在充填制备站厂房内布置絮凝剂制备车间，将充填所需的粉状絮凝剂存储于储料器中，配制溶液时，粉状絮凝剂通过螺旋推料器计量并输送至絮凝剂搅拌槽，加水搅拌。粉状絮凝剂与水溶液依次经过絮凝剂搅拌槽充分搅拌混合，配制成一定浓度的絮凝剂溶液。为提高絮凝剂的沉降效果，使之与水溶液充分反应接触，在计量槽中的絮凝剂溶液及清水后，通过在线混合器对其进行二次稀释，最终制成浓度为 0.02%~0.05% 的絮凝剂溶液。

絮凝剂制备系统如图 7-12 所示。添加制度为：尾砂浆稀释浓度 10%~12%；AN-926-SHV 型阴离子絮凝剂用量为 15 g/t；药剂稀释浓度一次制备 0.2%~0.5%（制备系统），二次制备 0.02%~0.05%（管路稀释）；给料速度 0.5~0.7 t/(m²·h)；小时絮凝剂用量 15×108.33 = 1625 g。

4）胶凝材料给料系统

按水泥用量最大的灰砂比 1:6、最大连续充填作业 15 h 计算，每天充填最多需要消耗水泥 492.75 t。选用水泥仓仓体为钢板结构，圆柱直径 6 m，圆柱部分高 20 m，仓全高 26 m，容积 626.67 m³，有效容积 536.67 m³（料仓装满系数 0.85），满足系统 1 d 充填水泥用量最大要求。为防止放料过程中结拱，可在仓底部周围安装高压风喷嘴或激振器。水泥仓在气力输送水泥时，为防止仓内粉尘溢出影响附近环境，在仓顶设置水泥仓顶除尘器。水泥采用 1 台 LSY163 型螺旋输送机和 1 台 LXC290 型螺旋称重给料机向搅拌桶给料，如图 7-13 所示。

图 7-12　絮凝剂制备系统

图 7-13　胶凝材料给料系统

5）搅拌系统

为达到良好的搅拌效果，使全尾砂充填浆体得到充分的混合，在充填制备站厂房内设一套搅拌系统，深锥浓密机通过独立管路与搅拌桶连接。如图 7-14 所示，搅拌桶规格为 $\phi2500$ mm×$h2500$ mm，电机功率 90 kW。有效容积为 11.2 m³（有效系数 0.9），充填料浆搅拌 4.5 min 可满足制备要求。

搅拌桶上方设 1 台 5 t 电动葫芦，$N=8.3$ kW，380 V。搅拌桶顶部安装 UF 单机袋除尘器，配套风机功率 4.0 kW，星型卸灰阀功率 0.75 kW，电机功率 0.55 kW。深锥浓密机放砂管和搅拌桶出料管装设有流量计和浓度计，在线监测料浆流动参数，并根据流量和浓度变化情况，自动调节安装在深锥浓密机放砂管道、搅拌桶出料管道上的电动闸阀。深锥浓密机和搅拌桶装设有料位计量仪表。供水管也可通过电动闸阀对流量进行控制。

搅拌桶进砂管为 $\phi159$ mm×(7+4)mm 的聚氨酯耐磨钢管，钢管壁厚 7 mm，耐磨衬层 4 mm，内径 137 mm；充填调浆用水管（一般不用）为 $\phi114$ mm×5 mm 的聚乙烯软管，内径 104 mm。搅拌桶底部设置两个出料口，一个用于正常放浆，另一个用作事故出口。搅拌桶底部放砂管即 $\phi159$ mm×(7+4)mm 的聚氨酯耐磨钢管，内径 137 mm。

6）充填管路系统

制备好的充填料浆沿如下充填线路进行充填：搅拌桶充填料浆→地表充填钻孔→充填联络巷道→虎头山 1120 中段巷道→井下待充采空区。

从地表至首期充填水平高差为 165 m，钻孔直径 $\phi300$ mm，充填套管选用 $\phi219$ mm× 5 mm 无缝钢管，内径为 209 mm，钢管壁厚 5 mm。如图 7-15 所示，同时施工两条钻孔，一条使用，一条备用。

图 7-14　搅拌系统

图 7-15　充填管路系统

配两套截止阀装置，两个截止阀共用一套液压站，并将其布置在充填工作面，用于排放管路清洗水和控制料浆输送，与管道之间用快卡接头管路连接。配一套换向阀装置及一套液压站，用于两台充填工业泵之间的切换，与管道之间用法兰管路连接。

7）溢流水回水系统

全尾砂浆体经过深锥浓密机浓缩之后产生的溢流水流量为 421.44 m³/h，溢流水经管道进入设置在深锥浓密机旁的沉砂池（长×宽×高＝6.0 m×6.0 m×2.5 m），沉淀后溢流至相邻的清水池，并泵送至充填制备站内各用水地点，多余水经回水管道自流回选厂，如图 7-16 所示。

图 7-16 充填站制备溢流水回水系统

8）充填系统自动化控制系统

整个充填制备自动化控制系统分计算机自动控制系统（集控控制）和操作箱手动控制系统（就地控制）两个部分。计算机自动控制系统通过 PLC 实现，包括操作与设备的电气自动控制、仪表控制、监视、生产过程信息检测、记录，数据的初步处理等。视频监控系统由网络摄像机、视频存储管理一体化服务器、数字视频解码矩阵及液晶电视组成，通过遍布于充填制备站各关键区域的网络摄像机实现对重要工作场地进行实时视频监控。

9）充填成本

运营成本主要包括充填材料、动力（电费）、人工、设备折旧成本。如表 7-9 所示，采用全混尾砂作为充填骨料时，1:6 灰砂比合计充填成本 79.15 元/m³，合吨矿成本 28.27 元/t（矿石密度 2.8 t/m³）；1:8 灰砂比合计充填成本 64.11 元/m³，合吨矿成本 22.90 元/t（矿石密度 2.8 t/m³）；1:20 灰砂比合计充填成本 34.39 元/m³，合吨矿成本 12.28 元/t。因灰砂比为 1:6（打底、胶面）、1:8（一步矿柱充填）、1:20（二步矿房充填）充填比例为 1:2:4，综合充填成本为 17.60 元/t。

表 7-9 充填成本计算表

序号	项目	灰砂比 1:6		灰砂比 1:8		灰砂比 1:20		备注
		消耗量	成本 /(元·m⁻³)	消耗量	成本 /(元·m⁻³)	消耗量	成本 /(元·m⁻³)	
1	材料费		67.19		52.15		22.43	
	水泥	0.191 t/m³	66.85	0.148 t/m³	51.80	0.063 t/m³	22.05	350 元/t
	骨料	1.146 t/m³	0.00	1.182 t/m³	0.00	1.26 t/m³	0.00	
	絮凝剂	17.2 g/m³	0.34	17.3 g/m³	0.35	18.9 g/m³	0.38	2 万元/t

续表 7-9

序号	项目	灰砂比 1:6		灰砂比 1:8		灰砂比 1:20		备注
		消耗量	成本/(元·m⁻³)	消耗量	成本/(元·m⁻³)	消耗量	成本/(元·m⁻³)	
2	电费	800 kW	4.00	800 kW	4.00	800 kW	4.00	0.6 元/kWh
3	人工工资	34 人	2.52	34 人	2.52	34 人	2.52	50000 元/人年
4	设备折旧费		5.44		5.44		5.44	折旧 10 a
5	合计充填成本		79.15		64.11		34.39	
6	合吨矿成本		28.27 元/t		22.90 元/t		12.28 元/t	矿石密度 2.8 t/m³

10）采空区充填强度指标

根据采空区周围是否存在矿柱等残矿资源及残矿资源回收方案，参考国内外采空区充填经验，确定洛坝铅锌矿采空区处理强度指标为：

（1）孤立采空区且采空区周围无可回收残矿资源：可采用非胶结充填或 28 d 抗压强度≥0.2 MPa 的低强度胶结充填。

（2）采空区周围存在具有回收利用价值的矿柱资源，采空区采用中等强度胶结充填，28 d 抗压强度 1.0~1.5 MPa。

（3）采空区下部存在下中段顶柱资源，则采空区底部 5 m 范围内采用高标号胶结充填，28 d 抗压强度≥2 MPa，其余可采用中等强度胶结充填、低强度胶结充填或非胶结充填。

（4）采空区上方存在残矿资源，则采空区下部可采用非胶结充填或 28 d 抗压强度≥0.2 MPa 的低强度胶结充填，上部 2~3 m 范围内采用 28 d 抗压强度 1.0~1.5 MPa 的中等强度胶结充填。

7.2.5 高品位盘区矿柱安全高效回收现场工业试验

1. 残矿资源分类

根据洛坝铅锌矿残矿资源赋存状况，可将其分为以下五类：

1）顶柱

矿山现采用空场法回采率在 50% 左右，采空区内遗留了大量的顶柱资源。其中部分顶柱上下部都存在采空区，品位较高，轮廓与采空区一致，厚度在 10~15 m，此类残矿资源应在上下中段采空区充填治理之后，并在采取完善的安全技术措施的基础上进行回采设计。

2）间柱

间柱为相邻矿块之间，起到保护出矿巷道与支撑顶板作用的矿柱。

3）保安矿柱

因部分采空区暴露面积过大或矿石稳固性较差，为保证回采作业安全而留设并起到支撑顶板作用的矿柱，大多位于采空区中央位置，形状为似圆柱体，直径 6~8 m，或为似长方体，长和宽范围在 4~13 m。

4）边角矿

因矿体分支复合现象普遍，部分开拓、生产、采准巷道周围留有细小矿脉及边角矿，此类残矿产状变化较大。

5）塌陷矿

塌陷矿是采空区失稳造成周围矿体垮落而滞留在采空区内的矿石。由于此类矿石多被采空区顶部垮落的千枚岩覆盖，且人员无法进入，回收难度较大。

6）残矿回收采矿方案

根据残矿资源详查结果可知：本次残矿回收研究对象为 1090 中段试验盘区间柱与顶柱，其残矿资源量共计 61.5 万 t，综合品位 4.59%。残矿资源类型主要为顶柱、间柱、塌陷矿三类。因残矿资源存在资源分散、完整度低、形态变化较大、品位较高等特征，故残矿资源具有较高的开采技术难度；而上向水平分层充填法具有适用性强、安全性好、损失贫化率低等特点，能够在治理采空区安全隐患的同时，解决尾砂无害化处置问题，高度符合本次残矿回收开采技术条件的要求。因此，本次试验盘区顶柱、间柱及塌陷资源的采矿方案为：

（1）顶柱资源：上向水平分层充填法、上向水平分层进路充填法。

（2）间柱资源：上向水平分层充填法、上向水平分层进路充填法。

（3）塌陷资源：在矿房底部形成"V"形堑沟放出已采下矿石后，再进行采空区充填，或者充填采空区后再采用下向水平分层进路充填法回收。

2.试验盘区残矿综合回收方案

1）试验盘区残矿回收整体方案

首先考虑整个试验盘区及矿山现状，其残矿回收方案应满足以下条件：

（1）由于其南部目前没有巷道通达矿体，且位于盘区上盘，因此应从试验盘区北部掘进采准工程通达试验盘区。

（2）由于勘探线方向的相邻采空区的间柱较为完整，且穿过整个试验盘区，因此于南北向间柱内布置采准巷道具备可行性。

（3）同时，复杂采空区条件下回收残矿后，必须予以充填处理，应尽量避免在充填体内部二次掘进巷道。

（4）由于矿山存在三级矿量失衡、备采矿量严重不足的问题，因此残矿回收的采准设计应保证在部分采空区充填后即能采出残矿资源，以缓解矿山产能需求。

因此，针对试验盘区实际状况，为满足上述条件，提出了"小盘区后退式间隔回收，阶段下行式、分层上行式回收"的残矿综合回收方案。

2）小盘区后退式间隔回收方案详述

在整个残矿回收盘区内，首先将整个盘区划分为若干个小盘区，对于每个小盘区采用后退式间隔回收的方法，如此可保证每充填完单个小盘区内的采空区即可回收部分残矿资源，同时满足矿山迫切的产能需求。

如图 7-17 所示，以 1090 中段试验盘区为例，具体方案如下：

（1）首先将 31~35 线范围划分为 A、B、C、D 共计 4 个小盘区，第一步先回收 33 线穿过的 B 盘区。

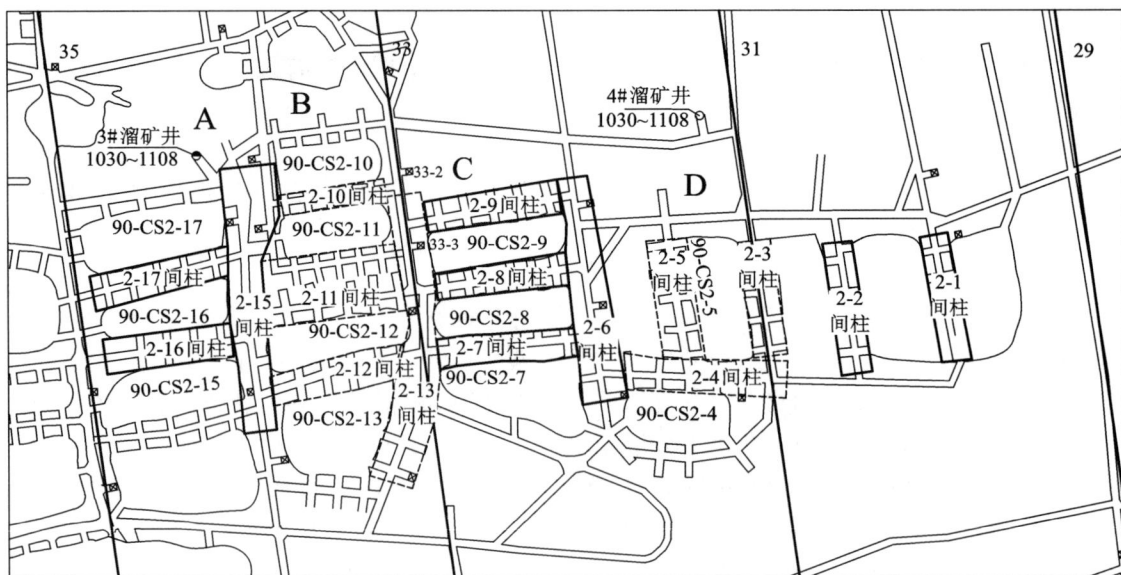

图 7-17　1090 中段试验盘区后退式间隔回收方案示意图

（2）采空区充填准备工作：巷道清渣，利用现有探矿天井作为充填井、施工充填钻孔或充填井，铺设充填管路，出尽存窿矿，施工充填挡墙等。

（3）充填采空区：在充填准备工作完成后，对于每个小盘区，采取由北向南的顺序逐一对小盘区的采空区进行充填处理，注意应分多次充填以防止充填挡墙承压过大。充填完毕一个小盘区后，立即转到下一个小盘区进行充填工作。

（4）脉外采准工程施工：在充填采空区的同时施工采准斜坡道、分段联络平巷、分层联络道等采准工程。

（5）残矿回收：将每个小盘区按采空区顶柱与间柱划分为独立单元，自间柱内或脉外掘进采准巷道进入每个小盘区（B 盘区从 2-13 间柱进入），由南向北后退式间隔回收残矿。

（6）具体的小盘区残矿回收推荐顺序为：B→A→D→C。具体的推荐采空区充填与残矿单元回收顺序为：①充填 90-CS2-10、90-CS2-11、90-CS2-12、90-CS2-13 采空区；②回收 2-12、2-11、2-10 间柱，同时充填 90-CS2-7、90-CS2-8、90-CS2-9 采空区；③回收 2-13 间柱；④充填 90-CS2-17、90-CS2-16、90-CS2-15 采空区；⑤回收 2-16、2-17、2-15 间柱，同时充填 90-CS2-6、90-CS2-5、90-CS2-4 采空区；⑥回收 2-4、2-3、2-5 间柱；⑦回收 2-7、2-8、2-9、2-6 间柱；⑧最后，对整个设计盘区内由采空区上部残留顶柱与同水平的间柱组成的完整"盖板矿"进行回收。

3）阶段下行式、分层上行式回收方案详述

如图 7-18 所示，从剖面上来看残矿回收的整体方案，其采用的是阶段下行式、分层上行式的回收顺序。以首先回收的 1090 中段残矿试验盘区（范围为 31 线~35 线）的 B 盘区为例，具体方案如下：

（1）首先利用充填钻孔或已有探矿天井将 1090 中段的 90-CS2-10、90-CS2-11、90-CS2-12、90-CS2-13 采空区进行充填，使 1090 中段下部采空区形成人工假顶（用于之后的

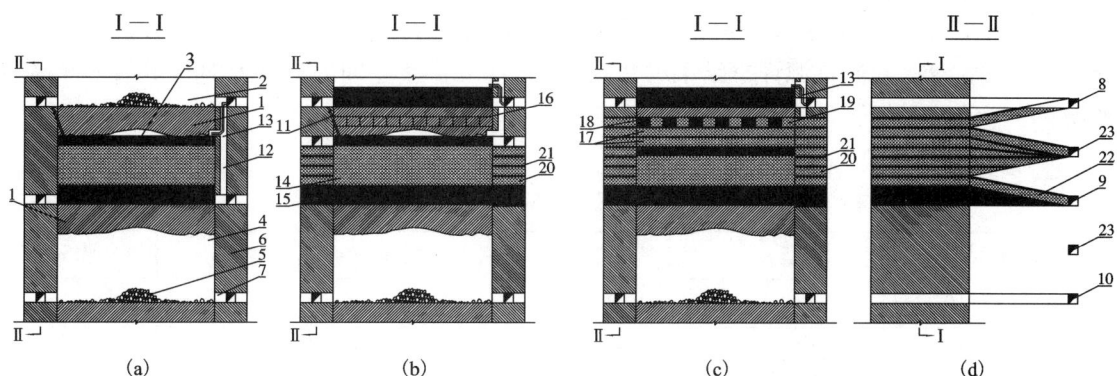

1—残留顶柱；2—1120 采空区；3—1090 采空区；4—1060 采空区；5—冒落围岩或矿石堆；6—间柱；7—原有出矿进路；
8—1120 沿脉巷道；9—1090 沿脉巷道；10—1060 沿脉巷道；11—充填钻孔；12—原有探矿天井；13—充填管道；
14—低强度胶结充填体；15—高强度胶结充填体；16—进路充填法采场；17—上向水平分层充填法采场；
18——步高强度胶结充填进路；19—二步低强度胶结充填进路；20—上向水平分层充填法低强度胶结充填体；
21—上向水平分层充填法高强度浇面层；22—分层联络道；23—分段沿脉巷道。

图 7-18　分层上行式回收方案示意图

1060 中段顶柱回收)，并将采空区尽量充满，如图 7-18(a)所示。

(2)从新增的 1103 分段与 1090 中段，掘进分层联络道经穿脉所在的间柱进入盘区 [图 7-18(d)]，采用机械化上向水平分层充填法由南向北后退式逐层向上回收 B 盘区的 2-12、2-11、2-10、2-13 间柱单元，每回收完一层独立的间柱单元，即充填该层。应注意仅回收到顶柱同一水平即可[图 7-18(c)]，而且 2-13 间柱回收前应保证 90-CS2-7、90-CS2-8、90-CS2-9 采空区已充填并养护完毕。

(3)采用同样的方法和顺序，依次将 A、D、C 盘区的间柱回收。

(4)回收间柱后或充填能力有富余时，将 1120 中段采空区进行充填，以形成回收 1090 中段顶柱的人工假顶，如图 7-18(b)所示。

(5)最后采用机械化上向水平分层充填法，对整个设计盘区内由 1090 采空区上部残留顶柱与同水平未回收的间柱组成的完整"盖板矿"进行回收。应注意的是 1120 人工假顶下的最上层顶柱应根据实际情况再行确定是否回收或留作永久矿柱；若具备回收条件，可采用进路法"隔一采一"的方式，以减少顶板暴露面积。各单元各层的充填要求如图 7-18(c)所示。

(6)出矿线路为：布置在间柱内的穿脉→分段联络道→阶段(或分段)沿脉巷道→1#或 2#溜矿井。由此完成 1090 中段的残矿回收工作，再以此类推即可转向下一阶段(1060 中段)的残矿回收程序。

3.1090 残矿回收试验盘区采准设计

选择 B 号小盘区内的 90-CS2-10 至 90-CS2-13 号采场作为首采试验采场，其余 A、C、D 号小盘区采准工程与 B 号小盘区相似。

1)采场布置及结构参数

将首采 B 号小盘区由北向南依次划分为 90-CS2-10、90-CS2-11、90-CS2-12、90-

CS2-13 号顶柱采场和 2-10、2-11、2-12、2-13 号间柱采场(由于 2-14 号间柱未揭露矿体,故不列为首采对象)。除 2-13 号间柱采场垂直矿体走向布置外,其余采场均沿矿体走向布置。根据试验盘区残矿资源详查结果可知:位于 33~33A 线之间的 B 号小盘区共有 4 个顶柱采场和 4 个间柱采场,其采场结构参数见表 7-10。

表 7-10   B 号小盘区残矿回收试验采场结构参数

采场编号	类型	走向	长/m	宽/m	厚/m
90-CS2-10	顶柱	沿矿体	31	14	8
90-CS2-11	顶柱	沿矿体	32	13	8
90-CS2-12	顶柱	沿矿体	43	11	8
90-CS2-13	顶柱	沿矿体	31	23	8
2-10	间柱	沿矿体	31	12	34
2-11	间柱	沿矿体	40	20	3
2-12	间柱	沿矿体	38	11	8
2-13	间柱	垂直矿体	88	11	34

2)采准切割

该矿块为机械化上向水平分层充填法试验矿块,主要的采准工程采用下盘脉外布置,主要包括:采准斜坡道、分段联络平巷、分层联络道、卸矿横巷、溜井、充填回风井、中段运输巷道等,采准斜坡道及各分段采准切割工程布置如图 7-19、图 7-20 所示。

(1)采准斜坡道。为实现凿岩台车、铲运机等主要无轨设备在 1090 中段至 1120 中段各个分层间运行,掘进了 1090~1120 m 采准斜坡道,断面尺寸 3.2 m×2.8 m,转弯半径 8 m,坡度 20%。

(2)分段联络平巷。分段联络平巷布置于矿体下盘,负责各分段的采场出矿。1090 中段试验盘区实际标高 1085 m,1120 中段试验盘区实际标高 1119 m,即中段高度 34 m。中段之间增设 2 个分段,自下而上为 1096 分段和 1108 分段。其中 1090 中段负责 2 个分层的回采,1096 分段和 1108 分段联络平巷分别负责 4 个分层的回采,各分层高度约 3.1 m。断面尺寸 3.2 m×2.8 m,转弯半径不小于 5 m。

(3)分层联络道。每分层采场均布置一条分层联络道连通采场和分段联络平巷。各分段下向分层联络道为运矿重车上坡,设计坡度 14%;上向分层联络道为运矿重车下坡,设计坡度 20%。下向分层联络道采用普通掘进方法形成,水平分层联络道则在下向的分层联络道顶板挑顶形成,而上向分层联络道则由水平分层联络道上挑形成。根据铲运机和凿岩台车通行要求,分层联络道断面规格取为 3.2 m×2.8 m。采场充填时,首先构筑充填挡墙封闭采场联络道。分层联络道布置在采场中央,以利于铲运机作业,且采场作业效率高,采场两侧边界易于控制。

(4)卸矿横巷。分段联络平巷和溜井之间用卸矿横巷连通,卸矿横巷与分段联络平巷间转弯半径不小于 5 m,卸矿横巷长度应不小于铲运机长度,断面尺寸 3.2 m×2.8 m。

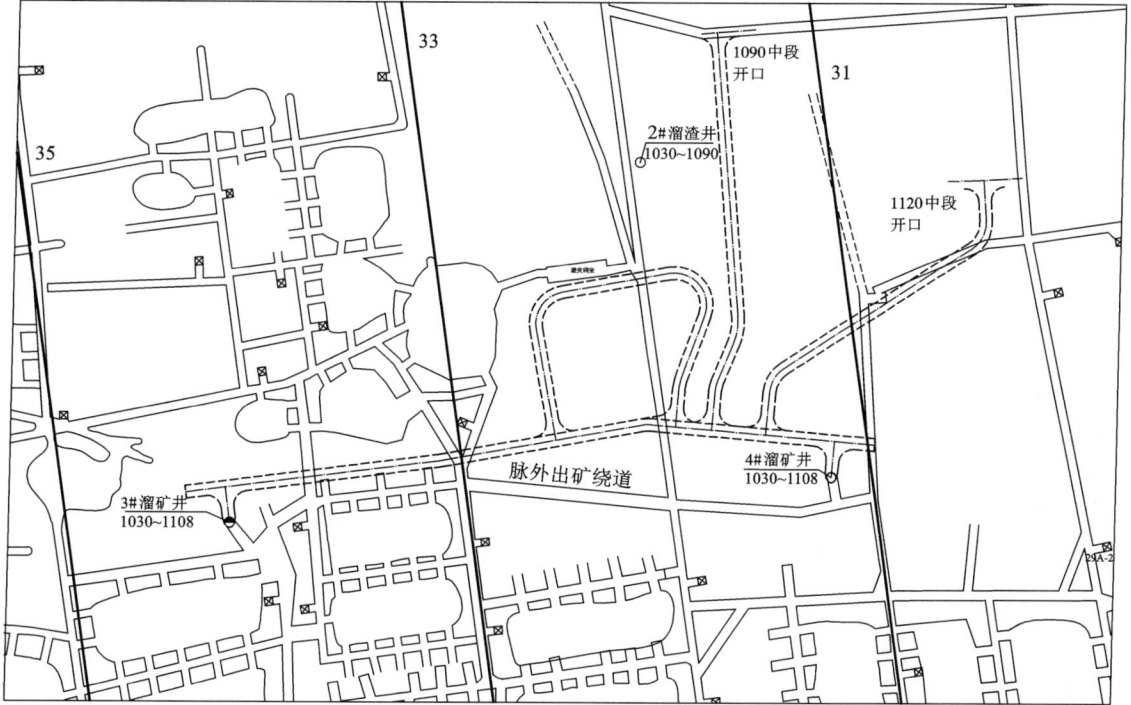

图 7-19　1090 中段（1085 m）试验盘区井巷与采准切割工程平面投影图

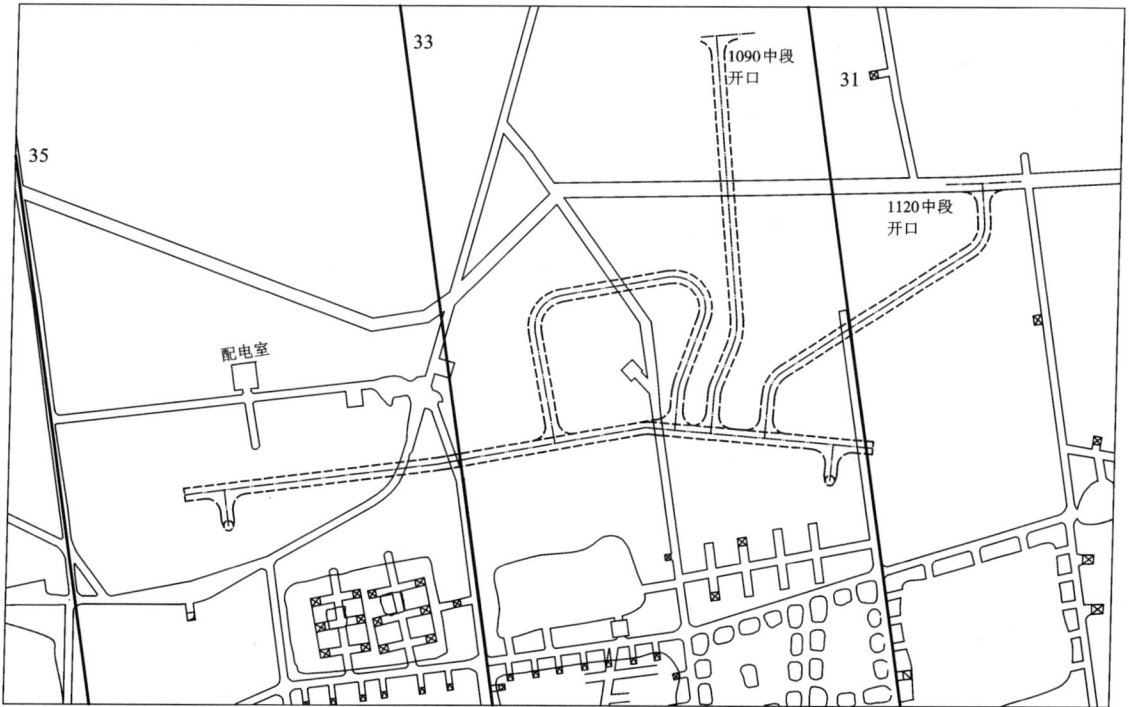

图 7-20　1120 中段（1119 m）试验盘区井巷与采准切割工程平面投影图

（5）溜井。溜井规格 $\phi 2.5$ m（1030～1108 m），长度约 78 m，溜井底部设置振动放矿机。为防止上下分段相互干扰，各分段溜井开口处应安装安全隔离门，当上分段进行卸矿作业时，下部各分段安全隔离门应保持关闭状态，禁止人员通过，以确保人员安全。

（6）充填回风井。充填回风井是采场通风和下放充填料浆的重要通道，布置于采场端部矿体上盘或脉内，同时兼作采场安全出口，这样有利于形成贯穿风流；为保证通风效果，爆破后应架设局扇辅助通风。断面尺寸 2.0 m×2.0 m。

（7）中段运输巷道。中段运输巷道设置于 1030 m 水平，负责将溜井下放的矿石装车并通过 2#主溜井运输至箕斗斜井后提升至地表，断面尺寸 2.5 m×2.8 m。

（8）切割工程。切割工作主要是拉底，在矿房最下一分层自下向分层联络道沿矿体布置一条拉底巷道（断面尺寸 3.0 m×3.1 m）。以拉底巷道为自由面用 Boomer K41 凿岩台车向两边扩帮，直至两边矿体边界，形成拉底空间，最下一分层即拉底空间回采结束后，采用高强度配比充填料进行充填（28 d 强度不低于 2.0 MPa），并形成人工底柱。

4.1090 残矿回收试验盘区回采设计

以 C 盘区为例作本次残矿回收试验盘区回采设计的说明，并作为其余小盘区残矿回收的参考依据。

1）C 盘区残矿回采方案

（1）首先将 C 盘区内的 11 号、7 号北、7 号南采空区充填完毕，截至目前已经完成充填工作。

（2）将未完成的采准工程施工完毕，包括 3#和 4#溜井延伸、分段卸矿横巷和充填回风井。

（3）阶段内采用分层上行式的回收方案：1090～1120 中段分为 11 层，最上层 3 m 留作顶柱暂不回收；第 1～2 分层由 1090 中段负责，第 3～6 分层由 1096 分段负责，第 7～10 分层由 1108 分段负责。

（4）每个分层按照既定的小盘区后退式间隔回收方案进行残矿回收，即按 2-7 间柱→2-8 间柱→2-9 间柱→2-6 间柱的顺序。考虑到目前残矿回收盘区复杂的工程技术条件，为确保安全，每一分层应按上述顺序将间柱单元逐一回采，直至本层残矿回收完毕，一层回采并充填完毕后再转到上层回采。应注意间柱回采仅回收到顶柱下部边界即可，待所有间柱回采并充填完毕，再设计开采顶柱。

（5）最后对整个 C 盘区内采空区上部残留顶柱与同水平未回收的间柱所组成的完整"盖板矿"（顶柱）进行回收，采用"隔一采一"的上向水平分层宽进路法进行回收，进路垂直走向布置。

2）中央进路掘进凿岩与爆破参数

首先在间柱中央掘进一条宽进路，由入口向端部形成 5‰的上坡，进路断面为 4.0 m×3.1 m，采用 Boomer K41 凿岩台车凿岩，钻孔孔径为 45 mm。凿岩、爆破采用楔形掏槽等方式，掏槽孔 5 个，正方形布置，中间钻凿 4 个空孔。掏槽孔、帮孔、顶孔和底孔角度为 5°（与底板水平面线夹角），孔深 2.41 m；空孔和辅助孔直线布置，孔深 2.40 m。帮孔、顶孔和底孔角距进路边界 0.2 m 开口，孔底至进路边界。分别以掏槽孔、辅助孔、帮孔、底孔、顶孔为序分段起爆。具体爆破参数见表 7-11。顶孔采用间隔装药配导爆索的光面控制爆破，其他炮孔连续装药，所有炮孔采用炮泥堵塞。

表 7-11　4.0 m×3.1 m 断面爆破参数设计表

炮孔	掏槽孔	辅助孔	帮孔	顶孔	底孔	备注
孔深/m	2.41/2.40	2.40	2.41	2.41	2.41	炸药单耗 0.74 kg/t
装药量/节	6	5	4	3	6	
孔数/个	5	16	8	8	6	
数码电子雷管	1 段	2~5 段	6 段	7 段	8 段	

3）两帮扩采爆破工艺

如图 7-21 所示，在中央宽进路掘进完成并将矿石出尽后，采用 Boomer K41 凿岩台车向宽进路两帮钻凿倾斜炮孔进行两帮的扩采。为了便于凿岩台车凿岩，采用两帮倾斜炮孔侧向崩矿的凿岩爆破方式，炮孔直径为 45 mm。在如图 7-22 所示水平剖面上，回采间柱宽度为 9 m，炮孔与岩壁夹角为 36°，孔深均为 3.4 m，炮孔排距为 1.0 m，在两帮上的炮孔孔口间距为 1.7 m。如图 7-23 所示的巷道断面上，每帮的每排共布置 4 个炮孔，顶孔和底孔在断面的投影与底板水平面线夹角为 6°，中间 2 个辅助孔为水平孔，孔底距矿体边界垂直距离为 0.5 m。

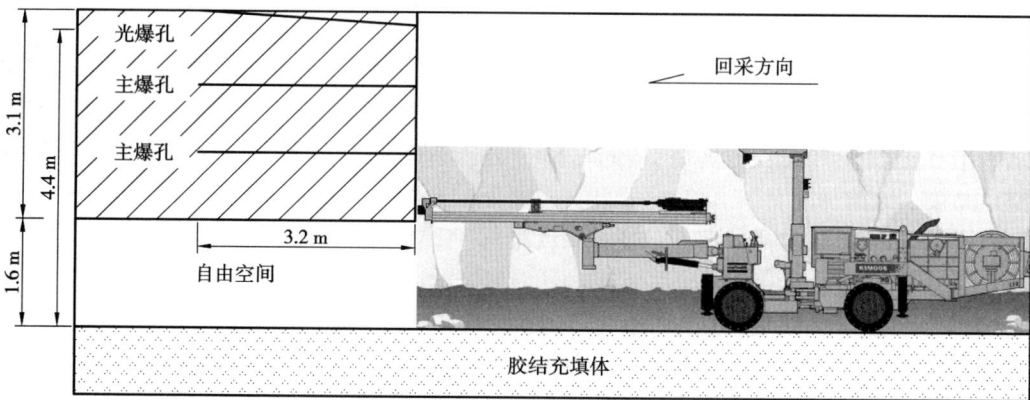

图 7-21　凿岩台车凿岩作业示意图

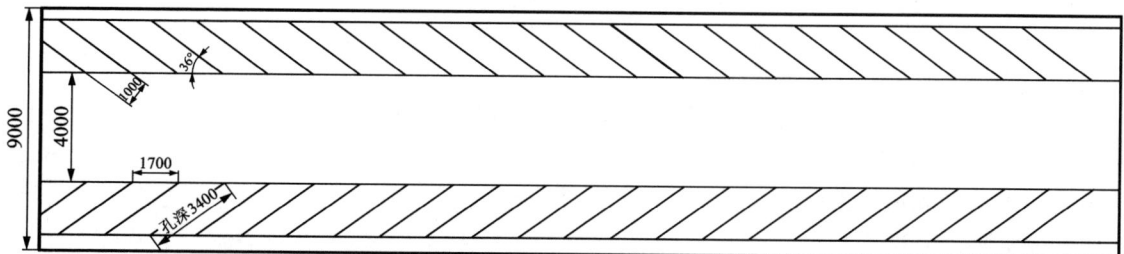

图 7-22　两帮扩采炮孔布置示意图（mm）

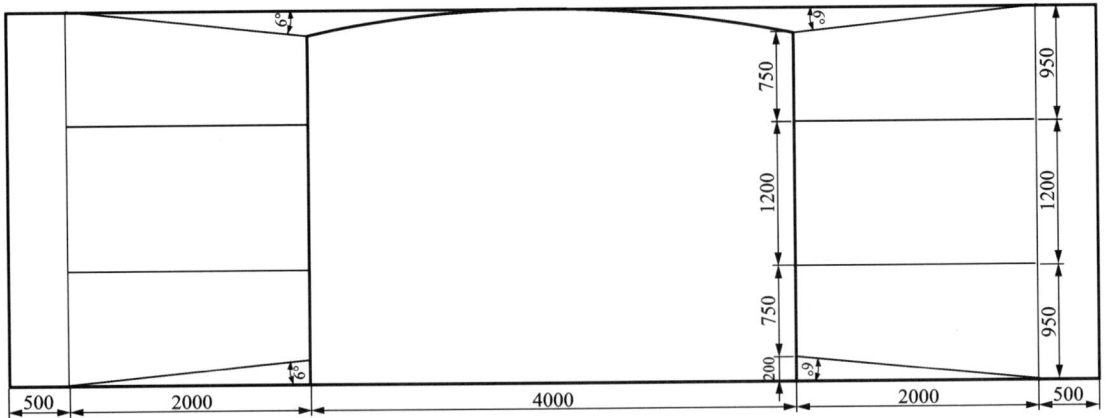

图 7-23　两帮扩采巷道断面炮孔布置图(mm)

每个炮孔装 9 节药卷，连续装药，装药长度为 2.88 m，单孔装药量为 2.7 kg，采用炮泥堵塞，堵塞长度 0.52 m，经计算炸药单耗为 0.37 kg/t。采用延期数码电子雷管起爆，每排两帮共 8 个炮孔分为 1 段，逐段(即逐排)起爆，40 m 长的间柱扩采分 3~4 次爆完。

4)向下压采工艺

如果进行间柱回采时，矿岩稳固条件较好，后续可考虑采用向下压采的工艺，以提高回采率，降低炸药单耗。采用 Boomer K41 凿岩台车凿岩，为了便于分层采场顶板的安全管理，采用水平炮孔的爆破方式。为满足 Boomer K41 凿岩台车钻凿水平孔的服务高度，同时尽量控制空顶高度，故第一层先充填 1.6 m 高，后续每层充填 3.1 m 高，最大空顶高度为 4.6 m。顶板边孔爆破采用光面控制爆破，能最大限度地保护顶板，爆破后顶板成形规整、平整度好，而且顶板整体采用拱形布孔，爆破后更有利于顶板的稳定。

5)通风与顶板安全管理

每次爆破后，必须经充分通风(通风时间不少于 40 min)并采用凿岩台车进入采场清理顶板松石后，人员才能进入采场。新鲜风流由脉外平巷经分层联络道进入南北向间柱，然后经局扇+风筒压入间柱回收采场，冲洗工作面后，污风由局扇抽出经风筒排入新施工的 2-6 间柱充填回风天井回至 1108 m 水平，再由位于 1108 m 的充填回风井上口的局扇抽出经风筒排至 1108~1120 m 充填回风井，最后回至 1120 m 回风巷道。

6)出矿

在通风排出炮烟、顶板安全检查后，采用洛坝铅锌矿现有的 CY-0.75 或新购置 WJ-2.0 柴油铲运机及时铲装矿石，实现快采快出。宽进路回采出矿时直接到掌子面铲装，两帮扩采时由端部向入口后退式铲装，经分层联络道、分段联络平巷、卸矿横巷运至溜井卸至下部主运输水平。

7)充填工艺及充填管道布置

每个间柱回采单元的分层出矿结束后，应及时进行充填，以控制地压，阻止采场顶板和两帮变形，以实现快采快出快充的回收目标。当 2-6 间柱充填回风井施工完毕后，可由 1108 分段穿脉已有的充填管道接三通口再经该充填回风井向下敷设至回采水平。

(1)由于开始试验阶段采用回采一层接顶充填一层的方式，如图 7-24 所示，可预先在采场端部顶板爆出不高于 1 m 的超挖充填窝,充填管和出气管口均架设至此,以提高充填接顶率。

(2)使用柔性充填挡墙以提高泌水效率;应注意,由于东西向间柱为独头回采采场,故间柱采场接顶充填时应增设出气管,其充填挡墙则相应地留出充填管和出气管位置。

(3)采场内采用 PVC 软管,通过分层联络道或充填回风井,往采场接通充填管,并将充填管口悬吊在采场端部预先施工的超挖充填窝的顶板上;出气管同样采用 PVC 软管,管口位置与充填管相同,另一端架设至充填挡墙以外,应保持其排气畅通。

(4)检查并确保地表充填制备站与充填采场之间的通信系统及充填管路畅通。

图 7-24 提高充填接顶率的措施示意图

8)充填要求

(1)开始试验阶段,采用回采一层接顶充填一层的方式,单分层高度为 3.1 m,整体均采用灰砂比 1:8 的中等强度胶结充填,充填接顶率不低于 90%。

(2)中等强度胶结充填 28 d 抗压强度应达到 1.0~1.5 MPa。

(3)由于本层胶结充填体需作为上层无轨采掘设备回采工作时的行走平台,故应确保被设备碾压的下层胶结充填体养护时间不低于 3 d。

5. 安全技术措施

为保证残矿回收试验采场设计安全高效地实施,同时确保矿山生产管理安全有序地进行,须采取可靠的安全技术措施:

(1)严格按照国家《安全生产法》《矿山安全法》《金属非金属矿山安全规程》和甘肃洛坝有色金属集团有限公司安全生产管理规定的要求,建立安全生产管理组织机构,落实安全生产责任制。

(2)对选择回收的残矿资源,划定区域,搜集调查分析的地质资料和原开采资料,核实残矿资源周围通道、采空区状况及井下与地表的对应关系。对资料变化大的地方实行现场把关指导,现场施工检查一般每周不少于两次。

(3)残矿回收和原生矿回采一样,按照先上后下、由远而近的残矿回收顺序,并将残矿的回收纳入采掘技术计划统筹安排。由于残矿的回收会影响上下中段矿岩的稳定性,上中段回收必须超前下中段,以确保上中段的安全作业和残矿回收率。

(4)按设计要求留出矿柱,必须留设护顶矿层,并保持顶层和矿柱的连续性,应有专人检查和管理,以保证整个开采期间的稳定性。

(5)回收松散型残矿时,严禁人员进入采空区,采用遥控铲运机出矿,禁止在高悬空下出矿;采用上向水平分层充填法回收高悬空矿柱和矿壁时,必须先采用凿岩台车检查采空区顶板的安全,及时处理松石,采取必要的安全防范措施,并遵守有关安全规程。

(6)每个作业点在安排施工之前，必须由安全技术管理人员将作业点周围的现状、作业过程中的安全注意事项向作业人员交代清楚，并严格按设计进行施工作业。

(7)掘进施工过程中，施工接近采空区底板的切割工程，要按照"有疑必探，先探后掘"的原则，首先施工泄水孔，对采空区内的积水进行探查。

(8)作业地点出现严重危及人身安全的征兆时，必须迅速撤离危险区，并及时报告与处理，同时设置警戒和照明标志。

(9)进一步查明地质构造情况(尤其是千枚岩层的分布情况)，采用有效的地压监测手段进行地压预测、预报工作，特别是对现有采空区的矿柱、顶板应加强监测，同时继续对原有局部塌陷区的地表和井下进行监测，并根据监测结果，采取相应的措施。

(10)出矿时，应定期进行矿石取样化验，以鉴别矿石质量。

(11)采取强采强出强充的方针，缩短采空区暴露时间，以控制采空区地压活动。同时做好采场顶板监测，定期对顶板进行岩体声波测试以掌握其变化情况。

(12)溜井底部应按要求安装振动放矿机出矿，为防止上下分段相互干扰，各分段溜井开口处应安装安全隔离门，当上分段进行卸矿作业时，下部各分段安全隔离门应保持关闭状态，禁止人员通过，以确保人员安全。

(13)每个采场必须严格按照设计施工，确保至少有 2 个安全出口，形成贯穿风流通风。

(14)在施工时如遇到顶帮矿岩松软，层理、节理较发达，地质构造复杂的地段，除了一般的敲帮问顶工作外，还应加强支护，视稳固情况，灵活采取锚杆支护、喷锚网支护、钢拱架或钢筋混凝土永久支护。

(15)各掘进及回采工作面应设局扇辅助通风以满足排尘和排烟要求，掘进工作面中空气的含氧量应不低于 20%，风速应不低于 0.15 m/s，CO 浓度不得大于 24×10^{-6}。

(16)凿岩爆破作业前，采场两帮和下层的充填体的养护时间必须得到保证并满足设计的强度要求。提高充填料浆浓度，确保充填体的强度，加强对岩体的支护作用，是确保残矿安全回收的一个重要而行之有效的途径。

(17)炮孔钻凿完毕后需有专人进行测量验孔，无特殊情况钻孔未达到设计深度或钻孔角度偏差过大时，应延缓装药，重新补孔后再装药。

(18)严格按《爆破安全规程》(GB 6722—2014)、操作规程、矿山有关规章制度及设计进行炮孔施工、连线和爆破等工作，采场爆破时间应尽量统一。

(19)爆破后必须保证充分通风(采用局扇压抽混合通风，其时间应不少于 40 min)，确认排出炮烟后，人员、设备方能进入工作面进行下一工作循环。所有的残矿回收采场、独头巷道掘进工作面及通风困难地段必须采用局扇+风筒进行辅助通风。

(20)采场爆破并经过有效通风排除炮烟后，必须首先采用凿岩台车清理顶帮松石后，人员才能进入采场；如果顶板矿岩异常破碎，经撬毛处理后，仍无法保证正常作业的，可考虑其他顶板支护方式，如喷射混凝土、悬挂金属网及布设锚杆等。

(21)鉴于矿山部分地段工程地质条件复杂、采空区存在安全隐患，在生产过程中，必须严格坚持"有疑必探，先探后掘"的原则，工作面或其他地点发现异常现象时，应立即停止工作，上报相关部门和主管领导，撤出所有可能受害及受到威胁的人员，并及时采取措施进行处理。

(22)除了上述安全技术措施外，生产过程中还要加强实时安全检查，保证每个工作班组都有专职安全人员，在各生产工作面进行不间断安全巡查，发现问题及时处理。

（23）加强安全监督管理和教育，制定矿山残矿回收安全事故处理应急预案，万一出现安全事故应按该应急预案实施救援等措施。

7.3　七宝山硫铁矿残矿回收实践

7.3.1　残矿回收背景与意义

浏阳市硫铁矿资源比较丰富，集中分布在七宝山矿区，保有资源量4350万t，拥有国内不可多得的高品质硫铁矿资源，与铜、铅、锌、银等硫化矿床共生，且具有埋藏浅、厚度大（主矿体厚度为40~50 m）、水文地质条件简单等优势，具备良好的开采利用条件。

1.矿山开采技术条件分析

1）矿山概况

湖南博隆矿业开发有限公司七宝山硫铁矿位于湖南省浏阳市七宝山乡铁山村境内，由原湖南省七宝山硫铁矿、浏阳市七宝山乡磺矿、湖南省七宝山硫铁矿铁帽型金银矿和湖南省硫铁矿铁锰黑土型金银矿整合而成，是湖南博隆矿业开发有限公司的主业之一。七宝山硫铁矿矿权范围内有四个矿段，自西向东分别为老虎口矿段(31~20线北段)、鸡公湾矿段(3~20线南段)、大七宝山矿段(26~40线)、江家湾矿段(26~34线)，矿区总面积1.6823 km²。其中，老虎口矿段面积0.6702 km²，开采标高为-120~+240 m；鸡公湾、大七宝山和江家湾矿段面积1.0121 km²，开采标高为-40~+240 m。目前，矿山采用竖井和斜井联合开拓工艺，采矿方法为无底柱分段崩落和空场法，生产能力25万t/a。

2）矿区地质条件

矿区位于江南古陆南缘湘东连云山断隆带浏阳断陷盆地东部，区域地质构造较发育、岩浆活动较强烈、矿产资源较丰富，有磷矿、硫铁矿、金矿、银矿、铜矿、铅锌多金属矿和铁矿等。区域内地层出露较齐全，分布有冷家溪群、震旦系、寒武系、泥盆系、石炭系、二叠系、侏罗系、第四系等地层。矿区褶皱构造主要为一不对称倒转向斜，西部开阔，东部狭窄，北翼倾角30°、南翼倾角60°左右。矿区断裂构造较复杂，主要断裂为横(山)—古(港)断裂(F1)和矿窝里—老虎口(F2)断裂。其中，横(山)—古(港)断裂(F1)分布于矿区南部(矿权范围外)，为一区域性逆断层，属控岩构造，倾向南南西，倾角30°~60°。

3）矿床地质条件

灰岩与千枚岩不整合面是铜硫矿体的容矿构造；灰岩呈舌状至半岛状伸入石英斑岩体中形成倾角为0°~90°的接触带，是矽卡岩型含铜黄铁矿、磁铁矿的控矿构造；灰岩被石英斑岩体捕房，沿捕房体接触带往往会形成规模不大的含铜黄铁矿和磁铁矿体；石英斑岩体沿向斜构造北翼及轴部呈岩盖超覆于千枚岩或灰岩之上，超覆接触带倾角在0°~20°，常为含铜黄铁矿、铅锌体矿的产出部位，矿体规模较大；矿区南部26~40线一带深部石英斑岩体隐伏于灰岩之下形成隐伏接触带，赋存具有一定规模的矽卡岩含铜黄铁矿、磁铁矿体。成矿后断裂主要见于向斜构造北翼，多为南北走向的平推断层，地质构造复杂程度属中等类型。

4)开采技术条件

矿坑的主要充水来自地表水和西部灰岩岩溶水，老虎口矿段因顶板围岩为强风化、全风化斑岩，矿石呈散粒状结构，水文地质条件属中等偏复杂类型，鸡公湾和大七宝山矿段则属简单类型。老虎口矿段含铜硫铁矿矿体直接顶板为石英斑岩、灰岩，多被风化呈黏土状且灰岩岩溶发育，溶洞内充填黏土和碎石充填物等，矿体顶板岩石稳定性较差，工程地质条件复杂。鸡公湾和大七宝山矿段的围岩则以千枚岩、板岩及石英斑岩为主，岩石完整、稳定性较好，一般不需支护，无垮塌现象，工程地质条件属简单类型。目前矿山于11线以西已形成由数十个小岩溶塌陷连片组成的岩溶塌陷区，呈北西向分布，这导致部分居民房屋开裂、水田废弃及公路桥梁受损，环境地质条件属复杂类型。

2. 残矿回收意义

1)矿山面临的主要问题

据统计，Ⅲ-3-3矿体采用空场法开采产生采空区体积共计16432.06 m^3，Ⅲ-3-5矿体采空区体积共计72468.08 m^3，总计88900.14 m^3，如此大体积采空区极易发生空区冒顶、坍塌等现象，进而可能造成其上部地表沉降、塌陷，造成安全环保事故。同时，为了支撑采空区，开采过程中还保留了大量间柱和顶柱，这部分矿柱采用原设计采矿方法无法回收，即为残矿资源，资源量合计达34.85万t。

2)解决途径

(1)采空区禀赋特征及残矿资源调查。

①采空区的空间形态调查及稳定性分析；

②残矿资源的空间形态、产状、连续性及断层调查分析；

③保有残矿资源调查；

④保有残矿资源量计算与分类；

⑤保有残矿资源开采技术经济评价。

(2)采空区充填治理方案研究。

①采空区分布情况调查分析；

②待充采空区与充填制备站相互关系调查、分析；

③充填倍线计算，采空区充填方式及参数确定；

④充填挡墙构筑方式及构筑方案；

⑤采空区充满率估算及采空区充填效果评价；

⑥采空区充填治理经济效益分析。

(3)高品位残矿资源安全回收方案研究。

①残矿资源分布及品位调查、统计、分析；

②高品位残矿安全回收技术方案优选；

③高品位残矿开采工艺及采场结构参数优化；

④高品位残矿资源回收经济效益分析。

3)残矿回收的意义

由于受采空区的限制，残矿资源开采技术条件极为复杂，制约因素众多，必须在充分考虑其特殊开采技术条件的前提下，经科学论证，并采取相应的安全技术对策，方能确保残矿资源安全回收。为此，七宝山硫铁矿和中南大学合作在充分调查、分析残矿资源开采技术条件，尤其是采空区分布状况的基础上，通过制订合理的采空区充填工艺方案，并针对不同类型的残矿资源选择合理的采矿方法，为最大限度地安全回收残矿资源提供技术支持。

因此，本项目的实施不仅可以提高矿山经济效益，延长矿山服务年限，为边深部资源勘探赢得时间，而且回收残矿的同时对遗留采空区进行处理，可以从根本上消除采空区安全隐患，保护地表地下环境，兼具较高的环境效益和社会效益。

7.3.2　采空区及残矿资源禀赋特征调查

技术人员首先对矿山节理裂隙、岩石力学进行了调查分析，然后通过对采空区的系统详查，查明残矿资源的分布特征，为采空区充填治理和残矿资源回收提供了依据。

1. 节理裂隙调查与岩石力学测试

节理裂隙发育的方位、数量、大小及形态的不同，控制了矿体及其围岩的稳定性、破坏模式和破坏程度。

选取鸡公湾矿段的 4 个测点位置进行了岩体结构的调查，调查结果见表 7-12，上盘石英斑岩的优势倾向分布在 200°~230°，优势倾角 60°~80°；含铜黄铁矿矿体的优势倾向分布在 210°~240°，优势倾角 70°~80°。下盘灰岩与磁铁矿矿体的大型节理整体相对发育，大多数节理产状呈随机分布，使得附近围岩破碎，开挖后岩体稳定性较差。

表 7-12　节理裂隙调查结果统计表

测点编号	中段高度/m	岩体岩性	调查长度/m	节理条数/条	平均间距/cm	有充填物节理条数 硬质/条	软质/条	地下水状况
1	-10	上盘石英斑岩	2.10	8	26.25	0	5	潮湿
2	0	含铜黄铁矿	2.70	8	33.75	2	1	干燥
3	-10	磁铁矿	2.20	6	36.60	2	4	潮湿
4	-10	下盘灰岩	1.85	5	33.30			潮湿

按《岩石物理力学性质试验规程》标准，对含铜黄铁矿矿体试样、磁铁矿矿体试样、石英斑岩试样进行了岩石力学参数测试。

(1) 抗压试验。含铜黄铁矿的单轴抗压强度为 90.34 MPa，峰值应变为 0.406%，弹性模量为 28.93 GPa，泊松比为 0.14；磁铁矿的单轴抗压强度为 128.77 MPa，峰值应变为 0.382%，弹性模量为 42.62 GPa，泊松比为 0.30；石英斑岩的单轴抗压强度为 38.026 MPa，内摩擦角为 14.069°。

(2) 抗拉试验。含铜黄铁矿矿体试样抗拉强度 14.35 MPa，磁铁矿矿体试样抗拉强度 10.98 MPa，石英斑岩试样抗拉强度 9.38 MPa。

(3) 剪切试验。含铜黄铁矿剪切强度参数为：黏聚力为 24.69 MPa，内摩擦角为 42.84°。磁铁矿剪切强度参数为：黏聚力为 14.18 MPa，内摩擦角为 44.06°。石英斑岩剪切强度参数为：黏聚力为 38.70 MPa，内摩擦角为 12.13°。

2. 采空区现状调查

1) 采空区现状调查方法

根据矿山实际情况, 本次采空区调查分析主要采取以下方法:

(1)人员可以进入的采空区, 采用激光测距仪测定采空区尺寸和平均高度, 计算采空区体积(图 7-25)。

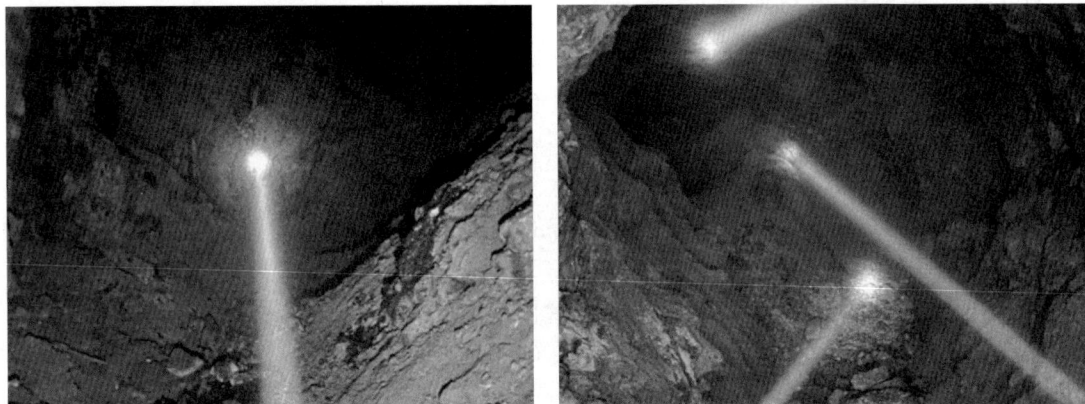

图 7-25 鸡公湾矿段采空区现场调查

(2)人员无法进入但肉眼可以观察的采空区, 根据周围井巷工程及矿柱情况, 推断采空区平面形状和高度, 估算采空区体积。

(3)人员无法观察的采空区, 根据设计图纸估算平面面积, 根据矿山开采高度情况, 推断采空区高度, 估算采空区体积。

(4)根据矿山历年采出矿量, 估算采空区总量, 调整上述采空区估算结果。

2) 残矿资源统计方法

(1)对于相对完整且能够进入测量的采空区(如Ⅲ-3-5、Ⅲ-3-3 号矿体), 根据采空区的间柱和顶柱尺寸计算其矿量, 并按存窿矿堆存高度 1 m 来估算存窿矿矿量, 合计采空区间柱、顶柱和存窿矿矿量得到该矿体残矿矿量。

(2)对于相对完整但已封闭的采空区(如Ⅲ-3-1、Ⅲ-3-2、Ⅱ-14 号矿体), 按矿山目前回采率的 60% 估算该矿体采损矿量, 通过设计利用储量扣除采损矿量得到该矿体残矿矿量。

(3)由于早期采用崩落法开采且已经塌陷的采空区(如Ⅷ-1、Ⅷ-8 号矿体)中的残矿资源无法回收及产生效益, 故将该部分储量均作为采损矿量, 残矿矿量为 0 t。

3) 采空区分段平面图

根据本次采空区现场踏勘情况, 相对完整且能够进入测量的采空区主要为Ⅲ-3-3 和Ⅲ-3-5 号矿体采空区, 为提高各采空区采损矿量和残矿矿量估算结果的准确度, 现将该采空区各分段轮廓及间柱、顶柱轮廓绘制于采空区分段平面图, 如图 7-26~图 7-35 所示。

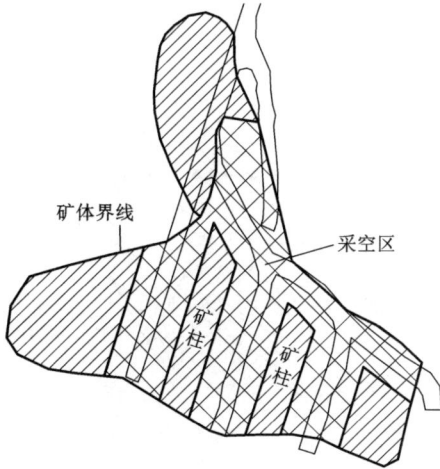

图 7-26　Ⅲ-3-3 号矿体 0~13 m
分段采空区及矿柱轮廓

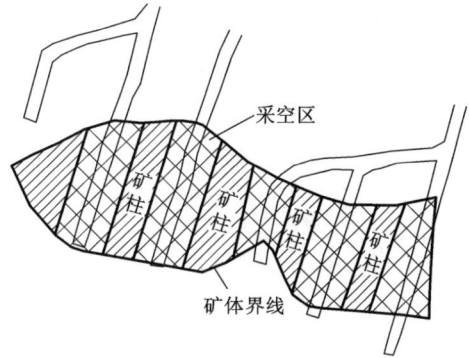

图 7-27　Ⅲ-3-3 号矿体 13~23 m
分段采空区及矿柱轮廓

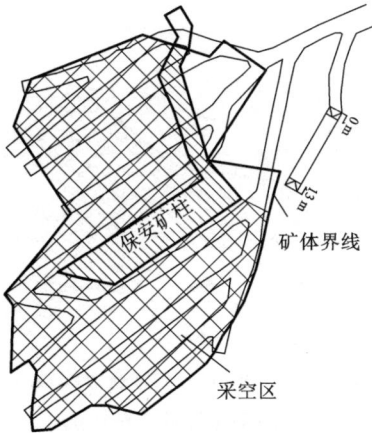

图 7-28　Ⅲ-3-5 号矿体 0~13 m
分段采空区及矿柱轮廓

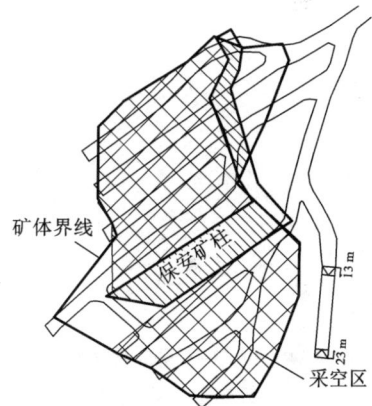

图 7-29　Ⅲ-3-5 号矿体 13~23 m
分段采空区及矿柱轮廓

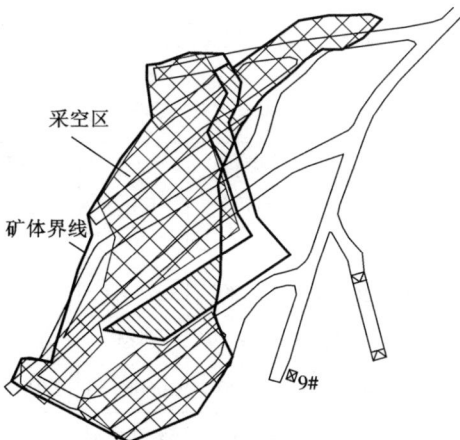

图 7-30　Ⅲ-3-5 号矿体 23~33 m
分段采空区及矿柱轮廓

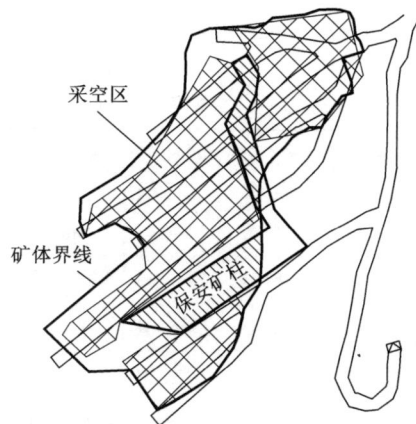

图 7-31　Ⅲ-3-5 号矿体 33~40 m
分段采空区及矿柱轮廓

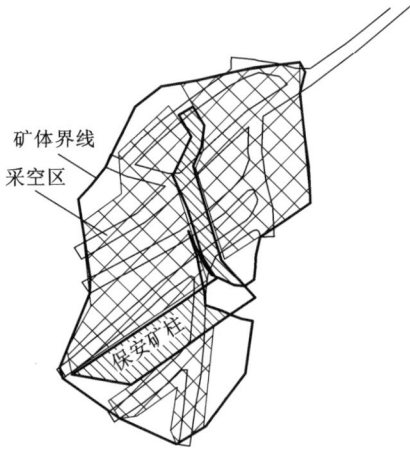

图 7-32　Ⅲ-3-5 号矿体 40~53 m
分段采空区及矿柱轮廓

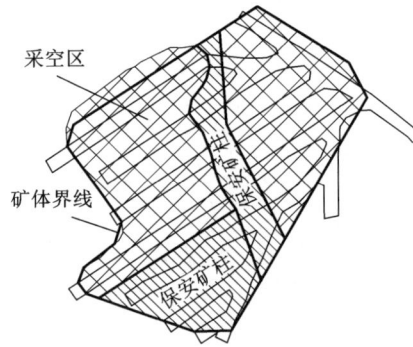

图 7-33　Ⅲ-3-5 号矿体 53~64 m
分段采空区及矿柱轮廓

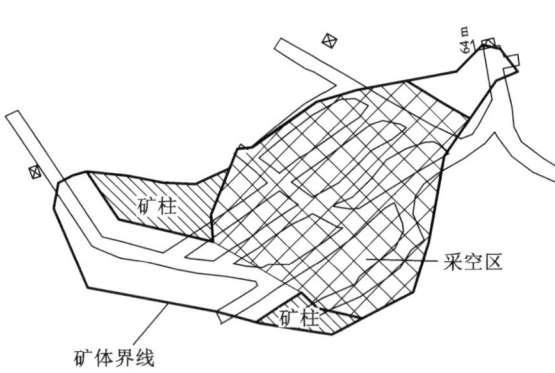

图 7-34　Ⅲ-3-5 号矿体 64~72 m
分段采空区及矿柱轮廓

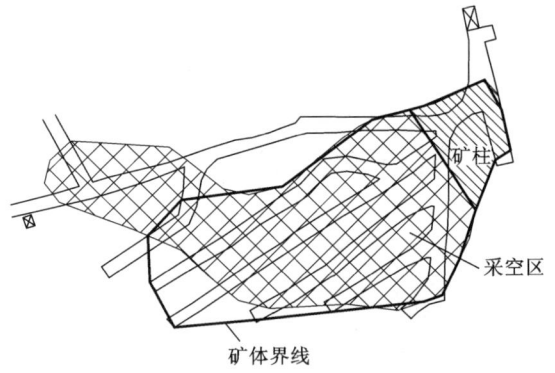

图 7-35　Ⅲ-3-5 号矿体 72~80 m
分段采空区及矿柱轮廓

4) 完整采空区统计结果

完整采空区主要包括Ⅲ-3-3 和Ⅲ-3-5 号矿体采空区，根据其间柱、顶柱和存窿矿尺寸估算残矿矿量，通过设计利用矿量扣除残矿矿量得到采损矿量，结果见表 7-13 和 7-14。

表 7-13　Ⅲ-3-3 号矿体采损矿量及残矿矿量统计结果

分段标高/m	采空区高度/m	采空区面积/m²	间柱含矿面积/m²	采空区体积/m³	顶柱体积/m³	间柱含矿体积/m³	存窿矿量/t	顶柱矿量/t	间柱矿量/t	分段残矿量/t
0~13	10.0	899.02	846.96	8990.24	0.00	8469.60	3263.46	0.00	30744.65	34008.10
13~23	9.0	0.00	2168.10	0.00	19512.94	0.00	0.00	70831.95	0.00	70831.95
23~33	9.2	945.70	618.29	8700.46	0.00	5688.30	3432.90	0.00	20648.55	24081.44
合计				17690.70	19512.94	14157.90	6696.36	70831.95	51393.20	128921.50

5）封闭及塌陷采空区统计结果

封闭及塌陷采空区主要包括 Ⅲ-3-1、Ⅲ-3-2、Ⅷ-1、Ⅷ-8 及 Ⅱ-14 号矿体采空区，其中封闭采空区按矿山目前回采率 60% 估算采损矿量，通过设计利用矿量扣除采损矿量得到该矿体残矿矿量；塌陷采空区中的残矿资源无法回收并产生效益，将该部分储量均作为采损矿量，残矿矿量为 0，估算结果见表 7-15。

表 7-14　Ⅲ-3-5 号矿体采损矿量及残矿矿量统计结果

分段标高/m	采空区高度/m	采空区面积/m²	间柱含矿面积/m²	采空区体积/m³	顶柱体积/m³	间柱含矿体积/m³	存窿矿量/t	顶柱矿量/t	间柱矿量/t	分段残矿量/t
0~13	5.6	1828	288	10235.05	1870.40	2475.54	6634.51	6789.53	8986.23	22410.27
13~23	7.4	1247	270	9227.28	1945.24	2813.11	4526.36	7061.21	10211.58	21799.14
23~33	6.2	1297	179	8040.31	1855.44	1649.23	4707.47	6735.23	5986.70	17429.40
33~40	7.0	1237	241	8658.70	1925.13	2409.80	4490.15	6988.23	8747.57	20225.96
小计				36161.34	7596.21	9347.68	20358.49	27214.20	33932.08	81864.77
40~53	7.0	1283	270	8983.95	2025.50	2701.78	4658.82	7352.56	9807.46	21818.84
53~63	8.0	1350	209	10802.66	2626.08	2303.53	4901.71	9532.66	8361.82	22796.19
63~73	5.0	1751	240	8753.60	2329.96	1918.39	6355.11	8457.76	6963.76	21776.63
73~80	5.0	1553	208	7766.54		1664.60	5638.51	0.00	6042.50	11681.01
小计				36306.75	6981.54	8588.30	21554.15	25342.98	31175.54	78072.67
合计				72468.09	14577.75	17935.98	41912.64	52917.18	65107.62	159937.44

3. Ⅲ-3-3 矿体残矿资源分类

图 7-36 为 Ⅲ-3-3 矿体的 0 m 中段回采平面图和 B-B 剖面图，残矿资源包括：

（1）间柱：位于 2 条回采进路之间或矿体边角位置，宽度约 5.0 m。

（2）顶柱：13~23 m 分段的矿体整体未采。

（3）存窿矿：因用装岩机无法运搬而留于采场的存窿矿。

表 7-15　封闭及塌陷采空区采损矿量及残矿矿量统计结果

矿体编号	分段标高/m	设计利用矿量/t	回采率	采损矿量/t	残矿矿量/t
Ⅲ-3-1	13~23	38706	0.6	23223	15482
	23~33	23291	0.6	13975	9317
	33~43	9882	0.6	5929	3953

续表7-15

矿体编号	分段标高/m	设计利用矿量/t	回采率	采损矿量/t	残矿矿量/t
III-3-2	5~13	31978	0.6	19187	12791
	13~23	18250	0.6	10950	7300
VIII-1	5~13	60608	采空区塌陷/均作为采损矿量	60608	0
	13~23	73256		73256	0
	23~33	59243		59243	0
	33~43	46346		46346	0
	43~53	44203		44203	0
	53~64	48223		48223	0
	64~72	31115		31115	0
	72~80	29848		29848	0
VIII-8	43~53	29224	采空区空区塌陷/均作为采损矿量	29224	0
	53~64	38639		38639	0
	64~72	39576		39576	0
	72~80	33527		33527	0
II-14	13~23	9058	0.6	5435	3623
	23~33	2944	0.6	1766	1177
	33~43	5416	0.6	3250	2166

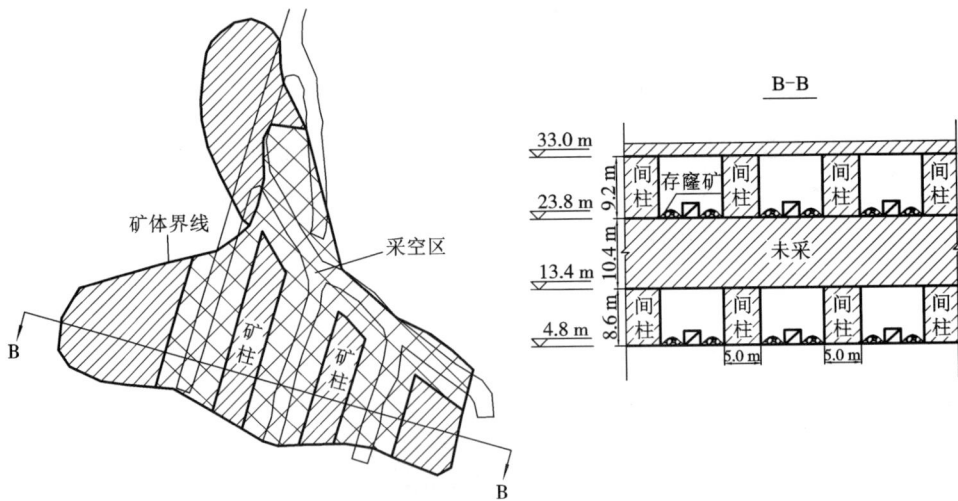

图7-36 III-3-3矿体0 m中段回采平面图和B-B剖面图

4. Ⅲ-3-5 矿体残矿资源分类

如图7-37为Ⅲ-3-5矿体的0 m中段回采平面图和A-A剖面图，残矿资源可分为：

（1）间柱：40 m中段以下为"L"形间柱，宽度为3.0 m或7.0 m；40 m中段以上为点柱或条柱，形状不规则。

（2）顶柱：每个分段预留约3 m厚顶柱未采。

（3）存窿矿：因用装岩机无法运搬而留于采场的存窿矿。

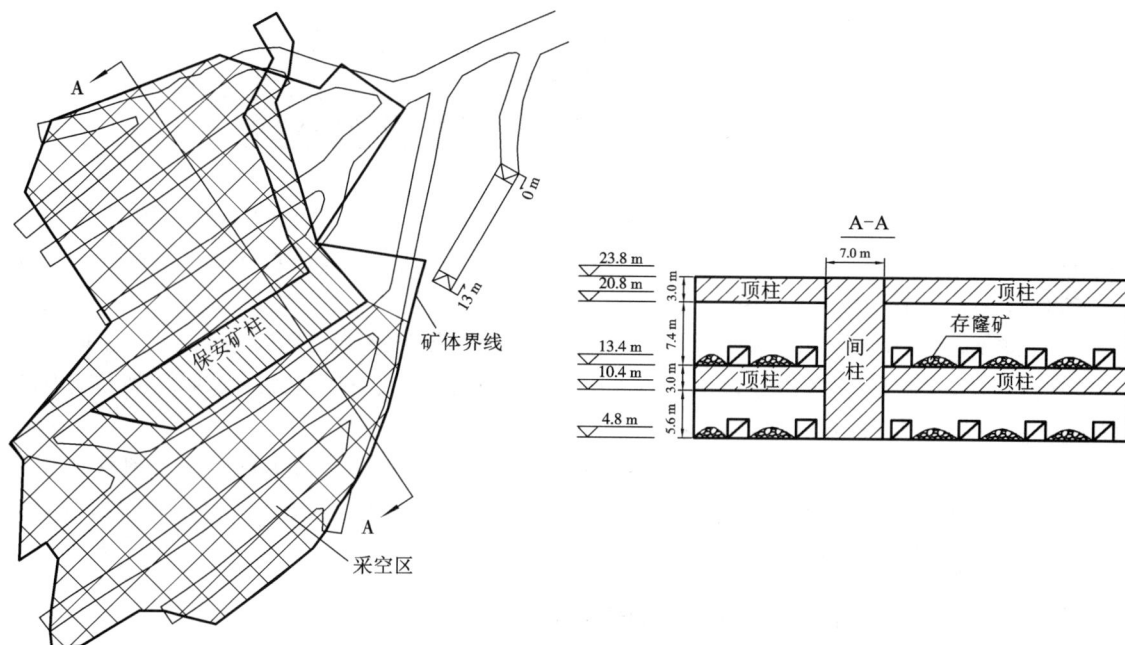

图7-37　Ⅲ-3-5矿体0 m中段回采平面图和A-A剖面图

5. 残矿资源分类统计

根据上述残矿资源分类，将Ⅲ-3-3矿体和Ⅲ-3-5矿体的残矿资源进行分类统计汇总，汇总结果见表7-16。

表7-16　残矿资源汇总统计表

分段标高 /m	底板实际标高 /m	分段高度 /m	采空区体积 /m³	存窿矿量 /t	顶柱矿量 /t	间柱矿量 /t	分段残矿量 /t	品位/%			
								S	Cu	Zn	Fe
0~13	4.8	8.6/10.0	19225.29	9897.96	6789.53	39730.87	56418.37	24.23	24.23	0.36	10.90
13~23	13.4/14.8	10.4/9.0	9227.28	4526.36	77893.16	10211.58	92631.09	24.71	24.71	0.20	1.92
23~33	23.8	9.2	16740.77	8140.37	6735.23	26635.25	41510.85	27.08	27.08	0.28	13.94
33~40	33.0	10.0	8658.70	4490.15	6988.23	8747.57	20225.96	31.28	31.28	0.52	7.90
小计			53852.04	27054.84	98406.15	85325.27	210786.27				

续表 7-16

分段标高 /m	底板实际标高 /m	分段高度 /m	采空区体积 /m³	存窿矿量 /t	顶柱矿量 /t	间柱矿量 /t	分段残矿量 /t	品位/%			
								S	Cu	Zn	Fe
40~53	43	10	8983.95	4658.82	7352.56	9807.46	21818.84	28.50	28.50	0.37	9.95
53~63	53	11	10802.66	4901.71	9532.66	8361.82	22796.19	28.50	28.50	0.37	9.95
63~73	64	8	8753.60	6355.11	8457.76	6963.76	21776.63	28.50	28.50	0.37	9.95
73~80	72	8	7766.54	5638.51	0.00	6042.50	11681.01	22.61	22.61	0.32	12.63
小计			36306.75	21554.15	25342.98	31175.54	78072.67				
合计			90158.79	48608.99	123749.13	116500.81	288858.94				

0~40 m 中段：采空区体积为 53852.04 m³，存窿矿量为 27054.84 t，顶柱矿量为 98406.15 t，间柱矿量为 85325.27 t，残矿量合计 210786.27 t，S/Cu/Zn/Fe 平均品位分别为 25.68%、0.57%、0.29%、7.27%。

40~80 m 中段：采空区体积为 36306.74 m³，存窿矿量为 21554.14 t，顶柱矿量为 25342.98 t，间柱矿量为 31175.54 t，残矿量合计 78072.67 t，S/Cu/Zn/Fe 平均品位分别为 27.62%、0.60%、0.36%、10.35%。

0~80 m 中段合计：采空区体积为 90158.78 m³，存窿矿量为 48608.98 t，顶柱矿量为 123749.14 t，间柱矿量为 116500.81 t，残矿量合计 288858.94 t，S/Cu/Zn/Fe 平均品位分别为 26.20%、0.58%、0.31%、8.10%。

7.3.3 复杂隐蔽采空区充填治理方案

2022 年，七宝山硫铁矿建成了一套充填能力为 60 m³/h 的全尾砂似膏体充填系统，开展了复杂隐蔽采空区充填治理与残矿安全高效回收。

1. 充填材料试验

七宝山硫铁矿尾砂相对密度 2.93 t/m³、松散容重 0.94 t/m³、密实容重 1.23 t/m³、松散孔隙率 68.1%、密实孔隙率 58%；尾砂比表面积 1683 m²/kg，平均粒径 32.073 μm，-200 目占 87%，为中细粒级尾砂，中位粒径 d_{50} = 10.709 μm，尾砂颗粒不均匀系数 12.5，颗粒级配不均匀，尾砂中含泥不利于强度增长；化学成分中有毒有害物质(P、Mn、Zn、Cd、Pb、As) 含量较低，但由于矿石为硫铁矿，尾砂中 S 含量较高，约为 5%，可能会对充填体质量造成影响。另外，对充填体强度发展有利的元素 Si、Ca、Al 含量较高。

尾砂沉降性能较好，浓度为 12% 时，尾砂的平均沉降速度为 1.39 mL/min，沉砂浓度为 55.43%。在使用絮凝剂的情况下，DRYFLOC 6015S 絮凝剂沉降性能较优，絮凝剂添加剂量为 45 g/t 时，最大沉降速度 6.80 mL/s，沉降浓度 47.51%。

2. 充填系统方案

1) 充填系统能力

根据矿山生产能力, 确定充填作业采取年 300 d、1 班/d、每班纯充填时间 6 h 的间断工作制度。按照 25 万 t/a 采选生产能力计算, 并充分考虑矿山前期采空区集中充填需求, 设计充填系统能力为 60 m^3/h。

2) 充填工艺流程

来自选矿厂质量浓度在 10%~12% 的全尾砂浆通过渣浆泵注入深锥浓密机中, 添加絮凝剂沉降后, 放入高浓度搅拌桶中, 与来自胶凝材料仓的胶凝材料在搅拌桶内搅拌均匀, 制成合格的似膏体充填料浆后使其流入充填泵料斗内, 然后通过地表和井下充填管网泵送至井下采空区充填。

尾砂浓缩沉降后排出的溢流水自流至深锥浓密机旁的沉砂池, 通过沉砂池沉淀细泥后溢流至清水池, 用作充填生产用水, 多余部分自流返回选厂, 处理后用作选矿用水, 实现废水循环利用。充填所需的胶凝材料(水泥)由水泥罐车运至充填制备站, 气力输送至水泥仓内储存。

3) 充填制备站站址选择

作为矿山永久设施, 充填制备站站址的合理性直接关系到充填能力、充填调度、系统投资, 长期效益等重要指标。

通过技术经济对比, 最终优选了在场地平整、填挖方工程量小, 便于集中管理、系统投资低的选厂铁精矿堆场下方空地附近建设充填制备站。选定的充填制备站站址标高约 +139 m, 而井下管路最高水平为 +80 中段, 水平距离超过 2 km, 必须采用泵送充填工艺。

3. 全尾砂似膏体充填系统

1) 深锥浓密充填系统

选矿工艺排出的全尾砂浆质量浓度 10%~12%、流量 280~310 m^3/h, 直接通过管路输送系统泵送至充填制备站。深锥浓密机直径 12 m, 边墙高度 10 m, 其上部 2 m 为清水溢流层, 池底板锥角 30°, 如图 7-38 所示。

2) 絮凝剂制备系统

为降低溢流水含固量, 在尾砂泵送至浓密机内浓缩贮存的同时, 从深锥浓密机顶部添加絮凝剂, 加快尾砂的浓缩沉降。在充填制备站厂房内布置絮凝剂制备车间, 充填所需的粉状絮凝剂存储于储料器中, 配制溶液时, 粉状絮凝剂通过螺旋推料器计量并输送至絮凝剂搅拌槽, 加水搅拌。絮凝剂加药机型号 PT-2000 L, 制备量 2000 L/h, 浓度 0.1%~0.2%, 功率 7 kW, 如图 7-39 所示。

3) 胶凝材料给料系统

胶凝材料仓采用直接外购的 100 t 成品水泥仓, 外部粉料罐车运来的水泥, 经罐车自带的空压机压气吹入立式水泥仓内存储, 为了防止水泥在仓中结块结拱, 设置了破拱助流器。为了防止各种杂物进入水泥仓, 吹灰管上设置有过滤装置, 仓顶设置有人行检查孔、雷达料位计及脉冲布袋除尘器。水泥仓底部安装插板阀、螺旋输送机和螺旋电子秤。

图 7-38 七宝山硫铁矿深锥浓密充填系统

图 7-39 絮凝剂制备系统

4）搅拌系统

全尾砂、水泥及适量调浓水经各自的供料线进入高浓度搅拌槽内，经高浓度搅拌桶搅拌均匀后制备成浓度适中、流动性良好的充填料浆。通过管道自流进入充填工业泵喂料斗中，并通过充填工业泵及井下充填管网泵送至井下采空区进行充填，如图 7-40 所示。

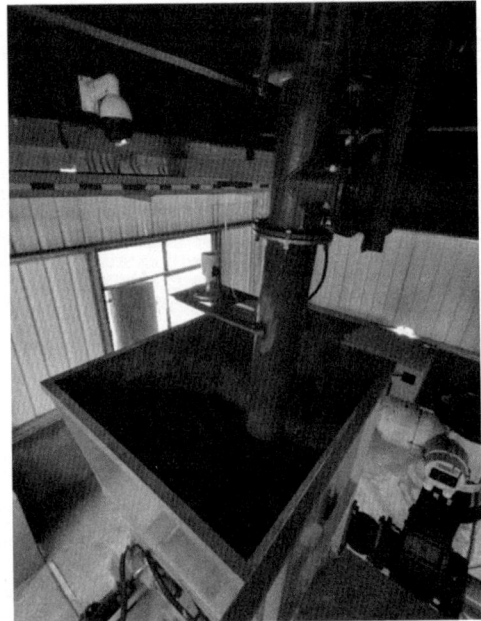

图 7-40 搅拌系统

5）充填管路系统

制备好的充填料浆沿如下充填线路进行充填：搅拌桶充填料浆→充填工业泵→地表充填管路→充填钻孔→充填联络巷道→+80 m 中段巷道→井下待充采空区。根据输送距离和料浆性态，选择一台 HBTS80-12-264 型号充填工业泵，流量 60~80 m³/h，压力 12 MPa，功率 264 kW。由于该套充填系统充填管线较长，故增设一台备用柴油拖泵，当充填工业泵出现故障时，利用柴油拖泵处理管道内充填料浆及洗管，如图 7-41 所示。

图 7-41　泵送系统

管路输送系统是由直管、弯管、立管等组成的，选用 ϕ140 mm×10 mm 锰钢管，管道内径 120 mm，工作流速为 1.47 m/s。其中包括地面管路部分、立管部分、井下管路部分、布料管部分。地面管路部分一端连接在充填泵出口处，沿地面近水平布置，并与地面的管路基础连接牢固，主管路沿公路铺设至充填钻孔附近，井下管道用锚杆和支架将管道固定在巷道壁上或用支架将其与巷道地面牢固连接。

6）项目投资及充填材料成本

项目建设投资为 1242.71 万元，其中工程费用 1070.66 万元，工程建设其他费用 80.00 万元，预备费 92.05 万元。充填生产成本主要由辅助材料、燃料和动力、工资及福利、制造费组成。用 1∶4 灰砂比充填直接生产成本 177.04 元/m³，合吨矿成本为 46.35 元/t；用 1∶6 灰砂比充填直接生产成本 131.70 元/m³，合吨矿成本为 34.48 元/t；用 1∶8 灰砂比充填直接生产成本 106.51 元/m³，合吨矿成本为 27.88 元/t；用 1∶12 灰砂比充填直接生产成本 79.38 元/m³，合吨矿成本为 20.78 元/t；用 1∶20 灰砂比充填直接生产成本 56.34 元/m³，合吨矿成本为 14.75 元/t。

4. 采空区充填治理方案

1）采空区充填强度指标

根据采空区周围是否存在残矿及残矿资源回收方案，采空区处理强度指标为。

（1）孤立采空区且采空区周围无可回收残矿资源：可采用非胶结充填或 28 d 抗压强度 ≤0.2 MPa 的低强度胶结充填。

（2）采空区周围存在具有回收利用价值的矿柱资源：采空区采用中等强度胶结充填，28 d 抗压强度 1.0~1.5 MPa。

（3）采空区下部存在顶底柱资源：采空区底部 3 m 范围内作为人工顶板应采用高标号胶结充填，28 d 抗压强度 ≥4 MPa，其余部分可用中等强度胶结充填、低强度胶结充填或非胶结充填。

（4）采空区上方存在残矿资源：采空区下部可采用非胶结充填或 28 d 抗压强度

≤0.2 MPa的低强度胶结充填,其上部0.5 m范围内采用28 d抗压强度≥2 MPa的高强度胶结充填,以作为无轨设备运行的胶面层。

2)采空区接顶充填方案及充满率估算

采空区充填治理效果与接顶充填率有直接关系。受采空区形态及工艺限制,采空区充填不可能达到100%接顶充填,但应采取综合技术措施,尽可能提高充填接顶程度,为残矿资源回收创造安全的工作环境,如:

(1)尽可能提高充填料浆浓度,减少充填体沉缩。

(2)采取适当的工程措施,尽可能使充填下料点位于采空区最高点。

(3)条件允许情况下,尽可能多点下料。

(4)条件允许情况下,在充填完成、充填体沉降结束后,可进行二次补充充填。

根据国内外中大型矿山采空区治理经验,采空区的充填率在60%~80%即可有效控制地压灾害、保护地表环境,同时为保证后续残矿资源回收的顺利进行,七宝山硫铁矿鸡公湾矿段采空区充满率应确保在90%以上。

3)采空区处理经济效益分析

七宝山硫铁矿待充填采空区体积为90158.78 m³,所需尾砂充填体积为97506.72 m³。将采空区充填完毕后,高达28.89万t的高品位残矿资源将具备回收价值,即使仅按70%的回收率估算,也能提供20.22万t的矿石量,相当于达产时矿山8.4个月的产量,潜在经济价值超过5000万元。因此,七宝山硫铁矿采用全尾砂充填进行采空区充填治理,不仅能够消除采空区安全隐患、有效控制地压活动,从而保护地表的建(构)筑物,而且能够减少尾矿排放量,延长尾矿库服务年限,同时也为残矿回收创造前置条件,不仅具有明显的经济效益,而且还有显著的环境效益和社会效益。

7.3.4 残矿资源安全高效回收技术

七宝山硫铁矿鸡公湾矿段的残矿资源主要是在回采Ⅲ-3-3和Ⅲ-3-5矿体的过程中所遗留下来的。其中Ⅲ-3-3矿体的残矿资源主要集中于0~33 m分段,Ⅲ-3-5矿体的残矿资源主要集中于0~80 m分段。针对这部分残矿资源,先按照其形态与赋存条件进行分类,然后分类统计残矿的矿量与品位,最后再针对不同类别的残矿资源选择合适的采矿方法并制订技术可行、经济合理的回收方案。

1.残矿资源回收原则

(1)残矿资源回收工程应确保安全,残矿资源回采前必须对周围采空区进行充填处理。

(2)尽量利用原有的工程,减少新增工程量。

(3)在矿岩已发生移动或已被破坏的范围内,应采用强采、强出、强充的高效率采矿方法。

(4)位于主矿体边角的残留矿体,在开采前应充分研究地质资料,科学推断矿体的形态和走向,减少采掘工程,必要时,可采用中深孔探矿,基本控制矿体形态后,方可重新设计采准和回采工程。

(5)残矿中有相当一部分废弃时间较长的,考虑到可能存在老窿水,因此在采掘过程中一定要注意探水和防水,以保证安全。

2. 残矿回收采矿方法的选择

残矿回收对象为Ⅲ-3-3和Ⅲ-3-5矿体的残矿资源，主要类型有间柱、顶柱和存窿矿。由于地表有村庄和公路等建(构)筑物，为保护其安全稳定，应优先选用充填法。充填法方案众多，根据残矿资源开采技术条件，初选残矿回收采矿方法包括分段空场嗣后充填法、机械化上向水平分层充填法、上向水平进路充填法。

1) 分段空场嗣后充填法

由于Ⅲ-3-5矿体每10 m分段均有采空区，且上下采空区顶柱厚度在3 m左右，部分位置还可能存在采空区塌透的情况，安全隐患较为突出，采场稳定性受爆破震动影响较大，不宜使用中深孔爆破方式；同时考虑到残矿在每10 m分段中均存在变化，连续性很差，且每块残矿的规模均不大，故不推荐采用分段空场嗣后充填法。

2) 机械化上向水平分层充填法

因残矿资源存在连续性差、完整度低、形态变化较大、品位较高等特征，故其具有较高的开采技术难度；而上向水平分层充填法具有适用性强、安全性好、损失贫化率低，符合本次残矿回收开采技术条件的要求，故推荐机械化上向水平分层充填法。

3) 上向水平进路充填法

各分段残留的约3 m厚顶柱，具有完整性差、易风化冒落、稳固性差的特点，部分区域可能已经发生垮塌。回收此类残矿所选择的采矿方法应尽量减小顶板暴露面积和时间，且保证所有回采工序(包括凿岩、爆破、出矿等)均在专用采矿巷道内进行。针对此类稳定性差的顶柱资源推荐采用上向水平进路充填法。

4) 推荐的残矿回收采矿方法

针对Ⅲ-3-3和Ⅲ-3-5矿体，残矿资源的回收采矿方法优选方案为：

间柱：机械化上向水平分层充填法、上向水平进路充填法；

顶柱：上向水平进路充填法；

存窿矿：采用凿岩台车撬顶、护顶后再采用铲运机出矿。

3. 残矿回收方案

1) 残矿回收存在的技术难点

(1) 残留顶柱上、下部采空区跨度较大，暴露面积大、时间长，顶板随时可能冒落、坍塌，回采作业安全隐患突出。

(2) 采空区周边虽然预留有间柱支撑，但是由于采空区规模大、暴露时间长，矿柱受爆破震动、风化的影响，极易发生失稳垮塌，进而诱发大规模采空区灾害。

(3) Ⅲ-3-5矿体的部分残矿在40~80 m中段，该中段已经停止生产多年，相应的开拓、运输、通风、排水系统均已废弃，需要进行恢复或重新布置。

(4) 采空区规模较大、形态复杂、安全隐患突出，充填治理难度较大。

2) 存窿矿资源回收方案

总体上采用先回收存窿矿，再回收顶柱，最后回收间柱的回收步骤。由于矿山采用装岩机出矿，因此装岩机无法覆盖的采场位置留存有不少存窿矿。当采空区高度不高且具备安全出矿条件时，预先处理顶板松石并护顶，然后采用铲运机将存窿矿出净，必要时可选用遥控铲运机，以提高操作人员的安全性。若不具备安全出矿条件，则只能先将该采空区胶结充填起来，若存窿矿价值较高，可考虑采用下向水平分层进路充填法回收部分存窿矿资源。

3）顶柱回收方案

顶柱的回收示意图如图7-42所示，主要包括充填下方采空区、构筑人工假顶、用上向水平分层进路充填法回收三个步骤。

（1）充填下方采空区：首先撬顶平场后尽量回收采空区内的存窿矿，然后经充填钻孔将充填料浆充入残留顶柱下方采空区内，大部分采用低强度胶结充填，最上部大约0.5 m厚采用高强度胶结充填以形成胶面层，如此既消除了下部采空区安全隐患，又可作为后续无轨设备的工作平台。

（2）构筑人工假顶：充填料浆经管道输送，自充填钻孔充入残留顶柱上方采空区内，下部约3 m高度采用高强度胶结充填并加钢筋网，以构筑人工假顶，保障回采安全；其余上部采空区大部分采用低强度胶结充填，最上部大约0.5 m厚采用高强度胶结充填以形成胶面层，为上分段的残留顶柱的回收做准备。

（3）用上向水平分层进路充填法回收：当上部和下部高大采空区的充填体固结养护达到强度要求后，便可开始残留顶柱的回采工作。由于残留顶柱的直接顶板为相对软弱的人工假顶，因此采用采场暴露面积更小、安全性更高的上向水平分层进路充填法进行回采，从脉外运输巷道掘进分层联络道进入采场，采用隔一采一的进路方式对残留顶柱进行回收，一步回采进路采用高强度胶结充填（28 d抗压强度≥2.0 MPa），二步回采进路采用低强度胶结充填（28 d抗压强度≥0.2 MPa）。

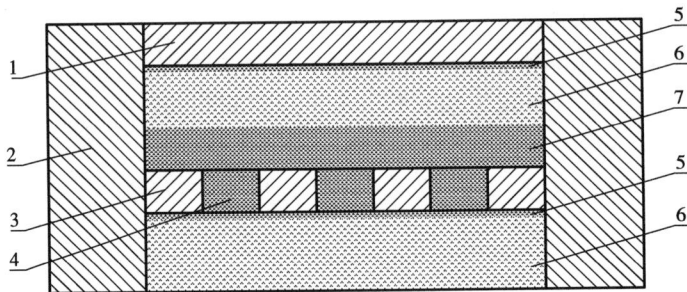

1—残留顶柱；2—间柱；3—待二步回采进路（将采用低强度胶结充填）；
4——步回采进路（已采用高强度胶结充填）；5—高强度胶结充填胶面层；
6—低强度胶结充填体；7—高强度胶结人工假顶。

图7-42 上向水平分层进路充填法回收顶柱资源示意图

4）间柱回收方案

待顶柱回收完毕后再回收间柱，间柱回采前必须对其周围采空区进行充填处理，并保证充填质量。由于采空区分布简单，而且间柱宽度一般不超过7 m，故采用机械化上向水平分层充填法回收间柱。回采时从脉外运输巷道掘进分层联络道进入采场，按照机械化上向水平分层充填法单体设计的技术要求逐层回收间柱，采一层充一层，直至全部回收完毕并接顶充填。

4.残矿资源回收经济效益

1）残矿资源回收价值估算

七宝山硫铁矿鸡公湾矿段的残矿资源共计 28.89 万 t，按照 70% 的综合回采率进行估算，可采出 20.22 万 t。因矿石类型为含铜黄铁矿石，铁金属量不计入回收价值估算。根据 2021 年市场行情，经估算矿石价值约为 5552.85 万元。

2）生产成本

残矿回收的矿石生产成本主要包括直接采矿成本、运输成本和选矿成本，分别如下：

（1）直接采矿成本取机械化上向水平分层充填法和上向水平进路充填法的算术平均值，约为 87.52 元/t。

（2）矿石经 185 斜井提升，矿石运输成本约为 17.3 元/t，从地表 185 矿仓运至选厂运费为 3.8 元/t，合计 21.1 元/t。

（3）根据矿山提供的核算数据，选矿成本不包人工、折旧费，约为 65 元/t。

合计矿石直接生产成本约为 173.62 元/t，回收 20.22 万 t 矿石生产总成本为 3510.60 万元。

3）税前利润

采空区充填是进行残矿回收的前提，采空区充填成本约为 585.04 万元，故残矿回收的税前总利润＝残矿价值－生产成本－采空区充填成本＝5552.85－3510.60－585.04＝1457.21 万元。

7.4　闪星锑业残矿回收实践

7.4.1　残矿回收背景与意义

1.矿山开采技术条件分析

1）矿山概况

锡矿山闪星锑业有限责任公司（原锡矿山）位于湖南省冷水江市，以锑矿储量大、质地纯、产量高、质量好而著称于世界，分南矿和北矿两个矿区，包括由 4 个复式背斜组成的 4 个矿床，即老矿山矿床、童家院矿床、物华矿床和飞水岩矿床。矿体呈缓倾斜似层状产出，倾角 15°~25°，局部为 30°~40°，厚度 1.5~6.0 m，局部为 15~20 m，各层矿体间夹层厚度 2~6 m。矿体顶板为钙质页岩或碳质页岩，稳定性较差、易冒落。

锡矿山是一个开采历史在百年以上的老矿山，其锑储量及产量曾居世界第一位，经过数次技术改造，已形成年产原矿 55 万~65 万 t/a，采掘总量约 60 万 t/a（南矿 30 万~35 万 t/a，北矿 25 万~30 万 t/a）的生产能力。与其他老矿山一样，闪星锑业也面临储量消耗过大，保有储量日益减少的困境。为维持矿山企业稳定生产，除加大深部和外围勘探力度，还应加大残矿资源回收力度。

2）矿区地质条件

矿田处于多种构造体系复合部位，经历了多次不同方向、不同性质的应力作用。锡矿山锑矿田为一向南北两端倾伏的半边背斜，其西翼有 F75 断裂，东翼有煌斑岩脉穿切和北东向断裂。半边背斜内北东向次级褶皱发育，呈左行雁列展布，从北至南有茅塘、白云岩、稻草湾、陈家冲、老矿山、童家院、飞水岩、物华、月马山、贯场里等背斜构造。主要断裂构造以 F75 为代表，走向北 30°东，倾向北西，倾角 45°~70°（上陡下缓），呈波状弯曲，为正断层，断裂带宽 40~60 m，最窄只有 1 m，长 20 km，对矿田成矿起主要控制作用。

3）矿床地质条件

矿田出露下石炭统和上泥盆统地层，深部经坑道和钻探揭露，见到中泥盆统棋梓桥组地层，其中佘田桥组（D_3s）灰岩段（D_3s^2）为矿田主要含矿地层。飞水岩矿床位于锡矿山半边背斜南部，范围大致为 0~49 线，长 3750 m，东起 F7，西至 F75 下盘，东西宽 800~1500 m；童家院矿床分布在 0~40 线，长 3000 m，宽 1000 m，产于 F3 下盘一侧的童家院半边背斜轴部及东翼，共有 Ⅰ、Ⅱ、Ⅲ 号三个矿体。

4）开采技术条件

该矿床位于分水岭外，地表亦无大的含水体，加之页岩的阻挡，地表水不能向深部渗透。开采 100 多年来，尚未出现过大量涌水现象和突水事故，水文地质条件简单。矿体顶板围岩分别为页岩、硅化灰岩、破碎的灰岩、页岩，岩石性质差异较大，各自的抗压和抗风化能力相同，特别是 Ⅰ、Ⅲ 号矿体的顶板围岩节理发育，稳固性差；Ⅱ 号矿体顶板围岩坚硬，稳固性好。各矿体的底板围岩多系硅化灰岩，致密坚硬。由于前期主要采用空场法回采，虽后期部分采用充填法但因充填工艺不完善、充填质量低，所以锡矿山采空区规模庞大，历史上多次发生较大规模的地压活动，环境地质条件属复杂类型。

2. 残矿回收项目概况

1）残矿回收背景与意义

闪星锑业经过百余年来的开采，特别是前期受采矿技术的局限，残留了大量宝贵的锑矿资源，如北矿厚大矿体预留的矿柱及顶板冒落压矿有 10 余万 t，而南矿残矿量更高达 129.7 万 t。如能将这部分残留资源充分加以回收，不仅可以提高矿山经济效益，延长矿山服务年限，而且在回收残矿的同时，对遗留采空区进行处理，可以从根本上消除采空区安全隐患，保护地下地表环境，兼具较高的环境效益和社会效益。但残留资源开采也必须充分考虑如下特殊开采条件：

（1）残矿资源周围多为老采空区，尤其是南矿 2 中段及其以上中段两边的残矿资源（30 万 t）是以前遗留下来的，周围采空区密布，分布状况不明，且接近地表。其他中段残矿资源周围采空区虽然进行了充填处理，但处理效果较差，普遍没有充填满，如果采空区上方存在积水，则残矿回收时必须充分考虑积水的控制和处理措施。

（2）残矿资源都是历史上采用空场法开采时作为矿柱遗留下来的，如果对其进行回收，势必引起上覆岩层和地表的沉降与移动，因此，残矿回收必须与采空区处理同步进行，且做好地压监测与安全监控工作。

（3）残矿资源的突出特点是点多面广，且单个地点矿量有限，必须统筹考虑运输、提升、充填、通风等系统。

2）残矿回收主要研究内容

锡矿山和中南大学合作开展残矿资源回收可行性及安全、高效、经济开采技术研究，在充分调查、分析残矿资源开采技术条件（尤其是采空区状况）的基础上，通过理论分析、数值模拟等综合手段，对残矿资源回收的可行性进行专项论证，并对残矿资源的开采方法进行研究，为最大限度地安全回收残矿资源提供技术支持。

（1）矿山三维实体建模技术开发。

①两矿区地表地形模型；

②两矿区矿、岩体模型；

③两矿区主要井巷工程模型；

④两矿区组合三维实体模型。

（2）安全专项论证。

①采空区现状、处理方式与处理效果的调查与分析；

②残矿资源分布状态及规模与开采技术条件调查、分析、分类；

③矿山工程地质条件综合分析与评价；

④矿岩力学参数测试及工程处理；

⑤采空区稳定性计算分析；

⑥采空区处理方案研究；

⑦残矿资源开采稳定性及分析其对地表的影响；

⑧残矿资源安全技术对策措施研究；

⑨残矿资源开采过程中的地压监测网布置方案。

（3）开采技术方案。

①针对不同类别残矿资源，选择2~3种开采方案并进行经济技术比较，推荐最优方案；

②各采矿方法生产能力的确定；

③残矿开采方法、采场结构参数优化；

④残矿采矿方法标准方案设计（包括采准、切割、回采）；

⑤残矿采矿方法经济效益分析。

（4）充填系统与技术优化。

①用充填配比室内试验，确定不同充填目的（采空区处理、残矿开采充填）所需最优充填配比参数；

②推荐用配比充填料浆坍落度、稠度、泌水率等管道输送特性参数试验，评价管道输送性能，确定充填体脱水率；

③推荐计算配比充填材料直接成本；

④残矿开采充填系统改造方案设计；

⑤残矿开采井下充填管路布设方案设计；

⑥充填管道输送水力计算和可靠性分析；

⑦底部封堵技术；

⑧充填脱滤水技术；

⑨接顶充填技术。

7.4.2 采空区禀赋特征及残矿资源调查

1.矿山地压活动情况

由于前期主要采用空场法回采,锡矿山历史上多次发生较大规模的地压活动。

20世纪60年代初期发生了两次大的地压活动。第一次发生在东部的中央区段,有明显征兆,初始岩层发出炸裂声,响声发展的趋势是先稀后密,大者如雷震,小者如鼠剥谷,之后矿柱开裂、剥落、倒塌,部分采场顶板下沉、底鼓、顶板局部冒落,这次地压活动冒落3.4万 m^3 ,占采空区体积的46%,地表下沉10.69万 m^2 ,冒落时地表下沉值为0.5 m。第二次地压活动发生在1号竖井东侧的中部地区,该区域用房柱法开采,由于对中部的残存矿块进行了回采,区域内出现矿柱开裂和剥落、岩层发响、顶板掉渣和局部冒落等地压活动征象,后来发展到急剧性的大冒顶,冒落42个采场,面积达3万 m^2 ,引起地表下沉和开裂,3天内下沉9.6万 m^2 ,最大下沉值为1.07 m,地表裂隙43条,最长达21 m,造成井下运输、通风系统的破坏,使1号竖井井架发生倾斜,顶端最大偏斜值达43 mm,公路及附近厂房等建筑物设施都受到了较为严重的影响,与第一次地压活动时地表移动的边界连成了一片。

1971年发生了第三次大面积地压活动,主要是采空区的采充不平衡,使大量新的采空区没有及时处理。地压活动主要发生在7中段东段到4中段的中、东部区段,形成了沿倾向斜长80~120 m、走向长750 m、面积7.6万 m^2 的地压活动区,首次观测到地表沉降,最大下沉值为36 mm。

1987年4月27日,几百人涌入北矿宝大兴老窿内乱采滥挖保安矿柱,致使大面积顶板冒落和地表下沉,造成3人死亡、2人重伤和2人轻伤的重大事故。1987年连续多次发生生产性和交通事故,共死亡10人。

1993年8月株木山一带小煤窑越界开采,导致工管处办公楼所在地的地表及建筑物严重破坏,移动开裂范围达21625 m^2 ,地表最大下沉217 mm,办公楼、公路、生活设施等4173 m^2 的建筑面积无法使用。

2.采空区现状及影响范围分析

1)采空区调查

锡矿山共开采3个矿体,开采深度由地表至25中段(-142 m),垂直高度在500 m左右,形成了众多采空区(表7-17),其中部分是遗留下来的地表浅部采空区,如南矿1~3中段老采空区,开采范围内千疮百孔,采空区上下重叠,纵横交错;另一部分采空区是20世纪80年代后期开始的民采所形成的,留有不规则的矿柱,随时可诱发采空区大面积垮塌而造成灾难性后果。残矿资源的安全回收必须对现有采空区进行系统分析整理,通过分析查明规模较大采空区为:1#(2.41万 m^3)、3#(2.91万 m^3)、7#(2.70万 m^3)、10#(5.76万 m^3)、11#(2.25万 m^3)、14#(4.28万 m^3),所占采空区总体积比例为65.64%。

2)采空区处理现状

本矿区曾发生多次大规模地压活动,严重影响生产及地表构筑物的安全,为此锡矿山曾多次对老采空区进行充填处理,对控制地压活动起到了一定的效果。

(1)锡矿山锑矿床五窿道区地表开采始于1897年,前期主要开采浅地表矿体,后逐步向下延伸开采,是重大安全隐患,公司于2005年开始对其进行处理。

（2）为防止地表塌陷，北矿对接近地表的老采空区进行过尾砂充填，但是由于采空区分布复杂，资料不全仍然有部分采空区未进行处理，存在安全隐患。

（3）南矿6中段至11中段的3#采空区，2009年末累计采空区体积达2.88万 m³，南矿进行了充填处理，充填体积达2万 m³，未充填体积0.88万 m³，加上2010年生产所产生的采空区，则年末累计采空区达2.91万 m³。

表7-17 锡矿山采空区统计表

采空区编号	采空区体积/万 m³	采空区距地表深度/m	回采中段	备注
1#	2.41	70	280~295 中段	南矿
2#	1.36	130	4~5 中段	南矿
3#	2.91	200	6~11 中段	南矿
4#	0.31	255	13~15 中段	南矿
5#	2.19	361	17 中段	南矿
6#	2.07	397	19 中段	南矿
7#	2.70	433	21 中段	南矿
8#	0.99	469	23 中段	南矿
9#	0.03	519	25 中段	南矿
10#	5.76	90	童家院第 3 中段	北矿
11#	2.25	120	童家院第 4 中段	北矿
12#	1.70	150	童家院第 5 中段	北矿
13#	1.09	180	童家院第 6 中段	北矿
14#	4.28	110	四窿道	北矿
15#	0.89	120	七里江	北矿
合计	30.94			

3）采空区影响范围

南矿采空区总体积达14.97万 m³，主要分布在4、5、7、11、13中段，其中4、5、7中段采空区体积较大，如2#、4#采空区群。北矿采空区总体积达17.5万 m³，主要分布在四窿道、五窿道，其中四窿道采空区体积大，如8#、9#采空区群。尽管最近几年，矿山对较大采空区先后采用充填的方法进行了处理，但由于浅部老采空区时间久远，资料不全，处理难度极大，且对地表构筑物依然构成潜在威胁。影响范围包括北矿、南炼厂、办公楼及一些居民住所等地表设施。老采空区主要集中在里华区北、四窿道、肖家湾、源和至南炼等地，影响面积462985 m²，其中对里华区北（艳山红）、老矿山、四窿道、学校影响大，塌陷区影响面积为35539 m²。

3. 工程岩石力学调查

残矿资源安全回收论证及采空区稳定性分析在很大程度上依赖于岩石的力学参数选取的可靠性和合理性，通过对 Ⅰ、Ⅱ、Ⅲ 号矿体具有代表性的矿岩进行现场取样，并在试验室对试件进行了多项物理力学性质测试，结果见表7-18。

表7-18 锡矿山岩石试样力学性质汇总表

试件岩性	试件编号	抗压强度/MPa	抗拉强度/MPa	弹性模量/GPa	密度/(g·cm⁻³)	泊松比	备注	
灰岩	7-K	166.00	1.81	19.21	2.61	0.209		7#矿体——矿石
页岩	7-D₂	97.50	14.13	18.01	2.63	0.186		7#矿体——底板
页岩	3-DR₁	44.80	4.57	8.15	2.55	0.208	北矿	3#矿体——顶板
页岩	3-D₂	99.32	4.19	7.29	2.63	0.326		3#矿体——底板
灰岩	3-K	100.62	6.05	15.26	2.44	0.235		3#矿体——矿石
硅化灰岩	Ⅰ-W	108.00	8.13	12.03	2.62	0.256		1#矿体——围岩
页岩	Ⅰ-D	20.50	1.65	3.42	2.67	0.244		1#矿体——顶板
灰岩	Ⅰ-K	114.00	13.92	17.43	2.60	0.148	南矿	1#矿体——矿石
硅化灰岩	Ⅲ-W	187.00	2.09	20.16	2.55	0.285		3#矿体——围岩
页岩	Ⅲ-D	81.90	6.15	35.67	2.58	0.175		3#矿体——顶板
灰岩	Ⅲ-K	85.00	1.77	20.44	2.58	0.147		3#矿体——矿石

4. 复杂采空区群稳定性综合评判

模糊综合评判法是应用模糊变换原理和模糊数学的基本理论——隶属度或隶属函数来描述中介过渡的模糊信息，考虑与评价事物相关的各个因素，浮动地选择因素阈值，作比较合理的划分，再利用传统的数学方法进行处理，从而科学地得出评价结论。

1）影响采空区稳定性的地质因素及指数

按照上述原则，编制锡矿山采空区稳定性因素调查数据表（表7-19）。表7-19中数据样本共有15个，每个样本有13个参量。对于不可定量描述的因素，根据表7-20的评分标准来确定，并规定Ⅰ级8分、Ⅱ级6分、Ⅲ级4分、Ⅳ级2分。其中有岩石抗压强度、矿体倾角、采空区高跨比、埋藏深度、矿柱面积比等5个参量与稳定性程度呈正向变化，即这5个参量的值越大，稳定性越好。岩体结构、地质构造、采空区形状、水文因素、实际采空区体积、最大暴露面积、采动扰动情况、相邻采空区影响等8个参量与稳定性程度呈反向变化，即这8个参量的值越大，稳定性越差。

表 7-19 锡矿山采空区稳定性因素调查数据表

编号	采场名称	岩体结构	地质构造	岩石抗压强度/MPa	水文因素	采空区形状	矿体倾角/(°)	采空区高跨比	实际采空区体积/m³	埋藏深度/m	最大暴露面积/m²	矿柱面积比/%	采动扰动情况	相邻采空区影响
1	采空区	2	2	166.00	2	2	35	0.06	19128	115	3188	15	2	2
2	采空区	4	2	97.50	2	2	30	0.14	23345	115	3335	8	2	2
3	采空区	2	2	44.80	2	4	30	0.04	12840	145	2568	12	2	2
4	采空区	2	4	99.32	2	2	40	0.06	24072	180	6018	9	2	4
5	采空区	2	2	100.62	2	2	55	0.06	23023	253	3542	18	2	2
6	采空区	4	2	108.00	2	2	35	0.08	22100	83	3400	17	4	4
7	采空区	2	2	114.00	2	2	50	0.12	17290	253	2660	12	2	2
8	采空区	4	2	44.80	2	4	15	0.26	68748	90	5729	6	4	4
9	采空区	2	2	60.50	2	2	15	0.08	16296	100	2716	15	2	2
10	采空区	2	4	81.90	2	2	15	0.05	15985	100	3197	10	4	2
11	78	2	2	85.00	2	2	40	0.09	7380	115	1476	23	2	2
12	57	4	2	114.00	2	2	35	0.09	4131	145	918	27	2	4
13	采空区	2	2	60.50	2	2	15	0.05	7472	90	1868	20	2	2
14	采空区	2	2	44.80	2	2	30	0.08	4520	120	1130	24	4	2
15	采空区	2	4	81.90	2	2	10	0.10	3752	120	938	21	2	2

表 7-20 采空区不可定量因素评分标准

因素	危险度极高 Ⅰ级	危险度较高 Ⅱ级	危险度一般 Ⅲ级	危险度较低 Ⅳ级
岩体结构	松散结构	碎裂结构	层状结构，取样较破碎	完整块状结构
地质构造	断层贯穿围岩	断层部分切割或褶皱影响大	褶皱影响小	无断层、褶皱
水文因素	长期有淋水	雨季有淋水	围岩可见水迹	无淋水水迹
采动扰动情况	采场作业影响较大	采场作业影响大	采破作业影响一般	无爆破作业影响
相邻采空区情况	采空区面积较大，数量较多，相距较近且比较集中	采空区面积大，数量多，但较分散	采空区面积一般，数量不多，相距较近	无其他采空区，为孤立采空区
工程布置	布置不合理	一般	一般	布置合理

2) 隶属函数确定

根据隶属函数的确定原则,结合实际情况以及影响采空区灾害危险度的因素较多,拟采用四值逻辑分区法来确定隶属函数,评分标准见表7-21。

表7-21 四值逻辑分区法评分标准

因素	危险度极高 I 级	危险度较高 II 级	危险度一般 III 级	危险度较低 IV 级
岩体结构	松散结构8分	碎裂结构6分	层状结构,取样较破碎4分	完整块状结构2分
地质构造	断层贯穿围岩8分	断层部分切割或褶皱影响大6分	褶皱影响小4分	无断层、褶皱2分
岩石抗压强度/MPa	<50	50~70	70~90	>90
水文因素	长期有淋水	雨季有淋水	围岩可见水迹	无淋水水迹
工程布置	布置不合理8分	一般6分	一般4分	布置合理2分
矿体倾角/(°)	3	3~30	30~50	>50
高跨比	<0.03	0.03~0.05	0.05~0.10	>0.10
实际采空区体积/m³	81000	24000~81000	6400~24000	6400
埋藏深度/m	>300	200~300	100~200	<100
最大暴露面积/m²	>4000	2700~4000	1200~2700	<1200
矿柱面积比/%	<5	5~10	10~20	>20
采动扰动情况	采场作业影响较大8分	采场作业影响大6分	采破作业影响一般4分	无爆破作业影响2分
相邻采空区情况	采空区面积大,数量多,相距较近且比较集中8分	采空区面积大,数量多,但较分散6分	采空区面积一般,数量不多,相距较近4分	为孤立采空区2分

3) 确定危险度

其中,第三步建立模糊评价矩阵、第四步确定因素重要程度模糊子集、第五步进行综合评判运算等计算流程不再详述。最后一步为确定危险度,模糊评判集合中的值是对应于安全等级的隶属度,利用其值来确定安全评判等级,采用最大隶属度判别准则进行判别。主要采空区灾害危险度的模糊评价结果见表7-22。通过模糊综合评判可得,该矿目前没有危险度极高的采空区,具体结果如下:

(1)属于二级危险源,即危险度较高的采空区只有3个,2#、4#和8#采空区群。

(2)属于三级危险源,即危险度一般的采空区分别是1#、3#、5#、6#、7#、9#、10#采空区群等7个采空区。

(3)其余的属于四级危险源,即危险度较低的采空区为5个采空区。

表 7-22　主要采空区灾害危险度的模糊评价结果

编号	采场名称	危险度极高	危险度较高	危险度一般	危险度较低	危险等级/级
1	采空区群	0.0577	0.2305	0.5703	0.1415	Ⅲ
2	采空区群	0.0997	0.4962	0.0792	0.3250	Ⅱ
3	采空区群	0.2588	0.1877	0.2965	0.2584	Ⅲ
4	采空区群	0.0900	0.5962	0.0692	0.4250	Ⅱ
5	采空区群	0.2075	0.1331	0.3466	0.3128	Ⅲ
6	采空区群	0.1724	0.1513	0.3425	0.3337	Ⅲ
7	采空区群	0.0548	0.2810	0.6232	0.0633	Ⅲ
8	采空区群	0.1389	0.3988	0.1596	0.3027	Ⅱ
9	采空区群	0.0577	0.2305	0.5703	0.1415	Ⅲ
10	采空区群	0.2588	0.1877	0.2965	0.2584	Ⅲ
11	78	0.0883	0.2738	0.1723	0.4656	Ⅳ
12	57	0.1600	0.2664	0.1937	0.3799	Ⅳ
13	采空区群	0.0306	0.1772	0.3785	0.4151	Ⅳ
14	采空区群	0.1389	0.1339	0.1337	0.5935	Ⅳ
15	采空区群	0.1946	0.2652	0.0184	0.5218	Ⅳ

7.4.3　充填材料试验及充填系统方案

1. 分级尾砂充填性能评价

闪星锑业分级尾砂(图 7-43)主要物理力学性质测定结果列于表 7-23,粒级组成见表 7-24,尾矿样品主要化学成分测定结果见表 7-25。分析可得出如下结论:

图 7-43　分级尾砂取样点

(1)分级尾砂的渗透系数较高(5.78×10^{-3} cm/s),进入充填采场后具有良好的脱水性能,初凝速度快。

(2)分级尾砂单位沉降量随压力的增大而增大,但增幅逐步减小,表明分级尾砂具有一定的沉降量。

(3)充填骨料的不均匀系数大于5,表明其级配良好,充填料浆体的密实程度较好,有助于提高充填体的前期强度。

(4)尾砂中SiO_2的含量高达70.07%,Al_2O_3的含量也相对较高,具有一定的散体强度。

综上所述,仅从物理力学性质来看,闪星锑业分级尾砂是较为理想的充填骨料。

表7-23 分级尾砂的物理力学性质

相对密度	松散干密度/($g \cdot cm^{-3}$)	渗透系数/($cm \cdot s^{-1}$)	水上休止角/(°)	水下休止角/(°)	d_{50}/mm	不均匀系数
2.67	1.54	5.78×10^{-3}	38.5	33.6	0.19	7.5

表7-24 分级尾砂不同粒径组成表

粒径范围/mm	2~5	0.5~2	0.25~0.5	0.075~0.25	0.05~0.075	0.005~0.05	<0.005
比例/%	0.2	12.2	27.7	37.2	9.7	9.0	4.0

表7-25 分级尾砂主要化学成分组成

化学成分	SiO_2	Ca	Al_2O_3	K	Mg	Pb	Fe
比例/%	70.07	2.07	3.05	2.09	0.13	0.02	0.49

根据配比试验结果,并综合考虑经济技术因素,适合用上向水平分层充填法或进路充填法,最优配比参数为水泥:粉煤灰:尾砂=1:2:8,质量浓度74%~76%;采空区治理最优配比参数为水泥:粉煤灰:尾砂=1:4:15,质量浓度74%~76%,或采用分级尾砂非胶结充填。质量浓度为76%、配比为1:2:8的充填体养护7 d的抗压强度为0.51 MPa,浆体体重1.8 t/m³,泌水率为3.2%。充填材料单耗:水泥约124 kg/m³、粉煤灰249 kg/m³、尾砂995 kg/m³、水432 kg/m³。

2.充填系统优化方案

现南矿深部、北矿均有一套完善的分级尾砂胶结充填系统,因选用渣浆泵作为泵送系统的主要设备,充填料浆浓度只能控制在30%~40%,故井下充填效果较差,充填效率和强度不能满足生产需要,需改造成似膏体充填系统。

1)充填工艺流程

根据似膏体充填方案的要求,从选厂经管道输送到充填制备站的全尾砂首先要进行脱泥分级,分级尾砂通过管道自流至卧式砂仓,滤水后通过电耙向稳料仓供料,经安装在稳料仓底部的振动放料机和皮带秤的计量后通过皮带输送机输送至搅拌桶。水泥和粉煤灰用散装水泥罐车运送，通过压气卸入水泥仓和粉煤灰仓，经仓底插板阀、星型给料机、转子称计量后通过单螺旋输送机输送至搅拌桶。充填用水采用分级尾砂沉淀后的澄清水，由水泵泵送至搅拌桶。同时，为防止突然断电或水泵故障，将原充填制备站高位水池作为备用应急水源。上述充填物料在搅拌桶内强力搅拌形成合乎质量浓度要求的分级尾砂似膏体料浆，然后通过高压泵加压后经管道输送至待充采场。

2) 主要设施

(1) 卧式砂仓。根据分级尾砂日最大消耗量，按 60% 的有效利用率及 3 d 用砂量计算，设计 2 个长×宽×高＝30 m×4 m×5 m 的卧式砂仓，总容积 1200 m³。由于采用电耙转运尾砂，为防止电耙破坏砂仓底板，沿卧式砂仓底板纵轴方向布置 13 根废旧钢轨，钢轨间距 0.3 m，一半埋入混凝土底板中，一半露出砂仓底板。每个卧式砂仓泄水端布置 10 层 30 个泄水孔，即层间距 0.5 m、每层均匀布置 3 个泄水孔 (图 7-44)。泄水孔孔径 100 mm，内侧衬以双层纱布。每个卧式砂仓泄水端顶部均匀安装 3 个电耙滑轮，滑轮间距 1.0 m。为便于电耙耙运尾砂至稳料仓，卧式砂仓出料端应布置成斜坡状底板，斜坡底板坡度角 30°，坡道上护底钢轨与砂仓底板钢轨应平滑连接，卧式砂仓设置简易顶棚。

图 7-44 锡矿山卧式砂仓配置图

(2) 稳料仓。如图 7-45 所示，在每个卧式砂仓出料端分别布置 1 个尾砂稳料仓，稳料仓为四棱台状，上口 4.1 m×4.1 m，下口 1.5 m×1.5 m，高度 1.5 m，容积 12.45 m³。稳料仓可用钢板卷制而成，上口按网度 0.3 m×0.3 m 铺设废旧钢轨，以防止耙斗掉入稳料仓中，纵向钢轨与卧式砂仓斜坡上的钢轨应平滑连接。稳料仓下口接振动放料机向皮带输送机供料。

(3) 水泥仓。如图 7-46 所示，仓体为钢板结构，仓全高 15 m，容积 122.8 m³，有效容积 104.4 m³ (料仓装满系数 0.85)，可储水泥 135.7 t。现场配备 1 台移动式空气压缩机，从散装水泥罐车向水泥仓压气卸料，在水泥仓上部安装袋式除尘器。

(4) 粉煤灰仓。粉煤灰仓采用与水泥仓基本相同的结构尺寸，可以满足 1 d 充填粉煤灰用量 (88 m³/d) 的要求。

图 7-45　稳料仓配置图

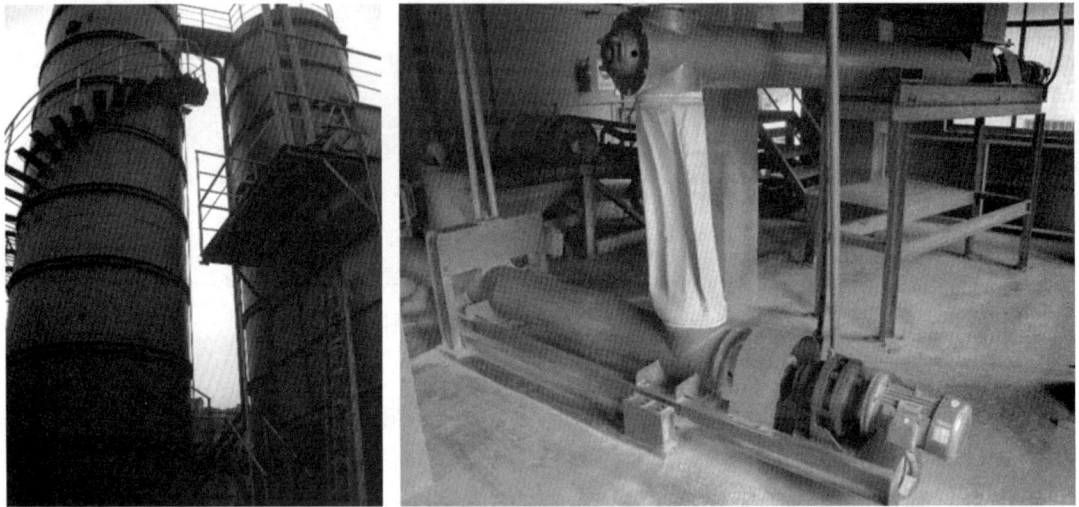

图 7-46　水泥仓配置图

（5）搅拌桶。如图 7-47 所示，立式强力搅拌桶 $\phi2000$ mm×$h2100$ mm，有效容积 5.6 m³，按充填能力（50 m³/h）的要求，料浆在搅拌桶内的停留时间为 6.7 min，可以满足搅拌要求。

（6）清水池。为实现循环利用，水池建在卧式砂仓尾部，分级尾砂滤出的水，通过溢流、沉淀进入清水池，然后通过水泵输送到搅拌桶和充填泵入口上方，其可作为充填用水、事故处理用水及排泥用水。

图 7-47　强力搅拌桶及充填泵

（7）沉砂池。如图 7-48 所示，两级沉砂池长 10 m，宽 10 m，高 4 m，底部筑成四棱锥结构，以利于排泥。

3）井下管道输送系统方案设计

地表充填制备站制成的符合要求的水泥、分级尾砂料浆经过充填泵车加压通过充填管道进入各中段采场。

3. 经济效益分析

如图 7-49 所示，可利用充填站高差将卧式砂仓布置在较高水平，水泥仓和主厂房布置在较低水平。水泥输送装置、搅拌系统，控制系统，充填泵车均布置在主厂房内。

图 7-48　沉砂池配置图

卧式砂仓设置简易顶棚，皮带输送机设置皮带走廊，整个工业场地面积 2890 m²。

1）充填系统投资估算

充填系统主要工程设施及设备投资约 1079.99 万元。

2）材料成本

水泥：粉煤灰：分级尾砂比例为 1 : 2 : 8，质量浓度为 76% 的充填料浆材料成本为 62.18 元/m³ 或 23.46 元/t。如果采用 1 : 6 灰砂比的配比（不添加粉煤灰），则材料成本为 64.52 元/m³ 或 24.35 元/t。

3）经济效益评价

充填采矿法推广后，残矿回收率可达到 60%。按矿山保有残矿储量 129 万 t 计算，可回收 77.4 万 t 锑矿石。按采出矿石的品位 3%，每吨锑金属 10 万元计算，累计新增产值

23.22亿元。尾砂充入井下，减少了尾砂地面堆放带来的占地、尾矿库管理、环境污染等问题，具有较高的间接经济效益和显著的社会效益与环境效益。

图7-49　锡矿山分级尾砂充填系统全貌

7.4.4　残矿资源安全高效回收技术

1.残矿资源回收前采空区处理措施

残矿具有分布零散、规模小、形态多变、矿岩稳定性遭到破坏等特征，必须经充分论证、精心设计，在安全措施和对策得当前提下，才能进行安全回收。为保证残矿资源开采的安全，在残矿资源开采前必须对各采空区进行如下相应处理：

（1）2#、4#、8#采空区群属二级危险源，顶板局部应力值超过矿岩抗拉强度，处于相对不稳定状态，回采周边残矿资源前应对采空区进行充填处理。

（2）1#、3#、5#、6#、7#、9#和10#采空区群为危险度一般的三级危险源群，应尽量对各采空区进行充填，至少做到隔一充一，并加强残矿资源回采过程中采空区稳定性监测。

（3）其他采空区相对稳定，可采取隔离、封闭等措施进行处理，并加强稳定性监测。

2.残矿资源分类

如表7-26所示，残矿种类主要为矿柱、矿壁、护顶及冒落矿石等，其中南矿矿柱残矿主要分布在1~7中段，北矿主要分布在四窿道矿区，占残矿总量的27%左右；矿壁残矿主要分布在南矿9~15中段（3~7中段少量分布），占残矿总量的45%左右；护顶残矿主要分布在南矿1~2中段，占残矿总量的18%左右；受地压影响而造成冒落矿体主要分布在南矿7~9中段，占比很少。

表 7-26　锡矿山残矿资源分类统计表

矿区名称	中段名称	残矿类型	编号	矿石量/t	平均品位/%	金属量/t	平均厚度/m
南矿	1 中段	护顶	1-1	53930	2.65	1418.0	5.6
		护顶	1-2	5638	4.00	225.5	4.2
		护顶	1-3	41180	3.00	1487.4	4.8
	2 中段	护顶	2-1	15740	3.62	573.5	7.5
		护顶	2-2	53430	3.80	1791.0	4.9
		护顶	2-3	37930	2.89	1117.3	5.7
	3 中段西	矿柱	3-1	39150	2.92	1098.9	5.6
		矿柱	3-2	4390	3.80	166.8	4.5
		矿柱	3-3	7970	3.36	267.6	3.7
		矿柱	3-4	17820	3.10	556.5	4.0
	4 中段西	矿柱	4-1	7660	2.60	198.3	3.8
		矿柱	4-2	8610	2.70	232.7	4.3
		矿柱	4-3	20000	2.20	440.0	4.3
	5 中段	矿柱	5-1	3900	2.80	110.1	5.1
		矿柱	5-2	8000	2.75	220.2	3.6
		矿柱	5-3	40600	2.65	1075.9	3.6
	7 中段	矿柱	7-1	8150	2.56	215.3	4.7
		矿柱	7-2	2840	3.58	101.7	5.2
		矿柱	7-3	33870	3.20	1323.7	5.4
		矿柱	7-4	2900	4.08	118.3	3.6
		矿柱	7-5	3900	3.80	148.2	5.1
		矿柱	7-6	3100	2.60	80.6	5.5
	9 中段	矿壁	9-1	16890	2.47	391.0	3.9
		矿壁	9-2	90720	3.41	2759.0	2.3
		矿壁	9-3	1140	1.67	19.0	2.0
		矿壁	9-4	5960	3.52	210.0	4.1
		矿壁	9-5	26666	2.30	606.0	2.9
		顶底柱	9-6	15040	3.30	439.0	5.8
		顶底柱	9-7	1900	4.47	85.0	4.0
		顶底柱	9-8	820	3.05	25.0	3.0
		顶底柱	9-9	1140	1.67	19.0	1.2

续表 7-26

矿区名称	中段名称	残矿类型	编号	矿石量/t	平均品位/%	金属量/t	平均厚度/m
南矿	9中段	矿壁	9-10	37920	2.04	809.9	5.1
		矿壁	9-11	112690	2.24	2528.8	5.6
	11中段	矿壁	11-1	30370	2.23	692.9	4.9
		矿壁	11-2	20010	2.23	451.2	6.3
		矿壁	11-3	19400	2.30	465.4	5.3
		矿壁	11-4	73280	2.20	1612.2	5.2
	13中段	矿壁	13-1	12430	3.01	346.2	5.4
		矿壁	13-2	8530	2.47	222.0	5.3
		矿壁	13-3	5560	1.39	54.0	6.6
	15中段	矿壁	15-1	4230	2.44	102.0	6.2
		矿壁	15-2	8000	2.00	160.0	5.9
		矿壁	15-3	1200	13.33	160.0	
北矿四窿道（未禁采区）	5中段	矿柱	5-残1	7567	3.10	234.6	4.8
	4中段	矿柱	4-残1	15672	2.78	436.0	5.3
	3中段	矿柱	3-残1	12752	2.07	264.5	5.3
北矿四窿道（禁采区）		矿柱	254	373	2.20	8.2	5.7
		矿柱	252	385.4	2.20	8.5	6.1
		矿柱	250	1465.8	2.20	32.2	5.0
		矿柱	248	359.3	1.80	6.5	6.5
		矿柱	246	1462.6	1.88	27.5	5.7
		矿柱	244	1204.2	2.00	24.1	6.4
		矿柱	242	1275.1	2.10	26.8	6.6
		矿柱	240	521.9	1.90	9.9	6.5
		矿柱	264	1424.2	2.32	33.0	6.5
		矿柱	262	522.6	2.12	11.1	5.4
		矿柱	258	2346.0	2.00	46.9	6.2
北矿五窿道		矿柱	72-1	14570	1.69	246.0	5.9
		矿柱	72-2	9600	1.80	173.0	5.8
		矿柱	74-1	11380	1.89	215.0	6.0
		矿柱	74-2	14930	2.01	300.0	4.7

总体而言，赋存矿体的硅化灰岩，一般致密坚硬，稳定性好，但在断层附近，岩溶（空

洞)发育,岩石破碎呈半胶结状态,赋存矿体部位还存在层间破碎带和矿石的溶蚀空洞,而且上覆岩体为钙质页岩和泥晶灰岩互层的软弱层,稳定性差,易发生板状坍塌冒落等工程问题,工程地质条件属中等类型。

基于上述原则,锡矿山各类残矿资源回收采用如下采矿方法:

①矿柱:人工混凝土矿柱替代法;

②矿壁:房柱嗣后充填法、条带式进路充填法及分段矿房嗣后充填法;

③护顶:条带式进路充填法。

3. 条带式进路充填法

1)方案特征

如图 7-50 所示,该方案适用于开采缓倾斜薄矿体(条件满足时也可采厚矿体),高品位或贵重金属矿体。基本特征:以进路形式进行单元条状矿体回采,单条进路回采完毕后,在其两端砌筑隔墙,进行胶结充填,控制围岩稳定,保证后续回采作业的安全。优点:小断面掘进,暴露面积小,安全可靠;适应性好,能较好控制矿体边界。缺点:进路回采等同于独头巷道掘进,通风困难,且凿岩工作量大、炸药单耗大。

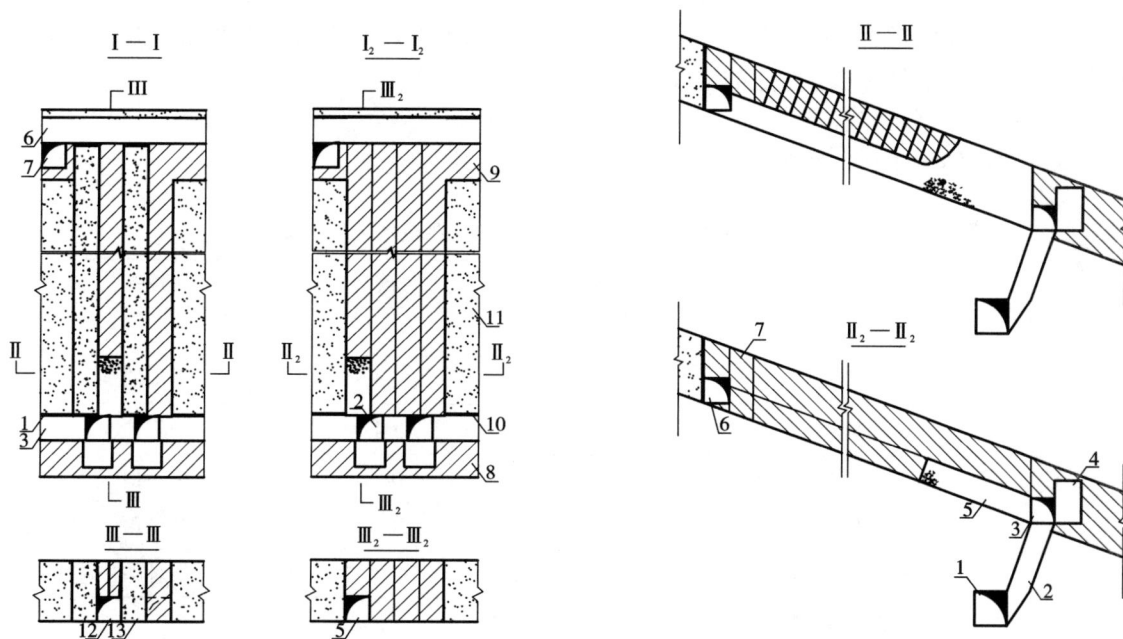

说明

1—运输巷道;2—溜井,2 m×2 m方形断面;3—切巷,2 m×2 m方形断面;4—电耙硐室,2.4 m×2.2 m×3.5 m;5—拉底进路,2 m×2 m方形断面;6—挑顶进路,2 m×2 m方形断面;7—充填回风天井;8—底柱,3 m;9—顶柱,3 m;10—挡墙;11—已充填矿房;12—充填回风联络巷,2 m×2 m方形断面;13—已充填进路。

图 7-50 条带式进路充填法方案示意图

2)回采单元布置与结构参数

回采单元长度为 60 m,宽度为 9 m,分 3 个回采单元,间隔回采。

3)采准切割工程

采准工程尽可能应用原有井巷工程，主要包括：运输巷道、溜井、电耙硐室、切巷、充填联络巷、回风天井和泄水巷。从矿体下盘运输平巷；向上掘进溜井至每进路端部，为方便出矿每进路设独立溜井；由溜井开口沿矿壁全宽拉出切巷；靠近溜井在底柱中掘出电耙硐室。底层进路回采完毕，各进路进行胶结充填。接下来充填该层切巷与电耙硐室，并向上抬升切巷与电耙硐室，两端设置行人通路。

4)回采工艺

采准切割工作完成即可进行进路的回采，每次爆破，必须经充分通风后，人员才能进入采场。风流可由运输平巷经漏斗至采场，清洗工作面之后由底柱中的回风巷回风。进路采场系独头掘进作业，通风效果差，需安装局部风机加强通风。根据要求，风机和启动装置安设在离掘进巷道进口 10 m 以外的进风侧巷道中，每次爆破结束后，用风筒将新鲜风流导入工作面，进行清洗，通风时间不应少于 40 min。采场爆破结束并经过有效通风排除炮烟后，安全人员进入采场清理顶板松石。对局部破碎严重地段，进行相应的支护处理，如布设锚杆悬挂金属网等。

崩落矿石应用电耙出矿，耙至溜井溜至下盘运输巷道，再由电机车转运至主井矿仓，电耙效率取 60 t/台班。进路回采结束后，在进路两端砌筑隔墙，布设滤水管线，由充填软管将充填料浆输送至采空区。充填料浆由上端充填巷道（即上阶段的切巷）输送至充填采场。底层进路充填容易实现，上层进路充填需要沿充填巷道向上掘进一定尺寸的联络天井，为充填管线提供通路，并满足充填作业的空间要求。

5)主要技术经济指标

标准矿块的主要技术经济指标汇总于表 7-27。

表 7-27　条带式进路充填法标准矿块主要技术经济指标

序号	指标名称	单位	数值	备注
1	地质指标			
1.1	品位：Sb	%	2.83	平均值
1.2	矿石体重	t/m³	2.64	平均值
1.3	矿体真厚度	m	6	统一值
1.4	矿体倾角	(°)	20	统一值
2	设计生产能力	t/d	40	设计值
3	矿块构成要素			
3.1	长度	m	60	设计值
3.2	宽度	m	9	统一值
3.3	回采单元宽度	m	3	设计值
4	矿块矿量	kt	8.55	理论值
5	千吨采切比	m/kt	5.1	自然米
6	回收率	%	95.7	整个矿块

续表 7-27

序号	指标名称	单位	数值	备注
7	贫化率	%	6.2	矿山实际
8	凿岩穿孔速率	m/台班	45	理论值
9	电耙生产能力	t/台班	60	理论值
10	单位炸药量	kg/t	0.49	
11	充填生产能力	m³/h	50	设计值
12	进路生产能力	t/d	44.6	
13	采充综合成本	元/t	86.9	

思考题

1. 简述残矿的定义和分类。
2. 残矿资源安全高效回收的关键技术有哪些？
3. 为什么残矿回收的首要工作是采空区及残矿资源禀赋特征调查？
4. 如何降低复杂隐蔽采空区的充填治理成本？
5. 为什么残矿回收要实现强采强出强充？

第8章 现代化绿色矿山建设

进入 21 世纪后，资源短缺和环境污染已成为整个人类社会发展所面临的共同难题，如何合理利用宝贵的资源、减少固废的排放、保护生态环境、建设绿色矿山已成为全球矿业可持续发展所面临的共同难题。本章分析了绿色矿山建设的主要内涵、建设内容、发展历程及关键技术，并详细介绍了现代化的绿色矿山建设典型实例。

8.1 绿色矿山建设概述

8.1.1 绿色矿山的内涵

1. 绿色矿山的定义

2018 年 6 月自然资源部发布《非金属矿行业绿色矿山建设规范》等 9 项行业标准，明确绿色矿山的定义：绿色矿山是指在矿产资源开发全过程中，实施科学有序开采，将对矿区及周边生态环境扰动控制在可控制范围内，实现环境生态化、开采方式科学化、资源利用高效化、管理信息数字化和矿区社区和谐化的矿山。

根据规范要求，绿色矿山建设是一项复杂的系统工程，着力于科学有序合理地开发利用矿山资源的过程中，对其产生的污染、矿山地质灾害、生态破坏及失衡，最大限度地予以恢复治理或转化创新。因此，绿色矿山建设要求矿产资源开发利用全过程中必须采用先进的生产技术和有利于生态保护的生产方式。编者基于数十年的采矿工程专业教学和现场工程实践积累，认为在当代的开采技术和装备条件下，绿色矿山的关键技术可进一步细化为：

（1）采用先进的采矿工艺及机械化的采掘装备，实现矿产资源的安全高效回收，及时处置采空区、有效保护地表地形与生态。

（2）对矿山产生的固体废弃物进行资源化使用和无害化排放，保护地表生态环境。

（3）实现矿山废水的循环利用或达标排放。

2. 绿色矿山与可持续发展的关系

可持续发展的思想具有极为丰富的内涵，绿色矿山是可持续发展的重要组成部分。在矿产资源开发利用领域，它是指将生态环境与经济发展联结为一个互为因果的有机整体，经济发展要考虑自然生态环境的长期承载能力，使环境和资源既能满足经济发展的需要，又使其作为人类生存的要素之一而直接满足人类长远生存的需要，从而形成一种综合性的发展战略。

3. 绿色矿山与环境保护的关系

绿色矿山要求在矿产资源开发全过程中，实施科学有序开采，将对矿区及周边生态环境扰动控制在可控制范围内，对于必须破坏扰动的部分，应当通过科学设计、先进合理的有效措施，确保矿山的存在、发展直至终结，始终与周边环境相协调，并融合于社会可持续发展轨道中的一种崭新的矿业形象。根据规范要求，绿色矿山建设是一项复杂的系统工程，着力于科学有序合理地开发利用矿山资源的过程中，对其产生的污染、矿山地质灾害、生态破坏及失衡，最大限度地予以恢复治理或转化创新。因此，绿色矿山建设要求矿产资源开发利用全过程中必须采用先进的生产技术和有利于生态保护的生产方式，即环境保护是绿色矿山建设的必要条件。

4. 绿色矿山建设发展趋势

1）全球化

进入 21 世纪后，资源短缺和环境污染已成为整个人类社会发展所面临的共同难题。究其原因，一方面是人类社会的高速发展对矿产资源的严重依赖，导致在很长一段时间内资源处于掠夺式的过度开发状态，造成了严重的资源损失和浪费；另一方面，在资源开发利用的过程中环保和安全投入严重不足，资源开采对当地环境的扰动和破坏大大超出了环境的极限容量，造成了严重的生态环境破坏。例如，世界矿业巨头巴西淡水河谷公司旗下两座铁矿山就相继于 2015 年和 2019 年发生了严重的尾矿库溃坝事故（图 8-1）。2015 年 11 月，位于巴西米纳斯吉拉斯州马里亚纳市附近的一座尾矿库发生溃坝事故，造成约 6000 万 m³ 尾矿和废

图 8-1　2019 年巴西 Córrego do Feijão 铁矿 1 号尾矿库溃坝事故

水泄漏和 19 人死亡,含有大量污染物成分和重金属离子的泄漏砂浆以溃坝处为起点,往帕劳佩巴河沿岸下游方向绵延冲刷 18 km,对沿线的河流和土壤产生了严重的环境污染,造成大量的动植物、微生物和鱼类死亡,导致 25 万人出现饮水困难。2019 年 1 月,同样位于巴西米纳斯吉拉斯州隶属于巴西淡水河谷公司的 Córrego do Feijão 铁矿 1 号尾矿库发生液化溃坝事故,共造成 273 人遇难和 1200 万 m³ 尾砂浆体泄漏,浆体直接席卷下游的办公区和村镇,冲毁区域宽约 150 m、绵延数公里,含有大量污染物成分和重金属离子的泄漏砂浆最终流入大西洋。矿山开采必然会产生大量的废石、废水、废气等废料,如何合理利用宝贵的资源、减少固体废弃物的排放、保护生态环境、建设绿色矿山已成为全球矿业可持续发展所面临的共同难题。因此,绿色矿山的研究和应用表现出明显的全球化特征和趋势。

2)强制化

鉴于粗放型开采模式所产生的严重安全隐患、环境污染和资源浪费问题,不断推行绿色开采技术、建设绿色矿山,已经成为世界范围内许多国家矿产资源开发利用的共识。但是,要想实现粗放型开采模式向绿色无废开采模式的转型和升级,则必须要求矿山企业进行技术改造和装备升级,投入大量的技术研发力量和工程建设资本,并需要较长时间的工程系统施工改造才能够见效。因此,仅依靠矿山企业的自觉性而主动去改造和投资是非常困难的,必须依靠明确的法律法规约束、强力的执法监管、加大惩罚力度和适当的产业扶持政策,才能够真正将绿色矿山建设推广开来。

以中国为例,早在 2006 年 6 月,国家质量监督检验检疫总局和中国国家标准化管理委员会就联合发布了《金属非金属矿山安全规程》(GB 16423—2006)明确了矿山开采的安全责任主体和主要安全生产规程;2009 年 1 月,国家发改委、国土资源部在《全国矿产资源规划(2008—2015)》中明确提出了 2020 年基本建立绿色矿山格局的战略目标;2016 年 5 月,财政部和国家税务总局下发《关于资源税改革具体政策问题的通知》(财税〔2016〕54 号),对依法在建筑物下、铁路下、水体下通过充填开采方式采出的矿产资源,资源税减征 50%;2016 年 12 月,《中华人民共和国环境保护税法》颁布实施,开始对矿山固体废物征税,其中尾矿 15 元/t、粉煤灰 25 元/t、危险废物 1000 元/t;2018 年 6 月,自然资源部发布《非金属矿行业绿色矿山建设规范》等 9 项行业标准,进一步明确了绿色矿山的具体建设内容;2020 年,国务院安委会印发了《全国安全生产专项整治三年行动计划》,进一步严格审查非煤矿山建设项目安全设施设计和企业安全生产许可,深入推进整顿关闭,2022 年底前关闭不符合安全生产条件的非煤矿山 4000 座以上,全国煤矿数量减少至 4000 处左右,大型煤矿占比在 80% 以上。

在各项政策法规的引导和各级政府的大力监管下,近十年来中国的矿山各类型安全生产事故和死亡人数大大降低。2010 年,中国仅煤矿所发生的安全事故就高达 1403 起、死亡 2433 人,至 2020 年全国煤矿、金属等所有矿山共发生安全事故 434 起、死亡 573 人,同比分别降低 70%、76%。因此,绿色矿山建设的大范围推广和应用将会越来越明显地表现出强制性的特点。

8.1.2 绿色矿山的建设内容

本节以《有色金属行业绿色矿山建设规范》(DZ/T 0320—2018)为例,介绍绿色矿山建设的主要要求和内容。

1. 总则

(1)矿山企业应遵守国家法律法规和相关产业政策,依法办矿。

(2)矿山企业应贯彻创新、协调、绿色、开放、共享的新发展理念,遵循因矿制宜的原则,实现矿产资源开发全过程的资源利用、节能减排、环境保护、土地复垦、企业文化和企地和谐等的统筹兼顾和全面发展。

(3)矿山企业应以人为本,保护职工身体健康。

(4)绿色矿山建设应贯穿规划、设计、建设和运营全过程;新建、改扩建矿山应根据本标准建设;生产矿山应根据本标准进行升级改造。

2. 矿区环境

1)基本要求

(1)矿区功能分区布局合理,应绿化和美化矿区,使矿区整体环境整洁美观。

(2)厂址选择合理,排土场等厂址应选择渗透性小的场地。

(3)生产、运输、贮存等管理规范有序。

2)矿容矿貌

(1)矿区按照生产区、管理区、生活区和生态区等功能分区,各功能区应符合 GB 50187 的规定,应运行有序、管理规范。

(2)矿区地面运输、供水、供电、卫生、环保等配套设施应齐全,在生产区应设置操作提示牌、说明牌、线路示意图牌等标牌,标牌应符合 GB/T 13306 的规定。

(3)在生产、运输、储存过程中,应采取防尘保洁措施,在储矿仓、破碎机、振动筛、带式输送机的受料点、卸料点等产生粉尘的部位,宜采取全封闭措施或采取机械除尘、喷雾降尘及生物纳膜抑尘;道路、采区作业面、排土场等应采用洒水或喷雾降尘。

(4)矿区生活污水与生产废水分开收集、处理,污水 100% 达标排放。

(5)应采用合理有效的技术措施对高噪声设备进行降噪处理。

3)矿区绿化

(1)矿区绿化应与周边自然环境和景观相协调,绿化植物搭配合理,矿区绿化覆盖率应达到 100%。

(2)在矿区专用道路两侧,因地制宜地设置隔离绿化带。

3. 资源开发方式

1)基本要求

(1)资源开发应与环境保护、资源保护、城乡建设相协调,最大限度地减少对自然环境的扰动和破坏,选择资源节约型、环境友好型开发方式。

(2)在"坚持保护和合理开发利用原则"基础上,根据资源赋存状况、地质条件、生态环境特征等条件,因地制宜地选择合理的开采顺序、开采方法;优先选择资源利用率高,且对矿区生态破坏小的工艺技术与装备。

(3)在开采主要矿产的同时,对具有工业价值的共生和伴生矿产应统一规划、综合开采、综合利用、防止浪费;对暂时不能综合开采或应同时采出而暂时还不能综合利用的矿产,应采取有效的保护措施。

（4）应贯彻"边开采、边治理、边恢复"的原则，及时治理恢复矿山地质环境，复垦矿山占用土地和损毁土地。

2）绿色开发

（1）矿山生产以资源的高效开发和循环利用为核心，通过技术创新，优化工艺流程，实现采、选、冶过程的环境扰动最小化和生态再造最优化。

（2）采矿工艺要求：露天开采宜采用剥离-排土-造地-复垦的一体化技术，井下开采宜采用充填开采及减轻地表沉陷的开采技术；氧化矿宜因地制宜采用采选冶联合开发，发展集"采、选、冶"于一体，或直接从矿床中获取金属的工艺技术。

（3）选矿工艺要求如下：采用的选矿工艺流程及产品方案，应在充分的选矿试验基础上制订，使主金属及伴生元素得到充分利用；对复杂难处理矿石宜采用创新的工艺技术降低能耗，提高技术经济指标，或者采用选冶联合工艺；宜选用高效、对环境影响小的选矿药剂，产生有害气体的厂房，应设置通风设施，氧化药剂室应单独隔离且完全封闭。

3）技术与装备

（1）地下开采宜选用高效采矿法和高浓度或膏体充填技术，以实现无轨机械化采矿。

（2）露天矿优先采用自动化程度高的采、剥、运、排的机械化装备。

（3）选矿厂宜采用大型、高效、节能的技术装备。

4）指标要求

铜、铝、铅、锌、钨、钼、锡、锑、镍等矿山的开采回采率、选矿回收率指标应达到要求。嵌布特征复杂、属于极难单体解离的连生体铅、锌矿选矿回收率可视实际情况酌情调整。其他有色金属矿的开采回采率和选矿回收率，应符合相关"三率"最低指标要求。

5）矿区生态环境保护

（1）认真落实矿山地质环境保护与土地复垦方案的要求：排土场、露天采场、矿区专用道路、矿山工业场地等的生态环境保护与恢复治理，应符合有关规定；土地复垦质量应符合TD/T 1036的规定；恢复治理后的各类场地与周边自然环境和景观相协调；恢复土地基本功能，因地制宜实现土地可持续利用；区域整体生态功能得到保护和恢复；矿山地质环境治理程度和土地复垦符合矿山地质环境保护与土地复垦方案的要求。

（2）建立环境监测机制，配备专职管理人员和监测人员。

4. 资源综合利用

1）基本要求

综合开发利用共伴生矿产资源；按照减量化、再利用、资源化的原则，科学利用固体废弃物、废水等，发展循环经济。

2）共伴生资源利用

（1）应根据国家相关规定，对共伴生资源进行综合勘查、综合评价和综合开发。

（2）应选用先进适用、经济合理的工艺技术综合回收利用共伴生资源，最大限度地提高对铜伴生钼、铜伴生金、钼伴生钨、铅锌伴生银、铅锌伴生锑、铝土矿伴生镓、钽铌矿伴生锂资源以及低品位多金属共生矿的利用。共伴生矿产综合利用率应符合有色金属矿"三率"最低指标要求。

（3）新建、改扩建矿山，共伴生资源利用工程应与主矿种的开采、选冶工程同时设计，同时施工，同时投产；不能同时施工或投产的，应预留开采、选冶工程条件。

3）固体废弃物处理与利用

（1）废石等固体废弃物堆放应符合相关规定。

（2）企业宜开展废石、尾矿中的有用组分回收和尾矿中稀散金属的提取与利用，以及针对废石、尾矿开展回填、筑路、制作建筑材料等资源化利用工作。

4）废水与废气处理与利用

（1）采用先进的节水技术，建设规范完备的矿区排水系统和必要的水处理设施。

（2）应采用洁净化、资源化技术和工艺合理处置矿井水、选矿废水。

（3）宜充分利用矿井水，选矿废水应循环重复利用。

（4）应设废气净化处理装置，净化后的气体应达到排放标准。

5. 节能减排

1）基本要求

建立矿山生产全过程能耗核算体系，通过采取节能减排措施，控制并减少单位产品能耗、物耗、水耗。"三废"排放符合生态环境保护部门的有关标准、规定和要求。

2）采矿能耗要求

应通过综合评价资源、能耗、经济和环境等因素，合理确定开采方式，降低采矿能耗；应采用节能降耗的新技术、新工艺和新设备，降低采矿能耗。

3）选矿能耗要求

应遵循"多碎少磨，能收早收"的原则，合理确定选矿工艺流程，提高生产效率，降低选矿能耗；应采用先进技术对选矿生产过程实施自动化检测和监控，保证设备在最佳状态下运转，充分发挥设备效能，达到节能降耗的目的。

4）废水排放

（1）矿区应建立废水处理系统，实现雨污分流、清污分流。

（2）排土场（废石堆场）等应建有雨水截（排）水沟，淋溶水经处理后回用或达标后排放。

5）固体废弃物排放

（1）优化采选技术与工艺，综合利用废石等固体废弃物。

（2）宜将矿山固体废弃物用作充填材料、建筑材料或进行二次利用等。

（3）露天矿剥离的表土应单独堆存，用于复垦。

6. 科技创新与数字化矿山

1）基本要求

（1）建立科技研发队伍，推广转化科技成果，加大技术改造力度，推动产业绿色升级。

（2）建设数字化矿山，实现矿山企业生产、经营和管理信息化、智能化。

2）科技创新

（1）建立以企业为主体、市场为导向、产学研用相结合的科技创新体系。

（2）配备专门科技人员，开展支撑企业主业发展的关键技术的研究，在资源高效开发，资源综合利用等方面，改进工艺、提高技术水平。

（3）研发及技改投入不低于上年度主营业务收入的 1.5%。

3）数字化矿山

（1）应建立矿山生产自动化系统。

（2）宜建立数字化资源储量模型，进行矿产资源储量动态管理和经济评价，实现矿产资源储量利用的精准化管理。

（3）应建立矿山生产监控系统，保障生产高效有序。

（4）宜推进机械化换人、自动化减人，实现矿山开采机械化、选冶工艺自动化。

（5）宜采用计算机和智能控制等技术建设智能化矿山，实现信息化和工业化的深度融合。

7. 企业管理与企业形象

1）基本要求

（1）应建立产权、责任、管理和文化等方面的企业管理制度。

（2）应建立绿色矿山管理体系。

2）企业文化

（1）应建立以人为本、创新学习、行为规范、高效安全、生态文明、绿色发展的企业文化；

（2）企业发展愿景应符合全体员工共同追求的目标，企业长远发展战略和职工个人价值实现紧密结合。

（3）应健全企业工会组织，并切实发挥作用，丰富职工物质、体育、文化生活，企业职工满意度不低于 70%。

（4）宜建立企业职工收入随企业业绩同步增长机制。

3）企业管理

（1）建立资源管理、生态环境保护等规章制度，健全工作机制，责任落实到位。

（2）各类报表、台账、档案资料等应齐全、完整、真实。

（3）应定期组织管理人员和技术人员参加绿色矿山培训，建立职工培训制度，培训计划明确，培训记录清晰。

4）企业诚信

生产经营活动、履行社会责任等应坚持诚实守信，应履行矿业权人勘查开采信息公示义务，公示公开相关信息。

5）企地和谐

（1）应构建企地共建、利益共享、共同发展的办矿理念。宜通过创立社区发展平台，构建长效合作机制，发挥多方资源的优势，建立多元合作型的矿区社会管理共赢模式。

（2）应建立矿区群众满意度调查机制，宜在教育、就业、交通、生活、环保等方面提供支持，提高矿区群众生活质量，促进企地和谐发展。

（3）与矿山所在乡镇（街道）、村（社区）等建立磋商和协商机制，及时妥善处理好各种利益纠纷。

8.1.3 绿色矿山建设的发展历程

1）国外绿色矿山建设发展历程

国外绿色矿山建设发展历程大致可分为如下三个阶段：

第一阶段：矿区绿化阶段(1945年以前)。早在19世纪，英、美等西方国家就提出了绿色矿山的概念。此时绿色矿山的概念仅仅停留在单纯的矿区植被保护和矿区绿化方面，即这一时期的绿色矿山要素就是矿区绿化。例如，1904年开始建设的加拿大布查特花园矿山原本是一座污水横流、地面严重塌陷、废石遍地的石灰岩矿山，经过几代人的辛勤努力，将其建成园艺艺术领域中的世界著名的矿山花园。矿山花园分下沉花园、玫瑰花园、地中海花园、意大利花园和日本庭园等多个游览区域，可观赏到世界各地的名花异草以及源自中国、意大利、日本的园林布局艺术。

第二阶段：资源综合利用阶段(1945—1999年)。1945年第二次世界大战(二战)以后，全球经济高速发展，人类社会对自然资源的消耗以前所未有的速度增长，越来越多的学者认识到地球资源的宝贵性和稀缺性，并提出提高矿产资源的综合利用率、减少资源损失和浪费的倡议。此时的绿色矿山概念已经从单纯的矿区绿化延伸至资源的综合利用。例如，二战之前苏联的矿产资源开采平均损失率为35%~50%，随着高品位矿产资源的不断枯竭和原矿品位的逐年下降，开始格外重视矿产资源的综合利用率。二战后，苏联制定并实施了与地下矿产资源安全管理和开发利用相关的法律法规、政府文件超过60多部，安全规程等技术文件超过2000余部。这些文件中，既有涉及矿产资源综合利用的技术性文件，还有完善矿产开发税收制度和吸引内外投资的经济刺激政策；既有严格规范矿区使用和环境保护的《地下资源法》，又有明确划分共和国、联邦主体和地方三级行政主体在矿产资源管理领域中权限和职责的《矿产资源法草案》。

第三阶段：绿色矿山建设阶段(2000年至今)。进入21世纪之后，资源短缺和环境污染成为制约世界各国发展的共同问题，"绿色""可持续""负责任""透明度"等关键词逐步成为全球矿业发展的基本理念，绿色矿山的概念也逐渐更加全面、清晰和符合实际情况，绿色矿山技术也逐渐完善和快速推广应用开来。在许多国际组织、政府部门及行业协会的推动下，不同国家根据自身矿业发展的特点，基于资源、环境、经济、社会等多目标的价值统筹、不同主体的定位分工和利益协同，来推进矿业的可持续健康发展。例如，作为世界主要的矿产品出口国，加拿大是西方发达国家中唯一把矿业作为支柱产业的国家。早在2003年，加拿大矿业协会就制定了矿业可持续发展的目标要求和评价指标体系，2009年加拿大勘探与开发者协会也提出了绿色环保的矿业开发理念。2008—2009年，加拿大政府先后批准《矿山关闭协议》和《生物多样性保育协议框架》，提高了矿业的准入门槛和矿业生态环境保护要求。2016年，加拿大自然资源部发布绿色矿业倡议，提出加速绿色矿山实践方面的研究、开发与实践，倡议具体包含节能减排、废弃物治理、生态风险管控和闭坑生态复垦四个主题。同年，加拿大自然资源部发布了《绿色矿业发展计划》，分别从尾矿管理、原住民关系、能源利用、温室气体排放、有害废物管理、生物多样性保育、社区认同度、矿山安全与健康、危险管理规划、矿山关闭、员工培训等方面提出了明确的要求。

2)国内绿色矿山建设发展历程

由于我国矿业的现代化起步较晚、开采技术和装备水平基础薄弱，广大中小型矿山大多采用粗放型开采模式，产生了严重的安全隐患、环境污染和资源浪费问题。随着国家对安全和环保的高度重视以及"绿水青山就是金山银山"发展理念的不断深入贯彻，在矿产资源开发利用过程中，不断推行绿色开采技术、建设绿色矿山，已经成为我国矿产资源开发利用的基本国策。

2007 年，在北京召开的中国国际矿业大会上，国土资源部提出了"发展绿色矿业"的倡议。倡议立足于我国当前矿产资源开发利用模式仍然比较粗放、节能减排任务繁重、矿山环境问题比较突出、不能完全适应经济社会发展新要求的基本国情，提出转变传统意义上以单纯消耗矿产资源、牺牲生态环境为代价和高耗能为特点的开发利用方式，从根本上转变发展方式和经济增长方式，真正实现资源合理开发利用与环境保护协调发展，已成为矿山企业发展的必然选择。

2008 年 11 月 25 日，中国矿业循环经济论坛在广西南宁举行，中国矿业联合会与 11 家大型矿山企业倡导发起签订《绿色矿山公约》，得到许多矿山企业的广泛肯定和积极响应。

2009 年 1 月 7 日，国家发改委、国土资源部联合发布了《全国矿产资源规划（2008—2015）》，明确提出了发展"绿色矿业"的要求，并提出了"2020 年基本建立绿色矿山格局"的战略目标。

2010 年 8 月 13 日，国土资源部发布了《国土资源部关于贯彻落实全国矿产资源规划发展绿色矿业建设绿色矿山工作的指导意见》，随文附带了《国家级绿色矿山基本条件》，主要包括：依法办矿、规范管理、综合利用、技术创新、节能减排、环境保护、土地复垦、社区和谐、企业文化等方面。

2011 年 3 月 19 日，国土资源部公布了首批"绿色矿山"试点单位名单，新汶矿业集团有限责任公司华丰煤矿等 37 家单位上榜。

2012 年 4 月 18 日，国土资源部公布了第二批"绿色矿山"试点单位名单，湖南宝山铅锌银矿等 183 家单位为第二批国家级绿色矿山试点单位。

2012 年 6 月 14 日，国土资源部发出通知：到 2015 年，建设 600 个以上试点绿色矿山，形成标准体系及配套支持政策措施；2015—2020 年，全面推广试点经验，实现大中型矿山基本达到绿色矿山标准、小型矿山企业按照绿色矿山条件规范管理、基本形成全国绿色矿山格局的总体目标；新办矿山达不到绿色标准将不能获批。

2016 年 12 月 7 日，由国土资源部、国家发改委、工信部、财政部、环保部、商务部共同组织编制的《全国矿产资源规划（2016—2020 年）》正式发布实施，明确要求到 2020 年基本形成节约高效、环境友好、矿地和谐的绿色矿业发展模式，并在规划期末全国拟建设绿色矿山的数量约 1.3 万个。

2017 年 5 月 12 日，国土资源部、财政部、环境保护部、国家质检总局、银监会、证监会联合印发《关于加快建设绿色矿山的实施意见》要求，加大政策支持力度，加快绿色矿山建设进程，力争到 2020 年，形成符合生态文明建设要求的矿业发展新模式。

2018 年 3 月 11 日，第十三届全国人民代表大会第一次会议通过的《中华人民共和国宪法修正案》中，首次将生态文明写入宪法，绿色矿山建设已经上升为国家战略。

2018 年 6 月 22 日，自然资源部发布已通过全国国土资源标准化技术委员会审查的《非金属矿行业绿色矿山建设规范》等 9 项行业标准，并于 2018 年 10 月 1 日起实施。

8.1.4 绿色矿山的关键技术

固体废弃物（如煤矸石、粉煤灰、尾砂、赤泥等）和废水作为矿山的最主要污染物，不仅产量大、污染严重、占地面积广而且安全隐患突出，2018 年 6 月自然资源部发布《非金属矿行业绿色矿山建设规范》等 9 项行业标准，明确提出绿色矿山的建设过程中：矿山废石、尾矿等固体废弃物处置率达到 100%，污水 100% 达标排放。因此，绿色矿山建设的难点主要包括：煤矸石、尾矿等固体废弃物的无害化处置技术、尾水净化及循环利用技术。其总体解决思路：首先，采用传统空场法和崩落法等粗放型开采模式的矿山，必须转型升级为更加安全环保的充填法，以减少固体废弃物的排放。其次，将大部分的固体废弃物循环利用作为充填骨料充填治理井下采空区，以消除采空区隐患、防止地表塌陷；少量剩余部分则可选择脱水后地表干堆或作为建筑材料二次循环利用，取消尾矿/尾渣库；对干堆场进行生态化治理与复垦，消灭污染源。最后，浓缩或脱滤后的废水，经净化处理后循环利用或达标排放。因此，当前经济技术条件下，绿色矿山建设主要包括充填法、固体废弃物资源化利用与无害化处置、废水循环利用三大关键技术。

1. 充填法

充填法是有色金属矿山和贵金属矿山最早采用的一类方法，因其能够最大限度地回收地下矿产资源、保护地表环境和建（构）筑物。近年来随着充填材料、充填工艺及管道输送技术装备的升级，充填成本不断降低，尤其是国家对安全及环境保护的重视，充填法因其无可替代的优势，迅速在煤矿、铁矿、化工矿山中得到广泛应用。究其原因，充填法具有以下几方面的优势：

（1）可以及时充填采空区，有效控制地压活动，避免由于地压灾害造成的人员伤亡事故，国内外尚无采用充填法开采出现过大规模地压灾害的实例（图 8-2）。

消除采空区隐患、防止地表沉降　　减少尾矿排放总量、保护地表环境

充填法

减少矿柱留设、提高资源回收率　　降低深井地温、保障回采作业安全

图 8-2　充填法的优势

（2）可以最大限度地回收地下矿产资源。充填法由于采用两步骤回采，不留矿柱或使矿柱量大大减少，与空场法相比，其矿石回收率一般要提高20%~30%，贫化率可以控制在8%以下，譬如姑山铁矿使用充填法替代空场法后，矿石回收率由以前的60%提高到90%，贫化率仅5%；金川镍矿采用充填法时矿石回收率达到95%。

（3）可以实现"三下"资源的安全回采，及时充填采空区可以防止上部岩体出现移动和沉降，可有效保障地表不受采动影响。这一方面的成功实例颇多：如安徽铜陵新桥矿业有限责任公司、冬瓜山铜矿，采用充填法有效地保护了地表村庄、公路及农田；水口山有色金属有限责任公司康家湾矿则安全地回收了大型水体下预留的170万t高品位保安矿柱；山东新汶矿业集团有限责任公司孙村煤矿使用充填法成功回收了城镇下压覆的160万t高品位煤柱，开阳磷矿采用充填法实现了公路下2260多万t保安矿柱的安全回收。

（4）可以有效处理工业固体废料，减少固体物的排放。由于充填料用量大，充填不仅减少了固体物的排放，节约了征地费用及无害化处理费用，更有效地减少了地表的环境污染，为实现绿色矿山和矿山地表环境治理开辟了重要途径。

鉴于此，国家相关部门出台了一系列的法律法规，从政策层面鼓励和引导推广充填法。如国土资源部、国家安全监管总局、财政部、国家税务总局、环境保护部于2012—2017年先后出台《关于进一步加强尾矿库监督管理工作的指导意见》（安监总管一〔2012〕32号）、《关于严防十类非煤矿山生产安全事故的通知》（安监总管一〔2014〕48号）、《关于资源税改革具体政策问题的通知》（财税〔2016〕54号）、《遏制尾矿库"头顶库"重特大事故工作方案》（安监总管一〔2016〕54号）、《中华人民共和国环境保护税法》严格安全许可制度，新建矿山必须论证并优先推行充填法；对从"三下"用充填法采出的矿产资源，资源税减征50%；鼓励采取井下充填改造和消灭"头顶库"；对矿山固体废物污染征税，其中尾矿15元/t、粉煤灰25元/t、危险废物1000元/t。

2. 固体废弃物资源化利用与无害化处置

1）固体废弃物资源化利用

尾矿等固体废弃物一般是指在特定的经济技术条件下，通过矿物加工过程从磨碎的矿石资源中进行分离与富集后排出的废弃物，是在特定的技术经济条件下难以分选的物料。但随着科学技术的进步和发展，有用目标组分还有进一步回收利用的经济价值，所以尾矿等固体废弃物是个相对概念，并不是绝对的废弃物。但是若随意排放，既造成资源流失，又严重污染环境。因此，与传统的矿产资源一样，固体废弃物表现出明显的资源属性、经济属性和环境属性。

目前，我国大宗工业固体废弃物综合利用率在60%左右，而产生量占大宗工业固体废弃物近一半的尾矿的综合利用率不足15%。由于我国矿产资源以含多种共伴生组分的辅助多金属贫矿为主，开采利用难度大，资源利用率低，有色金属矿山的采选综合回收率更是只有33%。金川镍矿尾矿中主要金属元素铁折算金属量在1000万t左右，稀有贵金属元素镍、钴的金属量则分别为20万~25万t和0.8万~2.0万t，还有含量丰富的铜、金、银、铂等有价元素。将尾矿等固体废弃物用作建筑材料，仍然是现阶段尾矿综合利用的主要方式。积极开发新型高附加值的尾矿综合利用新工艺和技术，已成为现阶段尾矿综合利用的重中之重。采用矿物材料制作的新型玻璃、墙体材料等已在俄罗斯诸多选厂实践应用；利用铁尾矿合成新型的陶瓷制品，已经成为一种经济环保的尾矿利用新工艺；铜尾矿中的石榴子石等成分则可作为改性材料添加到橡胶制品中，进而起到提高产品质量、节约能耗的作用。

2）用固体废弃物充填采空区

作为资源开采大国，我国每年都要通过开挖数万千米的井巷工程和剥离数亿吨的地表山体，从地下开采 20 亿 t 以上的矿产资源，因采矿作业产生的采空区累计体积已达到 350 亿 m^3。用尾矿充填采空区，不仅可以消除采空区的安全隐患，更可大大减少地表的尾矿排放，减少尾矿库占地和环境污染，符合无废开采的发展趋势。

3）尾矿干堆

尾矿干堆是采用过滤设备将尾矿脱水至含水率低于 20% 的滤饼，然后通过汽车或皮带输送至尾矿堆场进行干式堆存的工艺。最早的尾矿干堆实践始于 1980 年澳大利亚阿尔科公司在平贾拉厂进行的赤泥干堆处置试验，随后尾矿干堆工艺技术迅速发展，截至 2014 年底，国内已有 463 座尾矿库应用了干式堆排技术，氧化铝行业则全部采用了赤泥干式堆存工艺（图 8-3）。尾矿干堆工艺的迅速发展离不开国家政策法规的导向。2010 年，我国国土资源部正式出台政策文件，要求全面贯彻落实矿产资源规划，大力推广尾矿充填和干式排尾技术，发展绿色矿业，建设绿色矿山。2016 年 5 月 20 日，国家安全生产监督管理总局印发《遏制尾矿库"头顶库"重特大事故工作方案》（安监总管一〔2016〕54 号）明确提出：要采取"尾矿湿排工艺改为干堆或膏堆工艺"等措施改造和消灭"头顶库"。2018 年 6 月，自然资源部在《非金属矿行业绿色矿山建设规范》等 9 项行业标准中提出：矿山废石、尾矿等固体废弃物处置率达到 100%；宜对尾矿进行干式排放，减少尾矿库占地面积。相较于传统的低浓度尾矿直排尾矿库，尾矿干堆的优势有：

图 8-3　山西华兴铝业有限公司神堂沟赤泥干堆场

（1）提高了尾矿库的安全性能。经浓缩压滤后的尾矿滤饼含水率低，尾矿干堆场内不积水，尾矿经碾压后堆积强度进一步提升，安全性能大大提升；尾矿滤饼不饱和、不易液化、抗剪强度高，抗震防洪性能大大提高；即便发生溃坝灾害，干尾矿也不会引发滑坡、泥石流等灾害，破坏程度有限。

（2）生态环境污染大大降低。尾矿浓缩后的溢流水通常会用作选矿用水，进而大大减少了废水中重金属离子和选用药剂的渗透污染；干堆场内不积水，可边堆筑边复垦，减少粉尘污染。

（3）减少占地面积和征地费用。由于尾矿滤饼含水率低，自然堆存不泌水，因此干堆对不同地形条件适用性强，可在峡谷、低洼、平地、缓坡等处安全堆存，进而使尾矿占地面积和征地费用大大减少。

（4）有效延长了尾矿库服务年限。采用尾矿干堆后尾矿堆积密度增加，在相同的库容条件下，堆存总量和服务年限大大增加。

（5）节约用水。干堆尾矿的回水率在 90% 以上，在严重缺水地区优势尤为明显，不仅节约了宝贵的水资源，还实现了废水的零排放，降低了环境污染的风险。

（6）有价元素回收和选矿药剂循环利用。由于干堆尾矿的回水率高，废水中的有价元素和选矿药剂可以得到有效的回收利用。

（7）降低了常规尾矿库的建设、运营、闭库及复垦费用。传统尾矿库的建设、日常监测、维护、排水和渗透治理费用在 5～10 元/t，尾矿干堆的费用则极低。

（8）对不同地域、气候和环境的适应性较强。无论是南方多雨地区、干旱地区、高地震烈度区、高寒地区尾矿干堆均有成功应用的实例，因此尾矿干堆具有很高的推广应用价值。

3. 废水循环利用

水是人类生活的重要物质基础，我国水资源分布不均、仍有大量的严重缺水地区。目前，我国的矿山开采水资源消耗量大、循环利用率低、重金属污染严重等问题非常突出，不仅进一步加剧了当地的缺水情况，还会对当地饮用水源、农作物和生态环境造成严重的破坏。因此，采取合适的废水处理工艺，对矿山污水进行处理和综合利用，对于促进矿区及其所在区域的经济发展乃至整个矿产行业的可持续发展均具有至关重要的作用和意义。

除少量的生活污水外，矿山主要的污水来源为矿井涌水和选矿尾水。生活污水是矿区人员的生活所产生的废水，规模较小、处理难度较低且已有非常成熟的集成式废水处理设备。矿井涌水来源于矿体开采和探矿过程中所产生的裂隙涌水、充填泌水和钻孔放水等，一般硬度和矿化度较高，内部有微小岩尘等悬浮物及氟化物、硫化物等无机盐类，需要进行专门的净化处理才能够循环利用或达标排放。选矿尾水是指选矿流程结束后所排出的尾矿中所含的水，一般含有大量的选矿药剂、重金属离子且往往酸碱性超标，必须经专门的净化处理才能够循环利用或达标排放。采空区充填和地表干堆技术有效地解决了矿山主要固体废弃物的无害化处置难题，尾矿浓缩的溢流水和压滤的回水，则可通过添加絮凝剂，进行一段或多段浓缩、絮凝沉降净化处理（图8-4），进而直接回用作选矿用水或达标排放。目前，常见的矿山污水处理工艺有：

（1）混凝沉淀技术。混凝沉淀技术是一种重要的物化处理方法，通常采用铝盐或铁盐作为混凝剂，与污水均匀混合后再经沉淀和澄清即可完成净化处理。近年来，由于工艺简单且

图 8-4 广东省大宝山矿业有限公司矿山污水处理系统

成本较低，集成混凝与沉淀工艺的污水处理装备得到了广泛的应用，处理后的水体只需经过过滤和消毒就可以直接达标排放。

（2）微生物处理技术。该技术是利用滤池内填料表面的生物作为载体，吸附流经水体中的有机物，再利用生物膜表面微生物的氧化作用，形成由有机物-细菌-原生生物组成的食物链。该流程短且占地面积小、出水水质高，非常适合硝化菌等生长缓慢的微生物的繁殖，具有较强的氨氮去除能力。

（3）吸附技术。当前常用的吸附材料为活性炭和硅藻土，但活性炭会随着处理时间的延长而逐渐丧失吸附能力，因而需要及时更换或再生活性炭。硅藻土上具有多级、大量且排列有序的微孔，具有较强的吸附能力，它能够吸附 1.5~4.0 倍自重的液体和 1.1~1.5 倍的油分，并且用其所制成的吸附塔还具有筛分和深度效应，表现出良好的深度处理效果。

（4）反渗透技术。此技术是以压力为驱动力的膜分离技术，具有无相变、流程简单、占地面积小、能耗低及污染物脱出率高等优点，在污水处理中具有广阔的应用前景。

（5）集成膜技术。通过将超滤、微滤和反渗透综合在一起，超滤、微滤作为反渗透技术的预处理过程，可确保出水水质至少在三级水质之上，其后设置的反渗透膜可大大延长集成膜的使用寿命，进而大大简化了传统污水处理的预处理系统。

（6）连续膜过滤技术。此技术多采用成本低廉的中空纤维，不需支撑层即可实现反向冲洗，在矿山污水处理领域中具有较大的应用潜力。

8.2 国内大型绿色矿山典型实例

8.2.1 金川集团股份有限公司

1. 矿山概况

金川集团股份有限公司(简称金川集团)是甘肃省人民政府控股的特大型采、选、冶、化、深加工联合企业,镍产量居世界第四位,钴产量居世界第三位,铜产量居国内第四位,铂族金属产量居国内第一位。其是世界第五个、亚洲第一个拥有镍闪速熔炼炉的,并且拥有世界首座铜合成熔炼炉、世界首座富氧顶吹镍熔炼炉,2021 年其位居"世界 500 强"榜单 336 位。

金川铜镍矿位于甘肃省河西走廊中部金昌市区,矿区坐落在市区以南的龙首山中东端北麓、阿拉善台地南缘,与市区连成一片,矿区东西全长 6.5 km,宽约 1 km,被后期构造活动切割成四个相对独立的含矿超基性岩段,包括龙首矿、二矿区和三矿区三大矿区[图 8-5(a)]。龙首矿主要承担金川镍矿Ⅰ矿区、Ⅱ矿区 6 勘探线以西矿体和Ⅲ矿区的矿石开采任务,包括:东部富矿采区、中部贫富矿混合方式开采、西一贫矿机械化采区、西二贫矿机械化采区,2020 年出矿量为 351 万 t。二矿区是金川集团的主要矿山[图 8-5(c)],开采量稳定在 400 万 t/a 以上,承担着公司近 70%的内部原料供给任务。二矿区生产系统完善、工艺先进,是我国有色金属行业规模最大、机械化程度较高的用充填法开采的矿山,也是全球使用机械化下向充填胶结法的矿山中规模最大、发展最快的矿山,为中国的镍钴工业做出了巨大贡献。三矿区即原金川集团的露天矿[图 8-5(b)],承担金川矿区东部贫矿、F17 以东、F17 以西三个采区和棒磨砂、石英石生产任务,2020 年井下出矿量突破 285 万 t。

2. 绿色矿山建设

经过多年的开采,金川露天镍矿的采剥矿岩总量高达 7033 万 m³,遗留下了全国最大的人造矿坑,产生的上亿吨废石在矿坑周边近 100 万 m²的范围内堆砌成废石山。金川集团利用开采后废弃的大型露天矿坑和采矿废石堆建设了金川国家矿山公园[图 8-5(d)(e)],在寸草不生的矿渣和乱石堆上客土种植了 116 个品种的 74 万株苗木,使矿区的绿化面积达到 46 万 m²,绿化覆盖率在可绿化区域总面积的 85%以上,打造金昌市工业旅游名片。老年林、青年林、牵手林、地企共建林、军民共建林、沙枣胡杨观赏林,一片片人工林开始星罗棋布于戈壁城市的边缘;紫金苑、植物园、百菊苑、金水湖、龙首湖、玫瑰谷,一处处特色景观从此扮靓曾经灰色的城市。毗邻矿区的金昌市变成了半城楼宇半城绿的花园城市,移步即景、风光如画,并获批"全国文明城市""国家园林城市"。

3. 先进的采矿工艺和机械化装备配套

作为国内外罕见的高品位、高价值矿床,金川矿区矿体的开采技术条件极为复杂、开采难度之大国内外罕见。主要表现在:矿山地质条件复杂、构造发育、矿岩破碎、地应力较高、

(a) 金昌市及金川集团矿区卫星图

(b) 已闭坑露天采场

(c) 地表工业场地

(d) 金川国家矿山公园

(e) 尾矿库

图 8-5　金川集团主要生产设施外貌

岩体稳定性极差等，使得开拓采准巷道变形(包括底鼓)严重，顶板冒顶的安全隐患非常突出。通过技术攻关，金川集团于 1985 年引进了适宜开采矿岩破碎、地应力大、采空区不能自立的贵重金属采矿方法——机械化盘区下向分层水平进路胶结充填法，并配置了 JCZY-252 轮式全液压凿岩台车、JCCY-6 型遥控铲运机等机械化的采掘装备，1996 年出矿量即突破 200 万 t。目前，金川集团已成为国内首屈一指的超大型现代化绿色矿山，其独特的下向六角形进路式充填法，已成为软弱岩层和高地应力条件下厚大矿体安全高效开采的典型示范，如图 8-6 所示。

(a) 矿石破碎球磨车间

(b) 精矿浮选车间

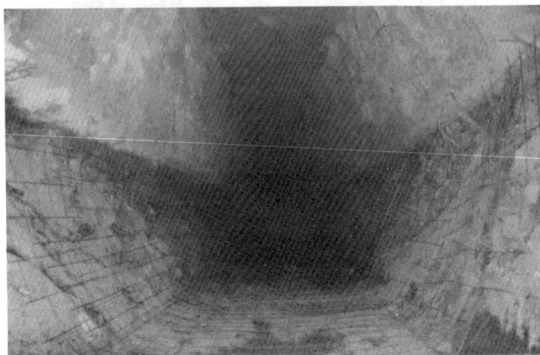

(c) 下向六角形进路

(d) JCZY-252轮式全液压凿岩台车

(e) 5G+电机车无人驾驶

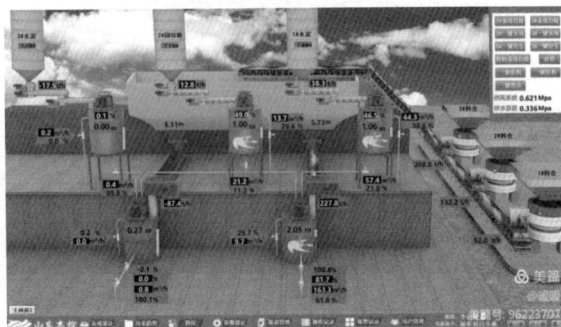

(f) 矿山一键充填系统控制界面

(g) 用JCCY-6型遥控铲运机远程遥控出矿

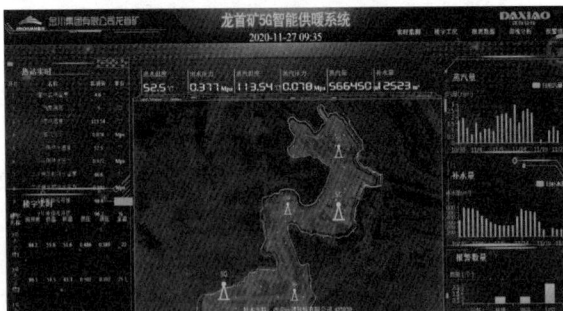

(h) 矿区5G智能供暖系统

图 8-6　金川集团机械化智能化开采情况

4.5G 智能化和数字化转型

金川集团积极推进矿山智能化安全高效绿色开发,建设"智能矿山",5G 智能巡检机器人、5G+有轨运输无人驾驶、5G+矿运卡车远程遥控、选矿厂碎矿系统、5G+无人化操控相继建成投用。2020 年,龙首矿西一充填站一键充填系统正式投入使用,解决了充填系统中存在砂石含水率无法监测、参数耦合控制波动大、人员调整时滞大,以及对充填系统参数控制时效性要求高、人工干预操作难度大、需要作业人员长时间频繁操作、智能化程度不高、系统运行稳定性差的问题。2020 年,在龙首矿运输工区 1703 水平运输线路上,经过改装的有轨运输电机车通过 5G 无线通信网络实现无人驾驶运行。此外,金川集团还在铲运机智能化出矿、智能化门禁、矿山通风在线监测及智能诊断、地表毛石翻笼系统改造、提升工区智能化车间等方面开展了改造升级。

8.2.2 河北钢铁集团滦县司家营铁矿有限公司

1. 矿山概况

司家营铁矿位于河北省唐山市滦县城南 10 km,隶属河北钢铁集团矿业有限公司,是我国近几年开发建设的特大型铁矿床,铁矿资源总储量有 30 多亿 t,为我国三大铁矿区之一。目前,司家营铁矿一期、二期采选工程已建成投产,主要是露天开采,设计采矿规模为 2100 万 t。司家营铁矿南区的三期、四期资源储量 12.5 亿 t,设计采矿规模合计达 2500 万 t,为地下超大规模充填法开采铁矿山。如图 8-7 所示,司家营铁矿秉承"绿色环保、和谐共赢"的建矿理念,积极推进绿色矿山建设,2012 年被确定为第二批国家级绿色矿山试点单位。

图 8-7 司家营铁矿全貌

2. 砂里选金:资源集约利用

河北钢铁集团矿业公司以链条化思维,对矿山采矿、碎矿、选矿、尾矿等整体生产链条的每一个环节进行了优化提升,建立"生产系统全流程参考指标体系",实现富矿资源利用的最大化。在采矿环节,针对多数矿山矿石贫化率偏高,通过加强原矿质量和供配矿管理,加大对采场原矿的抽样试验频率,保证精确掌握爆堆原矿性质。同时,增加配矿抽样次数,并与下游碎矿环节保持密切沟通,实现品位信息共享、上下游及时联动。在碎矿环节,优化粗碎、中碎、细碎流程,实施"多破少磨"方针,进行矿山碎矿配套改造和移动式破碎站建设,降低碎矿产品粒度。在选矿环节,集中实施选矿指标攻关和工艺改进,加强选矿工序管控,对矿石性质进行全过程动态监测。其中,司家营铁矿成功研发高泥氧化矿高浓度反浮选技术,这大幅提高了药剂利用率和金属回收率,创造了良好的经济效益和社会效益。

3. 低碳发展:构筑友好环境

河北钢铁集团矿业公司在实施"内核式"绿色矿山创建的同时,还注重"外围式"绿色矿山创建。通过改变厂容厂貌,提升矿山绿色形象。司家营铁矿从矿产勘查、矿山规划、设计、建设、开采、加工,直至矿山闭坑、土地复垦和生态环境恢复,对整个矿山生命周期的各个环节进行了绿色规划。司家营铁矿还创新发展模式,摒弃传统的以高投入、高排放、高污染为特征驱动经济增长的方式,选用了 HP500 圆锥破碎机、Simba364 潜孔钻机、DL420 液压凿岩台车、8 m³ 电动铲运机、8 m³ 遥控电动铲运机、Sandvik LH621 型 9 m³ 柴油铲运机、LH514E 型 6 m³ 遥控电动铲运机、TM15 型移动式碎石机等国际先进的大型化现代化装备(图 8-8),这大大提升了矿山的装备水平和竞争实力。

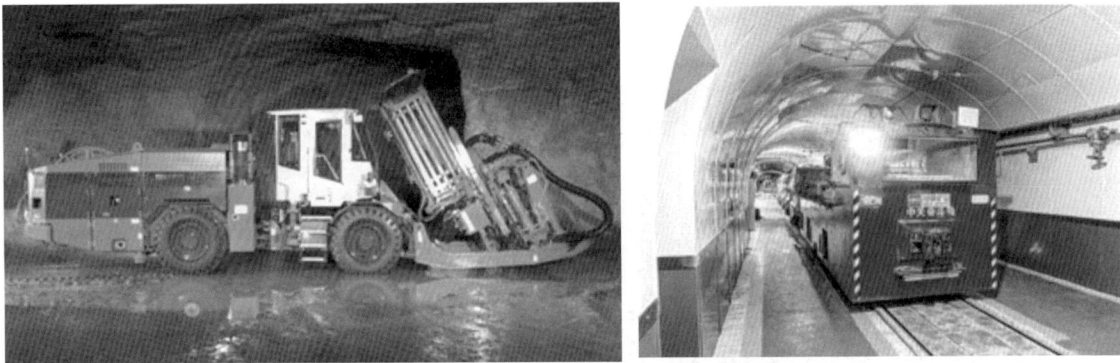

图 8-8 司家营铁矿现代化采掘装备

4. 无废智能开采:打造循环生态

司家营铁矿建设之初,便以安全、绿色、智能、高效为目标,研究应用数字化、信息化、网络化、智能化等现代化技术手段,打造矿山企业的持续盈利能力和长久竞争能力。司家营铁矿借助曹妃甸大港建设的有利条件,在全国首创利用采煤沉陷区建设尾矿库,将矿山尾砂输送至 28 km 以外的采煤沉陷区,使面积达 1.76 km² 的尾矿库将变成 2640 亩良田。同时利用沉陷坑附近堆存的煤矸石进行围库筑坝,腾出了原煤矸石堆存占用的近 200 亩土地。与铁路部门和地方政府合作,组建成立造地公司,将矿山剥离岩土通过司曹铁路直接运往曹妃甸用于填海造地,未来 15 年将有近 10 多亿 t 矿山剥离岩土全部用于曹妃甸 310 km² 的填海造地计划,可减少耕地占用 2 万亩,避免 4500 户村民搬迁,实现年综合经济效益 1 亿多元。同时,司家营铁矿对采场涌水及尾矿回水综合利用进行了改造,水资源循环利用率高达 95%,

使用新水占比只有 1.96%。在矿山建设过程中，司家营铁矿投资 12439.5 万元对废水、废气、噪声等进行了治理，投资 6553.46 万元对矿区进行了绿化和复垦，复垦绿化面积共计 640.49 万 m^2。

8.2.3 中煤平朔集团有限公司

1. 矿山概况

中煤平朔集团有限公司(简称平朔集团)是我国主要的动力煤基地和晋北亿吨级煤炭生产基地，矿区总面积 376 km^2，地质资源储量约 126 亿 t，主要有安太堡、安家岭和东露天矿 3 座年产能力在 2000 万 t 以上的特大型露天煤矿、4 座年产千万吨级的现代化井工矿、6 座配套洗煤厂、总运输能力 1 亿 t 的铁路专用线、7 座总装机容量 673 万 kW 的发电厂。如图 8-9 所示，矿区拥有国内最先进的载重卡车、电铲等技术装备并实行全方位现代化管理，是我国最大的露天煤矿，也是中国最现代化、最具科技感的矿山。

(a) 矿区工业广场

(b) 安太堡矿区

(c) 载重卡车和电铲

(d) 安家岭矿区

(e) 东露天矿区

图 8-9 平朔集团露天开采情况

1984 年，中国煤炭开发总公司与美国西方石油公司合作开发安太堡一号露天煤矿，迅速将其建成了世界最大的露天煤矿。安太堡露天煤矿的生产能力一直维持在 1000 万～2500 万 t/a，并创造了最高日产 7.9 万 t 的最高纪录。安太堡煤矿不仅是中国改革开放的第一家中外合资企业，还是当时引进外资额度最大、现代化程度最高的中外合作项目，被誉为中国改革开放试验田。安家岭煤矿主要开采侏罗纪时代产生的原煤，平均厚度 30 m、深度在 100～200 m，共有 11 层，地质条件相对简单。平朔集团积极探索复垦土地的循环利用，近年来先后开展了牛、羊、鸡、猪养殖，马铃薯、食用菌栽培，中药材种植等试验，已投入上亿元发展现代农业，目前矿区以复垦土地为核心的生态产业链已初具规模，积极探索"以工哺农"、资源型企业转型发展、建设绿色矿山。

2. 智能化示范性矿井——东露天矿区

作为我国规模最大、现代化程度最高的露井联采煤炭企业，东露天矿区是山西省唯一的露天矿智能化示范矿井。通过在东露天矿南帮 1290 平盘至西向东的爆破、采装、运输、排土等作业区域建设一套科学合理的 5G 网络，实现东露天矿部分生产作业区域的无线覆盖，满足东露天矿一台套（12 台移动机械设备）无人驾驶卡车和一台无人值守钻机的 5G 网络需求及相关安装有 5G 工业终端设备的传感器信息采集、视频监控、远程控制等场景的网络需求，用来向调度室上传车载摄像头监控图像和传感器所采集的信息等，并由调度室下发控制信息数据，使矿车驾驶达到无人化、智能化。同时，利用 5G 网络大带宽、低时延、海量连接和高可靠性的特性，支撑丰富的业务场景和应用，建设成全面感知、实时互联、协同控制的智能化矿山，实现矿山的数字化、网络化、智能化融合。

3. 露井联采模式——平朔集团井工矿

如图 8-10 所示，平朔集团首创了先进的露井联采模式，建设了 4 座年产千万吨级的现代化井工矿。其中，井工一矿在浅埋深、硬煤层、硬顶板条件下成功应用综采放顶煤工艺，4 号煤层放顶煤工作面回收率在 95% 以上，采区回收率达 85.3%，有效避免了资源浪费。此外，通过与地方电力公司联营建设了 2×66 万 kW、2×35 万 kW 煤矸石电厂，采用循环流化床工艺，年耗煤矸石及劣质煤 100 余万 t，将煤矸石变废为宝。最后，通过利用矿区和朔州地区粉煤灰资源丰富、氧化铝含量高等优势，积极探索高岭石、石料及较薄煤层的回收利用，建成了高岭土厂、石材厂、粉煤灰制砖厂，使得矿区的废弃物综合利用率居行业领先水平。

4. 矿区土地复垦及生态恢复

平朔矿区自然条件比较恶劣，气温低、风沙大、无霜期短，加之露天开采给原本脆弱的生态环境带来的破坏，使生态环境恢复与治理的难度增加。几十年来，平朔集团累计投入 50 多亿元专项资金用于矿区环境保护、节能及生态建设工作，构建起"以煤为主、煤矸石发电、煤化工一体化"的工业产业链和以土地复垦为主线的"农林生态旅游"产业链。其中，原煤入洗率、矿区污废水复用率、煤矸石综合利用率、集中供热率、矿区煤堆封闭率均达到了 100%；矿区土地复垦率在 90% 以上，完成复垦面积 4 万亩，排土场植被覆盖率由原来不足 10% 提高到 90% 以上。井工塌陷治理面积 2 万余亩，矿区周边造林 6 万多亩。复垦排土场生物多样性逐步显现，吸引了 30 余种动物来此定居，213 种植物、600 余种昆虫，形成结构合理、功能完善的人工生态系统。在复垦土地上建成了 1.6 万 m^2 智能温室、300 座日光温室、博物馆、人工湖等设施，集生态恢复、现代生态农业、生态工业旅游为一体的生态园区。

(a) 井下综采工作面

(b) 地表调度控制室

(c) 边帮煤开采系统

(d) 边帮煤运输系统

(e) 排土场复垦

(f) 现代生态农业建设

图 8-10　平朔集团井工矿开采情况

8.3 国内中小型绿色矿山典型实例

8.3.1 河南中矿能源有限公司嵩县柿树底金矿

1.矿山概况

柿树底金矿位于河南省洛阳市嵩县大章镇牛头沟西北部，矿区面积 19.8830 km²，开采规模为 24 万 t/a。主矿体呈似层状、板状，走向长 400 m、倾向延伸 300~400 m、平均倾角 30°、平均厚度 3.39 m、平均品位 1.5 g/t。目前采用平硐-盲竖井联合开拓，多年来一直使用房柱法开采，产生了突出的技术、经济、环保和安全问题，严重影响矿山的经济效益、服务年限和可持续发展。2018—2023 年，矿山与中南大学联合针对柿树底金矿传统开采模式存在的一系列突出技术难题，通过 5 年的科研攻关与工程实践，消除了采空区安全隐患，实现了低品位缓倾斜复杂难采矿体的高效安全开采，大大提高了采矿回收率、降低了贫化率，实现了矿山尾废 100% 资源化利用，消除了尾矿库，成功实现矿山的转型升级，为中小型矿山粗放型开采模式转型升级、实现绿色无废开采开辟了新途径。如图 8-11 所示，矿山环境秀丽、开采技术先进，在 2021 年及 2022 年均通过了由河南省自然资源厅组织的第三方评估机构绿色矿山复审，连续多年被评为国家级绿色矿山。

图 8-11 柿树底金矿绿色矿山全貌

2. 研发了国内首套低成本全尾砂全脱水似膏体充填工艺与系统

金属矿山尾矿产出率普遍在 90% 以上,采用充填法开采仅能利用 50% 左右,而以深锥浓密机和充填工业泵为核心设备的泵送充填系统投资普遍在 3000 万元以上,且仅能将尾矿浓缩至高浓度状态用于井下充填,无法实现尾矿的全部资源化利用。如图 8-12 所示,通过研发以高频振动筛和陶瓷过滤机为核心设备的两段连续固液分离脱水工艺,实现了级配差异巨大全尾砂的高效低成本粗细精准分离脱水,建成了国内第一座基于斜陡坡地形的全尾砂全脱水似膏体充填系统,系统总投资仅 1100 万元,且全脱水后的尾砂含水率低于 18%,可直接资源化利用,解决了广大中小型矿山充填系统投资高、尾矿综合利用率低的技术难题。

(a) 高频振动筛

(b) 高效深锥浓密机

(c) 陶瓷过滤机

(d) 立式搅拌桶

(e) 尾砂堆场

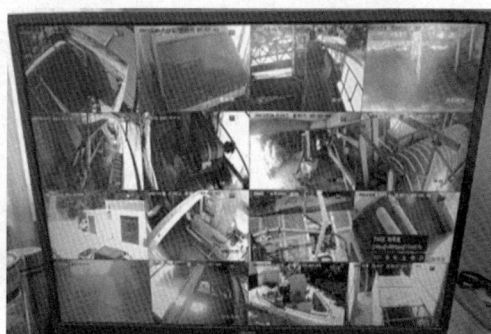

(f) 充填系统控制系统

图 8-12　柿树底金矿全尾砂全脱水似膏体充填系统

3. 突破了低品位缓倾斜复杂难采矿体空场法转充填法关键技术瓶颈

如图 8-13 所示，柿树底金矿缓倾斜矿脉品位低、走向长、分支复合多、局部地段矿岩破碎，属典型的复杂难采矿体。通过开拓通风系统调整、采矿方法优选、采场结构参数优化和爆破参数设计，开发了多分支复合矿体联合机械化开采与充填新技术，创新了回收顶底柱和盘区矿柱的人工假顶设施及构筑方法，突破了低品位、缓倾斜复杂难采矿体空场法转充填法关键技术瓶颈。引进先进的机械化采掘装备，进行了空场法转充填法现场工业试验，试验采场生产能力可达 203 t/d，比原采矿方法提高 3 倍，而且将矿石回采率由原来房柱法的 71.8%提升至 94.5%，矿石贫化率由原来 15.6%降低至 6.2%，新增直接经济效益 1521.8 万元。

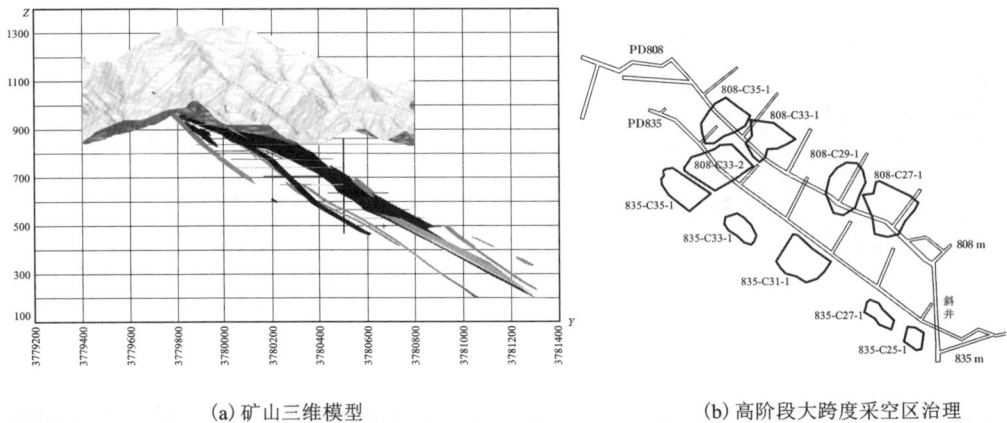

(a) 矿山三维模型

(b) 高阶段大跨度采空区治理

(c) Boommer K41 全液压凿岩台车

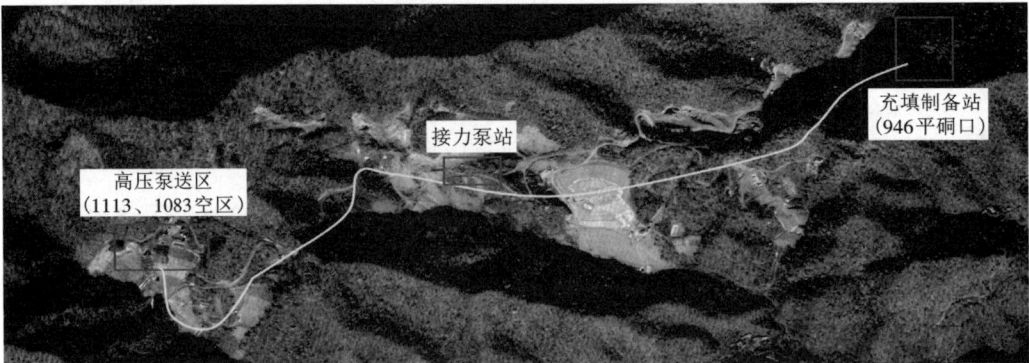

(d) 塌陷采空区治理

图 8-13　柿树底金矿采空区治理及机械化采矿技术

4. 解决了高阶段大跨度老旧隐蔽采空区的安全治理难题

经过数十年的空场法开采，柿树底金矿产生了近 110 万 m³ 庞大采空区群，且超过 50% 出现了大面积、多中段塌陷与贯通，严重威胁深部作业和地表安全。基于翔实的采空区禀赋特征调查和稳定性计算分析，开发了高阶段大跨度塌陷采空区似膏体非胶结充填治理新技术，发明了一种可循环利用的液压充填挡墙装置及方法，并成功应用于 +835～+890 m 中段的 KK2、KK4、KK6 共计 6 万 m³ 特大遗留采空区群治理，解决了大面积、多中段、已塌陷老旧隐蔽采空区的安全治理难题，彻底消除了老旧隐蔽采空区的安全隐患、防止了地表的继续沉降和塌陷、避免了大规模的地压灾害事故。

5. 创建了尾废 100% 综合利用的绿色无废开采应用示范，消除了尾矿库

在充填采矿和采空区充填治理的基础上，开发了废石与尾矿改性作建筑材料、铺路、制砖等综合利用途径，实现了矿山固废 100% 综合利用，彻底消除了尾矿库，节约了 8000 万元的新建尾矿库投资。开发了一种矿山井下泄漏充填砂浆储存设施及清淤排污新方法，井下涌水及充填系统脱滤尾水可直接返回选厂 100% 资源化利用。成果在柿树底金矿、庙岭金矿、湖南黄金洞金矿、浙江遂昌金矿等矿山得到应用，并在柿树底金矿建立了绿色无废开采工程示范基地，有力地推动了我国资源开发利用与安全生产的科技进步，在固废循环利用领域起到了重要的引领和示范作用，也为国内中小型矿山的转型升级提供了成功范例。

8.3.2 湖南宝山有色金属矿业有限责任公司

1. 矿山概况

位于湖南省郴州市桂阳县的湖南宝山有色金属矿业有限责任公司，开采历史悠久，曾经产量占中国产量十分之一、世界产量百分之一，拥有当时亚洲第二大规模选矿厂的钼矿资源。

破产重组后的宝山通过推动企业铅锌提质扩能的优势项目与湖南黄金集团有限责任公司强强联合，整合资金、人才及矿区资源优势，强力实施对外资源扩张，建立资源基地，进军有色并涉足稀土新能源产业；着眼于宝山强大的机加工能力和尾矿库丰富的贵重金属资源，宝山有色矿业推进了尾矿综合回收利用和机加工项目，探索循环经济发展和绿色转型之路。目前，宝山跻身湖南省有色金属行业 50 强，荣获全国有色金属行业先进集体、国家级绿色矿山、国家 4A 级旅游景区、湖南省工人先锋号、郴州市安全生产先进单位等荣誉。

2. 矿山公园建设

宝山有着丰厚的矿业历史文化，拥有铅、锌、银、金、钼、铼、铋、铜、硫、铁等多种有色金属，是中国自汉代以来历代官家炼银、冶铸的地方。宝山国家矿山公园是依托宝山丰厚的矿业历史文化，打造的湖南省首个工矿旅游项目，2011 年被国土资源部正式评定为国家矿山公园、国家 4A 级旅游景区，还是湖南省旅游"251"工程中 20 个重大旅游建设项目之一。宝山国家矿山公园总投资 4.7 亿元，工矿旅游景区规划面积 7.8 km²，核心景区占地面积 1.48 km²，以古代采矿遗址、现代采矿遗迹为核心景观，挖掘矿冶历史文化底蕴，展示古代和现代采矿工艺流程为主要内容，如图 8-14 所示。公园景区地面有国内罕见的露天单体采矿区、中南有色矿山现代化提升竖井、世界最大的古铜钱雕塑、湖南最大的有色金属矿山博览园。井下有色彩斑斓的孔雀石，晶莹剔透的冰晶针，古代、现代采矿遗址再现等极富矿山特质的旅游景观。

(a) 国家4A级矿山公园

(b) 露天采坑治理

(c) 现代化选矿厂

(d) 全尾砂膏体充填站

(e) 废水处理厂

(f) 尾矿库

图 8-14　宝山绿色矿山建设情况

3. 推动绿色无废开采，促进矿山和谐发展

宝山矿积极推进矿产资源管理方式和开发利用方式的根本转变，走"资源节约型、环境友好型"的绿色矿山发展之路。废石用于充填井下采空区，除基建期废石和投产第一年废石

需要堆存在废石场外，生产期废石 100% 不出窿；采用全尾砂充填，将尾砂充入采空区，减少尾矿库库容和控制深部地压；在远离居民区新掘西回风竖井，形成侧翼对角式通风格局，极大地改善了坑内通风环境和降低了废气、噪声对周边居民的影响；在新建废水处理站，废水处理达标后可直接外排；科学合理总图布置，进行植被恢复和绿化，美化环境。宝山矿主、副竖井深超 800 m，属于深井开采，采矿方法采用废石+全尾砂充填，能有效控制深井开采出现的地压问题，保证矿区和周边地表不会塌陷。

4. 综合利用矿区资源，提高资源回收率

宝山矿业开展矿区深部及外围找矿工程，加强矿产资源详查勘探工作，探获了大量矿产资源，有力提高了矿山企业服务年限。同时，矿区资源不仅包括铅锌、铜、铜钼、单钼资源，而且还伴生金、银、硫、镉等。设计首先开采铅锌和铜矿体，开采完毕后，修改选矿流程再采铜钼矿体，最后回采单钼矿体；设计采用充填法开采，并综合利用矿区资源，充分回收铅锌矿床伴生的有益成分银和铜钼矿体中伴生的有益成分金，提高了资源回收率和企业效益。

5. 充分注重节约资源和节能降耗

宝山矿业在采矿技术方面逐渐实现无废开采、开展高效清洁选矿，建成 8000 m^3/d 的井下废水处理站和 1 万 m^3/d 的尾矿库废水处理站，实现"三废"达标排放，井下废水及选矿溢流水的有效处理回用，产生了较大的环境效益和社会效益。如图 8-15 所示，由于采用上向水平分层充填法进行采矿生产，实现了"采矿废石不升井"，采矿废石全部用于充填，采矿废石利用率达到 100%，达到无废开采的要求，为此年节约提升成本近千万元。

6. 提高工艺及装备水平，推进现代数字化矿山建设

针对厚大的铜钼矿体，采用机械化的凿岩台车凿岩、铲运机出矿，提高采场的生产能力和降低企业生产成本；设计废水和尾矿库在线监测系统，通风机房、水泵房和供电系统等无人值守远程控制，井下人员定位系统，井下监测监控系统等提高矿山自动化水平，推进现代数字化矿山建设。

7. 绿色矿山建设措施

宝山矿业依托旅游开发和国家环保政策，彻底取缔了宝岭乱采滥挖、氰化物浸金、洗锰、小冶炼等非法生产，矿区面貌为之一新。斥巨资开展了选矿无氰工艺、井下无废开采等清洁生产技术的研发和攻关，通过节能减排和提高金属回收率，实现了源头防治污染和生态创效，年可为企业创效 3000 万元以上，绿色矿山、循环经济发展步入正轨。矿区的亮化、美化和道路硬化工程，大力度复垦、复绿，让昔日的荒山再披绿装，矿山变公园，宝山重新变得山明水秀、鸟语花香、生态宜居，成为桂阳乃至郴州休闲游玩的绝佳之地，带动周边的产业发展和旅游收入的增加。宝山矿业在大力发展采矿技术的同时，也按照"三同时"制度，做到"边生产，边治理，边复垦"。矿山复垦率在 70% 以上，矿区绿化面积占可绿化面积的 80%以上。

(a) 罐笼竖井

(b) 覆盖了5G信号的马头门

(c) 液压锤

(d) 凿岩台车

(e) 充填挡墙

(f) 全尾砂胶结充填体

图 8-15　宝山井下开采技术

8.3.3　浙江省遂昌金矿有限公司

1. 矿山概况

浙江省遂昌金矿有限公司位于钱瓯之源、秀山丽水的遂昌县,是浙江省最大的国有黄金矿山企业、全国黄金系统生产企业骨干、上海黄金交易所首批会员单位。公司自 1976 年成立以来,经过数十年的高速发展,目前旗下拥有 6 家全资子公司、1 家控股和 1 家参股公司,业务涉及矿业开发、冶炼、深加工、旅游、新材料研发等产业,并获"国家级绿色矿山""全国矿山资源节约与综合利用专项优秀矿山企业"和"国家 4A 级旅游景区"等荣誉称号。

2. 开采历史

如图 8-16 所示,遂昌金矿是浙江西南部地区 200 余处古代开采金银矿产地最典型的代表,保留了古人大量的探矿与采矿遗迹。最初发现时,在唐代金窟的堆积层第三、四层,发现了大量的木制工具残片,经中国地震局国家重点实验室对矿洞内的堆积层进行 ^{14}C 测定,其开采年代为公元 658 年至 892 年。唐代金窟开采空间超过 10 万 m^3,规模宏大,是该地区已知规模最大的古代地下黄金开采矿洞,矿洞的上下盘尚残留有 2 万~3 万 t 矿石,含金品位可以达到 16 g/t。

在开采手段方面,烧爆法在我国有 2000 多年的历史,秦代开凿都江堰宝瓶口、唐代开凿龙门砥柱,均使用了烧爆法。遂昌金矿的烧爆法遗迹是中国古代烧爆法唯一见诸报道的现场遗迹实证,具有弥足珍贵的历史文化价值。

到了宋代,探矿技术更是发展到了通过识别金的伴生矿物来作为寻找金矿脉的重要依据。同时,遂昌金矿在宋代也采用了更加先进的水力矿石粉碎选取技术,通过借助流水动力将矿石破碎和筛分,再将矿粉用米糊搅拌制成窖团、覆盖燃烧的木炭进行脱硫,然后与融化的铅发生反应生产铅坨,再与炭灰、草木灰发生置换反应制成粗银。由于宋代冶炼技术的高度发展,遂昌金矿地区建成了规模浩大的永丰银场,享有"中国江南第一矿"的美誉。

明朝万历年间,在汤显祖任县令期间重新开采遂昌金矿时,这里积水很深,为了排除坑道内的积水,花费了大量的人力和资源。随着采空区规模的不断累积,遂昌金矿在 1599 年发生大矿难,数百矿工因此罹难,遂昌金矿因此停止了采矿活动,这个当时中国最大的金矿从此销声匿迹。

3. 矿山公园建设

遂昌金矿开采时间跨越唐、宋、明,自明朝大规模矿难关闭后淹没在历史的长河中,直至 1965 年被重新发现,1976 年恢复开采。遂昌金矿的珍稀矿业遗迹是不可再生的自然和文化遗产,是矿业史和文明史的重要组成部分,在科学研究和科学文化普及教育中发挥了重要作用,而延续至今的灰吹法冶炼工艺,属于非物质文化遗产范畴。通过对遂昌金矿地域文脉进行深度挖掘,赋予了其特定的文化内涵,有效增强了金矿公园的旅游品位和市场竞争力,成为全国首批、浙江省唯一的国家矿山公园,也是世界上第三个将金砖浇铸工艺向公众开放的景区。遂昌金矿国家矿山公园既有黄金生产流水线,又有深邃幽长的矿洞,充满了诱惑与神秘;矿山历史悠久,拥有宋、明等时代诸多采矿遗址,留下许多疑团与传说;金矿地处亚热

(a) 遂昌国家矿山公园外景

(b) 唐代金窟烧爆坑

(c) 宋代金窟

(d) 明代矿难遗址

(e) 老旧采空区酸性水治理

(f) 尾矿全脱水综合利用

图 8-16 遂昌金矿绿色矿山建设情况

带季风区，奇峰秀水，林幽涧碧，自然条件优越。按四星级标准建造黄金大酒店、黄金青年公寓、黄金博物馆、黄金商业街、黄金顶（金银山、金财神朝拜区）、淘金河体验区、黄金冶炼观光区等旅游项目，为环境幽雅、设施齐全，集休闲、度假、商务会议、求知、探秘、旅游观光于一体的黄金景区。

4. 机械化充填采矿技术

在机械化开采方面，遂昌金矿主采区西矿段主要保有 V 和 VI 两大金银矿体，呈层状、脉状展布，分支复合现象明显，矿脉走向长 27~190 m、赋存标高 125~317 m、倾角 35°~85°、平均厚度 1~4 m，平均品位 Au 15 g/t、Ag 400 g/t，是国内矿石品位最高的金矿之一。如图 8-17 所示，在很长的一段时间内，矿石井下主要使用风动凿岩机凿岩、漏斗出矿、电机车运输的方式，不仅需要消耗大量的人力，而且采准工艺复杂、凿岩和出矿用工多且效率极低、作业环境和安全性差。目前，矿山通过深部资源勘探，进一步增加了矿山的保有资源储量，通过引进凿岩台车和铲运机等机械化的采掘装备，采用更加安全高效的机械化上向水平分层充填法，有效提高资源的回收效率和回采强度，减少用工成本和安全风险。此外，矿山通过新建尾砂充填系统，彻底消除了采空区的安全隐患、保障了回采作业的安全，实现了机械化、集约化、精细化开采，将资源优势转化为经济优势。

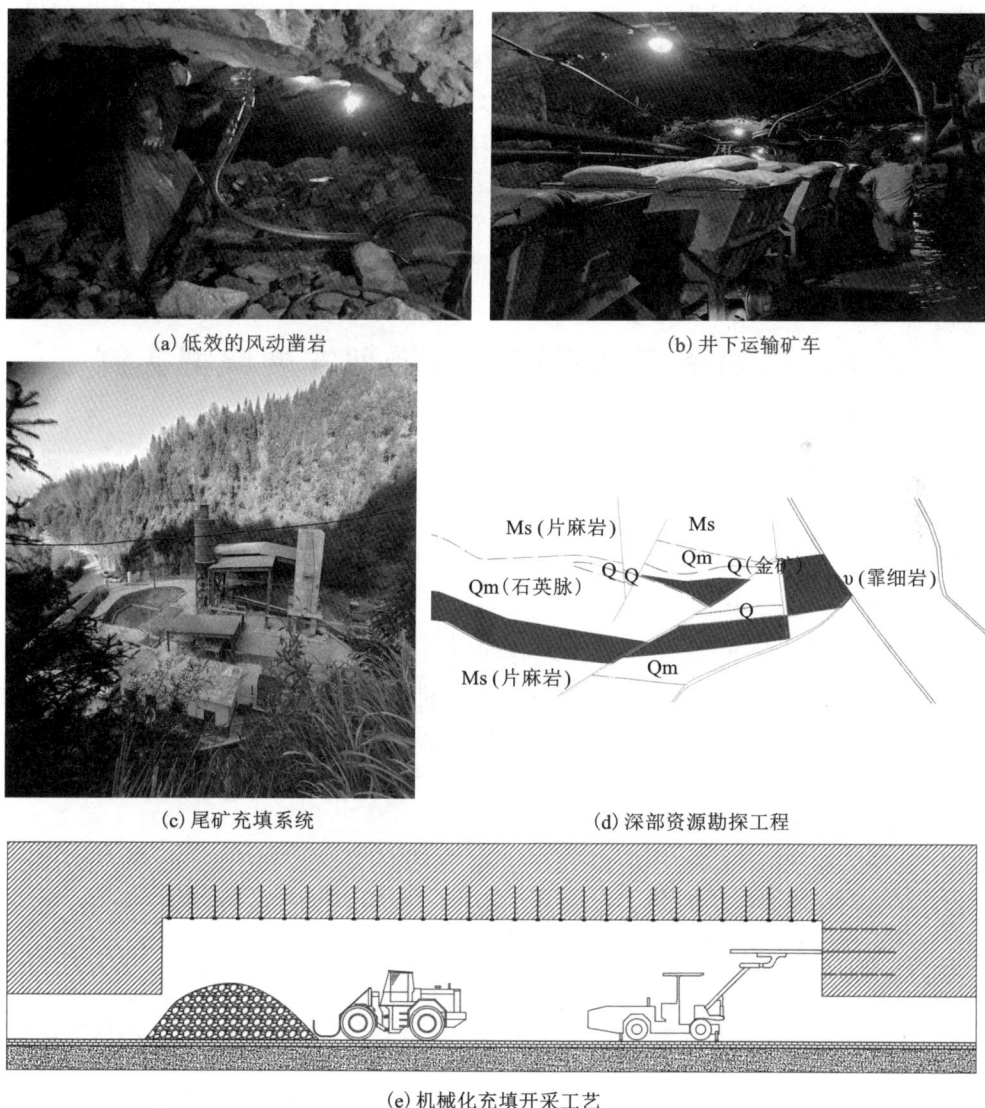

(a) 低效的风动凿岩

(b) 井下运输矿车

(c) 尾矿充填系统

(d) 深部资源勘探工程

(e) 机械化充填开采工艺

图 8-17　遂昌金矿机械化开采情况

5.绿色矿山建设措施

在废水治理方面,在遂昌金矿成立以前,衢州化工厂曾在这里开采过黄铁矿,留下了众多的含硫废石堆,造成地质灾害隐患和含硫重金属废水污染。针对含硫重金属废水的污染,遂昌金矿投资建成酸性污水治理工程,最大处理污水能力每日 5000 m^3,污染物综合排放合格率保持在 98% 左右。针对含硫重金属废石堆,采用排水隔气的防治方法,利用废弃物电石渣覆盖废石场作为保护层,在保护层上面覆以土壤,种上植被,使废石与空气相隔离,减少废石酸性滤沥水量,起到以废治废、恢复生态的良好效果。在治理过程中,共覆盖了废石 90 多万 t,面积达 15 万 m^2。此外,还完成矿区闲置废弃场地的复垦工作,整治废弃场地 240 亩,其中复垦废弃场地 120 余亩,成为矿山公园的建设用地、绿化用地;实施矿区荒坡果园化战略,种植金针菇、金银花、玉米、大豆、瓜果蔬菜等经济作物和粮食作物,建设经济林 600 多亩,培植草坪 4200 m^2,种植树木和花卉盆景 20 多万株。

在尾矿综合利用方面,遂昌金矿每年会产生近 10 万 t 的尾矿和掘进废石在地表尾矿库和废石场堆存,不仅占用大量的土地而且需要投入高昂的安全运营成本,尾矿中的重金属离子和选矿药剂残留还极易对周边生态环境和地下水产生污染。因此,遂昌金矿建设了一套尾矿分级脱水系统,将选厂产生的低浓度尾矿浆体进行粗细分级和全脱水,其中粗粒径尾砂循环利用作为建筑材料,细粒径尾砂则作为充填骨料充填至井下采空区,实现了尾矿的全部综合利用。

8.4 中国资源枯竭型城市转型发展典型实例

8.4.1 资源型城市转型发展现状

1.资源型城市概况

资源型城市因资源而生,以资源产业为主导,在发展过程中存在着产业结构失调、生态环境破坏、空间规划不合理、经济增速减缓等问题。资源开发带动城市的崛起,资源枯竭限制城市长远发展,以矿产为代表的资源型城市因势利导的转型升级成为必然选择。在生态文明建设的背景下,资源型城市转型不仅是产业经济的升级,更是绿色发展方式的转变。绿色发展是未来发展的大方向,是实现资源产业高质量发展的重要途径和必然要求,也是我国实现由资源大国向矿业强国转变的必由之路。

目前,我国共有 69 个资源枯竭型城市,具体包括:

河北:下花园区(张家口)、井陉矿区(石家庄)、鹰手营子矿区(承德);

山西:孝义市(吕梁)、霍州市(临汾);

内蒙古:阿尔山市(兴安盟)、乌海市、石拐区(包头);

辽宁:阜新市、盘锦市、抚顺市、北票市(朝阳)、弓长岭区(辽阳)、杨家杖子(葫芦岛)、南票区(葫芦岛);

吉林:辽源市、白山市、舒兰市(吉林)、九台区(长春)、敦化市(延边州)、二道江区(通化)、汪清县(延边州);

黑龙江:伊春市、七台河市、大兴安岭地区、五大连池市(黑河)、鹤岗市、双鸭山市;

江苏：贾汪区(徐州)；

安徽：淮北市、铜陵市；

江西：萍乡市、景德镇市、新余市、大余县(赣州)；

山东：枣庄市、新泰市(泰安)、淄川区(淄博)；

河南：焦作市、灵宝市(三门峡)、濮阳市；

湖北：大冶市(黄石)、黄石市、潜江市、钟祥市(荆门)、松滋市(荆州)；

湖南：资兴市(郴州)、涟源市(娄底)、冷水江市(娄底)、常宁市(衡阳)、耒阳市(衡阳)；

广东：韶关市；

广西：合山市(来宾)、平桂管理区(贺州)；

海南：昌江县；

重庆：万盛区、南川区；

四川：华蓥市(广安)、泸州市；

贵州：万山特区(铜仁)；

云南：个旧市(红河州)、东川区(昆明)、易门县(玉溪)；

陕西：铜川市、潼关县(渭南)；

甘肃：白银市、玉门市(酒泉)、红古区(兰州)；

宁夏：石嘴山市。

2. 资源型城市转型发展面临的问题

资源型城市产业系统基于对自然资源的开采、加工和利用而形成，不仅包括产业本身，还涵盖与产业相关的区域资源环境，具有产业单一性、资源依赖性、环境脆弱性等特征。随着经济发展进入新常态，资源型城市产业方面结构单一、层次偏低、资源消耗量大、边际成本加速上升等问题逐渐暴露，煤炭资源型城市问题更加突出。煤炭资源型城市的产业结构以煤炭开采为主导，明显呈现出一家独大的特征，煤矿企业规模过大，企业组织结构不合理，影响城市经济可持续增长。粗放式经营造成资源利用率低下，煤炭资源型城市总体上以初级产品和原材料输出为主，精加工、深加工相关产品比重较低，影响经济收益。产业结构的单一导致就业结构单一，资源枯竭或是资源市场需求下滑时社会问题随之而来，企业经营乏力，失业及贫困人口激增，社会发展压力加大。

部分资源型城市是"先矿后城"的模式，发现重大资源后，短时间内集中人力物力组建城市，城市布局受到资源分布的影响，又缺乏长期合理的规划，以至于城市空间分布相对分散。煤炭资源型城市普遍面临地质环境问题，矿产资源开发直接作用于自然界，诱发地质灾害。煤炭开采导致严重的地面塌陷，据统计，全国 21 个主要采煤省份，采煤地表塌陷的面积多达 45 亿 m²，部分地区还伴随滑坡和泥石流等情况。这不仅对地面建筑物和人民生活工作造成直接威胁，而且造成土地浪费和植被破坏，也限制城市空间布局、阻碍城市长远发展。

资源型城市生态环境脆弱，过往城市发展过程中对矿产资源无序开采过甚，造成严重的生态破坏和环境污染。煤炭开采向外排放大量的煤矸石、粉煤灰等固体废弃物，占用大量空间，如不妥善处理，还会造成进一步的危害。煤炭开采所形成的瓦斯废气、煤矸石和粉煤灰堆放扬尘及地面矸石山自燃所产生的烟尘微粒都严重影响大气环境。煤炭开采产生大量受污染的矿井水，其大面积地下渗透造成水资源浪费，这些未经处理的矿井水会对水源造成污染。大量研究表明煤矿周边土壤重金属超标，露天堆放的煤矸石经过雨水淋溶渗透，加之大气沉降，大量污染物进入土壤，造成土壤污染。

3. 资源型城市转型发展的机遇和条件

1）政策机遇

针对资源型城市的转型问题，我国已相继出台了多项重要文件和政策，此后各级政府加大对资源型城市转型发展的政策支持，并取得明显成效。2013年国务院出台的《全国资源型城市可持续发展规划（2013—2020年）》，将资源型城市分为成长型、成熟型、衰退型和再生型四种，明确不同类型城市的发展方向和重点任务。2017年，国家税务总局、国土资源部印发《关于落实资源税改革优惠政策若干事项的公告》。2017年，国家发展和改革委员会出台《关于加强分类引导培育资源型城市转型发展新动能的指导意见》。诸多政策红利都围绕资源型城市展开，促进矿产行业向绿色发展转变，助力资源型城市转型升级。

2）资源条件

资源型城市因资源而生，资源是其产业支撑，也是最大的优势。中华人民共和国成立之初，部分资源型城市拥有丰富的矿产资源，重工业发展较全国其他地区迅速，快速成为全国闻名的重工业城市。资源型城市以资源输出为增长点，利于发展龙头企业，有固定的经济收入来完善城市基础设施，带动城市发展。在我国中西部地区，交通、人口、资金、技术等处于劣势的情况下，资源型城市凭借丰富的资源，为城市发展提供充足的能源物质，与周边其他城市相比优势显著。大庆、金昌、攀枝花、克拉玛依等地区均是由资源开采而形成的城市，带动了整个地区发展，为国家建设做出了贡献。

3）文化条件

资源型城市都有较为充足的自然和文化遗产。矿产资源的形成跟地质活动有关，矿产资源丰富的地区都发生过剧烈的地质活动，会留下一些著名的山地、水体、地质遗迹等自然风光。有些资源型城市还有深厚的人文资源，记录了与矿业发展有关的科教文化和典型的人物事件，例如大庆油田就产生了著名人物王进喜以及影响深远的"铁人精神"。部分资源型城市拥有独特的工业遗迹，如露天矿山公园和石油城等。这些优质文化资源为城市发展旅游经济打下了良好的基础。

4. 资源型城市转型发展的目标

资源型城市转型的本质是通过引导经济结构调整，降低城市对资源型产业的依赖，使资源型城市各方面发展更加协调。绿色发展是构建高质量现代化经济体系的必然要求，绿色发展的实现路径是产业生态化和生态产业化，构建绿色经济体系。为顺应时代潮流，资源型城市要向绿色方向转型发展，体现绿色发展和山水林田湖草生命共同体的系统思想。资源型城市以提升城市生态环境品质、文化品质、人民生活品质为目标进行转型，统筹山水林田湖草进行综合治理与恢复，深度挖掘矿业城市的地质文化内涵，优化国土空间布局，完善产业结构，保障城市长远健康发展。

5. 资源型城市转型发展的路径

我国资源型城市转型升级发展路径各有异同，以往主要是围绕产业经济方面进行升级，转型方式单一。如今转型中更加注重整体发展和绿色发展的理念，根据资源型城市转型发展面临的问题，对城市空间布局、生态环境保护、优势产业和新兴产业发展等方面进行分析。

1）优化国土空间布局

经济发展是对城市空间影响最为深刻的因素，经济转型需要对应的城市空间转型支撑。资源型城市空间转型要做好城市土地利用的长期规划，注重城市空间规划与矿区规划相协调，高效地进行土地开发建设。优化中心城区空间布局与其他组团的功能分工，将矿区与生活区分离，形成合理的城市生产力布局。促进城市建设向集约化转变，加强产业整合，积极推进产业集群化发展，性质相似的企业空间集聚不仅可以节约土地，而且还能够降低生产成本。根据城市地形结构特点，制定景观、旅游服务职能的专项规划，提升人居环境和城市吸引力，同时落实生态功能分区管理，保护生态敏感区域。统一规划因采矿造成土地利用不合理的区域，如出现地面塌陷、裂缝等根据实际情况采用绿色方式进行恢复治理并重新划定土地利用方式，整合分散的用地，使其能够承载传统产业升级和新兴产业发展。加强现代化交通体系建设，加强市区与各矿点之间的沟通联系，促进与周边城市建立紧密的沟通和人员物资流动，为产业转型提供便捷的交通支撑。

2）促进生态环境恢复

针对资源型城市存在的生态环境问题，在转型发展中秉承保育为主、治理并行的原则：做好源头预防工作，坚守生态保护红线，严格控制在生态功能区内开采矿产资源，维持矿区周边生态系统稳定采用行政手段严格约束采矿企业行为，加快绿色矿山建设，淘汰落后产能，从而减少污染物排放。加强监测监管，落实企业的主体责任，坚持谁污染谁治理的原则，矿山企业开发活动对环境造成破坏，要依法恢复原有景观和健康的生态系统。对于已经遭受破坏的区域，要加大环境修复力度，推进山水林田湖草综合治理，加强山体破损区、地面塌陷区等重点地区的土地利用综合整治。消除山体破损区域的地质灾害风险，对裸露山体进行复绿，恢复原有的生态系统。地面塌陷区治理时，注重与土地利用规划和城市规划之间的衔接，尽量恢复原有用地性质，加强城市的绿道、湿地、园林、雨水花园等的建设，扩展绿色空间，使城市有机融合。做好污水处理，严禁污水不达标排放，推进流域生态修复，提高水质和提升河流防洪排涝能力，保护和修复河流生态系统。严格执行环保要求，降低大气污染物排放、加强固体废物资源化利用，净化城市环境。

3）巩固优势产业发展

矿产能源产业是资源型城市的支柱产业，在整体经济中所占份额较大，尽管煤化工、矿产开采等属于高污染、高能耗产业，但无法在短时间脱离，在今后一段时间内仍然需要持续投入和发展。但是能源产业绝不能走粗放式发展的老路，要与时俱进走科学化、绿色化道路。其一，职能部门做好监管工作，按照国家产业政策严格控制新增产能，避免盲目发展，逐步淘汰技术落后的企业，关停不满足国土、环保等相关法律法规的矿山；对于露天开采的矿山，要积极响应相关政策规定，全面建成绿色矿山。其二，深化人才发展体制机制改革，加大科研投入和人才引进力度，为人才提供交流学习的平台，尽可能地吸引高层次人才到本地开展创新创业活动。其三，通过政策支持和引导，鼓励企业加大研发投入，加快装备改造升级步伐，促进能源矿产清洁开发高效利用，提升企业核心竞争力。其四，优化资本投向，促使现有企业拉长产业链条，搞好深加工，大力发展新兴产品，强化能源产生优势。

4) 促进新兴产业替代

资源型城市要想谋求长远发展，就要摆脱对原有资源的依赖，根据自身优势并适当借助外部力量建立基本不依赖原有资源的新型产业。引导企业依托原有的工业基础，发展高附加产业，积极寻求合作，重点发展精细化工、机电装备业，提升制造业技术水平。提高第三产业比重，制定优惠产业政策，发展商业、金融、服务、互联网等行业。借鉴发达国家的经验，对废弃矿山矿井再利用，建设地下储库、地下医学疗养院、深地实验室及地下生态城市等。资源型城市拥有丰富的自然和文化资源，文旅经济是资源型城市新型产业发展的一个主要方向，打造休闲娱乐和科普教育于一体的旅游基地，提升经济增长新动力。

自然资源开采终将有所限制，需要新型能源为城市发展提供动力。煤矿区域地热资源开发在国际上有先进的参考案例，荷兰林堡省海伦市煤矿利用地热资源建成地热发电站，从地下 800 m 处泵出热水产生蒸汽，供附近 300 多处建筑使用。热能发电和室温调节是利用废弃矿井下的地热资源的主要形式，加大对地热资源的勘探和开发，打造清洁能源利用综合试验区，逐步淘汰落后火电机组，构建与清洁能源生产相适应的产业体系。

8.4.2 安徽铜陵市转型发展典型实例

1. 中国千年古铜都的开采历史

铜陵铜文化源远流长，是中国青铜文化的发祥地之一。铜陵是中国的古铜都。铜的采冶始于商周，盛于唐宋，绵延 3000 余年而未曾中断，这在长江流域目前已知的古铜矿遗址中非常少见。现存数十处采冶铜遗址和大量的青铜文物，如古西周的铜炼渣、汉代的古铜井，唐宋期间的青铜文物更多且史料记载甚详[图 8-18(a)]。铜陵以铜命名，有悠久而完整的采冶铜历史，丰富而全面的铜文化内容，反映了中国古今铜工业的突出成就，在青铜文化史上占有重要而又突出的位置，是久享盛誉的中国古铜都，铜文化已经融进城市建设和市民生活的方方面面。

2. 矿业城市的发展困局

如图 8-18 所示，铜陵是一座资源依托型城市，现已探明的矿种主要有铜、硫、铁、金、银、煤、石灰石等。铜陵市临江而建，依山傍水，是新中国最早建设起来的有色金属工业基地之一，是我国有色冶金工业的"摇篮"，铜产量居全国第一位、世界第八位，是典型的矿业城市。经过几十年的发展，铜陵市铜产业取得了长足进步，实现了从单一的采、选、粗炼模式向较为完整的采、选、粗炼、精炼和深加工体系的跨越，形成了具有相当规模的有色、建材、化学工业，并成为铜陵最为重要的支柱产业。但是，长期的矿山开采已严重破坏了铜陵市生态系统结构的连续性和功能的完整性，地形地貌改变、地表塌陷、山体滑坡、水土流失、矿山固废侵占土地等生态问题日益突出。据统计，全市矿山开发破坏土地面积 3050 hm²、侵占土地 2388 hm²、造成水土流失面积 4730 hm²、岩溶塌陷坑 430 余个、采空区塌陷地 20 余处。同时，铜陵市还是国家酸雨控制区，全市降水 pH 年均值 5.10，酸雨频率为 42.3%；尾矿、冶炼废渣、粉煤灰、炉渣等工业固体废弃物的地表堆存总量超过 5000 万 t，约占固体废弃物总量的 98%；工业废水排放量高达 5000 万 t/a，排放量及污染物的污染负荷占全市的 70%以上。

(a) 商周青铜器

(b) 铜陵长江大桥

(c) 1960年的铜陵有色冬瓜山铜矿

(d) 2019年的铜陵有色冬瓜山铜矿

(e) 1953年新中国第一炉铜水

(f) 金冠铜业分公司圆盘浇筑系统

(g) 矿山生态修复工程施工前

(h) 矿山生态修复工程完成后

图 8-18　铜陵市转型升级发展情况

3. 资源枯竭型城市的转型发展之路

2009年，铜陵市被列入全国第二批资源枯竭型城市，2013年又被列为资源衰退型城市。近年来，在"资源枯竭型城市转型发展"上，形成了"四破四立"的转型新观念，主要表现为：做大做强优势铜产业，把铜基材料产业作为首选产业加快发展，全面推进铜产业的优化升级，全力打造具有国际竞争力的铜产业基地；加速培育战略性新兴产业，致力于将新兴产业打造成为工业经济新的战略支柱产业和引领铜陵经济转型的主导力量；重点发展现代物流业，进一步明确建设全国新型物流点城市、皖中南区域物流中心的目标，充分利用交通枢纽的优势条件，把发展港口物流业作为现代服务业的主攻方向。"十三五"期间，铜陵市经济转型再上台阶，生产总值踏上千亿台阶，年均增长 4.4%，已建成全国最大的铜冶炼、铜加工、铜拆解和铜商品交易基地，成为具有全球竞争优势的世界铜都。同时，产业转型升级步伐加快，制造业增加值占地区生产总值的 34.1%，资源采掘业增加值占地区生产总值的比重降至0.8%，战略性新兴产业产值占规上工业产值比重达 40.9%。

4.全国文明城市建设

1)采矿遗留环境问题治理

由于铜陵矿产开采时期长、开发矿产种类多、开采规模强度大，由此引发的矿山生态环境问题多、环境破坏的规模强度大、涉及范围广、治理难度大，严重的矿山生态环境问题已成为制约城市发展的重要因素。于是，铜陵市相继关停了 7 座大中型铜矿中的 5 座，关闭铜陵有色集团第一、第二冶炼厂，将资源采掘业增加值占地区生产总值的比重降至 0.8%。同时，还投入资金 6.3 亿元，开展露天矿山地质环境治理数目 98 个(含废弃矿山 77 个)，治理面积 1249.98 公顷，废弃露天矿山生态修复率达 86.8%，在产绿色矿山创建面达 80%[图 8-18(d)]。铜陵经历了从一铜独大到多产业开花、从酸雨频繁到水清岸绿的蜕变。

2)国家卫生城市建设

如图 8-19 所示，引进"自然资源—产品—再生资源"的循环经济发展模式，围绕尾矿、粉煤灰、炉渣、工业副产石膏等大宗工业固体废弃物综合利用，构建"铜、硫、石灰石"三大资源循环产业链，仅生产建材就可消纳固体废弃物约 230 万 t/a，脱硫石膏、冶炼废渣、硫酸烧渣、粉煤灰实现当年产生、当年利用。在污水处理、生活垃圾处理、危险固体废弃物处理、餐厨废弃物处理、建筑垃圾处理等领域全面实施 PPP 建设模式，规模养殖场粪污处理设施装备配套率达 100%，畜禽粪污综合利用率达 94.2%，城镇生活垃圾无害化处理率达 100%。分类整治沿江 1 km 区域化工企业 20 家、"散乱污"企业 14 家，危险废弃物无害化处置率达100%。成为全国 11 个无废城市建设试点之一，建成具有代表性的全方位、多种类处理废弃物的国家卫生城市。

3)国家园林城市建设

创建节水型城市，建立 5 万 m³ 以上的非农用水单位在线监控全覆盖建设农业废弃物收集和无害化处理体系，进行山水林田湖草系统治理，建立地表水生态补偿机制，全市生态保护红线总面积 517.6 km²，地表水考核断面和县城以上集中式饮用水水源地水质优良率均保持 100%，空气质量优良天数比例 94.7%。完成人工造林 1.2 万亩，全市森林覆盖率达24.9%，获得国家园林城市荣誉称号。

4)中国优秀旅游城市建设

铜陵是工业城市，转型必须依靠文化的支撑。铜陵将培育文化的核心竞争力作为促进可持续发展的原动力，开辟了转型发展的新路径。通过建成 5 个公共图书馆、5 个文化馆、2 个博物馆、1 个美术馆、1 个大剧院、14 个乡镇综合文化站、217 个农家(社区)书屋、78 个社区文化家园，四级公共文化设施设置率 100%。同时，还投资 3 亿元，建成全国规模最大的铜文

(a) 铜陵有色循环经济工业园

(b) 城市污水处理系统

(c) 山水林田湖草系统

(d) 国家园林城市建设

(e) 铜陵市博物馆

(f) 矿区棚户区改造

图 8-19　铜陵市全国文明城市建设情况

化主题博物馆、市文化馆、市图书馆。无论是天井湖畔江南文化园的清雅秀逸，还是长江边大通古镇的质朴繁华，不管是湿地旁铜陵市博物馆的厚重雄浑，还是通贯沿江步行道的诗情画意，均是中国优秀旅游城市建设的重要组成部分。

通过生态环境治理与恢复，矿山生态环境恢复治理面积增至 2.27 万亩，空气质量优良天数比例 91.8%，PM2.5 平均浓度下降 36.8%，空气总体质量达到国家环境空气质量二级标准。同时，累计投入超 130 亿元推进老工业区搬迁改造，在城市转型升级过程中城镇、农村常住居民人均可支配收入年均增长分别为 8%、9.1%，城乡居民收入差距不断缩小；财政民生支出累计达 680 亿元，滚动实施民生工程 184 项、累计投入 140 亿元；新增城镇就业 14.4 万人；在全省率先统一城乡居民基本医疗保险和大病保险，基本养老保险实现全覆盖，创建了全国文明城市。

8.4.3 江苏徐州市转型发展典型实例

1.徐州市矿产资源概况

徐州是江苏省唯一的煤炭基地，也是重要的化工和建材基地，矿产资源具有类型全、矿种多、分布集中等特点，煤、铁、石膏、水泥用灰岩、岩盐等在全省属于优势矿产。徐州市矿产资源特点包括：

（1）矿产分布比较集中。徐州市矿产资源地域分布比较集中，煤炭资源主要分布在徐州市丰县、沛县以及铜山区、九里区、贾汪区，铁矿资源分布在铜山区利国镇，石膏集中在徐州市东北部的邳州市四户镇，岩盐和含钾砂页岩矿产资源仅在徐州市西部的丰县，硅质原料主要分布在徐州市东部的新沂市、邳州市和睢宁县等。

（2）矿类齐全但各矿类中的矿种比较单一。能源矿产中仅有煤矿和地热，但地热目前没有形成规模。金属矿产有钛铁矿、金红石（砂矿）、铜矿、镁矿及铁矿五种，目前仅有铁矿在开发利用。冶金辅助原料矿产仅有熔剂用蛇纹岩。化工原料及非金属矿产共有三种，但用量均不大。建材及其他非金属矿产中矿种比较多，但仅有水泥用灰岩、石膏、白云岩、玻璃用砂岩及高岭土等具有一定的资源储量规模。

（3）矿床勘查程度差异明显。主要矿产中，铁矿和煤炭的勘查程度高，玻璃用砂岩、水泥用灰岩和石膏的勘查程度较高，玻璃用砂岩、白云岩的勘查程度较低，只做过详查和普查工作。次要矿产资源中勘查程度高的为水泥配料用砂岩、水泥配料用黏土，勘查程度较低的为钛铁矿砂矿、饰面用大理岩、陶瓷用砂岩、金红石（砂矿），做过普查和详查，个别也做过勘探。高岭土、陶瓷土、钠长石、熔剂用蛇纹岩、金刚石（砂矿）等，都只做过普查，勘查程度低。

（4）矿床数和探明资源储量相差很大。矿床数最多的矿产属煤炭，其次为水泥用灰岩和石膏。仅有 1 处矿床的矿产有 10 个，占探明资源储量总矿产数 27 个的 37%。探明保有资源储量最多的矿产属煤炭（38.2 亿 t），其次为含钾砂页岩（21.7 亿 t）、石膏（6.9 亿 t）、水泥用灰岩（4.6 亿 t）及岩盐（3.4 亿 t）等。

（5）小型矿床多。大型矿床 35 处，中型矿床 35 处，小型矿床 95 处，小型矿床数占总矿床数的 57.58%。

（6）开发利用程度高。在 165 处探明矿产地中，开发利用的矿产地为 120 处，产地利用率为 72.73%，高于全省 70.58% 的水平。

（7）部分矿床在全省拥有地位。在拥有资源储量的矿产中，钛矿（钛铁矿砂矿）、制碱用灰岩、镁矿（冶镁白云岩）和含钾砂页岩在全省属独一无二，煤炭、玻璃用砂岩、玻璃用砂和石膏在全省属绝对优势，水泥配料用砂岩和水泥用灰岩在全省有一定的地位。

（8）部分主要矿产资源丰富。一些矿产的预测资源总量为：煤炭 69.1 亿 t（其中：丰沛矿区 25.05 亿 t，徐州矿区 44.05 亿 t）、石灰岩 24.88 亿 t（已扣除禁采区预测资源量）、铁矿 0.37 亿 t、白云岩 8 亿 t、岩盐（NaCl）25 亿 t、石膏 47 亿 t、玻璃用砂岩 5.8 亿 t、玻璃用砂 14 亿 t。

（9）部分矿产勘查潜力大。部分矿产保有资源储量占预测资源量的百分比为：煤炭 55.28%、水泥用灰岩 18.37%、铁矿 108.12%、白云岩 27.5%、岩盐 13.6%、石膏 11.68%、玻璃用砂岩 6.9%、玻璃用砂 1.43%。煤炭和铁矿矿产保有资源储量占预测资源量的比重比较大,存在一定的勘查潜力。

(10)主要矿产开发利用条件好。徐州市主要矿产资源开发利用的内外部条件好,如交通方便、区位优势明显、社会经济基础可靠、开采地质条件简单及技术和管理较先进等。

2.徐州市矿业发展概况

徐州市是我国重要的矿业综合城市,矿业是徐州市地域优势和支柱产业,极大地推动了徐州市工业化与城镇化的发展,带动了相关产业的发展,初步形成了多元化(多极化)产业链;提供了大量和有效的社会就业,成为社会就业的主要行业之一;矿业的需要和发展推动了徐州市科学技术的发展;矿业同时带动了环保、交通运输和服务业等的发展。据2010年颁布的《徐州市矿产资源总体规划》(2021—2025):

(1)徐州市在籍矿山共生产固体矿石5600多万t,矿石产量占全省的一半。采掘业工业总产值为44.21亿元,占全省采掘业工业总产值的50%以上,占全市工业总产值245.45亿元的18.01%;采掘业工业总产值占全市GDP的6.86%,远高于全省0.6%的平均水平,且居全省之首。

(2)全市采掘业从业总人数为111509人(其中:在岗职工110766人),采掘业在岗职工占全市在岗职工人数的15.60%,约占全省采掘业总人数的60%;采掘业在岗职工中,有110379人属市区职工,占市区在岗职工人数的27.53%;采掘业在岗职工工资总额为1050245000元,平均为9482元,高于全市在岗职工工资平均水平。

(3)徐州市矿业经济的核心和基础是煤炭。现拥有徐州矿务集团公司和大屯煤电(集团)有限责任公司两大集团公司。徐州矿务集团公司是年产1000万t以上的全国特大型煤炭企业,目前已发展成煤炭与多元化产业并举的徐州市最大的集团公司之一;大屯煤电(集团)有限责任公司是集“煤电路冶”为一体的综合性的大型集团公司,具有现代的和先进的管理和运营模式。

(4)矿业优势带动和保障了热电、机械、建材、燃气、化工及冶金等后续或相关产业的优势,已建成和拥有市内外著名的徐州发电厂(特大型)、徐州华润电力有限公司、徐州热电厂、江苏巨龙水泥集团有限公司、江苏铝厂、徐州钢铁总厂、徐州工程机械集团有限公司、徐州煤矿采掘机械厂等一批骨干企业,实现产值100多亿元。一批重点热电、冶金等项目正在建设或规划建设中。年发电总量146.87亿kW·h时,占全省发电总量的16.15%;生产水泥983.36万t,占全省水泥产量的21.38%;煤气供给量为4638万m³;合成氨产量为19.16万t;铝锭0.5万t;生铁37.10万t等。

3.徐州市矿业开发所产生的突出问题

1)地面塌陷

如图8-20所示,采空区地面塌陷是徐州市地下采矿最普遍最严重的矿山地质灾害。据2005年的调查数据,全市采煤塌陷地面积达21289 hm²,塌陷地集中分布在贾汪、九里、闸河、丰沛煤田,下沉较深且地势低洼造成长年积水或季节性积水的面积约5000 hm²,平均积水3.0~3.5 m,下沉较小或成为坡地的面积为8000 hm²,并仍以年200~300 hm²的速度继续发展。采煤塌陷地涉及铜山区、沛县、贾汪区、九里区、经济开发区等5个县(区)的28个乡镇,影响总人口达38.72万人,引起106个村庄迁移,迁移人口10.18万人。据统计,徐州市采煤塌陷区毁损中高级以上建筑物 1516 座, 干渠及大沟以下水利工程已基本损毁, 水利设施的破坏使农业生产受到严重影响。地面塌陷还会引起房屋倒塌、桥梁断裂, 路基沉陷变形, 路网破坏严重, 供电、通信系统基本遭到破坏, 给人民群众生产、生活带来极大困难。

(a) 20世纪80年代徐州市区风貌

(b) 解忧湖采煤沉陷区生态修复综合治理工程

(c) 金马燃化集团旧景

(d) 潘安湖采煤沉陷区生态修复综合治理工程

(e) 马庄村三矿旧景

(f) 农村危房改造

图 8-20　徐州市绿色矿业发展

2) 采矿滑坡、崩塌

滑坡、崩塌是露采矿山危害最严重的地质灾害, 不仅造成财产损失, 而且有人员伤亡。全市 979 个开山采石矿山(含废弃)中, 除少数大型矿山采取平台式开采外, 均采用原始斜坡式(一墙式)开采, 高而陡的采矿边坡常诱发滑坡、崩塌地质灾害或存在滑坡、崩塌地质灾害的隐患。

3) 矿坑突水

据不完全统计, 徐州煤矿区矿坑突水事件发生近百次, 多数在 20 世纪 80 年代以前(1949—1985 年发生 59 起), 以后相对较少, 2000 年 1 月 11 日, 徐州大黄山煤矿发生恶性透水事故，就造成 22 人死亡，直接经济损失 278.33 万元。

4）水污染

地下采矿破坏了地下岩层，矿坑疏干排水使地下水在一定范围内呈疏干状态，致使取水深井干涸，造成水资源的枯竭。此外，金属矿山的固体废弃物和煤矸石堆放经降雨淋滤，使废弃物（煤矸石）中的有害物质随雨水排入地表水体，造成水体污染。

5）土壤污染

据统计，徐州市 979 个露采矿山（含关闭）占用与破坏土地面积达 1430 hm²，其中破坏土地面积 849 hm²，矿区内林木因采矿砍伐遭受破坏、大片耕地因采矿废弃物的堆放而荒废。露天堆放煤矸石经自然风化、降水淋滤后，大量可溶性无机盐和微量有毒有害的元素溶于水中直接进入土壤，造成土壤污染。据测试，徐州北郊重金属含量远高于徐州农业土壤背景值，Cd 普遍超过土壤环境质量二级标准，Cr 严重超标；煤矸石中大量的 S 元素，回填后易与水作用产生与矿井水类似的酸性水；粉煤灰中的重金属含量较高，常造成 pH 过高或过低，土壤中 Cu、Pb、Cr、Hg 等重金属污染。

6）大气污染

生产建筑石料的露采矿山，在矿石爆破、矿石粉碎（生产石子、石粉）和运输（简易公路的扬尘）等过程中均产生大量粉尘，造成矿区尘土飞扬，空气混浊，森林、植被表面覆盖着厚厚的灰尘。曾经"一城煤灰半城土"，空气质量差使生活在矿区周边居民的呼吸道疾病发病率明显升高；煤矸石在运输、堆放过程中受风暴的影响，易造成尘土飞扬，粉尘颗粒和自燃排出的 SO_2、H_2S、CO_2、CO 及 Hg、Cd、Cu、As 等微量有害元素直接进入大气，严重污染矿区的大气环境，损害人体健康。

4. 资源枯竭型城市的转型发展之路

和不少煤炭型城市一样，徐州也经历了"因煤而兴，煤尽而衰"的过程。徐州的产业结构曾经"围煤而转"，以高污染、高耗能型重工业产业为基础（电力、焦化工、钢铁、水泥、机械等），以国企主导的计划经济制度为框架。当沿海城市不断融入全球化，享受国家政策红利时，徐州却步履蹒跚，长期存在经济不振、财政困难、生态环境衰退、转型瓶颈等问题。近年来，在多级政府的政策扶持下（如淮海经济区建设、资源枯竭型城市转型等），徐州摸索出了不少"解锁"地方经济困境、分享低碳转型红利的方式方法。

1）发展绿色矿业

据《徐州市矿产资源总体规划（2021—2025）》部署，徐州将以油页岩、石墨、金刚石等战略性矿产和地热、矿泉水等清洁资源作为勘查开发目标矿种，科学划定勘查开采区块，严格矿山准入要求，科学调控开发利用强度，践行绿色发展理念，绿色矿山建成比例达到 100%。同时，为落实国家和省关于煤炭、水泥等行业"去产能"要求，徐州严格控制矿产资源开采量，开展煤矿关井闭坑和露采矿山关闭整治。目前，全市矿山总数由 57 家减少为 22 家，年开采总量由 4401 万 t 降至 2481 万 t，完成"十三五"矿产资源开发强度调控目标。

2）生态环境修复

"十四五"期间，全市将按照"山水林田湖草是一个生命共同体"的理念，坚持整体保护、系统修复、综合整治、分步实施，安排生态修复重点项目五大类 84 项。全面实施全市废弃露采矿山生态修复治理，结合自然恢复、地质灾害消除、公园建设、工矿废弃地复垦利用等模式，通过市场化方式计划实施 17 项山体修复项目，包括 191 处矿山治理。将实施河流湖泊综合整治，共安排水环境综合治理、河流生态修复、河道疏浚贯通、湿地建设等 18 项工程。推进全市采煤塌陷地综合治理，重点实施丰沛地区、城北地区、铜山地区、贾汪地区采煤塌陷地治理等 17 项工程。通过自然恢复和工程治理，对全市废弃露采矿山全部进行治理，采煤塌陷地综合治理率达到 70%，全面改善因裸露山体造成的视觉污染。2021 年，徐州市区优良天数、PM2.5 平均浓度两项指标改善幅度均居江苏省首位；生态修复深入实施，治理采煤沉陷区 2.5 万亩，绿化造林 17.5 万亩，森林覆盖率居江苏全省第一。

3）产业转型升级

如图 8-21 所示，徐州市通过持续推进行业布局优化和转型升级，关停拆除钢铁、焦化、

(a) 徐州淮海国际港务区

(b) 徐州市夜景

(c) 徐工集团工程机械有限公司

(d) 徐州新能源汽车产业

(e) 江苏中能硅业科技发展有限公司

(f) 徐州光伏发电产业

图 8-21　徐州市产业转型发展

水泥等落后产能企业 79 家。加快培育现代产业，电子信息产业实现零突破，高端装备与智能制造、新能源汽车、电子与信息通信技术三大战略性新兴主导产业体系基本成型，推动产业园区特色化、差异化发展，实现优质产业链式集聚。贾汪高新区创建获省政府批准，投资 50 亿元的智能制造项目落地建设；潘安湖科教创新区吸引大连理工大学研究院等创新载体落户，逐步实现由发力聚势向聚人兴产转变；以徐州工程机械集团有限公司和徐州协鑫集团为代表的实体经济，推动产业的供给侧结构性改革；依托中能硅业、强茂电子、河北晶澳等龙头项目，太阳能、风能、节能环保等新能源及清洁技术产业产值规模将达到 1000 亿元，成为全市千亿级新兴产业。2021 年，徐州地区生产总值达到 8117.44 亿元，跃居全国地级以上城市第 28 位；地区生产总值总量稳居淮海经济区首位，占淮海经济区十市总量的比重达到 21.1%；先进制造业成为经济发展重要引擎，跃升全国先进制造业百强市第 24 位。

4）补齐民生短板

徐州市坚持人民至上，大力开展采煤沉陷区避险搬迁工作，变老旧矿区为幸福家园。建成搬迁集中居住点 15 个，帮助采煤沉陷区 1.2 万户 4.73 万名群众喜迁新居；大力推进美丽乡村建设，农村人居环境整治三年行动全部完成，累计改善农民住房约 4000 户，改造农村危房 500 余户；建成省级特色田园乡村 5 个、市级美丽宜居乡村 24 个，马庄村、磨石塘村入选全国乡村旅游重点村。

思考题

1. 简述绿色矿山建设的定义和关键技术。
2. 中小型矿山建设绿色矿山存在哪些问题和难题？
3. 简述中国资源枯竭型城市如何转型发展？

参考文献

[1] 李帅, 王新民. 当代充填采矿法[M]. 长沙: 中南大学出版社, 2024.

[2] 张钦礼, 王新民. 金属矿床地下开采技术[M]. 长沙: 中南大学出版社, 2016.

[3] 王新民, 古德生, 张钦礼. 深井矿山充填理论与管道输送技术[M]. 长沙: 中南大学出版社, 2010.

[4] 张钦礼, 王新民, 邓义芳. 采矿概论[M]. 北京: 化学工业出版社, 2008.

[5] 张钦礼, 王新民, 潘常甲. 采矿知识问答[M]. 北京: 化学工业出版社, 2008.

[6] 张钦礼, 王新民, 刘保卫. 矿床资源评估学[M]. 长沙: 中南大学出版社, 2007.

[7] 王新民, 肖卫国, 张钦礼. 深井矿山充填理论与技术[M]. 长沙: 中南大学出版社, 2005.

[8] 王运敏. 金属矿山露天转地下开采理论与实践[M]. 北京: 冶金工业出版社, 2015.

[9] 王运敏. 现代采矿手册[M]. 北京: 冶金工业出版社, 2011.

[10] 王运敏. 中国采矿设备手册[M]. 北京: 科学出版社, 2007.

[11] 李夕兵. 岩石动力学基础与应用[M]. 北京: 科学出版社, 2014.

[12] 李夕兵. 凿岩爆破工程[M]. 长沙: 中南大学出版社, 2011.

[13] 陈玉民, 李夕兵. 海底大型金属矿床安全高效开采技术[M]. 北京: 冶金工业出版社, 2013.

[14] 古德生, 李夕兵. 现代金属矿床开采科学技术[M]. 北京: 冶金工业出版社, 2006.

[15] 古德生. 采矿手册[M]. 长沙: 中南大学出版社, 2022.

[16] 于润沧. 采矿工程师手册[M]. 北京: 冶金工业出版社, 2009.

[17] 于润沧. 金属矿山胶结充填理论与工程实践[M]. 北京: 冶金工业出版社, 2020.

[18] 解世俊. 金属矿床地下开采[M]. 北京: 冶金工业出版社, 2008.

[19] 刘同有. 充填采矿技术与应用[M]. 北京: 冶金工业出版社, 2001.

[20] 王青, 任凤玉. 采矿学[M]. 北京: 冶金工业出版社, 2013.

[21] 徐文彬, 宋卫东. 高浓度胶结充填采矿理论与技术[M]. 北京: 冶金工业出版社, 2016.

[22] 陈得信. 特大型镍矿充填法开采理论与关键技术[M]. 北京: 科学出版社, 2014.

[23] 杨志强. 高应力深井安全开采理论与控制技术[M]. 北京: 科学出版社, 2013.

[24] 蔡嗣经, 王洪江. 现代充填理论与技术[M]. 北京: 冶金工业出版社, 2012.

[25] 彭康, 满慎刚. 尾矿综合利用于绿色矿山建设[M]. 长沙: 中南大学出版社, 2022..

[26] 李冬青, 王李管. 深井硬岩大规模开采理论与技术: 冬瓜山铜矿床开采研究与实践[M]. 北京: 冶金工业出版社, 2009..

[27] 郑西贵, 杨军伟, 胡国忠. 采矿概论[M]. 徐州: 中国矿业大学出版社, 2022.

[28] 陈国山. 采矿概论[M]. 北京: 冶金工业出版社, 2016.

[29] 马立峰. 矿山机械[M]. 北京: 冶金工业出版社, 2021.

[30] 任瑞云, 卜桂玲. 矿山机械与设备[M]. 北京: 北京理工大学出版社, 2019.

[31] 张遵毅, 聂兴信. 矿山机械与运输[M]. 北京: 冶金工业出版社, 2023.

[32] 彭苏萍. 绿色矿山先进适用装备技术[M]. 北京: 地质出版社, 2023.

[33] 长沙有色冶金设计研究院有限公司. 中铝兴县氧化铝矿山部分初步设计奥家湾矿区[R]. 兴县: 奥家湾矿, 2011.

[34] 中南大学.马钢(集团)控股有限公司姑山矿业公司和睦山铁矿在用采矿方法平稳转换技术研究报告[R].当涂县:和睦山铁矿,2012.

[35] 中南大学.浏阳市七宝山铜锌矿业有限责任公司深部接替资源安全高效低贫损充填开采及无尾矿山建设关键技术研究结题报告[R].浏阳市:七宝山铜锌矿,2021.

[36] 中南大学.河南中矿能源有限公司嵩县柿树底金矿缓倾斜金矿脉机械化上向水平分层充填法盘区综合技术研究阶段报告[R].嵩县:柿树底金矿,2023.

[37] 中南大学.湖南宝山有色金属矿业有限责任公司深部复杂高品位矿床的经济安全高效开采项目[R].桂阳县:宝山矿,2014.

[38] 湖南中大设计院有限公司.四川汉源县鑫金矿业有限公司石沟石膏矿开采工程初步设计[R].汉源县:石沟石膏矿,2012.

[39] 中南大学.湖北楚磷矿业股份有限公司保康白竹矿区缓倾斜中厚多层矿体安全高效充填采矿关键技术研究[R].保康县:楚磷矿业,2018.

[40] 中南大学.贵州开磷(集团)有限责任公司磷石膏充填高效低贫损采矿方法确定与工业试验[R].开阳县:开阳磷矿,2008.

[41] 中南大学.水口山有色金属集团公司康家湾矿永久防水矿柱安全开采可行性研究[R].常宁市:康家湾矿,2007.

[42] 中南大学.湖北柳树沟矿业股份有限公司丁西磷矿禁采区磷矿资源安全经济开采可行性论证研究[R].宜昌市:丁西磷矿,2017.

[43] 中南大学.新矿集团孙村煤矿城镇下煤柱开采煤矸石似膏体管道自流充填综合技术研究报告[R].新泰市:孙村煤矿,2006.

[44] 中南大学.山东黄金矿业(莱州)有限公司三山岛金矿海底大型金矿床安全高效开采方案优化及采矿工业试验[R].莱州市:三山岛金矿,2009.

[45] 中南大学.锡林郭勒盟山金阿尔哈达矿业有限公司草原严寒地区复杂矿体安全经济采矿综合技术研究[R].锡林郭勒盟:阿尔哈达矿业,2013.

[46] 湖南中大设计院有限公司.新疆鄯善联合矿业有限公司细沙沟铁矿采矿工程初步设计[R].鄯善县:细沙沟铁矿,2012.

[47] 中南大学.湖南辰州矿业沃溪坑口超千米深部矿区安全低贫损开采综合技术研究项目研究报告[R].沅陵县:辰州矿业,2015.

[48] 中南大学.新干县新衡矿业有限公司三中段、四中段复杂盘区机械化开采整体方案研究报告[R].新干县:新衡矿业,2023.

[49] 湖南中大设计院有限公司.安徽庐江马钢罗河矿业有限公司采矿方法及规划方案研究报告[R].庐江县:罗河铁矿,2013.

[50] 中南大学.甘肃洛坝有色金属集团有限公司徽县洛坝铅锌矿复杂采空区群条件下盘区矿柱安全高效回收现场工业试验[R].徽县:洛坝铅锌矿,2022.

[51] 湖南中大设计院有限公司.甘肃洛坝有色金属集团有限公司洛坝铅锌矿充填采矿技改工程初步设计[R].徽县:洛坝铅锌矿,2019.

[52] 中南大学.湖南博隆矿业开发有限公司七宝山硫铁矿安全高效机械化充填采矿组合方案研究报告[R].浏阳市:七宝山硫铁矿,2022.

[53] 中南大学.湖南博隆矿业开发有限公司七宝山硫铁矿鸡公湾矿段采空区治理与残矿回收方案阶段研究报告[R].浏阳市:七宝山硫铁矿,2022.

[54] 中南大学.闪星锑业有限责任公司残矿资源安全回收专项论证及开采技术方案研究报告[R].冷水江市:锡矿山,2011.

[55] 湖南中大设计院有限公司.新桥矿业有限公司露天转地下90万t/a采矿技改工程可行性研究报告[R].铜陵市:新桥硫铁矿,2015.

[56] 中南大学.湖北省黄麦岭磷化工有限责任公司露天转地下开采安全平稳接替技术研究报告[R].大悟县：黄麦岭磷矿，2011.

[57] 中南大学.浙江省遂昌金矿有限公司软弱岩层条件下高品位金银资源安全高效低贫损充填采矿可行性研究报告[R].遂昌县：遂昌金矿，2021.

[58] 朱颖超.我国石油工业可持续发展评价与预测研究[D].北京：中国石油大学，2010.

[59] 杨锐.液态助燃剂催化电厂用煤燃烧效果及机理研究[D].徐州：中国矿业大学，2022.

[60] 刘晓慧.战略性矿产保障事关国家总体安全[N].中国矿业报，2021-01-11(1).

[61] 余坤，尚玺，傅梁杰，等.战略性矿产在高性能摩擦材料中的研究进展[J].材料导报，2023，37(15)：135-148.

[62] 安海忠，李华姣.战略性矿产资源全产业链理论和研究前沿[J].资源与产业，2022，24(1)：8-14.

[63] 李光明，张林奎，张志，等.青藏高原南部的主要战略性矿产：勘查进展、资源潜力与找矿方向[J].沉积与特提斯地质，2021，41(2)：351-360.

[64] 袁铂宗，祁欣.对外投资合作促进"双循环"新发展格局的实践路径及优化对策[J].国际贸易，2021(9)：52-60.

[65] 张兴，王凌云，郭琳琳.矿业城市发展的经济地位与提升路径[J].中国矿业，2016，25(2)：58-62，68.

[66] 张继勇.矿业发展紧扣时代脉搏[N].中国矿业报，2019-10-30(1).

[67] 汪灵.战略性非金属矿产的思考[J].矿产保护与利用，2019，39(6)：1-7.

[68] 2019全球矿业发展报告(摘选)[J].地质装备，2020，21(2)：43-48，15.

[69] 转型中的全球矿业[N].中国自然资源报，2019-10-12(7).

[70] 我国首次发布全球矿业发展报告[J].地质装备，2020，21(1)：3.

[71] 柳正.世界重要矿产资源供需格局变化及我国可利用性研究[J].西部资源，2008(2)：13-16.

[72] 叶卉.经济全球化背景下的矿产资源开发利用与对外贸易研究[D].北京：中国地质大学，2009.

[73] 周国宝.中国有色金属矿产资源现状和矿业可持续发展的建议[J].中国金属通报，2005(35)：2-5.

[74] 何金祥.世界金刚石矿业发展现状及展望[J].国土资源情报，2019(7)：35-41，20.

[75] 易晓剑.国内外主要有色金属资源储量及其特点[J].世界有色金属，2005(12)：42-43，64.

[76] 李平.绿色矿山建设上升为国家行动[N].中国矿业报，2017-05-13(1).

[77] 谭金华.绿色矿山及矿山安全环保政策解读[J].石材，2020(1)：11-25.

[78] 发展绿色矿业扩大试点范围[J].地球，2012(7)：49-50.

[79] 陈书荣，陈宇，沈垸莉.以绿色理念推进绿色矿山建设[J].南方国土资源，2020(12)：18-21，27.

[80] 李平.国土资源部将释出政策推进绿色矿山建设[N].中国矿业报，2012-06-16(A01).

[81] 应急管理部发布《防范化解尾矿库安全风险工作方案》[J].江西建材，2020(4)：1-3.

[82] 谭向杰.明确了尾矿库安全风险责任体系[N].中国黄金报，2020-03-17(3).

[83] 王启明，徐必根，唐绍辉，等.我国金属非金属矿山采空区现状与治理对策分析[J].矿业研究与开发，2009，29(4)：63-68.

[84] 王琼杰.绿色铺就矿业高质量发展之路[N].中国矿业报，2018-04-21(5).

[85] 六部门联合印发《关于加快建设绿色矿山的实施意见》[J].稀土信息，2017(5)：37.

[86] 李星亚.我国绿色矿山建设规划的路径探索[J].中国金属通报，2022(2)：87-89.

[87] 全国矿产资源规划发布实施[J].稀土信息，2016(12)：4.

[88] 《全国矿产资源规划(2016—2020年)》发布[J].中国矿业，2017，26(2)：151.

[89] 李帅，袁英杰.绿色开采理念在和尚桥铁矿的实践[J].采矿技术，2018，18(1)：68-69，78.

[90] 史彦.绿色开采技术及其传播[J].中国煤炭，2009，35(9)：106-108，121.

[91] 王晓宇，卢明银，张振芳，等.绿色开采评价指标体系研究[J].化工矿物与加工，2009，38(3)：32-35.

[92] 王湘桂，唐开元.矿山充填采矿法综述[J].矿业快报，2008(12)：1-5.

[93] 万海涛.充填采矿法应用现状及发展趋势[J].矿业装备，2011(5)：40-43.

[94] 李振龙，李帅，王新民，等.柿树底金矿空场法转充填法及绿色矿山建设实践[J].世界有色金属，2020(9)：200-201，204.

[95] 高瑞文.超细全尾砂似膏体胶结充填工艺技术研究[D].长沙：中南大学，2014.

[96] 董晓舟.某金矿地下矿山采空区治理尾矿充填技术研究[J].科学技术创新，2021(4)：168-169.

[97] 程健.川口钨矿杨林坳矿区倾斜中厚矿体开采技术研究[D].长沙：中南大学，2014.

[98] 薛希龙.黄梅磷矿高浓度全尾砂充填技术研究[D].长沙：中南大学，2012.

[99] 李佳洋.贡北金矿破碎顶板下缓倾斜薄至中厚矿体安全开采技术研究[D].长沙：中南大学，2011.

[100] 柯愈贤.新桥硫铁矿"三下"资源露天转地下安全开采技术研究[D].长沙：中南大学，2013.

[101] 曹瑞锋.宿松磷矿急倾斜低品位中厚矿体采矿方法研究[D].长沙：中南大学，2014.

[102] 谢盛青.黄麦岭磷矿露天转地下开采安全平稳接替技术研究[D].长沙：中南大学，2011.

[103] 周彦龙.阿尔哈达矿多变矿体环境友好型回采技术研究[D].长沙：中南大学，2014.

[104] 易智.新桥硫铁矿"三下"资源开采安全技术研究[D].长沙：中南大学，2008.

[105] 陈灿.上向进路充填采矿法采场结构参数优化研究[J].湖南有色金属，2014，30(5)：7-10，66.

[106] 牛犇.顾北煤矿综采工作面全采全充免沉降开采设计[J].淮南职业技术学院学报，2010，10(2)：32-34.

[107] 刘晓玲，王新民，吴鹏.煤矸石似膏体快速充填试验研究[J].金属矿山，2011(6)：6-8，35.

[108] 冯岩.卧式砂仓高浓度分级尾砂充填技术研究[D].长沙：中南大学，2014.

[109] 孙国权，王星，杨家冕.典型崩落采矿法在我国应用现状及发展趋势[J].现代矿业，2016，32(12)：16-19，23.

[110] 邓艳娥.某矿山崩落法转充填采矿法综合经济效益分析[J].采矿技术，2021，21(4)：169-171，174.

[111] 刘方杰，王双颜，陈勃，等.陕西千家坪钒矿采矿方法的选择[J].甘肃冶金，2018，40(4)：5-9.

[112] 张建勇，苏建军.石人沟铁矿三期工程采矿方法选择[J].金属矿山，2013(1)：23-26.

[113] 王贺伟.基于蓝光平台的采掘生产计划编制[D].青岛：山东科技大学，2011.

[114] 刘育明，李文，陈小伟，等.硬岩金属矿自然崩落法开采中矿岩预处理技术研究[J].中国矿山工程，2018，47(3)：59-63，74.

[115] 祁明华，汪俊，陈宜华.马钢罗河铁矿一期选矿工程除尘设计[J].现代矿业，2010，26(10)：68-69.

[116] 陈清运，蔡嗣经，明世祥，等.国内自然崩落法可崩性研究与应用现状[J].矿业快报，2005(1)：1-4.

[117] 潘宝正.复杂富水矿山采矿方法选择研究[J].采矿技术，2018，18(3)：7-8，39.

[118] 张亚东，蔡嗣经，徐泰松，等.罗河铁矿开采由崩落法改为充填法的效益分析[J].金属矿山，2013(1)：11-14.

[119] 廉玉广.庐枞盆地金属矿地震波场精细模拟及属性应用研究[D].长春：吉林大学，2011.

[120] 肖松丽，董亚宁，王忠强.帷幕注浆堵水技术在罗河铁矿的应用[J].现代矿业，2021，37(7)：265-268，271.

[121] 张亚东，蔡嗣经，黄刚.不同采宽及充填体对地表沉降的影响[J].矿业研究与开发，2014，34(6)：14-16.

[122] 邵正民，陈佩富.浅谈安徽马钢罗河铁矿开发建设新模式[J].现代矿业，2009，25(12)：62-64.

[123] 刘恩彦，张钦礼，吴鹏，等.后观音山铁矿采场结构参数优化研究[J].金属矿山，2011(9)：33-35.

[124] 涂剑文，蔡嗣经，黄刚，等.罗河铁矿井下爆破振动对地表环境影响的监测与预测[J].爆破，2016，33(3)：122-126.

[125] 史艳辉，孟凡明.司家营铁矿南矿段采矿方法设计[J].现代矿业，2013，29(3)：76-79，112.

[126] 何德锋，高昌生，张矿，等.安徽省庐江县小包庄铁矿矿床围岩蚀变分带特征[J].安徽地质，2014，24(2)：86-90.

[127] 秦健春，王新民，骆小芳，等.充填法两步回采采场结构参数优化[J].矿冶工程，2012，32(4)：1-4.

[128] 刘晓玲.高海拔深部铁矿开采工艺技术研究[D].长沙：中南大学，2012.

[129] 王小良.对几种采矿方法的概述[J].民营科技，2012(5)：39.

[130] 樊铭静.安徽罗河铁矿三维建模与储量估算[D].北京：中国地质大学，2019.

[131] 刘恩彦.和睦山铁矿后观音山矿段充填采矿方法研究[D].长沙：中南大学，2012.

[132] 周立强，周立财.基于MIDAS-GTS充填采矿法采场结构参数优化研究[J].中国矿山工程，2015，44(1)：24-27.

[133] 陈五九，刘发平，张钦礼，等.预控顶上向进路充填法在白象山铁矿的应用[J].现代矿业，2016，32(9)：59-62.

[134] 纪晓飞，张建伟.红岭铅锌矿阶段空场嗣后充填采矿法的研究[J].矿业研究与开发，2017，37(1)：19-22.

[135] 李洁慧.康家湾矿深部矿体采场稳定性与作业安全评价研究[D].长沙：中南大学，2009.

[136] 刘奇.姑山铁矿露天境界外驻留矿安全高效开采方法及工艺研究[D].长沙：中南大学，2012.

[137] 田明华.缓倾斜中厚矿体机械化上向水平分层充填采矿法关键技术研究[D].长沙：中南大学，2009.

[138] 房维科，李文军，石强，等.上向水平分层胶结充填采矿法在贡北金矿的探索应用[J].中国矿业，2012，21(6)：88-91.

[139] 况建，聂美容.裂隙破碎带软弱夹层矿井支护技术研究[J].世界有色金属，2019(10)：105-108.

[140] 周礼.新华磷矿果化矿段缓倾斜中厚矿体采矿方法研究[D].长沙：中南大学，2014.

[141] 卫晓勇.松软破碎围岩巷道掘进与支护技术研究[J].能源与节能，2019(6)：131-132，147.

[142] 李振龙，陶发玉，李娜，等.加强充填采矿法六角形进路吊挂质量的技术研究[J].湖南有色金属，2023，39(2)：5-8，24.

[143] 汪海萍，宋卫东，张兴才，等.大冶铁矿浅孔留矿嗣后胶结充填挡墙设计[J].有色金属(矿山部分)，2014，66(5)：14-18，26.

[144] 张钦礼，肖崇春，陈秋松，等.某矿山最佳充填站站址方案选择[J].科技导报，2013，31(19)：39-43.

[145] 王玉珏，唐硕，宾峰，等.某金矿充填系统的设计方案与研究[J].现代矿业，2021，37(3)：58-61，64.

[146] 崔继强.金川矿区破碎矿石下向六角形进路充填采矿技术研究[D].长沙：中南大学，2012.

[147] 彭亮，康瑞海，柳小胜，等.某铅锌矿充填系统工艺选择研究分析[J].矿业研究与开发，2020，40(3)：28-32.

[148] 康虔.新桥矿业公司含硫全尾矿综合处理技术研究[D].长沙：中南大学，2011.

[149] 杨力.石人沟铁矿露天转地下最佳开采模式研究[D].长沙：中南大学，2012.

[150] 江军生.获各琦铜矿露天转地下开采开拓系统选择研究[D].长沙：中南大学，2005.

[151] 南世卿.露天转地下开采境界顶柱稳定性分析及采矿技术研究[D].沈阳：东北大学，2008.

[152] 孟桂芳.国内外露天转地下开采的发展现状[J].化工矿物与加工，2009，38(4)：33-34.

[153] 钱兆明.铜山口铜矿露天转地下产量衔接优化研究[D].武汉：武汉理工大学，2012.

[154] 张家豪.弓长岭井下铁矿松散覆盖岩层参数的确定[D].鞍山：辽宁科技大学，2012.

[155] 郭红丹.驻留矿体开采的边坡稳定性研究[D].长沙：中南大学，2011.

[156] 韩现民，李占金，甘德清，等.露天转地下矿山边坡稳定性的数值模拟与敏感度分析[J].金属矿山，2007(6)：8-12.

[157] 安玉东.金山店铁矿东区放顶工程优化设计及相关采矿技术的研究[D].武汉：武汉科技大学，2004.

[158] 王启明.我国非煤露天矿山大中型边坡安全现状及对策[J].金属矿山，2007(10)：1-5，10.

[159] 张海波，刘芳芳，董付科.露天转地下开采地质灾害规律及其防治[J].河北理工大学学报(自然科学版)，2011，33(3)：5-7.

[160] 杨红伟.深部矿岩工程条件与开挖稳定性分析[D].长沙：中南大学，2010.

[161] 任建平. 会泽铅锌矿采场爆破及临时支护技术应用研究[D]. 长沙：中南大学，2010.

[162] 刘建，彭府华，王春毅，等. 多级框架锚索与微型抗滑桩群组合加固边坡技术[J]. 中国地质灾害与防治学报，2020，31（2）：87-93.

[163] 王艳辉，甘德清. 石人沟露天转地下过渡Ⅰ区采场结构参数研究[J]. 矿业研究与开发，2005（6）：20-23.

[164] 冯春辉. 大新锰矿露天转地下联合开采边坡稳定性分析研究[D]. 南宁：广西大学，2014.

[165] 王新民，赵建文，张钦礼，等. 露天转地下最佳开采模式[J]. 中南大学学报（自然科学版），2012，43（04）：1434-1439.

[166] 郭金峰. 金属矿山露天转地下开采的发展现状与对策[J]. 云南冶金，2003，（01）：7-10.

[167] 尹华光. 眼前山铁矿露天转地下开采稳产过渡的研究[D]. 沈阳：东北大学，2008.

[168] 蔡美峰，郝树华，齐宝军，等. 露天转地下相互协调安全高效开采关键技术研究[J]. 中国冶金，2012，22（07）：53.

[169] 黄凯龙. 永平铜矿露转坑过渡期露采与坑采时空关系研究[D]. 赣州：江西理工大学，2012.

[170] 杨福海，李富平. 露天转地下开采的若干特殊技术问题（国内外露天转地下开采技术综述）[J]. 河北冶金，1994（3）：1-4.

[171] 王运敏. 露天地下联合开采关键问题及技术方向[J]. 金属矿山，2009（S1）：127-131，135.

[172] 刘伟洁，张钦礼，王新民. 基于 DEA 模型的露天转地下竖井开拓方案优选[J]. 金属矿山，2010（4）：28-31.

[173] 赵强，张建华，李星，等. 降低中深孔爆破大块率的技术措施[J]. 爆破，2011，28（4）：50-52，56.

[174] 杨力，王新民，赵建文. 石人沟露天转地下采矿方法优化选择[J]. 金属矿山，2011（7）：19-23.

[175] 房兴奎. 铜山口矿露天地下联合开采边坡稳定性研究[D]. 武汉：武汉理工大学，2011.

[176] 彭欣. 复杂采空区稳定性及近区开采安全性研究[D]. 长沙：中南大学，2008.

[177] 王涛. 黄麦岭露天矿台阶爆破参数优化及爆破振动效应研究[D]. 武汉：武汉理工大学，2013.

[178] 田志恒，聂永祥. 复杂采空区顶板最小安全厚度的确定方法[J]. 采矿技术，2009，9（5）：26-27，151.

[179] 关宇. 复合开挖扰动下边坡稳定性评价方法的研究[D]. 北京：北方工业大学，2013.

[180] 曾细龙，张楚灵，张新华. 露天采场地下采空区的探查与处理[J]. 采矿技术，2003（2）：73-75.

[181] 李谢平. 近空区露天矿安全开采技术研究[D]. 长沙：中南大学，2013.

[182] 张钦礼，陈秋松，胡威，等. 露天转地下采矿隔离层研究[J]. 科技导报，2013，31（11）：33-37.

[183] 李地元，李夕兵，赵国彦. 露天开采下地下采空区顶板安全厚度的确定[J]. 露天采矿技术，2005（5）：21-24.

[184] 陈小康. 露天坑下残矿回收安全控制技术研究[D]. 长沙：中南大学，2010.

[185] 李斯基. 露天转地下开采不停产过渡的探讨[J]. 冶金矿山设计与建设，1999（5）：3-8.

[186] 宦秉炼，赵奕虹，况世华. 爆力运搬理论在缓倾斜：倾斜中厚矿体开采中的应用[J]. 昆明冶金高等专科学校学报，2002（2）：6-8.

[187] 覃敏，廖文景，徐必根，等. 基于关系矩阵和模糊理论的采矿方法优化选择[J]. 金属矿山，2012（5）：13-16，20.

[188] 赵彬. 焦家金矿尾砂固结材料配比试验及工艺改造方案研究[D]. 长沙：中南大学，2009.

[189] 冯胜利，汪令辉. 采场和空区充填接顶技术研究[J]. 中国矿山工程，2011，40（4）：13-15.

[190] 高勇. 露天转地下开采边坡稳定性与防灾减灾技术研究[D]. 长沙：中南大学，2013.

[191] 刘恒亮，张钦礼，卞继伟. 露天转地下开采境界顶柱安全厚度研究[J]. 金属矿山，2015（10）：41-45.

[192] 潘常甲. 新桥矿深部岩体力学性质分析及稳定性综合分级研究[D]. 长沙：中南大学，2009.

[193] 江鹏飞，许文飞，陈继强. Surpac Vision 软件在某铜硫露天矿山的应用[J]. 现代矿业，2009，25（7）：56-58.

[194] 李兴尚. 水砂胶结充填材料配合比的优化研究[D]. 昆明：昆明理工大学，2005.

[195] 张钦礼,罗怡波,柯愈贤.露天转地下开采地表沉降安全性分析[J].中南大学学报(自然科学版),2013,44(8):3441-3445.

[196] 韩金潮.露天转地下境界顶柱厚度研究[J].四川有色金属,2016(4):17-20,57.

[197] 贾穆承,明建,郭海东,等.基于FLAC(3D)的铁矿山露天转地下境界顶柱稳定性研究[J].有色金属(矿山部分),2019,71(2):8-11.

[198] 辛春波,许红坤,徐芃.某矿山充填体下回采矿体安全顶柱厚度预测研究[J].有色金属(矿山部分),2018,70(1):24-28,39.

[199] 王新民,柯愈贤,胡威,等.露天转地下开采地表沉陷预计及安全性分析[J].科技导报,2012,30(25):27-31.

[200] 潘震.露天转地下开采境界顶柱合理厚度与稳定性研究[D].昆明:昆明理工大学,2019.

[201] 鄢德波.多层邻近缓倾斜薄至中厚矿体联合开采技术研究[D].长沙:中南大学,2013.

[202] 段进超.某矿全尾矿胶结充填材料和充填工艺选择[J].采矿技术,2013,13(1):12-13,21.

[203] 郭明明.太平山铁矿全尾砂充填系统的设计研究[J].矿业研究与开发,2015,35(2):9-12.

[204] 张灿明,赵怀浩.废弃煤矸石的综合利用研究与实施[C]//中国煤炭加工利用协会.2014'煤炭工业节能减排与生态文明建设论坛论文集,2014.

[205] 吕世武.阿舍勒铜矿充填系统扩建方案优选[J].中国矿业,2018,27(S1):245-248.

[206] 郭雷,李夕兵,岩小明.岩爆研究进展及发展趋势[J].采矿技术,2006(1):16-20,45.

[207] 王白山.锦屏水电站引水隧洞岩爆施工技术探讨[J].铁道建筑技术,2011(7):99-101,107.

[208] 王新民.基于深井开采的充填材料与管输系统的研究[D].长沙:中南大学,2006.

[209] 姜繁智,向晓东,朱东升.国内外岩爆预测的研究现状与发展趋势[J].工业安全与环保,2003(8):19-22.

[210] 程向阳.大相岭深埋隧道围岩稳定性及岩爆段快速施工研究[D].成都:西南交通大学,2010.

[211] 孙立福.锦屏4#引水隧洞岩爆发生规律及处理措施[J].国防交通工程与技术,2009,7(4):52-54.

[212] 张镜剑,傅冰骏.岩爆及其判据和防治[J].岩石力学与工程学报,2008(10):2034-2042.

[213] 唐礼忠.深井矿山地震活动与岩爆监测及预测研究[D].长沙:中南大学,2008.

[214] 陈洪波.浅谈隧道岩爆的特征和处理方法[J].华北科技学院学报,2012,9(1):25-27.

[215] 李建臣.隧道施工岩爆预测防治[J].中华民居(下旬刊),2014(3):245.

[216] 郭然,于润沧.新建有岩爆倾向硬岩矿床采矿技术研究工作程序[J].中国工程科学,2002(7):51-55.

[217] 薛志,郝利军,谢仲文.金平水电站地下洞室施工的岩爆预防及处理措施[J].四川水力发电,2011,30(3):33-36,176.

[218] 林文慧.深井煤矿开采技术的改进[J].当代化工研究,2019(7):66-67.

[219] 杨东旭.地质结构与矿山性质对发生矿山冲击地压的影响[J].中国金属通报,2018(12):210-211.

[220] 杨凯.隧道工程地质灾害分析及防治对策[J].工程技术研究,2019,4(11):220-221.

[221] 罗勇.地质轴压裂纹倾角应力强度因子的光弹性实验研究[J].城市道桥与防洪,2012(3):157-159,5.

[222] 江飞飞,周辉,刘畅,等.地下金属矿山岩爆研究进展及预测与防治[J].岩石力学与工程学报,2019,38(5):956-972.

[223] 贺耀文.金川二矿区深部工程地质及开采稳定性技术研究[D].兰州:兰州大学,2020.

[224] 闫保旭,朱万成,侯晨,等.金属矿山充填体与围岩体相互作用研究综述[J].金属矿山,2020(1):7-25.

[225] 刘卫东.金川二矿区2#矿体F(17)以东矿山开拓系统及采矿工艺优化[D].昆明:昆明理工大学,2005.

[226] 曹鑫,刘斌.分层建造下向大六角形进路稳定性分析[J].矿业研究与开发,2021,41(5):17-22.

[227] 孙晓光,李国雄.某露天铁矿南部境界外挂帮矿开拓方案[J].露天采矿技术,2019,34(3):75-78,81.

[228] 杨志强，高谦，王永前，等.金川高应力矿床充填采矿技术研究进展与亟待解决的技术难题[J].中国工程科学，2015，17(1)：42-50.

[229] 李光，马凤山，郭捷，等.高地应力破碎围岩巷道变形破坏特征及支护方式研究[J].黄金科学技术，2020，28(2)：238-245.

[230] 把多恒，王永才.金川镍矿 1# 矿体稳定性问题研究[J].岩石力学与工程学报，2003(S2)：2607-2614.

[231] 孙扬，王志远，张爱民，等.深埋高应力大变形巷道支护技术研究[J].中国矿山工程，2021，50(6)：26-30，34.

[232] 周强，于先坤.冬瓜山铜矿充填技术的发展与应用实践[J].现代矿业，2019，35(8)：76-79.

[233] 董世华.冬瓜山矿床盘区隔离矿柱回采工艺优化方案[J].金属矿山，2022(1)：107-112.

[234] 党建东，张君.微震监测技术在冬瓜山铜矿的应用[J].现代矿业，2019，35(9)：240-242.

[235] 蔡锦辉，罗俊华，徐遂勤，等.广东凡口铅锌矿成因探讨[J].华南地质与矿产，2011，27(1)：1-7.

[236] 袁世伦，周生.深井复杂难采铜矿床采矿方法及采准系统优化研究[J].黄金，2008(6)：25-29.

[237] 王薪荣，徐曾和，许洪亮.空场嗣后充填采矿法工艺技术探讨[J].中国矿业，2017，26(8)：99-103.

[238] 肖秋香.安徽铜陵冬瓜山铜金矿床和胡村铜钼矿床蚀变特征及成矿作用[D].合肥：合肥工业大学，2012.

[239] 庞冯秋，周天健.铜陵冬瓜山铜矿水文地质特征及防治水对策[J].现代矿业，2018，34(1)：74-78.

[240] 余茂杰，孙坚刚.冬瓜山矿床深井开采安全生产问题的探讨[J].黄金，2006(11)：22-25.

[241] 原桂强.凡口铅锌矿深部岩爆地质因素分析及防范[J].冶金丛刊，2016(3)：37-42.

[242] 亢太鹏.凡口铅锌矿采矿与充填技术简介[J].南方金属，2017(6)：26-29.

[243] 卢海珠.IMS 微震监测系统在矿山中的应用设计[J].湖南有色金属，2017，33(1)：8-12.

[244] 唐建.盘区机械化充填采矿工艺在凡口铅锌矿的运用[J].采矿技术，2011，11(1)：4-5，10.

[245] 袁姝，刘粱金.垂直平行断面法和克里格法在凡口铅锌矿储量估算时的应用探讨[J].世界有色金属，2022(16)：122-124.

[246] 张璐.上向阶段充填法充填料对上部矿体影响的研究[D].唐山：河北理工大学，2010.

[247] 刘育明，马俊生，郭雷，等.国外深井充填法矿山开采技术综述[J].中国矿山工程，2018，47(6)：1-6.

[248] 宁彦红.南非某金矿深井开采技术探讨[J].中国矿山工程，2021，50(4)：21-24.

[249] 李国清，王浩，侯杰，等.地下金属矿山智能化技术进展[J].金属矿山，2021(11)：1-12.

[250] 张伟波，刘翼飞，王丰翔，等.芬兰科密克铬铁矿床研究新进展[J].地质通报，2020，39(5)：746-754.

[251] 孙再东.克赖顿矿 VRM 法高效采矿的成功经验[J].世界采矿快报，1991(7)：2-5.

[252] 常玉虎，赵元艺，曹冲.瑞典正科格鲁万铅锌矿床地质特征及成矿模式[J].地质通报，2015，34(6)：1182-1191.

[253] 李夕兵，刘冰.硬岩矿山充填开采现状评述与探索[J].黄金科学技术，2018，26(4)：492-502.

[254] 高潮.投资天堂：加拿大[J].中国对外贸易，2007(5)：74-77.

[255] 郑娟尔，孙贵尚，余振国，等.加拿大矿山环境管理制度及矿产资源开发的环境代价研究[J].中国矿业，2012，21(11)：62-65.

[256] 张海波，宋卫东.评述国内外充填采矿技术发展现状[J].中国矿业，2009，18(12)：59-62.

[257] 贺锋坚，余超，罗爽，等.缓倾斜中厚铝土矿体房柱采矿法优化研究[J].矿业研究与开发，2020，40(6)：5-9.

[258] 赵国彦，郭子源，李启月，等.破碎矿体分段凿岩阶段嗣后充填采矿法实践[J].广西大学学报(自然科学版)，2012，37(2)：382-386.

[259] 张国胜，张雄天.全尾砂胶结充填材料强度影响因素分析及配比预测研究[J].金属矿山，2021(12)：112-117.

[260] 王艳利.破碎岩层采场稳定性分级及锚杆支护参数优化研究[D].长沙：中南大学，2012.

[261] 张宝, 张友刚, 张文艺, 等. 无间柱连续开采矿块结构参数优化数值模拟[J]. 矿业研究与开发, 2013, 33(2): 1-4.

[262] 张世生. 和睦山铁矿床成因初探[J]. 矿业快报, 2006(8): 69-71.

[263] 蒋建文. 贵州省清镇市猫场矿区杨家洞矿段铝土矿地质特征及其成因浅析[J]. 西部资源, 2020(5): 11-12, 16.

[264] 冯宇栋. 白银市乡土地理课程资源的开发和应用[D]. 重庆: 西南大学, 2020.

[265] 门建兵, 齐炎, 任建平. 下向进路胶结充填采矿法在某矿山的应用[J]. 有色冶金设计与研究, 2019, 40(3): 6-9.

[266] 胡道喜. 急倾斜下盘软破铁矿体采矿方法优化研究[D]. 西安: 西安建筑科技大学, 2013.

[267] 陈新家, 吴已成. 武山铜矿南矿带西部采场采矿工艺改进实践[J]. 世界有色金属, 2015(12): 48-49.

[268] 温占国, 张从军, 季志才. 石人沟铁矿三期开采方法的探讨[J]. 现代矿业, 2014, 30(9): 30-33.

[269] 李宇新, 童晓蕾, 李艳, 等. 重介质选矿、X射线分选在宜昌磷矿各矿层选矿的工业应用对比[J]. 化工矿产地质, 2020, 42(1): 77-82.

[270] 王维, 王建忠, 张盛祥. 苍山铁矿双层矿体采充平衡管理[J]. 现代矿业, 2015, 31(6): 53-54.

[271] 马毅敏, 连民杰. 倾斜中厚低品位铁矿采矿方法选择与优化研究[J]. 金属矿山, 2011(9): 12-15.

[272] 郝凤才. 点柱上向水平分层充填采矿法在郑家坡铁矿的应用[J]. 科技与企业, 2014(11): 258.

[273] 罗亮. 间隔矿柱中深孔房柱法和条带式矿柱浅孔房柱法开采缓倾斜中厚两层矿矿体[J]. 化工矿物与加工, 2012, 41(8): 33-35.

[274] 查道欢. 某复杂锌金多金属矿集约化开采及采场结构参数优化研究[D]. 赣州: 江西理工大学, 2019.

[275] 姚志全. 开阳磷矿黄磷渣胶结充填技术研究及可靠性分析[D]. 长沙: 中南大学, 2009.

[276] 宋友红. 公路下磷矿开采的有限元分析[D]. 长沙: 中南大学, 2005.

[277] 廖国燕. 全磷渣自胶凝充填的胶凝机理及配比优化研究[D]. 长沙: 中南大学, 2009.

[278] 徐路路, 张钦礼, 冯如. 基于采场结构参数优化后的充填体强度数值模拟[J]. 黄金科学技术, 2021, 29(3): 421-432.

[279] 彭康. 中厚倾斜破碎磷矿体开采方法研究与应用[D]. 长沙: 中南大学, 2011.

[280] 王杰, 颜士荣, 简云林, 等. 中深孔房柱式爆力运搬嗣后充填法在用沙坝的应用[J]. 现代矿业, 2010, 26(5): 82-84.

[281] 杨勇, 彭康, 王世鸣, 等. 两分层落矿嗣后充填法在马路坪矿的应用[J]. 化工矿物与加工, 2010, 39(10): 31-33.

[282] 刘小力, 高忠民, 唐飞勇. 磷石膏充填采矿技术应用及经济环境效益评价[J]. 武汉工程大学学报, 2011, 33(3): 107-110.

[283] 赵洪宝, 李华华, 王中伟. 边坡潜在滑移面关键单元岩体裂隙演化特征细观试验与滑移机制研究[J]. 岩石力学与工程学报, 2015, 34(5): 935-944.

[284] 李俊, 彭振斌, 周斌. 利用有理多项式技术计算基于Bishop分析模式的边坡稳定可靠度[J]. 合肥工业大学学报(自然科学版), 2009, 32(4): 519-522.

[285] 谭晓慧. 边坡稳定可靠度分析方法的探讨[J]. 重庆大学学报(自然科学版), 2001(6): 40-44.

[286] 钟福生, 陈建宏, 范文录. 破碎岩体内异形断面巷道掘进的光面爆破技术[J]. 爆破, 2012, 29(1): 34-39.

[287] 梁启文, 吴西富, 金宇松. 浅孔台车在房柱法中的应用[J]. 化工矿物与加工, 2013, 42(9): 43-44.

[288] 姚金蕊, 李夕兵, 周子龙. "三下"矿体开采研究[J]. 地下空间与工程学报, 2005(S1): 95-97.

[289] 李夕兵, 刘志祥, 彭康, 等. 金属矿滨海基岩开采岩石力学理论与实践[J]. 岩石力学与工程学报, 2010, 29(10): 1945-1953.

[290] 赵彬, 王新民, 李耀武, 等. 康家湾永久防水矿柱安全开采可行性[J]. 昆明理工大学学报(理工版), 2009, 34(1): 27-34.

[291] 彭云奇. 康家湾矿大型水体下防水矿柱安全开采的研究与设计[D]. 长沙：中南大学，2002.

[292] 王新民，彭云奇. 康家湾矿大型水体下防水矿柱安全开采研究[J]. 采矿技术，2002（2）：23-24.

[293] 张钦礼，王新民，过江，等. 康家湾矿防水矿柱开采的理论与实践[J]. 金属矿山，1999（3）：23-24，29.

[294] 王新民，曹刚，张钦礼，等. 护顶层保护下采场结构参数优化研究[J]. 中国矿山工程，2007（6）：1-7，17.

[295] 卢央泽. 基于煤矸石似膏体胶结充填法控制下的覆岩移动规律研究[D]. 长沙：中南大学，2006.

[296] 王新民，卢央泽，张钦礼. 煤矸石似膏体胶结充填采场数值模拟优化研究[J]. 地下空间与工程学报，2008（2）：346-350.

[297] 黎鸿. 基于时空效应的海下开采安全隔离层厚度研究[D]. 长沙：中南大学，2009.

[298] 曹刚. 康家湾矿深部难采矿体采场稳定性及安全开采技术研究[D]. 长沙：中南大学，2008.

[299] 于德海，彭建兵，臧士勇，等. 地下洞室动态开挖的三维数值分析及优化研究[J]. 工程地质学报，2005（4）：502-507.

[300] 齐兆军，裴佃飞，何顺斌，等. 三山岛海底开采充填接顶技术及地表无变形浅析[J]. 黄金科学技术，2010，18（3）：14-19.

[301] 张小刚，刘超，彭康，等. 点柱式分层充填采矿法在海下矿床开采中的应用[J]. 采矿技术，2010，10（1）：13-14，35.

[302] 王仁朋. 后仓矿区金矿床工程地质、环境地质调查研究[J]. 中国金属通报，2019（8）：271-272.

[303] 乔卫国，吕言新，李睿，等. 海底金属矿床安全高效开采工业试验[J]. 黄金，2011，32（7）：30-35.

[304] 宋刚，罗斌，罗跃. 徐州市利国铁矿区吴庄铁矿矿山防隔水矿（岩）柱设计[J]. 能源技术与管理，2022，47（3）：127-128.

[305] 乔卫国，吕言新，魏烈昌，等. 三山岛金矿海底高效开采工业试验[J]. 金属矿山，2011（7）：43-46.

[306] 彭秀云，王旭，邹国斌，等. 黄金选矿厂冗余 FCS 自动控制系统设计[J]. 铜业工程，2015（2）：44-48.

[307] 胡磊. 老隆残矿开采技术优化研究[D]. 湘潭：湖南科技大学，2008.

[308] 张绍国. 广西高峰公司深部 105 号矿体开采稳定性及充填工艺与系统研究[D]. 长沙：中南大学，2005.

[309] 杨建. 锡矿山残矿资源安全回收专项论证及开采技术方案研究[D]. 长沙：中南大学，2012.

[310] 文兴. 非连续复杂群采空区稳定性分析与治理方案研究[D]. 长沙：中南大学，2012.

[311] 陈昌民. 康家湾铅锌矿残留富矿回采综合技术研究[D]. 长沙：中南大学，2002.

[312] 杨彪. 基于 CMS 实测的采空区危险度分析及其处理[D]. 长沙：中南大学，2008.

[313] 杨明. 残留矿柱开采的新工艺技术研究[J]. 矿业研究与开发，2000（6）：8-10.

[314] 浩德成，杜志忠，赵五同，等. 甘肃徽县洛坝铅锌矿床地质特征及找矿方向[J]. 甘肃冶金，2007（3）：21-24.

[315] 万文. 地下空区对边坡稳定性的影响研究[D]. 长沙：中南大学，2006.

[316] 孙钧，刘保国. 岩石力学问题的若干进展[C]//盛世岁月：祝贺孙钧院士八秩华诞论文选集. 同济大学岩土工程研究所，2006.

[317] 杨路平. 某高速公路下伏采空区稳定性计算和处置[D]. 重庆：重庆交通大学，2013.

[318] 冯远建，李子龙. 矿山采空区稳定性分析及安全治理方法研究[J]. 煤炭与化工，2014，37（6）：28-30.

[319] 刘名阳. 煤矿采空影响区油气管道的危险性评价[D]. 西安：西安科技大学，2009.

[320] 王昌虎. 古采区残矿回采技术探讨[J]. 有色金属（矿山部分），2001（1）：19-21，4.

[321] 杨斌，刘书斌，范建国，等. 煤层采空区隧道开挖稳定性研究现状[J]. 西部交通科技，2014（10）：67-72.

[322] 王哲. 甘肃省武都区塘坝金矿工程地质条件特征[J]. 甘肃冶金，2017，39（1）：45-48.

[323] 潘健. 大红山铁矿地表塌陷规律研究[D]. 西安：西安建筑科技大学，2016.

［324］孙萍，陈立伟.用离散单元法评价采煤巷道地面建筑适宜性［J］.煤田地质与勘探，2006(3)：62-65.

［325］邵永东，邵晓文，赵维东，等.甘肃省徽县洛坝铅锌矿开采技术条件情况浅析［J］.世界有色金属，2023(9)：139-141.

［326］汪和平，张开平，卢宏.地下矿山残矿的回收技术［J］.江西冶金，2001(5)：27-29.

［327］游勋.金鑫金矿残矿资源回收方案优选及其安全性评价［D］.赣州：江西理工大学，2012.

［328］张孝国.湖南七宝山铜多金属矿床特征及次生富集规律［J］.国土资源导刊，2012，9(12)：84-86.

［329］黄坚.湖南七宝山铜-多金属矿床工业指标的探讨［J］.当代化工研究，2023(15)：101-103.

［330］乔兰，蔡美峰，付学生.玲珑金矿工程地质调查与评价［J］.黄金，2000(5)：1-6.

［331］曹明秋，肖迪民，段正龙.锡矿山南矿61采顶底柱残矿回采实践［J］.采矿技术，2007(2)：12-13.

［332］易菲霆，吴湘炬，卿艳彬，等.浏阳七宝山矿区地质环境问题与防治［J］.中国资源综合利用，2020，38(6)：172-175.

［333］陈光武，邓金灿.大规模覆岩下100号矿体残矿安全回采技术［J］.金属矿山，2009(S1)：186-189.

［334］申延.寺庄矿区工程岩体稳定性及采场合理跨度研究［D］.长沙：中南大学，2012.

［335］赵明宣.三山岛金矿新立矿区西南翼海底破碎巷道支护应用技术研究［J］.世界有色金属，2016(13)：90-91.

［336］郎永忠，陈能革.多分层同步上向水平进路采矿法在和睦山铁矿的应用［J］.现代矿业，2015，31(8)：7-10，22.

［337］何洪涛，周磊，王湖鑫.上向水平进路充填采矿法在和睦山铁矿的应用研究［J］.有色金属(矿山部分)，2012，64(1)：13-16.

［338］薛希龙，戴勇，范永亮，等.硬岩铀矿无废协同开采模式及技术研究［J］.金属矿山，2020(5)：95-100.

［339］赵建文.锡矿山似膏体泵送充填工艺方案研究［D］.长沙：中南大学，2012.

［340］吕炳旭.金属矿山地下水重金属污染特征及评价方法研究［D］.石家庄：石家庄经济学院，2012.

［341］陈三明.锡矿山锑矿田多元地学综合信息成矿预测研究［D］.北京：中国地质大学，2012.

［342］夏雄刚，孙才红.锡矿山锑矿成矿模式与找矿［J］.南方金属，2023(3)：21-25.

［343］刘洪强.大面积充填体下采场盘区矿柱留设方案优化及地压监测研究［D］.长沙：中南大学，2011.

［344］徐丹.新桥硫铁矿中深部资源安全开采技术研究［D］.长沙：中南大学，2012.

［345］李真.松江铜矿采空区稳定性分析及治理技术研究［D］.长沙：长沙矿山研究院，2016.

［346］段瑜.地下采空区灾害危险度的模糊综合评价［D］.长沙：中南大学，2005.

［347］程霞.澄合矿区采空区地面塌陷危险性评价［D］.西安：西安科技大学，2009.

［348］程力，朱明德，吴钦正，等.模糊综合评判在采空区稳定性评价中的应用［J］.现代矿业，2020，36(12)：177-180.

［349］马海军，李宝.钻探施工事故AHP-Fuzzy评价模型研究［J］.矿冶，2012，21(4)：38-40.

［350］王新民，鄢德波，柯愈贤，等.人工砼柱置换残留矿柱采场结构参数优化［J］.广西大学学报(自然科学版)，2012，37(5)：985-989.

［351］贾明.大水矿山隔水关键层再造及其安全可靠性研究［D］.长沙：中南大学，2012.

［352］齐晖，张钦礼.水平分层充填采矿法采场接顶充填方案探讨［J］.现代矿业，2010，26(8)：11-14.

［353］张钦礼，李谢平，杨伟.基于BP网络的某矿山充填料浆配比优化［J］.中南大学学报(自然科学版)，2013，44(7)：2867-2874.

［354］肖力波.似膏体充填系统管网参数及泵送压力选择［J］.金属矿山，2014(8)：53-56.

［355］王洋，易志清，祝禄发.尾矿似膏体胶结充填采矿法的研究与应用［J］.湖南有色金属，2013，29(1)：7-9，53.

［356］克磊，刘礼龙.水泥灰岩绿色矿山建设规范［J］.中国水泥，2019(12)：68-72.

［357］林玉华.绿色石材矿山建设要求［J］.石材，2020(1)：26-30，55.

[358]王琼杰.让金山银山变成绿水青山[N].中国矿业报,2018-09-05(3).

[359]李幼玲.长沙有色院:绿色矿山建设走进新时代[N].中国有色金属报,2018-08-30(1).

[360]卢明银,王晓宇.绿色开采的概念、技术体系与发展趋势[J].化工矿物与加工,2007(4):36-38.

[361]赵贝.安徽绿色矿山建设系列标准基本编制完成[N].中国矿业报,2021-08-26(2).

[362]陈思侠.打造市域经济的重要增长极[N].酒泉日报,2021-01-08(1).

[363]徐志刚,焦辰军,赵君强.浅谈如何建设绿色矿山[J].河北煤炭,2012(2):71-72.

[364]张华.机制砂项目开发建设相关问题的探讨[J].福建地质,2023,42(1):70-75.

[365]丁海玲,黄山红,宋嘉庚,等.油气田绿色矿山建设管理要求与实践[J].油气田环境保护,2022,32(1):13-16.

[366]刘紫薇,李永鹏,李艳春.硫化铜镍矿清洁生产研究与实践[J].环境保护与循环经济,2018,38(5):17-21.

[367]顾义磊,龚书贤.矿山绿色开采技术浅析[J].西部探矿工程,2010,22(5):97-100.

[368]王琼杰.绿色矿业大事记 Green Mining Events Review[N].中国矿业报,2019-10-09(7).

[369]于艳蕊.基于SWOT分析的石墨产业发展策略研究[D].北京:中国地质大学,2014.

[370]李平.发展绿色矿业 建设美丽中国[N].中国矿业报,2013-04-20(A03).

[371]谢晓玲.从废矿山上"变"出来的景区[N].甘肃日报,2019-05-07(1).

[372]陈全训.发展绿色矿业建设绿色矿山:在有色金属矿山绿色发展大会暨2014年中国有色金属矿业高层论坛上的讲话[J].中国有色金属,2014(16):27-31.

[373]郭明明,刘福春,谭荣和,等.湖南宝山有色矿业绿色设计创新综述[J].采矿技术,2020,20(5):21-23.

[374]郭建军.朔州移动打造山西首个露天智能化煤矿5G网络[N].中国经济导报,2021-11-16(2).

[375]赵建杰,李洋波.探秘"江南第一金矿"[J].地球,2018(12):52-54.

[376]刘建林,张天宇.中煤平朔成为晋北"绿色明珠"[N].工人日报,2018-08-14(3).

[377]索忠连.资源型城市转型发展的路径探索:以平顶山市为例[J].中国矿业,2020,29(4):51-55.

[378]周长进,董锁成,金贤峰,等.铜陵市矿业型工业城市发展中的环境问题及对策[J].资源调查与环境,2009,30(4):278-284.

[379]赖信强.遂昌金矿区生态修复的实践和成效[J].浙江经济,2019(12):60-61.

[380]胡千慧.铜陵市旅游形象设计研究[J].安徽农学通报,2008(18):21,39.

[381]夏梦茹.典型资源枯竭型城市转型绿色发展评价研究[D].南京:南京师范大学,2021.

[382]徐豪,陈良新.破题资源枯竭型城市转型[J].中国报道,2013:(4):68-69.

[383]王国法,庞义辉,任怀伟,等.矿山智能化建设的挑战与思考[J].智能矿山,2022,3(10):2-15.

[384]王波,叶新才,程从坤,等.铜陵地区矿山生态环境综合治理途径[J].长江流域资源与环境,2004(5):494-498.

[385]崔文静,黄敬军,韩涛,等.徐州市矿山环境地质问题及防治对策[J].中国地质灾害与防治学报,2007(4):93-97.

[386]周慧生.苏北铜山县域矿产资源现状分析与开发利用研究[D].北京:中国农业科学院,2012.

[387]时睿阳.徐州市矿产资源生态补偿法律制度研究[D].徐州:中国矿业大学,2017.

[388]景佳俊,管祯,邢雪.徐州市矿山地质灾害现状与防治对策研究[J].能源与环保,2019,41(9):43-47.

[389]张华见,张智光.资源枯竭型城市生态经济建设分析:以徐州为例[J].生态经济,2011(12):66-71.

[390]刘聪.基于UES-PSIR模型的资源枯竭型城市生态安全评价与对策研究:徐州市的纵向与横向分析[D].南京:南京林业大学,2015.

[391]渠爱雪.矿业城市土地利用与生态演化研究[D].徐州:中国矿业大学,2009.